中国国家标准汇编

385

GB 22035～22078

（2008 年制定）

中国标准出版社　编

中国标准出版社

北京

图书在版编目（CIP）数据

中国国家标准汇编：2008 年制定．385：GB 22035～22078/中国标准出版社编．—北京：中国标准出版社，2009

ISBN 978-7-5066-5298-8

Ⅰ．中…　Ⅱ．中…　Ⅲ．国家标准-汇编-中国-2008　Ⅳ．T-652.1

中国版本图书馆 CIP 数据核字（2009）第 075151 号

中国标准出版社出版发行
北京复兴门外三里河北街 16 号
邮政编码：100045

网址 www.spc.net.cn
电话：68523946　68517548
中国标准出版社秦皇岛印刷厂印刷
各地新华书店经销

*

开本 880×1230　1/16　印张 38.75　字数 1 143 千字
2009 年 6 月第一版　2009 年 6 月第一次印刷

*

定价 200.00 元

出 版 说 明

1.《中国国家标准汇编》是一部大型综合性国家标准全集。自 1983 年起，按国家标准顺序号以精装本、平装本两种装帧形式陆续分册汇编出版。它在一定程度上反映了我国建国以来标准化事业发展的基本情况和主要成就，是各级标准化管理机构，工矿企事业单位，农林牧副渔系统，科研、设计、教学等部门必不可少的工具书。

2.《中国国家标准汇编》收入我国每年正式发布的全部国家标准，分为“制定”卷和“修订”卷两种编辑版本。

“制定”卷收入上一年度我国发布的、新制定的国家标准，顺延前年度标准编号分成若干分册，封面和书脊上注明“20××年制定”字样及分册号，分册号一直连续。各分册中的标准是按照标准编号顺序连续排列的，如有标准顺序号缺号的，除特殊情况注明外，暂为空号。

“修订”卷收入上一年度我国发布的、被修订的国家标准，视篇幅分设若干分册，但与“制定”卷分册号无关联，仅在封面和书脊上注明“20××年修订-1，-2，-3，……”字样。“修订”卷各分册中的标准，仍按标准编号顺序排列（但不连续）；如有遗漏的，均在当年最后一分册中补齐。需提请读者注意的是，个别非顺延前年度标准编号的新制定的国家标准没有收入在“制定”卷中，而是收入在“修订”卷中。

读者配套购买《中国国家标准汇编》“制定”卷和“修订”卷则可收齐上一年度我国制定和修订的全部国家标准。

3. 由于读者需求的变化，自 1996 年起，《中国国家标准汇编》仅出版精装本。

4. 2008 年我国制修订国家标准共 5946 项。本分册为“2008 年制定”卷第 385 分册，收入国家标准 GB 22035～22078 的最新版本。

中国标准出版社
2009 年 5 月

目　　录

GB/T 22035—2008　乳及乳制品中植物油的检验　气相色谱法 …… 1
GB/T 22036—2008　轮胎惯性滑行通过噪声测试方法 …… 7
GB/T 22037—2008　航空有内胎轮胎胎圈密合压力试验方法　电测法 …… 27
GB/T 22038—2008　汽车轮胎静态接地压力分布试验方法 …… 31
GB/T 22039—2008　航空轮胎激光数字无损检测方法 …… 37
GB/T 22040—2008　公路沿线设施塑料制品耐候性要求及测试方法 …… 45
GB/T 22041—2008　地理标志产品　国窖1573白酒 …… 55
GB/T 22042—2008　服装　防静电性能　表面电阻率试验方法 …… 63
GB/T 22043—2008　服装　防静电性能　通过材料的电阻(垂直电阻)试验方法 …… 71
GB/T 22044—2008　婴幼儿服装用人体测量的部位与方法 …… 79
GB/T 22045—2008　地理标志产品　泸洲老窖特曲酒 …… 87
GB/T 22046—2008　地理标志产品　洋河大曲酒 …… 95
GB/T 22047—2008　土壤中塑料材料最终需氧生物分解能力的测定　采用测定密闭呼吸计中需氧量或测定释放的二氧化碳的方法 …… 101
GB/T 22048—2008　玩具及儿童用品　聚氯乙烯塑料中邻苯二甲酸酯增塑剂的测定 …… 119
GB/T 22049—2008　鞋类　鞋类和鞋类部件环境调节及试验用标准环境 …… 131
GB/T 22050—2008　鞋类　样品和试样的取样位置、准备及环境调节时间 …… 135
GB/T 22051—2008　交联聚乙烯(PE-X)管用滑紧卡套冷扩式管件 …… 145
GB/T 22052—2008　用液体蒸气压力计测定液体的蒸气压力和温度关系及初始分解温度的方法 …… 155
GB/T 22053—2008　戊烷发泡剂 …… 167
GB/T 22054—2008　有机液体(除石油产品)蒸馏特性测定通用方法 …… 175
GB/T 22055.1—2008　显微镜　物镜螺纹　第1部分:RMS型物镜螺纹(4/5 in×1/36 in) …… 189
GB/T 22055.2—2008　显微镜　物镜螺纹　第2部分:M25×0.75 mm型物镜螺纹 …… 195
GB/T 22056—2008　显微镜　物镜和目镜的标志 …… 199
GB/T 22057.1—2008　显微镜　相对机械参考平面的成像距离　第1部分:筒长160 mm …… 205
GB/T 22057.2—2008　显微镜　相对机械参考平面的成像距离　第2部分:无限远校正光学系统 …… 211
GB/T 22058—2008　显微镜　体视显微镜的标志 …… 217
GB/T 22059—2008　显微镜　放大率 …… 221
GB/T 22060—2008　显微镜　镜筒滑块和镜筒槽的连接尺寸 …… 229
GB/T 22061—2008　显微镜　偏光显微术的参考系统 …… 233
GB/T 22062—2008　显微镜　目镜分划板 …… 241
GB/T 22063—2008　显微镜　C型接口 …… 245
GB/T 22064—2008　显微镜　35 mm单反照相机镜头的接口 …… 249
GB/T 22065—2008　压力式六氟化硫气体密度控制器 …… 253
GB/T 22066—2008　静力单轴试验机用计算机数据采集系统的评定 …… 265
GB/T 22067—2008　实验室玻璃仪器　广口烧瓶 …… 277

GB/T 22068—2008 汽车空调用电动压缩机总成 …… 287
GB/T 22069—2008 燃气发动机驱动空调(热泵)机组 …… 303
GB/T 22070—2008 氨水吸收式制冷机组 …… 357
GB/T 22071.1—2008 互感器试验导则 第1部分:电流互感器 …… 373
GB/T 22071.2—2008 互感器试验导则 第2部分:电磁式电压互感器 …… 393
GB/T 22072—2008 干式非晶合金铁心配电变压器技术参数和要求 …… 409
GB/T 22073—2008 工业用途热力涡轮机(汽轮机、气体膨胀涡轮机) 一般要求 …… 415
GB/Z 22074—2008 塑料外壳式断路器可靠性试验方法 …… 469
GB/T 22075—2008 高压直流换流站可听噪声 …… 485
GB/T 22076—2008 气动圆柱形快换接头 插头连接尺寸、技术要求、应用指南和试验 …… 533
GB/T 22077—2008 架空导线蠕变试验方法 …… 549
GB/T 22078.1—2008 额定电压500 kV(U_m=550 kV)交联聚乙烯绝缘电力电缆及其附件 第1部分:额定电压500 kV(U_m=550 kV)交联聚乙烯绝缘电力电缆及其附件——试验方法和要求 …… 557
GB/T 22078.2—2008 额定电压500 kV(U_m=550 kV)交联聚乙烯绝缘电力电缆及其附件 第2部分:额定电压500 kV(U_m=550 kV)交联聚乙烯绝缘电力电缆 …… 587
GB/T 22078.3—2008 额定电压500 kV(U_m=550 kV)交联聚乙烯绝缘电力电缆及其附件 第3部分:额定电压500 kV(U_m=550 kV)交联聚乙烯绝缘电力电缆附件 …… 599

ICS 67.100.01
C 53

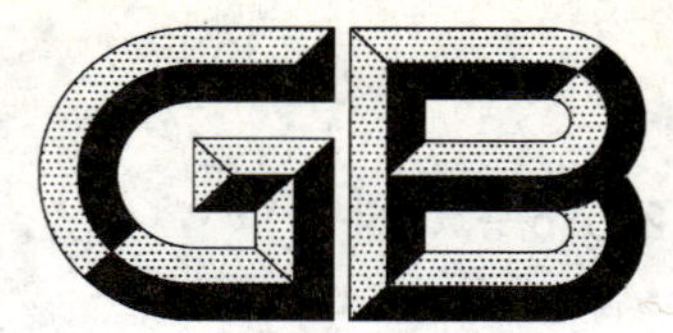

中华人民共和国国家标准

GB/T 22035—2008

乳及乳制品中植物油的检验 气相色谱法

Test of vegetable fat in milk and milk products—Gas chromatography

(ISO 3594:1976 Milk fat—Detection of vegetable fat by gas-liquid chromatography of sterols, MOD)

2008-06-17 发布　　2008-10-01 实施

中华人民共和国国家质量监督检验检疫总局
中国国家标准化管理委员会　发布

前　言

本标准修改采用国际标准 ISO 3594:1976《乳脂中植物油的检测　气相色谱甾醇法》(英文版)。

考虑到我国国情,本标准与 ISO 3594:1976 的主要差异如下:

——增加试样的制备;

——修改分析步骤,增加试液的制备、皂化、萃取步骤;

——修改气相色谱参考条件;

——免去国际标准中试验报告章条;

——删除国际标准中色谱图,增加资料性附录 A 胆固醇、β-谷甾醇典型气相色谱图;

——编写格式、用语遵照我国标准 GB/T 1.1—2000《标准化工作导则　第 1 部分:标准的结构和编写规则》和 GB/T 20001.4—2001《标准编写规则　第 4 部分:化学分析方法》。

本标准的附录 A 为资料性附录。

本标准由中华人民共和国农业部提出。

本标准由全国畜牧业标准化技术委员会归口。

本标准负责起草单位:农业部食品质量监督检验测试中心(上海)。

本标准主要起草人:韩奕奕、孟瑾、吴榕、何亚斌、黄菲菲、张辉。

乳及乳制品中植物油的检验 气相色谱法

1 范围

本标准规定了用气相色谱法检验乳及乳制品中植物油的方法。

本标准适用于乳及乳制品中植物油的定性检验。

2 规范性引用文件

下列文件中的条款通过本标准的引用而成为本标准的条款。凡是注日期的引用文件，其随后所有的修改单（不包括勘误的内容）或修订版均不适用于本标准，然而，鼓励根据本标准达成协议的各方研究是否可使用这些文件的最新版本。凡是不注日期的引用文件，其最新版本适用于本标准。

GB/T 6682 分析实验室用水规格和试验方法（GB/T 6682—1992，neq ISO 3696:1987）

3 原理

样品经过氢氧化钾乙醇溶液皂化，用乙醚、石油醚萃取脂肪，通过蒸馏或蒸发去除溶剂，用正己烷萃取游离的甾醇，用气相色谱分析。若所测样品中含有β-谷甾醇，则确定其中含有植物油成分。

4 试剂与材料

所有的试剂如未注明规格，均为分析纯；实验用水如未注明，均应符合 GB/T 6682 的规定。

4.1 正己烷（C_6H_6）：色谱纯。

4.2 乙醇（C_2H_5OH）：95%。

4.3 乙醚[$(C_2H_5)_2O$]。

4.4 石油醚：沸程为 30 ℃～60 ℃。

4.5 无水硫酸钠（Na_2SO_4）。

4.6 氢氧化钾溶液：500 g/L。

称取 500 g 氢氧化钾（KOH），溶解后转移至 1 000 mL 容量瓶中，定容，混匀。

4.7 胆固醇和β-谷甾醇混和标准溶液：每毫升含各单组分甾醇为 0.4 mg。

分别精确称取胆固醇和β-谷甾醇标准品 10 mg，用正己烷（4.1）溶解并定容到同一 25 mL 容量瓶中。摇匀后，冷藏于冰箱中，有效期 60 d。

5 仪器和设备

实验室常用仪器及以下各项。

5.1 气相色谱仪：配备氢火焰离子化检测器（FID）。

5.2 分析天平（感量 0.01 g）。

5.3 分析天平（感量 0.1 mg）。

5.4 旋转蒸发器。

5.5 磨口锥形瓶：250 mL，可以连接空气冷凝管。

6 试样制备

6.1 液态试样

称量 20 g 样品，精确至 0.01 g，置于磨口锥形瓶（5.5）中。

6.2 固态试样

称量 1 g～5 g 样品，精确至 0.01 g，置于磨口锥形瓶(5.5)中，加入 50 ℃温水 10 mL 溶解。

注：根据样品中的脂肪含量调整称取样量，使试样中脂肪含量不低于 1 g。

7 分析步骤

7.1 试液制备

上述盛有试样(第 6 章)的磨口锥形瓶(5.5)中，加入 25 mL 氢氧化钾溶液(4.6)及 25 mL 乙醇(4.2)，摇匀，加入 4 粒～5 粒玻璃珠，装上冷凝管，85 ℃水浴回流皂化 45 min。皂化液冷却至室温后，转入 250 mL 分液漏斗中，用少量水洗锥形瓶(5.5)，洗液并入皂化液中。

分液漏斗中加入 25 mL 乙醚(4.3)和 25 mL 石油醚(4.4)，轻轻振摇约 1 min，静止分层。水相再用 25 mL 乙醚(4.3)分别萃取两次，合并萃取液。多次用 25 mL 水洗萃取液至 pH 为中性，经无水硫酸钠(4.5)脱水，过滤，收集滤液于蒸馏瓶中。40 ℃左右，用旋转蒸发器(5.4)将萃取液蒸至近干，用正己烷(4.1)溶解残渣，转移定容至 10 mL，用于气相色谱仪(5.1)测定。

7.2 气相色谱参考条件

气相色谱柱：DB-5 毛细管柱，30 m×0.25 mm×0.25 μm；

检测器温度：325 ℃；

进样口温度：280 ℃；

柱温：程序升温，自 200 ℃起，以 15 ℃/min 升温至 300 ℃，保持 20 min；

氮气流速：1.0 mL/min；

氢气流速：30 mL/min；

空气流速：300 mL/min；

分流比：5∶1；

进样量：2 μL。

7.3 测定

准确吸取 2 μL 胆固醇和 β-谷甾醇的混合标准工作液(4.7)，注入气相色谱仪(5.1)。在上述色谱条件下，出峰顺序依次为胆固醇和 β-谷甾醇，标准溶液的气相色谱图参见图 A.1。

准确吸取不少于两份的 2 μL 试液(7.1)，分别注入气相色谱仪(5.1)。

8 结果表述

胆固醇为动物脂肪的特征组分。若色谱图中出现 β-谷甾醇色谱峰，则表明所测试样中含有植物油成分。

9 灵敏度

样品中脂肪的胆固醇检出限为 0.5 mg/kg，β-谷甾醇的检出限为 1 mg/kg。

附　录　A
（资料性附录）
胆固醇、*β*-谷甾醇典型气相色谱图

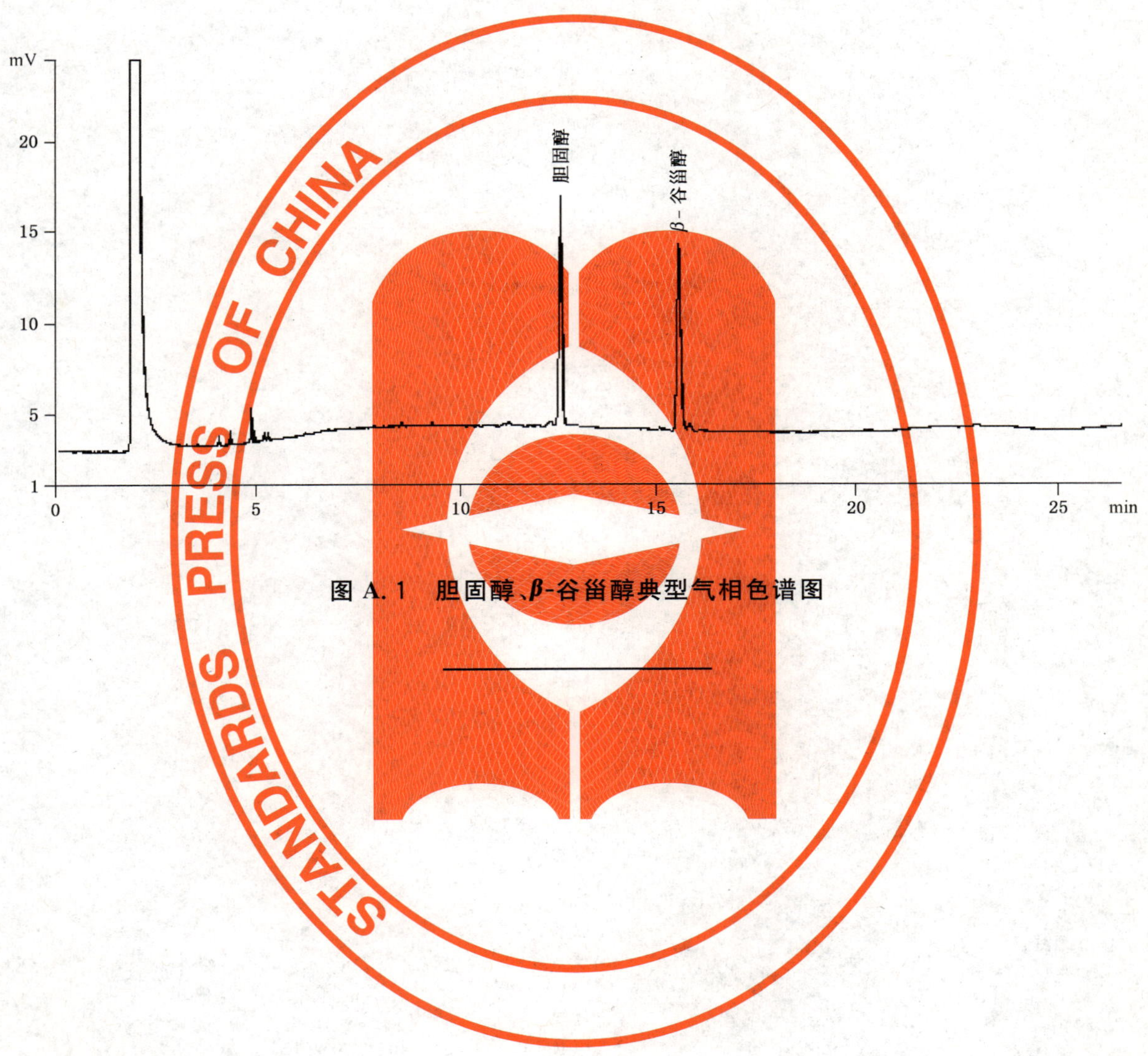

图 A.1　胆固醇、*β*-谷甾醇典型气相色谱图

ICS 83.160.10
G 41

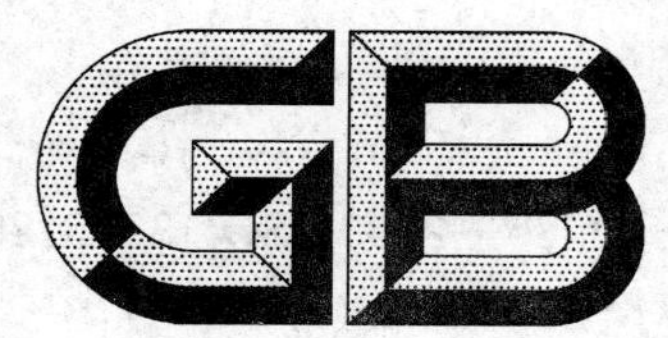

中华人民共和国国家标准

GB/T 22036—2008/ISO 13325:2003

轮胎惯性滑行通过噪声测试方法

Coast-by methods for measurement of tyre-to-road sound emission

(ISO 13325:2003, Tyres—Coast-by methods for measurement of tyre-to-road sound emission, IDT)

2008-06-18 发布　　2009-02-01 实施

中华人民共和国国家质量监督检验检疫总局
中国国家标准化管理委员会　发布

前　言

本标准等同采用 ISO 13325:2003《轮胎——惯性法测量轮胎路面间辐射的噪声》(英文版)。

本标准等同翻译 ISO 13325:2003。

为了便于使用,本标准作了下列编辑性修改:

a) “本国际标准”一词改为“本国家标准”;

b) 用小数点“.”代替作为小数点的逗号“,”;

c) 删除国际标准前言。

本标准的附录 A、附录 B 为规范性附录。

本标准由中国石油和化学工业协会提出。

本标准由全国轮胎轮辋标准化技术委员会(SAC/TC 19)归口。

本标准主要起草单位:双钱集团股份有限公司、同济大学声学研究所、广州市华南橡胶轮胎有限公司、佳通(安徽)轮胎有限公司、山东玲珑橡胶有限公司、风神轮胎股份有限公司、正新橡胶(中国)有限公司、北京首创轮胎有限公司、北京橡胶工业研究设计院、青岛赛轮有限公司、上海米其林回力轮胎股份有限公司。

本标准主要起草人:钱瑞瑾、葛剑敏、迟雯、祖恩忠、董毛华、应世洲、陈国宏、赵冬梅、徐丽红、孙凌云、陆奕。

轮胎惯性滑行通过噪声测试方法

1 范围

本标准规定了在惯性滑行条件下，测量安装在试验车辆或拖车上轮胎噪声的测试方法。惯性滑行是指发动机关闭，没有动力驱动、变速器空档和试验轮胎处于自由滚动状态的条件。车辆法比拖车法轮胎噪声测试结果更接近实际效果，但轮胎噪声受悬架参数的影响；拖车法测试结果更接近单个轮胎实际产生的噪声。

本标准适用于 ISO 3833 中定义的轿车轮胎和载重汽车轮胎。既不适用于测量车辆在正常行驶条件下轮胎噪声(声场分布)，也不适用于测量车辆在正常行驶条件下给定位置上的交通噪声及危害程度。

2 规范性引用文件

下列文件中的条款通过本标准的引用而构成为本标准的条款。凡是注日期的引用文件，其随后所有的修改单(不包括勘误的内容)或修订版均不适用于本标准，然而，鼓励根据本标准达成协议的各方研究是否可使用这些文件的最新版本，凡是不注日期的引用文件，其最新版本适用于本标准。

ISO 4223-1 轮胎工业用某些术语定义——第 1 部分：充气轮胎

ISO 10844 声学——测量道路车辆噪声用试验路面的规定

IEC 60651:2001 声压计

IEC 60942:1997 声校准器

3 术语及其定义、符号和术语缩写

ISO 4223-1 确立的术语和定义及下列相关符号和术语缩写适用于本标准。

3.1 轮胎分类

C1 轿车轮胎

C2 单胎负荷指数小于或等于 121，速度级别为 N 及以上的载重汽车轮胎。

C3 单胎负荷指数小于或等于 121，速度级别为 M 及以下的载重汽车轮胎或单胎负荷指数为 122 及以上的载重汽车轮胎。

3.2 LI(负荷指数)

LI 是在轮胎厂规定的使用条件下，在速度符号所标明的速度下所能承受的最大负荷的数字代号。对于没有负荷指数的轮胎，应参考胎侧标记的最大负荷。

4 总则

本国家标准适用于行驶的试验车辆(见附录 A 车辆法)或拖车(见附录 B 拖车法)在惯性条件下测量轮胎噪声。

试验结果是在规定试验条件下测得的轮胎噪声客观量，即 A 声级。

5 试验场地

试验场地应有连续的水平区域组成，在声源和传声器之间自由声场的条件应该达到在 1 dB 以内。应满足在试验区域中心 50 m 以内的范围内没有大的声音反射物体的条件，如：栅栏、岩石、桥梁或建筑物等。

试验路面(包括孔隙)，在整个测量过程中应该是干燥、清洁的，试验区域和道路表面应符合 ISO 10844 的要求，如图 1 所示。

单位为米

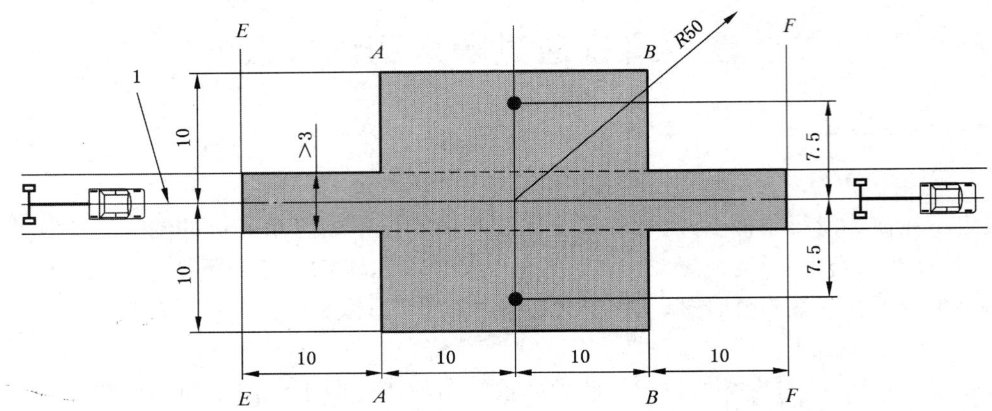

1——行驶中心线；

●——传声器位置；

A—*A*,*B*—*B*,*E*—*E* 及 *F*—*F* 是参考线。

注：车辆(见附录A)或拖车(见附录B)应以规定的速度行驶。

图1 测量区域和传声器位置

6 测量仪器

6.1 声学测量仪器

声压级计或等效的测试系统应至少符合 IEC 60651:2001 中对第1类型设备的要求。

测量应使用"*A*"频率计权特性和"*F*"时间计权特性。

测量开始时，声级计的校准应该按照仪器生产厂的说明书进行检查和调节，并用标准声源(如活塞发生器)进行校准，试验结束时重新检查和记录。校准设备应符合 IEC 60942:1997 中相应的第1类型规定的要求。

在进行测量时，如果通过校准的声级计每次测得的数据误差(变化范围)超过 0.5 dB，该试验视为无效，校准时的读数应记录在试验报告中。

声级计和校准设备应该在间隔不超过1年的时间内根据 IEC 60651 和 IEC 60942 的要求进行检验。

应根据仪器制造厂的要求使用防风罩。

试验场地和表面应符合 ISO 10844 要求，如图1所示，另外，在图1所示的半径范围内没有声学反射物。

6.2 传声器

试验中使用2个传声器，车辆(或拖车)的两侧各1个，在传声器附近，应该没有声反射物，并且声源与传声器之间没有任何人站留。进行测量的观察者也应站在不致影响仪器测量结果的位置。

传声器应该布置在离地面高 1.2 m±0.02 m，距离车辆行驶中心线 7.5 m±0.05 m 处，其参考轴线应保持水平并垂直指向车辆行驶中心线。

6.3 温度测量

6.3.1 总论

对于空气和试验路面温度，温度计或其他温度测量仪的精度应该在±1 ℃以内。红外温度测量仪不能用来测量空气温度。

应记录所使用的温度传感器类型。

可以通过仪器设备对温度进行连续记录。如果条件不允许，也可以进行单值测量和记录。

空气温度和试验路面温度测量是强制性的，最后读数近似到实际测得值的摄氏度整数位。

无论是车辆法还是拖车法，温度测量应该是贯穿轮胎噪声测量的全过程，或者使用试验开始和结束时的温度的平均值。

6.3.2 空气温度

将温度传感器置于传声器附近有遮挡的地方，例如：暴露在气流下，不受太阳光直射，可以采用遮阳屏或类似装置达到同样效果。温度传感器应位于距试验路面上方 1.0 m～1.5 m 的地方，以减少试验路面热辐射引起的低气流影响。

6.3.3 试验路面温度

将温度传感器置于能够测得代表车轮印迹温度的位置，同时不妨碍轮胎噪声的测量。

如果使用接触式的温度传感器，应该在路面和传感器之间使用导热性能好的粘接剂，以确保足够的热传导。

如果使用热辐射温度计，高度的选择应确保覆盖测量场地距温度计直径≥0.1 m 的范围。

试验路面在试验前及试验中不应进行人工冷却。

6.4 风速的测量

风速仪的精度应该在±1 m/s 以内。风速仪应该在传声器高度、在 A—A 和 B—B 之间、距行驶中心线不超过 20 m(见图 1)的位置，并同时记录风向。

6.5 速度的测量

速度测量装置应该能测试试验车辆或拖车的瞬时速度，并保证误差在±1 km/h 以内。

7 气象条件和背景噪声

7.1 气象条件

测量应在良好天气条件下进行。测试时，传声器高度的风速不应该超过 5 m/s。当空气温度或路面温度低于 5 ℃，或者空气温度超过 40 ℃时，不能进行试验。应注意测量结果不受阵风的影响。

7.2 温度修正

温度修正仅适用于 C1 和 C2 型轮胎，每次测量的声压级为 L_m，实际声压级应按式(1)进行修正：

$$L = L_m + k\Delta T \qquad (1)$$

式中：

L——实际声压级；

k——系数：

对于 C1 型轮胎，20 ℃以上，k 为－0.03 dB(A)/℃；20 ℃以下，k 为－0.06 dB(A)/℃；

对于 C2 型轮胎，k 为－0.02 dB(A)/℃；

ΔT——路面参考温度 20 ℃与试验时路面实际温度 t 的差值：$\Delta T = (20\ ℃ - t)$。

7.3 背景噪声

背景噪声(A 声级，包括风的噪声)至少应比被测轮胎噪声低 10 dB。

可以采用合适的风罩，但应该考虑到它对传声器灵敏度和方向性的影响。

8 有关轮胎的准备和调整

试验轮胎安装在轮胎制造厂选定的轮辋上，记录轮辋宽度，有特殊安装要求的轮胎，例如不对称或有方向性的轮胎，应该按照要求进行安装。

轮胎与轮辋总成应保持良好的动平衡。试验前，轮胎应磨合好。轮胎磨合等效于在普通公路上行驶 100 km 左右，有特殊安装要求的轮胎应该根据具体要求进行磨合。

除了在磨合过程中磨损的胎面外，轮胎应该有完整的花纹。

在试验开始前，C1 和 C2 型轮胎应该进行预热，即在正常条件下车辆以 100 km/h 速度行驶 10 min。

附　录　A
（规范性附录）
车　辆　法

A.1　总论

A.1.1　试验车辆

试验车辆应有两个车轴，每个车轴上有两条轮胎，应能承受A.1.4中所规定的负荷。

A.1.2　轴距

安装试验轮胎两轴之间的轴距为：

a)　≤3.5 m，适用于C1型轮胎；

b)　≤5.0 m，适用于C2和C3型轮胎。

A.1.3　减少车辆在试验过程中对轮胎噪声影响的措施

为了确保轮胎噪声不受试验车辆结构的影响，对试验车提出如下要求和建议：

a)　要求

1)　不应安装挡泥板或其他附加装置；

2)　位于紧贴车轮（轮胎和轮辋）边缘附近，不允许有额外的可能影响噪声辐射部件；

3)　车轮校准（前轮的前束、前轮外倾、汽车主销后倾角）应在无载荷的车辆上进行检查，要完全符合汽车制造厂的出厂要求；

4)　在车轮周围挡板上或车底部不能安装吸声材料；

5)　汽车的车窗及天窗在试验期间应关闭。

b)　避免附加噪声的建议

1)　车辆上对车辆背景噪声有贡献的组成部分应被调整或拆除，凡是拆除或调整之处应记录在试验报告中；

2)　试验期间应确保制动系统工作状态良好，不至于引起制动噪声；

3)　禁止使用四轮驱动车辆或在轴上装有减速装置的卡车；

4)　当车辆按照试验要求承受负荷时，良好的悬架系统可以保证测试结果不受离地间隙变化的影响。如果有条件，在无负荷情况下通过车身水平调整系统的调节，使车辆保持正常的离地间隙；

5)　试验前，车辆应被清洗干净，没有泥土、污染物或在试车阶段无意加上的吸声材料。

A.1.4　轮胎负荷

车辆法负荷条件应满足下面所有的条件：

a)　轮胎平均负荷应是其负荷指数LI对应负荷的(75±5)%；

b)　任何一条轮胎不低于负荷指数LI对应负荷的70%，不高于负荷指数LI对应负荷的90%。

A.1.5　轮胎充气压力

每条轮胎在常温下胎压$P_{t\,0}^{+10}$%的计算见式(A.1)：

$$P_t = P_r\left(\frac{Q_t}{Q_r}\right)^{1.25} \qquad \cdots\cdots\cdots\cdots(A.1)$$

式中：

P_t——试验胎压，用kPa表示；

P_r——参考胎压：

对于C1标准型轮胎相当于250 kPa，

对于 C1 增强型轮胎相当于 290 kPa，

对于上述两种类型的轮胎最低试验胎压是 $P_t=150$ kPa，

对于 C2 和 C3 型轮胎是其轮胎胎侧标记的气压；

Q_r——轮胎参考负荷，轮胎负荷指数对应的最大负荷；

Q_t——轮胎试验负荷。

A.1.6 车辆运行条件

试验车辆应在发动机关闭和变速器空挡的情况下进入 A—A 或 B—B 线，并沿中间线位置前行，车辆行驶的中心线应尽可能靠近地面中心线，如图 1 所示。

A.1.7 速度范围

试验车辆在通过传声器位置时，其速度应保持在如下范围：

a) 对于 C1 和 C2 型轮胎，速度为(70～90)km/h；

b) 对于 C3 型轮胎，速度为(60～80)km/h。

相关参考速度见 A.2.2。

A.1.8 试验数据(A 声级)的确定

每次试验车辆在 A—A 线和 B—B 线之间通过时，记录 2 个传声器的最大声压级。

如果记录的最大声压级与实际声压级有明显差异(异常)时，则测量无效。例如：在同一速度条件下，进行多次重复试验，其结果重复性较差(最大 A 声级差异较大)，则视为测量无效。

A.1.9 测量次数

对于左右两侧的传声器，在高于参考速度(见 A.2.2)的某一速度下应至少测试 4 次，低于参考速度的某一速度下应至少测试 4 次。这些速度应大体均匀分布在 A.1.7 规定的试验速度范围内。尽量保证以参考速度为标准测试 4 次。

A.1.10 推荐的频谱测量

推荐同时测量“A”频率计权特性的 1/3 倍频程频谱曲线，其结果应该与“F”时间计权特性结果一致。其数据应该是在车辆通过时，最大 A 声级对应的 1/3 倍频程频谱曲线。

A.2 数据处理

A.2.1 温度修正

见 7.2。

A.2.2 参考速度

为了得到某一速度下的标准噪声，定义参考速度 V_{ref} 如下：

——对于 C1 和 C2 型轮胎，参考速度为 80 km/h。

——对于 C3 型轮胎，参考速度为 70 km/h。

A.2.3 速度标准化

每组有效测量值(试验速度 V_i，温度修正的声压级 L_i)，在报告中给出的轮胎噪声声压级 L_R 用如下回归公式(A.2)来进行计算，即：

$$L_R=\overline{L}-a\overline{V} \qquad \cdots\cdots(A.2)$$

式中：

$\overline{L}$——温度修正后声压级的算术平均值(见式(A.3))，单位用 dB 表示。

$$\overline{L}=\left(\frac{1}{n}\right)\sum_{i=1}^{n}L_i \qquad \cdots\cdots(A.3)$$

其中 n 是修正的声压级个数，$n\geqslant16$，在同一个回归分析中，使用两个传声器的数据。

$\overline{V}$ 是速度对数的算术平均值(见式(A.4))。

$$\overline{V}=\left(\frac{1}{n}\right)\sum_{i=1}^{n}V_i \qquad \cdots\cdots(A.4)$$

式中：

$V_i = \lg\left(\frac{V_i}{V_{ref}}\right)$

a 是回归曲线的斜率，以每十个速度为一组的分贝数表示（见式(A.5)）。

$$a = \frac{\sum_{i=1}^{n}(V_i - \overline{V})(L_i - \overline{L})}{\sum_{i=1}^{n}(V_i - \overline{V})^2} \qquad \cdots\cdots(\text{A.5})$$

由此，可以给出轮胎噪声声压级 L_R，然而，在速度范围内的任何速度下轮胎噪声的声压级 L_V，可由式(A.6)确定，即：

$$L_V = L_R + a\lg\left(\frac{V}{V_{ref}}\right) \qquad \cdots\cdots(\text{A.6})$$

A.3 试验报告

试验报告应包括如下信息：

a) 参考使用的国家标准；

b) 气象条件，包括每次测试时周围空气和路面温度；

c) 根据 ISO 10844 标准规定，填写试验路面的检查日期和结果；

d) 试验轮辋宽度；

e) 有关轮胎的数据，包括制造商、商标名称、规格、LI 或负荷能力、速度符号、参考胎压、轮胎序列号；

f) 试验车辆类型、出厂日期及任何影响轮胎测试噪声的车辆改造信息；

g) 每条试验轮胎的负荷(单位 kg)及负荷指数；

h) 试验轮胎的胎压，单位 kPa；

i) 车辆通过传声器时的速度；

j) 车辆每次滑行经过传声器时轮胎噪声的最大 A 声级；

k) 最大 A 声级，单位 dB(A)，标准化的参考速度和修正温度，至少保留一位小数。

表 A.1、表 A.2 和表 A.3 分别给出了使用车辆法和拖车法测试的试验报告、背景数据和其他试验信息以及机动车辆试验结果的标准格式。

表 A.1 试验报告

根据 GB/T 22036—2008《轮胎惯性滑行通过噪声测试方法》测试

____

试验报告号：______________________________

轮胎信息(商标、品牌、制造商)：______________________________

制造商轮胎产品说明：______________________________

____

生产厂地址：

____

轮胎规格：______________________ 轮胎序列号：______________________

轮胎负荷指数和速度符号：______________________ 参考气压：______________________

轮胎类别：☐ 轿车轮胎(C1)

☐ 载重汽车轮胎(C2)

☐ 载重汽车轮胎(C3)

使用类别：______________________________

本报告附件：______________________________

____

A 计权声压级：______________ dB，参考速度： ☐ 70 km/h

☐ 80 km/h

意见：(如果需要)

负责试验操作的技术服务情况：

____

____

____

申请者的姓名和地址：

____

试验报告日期：______________________ 签名：______________________

表 A.2 背景数据及其他试验信息

本表附属的试验报告号:______________________ 噪声测试日期:______________

试验车辆/拖车(车型、生产厂、出厂日期、改造、牵引杆长度):______________________

____

____

试验路面的位置:______________________ 路面认证的日期:______________

试验路面认证的单位:______________________________

____

轮胎试验负荷,用 kg 表示 左前:________ 右前:________ 左后:________ 右后:________

同样,负荷指数 左前:________ 右前:________ 左后:________ 右后:________

轮胎胎压,用 kPa 表示 左前:________ 右前:________ 左后:________ 右后:________

试验轮辋宽度:______________________________

温度传感器类型:__________ 空气温度:__________ 试验路面温度:______________

表 A.3 机动车辆试验结果

试验编号	速度/(km/h)	行驶方向	左侧 A 声级(温度修正前)/dB(A)	右侧 A 声级(温度修正前)/dB(A)	空气温度/℃	路面温度/℃	左侧 A 声级(温度修正后)/dB(A)	右侧 A 声级(温度修正后)/dB(A)	备注
1									
2									
3									
4									
5									
6									
7									
8									
轮胎的 A 声级:________ dB(A)									
注:轮胎的 A 声级是在温度修正,并取一位小数后,在参考速度下利用回归分析计算得出。									

附　录　B
（规范性附录）
拖　车　法

B.1　牵引车和拖车

B.1.1　总论

试验设备由牵引车和拖车组成。

B.1.1.1　牵引车

B.1.1.1.1　A声级

牵引车的行驶噪声通过采取适当的措施，如：采用低噪声轮胎、遮挡、空气动力裙围等，使其减到最低限度。在理想的情况下，单独牵引车试验时轮胎的A声级至少比牵引拖车总成试验的A声级低10 dB(A)。在这种情况下，不需要对单独的牵引车进行多次测量。由于不需要扣除牵引车噪声，可以大大提高拖车中轮胎噪声的测量精度。对于A声级差值及轮胎的A声级在表B.4中给出。

B.1.1.1.2　负荷

牵引拖车总成试验及牵引车单独试验时，牵引车上轮胎的负荷不应有变化。为了获得恒定的负荷，在做单独牵引车试验时，应增加配重物。

B.1.1.2　拖车

B.1.1.2.1　单轴拖车

拖车应是具有拉杆和可变车轮负荷的单轴双轮拖车。为了减小车辆障板反射的影响，不能使用封闭底板和裙板。轮胎应暴露，没有轮胎罩体或挡泥板覆盖。

B.1.1.2.2　拉杆长度

拖车的拉杆长度应至少达到5 m以上，即从牵引车轴心线到拖车轴心线之间的距离。具体长度应该根据牵引车噪声大小来确定，以不影响测试轮胎噪声为准。

B.1.1.2.3　印痕宽度

印痕宽度是指：测得的拖车两侧轮胎接地印迹的中心线之间的距离。印痕宽度应小于2.5 m。

B.1.1.2.4　校准

在试验条件下，所有试验轮胎的定位参数（外倾角和前束）为零，外倾角的公差应是$\pm 30'$，前束角的公差是$\pm 5'$。

B.2　轮胎负荷和胎压

B.2.1　轮胎负荷

对于所有类型的轮胎，试验负荷应是参考负荷Q_r的$(75\pm 2)\%$。

B.2.2　轮胎充气压力

每个轮胎的气压为：$P_t{}^{+10}_{\ 0}\%$，P_t的计算见式(B.1)：

$$P_t = P_r\left(\frac{Q_t}{Q_r}\right)^{1.25} \qquad \text{(B.1)}$$

式中：

P_t——试验气压，用kPa表示；

P_r——参考气压：

对于标准型C1型轮胎相当于250 kPa，

对于增强型C1型轮胎相当于290 kPa，

对于 C2 和 C3 型为轮胎胎侧标记的气压；

Q_r——轮胎参考负荷，轮胎负荷指数对应的最大负荷；

Q_t——轮胎试验负荷。

B.3 测量过程

B.3.1 总论

本试验中，应做两套测量：

a) 单独进行牵引车试验，按照下面的程序记录测量的 A 声级；

b) 进行牵引车拖车总成试验，记录 A 声级的试验结果。

测得轮胎 A 声级如表 B.4 所示。

B.3.2 车辆的位置

牵引车或牵引车与拖车总成应在关闭发动机(变速器空档，离合分离)的情况下进入 *E*—*E* 线，车辆中心线尽可能靠近行驶中心线，如图 B.1 所示。

B.3.3 试验速度

牵引车在进入试验区域(*E*—*E* 或 *F*—*F*，如图 B.1 所示)以前应达到足够的速度，以至于当牵引车关闭发动机后，车辆及拖车能滑行进入试验区域，在 *A*—*A* 及 *B*—*B* 之间车辆平均速度 C1 型和 C2 型轮胎是(80±1.0)km/h，C3 型轮胎是(70±1.0)km/h。

单位为米

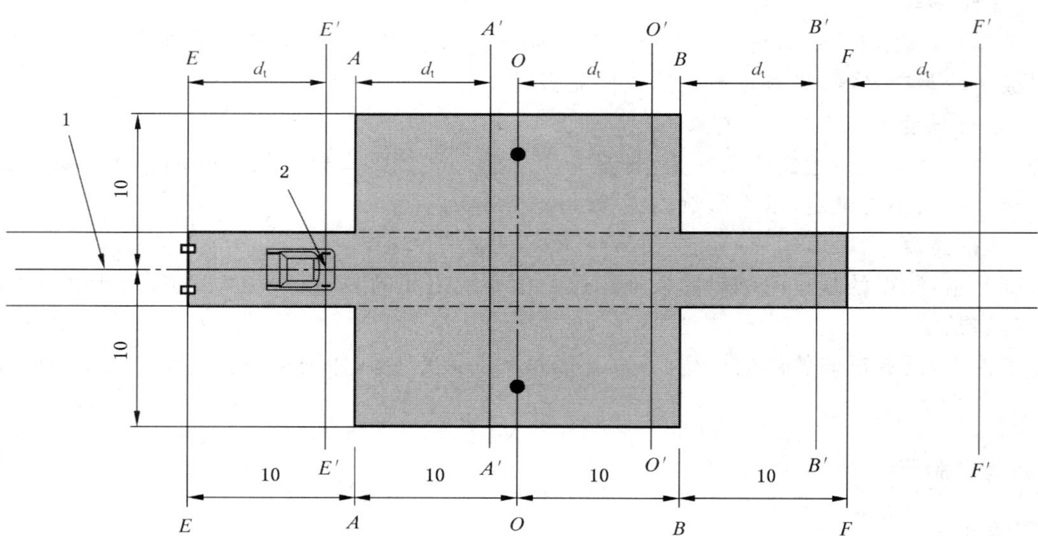

图中：

1——行驶中心线；

2——触发点；

●——传声器位置；

A—*A* 和 *A'*—*A'*，*B*—*B* 和 *B'*—*B'*，*E*—*E* 和 *E'*—*E'*，及 *F*—*F* 和 *F'*—*F'*，*O*—*O* 和 *O'*—*O'* 是参考线。

图 B.1 时间历程计算的测量位置图

B.3.4 数据采集

B.3.4.1 噪声测量

在 *A*—*A* 与 *B*—*B* 线之间的如图 B.1 所示试验区域，要全过程记录试验中轮胎随位置和时间变化的声压级和最大声压级。另外,测试轮胎通过整个测量区域过程中,要记录以 F 计权时间特性不超过 0.01 s 时间间隔为基础的每个传声器的声压级。在以后的分析中,这后一组数据将作为时间历程声压级。

时间历程测量由 $A'—A'$ 线起始记录,至 $B'—B'$ 终止记录(见图 B.1)。

这些起始终止线由长度 d_t 来界定,它表示从试验轮胎的中心到牵引车上的触发点的距离(见图 B.1)。该触发点是指牵引车辆上的一个点,它在车辆通过 $A'—A'$ 和 $B'—B'$ 时,能在以时间刻度轴记录声压级的记录上做个标记,声压级的记录分别从这些标记处开始和结束。牵引车和拖车总成和单独牵引车在通过试验区域时要有同样的记录程序。

B.3.4.2 其他的测量

每次测量时应记录如下的数据:

a) 环境空气温度;

b) 试验路面温度;

c) 风速是否低于 5 m/s(是/不是);

d) 背景噪声是否比测量噪声低 10 dB(是/不是);

e) 牵引车通过 $A'—A'$ 线和 $B'—B'$ 线之间区域的平均速度。

B.3.5 平均声压级

记录总的 A 声级的时间历程和在每次通过每个传声器位置时获得的最大值。在没有温度修正的情况下,进行连续测试,直到测得的 5 个最大声压级与它们的算术平均值相比在±0.5 dB 的范围内,并且记录每个速度及每个传声器的位置。根据本标准 7.2,这些最大值的平均值和平均时间历程水平应用温度进行修正,然后计算温度修正值的平均值,得到由两个传声器确定的传声器平均声压级值和试验时间历程。接下来,计算牵引车单独行驶情况下和牵引拖车总成行驶情况下的两个传声器平均声压级的算术平均值,注明通过时的平均声压级值,下面这些是时间历程和声压级相同平均程度。应用下面的计算得出平均声压级的时间历程。

$\overline{L}_T$——没有拖车情况下的牵引车的平均最大 A 声级。

$L_T(t)$——没有拖车情况下的牵引车的平均时间历程 A 声级。

$\overline{L}_{TP}$——牵引拖车总成试验时,平均最大 A 声级。

$L_{TP}(t)$——牵引拖车总成试验时,平均时间历程 A 声级。

B.3.6 时间历程记录的校准

当牵引车驶过 $O'—O'$ 线时,一个指示脉冲应与声压时间历程一同记录,指示脉冲用于确保得到必要的平均和减法运算时信号的校准。

B.3.7 试验程序

逐步进行如下拖车试验操作程序:

a) 准备

1) 在牵引车上设置时间触发点;

2) 测量 d_t(见图 B.1);

3) 如图 B.1 所示,在试验场确定 $E'—E'$、$A'—A'$、$O'—O'$、$B'—B'$、$F'—F'$ 的位置,设置触发装置,以便于声压级记录始于 $E'—E'$,止于 $F'—F'$;

4) C1 型轮胎和 C2 型轮胎,$A—A$ 和 $B—B$ 之间的平均速度应是(80±1.0)km/h;而 C3 型轮胎,速度应是(70±1.0)km/h。测量试验轮胎从 $A—A$ 到 $B—B$ 间的速度,这就等效于牵引车时间指示器所显示的从 $A'—A'$ 到 $B'—B'$ 段;

5) 对数据采集器进行设置,以便于牵引车单独试验或牵引拖车总成试验的时间历程总是从

E'—E'到F'—F'。根据 B.3.6，设置触发器以便于在达到O'—O'时产生指示脉冲，对时间历程记录进行比较；

6） 检查空气温度和风速测量仪器。

b） 至少五次单独试验（牵引车单独的）

1） 在牵引车经过每个传声器位置时，记录最大 A 计权声压级及该声压级的时间历程，连续进行这样测量程序直到五个最大的声压级与它们的算术平均值相比较在±0.5 dB 范围内，记录每个传声器的位置。

2） 应用温度修正五个时间历程。

3） 用这五个时间历程确定平均声压级的时间历程。

4） 在每一系列试验的开始和结束时对本试验的 b）中的 1）和 3）进行比较，在试验期间如果空气温度变化不超过 5 ℃，则可以进行拖车试验。

c） 牵引拖车总成试验，至少五次。

1） 在牵引车经过每个传声器位置时，记录最大 A 计权声压级及该声压级的时间历程，连续进行这样测量程序直到五个最大的声压级与它们的算术平均值相比较在±0.5 dB 范围内，记录每个传声器的位置。

2） 应用温度修正五个时间历程。

3） 用这五个时间历程确定平均声压时间历程。

见表 B.1 和表 B.2。

B.4 轮胎噪声声压级的确定

B.4.1 考虑到牵引车的影响

在计算滑行轮胎 A 声级前，应进行确保有效的数据的试验。单独牵引车和牵引拖车总成时测量值的差值应足够大，以保证轮胎 A 声级的准确计算。

这个差值通过如下 2 种方法判断。

a） 最大声压级差值大于或等于 10 dB

如果对于两个传声器，单独牵引车的最大 A 声级的平均值比牵引拖车总成的最大 A 声级平均值至少小 10 dB 以上，那么该测量有效，这说明所有的环境条件和背景声等都已达到要求。在这种情况下，轮胎 A 声级就是测得的牵引拖车总成时最大 A 声级的平均值。如式（B.2）所示：

$$L_{\text{tyre}} = \overline{L}_{\text{TP}} \qquad \text{(B.2)}$$

式中：

L_{tyre}——试验轮胎的 A 声级（即报告中的数值）。

b） 最大 A 声级的差值＜10 dB

如果对于一个或两个传声器，单独牵引车的最大声压平均值比牵引拖车总成的最大 A 声级平均值小于 10 dB，需要进一步计算，该计算使用修正后的平均时间历程声压级。

B.4.2 时间历程声压级计算

测试轮胎的 A 声级是牵引拖车总成的 A 声级平均值与单独牵引车 A 声级平均值的差值。为计算这个差值，牵引车温度修正后的平均 A 声级时间历程应从牵引车与拖车总成中减去。平均 A 声级由最大 A 声级与其平均值相差在 0.5 dB 以内的五次试验的数据计算。

一个时间历程—A 声级的例子如图 B.2 所示。

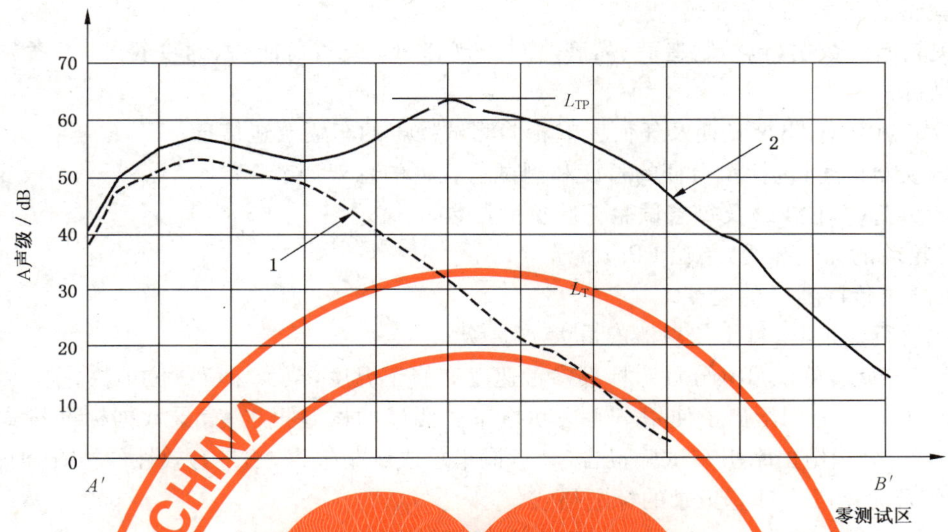

1——牵引车；

2——牵引车与拖车总成。

图 B.2　拖车滑行法测量的时间历程数据图

时间历程对应 O'—O'定位之后，一个关键的参数就是在同一个点牵引拖车总成的与单独牵引车的 A 声级平均时间历程值的差。这个差值在图 B.2 中突出。

如果差值≥10 dB，对于测试轮胎而言，牵引车和牵引拖车总成的测量值是正确的；如果差值＜10 dB，那么轮胎 A 声级通过下面给出公式进行牵引拖车总成与牵引车声压对数减法，这个对数减法应用上面图 B.2 中注明的平均时间历程值。报告中的轮胎 A 声级是式(B.3)的计算结果。

$$L_{tyre} = 10\lg[10^{(L_{TP}/10)} - 10^{(L_T/10)}] \quad \text{dB} \qquad (B.3)$$

式中：

L_{TP}——试验通过的最大 A 声级(牵引拖车总成)；

L_T——没有拖车时牵引车在与 L_{TP} 同样的位置测得的 A 声级。

B.4.3　声压级的确定程序

如果由左右传声器测得的牵引拖车总成最大 A 声级平均值比单独牵引车的最大 A 声级平均值大 10 dB，那么总成的声压等于轮胎 A 声级(如表 A.3 和步骤 a)、b)和 c)计算的得到)，下面的程序就不必要了。如果差值小于 10 dB，按如下处理：

a)　定位适当的单独牵引车和总成的平均 A 声级时间历程，确定时域增量的算术差值。记录在牵引拖车总成最大声压级点的 A 声级之差。每次测试重复这一步骤。

如果差值＞10 dB，那么总成的 A 声级即等于轮胎的 A 声级。

b)　如果计算的差值小于 10 dB，且大于 3 dB，在牵引车和拖车总成 A 声级最大值发生时确定牵引车和拖车总成与单独牵引车最大平均时间历程 A 声级的对数差值。

c)　如果差值小于 3 dB，测量是无效的。减小牵引车 A 声级直到差值大于 3 dB，才能进行有效计算。见表 B.1 和表 B.2。

B.5　试验报告

试验报告应记录如下内容：

a)　参考的国家标准；

b)　气候条件，包括周围空气的温度和测量路面温度；

c)　根据 ISO 10844，试验路面的检查日期和内容；

d) 试验轮辋宽度；

e) 有关轮胎的数据，包括制造商、品牌、商标、规格、LI 或负荷能力、速度符号、参考气压、轮胎序列号；

f) 试验车辆类型、出厂日期及任何影响轮胎测试噪声的车辆改造信息；

g) 测试仪器描述，包括牵引杆的长度和测试荷载下的悬架调节；

h) 轮胎负荷(单位 kg)及每条试验轮胎负荷指数；

i) 试验轮胎的充气压力，单位 kPa；

j) 车辆通过传声器时的速度；

k) 每次滑行经过时，每个传声器的最大 A 声级；

l) 最大 A 声级，单位 dB(分贝)，标准参考速度和修正温度，至少保留一位小数。

表 B.1 和表 B.2 分别给出了使用车辆法和拖车法测试的试验报告、背景数据标准格式。表B.3～表 B.7 作为例子，分别给出牵引车试验报告，牵引拖车总成试验报告，测量有效性的检查，时间历程计算和 A 声级差值及轮胎噪声计算记录的标准格式。

表 B.1 试验报告

根据 GB/T 22036—2008《轮胎惯性滑行通过噪声测试方法》测试

____

试验报告号：______________________________

轮胎信息(商标、品牌、制造商)：______________________________

制造商轮胎产品说明：______________________________

____

生产厂地址：

____

轮胎规格：______________________________ 轮胎序列号：______________________________

轮胎负荷指数和速度符号：______________________________ 参考气压：______________________________

轮胎类别：□ 轿车轮胎(C1)

□ 载重汽车轮胎(C2)

□ 载重汽车轮胎(C3)

使用类别：______________________________

本报告附件：______________________________

____

A 计权声压级：______________ dB，参考速度： □ 70 km/h

□ 80 km/h

意见：(如果需要)

负责试验操作的技术服务情况：

____

____

____

申请者的姓名和地址：

____

试验报告日期：______________________________ 签名：______________________________

表 B.2 背景数据及其他试验信息

本表附属的试验报告号：________________ 噪声测试日期：________________

试验车辆/拖车(车型、生产厂、出厂日期、改造、牵引杆长度)：________________

____

____

试验路面的地址：________________ 路面认证的日期：________________

试验路面认证的单位：________________

____

轮胎试验负荷,用 kg 表示 左前：________ 右前：________ 左后：________ 右后：________

同样,负荷指数 左前：________ 右前：________ 左后：________ 右后：________

轮胎胎压,用 kPa 表示 左前：________ 右前：________ 左后：________ 右后：________

试验轮辋宽度：________________

温度传感器类型：________ 空气温度：________ 试验路面温度：________________

表 B.3 示例结果——牵引车试验记录

试验号	速度/(km/h)	空气温度/℃	最大左侧声压级值/dB(A)	最大右侧声压级值/dB(A)	温度修正后		备 注
					最大左侧声压级值/dB(A)	最大右侧声压级值/dB(A)	
1	70.1	25	69.7	70.1	70.0	70.4	
2	69.6	25	69.6	69.9	69.9	70.2	
3	69.2	26	69.2	69.9	69.6	70.3	
4	70.2	26	69.7	70.4	70.1	70.8	
5	70.6	26	70.1	70.7	70.5	71.1	
6							
7							
8							
9							
平均数		26	69.7	70.2	70.0	70.6	

表 B.4 示例结果——牵引拖车总成试验记录

试验号	速度/(km/h)	空气温度/℃	最大左侧声压级值/dB(A)	最大右侧声压级值/dB(A)	温度修正后		备 注
					最大左侧声压级值/dB(A)	最大右侧声压级值/dB(A)	
1	70.6	23	72.9	73.8	73.1	74.0	
2	70.3	23	73.1	73.8	73.3	74.0	
3	69.2	23	72.5	73.1	72.7	73.3	
4	70.1	23	72.0	73.5	72.2		
5	69.5	24	72.7	73.4	72.9		
6	70.1	24	73.0	73.6	73.2		
7							
8							
9							
平均数		26	69.7	70.2	70.0	70.6	

表 B.5 示例结果——测量有效性审核

试验号	牵引车最大声压级平均值/dB(A)	牵引拖车组合最大声压级平均值/dB(A)	声压级算术差值/dB(A)
左传声器	70.0	73.0	3.0
右传声器	70.6	73.7	3.1
平均值	70.3	73.3	3.0

表 B.6 示例结果——时间历程计算审核

试验号	牵引拖车组合最大平均时间历程声压级/dB(A)	牵引车最大平均时间历程声压级/dB(A)	声压级算术差值/dB(A)
左传声器	73.0	66.0	7.0
右传声器	73.7	66.4	7.3
平均值	73.3	66.2	7.2

表 B.7 声压级差和轮胎声压级计算值

试验号	牵引拖车组合最大平均时间历程声压级/dB(A)	牵引车最大平均时间历程声压级/dB(A)	算术差值取对数(见式(B.3))/dB(A)
左传声器	73.0	66.0	72.0
右传声器	73.7	66.4	72.8
平均值	73.3	66.2	72.4
轮胎声压级值			72.8

ICS 83.160.20
G 41

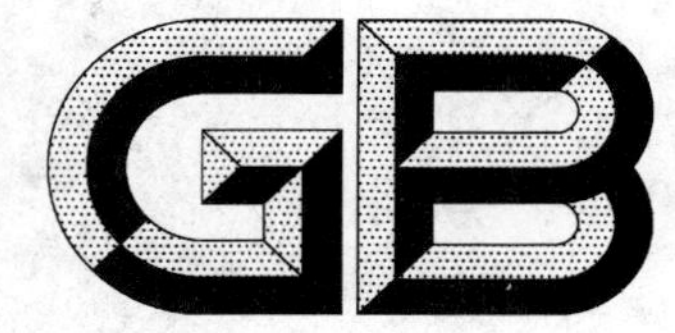

中华人民共和国国家标准

GB/T 22037—2008

航空有内胎轮胎胎圈密合压力试验方法 电测法

Bead fit test method for tube aircraft tyre—Electrical

(ISO 3324-2:1998,Aircraft tyres and rims—
Part 2:Test methods for tyres,NEQ)

2008-06-18 发布 2009-02-01 实施

中华人民共和国国家质量监督检验检疫总局
中国国家标准化管理委员会 发布

前　言

本标准与 ISO 3324-2:1998《航空轮胎与轮辋　第 2 部分:试验方法》的一致性程度为非等效。

本标准由中国石油和化学工业协会提出。

本标准由全国航空轮胎标准化分技术委员会归口。

本标准起草单位:曙光橡胶工业研究设计院。

本标准主要起草人:张萍。

航空有内胎轮胎胎圈密合压力试验方法 电测法

1 范围

本标准规定了航空有内胎轮胎胎圈密合压力试验方法电测法的方法原理、试验设备、试样、试验程序、试验结果和试验报告。

本标准适用于各类有内胎航空轮胎的胎圈密合压力试验。

2 方法原理

本试验是将压缩空气缓缓地充入试验胎内，直至轮胎胎圈部位与轮辋相密合为止。测量密合时的胎内压力，以确定轮胎胎圈部位的松紧程度是否符合设计要求。

3 试验设备

3.1 轮辋：其规格应与试验胎的规格相匹配，轮缘部位与它本身的其他金属表面部位接通后应具有导电性。

3.2 轮胎气压表：分度不大于 10 kPa。

3.3 厚度 0.05 mm 的导电金属片 6 片，尺寸 10 cm×2 cm。

3.4 电工防水绝缘胶带。

3.5 5 V 稳压电源、5 V 指示灯一盏或万用表一个。

3.6 导线若干。

4 试样

凡进行胎圈密合压力试验的航空轮胎，硫化后应停放 24 h 以上。试验前，试验胎仍应在试验室停放 3 h 以上才能进行试验。

5 试验程序

5.1 轮辋的轮缘接触部位应清洗干净使其露出金属表面。不得在胎圈或轮辋上使用任何润滑剂。

5.2 将轮胎安装在轮辋上，将三个导电金属片彼此间隔 120°固定在轮胎的一侧胎圈上(见图 1)，另外三个导电金属片彼此间隔 120°固定在轮胎的另一侧胎圈上。这些金属片用电工防水绝缘胶带固定，胶带使导电金属片与轮缘部位绝缘。绝缘胶带应开一缺口如图 1 所示，胶带缺口尺寸为 7 mm×7 mm，位于胎踵垂直面上。

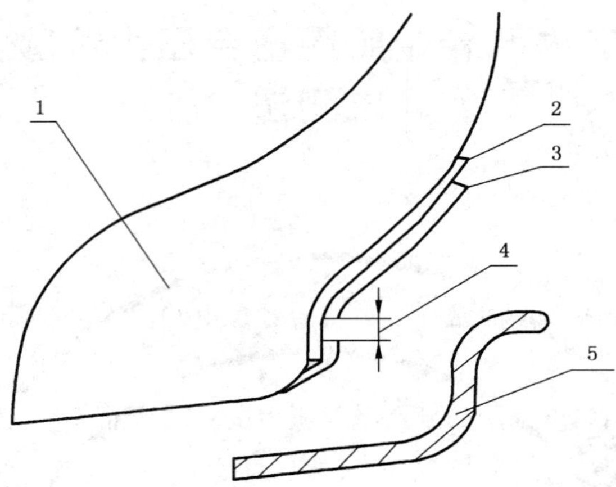

1——轮胎胎圈；

2——厚度小于 0.05 mm 的导电金属片；

3——电工防水绝缘胶带；

4——胶带缺口 7 mm×7 mm；

5——轮辋。

图 1 胎圈密合压力 电测法

5.3 用一个备有两根导线的稳压电源，其中一根导线接上指示灯后与轮辋相接触，另一根导线用作探针分别与各导电金属片相接触，观察指示灯。或用万用表分别测轮辋与各导电金属片。

5.4 向胎内缓缓充气，使胎内的压力达到规定的最小胎圈密合压力值低 10 kPa 时停止充气。停放 10 min后，将探针分别测各导电金属片，如果在测各导电金属片时指示灯都亮或万用表阻值读数都为零时，则认为在该充气内压下胎圈与轮辋完全密合。

5.5 如果在步骤 5.4 中将探针分别与金属片相接触时，在各组金属片位置上指示灯不全亮或万用表阻值读数不都为零时，则认为在该充气内压下胎圈与轮辋没有完全密合。按每次 10 kPa 的增量向轮胎内充气，充入每个增量的气压后，停放 10 min，将探针分别测各导电金属片，如果在测各导电金属片时指示灯都亮或万用表阻值读数都为零时，则认为在该充气内压下胎圈与轮辋完全密合，该充气内压就是胎圈密合压力值。

5.6 放气卸压，拆除试验用具。

6 试验报告

试验报告表格应包括以下主要内容：

a) 轮胎规格、额定内压、胎号及生产厂名或商标；

b) 试验方法标准号；

c) 试验时的环境温度、湿度；

d) 实测轮胎密合压力值；

e) 试验结果的评定；

f) 试验日期、试验人。

ICS 83.160.10
G 41

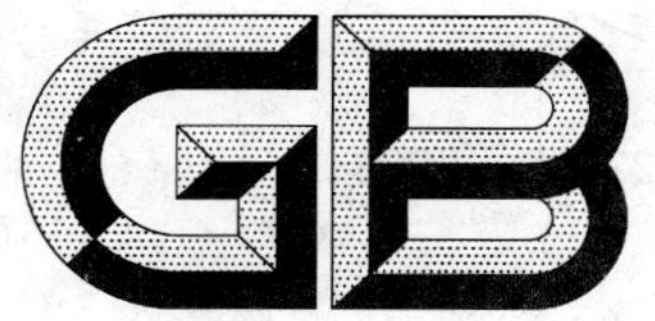

中华人民共和国国家标准

GB/T 22038—2008

汽车轮胎静态接地压力分布试验方法

Method of automobile tyre static contact pressure distribution

2008-06-18 发布

2009-02-01 实施

中华人民共和国国家质量监督检验检疫总局
中国国家标准化管理委员会
发布

前言

本标准由中国石油和化学工业协会提出。

本标准由全国轮胎轮辋标准化技术委员会归口。

本标准主要起草单位:北京橡胶工业研究设计院、广州市华南橡胶轮胎有限公司、山东玲珑橡胶有限公司、青岛产品质量监督检验所、汕头市浩大轮胎测试装备有限公司、风神轮胎股份有限公司、双钱集团股份有限公司、北京首创轮胎有限责任公司、赛轮有限公司、上海米其林回力轮胎股份有限公司、正新橡胶(中国)有限公司。

本标准主要起草人:冯春阳、卢焜、刘连波、何宁、陈迅、任绍文、苏红斌、赵冬梅、陈少禹、陆奕、支国英。

汽车轮胎静态接地压力分布试验方法

1 范围

本标准规定了静态下用压力敏感胶片法和压力传感器法测量汽车轮胎静态接地压力分布试验方法用的术语和定义、试验设备、试验条件和步骤及试验记录和数值计算。

本标准适用于汽车轮胎。

2 规范性引用文件

下列文件中的条款通过本标准的引用而成为本标准的条款。凡是注日期的引用文件，其随后所有的修改单(不包括勘误的内容)或修订版均不适用于本标准，然而，鼓励根据本标准达成协议的各方研究是否可使用这些文件的最新版本，凡不注日期的引用文件，其最新版本适用于本标准。

GB/T 521 轮胎外缘尺寸测量方法

GB/T 2977 载重汽车轮胎规格、尺寸、气压与负荷

GB/T 2978 轿车轮胎规格、尺寸、气压与负荷

GB/T 6326 轮胎术语及其定义(GB/T 6326—2005，ISO 4223-1:2002，Definitions of some terms used in the tyre industry—Part 1:Pneumatic Tyres，NEQ)

GB/T 8170 数值修约规则

GB 9743 轿车轮胎

GB 9744 载重汽车轮胎

HG/T 2177 轮胎外观质量

3 术语和定义

GB/T 6326 中规定的术语和定义以及下列术语和定义适用于本标准。

3.1

径向加载负荷 radial loading

轮胎作用于试验台垂直方向上的力。

3.2

接触面 contact surface

轮胎表面与路面接触的所有区域。图1为一个接触面印痕的示例图。

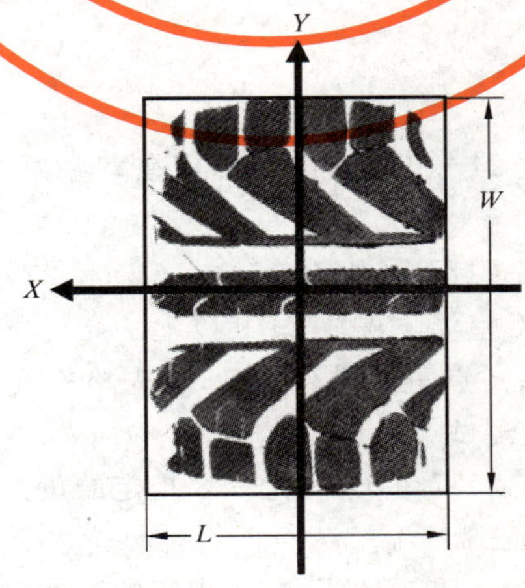

注：X 为周向；Y 为轴向。

图1 接触区域印痕

3.3

压力敏感胶片法(间接法)　method of prescale film

利用压力敏感胶片在不同压力作用下的颜色深度不同,通过标定不同颜色深度与压力的关系曲线,可将压力敏感胶片上的颜色深度分布转换为压力分布的方法。

3.4

压力传感器法(直接法)　method of pressure sensor

用压力传感器测量轮胎静态接地压力分布的方法。

4　试验设备

4.1　设备的组成

测试设备包括加载和定位装置、接地面积测量系统、模拟路面的平台。

4.1.1　加载和定位装置

加载装置为任意的能够给充气轮胎提供径向力并能够保持负荷的装置。

定位装置为任意可对轮胎径向位移进行测量记录的装置。

4.1.2　接地面积测量系统

接地面积测量系统应可测绘出加载系统给定了目标载荷后轮胎与模拟路面的平台接触部分的图形。

4.1.3　模拟路面的平台

模拟平台应具有一个光滑平面,且能够满足如下要求:

a)　平台能够完全容纳整个接触印痕;

b)　平台应具有足够的刚度,使加载到轮胎最大力值的情况下平台不会发生变形。

4.2　试验设备的精度及标定

4.2.1　设备的精度要求

4.2.1.1　径向加载方向与试验机模拟平台角度值为90°,偏差≤±1°。

4.2.1.2　径向力加载装置能够使径向载荷精确到满量程的±1.0%。

4.2.1.3　接地面积测量系统所测的接地长度和接地宽度的误差在±2 mm之内。

4.2.2　设备的标定

测量和定位系统每年至少进行一次标定来保证设备的一致性。标定过程中涉及到的参考标准以及标定工具应当以国家标准和技术协会或者相关的国际标准化组织颁布的标定文件为依据。标定过程中所做的补偿,调整等变动应当以书面的形式永久存档。

5　试验条件和步骤

5.1　试验条件

5.1.1　测试的轮胎在硫化后应停放24 h以上,充气前,应在室温为18 ℃～36 ℃的试验室内停放3 h以上。

5.1.2　轮胎外观质量应符合HG/T 2177的规定。

5.1.3　轮胎充气后,在18 ℃～36 ℃室温下停放24 h以上。如气压下降,重新补充至规定的气压,停放15 min后即可进行测试。若在同一点重复进行试验,首先检查气压是否在规定气压的标准偏差以内。停放30 min后即可进行下一次测试。

5.1.4　径向加载负荷应参考GB/T 2977和GB/T 2978规定的负荷(当规定有单、双胎两种使用条件时,则用单胎负荷)。负荷允许偏差:±1.5%。

5.1.5　试验轮辋应是符合GB/T 2978和GB/T 2977规定的标准轮辋(或测量轮辋)。试验轮胎的气压和负荷应参考GB 9743和GB 9744,载重汽车轮胎的气压为最大负荷对应的气压(当规定有单、双胎两种使用条件时，则用单胎负荷相对应的气压）。轿车轮胎推荐试验充气压力见表1。

表1 轿车轮胎压力分布试验充气压力

轮胎分类	气压/kPa
标准型轮胎	180
增强型/超重负荷轮胎	220
轿车斜交无内胎轮胎充气压力：4PR 同标准型轮胎，6PR 同增强型/超重负荷轮胎。	

气压允许偏差：340 kPa 及其以下者±5 kPa；340 kPa 以上者±10 kPa。

5.2 试验步骤

5.2.1 对轮胎表面的泥土，碎屑以及其他污染物进行清理，并修剪排气胶须和模缝胶边，然后称重再将其装配到试验轮辋上，充以5.1.5规定的气压，按5.1.3规定停放。

5.2.2 将停放后的轮胎气压重新调整至5.1.5规定的气压。将试验轮胎和轮辋组合体固定在试验机上。

5.2.3 在轮胎的胎侧标出需要的试验点。

5.2.4 按 GB/T 521 的规定测量轮胎外直径和断面宽度。

5.2.5 在轮胎与模拟路面平台间放置压感胶片或带有传感器的压力毯，给轮胎以一定速度施加径向负荷至规定值，该速度应确保压感胶片或压力感器受压部位不起皱，加载完毕保持2 min 以上。测量轮胎静负荷半径和断面宽度。

5.2.6 对压感胶片或压力传感器按要求进行数据处理。

6 试验记录和数值计算

6.1 记录实验室温度、试验用轮辋、试验负荷、试验气压、轮胎重量、以及在未施加载荷时的外直径和断面宽度。

6.2 记录轮胎负荷下静半径和断面宽度。

6.3 计算负荷下接地面积、接地长度和接地宽度。

6.4 下沉量(mm)的计算。

下沉量＝充气轮胎断面高度－负荷下轮胎断面高度

充气轮胎断面高度＝(充气轮胎外直径－轮辋名义直径)/2

负荷下轮胎断面高度＝(负荷下轮胎静半径－轮辋名义直径)/2

6.5 下沉率(%)的计算。

下沉率＝下沉量/充气轮胎断面高度×100%

6.6 硬度系数的计算。

硬度系数＝负荷/(接地面积×轮胎气压)

6.7 接地系数的计算。

接地系数＝接地长度/接地宽度

6.8 平均接地压力(kPa)的计算。

平均接地压力＝负荷/接地面积

6.9 本标准6.4、6.5、6.8计算结果精确到小数点之后一位，6.6、6.7计算精确到小数点之后两位。测量和计算结果按 GB 8170 规定进行修约。

7 试验报告

试验报告应至少包括以下内容：

a) 第 6 章记录和计算的数值；

b) 压力分布曲线图；

c) 压力分布色彩图。

ICS 83.160.20
G 41

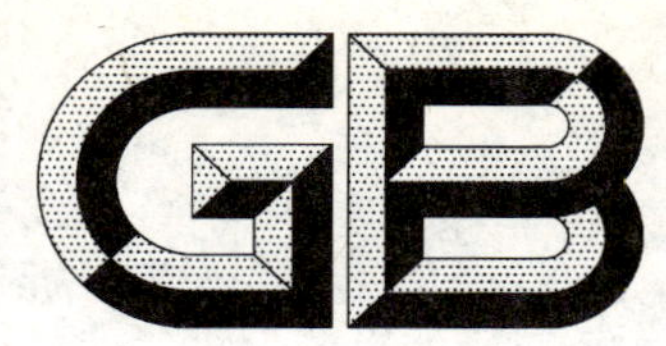

中华人民共和国国家标准

GB/T 22039—2008

航空轮胎激光数字无损检测方法

The laser digital non-destructive inspection method for aircraft tyres

2008-06-18 发布　　　　2009-02-01 实施

中华人民共和国国家质量监督检验检疫总局
中国国家标准化管理委员会　发布

前　言

本标准的附录 A 为资料性附录。

本标准由中国石油和化学工业协会提出。

本标准由全国航空轮胎标准化分技术委员会归口。

本标准起草单位:曙光橡胶工业研究设计院。

本标准主要起草人:张萍、盛保信。

航空轮胎激光数字无损检测方法

1 范围

本标准规定了航空轮胎激光数字无损检测方法的原理、试样、检测设备、检测条件、检测步骤、检测结果的分析判断方法和检测报告。

本标准适用于航空轮胎的激光数字无损检测。

2 原理

本方法利用激光数字错位散斑技术，通过真空加载使轮胎内部缺陷产生变形，用特定波长的激光源照射真空加载前后的轮胎表面，在光栅上产生光斑，然后用数字摄像机(CCD)直接摄取变形前后的光斑图像，用计算机对变形前后的数字图像进行叠加求导运算，将运算结果转换成数字图象显示出来。通过观察相位图和视频图中的特征斑纹识别轮胎内部存在的脱层、气泡等缺陷。

3 试样

试样应为硫化后在环境温度下停放 12 h 以上、经表面质量检查合格且表面干净的轮胎。

4 检测设备

轮胎激光数字错位散斑无损检测仪(其灵敏度应高于或等于 1 mm)。该仪器包括主机(真空室、上下胎装置)、激光数字错位散斑检测系统(数字摄像头、运动机构)、图像分析与处理系统。记录介质用硬盘、移动盘或用打印机输出。

5 检测条件

5.1 实验室要求清洁干净，相对湿度小于 70%，试验环境温度控制在 10 ℃～40 ℃。

5.2 送检的轮胎应保证内外表面清洁干燥。若两胎圈间距过窄可适当扩口，衬上胎圈扩张器，静置 30 min 后方可进行检测。

5.3 检查时的加载真空度，按设备出厂时的技术要求选定。

6 检测步骤

6.1 把待检测的航空轮胎进行编号，按编号顺序登记轮胎上的胎号。

6.2 打开检测仪电源，调整设备，使其处于初始状态。

6.3 设定参数，包括真空度、检测扇区数等。

6.4 将轮胎装入检测仪进行检测，通过显示器监控检测过程，检测结果保存于硬盘或移动盘，还可以用打印机将结果打印出来。

6.5 检测完毕，轮胎自动退出检测仪。

6.6 根据检测结果，做好检测记录。

7 检测结果分析及判断方法

7.1 缺陷的判别

仔细观察显示在屏幕上的错位散斑图，若图像分布均匀、清晰，则说明轮胎内部无缺陷；若图像出现雪花状几何图形、蝴蝶状条纹或白色条纹，则说明此处轮胎内部存在脱层、气泡等缺陷。轮胎无缺陷的正常图像参见附录 A 中图 A.1,各种脱层、气泡等缺陷的典型图像参见图 A.2～图 A.6。也可通过计算机设定缺陷模型进行自动判定。

7.2 缺陷的位置、大小的判别

利用计算机图像分析软件把轮胎缺陷的位置、大小计算出来。也可以调用典型缺陷图像库中的典型缺陷图像,与之对比,确定缺陷的位置、大小。

8 检测报告

8.1 根据轮胎缺陷,按报告内容要求填写检测报告。

8.2 报告单、检查记录、航空轮胎激光数字错位散斑图归档保存。

附　录　A
（资料性附录）
轮胎脱层或气泡在相位图中的典型斑纹

图 A.1　无缺陷的正常图像

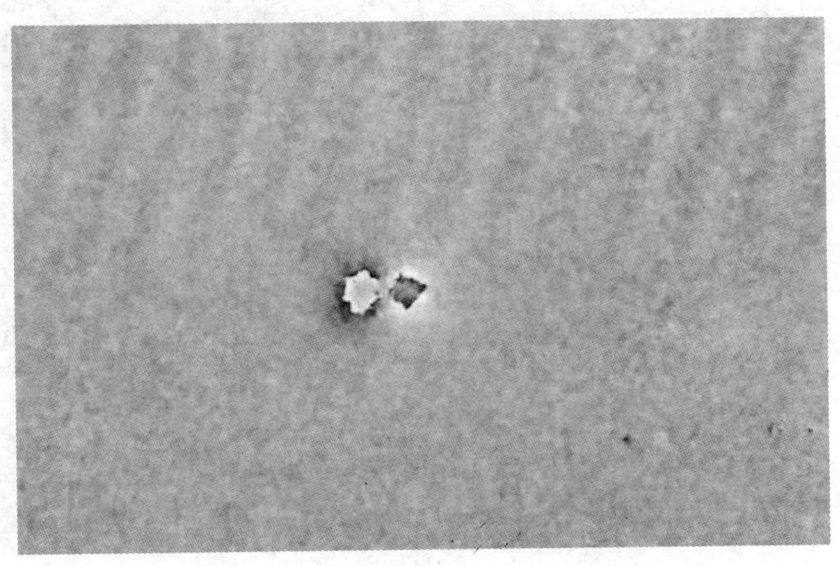

图 A.2　气泡或脱层的典型蝴蝶斑

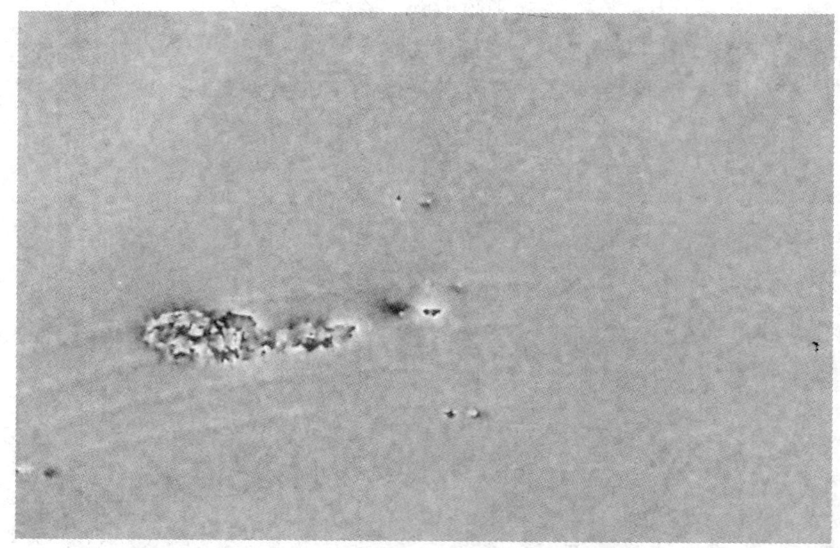

图 A.3　较浅部位气泡斑纹

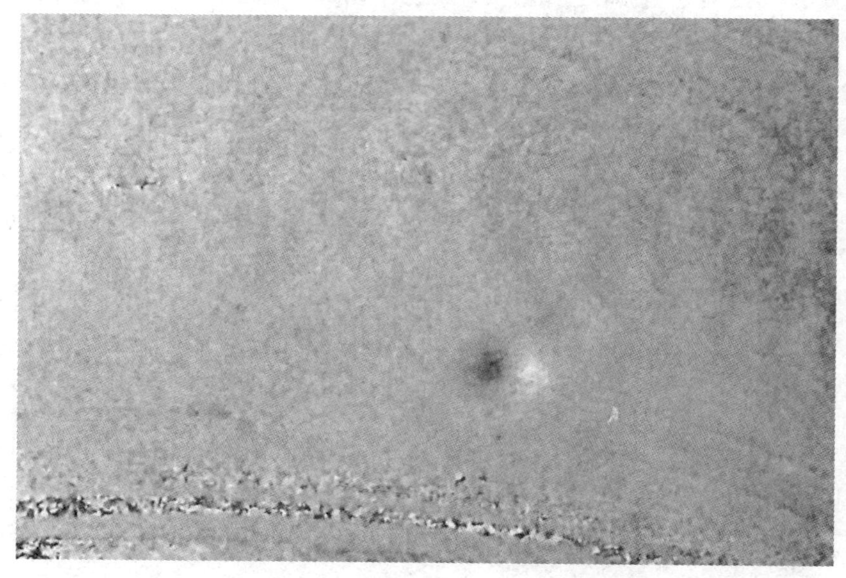

图 A.4　气泡或脱层的凹斑纹

图 A.5　气泡或脱层的凸斑

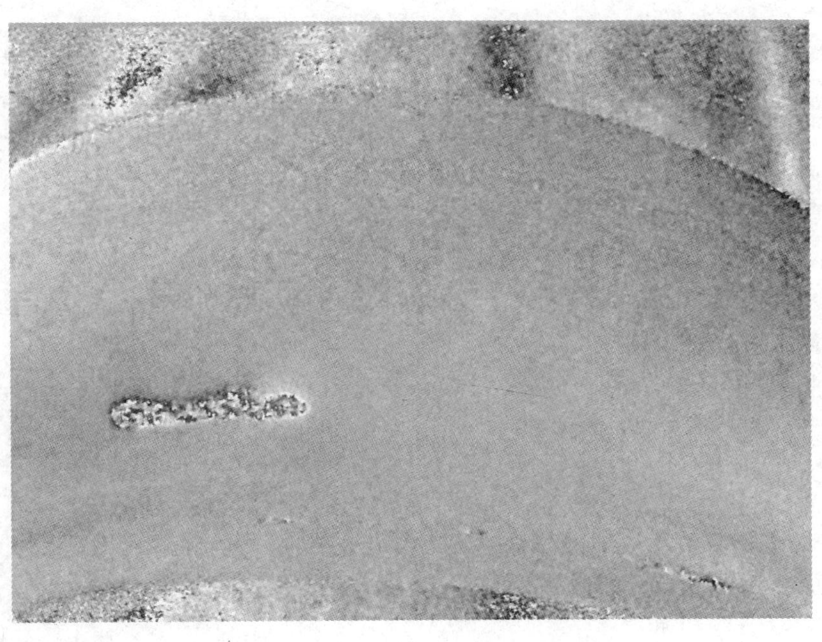

图 A.6　连续气泡或脱层斑纹

ICS 93.080.30
P 66

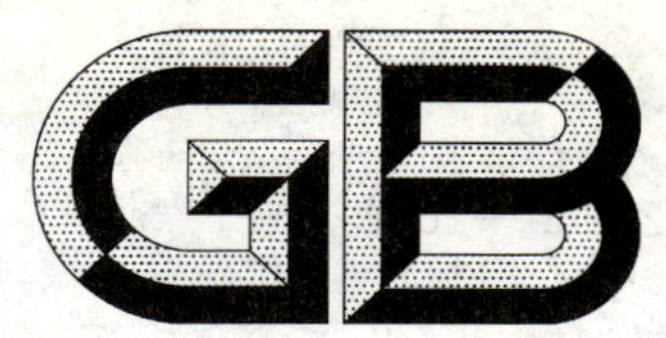

中华人民共和国国家标准

GB/T 22040—2008

公路沿线设施塑料制品耐候性要求及测试方法

Technical requirements and determination of weathering quality for plastics of highway furnatures

2008-06-19 发布　　　　2008-12-01 实施

中华人民共和国国家质量监督检验检疫总局
中国国家标准化管理委员会　发布

前　言

本标准由全国交通工程设施(公路)标准化技术委员会(SAC/TC 223)提出并归口。

本标准起草单位：交通部公路科学研究院、公路交通安全技术交通行业重点实验室、国家交通安全设施质量监督检验中心。

本标准主要起草人：张智勇、韩文元、崔晓飞、朱立伟、彭森、陆宇红、孙岳。

公路沿线设施塑料制品耐候性要求及测试方法

1 范围

本标准规定了公路沿线设施户外用塑料制品的耐候性要求的产品分类、要求、试验方法、检验规则及试验报告。

本标准适用于公路沿线设施户外用塑料制成品、玻璃纤维增强塑料制品、设施外涂装有机防腐蚀涂层。市政设施、铁路设施同类型户外产品可参照使用。

2 规范性引用文件

下列文件中的条款通过本标准的引用而成为本标准的条款。凡是注日期的引用文件,其随后所有的修改单(不包括勘误的内容)或修订版均不适用于本标准,然而,鼓励根据本标准达成协议的各方研究是否可使用这些文件的最新版本。凡是不注日期的引用文件,其最新版本适用于本标准。

GB/T 1040(所有部分) 塑料 拉伸性能的测定(GB/T 1040.1～1040.4—2006,ISO 527-1～527-4:1993(1997),IDT)

GB/T 1449 纤维增强塑料弯曲性能试验方法(GB/T 1449—2005,ISO 14125:1998,NEQ)

GB/T 1766—2008 色漆和清漆 涂层老化的评级方法

GB/T 2411 塑料邵氏硬度试验方法(GB/T 2411—1980,eqv ISO 868:1978)

GB/T 2423.18—2000 电工电子产品环境试验 第2部分:试验方法 试验Kb:盐雾,交变(氯化钠溶液)(idt IEC 60068-2-52:1996)

GB/T 2423.22 电工电子产品环境试验 第2部分:试验方法 试验N:温度变化(GB/T 2423.22—2002,IEC 60068-2-14:1984,IDT)

GB/T 2423.33—2005 电工电子产品环境试验 第2部分:试验方法 试验Kca:高浓度二氧化硫试验方法

GB/T 2423.37—2006 电工电子产品环境试验 第2部分:试验方法 试验L:砂尘试验方法(IEC 60068-2-68:1994,IDT)

GB/T 2918 塑料试样状态调节和试验的标准环境(GB/T 2918—1998,idt ISO 291:1997)

GB/T 3681—2000 塑料大气暴露试验方法(neq ISO 877:1994)

GB/T 7141 塑料热空气暴露试验方法

GB/T 9754 色漆和清漆 不含金属颜料的色漆漆膜的20°、60°和85°镜面光泽的测定(GB/T 9754—2007,ISO 2813:1994,IDT)

GB/T 12000—2003 塑料暴露于湿热、水喷雾和盐雾中影响的测定(ISO 4611:1987,MOD)

GB/T 16422.2—1999 塑料实验室光源暴露试验方法 第2部分:氙弧灯(idt ISO 4892-2:1994)

GB/T 16422.3—1997 塑料实验室光源暴露试验方法 第3部分:荧光紫外灯(eqv ISO 4892-3:1994)

JT/T 600.1—2004 公路用防腐蚀粉末涂料及涂层 第1部分:通则

3 术语和定义

下列术语和定义适用于本标准。

3.1

人工气候(氙弧灯)试验　test of exposure to artificial weathering (Xenon arc lamp as light source)

以氙灯作光源,模拟并强化到达地面的日光光谱,并适当控制温度、湿度和喷水条件的试验。

3.2

紫外线-冷凝试验　test of fluorescent UV-Condensation type

以荧光紫外灯作光源,模拟并强化对高分子材料劣化影响最显著的紫外光谱,并适当控制温度、湿度,在样品上周期性产生凝露的试验。

3.3

紫外区　ultraviolet regions

紫外区分为:

——UV-A 段波长范围为 315 nm～400 nm;

——UV-B 段波长范围为 280 nm～315 nm;

——UV-C 段波长小于 280 nm。

3.4

荧光紫外灯　fluorescent UV lamp

通常指波长为 254 nm 的低压汞灯,由于加入磷的共存物使转换成较长的波长,荧光紫外灯的能量分布取决于磷共存物产生的发光谱和玻璃的扩播。

3.5

辐照度　irradiance

照射到表面一点处面元的辐射能通量,除以该面元的面积。单位为瓦每平方米(W/m^2)。

注:辐照度即辐射通量的面密度,是按照不同的波长分布的,不同的光谱造成的光化学效应差异很大,所以不应采用不同的灯源作比较。

[GB/T 12936—2007,定义 3.4]

4　产品分类

依据产品构成形式的不同,公路沿线设施用塑料制品一般分为以下两类:

——Ⅰ类(制成品),主要是指以合成树脂为主体的塑料制成品和玻璃纤维增强塑料产品,如:管道、管箱、防眩板、收费亭、标志底板、通信井盖等;

——Ⅱ类(外涂装防腐蚀层),主要是指产品有塑料基技术材料构建制成,塑料通过挤压、静电喷涂、浸渍与塑料糊或流化床粉末等方法包覆于金属构件的产品,如:防护设施和隔离设施等的外涂塑层、机电设施的外涂塑层等。

5　要求

5.1　外观质量通用要求

5.1.1　Ⅰ类(制成品),试验后,产品外观不应有明显的粉化、斑点、起泡、裂纹等缺陷,色差、尺寸稳定性等指标的变化率符合各类产品的相关要求。

5.1.2　Ⅱ类(外涂装防腐蚀层),试验后,产品外观不应有明显的粉化、斑点、起泡、裂纹、软化、剥落、锈点等缺陷,光泽、色差等指标的变化率符合各类产品的相关要求。

5.2　外涂装防腐蚀层老化试验质量等级评定要求

外涂装防腐蚀层经过老化试验后涂层外观质量应不低于表 1 中质量等级的要求,评级方案及方法按照 GB/T 1766 的相关规定执行。

表 1 质量等级评定要求

评定项目		等级要求	变 化 程 度
变色等级		3	明显变色(灰色样卡评定法)
粉化等级		1	很轻微,试布上刚可观察到微量颜料粒子(天鹅绒布法粉化等级评定法)
开裂等级	开裂数量	1	很少几条,小的几乎可以忽略的开裂
	开裂大小	S1	10 倍放大镜下才可见开裂
起泡等级		0	无泡
生锈等级	锈点数量	1	很少,几个锈点
	锈点大小	S1	10 倍放大镜下才可见锈点
剥落等级	剥落面积	0	0
	剥落大小	S0	10 倍放大镜下无可见剥落
综合评定等级		1	保护性漆膜综合老化性能等级评定要求

5.3 技术要求

公路沿线设施用塑料制品的耐候性能应符合表 2 中的相关规定,如供需双方对于特殊类型的设施和产品相应耐候性能有特殊要求时,可对表中的耐候性能技术要求进行补充规定,但一般情况下应不低于表中的要求。

表 2 技术要求

序号	项 目			技 术 要 求
1	耐温度交变性能			按 6.2 规定的方法进行 5 个周期试验后,产品的外观应无 5.1 规定的缺陷;力学性能保留率应大于 80%
2	耐高温湿热性能			按 6.3 规定的方法进行 7 个周期的试验后,产品的外观应无 5.1 规定的缺陷;力学性能保留率应大于 80%
3	耐热氧老化性能			按 6.4 规定的方法进行 8 个周期的试验后,产品的外观应无 5.1 规定的缺陷;力学性能保留率应大于 80%
4	耐循环盐雾腐蚀性能	严酷等级	A	按 6.5 规定的方法,经过 30 个试验周期,即 240 h 试验后,产品内金属构件应无明显锈蚀,产品的外观应无 5.1 规定的缺陷
			B[a]	按 6.5 规定的方法,经过 90 个试验周期,即 720 h 试验后,产品内金属构件应无明显锈蚀,产品的外观应无 5.1 规定的缺陷
5	耐二氧化硫腐蚀性能			按 6.6 规定的方法进行 10 个周期的试验后,试样的外观应无 5.1 规定的缺陷
6	耐风沙吹蚀性能			按 6.7 规定的方法进行 3 个周期试验后,应无明显磨损现象,试样的光学性能保留率应大于 80%
7	耐紫外光曝晒性能			按 6.8 规定的方法,经过 2 000 h 荧光紫外灯人工加速老化试验后,产品的外观应无 5.1 规定的缺陷;外涂装防腐蚀层耐老化性能等级应符合 5.2 规定的要求,材料的机械力学性能保留率应大于 80%
8	耐氙弧灯人工加速老化性能			按 6.9 规定的方法,经过人工加速老化试验累积能量达到 3.5×10^{6} kJ/m^{2} 后,产品的外观应无 5.1 规定的缺陷;外涂装防腐蚀层耐老化性能等级应符合 5.2 规定的要求,材料的机械力学性能保留率应大于 80%
9	耐自然曝晒性能			按 6.10 规定的方法,经过两年自然曝晒试验后产品的外观应无 5.1 规定的缺陷;外涂装防腐蚀层耐老化性能等级应符合 5.2 规定的要求,材料的机械力学性能保留率应大于 60%
a 严酷等级 B 的试验应用于重工业区域或沿海等腐蚀较严重区域的产品。				

6 试验方法

6.1 一般规定

6.1.1 试样制备

6.1.1.1 试样原则上应为原产品或从产品上截取，需要制作小样时，小样的成型加工工艺应与整体产品相同。

6.1.1.2 需进行力学性能保留率测试的样品应在产品的相邻部位截取，并做好标记，以保证试验结果前后的可比性。需另行制备的样品应保证样品的原材料及制备工艺等要求与原产品相同。

6.1.1.3 玻璃纤维增强塑料弯曲强度试样的制备应符合 GB/T 1449 的相关规定。

6.1.1.4 当需要进行耐候性能试验前后性能保留率测试时，初始试验试样数量应为有关国家标准中规定数量的两倍，如相关国家标准未作规定，每项试验所需试样数量应不小于 10。

6.1.2 状态调节

进行试验前，应按照 GB/T 2918 规定将试样置于温度(23±2)℃、相对湿度(50±5)%和气压 86 kPa～106 kPa 的环境中进行至少 88 h 的状态调节。

6.2 耐温度交变试验

温度交变试验按 GB/T 2423.22 的规定进行。试验箱可用温度交变试验箱进行，也可用一台高温试验箱和一台低温试验箱组合进行。试样在低温－40 ℃的试验箱内保持 3 h 后，在 2 min 内转移到高温＋70 ℃的试验箱保持 3 h，在 2 min 内再转移到低温试验箱为一个完整的试验周期。

6.3 耐高温湿热试验

按 GB/T 12000—2003 的规定进行，温度(40±2)℃，相对湿度(93^{+2}_{-3})%，每 24 h 为一个试验周期，暴露后的处理按 GB/T 12000—2003 的 4.5.1 规定进行。

6.4 耐热氧老化试验

按 GB/T 7141 的规定进行，试验温度为＋70 ℃，每 24 h 为一个试验周期。

6.5 耐循环盐雾试验

盐雾试验段按 GB/T 2423.18—2000 中第 5、8、9 章进行，严酷等级按照 5.3 表 2 的规定进行评定，盐雾段、过渡段(Ⅰ、Ⅱ、Ⅲ)、干燥段的试验条件按表 3 的规定进行。试验箱可用专用循环试验设备进行，也可用一台盐雾试验箱和一台湿热试验箱组合进行。试验流程按表 3 进行完成为一个完整的试验周期。最后一个试验周期结束后，对试验样品需按照 GB/T 2423.18—2000 的第 10 章进行恢复处理。

表 3 试验流程表

序号	试验流程	试验条件		试验时间/h	说明
		温度/℃	相对湿度/%		
1	盐雾	35±2	—	2	
2	过渡段Ⅰ	—	—	≤0.5	
3	干燥	60±2	20%～30%	4	
4	过渡段Ⅱ	—	—	≤0.5	
5	湿热	50±2	≥95%	2	
6	过渡段Ⅲ	—	—	≤0.5	此过度段完成后自动进入下一个周期试验

注：第Ⅰ、Ⅱ、Ⅲ过渡段的时间为调节时间，不列入有效试验时间(试验周期)，一个完整的试验周期为 8 h，试验时间按有效试验时间计算。

6.6 耐二氧化硫试验

按 GB/T 2423.33—2005 的规定进行。其中，SO_2 气体的体积百分比浓度等级选用 0.33，试验周期、暴露条件的阶段控制按照 GB/T 2423.33—2005 的 4.3 中表 2 的规定进行。

6.7 耐风沙吹蚀试验

按 GB/T 2423.37—2006 中 6.2 试验 Lc2 的规定进行。其中，试验用沙尘选择沙尘 3，沙尘浓度选择 5 g/m^3±1.5 g/m^3，气流速度选择 20 m/s±2 m/s，试验持续时间为 2 h。

6.8 耐紫外光曝晒试验

6.8.1 试样的数量：总数量为 20 件，10 件作为测试样，10 件用作参比样，避光保存。

6.8.2 试验设备：按 GB/T 16422.3—1997 的规定执行。

6.8.3 光源：选用 UV-A340 型灯管。

6.8.4 试验条件：样品架在 340 nm 处光谱辐照度为(0.78±0.02) $W/(m^2 \cdot nm)$，试验条件按照 GB/T 16422.3—1997 中 7.2 规定的暴露方式 1 进行。在黑标准温度(60±3)℃下辐照暴露 4 h，然后，在黑标准温度(50±3)℃下无辐照冷凝暴露 4 h 为一个循环。对于 PVC 材料的产品进行耐紫外光曝晒试验时，黑标准温度为(50±3)℃，其他试验条件不变。

6.9 氙弧灯人工加速老化试验

6.9.1 试样的数量：总数量为 20 件，10 件作为测试样，10 件用作参比样，避光保存。

6.9.2 试验设备：选用 GB/T 16422.2—1999 中规定的水冷氙弧灯人工加速耐候性试验箱。

6.9.3 光源：按照 GB/T 16422.2—1999 中 4.1.1 的方法 A 规定执行。

6.9.4 试验条件：波长 290 nm～800 nm 之间的光源辐照度为 550 W/m^2，在光谱波长 340 nm 处光谱辐照度选择 0.50 $W/(m^2 \cdot nm)$，在平行于灯轴的试样架平面上的试样，其表面上任意两点之间的辐照度差别不应大于 10%；试验过程中采用连续照射，周期性喷水，喷水周期为 18 min/102 min(喷水时间/不喷水时间)，即每 120 min，喷水 18 min；黑板温度(65±3)℃，喷淋和氙灯冷却用水为导电电阻大于 1 MΩ·cm 的纯净水。

6.9.5 累积辐射能量按下式计算：

$$Q = ET \times 10^{-3} \qquad \cdots\cdots(1)$$

式中：

Q——累积辐射能量，单位为千焦每平方米(kJ/m^2)；

E——平均辐射照度，单位为瓦每平方米(W/m^2)；

T——总的照射时间，单位为秒(s)。

6.9.6 其他规定按 GB/T 16422.2—1999 执行。

6.10 自然曝晒试验

自然曝晒试验按 GB/T 3681—2000 的规定进行，Ⅰ类(制成品)按照 GB/T 3681—2000 中 7.1a)规定的暴露方法进行，Ⅱ类(外涂装防腐蚀层)按照 GB/T 3681—2000 中 7.1b)规定的暴露方法进行。

6.11 性能保留率评定

6.11.1 评定方法

样品性能试验前后的劣化指标用性能保留率评定，评定公式如下：

$$\text{性能保留率}(\%) = \frac{X'}{X_0} \times 100 \qquad \cdots\cdots(2)$$

式中：

X'——试验后技术参数；

X_0——试验前技术参数。

6.11.2 评定项目

评定项目如下：

a） 塑料制品的抗拉强度、断裂延伸率检测项目按照GB/T 1040的相关规定进行，邵氏硬度按照GB/T 2411中的规定进行；

b） 玻璃钢制品的弯曲强度按照GB/T 1449的相关规定进行；

c） 防腐涂层的附着性能按照JT/T 600.1—2004的相关规定进行，光泽度按照GB/T 9754中60°测试条件的相关规定进行；

d） 如必要可规定其他性能测试项目。

7 检验规则

7.1 公路沿线设施用塑料制品耐候性能的检验，按照不同产品使用用途和使用环境，应按表4的要求进行。

表4 检验项目

序号	检验项目	产品分类		说　明
		Ⅰ类	Ⅱ类	
1	耐温度交变性能	√	√	
2	耐高温湿热性能	√	√	
3	耐热氧老化性能	√	√	
4	耐循环盐雾腐蚀性能		√	
5	耐 SO_2 腐蚀性能		√	
6	耐风沙吹蚀性能	√	√	Ⅰ类产品不要求光学性能保留率
7	耐紫外光曝晒性能			
8	耐氙弧灯人工加速老化性能	√	√	
9	耐自然曝晒性能	√	√	仅用于产品定型试验
注：表中“√”表示应检项目。				

7.2 除埋地类设施应用的产品（如地下通信管道）外，其他户外产品投入使用前，应选用人工加速老化试验的方法检验产品的耐候性指标。

8 试验报告

试验报告应至少包括以下信息：

a） 样品来源；

b） 试验方法；

c） 试验条件

老化试验要求出具光照时间、冷凝喷水时间及相应的温度、湿度、荧光紫外灯的光谱辐照度或氙灯照射时的辐照度；

d） 试验依据标准编号；

e） 试验周期；

f） 试验材料名称和型号；

g） 试验样品的尺寸和制备方法；

h） 试验设备

设备型号、规格，对于辐射暴露试验还应注明使用的光源和滤光罩类型；

i） 试验结果；

j） 试验日期和人员。

参 考 文 献

[1] GB/T 12936—2007 太阳能热利用术语.

ICS 67.160.10
X 61

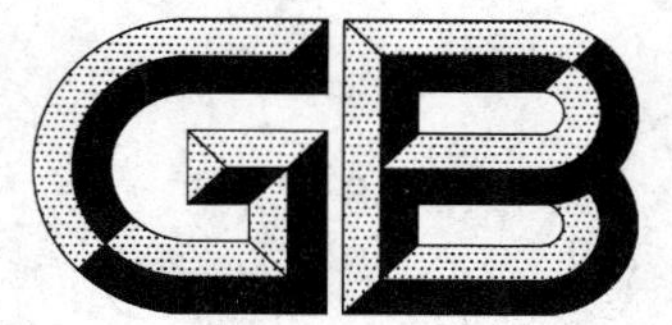

中华人民共和国国家标准

GB/T 22041—2008

地理标志产品　国窖1573白酒

Product of geographical indication—National cellar 1573 liquor

2008-06-25 发布　　　　2008-10-01 实施

中华人民共和国国家质量监督检验检疫总局
中国国家标准化管理委员会　发布

前　言

本标准根据中华人民共和国国家质量监督检验检疫总局颁布的 2005 第 78 号令《地理标志产品保护规定》及 GB 17924《原产地域产品通用要求》的要求并参照 GB/T 10781.1《浓香型白酒》而制定。

本标准的附录 A 为规范性附录。

本标准由全国原产地域产品标准化工作组提出并归口。

本标准起草单位：中国泸州老窖股份有限公司。

本标准主要起草人：张良、沈才洪、张宿义、沈怡方、高月明、高景炎、杨明、赖登燡、易彬、卢中明。

地理标志产品 国窖1573白酒

1 范围

本标准规定了国窖1573白酒地理标志产品的保护范围、术语和定义、要求、试验方法、检验规则及标志、包装、运输、贮存。

本标准适用于国家质量监督检验检疫行政主管部门根据《地理标志产品保护规定》批准保护的国窖1573白酒。

2 规范性引用文件

下列文件中的条款通过本标准的引用而成为本标准的条款。凡是注日期的引用文件，其随后所有的修改单(不包括勘误的内容)或修订版均不适用于本标准，然而，鼓励根据本标准达成协议的各方研究是否可使用这些文件的最新版本。凡是不注日期的引用文件，其最新版本适用于本标准。

GB 1351 小麦

GB 2757 蒸馏酒及配制酒卫生标准

GB/T 5009.48 蒸馏酒与配制酒卫生标准的分析方法

GB 5749 生活饮用水卫生标准

GB 7718 预包装食品标签通则

GB/T 8231 高粱

GB 10344 预包装饮料酒标签通则

GB/T 10345 白酒分析方法

GB/T 10346 白酒检验规则和标志、包装、运输、贮存

GB/T 15109 白酒工业术语

JJF 1070 定量包装商品净含量计量检验规则

3 术语和定义

GB/T 15109确立的以及下列术语和定义适用于本标准。

3.1

泸型酒 lu style liquor

以高粱或高粱配比其他粮食为酿造原料，以优质小麦或小麦、大麦、豌豆等混合配料制作中温大曲，采用续糟配料、泥窖固态发酵、混蒸混烧、经陈酿、勾调而成蒸馏酒。酿酒行业亦称浓香型白酒。

3.2

国窖窖池群 national fermentation cellars

自公元1573年以来，采用泸州五渡溪优质黄泥筑建，用于泸型酒酿造、连续使用至今的老窖池，窖泥色泽乌黑，香气馥郁，有益微生物种群丰富。

3.3

国窖1573大曲 special yeast for national cellar 1573 liquor

以川南软质小麦为原料，专门用于国窖基础酒生产的优级中温大曲。

3.4

发酵周期　fermentation cycle

在泸型酒酿造过程中，从粮糟入窖发酵到开窖起出酒糟所经历的时间，以天为单位。

3.5

国窖基础酒　base liquor of national cellar

以川南糯红高粱为酿造原料、川南软质小麦制作的国窖 1573 大曲为糖化发酵剂、泸州老窖国窖窖池群为发酵容器，采用独特的生产工艺、续糟配料、固态发酵、混蒸混烧、蒸馏而成。

3.6

调味酒　blending liquor

采用特殊生产工艺酿造的具有典型风格和鲜明个性、经陶坛长期洞藏陈酿老熟，勾调时用于丰富和完善酒体的香和味的酒。

3.7

洞藏　cave-storaging

以陶坛为储酒容器，将基础酒、调味酒存放于山洞中长期陈酿老熟的工序。

3.8

酒龄　storage time of liquor

国窖 1573 基础酒、调味酒在储存容器中陈酿老熟的时间，以年为单位。

3.9

勾调　blending

按国窖 1573 白酒的质量标准、选用不同风味特点的国窖基础酒进行组合、调味的工序。

4　地理标志产品保护范围

国窖 1573 白酒地理标志产品保护范围限于国家质量监督检验检疫行政主管部门根据《地理标志产品保护规定》批准保护的范围，见附录 A。

5　要求

5.1　原料要求

5.1.1　水

符合 GB 5749 的规定，取自长江泸州段。

5.1.2　高粱

符合 GB/T 8231 的规定，主要产于川南地区的糯红高粱。

5.1.3　小麦

符合 GB 1351 的规定，主要产于川南地区的软质小麦。

5.2　酿造环境

位于四川盆地，东经 105°08′～106°28′，北纬 27°39′～29°20′，季风气候明显，春秋季暖和，夏季炎热，冬季霜雪少，常年空气湿度大，孕育出了泸州独特的农作物品质及微生物类群；泸州五渡溪的黄泥色泽金黄，绵软细腻，富于黏性，特别适宜窖泥微生物的生长繁殖；这种绿色生态环境是保证国窖 1573 白酒品质的重要自然基础。

5.3　生产工艺要求

5.3.1　国窖 1573 大曲制作

润麦“外软内硬”；粉碎“烂心不烂皮”；拌料“成团而不散”；制坯“光滑而不致密”；安坯“宽窄适宜”；

培菌“前缓、中挺、后缓落”；翻坯“时机适度”；自然积温；自然风干而形成的优级中温大曲。

5.3.2 国窖 1573 白酒酿造、陈酿、勾调

碎粮“4 瓣～8 瓣”；拌料“深挖低放”；上甑“轻撒匀铺”；混蒸混烧“缓火蒸酒、大火蒸粮”；“看花”摘酒；“翻糙”摊晾；均匀拌曲；国窖窖池连续使用；入窖发酵“前缓、中挺、后缓落”；开窖鉴定“一看、二闻、三尝”；黄水“滴窖勤舀”；分层堆糟；续糟配料；本窖循环；基础酒、调味酒采用陶坛长期洞藏陈酿，调味酒酒龄不低于 5 年；按国窖 1573 白酒的质量标准，选用不同风味的基础酒进行组合、调味。

5.4 感官要求

感官要求见表 1。

表 1 感官要求

项目	指标要求				
	25%vol～34%vol	35%vol～40%vol	41%vol～60%vol	61%vol～67%vol	≥68%vol
色泽	无色(或微黄)透明、无悬浮物、无沉淀				
香气	窖香幽雅、陈香舒适，具有己酸乙酯为主体的复合香气	窖香浓郁、陈香幽雅，具有己酸乙酯为主体的复合香气	窖香、陈香、糟香谐调幽雅，具有浓郁的己酸乙酯为主体的复合香气	窖香、糟香谐调幽雅、陈香突出，具有浓郁的己酸乙酯为主体的复合香气	窖香、糟香谐调幽雅、陈香舒适，具有浓郁的己酸乙酯为主体的复合香气
口味	绵甜柔和、诸味协调、尾味爽净	绵甜柔和、香味谐调、余味爽净	醇厚绵甜、丰满协调圆润、尾净香长	醇厚浓郁、圆润谐调爽净、回味悠长	醇厚浓郁、圆润谐调、回味悠长
风格	本品风格典型				
注：当酒温低于 10℃以下时，允许出现白色絮状沉淀物质或失光，10℃以上时应逐渐恢复正常。					

5.5 理化指标

理化指标见表 2。

表 2 理化指标

项目	指标要求				
酒精度/%vol	25～34	35～40	41～60	61～67	≥68
总酸(以乙酸计)/(g/L)	≥0.30	≥0.40	≥0.50	≥0.70	≥1.00
总酯(以乙酸乙酯计)/(g/L)	≥1.00	≥1.20	≥2.00	≥2.40	≥2.80
己酸乙酯/(g/L)	0.50～2.00	0.60～2.20	1.20～3.20	2.20～4.50	≥3.00
固形物/(g/L)	≤0.90		≤0.60		≤0.80
注：标签标示值与实测酒精度偏差不得超过±1.0%vol。					

5.6 卫生指标

按 GB 2757 规定执行。

6 分析方法

按 GB/T 10345、GB/T 5009.48 规定执行。

7 检验规则

按 GB/T 10346 和 JJF 1070 规定执行。

8 标志、标签

按 GB 7718、GB 10344 规定执行，也可同时标注“地理标志产品”标志。

9 包装、运输和贮存

按 GB/T 10346 规定执行。

附　录　A
（规范性附录）
国窖 1573 白酒地理标志产品保护范围图

国窖 1573 白酒地理标志产品保护范围图见图 A.1。

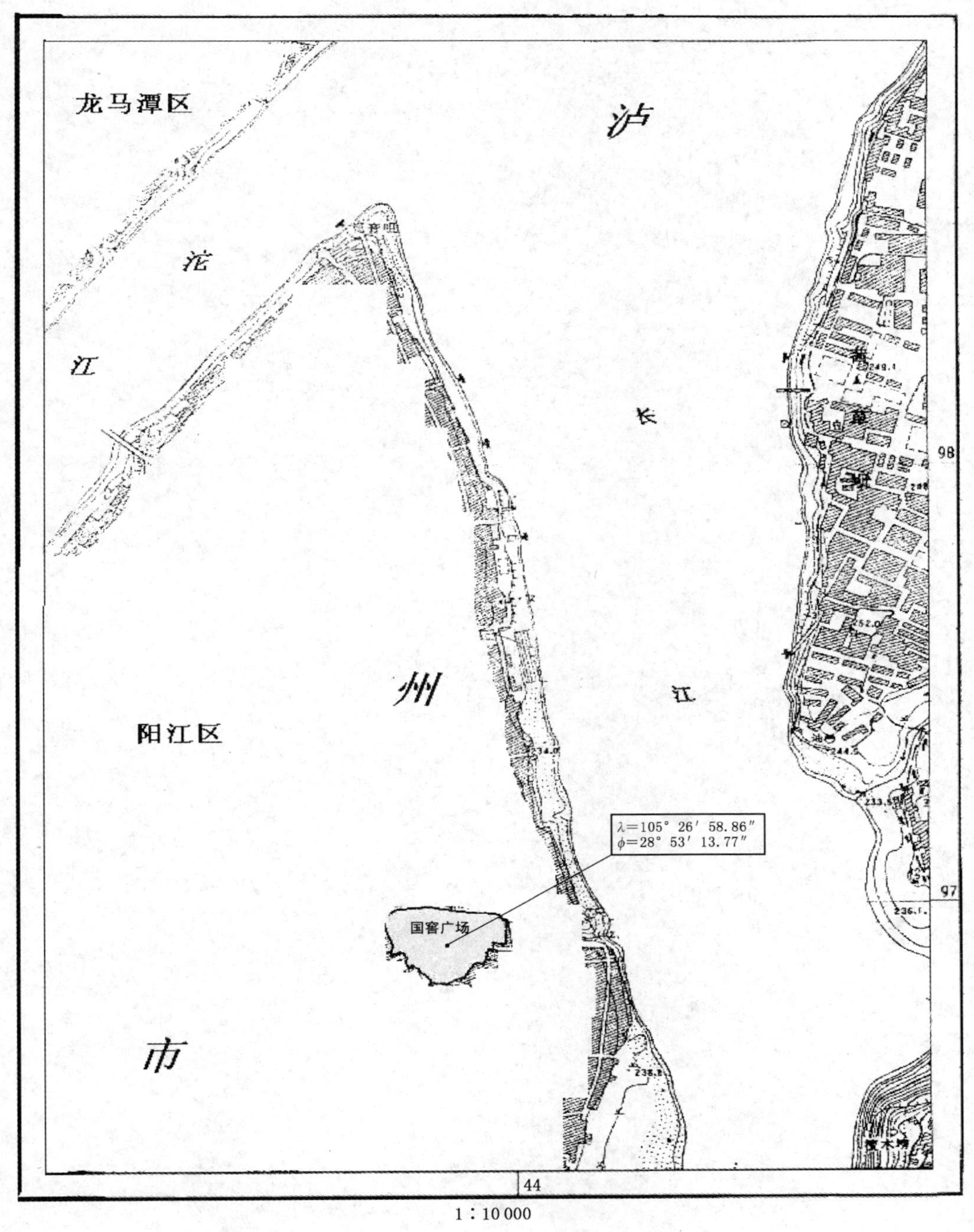

1∶10 000

图 A.1　国窖 1573 白酒地理标志产品保护范围图

ICS 61.020
Y 75

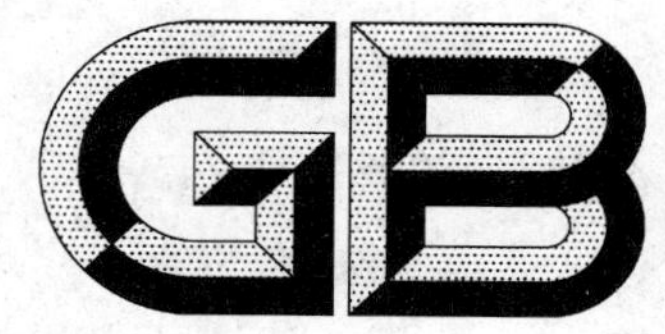

中华人民共和国国家标准

GB/T 22042—2008

服装 防静电性能 表面电阻率试验方法

Clothing—Electrostatic properties—Test method for measurement of surface resistivity

2008-06-18 发布 2009-05-01 实施

中华人民共和国国家质量监督检验检疫总局
中国国家标准化管理委员会 发布

前　言

本标准等同采用欧洲标准 EN 1149-1:2006《防护服　静电性能　第1部分:表面电阻率试验方法》(英文版)。

为了便于使用,本标准做了下列编辑性修改:

a)　标准名称改为"服装　防静电性能　表面电阻率试验方法";

b)　"本欧洲标准"一词改为"本标准";

c)　用小数点"."代替作为小数点的逗号",";

d)　用"ln"代替"$\log_e$";

e)　删除欧洲标准的前言、引言;

f)　删除欧洲标准的资料性附录;

g)　增加资料性附录。

本标准的附录 NA 为资料性附录。

本标准由中国纺织工业协会提出。

本标准由全国服装标准化技术委员会(SAC/TC 219)归口。

本标准主要起草单位:温州市质量技术监督检测院、上海市服装研究所。

本标准主要起草人:黄赢、张大为、林欧文、聂雅渊、许鉴、王宏明。

本标准首次发布。

服装 防静电性能 表面电阻率试验方法

1 范围

本标准规定了用于能消除静电火花的防静电防护服(或手套)材料的试验方法。

本标准不适用于抗电源电压防护服或手套所采用的材料。

2 规范性引用文件

下列文件中的条款通过本标准的引用而成为本标准的条款。凡是注日期的引用文件,其随后所有的修改单(不包括勘误的内容)或修订版均不适用于本标准,然而,鼓励根据本标准达成协议的各方研究是否可使用这些文件的最新版本。凡是不注日期的引用文件,其最新版本适用于本标准。

EN 340:2003 防护服 通用要求

3 术语和定义

下列术语和定义适用于本标准。

3.1

表面电阻 surface resistance

通过将特定电极置于材料表面来测定的电阻,单位为欧姆(Ω)。

3.2

表面电阻率 surface resistivity

沿着材料表面的一块方形材料的对边之间的电阻,单位为欧姆(Ω)。

注:表面电阻率与电极大小无关,通过将所测得的表面电阻与一个合适的因子相乘计算得出。

4 试验方法

4.1 原理

将试样放置于绝缘底盘上,试样上再放置一个电极装置。将电极装置通上直流电,然后测量织物的电阻。

4.2 设备

4.2.1 电极

电极应由同轴的圆柱形电极和环形电极组成。不锈钢制的电极如图1所示。当按照4.4.2所述的方法进行测定时,内外电极的绝缘电阻应不低于10^{14} Ω。

4.2.2 平底盘

平底盘由表面电阻率不低于10^{14} Ω(见4.4.2)、厚度在1 mm到10 mm之间的绝缘材料组成,且应大于电极的最大尺寸。该底盘在测量试样时用于承放试样,按照顺序放置在接地导体表面,如金属盘。

4.2.3 电阻表

电阻表的测量范围:10^5 Ω~10^{14} Ω。

最大允许误差:≤10^{12} Ω时,±5%;

$>10^{12}$ Ω时，±20%。

4.2.4 清洗剂

使用合适的清洗剂，如丙二醇或乙醇。

警告：丙二醇和乙醇是极易燃物品，并且对人体健康有害。避免吸入其蒸气以及与皮肤、眼睛和衣服接触。

4.3 试样与调节

4.3.1 预处理

试样的预处理，包括洗涤次数等，应按照生产商提供的洗护指标进行，或者按照 EN 340：2003 第5.4条的要求洗涤5次。

注：对于勿需清洗的服装（如一次性服装），则无须预处理。

4.3.2 试样或服装

应从整卷面料或服装中裁剪出五片试样，每片的尺寸都应大于电极直径而小于底盘的轮廓尺寸。若需测试一件未裁剪的服装，则应对服装的五个不同的合适位置进行测量。试样不能有接缝。接触试样时，只能拿住其边缘部分以免污染。

试样应从与防护服交货样品同批生产的材料中取样。

4.3.3 调节和测试的环境条件

试样在试验前应在下述的环境中调节至少 24 h，并进行试验：

——环境温度：(23±1)℃；

——相对湿度：(25±5)%。

注：材料表面电阻在很大程度上取决于相对湿度。相对湿度越低，表面电阻越大。

4.4 试验步骤

4.4.1 清洗

使用沾有一种清洗剂（见 4.2.4）的纸巾擦拭，清洗电极的下表面和底盘的上表面。

电极应放置在空气中晾干。

4.4.2 平底盘绝缘试验

按照 4.4.3 所给的步骤，在没有试样的情况下进行空白试验。计算绝缘材料的电阻率，并检查其是否符合 4.2.2 的要求。

4.4.3 测试

将试样放置于表面已预先被测试的底盘上，将电极装置放在试样上。按图 1 所示将电极连接。

加上(100±5) V 的电压(15±1) s 后，使用电阻表测定其电阻。如果电阻值低于 10^5 Ω，可使用适当低的电压，但应在试验报告中加以说明。

如有必要，低于 10^5 Ω 的电阻可采用测量通过与试样依次相连的电表的电流来测定，并计算出所用电压与电流的比值。

其他四个试样或服装上四个不同的位置，重复此步骤。

4.4.4 试验装置

见图 1。

单位为毫米

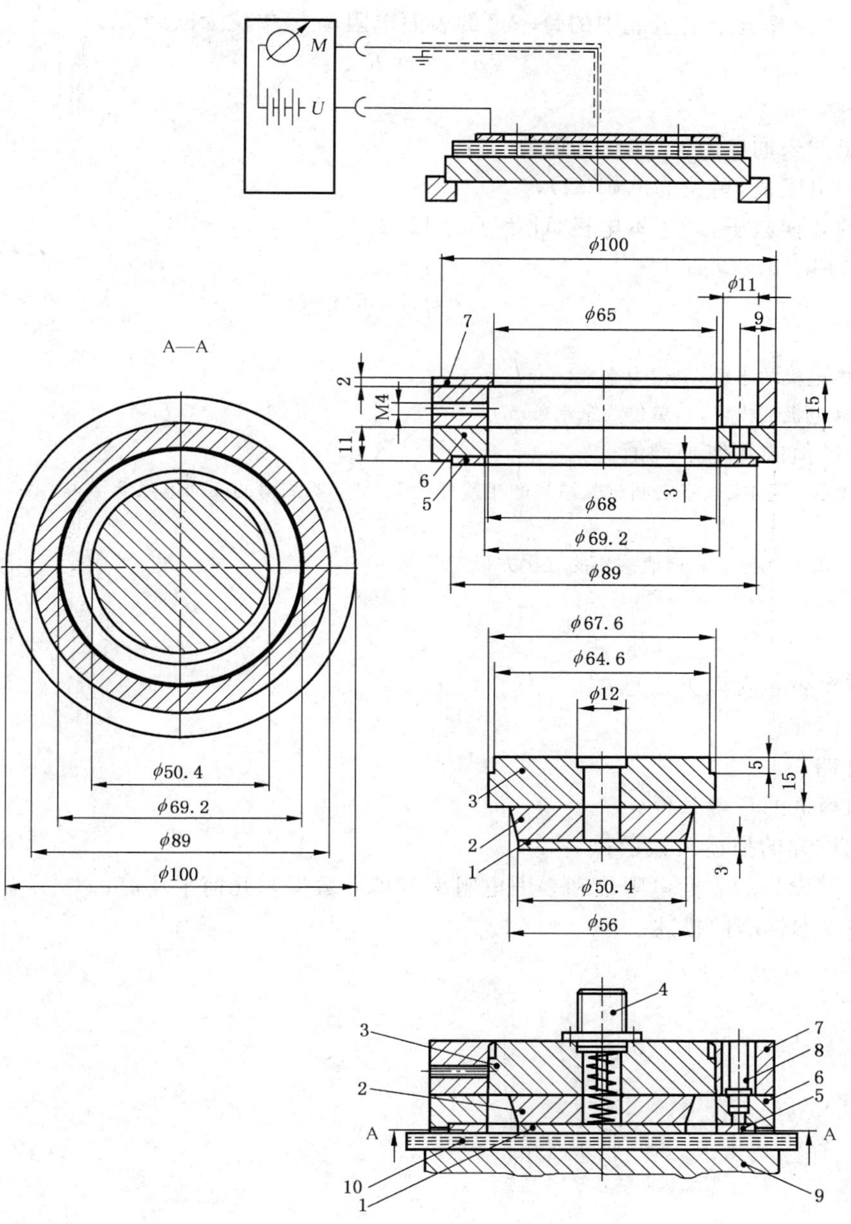

1——试验电极；

2——绝缘圆盘；

3——防护盘；

4——同轴插入式连接器；

5——环形电极；

6——绝缘环；

7——屏蔽环；

8——连接器；

9——底盘；

10——样品。

图 1　电极装置、尺寸和测量电路

4.5 结果的计算与表示

使用以下公式计算五个电阻值中的每一个的表面电阻率 ρ，单位为欧姆(Ω)：

$$\rho = k \times R$$

式中：

ρ——计算出的表面电阻率，单位为欧姆(Ω)；

R——测定的电阻值，单位为欧姆(Ω)；

k——电极的几何因子，对于本电极，此因子为19.8。

注1：因子 k 用以下公式进行计算：

$$k = 2\pi/\ln(r_2/r_1)$$

式中：

r_1——内电极的半径，单位为毫米(mm)；

r_2——外电极的内半径，单位为毫米(mm)。

计算此五个数值的几何平均值。

注2：此方法显示，不同实验室之间试验结果的相差可达10倍。若测得的表面电阻低于 10^{10} Ω，结果的相差将会小一些。

注3：几何平均值为此五个测量值乘积的五次方根。

5 试验报告

试验报告应至少包含以下信息：

a) 依据本标准；

b) 测试日期；

c) 调节和测试的环境条件；

d) 样品和试样的描述及数量；

e) 每个被测样品的表面电阻值和表面电阻率的单一数据与几何平均值；

f) 任何偏离本标准的描述。

附 录 NA
（资料性附录）
EN 340:2003 中 5.4 条规定的洗涤方法

如果具体标准中包含前处理要求，以检查洗涤带来的不利影响，则应按如下试验程序进行，除非在具体的标准另有规定。

如果洗护标签或生产商提供的资料中允许家庭洗涤或干洗和/或整烫，那么防护服或材料应按 EN ISO 6330的规定进行家庭洗涤，或按 EN ISO 3175-2 的规定进行干洗和/或最后整烫。

如果允许工业洗涤和/或整烫，那么防护服应按 ISO 15797 的规定进行洗涤。

如果既允许水洗又允许干洗，那么样品应只进行水洗。

如果家庭洗涤和工业洗涤都允许，那么工业洗涤应按 ISO 15797 中规定的具体次数来进行。

注 1：ISO 6330:2000 已被等效采用为 GB/T 8629—2001。

注 2：ISO 3175-2:1998 已被修改采用为 GB/T 19981.2—2005。

ICS 61.020
Y 75

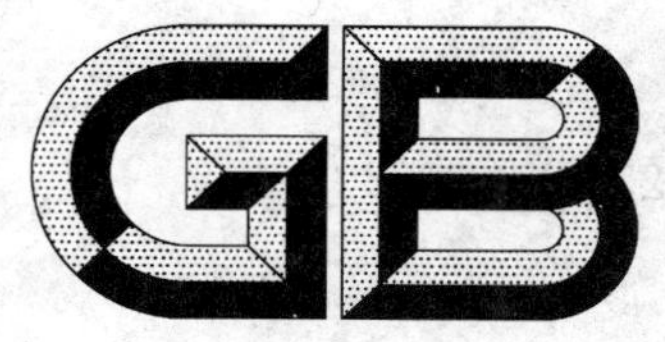

中华人民共和国国家标准

GB/T 22043—2008

服装 防静电性能
通过材料的电阻(垂直电阻)试验方法

Clothing—Electrostatic properties—Test method for measurement of the electrical resistance through a material(vertical resistance)

2008-06-18 发布 2009-05-01 实施

中华人民共和国国家质量监督检验检疫总局
中国国家标准化管理委员会 发布

前　言

本标准等同采用欧洲标准 EN 1149-2：1997《防护服　静电性能　第 2 部分：通过材料的电阻（垂直电阻）试验方法》（英文版）。

为了便于使用，本标准做了下列编辑性修改：

a）　标准名称改为"服装　防静电性能　通过材料的电阻（垂直电阻）试验方法"；

b）　"本欧洲标准"一词改为"本标准"；

c）　用小数点"."代替作为小数点的逗号"，"；

d）　删除欧洲标准的前言、引言；

e）　删除欧洲标准的资料性附录 ZA。

本标准的附录 A 为资料性附录。

本标准由中国纺织工业协会提出。

本标准由全国服装标准化技术委员会（SAC/TC 219）归口。

本标准起草单位：温州市质量技术监督检测院、上海市服装研究所、重庆市纤维织品检验所。

本标准主要起草人：张大为、林欧文、黄赢、施琴、韩冀彭、秦威。

本标准首次发布。

服装　防静电性能
通过材料的电阻(垂直电阻)试验方法

1　范围

本标准规定了测定防护服材料垂直电阻的试验方法。

本标准不适用于抗电源电压的防护服。

注:更多信息在资料性附录A中给出。

2　规范性引用文件

下列文件中的条款通过本标准的引用而成为本标准的条款。凡是注日期的引用文件,其随后所有的修改单(不包括勘误的内容)或修订版均不适用于本标准,然而,鼓励根据本标准达成协议的各方研究是否可使用这些文件的最新版本。凡是不注日期的引用文件,其最新版本适用于本标准。

GB/T 22042—2008　服装　防静电性能　表面电阻率试验方法(EN 1149-1:2006, Protective clothing—Electrostatic properties—Part 1 :Test method for measurement of surface resistivity ,IDT)

3　术语和定义

下列术语和定义适用于本标准。

3.1

垂直电阻　vertical resistance

R_v

使用特定电极装置测定的通过被测材料的电阻,单位为欧姆(Ω)。

4　试验原理

将电极放置于被测材料的正反两面上,将电极装置通上直流电,然后测量被测材料的垂直电阻。

5　试验设备

5.1　电极装置

5.1.1　概述

与试样的电路连接应通过使用与GB/T 22042—2008中的电极相同的电极装置来建立。此电极装置也决定了试样的形状,见图1。

5.1.2　试验电极

试验电极包括一个厚度约为3 mm、直径 d_1=50.4 mm的金属圆盘(1),此金属圆盘固定在一个高绝缘材料制成的独立的圆盘(2)下,并且与一个金属防护盘(3)同轴。金属圆盘与防护盘通过一个同轴插入式连接器(4)与电路连接。

5.1.3　环形电极

环形电极包括一个厚度约为3 mm,内径 d_2=69.2 mm,外径 d_3=89 mm的金属防护环(5),此金属防护环(5)位于一个高绝缘材料制成的独立的圆环(6)下,与外径 d_4=100 mm的屏蔽环(7)同轴。通过插入与屏蔽环(7)绝缘的连接器(8),使金属防护环(5)和电路连接。

5.1.4 底盘电极

底盘电极包括一个直径为(110±0.2) mm,厚度约为 12 mm 的金属圆盘(9),与一个最大厚度为 1 mm,绝缘电阻不低于 10^{14} Ω 的绝缘层(10),两者一起放置在下表面上。通过插座(11)与电路连接。

单位为毫米

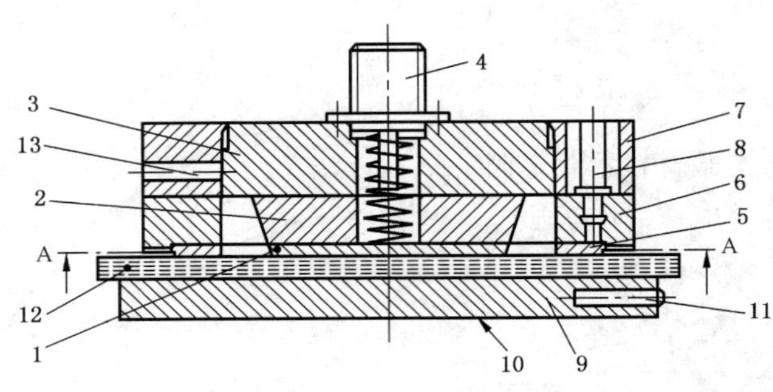

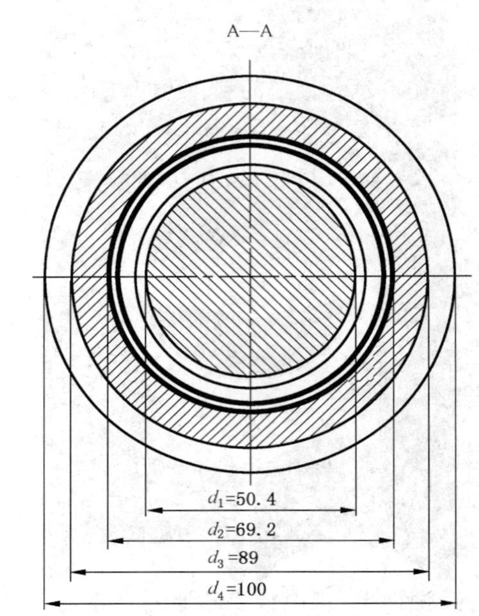

1——试验电极的金属圆盘;
2——试验电极的绝缘圆盘;
3——试验电极的防护盘;
4——同轴插入式连接器;
5——环形电极的金属防护环;
6——绝缘环;
7——屏蔽环;
8——连接器;
9——底盘电极的金属圆盘;
10——绝缘层;
11——插座;
12——被测材料;
13——球孔。

图 1 电极装置

5.1.5 装置结构

试验电极安装在环形电极内,与环形电极同轴,且在环形电极内应易移动。为实现电路连接,在试验电极和环形电极的屏蔽环(7)与金属防护盘(3)之间的接触面的圆周上等距离分布着三个小孔(13),在这三个小孔内应装入支在弹簧上的小球。按此装入的弹性压力应小到足以忽略任何多余的摩擦力。

与试样相接触的电极(1)、(5)和(9)的表面应由相同的材料制成,这样,即使样品中含有电解液,也不会出现电解现象。

试验电极和环形电极的总质量应为(1 020±20)g,在被测材料上施加大约 10 N 的接触压力。为确保试验电极和环形电极承受同样的压力(约 0.225 N/mm^2 即 2.25 kPa),试验电极的质量应为(460±10)g,环形电极的质量应为(560±10)g。

图 1 为结构图。图中标明的尺寸,是假定金属部件由密度为 7.8 g/cm^3 的钢材制成,绝缘部件由密度约为 1.19 g/cm^3 的有机玻璃(PMMA)、聚苯乙烯(PS)或聚碳酸酯(PC)制成的适当尺寸。

5.2 电阻表或静电计

电阻表测量范围:10^5 Ω～10^{14} Ω。

最大允许误差:≤10^{12} Ω 时,±5%;

>10^{12} Ω 时,±20%。

或者采用与不低于 10^{14} Ω 的输入电阻及内置保险电阻的独立直流电源一起使用的静电计。

5.3 电极清洗剂

使用合适的清洗剂,如丙二醇或乙醇。

警告:一些清洗剂,如丙二醇或乙醇,虽然合适,但具有极高的易燃性和毒性。建议采用适当的集体或个人防护措施,防止起火、吸入其蒸气以及与皮肤、眼睛和衣物接触。

6 试样或样品/服装与调节

6.1 试样或样品/服装

应从样品或服装中裁剪出五片试样,每片的尺寸都应大于电极直径而小于底盘的轮廓尺寸。若需测试一件样品/服装,则应对五个不同的合适位置进行测量。接触试样时,只能拿住其边缘部分以免污染。

注:试样应从与防护服交货样品同批生产的材料中取样。

6.2 调节和测试的环境条件

试样在试验前应在下述的环境条件中调节至少 24 h,并进行试验:

—— 环境温度:(23±1)℃;

—— 相对湿度:(25±5)%。

注:对于特定目的,可要求其他大气环境(见附录 A)。

7 试验步骤

7.1 清洗

使用沾有一种清洗剂(见 5.3)的纸巾擦拭,清洗试验电极和环形电极的下表面及底盘电极的上表面。

7.2 底盘电极绝缘试验

按 GB/T 22042—2008 中 4.4.2 的要求进行试验。

7.3 测试

底盘电极的非绝缘面应向上放置。被测材料应放在底盘上,试验电极和环形电极应以同轴的方式放置在被测材料的上面。电路构成如图 2 所示。

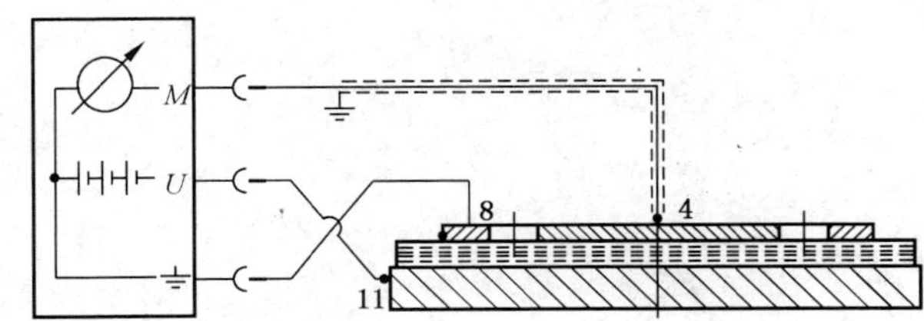

4——同轴插入连接器;

8——连接器;

11——插座。

图 2 垂直电阻 R_V 的测量电路

若按照 GB/T 22042—2008 中测得的被测试样的表面电阻率低于 10^8 Ω，则在测定垂直电阻 R_v 时，金属防护环(5)不应接地，否则过高的漏电流会导致试验电压的过度损耗。如果出现此情况，应只对试样进行试验，而不对样品/服装进行试验。

加上(100±5)V 的电压(15±1)s 后，使用电阻表或静电计测定垂直电阻。如果垂直电阻值低于 10^5 Ω，可使用适当低的电压，但应在试验报告中加以说明。

如有必要，低于 10^5 Ω 的垂直电阻可采用测量通过与试样依次相连的电表的电流来测定，并计算出所用电压与电流的比值。

其他四个试样或服装上四个不同的位置，重复此步骤。

8 结果的计算与表示

计算五个垂直电阻测量值的算术平均值。

9 试验报告

在试验报告中应注明依据本标准，并报告以下信息：

a) 被测材料的描述；

b) 试验环境条件；

c) 测试电压，单位：V；

d) 五个单一的测量值；

e) 垂直电阻 R_v 的平均值，单位：Ω；

f) 任何偏离本标准的描述；

g) 试验日期。

附 录 A
（资料性附录）
说 明

A.1 垂直电阻是除表面电阻率外服装材料本身的另一个重要特性。对于能消除静电的服装来说，低垂直电阻（如小于 10^8 Ω）和低表面电阻率（见 GB/T 22042—2008）都是有利的特性。但由于穿在外套之内的绝缘衣物会阻止外套与皮肤的接触，阻止了静电电荷直接从身体上消除，使这一有利特性经常会变得不是很可靠。对于一些特殊用途的防护服，如电焊工防护服（电压一般低于 100 V），则要求有高的垂直电阻（如大于 10^5 Ω）以保证提供一定程度的绝缘。应当指出，一般情况下绝缘特性会随着相对湿度增高而减弱。

A.2 依据本标准制定的防护服具体标准宜规定预处理要求（如洗涤次数）、调节和测试的环境条件及性能指标（如最大或最小垂直电阻）。

A.3 不包含垂直电阻率的计算，是因为这需要测量试样的厚度，会导致结果离散性的增大。

A.4 此方法显示，不同实验室之间试验结果的相差可达 10 倍。若测得的垂直电阻低于 10^{10} Ω，结果的相差将会小一些。

ICS 61.020
Y 75

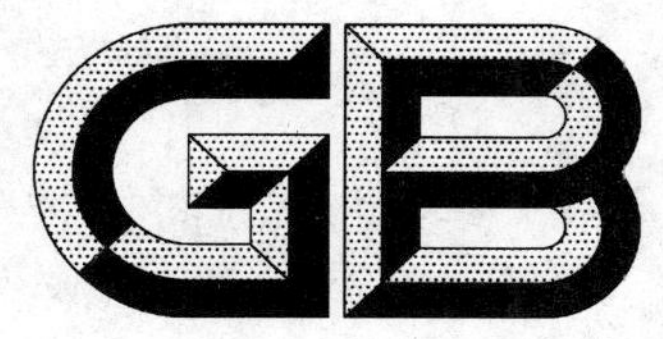

中华人民共和国国家标准

GB/T 22044—2008

婴幼儿服装用人体测量的部位与方法

Location and method of infants' anthropometric surveys for garments

2008-06-18 发布　　　　2009-05-01 实施

中华人民共和国国家质量监督检验检疫总局
中国国家标准化管理委员会　发布

前　言

本标准非等效采用美国试验与材料协会标准 ASTM D 4910-07《婴幼儿人体测量标准表,0 至 24 码》(英文版)。

本标准由中国纺织工业协会提出。

本标准由全国服装标准化技术委员会(SAC/TC 219)归口。

本标准由全国服装标准化技术委员会负责解释。

本标准主要起草单位:上海市服装研究所、红黄蓝集团有限公司。

本标准主要起草人:施琴、聂雅渊、许鉴、叶显东、秦威、王宏明。

本标准首次发布。

婴幼儿服装用人体测量的部位与方法

1 范围

本标准规定了婴幼儿服装用人体测量的部位与方法。

本标准适用于对年龄在24个月及以内的婴幼儿的人体测量。

本标准适用于各类服装及服饰配件所需的婴幼儿人体尺寸数据的测量，但并不是所有的本标准定义的婴幼儿人体尺寸在婴幼儿人体测量和婴幼儿服装生产中都是必需的。

2 规范性引用文件

下列文件中的条款通过本标准的引用而成为本标准的条款。凡是注日期的引用文件，其随后所有的修改单（不包括勘误的内容）或修订版均不适用于本标准，然而，鼓励根据本标准达成协议的各方研究是否可使用这些文件的最新版本。凡是不注日期的引用文件，其最新版本适用于本标准。

GB/T 16160 服装用人体测量的部位与方法

3 术语和定义

下列术语和定义适用于本标准。

3.1 水平尺寸

3.1.1

头围 head girth

两耳上方水平测量的头部最大围长。

3.1.2

颈根围 neck base girth

经第七颈椎点、颈根外侧点及颈窝点测量的颈根部围长。

3.1.3

肩长 shoulder length

被测者手臂自然下垂，测量从颈根外侧点至肩峰点的直线距离。

3.1.4

总肩宽 across back shoulder

被测者手臂自然下垂，测量左右肩峰点之间的水平弧长。

3.1.5

胸宽 front chest width

被测者手臂自然下垂，经过胸部测量两个前腋点间的水平距离。

3.1.6

胸围 chest/bust girth

经肩胛骨、腋窝和乳头测量的最大水平围长。

3.1.7

腰围 waist girth

胯骨上端与肋骨下缘之间自然腰际线的水平围长。

3.1.8

臀围 hip girth

在臀部最丰满处测量的臀部水平围长。

3.1.9

腋围 armscye girth

被测者手臂自然下垂，测量以肩峰点为起点，经前腋窝点、腋窝、后腋窝点，再至起点的围度。

3.1.10

上臂围 upper-arm girth

被测者手臂自然下垂，在腋窝下部测量上臂最粗处的水平围长。

3.1.11

肘围 elbow girth

被测者手臂弯曲成90°角，手伸直，手指朝前，测量肘部围长。

3.1.12

腕围 wrist girth

被测者手臂自然下垂，测量腕骨部位围长。

3.1.13

大腿根围 thigh girth

测量大腿最高部位的水平围长。

3.1.14

膝围 knee girth

被测者直立，测量膝部的围长。测量时软尺上缘与胫骨点(膝部)对齐。

3.1.15

腿肚围 calf girth

测量小腿腿肚最粗处的水平围长。

3.1.16

踝围 ankle girth

经踝骨突出点测量踝骨中部的围长。

3.2 垂直尺寸

3.2.1

身高 height

被测者平躺于台面，腿伸直，脚与腿成90°角，测量自头顶至脚跟的直线距离。

3.2.2

头颈长 head and neck length

被测者平躺于台面，腿伸直，头伸直，颈部不要弯曲，沿头颈部自头顶至第七颈椎点的距离。

3.2.3

躯干长 trunk length

被测者平躺于台面，测量第七颈椎点至会阴点的直线距离。

3.2.4

腰围高 waist height

被测者平躺于台面，将腿伸直，脚与腿成90°角，沿体侧测量从腰际线至脚跟的直线距离。

3.2.5

臀围高 hip height

被测者平躺于台面，将腿伸直，脚与腿成90°角，沿体侧测量从臀围线至脚跟的直线距离。

3.2.6

直裆　true rise

被测者坐在硬而平的台面，在体侧测量从腰际线至台面的垂直距离。

3.2.7

膝围高　knee height

被测者平躺于台面，腿伸直，脚与腿成90°角，自膝后部中心点至脚跟的直线距离。

3.2.8

外踝高　ankle height

被测者平躺于台面，将腿伸直，脚与腿成90°角，测量自外侧踝骨最突出部位至脚跟的直线距离。

3.2.9

颈椎点高　cervicale height

被测者平躺于台面，将腿伸直，脚与腿成90°角，测量自第七颈椎点，沿背部脊柱曲线至臀围线，再直线至脚跟的长度。

3.2.10

腋窝深　scye depth

用一根软尺经腋窝下水平绕被测者人体一圈，用另一根软尺测量自第七颈椎点至第一根软尺上缘部位的直线距离。

3.2.11

背腰长　center back waist length

测量自第七颈椎点沿脊柱曲线至腰际线的曲线长度。

3.2.12

颈椎点至膝长　cervicale to knee height

被测者平躺于台面，将腿伸直，测量从第七颈椎点到膝后部中心点的直线距离。

3.2.13

前腰长　center front waist length

测量自颈根外侧点经乳头点，再至腰际线所得的距离。

3.2.14

腰至臀长　waist to hip length

被测者平躺于台面，将腿伸直，沿体侧测量从腰际线到臀围线的直线距离。

3.2.15

腰至膝长　waist to knee

被测者平躺于台面，将腿伸直，沿体侧测量从腰际线到与膝后部中心点水平线的直线距离。

3.2.16

躯干围　trunk girth

以右肩线（颈根外侧点与肩峰点连线）的中点为起点，从背部经腿分叉处过会阴点，经右乳头再至起点的长度。

3.2.17

肩臂长　shoulder and arm length

被测者右手握拳放在臀部，手臂弯曲成90°角，从颈侧点开始经肩峰点沿手臂外侧，经桡骨点（肘部）至尺骨茎突点（腕部）的距离。

3.2.18

臂长　arm length

被测者右手握拳放在臀部，手臂弯曲成90°角，测量自肩峰点，经桡骨点（肘部）至尺骨茎突点（腕部)的长度。

3.2.19

颈椎点至腕长　cervicale to wrist

被测者右手握拳放在臀部,手臂弯曲成90°角,测量自第七颈椎点经肩峰点,沿手臂过桡骨点(肘部)至尺骨茎突点(腕部)的长度。

3.2.20

会阴上部前后长　crotch length

下躯干弧长

测量自前身腰际线中点经会阴点至背部腰际线中点的曲线长,避免裆部的压迫。

3.2.21

腿内侧长　crotch height

会阴高

被测者平躺于台面,将腿伸直,脚与腿成90°角,测量自会阴点到脚跟的直线距离。

3.3　其他

3.3.1

体重　body weight

被测者穿着内衣的情况下,在校准的体重计上显示的数。

3.3.2

手长　hand length

被测者右前臂与伸展的右手成直线,四指并拢,拇指分开,测量自中指尖至掌根部第一条皮肤皱折的距离。

3.3.3

掌围　hand width

右手伸展,四指并拢,拇指分开,测量不包括大拇指在内的手掌最大围长。

3.3.4

足长　foot length

被测者赤足,脚趾伸展,测量最突出的足趾尖点与足后跟最突出点连线的最大直线距离。

3.3.5

足宽　foot width

被测者赤足,测量脚的一侧到另一侧最宽的直线距离。

4　测量工具

4.1　软尺:尺寸稳定,刻度精确,以毫米为单位。

4.2　体重计:可测定体重,误差不超过±1%。

4.3　直角规:适用于测量范围为0～200 mm和0～250 mm人体尺寸的测量。

5　测量条件及要求

5.1　所有测量点的定位参照GB/T 16160。

5.2　测体应在裸体及赤足的情况下进行,如果做不到这点,应保证测量时被测者穿尽可能少的衣服,且这些衣服不能严重影响人体形态或妨碍尺寸的准确测量。

5.3　所有测量都在身体的同一边进行以保持结果的一致性。

5.4　使用体重计测量体重。

5.5　使用直角规测量手长、足长、足宽。

5.6 使用软尺测量所有其他尺寸。测量时适度地拉紧软尺，但应保证人体未受软尺的压迫，并将每个尺寸精确到0.1 cm。

5.7 测量时，辅助工作人员应保证被测者的安全。

ICS 67.160.10
X 61

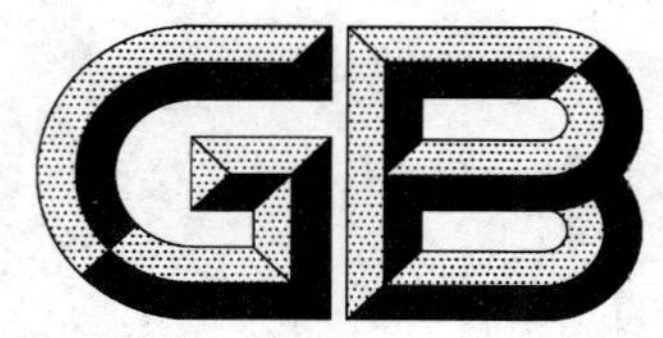

中华人民共和国国家标准

GB/T 22045—2008

地理标志产品　泸州老窖特曲酒

Product of geographical indication—Luzhou laojiao tequ liquor

2008-06-25 发布　　　　2008-10-01 实施

中华人民共和国国家质量监督检验检疫总局
中国国家标准化管理委员会　发布

前　言

本标准根据中华人民共和国国家质量监督检验检疫总局颁布的2005第78号令《地理标志产品保护规定》及GB 17924《原产地域产品通用要求》并参照GB/T 10781.1《浓香型白酒》而制定。

本标准的附录A为规范性附录。

本标准由全国原产地域产品标准化工作组提出并归口。

本标准起草单位:中国泸州老窖股份有限公司。

本标准主要起草人:张良、沈才洪、张宿义、沈怡方、高月明、高景炎、杨明、赖登燡、易彬、卢中明。

地理标志产品　泸州老窖特曲酒

1　范围

本标准规定了泸州老窖特曲酒地理标志产品的保护范围、术语和定义、要求、试验方法、检验规则与标志、包装、运输、贮存。

本标准适用于国家质量监督检验检疫行政主管部门根据《地理标志产品保护规定》批准保护的泸州老窖特曲酒。

2　规范性引用文件

下列文件中的条款通过本标准的引用而成为本标准的条款。凡是注日期的引用文件，其随后所有的修改单(不包括勘误的内容)或修订版均不适用于本标准，然而，鼓励根据本标准达成协议的各方研究是否可使用这些文件的最新版本。凡是不注日期的引用文件，其最新版本适用于本标准。

GB 1351　小麦

GB 2757　蒸馏酒及配制酒卫生标准

GB/T 5009.48　蒸馏酒与配制酒卫生标准的分析方法

GB 5749　生活饮用水卫生标准

GB 7718　预包装食品标签通则

GB/T 8231　高粱

GB 10344　预包装饮料酒标签通则

GB/T 10345　白酒分析方法

GB/T 10346　白酒检验规则和标志、包装、运输、储存

GB/T 15109　白酒工业术语

JJF 1070　定量包装商品净含量计量检验规则

3　术语和定义

GB/T 15109 确立的以及下列术语和定义适用于本标准。

3.1

泸型酒　lu style liquor

以高粱或高粱配比其他粮食为酿造原料，以优质小麦或小麦、大麦、豌豆等混合配料制作中温大曲，采用续糟配料、泥窖固态发酵、混蒸混烧、经陈酿、勾调而成的蒸馏酒。酿酒行业亦称浓香型白酒。

3.2

泸州老窖大曲　special yeast for Luzhou laojiao liquor

以川南软质小麦为原料，专门用于泸州老窖酒生产的优级中温大曲。

3.3

发酵周期 fermentation cycle

在泸型酒酿造过程中,从粮槽入窖发酵到开窖起出酒糟所经历的时间,以天为单位。

3.4

泸州老窖特曲基础酒 base liquor of Luzhou laojiao tequ

以川南糯红高粱为酿造原料、川南软质小麦制作的中温大曲为糖化发酵剂、泸州老窖老窖池为发酵容器,采用续糟配料、固态发酵、混蒸混烧蒸馏而成。

3.5

调味酒 blending liquor

采用特殊生产工艺酿造的具有典型风格和鲜明个性、经陶坛长期洞藏陈酿老熟,勾调时用于丰富和完善酒体的香和味的精华酒。

3.6

洞藏 cave-storaging

以陶坛为储酒容器,将基础酒、调味酒存放在山洞中长期陈酿老熟的过程。

3.7

酒龄 storage time of liquor

泸州老窖特曲酒的基础酒、调味酒在储存容器中陈酿老熟的时间,以年为单位。

3.8

勾调 blending

按泸州老窖特曲酒的质量标准、选用不同风味特征的泸州老窖特曲基础酒进行组合、调味的工序。

4 地理标志产品保护范围

泸州老窖特曲酒地理标志产品保护范围限于国家质量监督检验检疫行政主管部门根据《地理标志产品保护规定》批准的范围,见附录A。

5 要求

5.1 原料要求

5.1.1 水

符合GB 5749的规定,取自长江泸州段。

5.1.2 高粱

符合GB/T 8231的规定,主要产于川南地区的糯红高粱。

5.1.3 小麦

符合GB 1351的规定,主要产于川南地区的软质小麦。

5.2 酿造环境

位于四川盆地,东经105°08′～106°28′,北纬27°39′～29°20′,季风气候明显,春秋季暖和,夏季炎热,冬季霜雪少,常年空气湿度大,孕育了泸州独特的农作物品质及微生物类群;泸州五渡溪的黄泥色泽金黄,绵软细腻,富于黏性,特别适宜窖泥微生物的生长繁殖;这种绿色生态环境是保证泸州老窖特曲酒品质的重要自然基础。

5.3 生产工艺要求

5.3.1 泸州老窖大曲制作

润麦“外软内硬”；粉碎“烂心不烂皮”；拌料“成团而不散”；制坯“光滑而不致密”；安坯“宽窄适宜”；培菌“前缓、中挺、后缓落”；翻坯“时机适度”；自然积温；自然风干而形成的优级中温大曲。

5.3.2 泸州老窖特曲酒酿造、陈酿、勾调

碎粮“4瓣～8瓣”；拌料“深挖低放”；上甑“轻撒匀铺”；混蒸混烧“缓火蒸酒、大火蒸粮”；“看花”摘酒；“翻糙”摊晾；均匀拌曲；老窖池连续使用；入窖发酵“前缓、中挺、后缓落”；开窖鉴定“一看、二闻、三尝”；黄水“滴窖勤舀”；分层堆糟；续糟配料；本窖循环；基础酒采用陶坛洞藏或不锈钢容器长期陈酿；调味酒采用陶坛长期洞藏陈酿，酒龄不低于3年；按泸州老窖特曲酒的质量标准，选用不同风格的基础酒进行组合、调味而成。

5.4 感官要求

感官要求见表1。

表1 感官要求

项目	指标要求				
	25%vol～34%vol	35%vol～40%vol	41%vol～60%vol	61%vol～67%vol	≥68%vol
色泽	无色(或微黄)透明、无悬浮物、无沉淀				
香气	窖香舒适，具有己酸乙酯为主体的复合香气	窖香舒适，具有己酸乙酯为主体的复合香气	窖香、糟香幽雅，具有浓郁的己酸乙酯为主体的复合香气	窖香、糟香谐调、陈香突出，具有浓郁的己酸乙酯为主体的复合香气	窖香、糟香、陈香谐调幽雅，具有浓郁的己酸乙酯为主体的复合香气
口味	醇甜协调、余味爽净	绵甜谐调、余味爽净	醇厚浓郁、饮后尤香、清洌甘爽、回味悠长	醇厚浓郁、饮后尤香、清洌甘爽、回味悠长、酒体丰满	醇厚浓郁、饮后尤香、清洌甘爽、回味悠长、酒体丰满
风格	本品风格典型				
注：当酒温低于10℃以下时，允许出现白色絮状沉淀物质或失光，10℃以上时应逐渐恢复正常。					

5.5 理化指标

理化指标见表2。

表2 理化指标

项目	指标要求				
酒精度/%vol	25～34	35～40	41～60	61～67	≥68
总酸(以乙酸计)/(g/L)	≥0.30	≥0.40	≥0.50	≥0.70	≥0.90
总酯(以乙酸乙酯计)/(g/L)	≥1.00	≥1.20	≥2.00	≥2.40	≥2.60
己酸乙酯/(g/L)	0.50～2.00	0.60～2.20	1.20～3.00	2.20～4.00	≥2.80
固形物/(g/L)	≤0.80		≤0.60		≤0.80
注：标签标示值与实测酒精度偏差不得超过±1.0%vol。					

5.6 卫生指标

按GB 2757规定执行。

6 分析方法

按 GB/T 10345、GB/T 5009.48 规定执行。

7 检验规则

按 GB/T 10346 和 JJF 1070 规定执行。

8 标志、标签

按 GB 7718、GB 10344 规定执行,也可同时标注"地理标志产品"标志。

9 包装、运输和贮存

按 GB/T 10346 规定执行。

附 录 A
（规范性附录）
泸州老窖特曲酒地理标志产品保护范围图

泸州老窖特曲酒地理标志产品保护范围图见图 A.1。

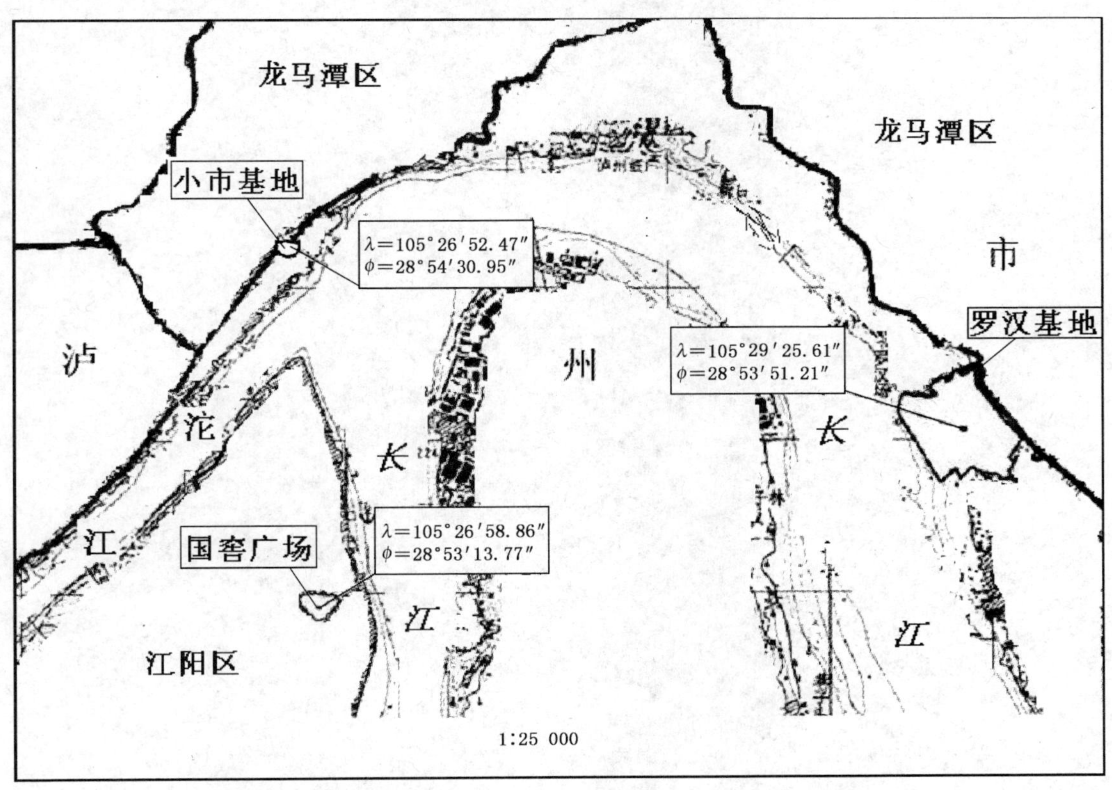

图 A.1 泸州老窖特曲酒地理标志产品保护范围图

ICS 67.160.10
X 61

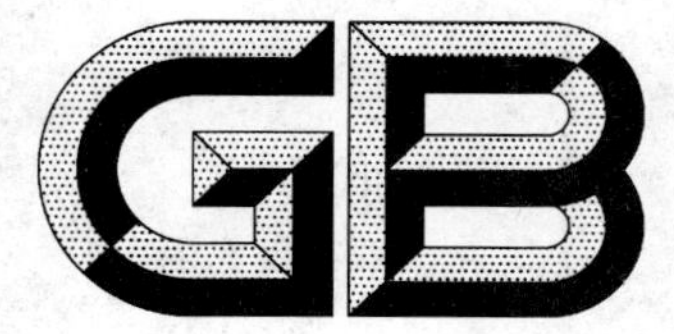

中华人民共和国国家标准

GB/T 22046—2008

地理标志产品 洋河大曲酒

Product of geographical indication—Yanghe daqu liquor

2008-06-25 发布 2008-10-01 实施

中华人民共和国国家质量监督检验检疫总局
中国国家标准化管理委员会 发布

前　言

本标准根据中华人民共和国国家质量监督检验检疫总局颁布的2005第78号令《地理标志产品保护规定》及GB 17924《原产地域产品通用要求》的要求制定。

本标准的附录A为规范性附录。

本标准由全国原产地域产品标准化工作组提出并归口。

本标准起草单位：江苏洋河酒厂股份有限公司。

本标准主要起草人：张雨柏、朱广生、陈翔、沈怡方、高景炎、高月明、杨明、赖登燡。

地理标志产品　洋河大曲酒

1　范围

本标准规定了洋河大曲酒地理标志产品的保护范围、术语和定义、要求、试验方法、检验规则、标志、标签、包装、运输与贮存。

本标准适用于国家质量监督检验检疫行政主管部门根据《地理标志产品保护规定》批准保护的地理标志产品洋河大曲酒的生产加工和质量管理。

2　规范性引用文件

下列文件中的条款通过本标准的引用而成为本标准的条款。凡是注日期的引用文件，其随后所有的修改单(不包括勘误的内容)或修订版均不适用于本标准，然而，鼓励根据本标准达成协议的各方研究是否可使用这些文件的最新版本。凡是不注日期的引用文件，其最新版本适用于本标准。

GB 1351　小麦

GB 1353　玉米

GB 1354　大米

GB 2757　蒸馏酒及配制酒卫生标准

GB/T 5009.48　蒸馏酒与配制酒卫生标准的分析方法

GB 5749　生活饮用水卫生标准

GB 7718　预包装食品标签通则

GB/T 8231　高粱

GB 10344　预包装饮料酒标签通则

GB/T 10345　白酒分析方法

GB/T 10346　白酒检验规则和标志、包装、运输、贮存

GB/T 10460　豌豆

GB/T 15109　白酒工业术语

国家质量监督检验检疫总局令第75号　定量包装商品计量监督管理办法

3　术语和定义

GB/T 15109 确立的以及下列术语和定义适用于本标准。

3.1

洋河大曲酒　Yanghe daqu liquor

以优质高粱、大米、糯米、玉米、小麦、大麦、豌豆、水为原料，在地理标志产品保护范围内，按传统工艺与现代生物技术相结合生产的白酒。

3.2

酒龄　storage time of liquor

从基酒入库贮存老熟到出库的时间，以年为单位。

3.3

洋河大曲　Yanghe daqu

以优质小麦、大麦、豌豆为原料，按传统生产工艺制成两类大曲。在春秋两季制得中高温曲，俗称“春秋曲”；在盛夏所制高温曲，名为“伏曲”。

3.4

发酵周期　fermentation cycle

从出窖起糟、配料、上甑、蒸馏、出甑洒浆水、摊晾下曲后入池发酵至下一次出窖起糟所需要的时间，以天为单位。

3.5

绵柔典型体　soft typical base liquor

洋河大曲酒特有的香型，主要包括绵、柔、甜、净、香的独特风格，具体表现为绵柔、绵甜、绵爽等的口味。

3.6

调味酒　flavoring liquor

采用特殊工艺生产和优选的用于协调完善酒体香和味的酒。

3.7

勾调　blending

把不同风味的基酒进行组合，按酒体质量要求调味形成成品酒的过程。

4　地理标志产品保护范围

地理标志产品洋河大曲酒的产地范围限于国家质量监督检验检疫行政主管部门根据《地理标志产品保护规定》批准保护的范围(东经 118°40′～119°20′，北纬 33°8′～34°10′)，见附录 A。

5　要求

5.1　原料

5.1.1　高粱

符合 GB/T 8231 的规定。

5.1.2　大米

符合 GB 1354 的规定。

5.1.3　糯米

符合 GB 1354 的规定。

5.1.4　小麦

符合 GB 1351 的规定。

5.1.5　玉米

符合 GB 1353 的规定。

5.1.6　大麦

浅黄色，颗粒饱满(纯粮粒≥95%)，具有成熟大麦特有的气味，无霉变、无虫蛀、无污染。

5.1.7　豌豆

符合 GB/T 10460 的规定。

5.1.8　水

酿造勾调用水取自洋河美人泉，符合 GB 5749 的规定。

5.2　酿造环境

位于东经 118°40′～119°20′，北纬 33°8′～ 34°10′，海拔在 15 m～20 m 之间，土壤深厚肥沃，地下水丰富，雨量充沛，气候温和，年平均气温为 14.3℃，年平均无霜期 230 d，年平均降水量 850 mm 左右，温湿的自然气候及绿色生态环境特别适宜洋河大曲酒酿造微生物的生存和繁衍。

5.3　生产工艺

洋河大曲酒以优质高粱、大米、糯米、玉米、小麦、大麦、豌豆、水为原料，以洋河大曲为糖化、发酵、生香剂，依托长期自然形成的老窖，应用从洋河酿造环境中分离的 $YH\text{-}LC_1$ 窖泥功能菌，采用混蒸续楂六甑工艺，低温入池，缓慢发酵。基酒发酵周期在60天以上，调味酒发酵周期在180天以上，分层缓慢蒸馏，量质摘酒，按绵柔典型体分级入陶坛贮存，经分析、品尝、贮存老熟、勾兑、调味、包装出厂。基酒酒龄不少于3年，调味酒酒龄不少于5年。

5.4 感官指标

感官指标见表1。

表1 感官指标

项　目	指标要求	
酒精度/%vol	25.0～40.0	41.0～60.0
色　泽	无色或微黄、清亮透明、无悬浮物、无沉淀	
香　气	窖香秀雅、醇香怡人	窖香幽雅、醇香怡人
口　味	绵甜柔顺、醇和圆润、诸味谐调、尾味净爽	绵甜柔和、醇厚圆润、尾味净爽、回味悠长
风　格	具有低而不淡、柔而不寡、绵长尾净、丰满协调的独特的绵柔型风格	具有浓而不烈、柔而不寡、绵长尾净、丰满协调的独特的绵柔型风格
注：当温度低于10℃时，允许出现白色絮状沉淀物质或失光，10℃以上时应逐渐恢复正常。		

5.5 理化指标

理化指标见表2。

表2 理化指标

项　目		指　标	
酒精度/%vol		25.0～40.0	41.0～60.0
总酸(以乙酸计)/(g/L)	≥	0.25	0.40
总酯(以乙酸乙酯计)/(g/L)	≥	0.80	1.50
己酸乙酯/(g/L)		0.25～2.00	0.80～2.60
固形物/(g/L)	≤	0.70	
注：酒精度允许误差为±1.0%vol。			

5.6 卫生指标

符合GB 2757的规定。

6 试验方法

6.1 感官指标、理化指标的试验方法按GB/T 10345执行。

6.2 卫生指标的试验方法按GB/T 5009.48执行。

7 检验规则

按GB/T 10346和《定量包装商品计量监督管理办法》的规定执行。

8 标志、标签

按GB 7718、GB 10344标准规定执行，并可以同时标注“地理标志产品标志”。

9 包装、运输和贮存

按GB/T 10346的规定执行。

附 录 A
(规范性附录)
洋河大曲酒地理标志产品保护范围图

洋河大曲酒地理标志产品保护范围见图 A.1。

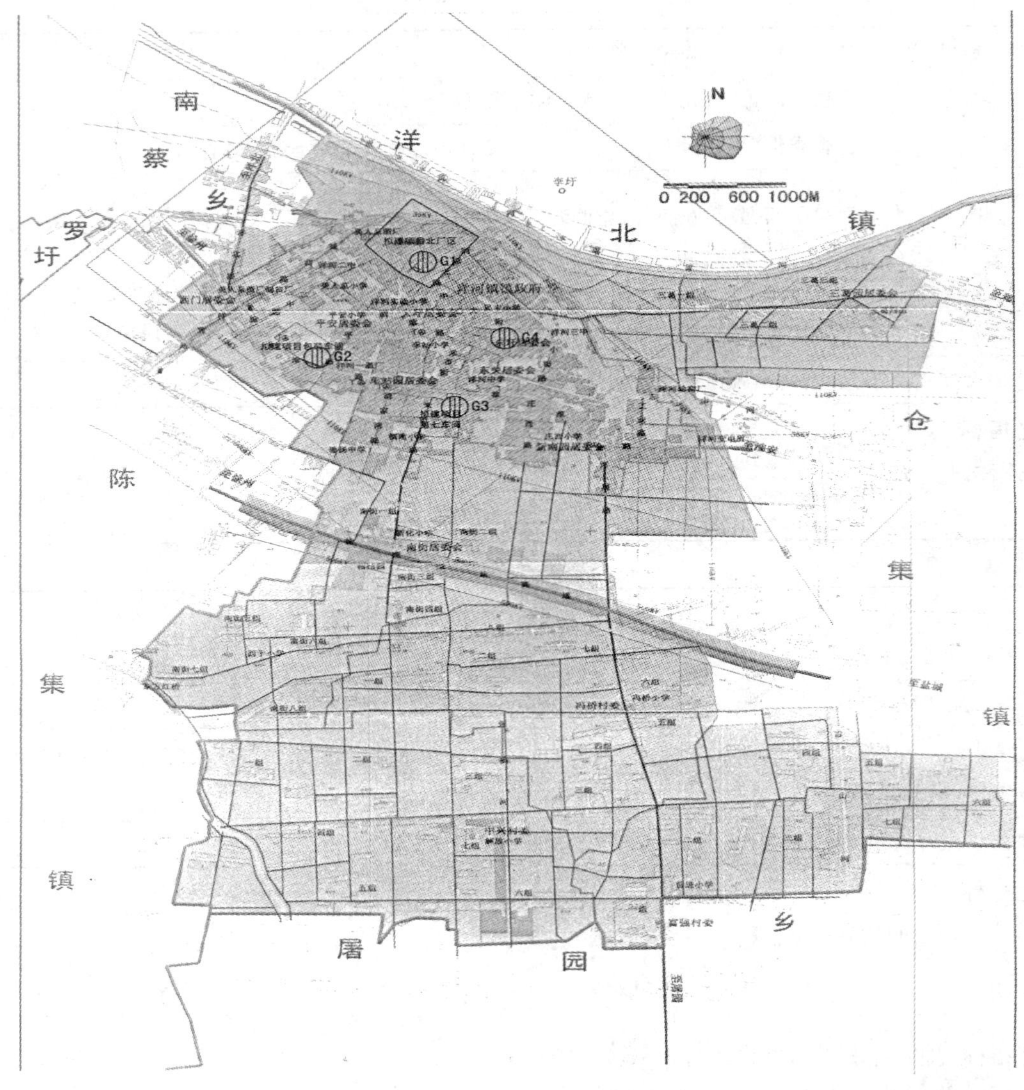

注:洋河大曲酒地理标志产品保护范围:东经 118°40′～119°20′,北纬 33°8′～ 34°10′。

图 A.1 洋河大曲酒地理标志产品保护范围图

ICS 83.080.01
G 31

中华人民共和国国家标准

GB/T 22047—2008/ISO 17556:2003

土壤中塑料材料最终需氧生物分解能力的测定　采用测定密闭呼吸计中需氧量或测定释放的二氧化碳的方法

Plastics—Determination of the ultimate aerobic biodegradability in soil by measuring the oxygen demand in a respirometer or the amount of carbon dioxide evolved

(ISO 17556:2003,IDT)

2008-06-18 发布　　　　2009-05-01 实施

中华人民共和国国家质量监督检验检疫总局
中国国家标准化管理委员会　发布

前　言

本标准等同采用ISO 17556:2003《土壤中塑料材料最终需氧生物分解能力的测定　通过测定密闭呼吸计中需氧量或测定释放的二氧化碳的方法》(英文版)，技术性内容完全相同，仅作如下编辑性修改：

——“本国际标准”一词改为“本标准”；

——用小数点“.”代替作为小数点的逗号“,”；

——删除了国际标准前言。

本标准的附录A、附录B、附录C、附录D和附录E为资料性附录。

本标准由中国轻工业联合会提出。

本标准由全国塑料制品标准化技术委员会归口。

本标准负责起草单位：轻工业塑料加工应用研究所。

本标准参加起草单位：内蒙古蒙西高新技术集团有限责任公司、浙江华发生态科技有限公司、深圳市中京科林环保塑料技术有限公司、福建百事达生物材料有限公司、武汉华丽环保科技有限公司、巴斯夫(中国)有限公司、宁波天安生物材料有限公司、天津思态利降解塑料有限公司、深圳市禾田一环保科技有限公司、福建泛亚科技发展有限公司、国家塑料制品质量监督检验中心(北京)、四川大学。

本标准主要起草人：翁云宣、张先炳、张英、王世和、沈华峰、沈莉萍、向辉、陈学军、贾伟生、马洪章、叶新建、李字义、王玉忠、毛国玉、孔力、丁少忠、余润保、刘彩霞。

引　　言

塑料随着使用量的增加，回收和处理已变成一个热点。而回收利用应作为优先选择，但塑料要完全回收利用是困难的，例如消费者随意抛弃的塑料垃圾，另外，如一些难回收的塑料如渔具、农业地膜和水溶性的聚合物等，这些材料被遗弃到环境中。采用可生物分解材料是解决这类环境问题的有效途径之一。一些规定在水性培养液/堆肥条件下塑料材料最终需氧/厌氧生物分解能力的测定的国际和国家标准已经颁布，因此制定这些材料在土壤中最终需氧生物分解能力的测定方法是非常重要的。

土壤中塑料材料最终需氧生物分解能力的测定 采用测定密闭呼吸计中需氧量或测定释放的二氧化碳的方法

警告:废水、活性污泥、土壤和堆肥中可能含有潜在致病菌,因此,处理时应采取适当的防护措施。处理毒性试验化合物或性质未知的化合物时须特别小心。

1 范围

本标准规定了通过测定密闭呼吸计中需氧量或测定释放的二氧化碳量的方法,测定土壤中塑料材料最终需氧生物分解能力。本标准通过调整试验土壤的湿度以获得生物分解率的最佳程度。

如果采用未经预曝置的土壤作为接种物时,本试验仅模拟在自然土壤环境中的生物分解过程;如果使用预曝置的土壤时,本标准可用来测定试验材料潜在的生物分解性能。

本标准适用于以下材料:

——天然和(或)合成聚合物、共聚物或它们的混合物;

——含有如增塑剂、颜料或其他化合物等添加剂的塑料材料;

——水溶性聚合物;

——在试验条件下,不会对土壤中的微生物的活性产生抑制作用的材料,抑制作用可应用抑制控制或其他适当方法(见 ISO 8192:1986)来测得。如果试验材料对土壤中的微生物的活性有抑制作用时,可采用较低浓度的试验材料、其他接种物或已预曝置的土壤。

2 规范性引用文件

下列文件中的条款通过本标准的引用而成为本标准的条款。凡是注日期的引用文件,其随后所有的修改单(不包括勘误的内容)或修订版均不适用于本标准,然而,鼓励根据本标准达成协议的各方研究是否可使用这些文件的最新版本。凡是不注日期的引用文件,其最新版本适用于本标准。

ISO 8192:1986 水质 活性污泥耗氧抑制作用的试验

ISO 10381-6:1993 土壤质量 采样 第6部分:实验室里需氧生物过程用土壤的收集、处理和贮藏技术指导

ISO 10390:1994 土壤质量 pH值的测定

ISO 10634:1995 水质 用于连续测定难溶于水的有机化合物在水性培养液中生物分解能力培养液的配制与处理的技术指导

ISO 10694:1995 土壤质量 干烧后总有机碳的测定(元素分析法)

ISO 11266:1994 土壤质量 需氧条件下土壤中有机化学物生物分解实验室试验技术指导

ISO 11274:1998 土壤质量 水保持力特性的测定 实验室方法

ASTM D 5988—1996 堆肥后塑料残余物在土壤中需氧生物分解能力测定方法

3 术语和定义

下列术语和定义适用于本标准。

3.1

最终需氧生物分解 ultimate aerobic biodegradation

在有氧条件下,有机化合物被微生物分解为二氧化碳(CO_2)、水(H_2O)及其所含元素的矿化无机盐

以及新的生物质。

3.2

生化需氧量　biochemical oxygen demand,BOD

在特定条件下,试验材料在水中由于需氧生物氧化作用所消耗的溶解氧的质量浓度,以每毫克或克试验材料吸收氧气的毫克数表示(mg 吸收氧气/mg 或 g 试验材料)。

3.3

溶解有机碳　dissolved or ganic carbon,DOC

溶解在水中、无法以特别相分离方法(如 40 000 m・s^{-2}离心分离 15 min 或孔径 0.2 μm～0.45 μm 过滤膜过滤)而分离的有机碳。

3.4

理论需氧量　theoretical oxygen demand,ThOD

将试验材料完全氧化所需氧气的理论最大值,可由分子式计算得到,以每毫克或克试验材料吸收氧气的毫克数表示(mg 吸收氧气/mg 或 g 试验材料)。

3.5

二氧化碳理论释放量　theoretical amount of evolved carbon dioxide,$ThCO_2$

试验材料完全氧化时所能生成的二氧化碳理论最大值,可由分子式计算得到,以每克或每毫克试验材料释放出的二氧化碳的毫克数表示(mg CO_2/g 或 mg 试验材料)。

3.6

迟滞阶段　lag phase

从试验开始一直到微生物适应(或选定了)分解物,并且试验材料的生物分解程度已经增加至最大生物分解率 10%时所需要的天数。

3.7

生物分解阶段　biodegradation phase

从迟滞阶段结束至达到最大生物分解率的 90%时所需的天数。

3.8

最大生物分解率　maximum level of biodegradation

试验中,试验材料不再发生生物分解时的生物分解程度,以百分率表示。

3.9

平稳阶段　plateau phase

从生物分解阶段结束至试验结束时所需的天数。

3.10

前处理　pre-conditioning

在与试验条件相同情况下,在没有化学组分或有机物质存在下,对土壤预培育,目的是使微生物适应试验条件以提高试验效果。

3.11

预曝置　pre-exposure

在与试验条件相同情况下,在有化学组分或有机物质存在下,对土壤预培育,目的是通过适应和/或选择微生物来增强土壤对试验材料的生物分解能力。

3.12

湿含量　water content

土壤在 105 ℃干燥至恒重时所有挥发的水分质量除以干土壤质量(即土壤样品中水分质量和土壤颗粒的比率)。

3.13

水保持能力 water-holding capacity

水饱和土壤在105 ℃干燥至恒重时所有挥发的水分质量除以干土壤质量。

4 原理

本方法通过调整土壤的湿度以获得在试验土壤中塑料材料生物分解率的最佳程度。

将塑料材料作为唯一的碳和能量来源与土壤混合。将混合物放在细颈瓶中，测定需氧量(BOD)或释放的二氧化碳量。例如，测定生化需氧量(BOD)，可通过测量在呼吸计内烧瓶中维持一个恒定体积气体所需氧的体积或自动地或人工地测量体积或压强的变化(或两者兼测)，合适的呼吸计示例参见附录A。又例如测定释放的二氧化碳，可将无二氧化碳空气通过土壤，再测定试验材料生物分解期间释放二氧化碳量。以上两个方法示例参见附录B和附录C。

生物分解率通过生化需氧量(BOD)和理论需氧量(ThOD)的比或用释放的二氧化碳量和二氧化碳理论释放量($ThCO_2$)的比来求得，结果用百分率表示。在测定BOD过程中，应考虑可能发生的硝化作用的影响。当生物分解率恒定时或试验时间已经6个月后可终止试验。

与ISO 11266:1994不同的是，ISO 11266:1994主要测定各种有机组分，而本标准主要测定材料的生物分解能力。

5 试验环境

培养应在黑暗或弱光密闭空间中进行，该空间应没有抑制微生物繁殖的蒸汽，并保持恒温20 ℃～25 ℃，或根据使用的培养基和被评估的环境选择其他合适的温度。

6 材料

6.1 蒸馏水或去离子水

不含毒性物质，溶解有机碳含量(DOC)≤2 mg/L。

6.2 二氧化碳吸收剂

碱石灰颗粒或其他适宜的吸收剂。

7 仪器

所有的器皿应清洁干净，不能附着任何有机物或毒性物质。

7.1 密闭呼吸计

装有搅拌器和其他必需配备的试验容器(玻璃烧瓶)，并放置在恒温箱或者自动调温装置(如水浴)中，示例参见附录A。

注：能准确测定生化需氧量的任何呼吸计均可使用。

7.2 测定释放的二氧化碳量的仪器

7.2.1 试验烧瓶

玻璃容器(例如玻璃烧瓶)，可通入气体、摇动或搅拌，而且连接管路不能泄漏出二氧化碳。试验装置应放在恒温箱内或在恒温装置(例如水浴)中。

7.2.2 不含二氧化碳的空气供气系统

能够提供流量一定的不含二氧化碳的空气至每个试验烧瓶中，并能保持恒定流速且偏差在±10%范围内(参见附录B)，但ASTM D 5988—1996中规定的培养仪器也可适用。

7.2.3 测定二氧化碳的分析仪器

用于直接测定二氧化碳，或者用碱性溶液完全吸收后再通过测定溶解无机碳(DIC)来计算二氧化碳量(参见附录C)。如果用连续红外分析仪或气相色谱仪直接测量排放气中的二氧化碳量，需要精确控制并测量空气流量。

7.3 分析天平

7.4 pH 计

8 程序

8.1 试验材料

试验材料应已知质量且含有足量的碳，产生的生化需氧量(BOD)能被使用的呼吸计检测到。由化学分子式计算或由元素分析仪测定总有机碳(TOC)，并计算理论需氧量(ThOD)和二氧化碳理论释放量($ThCO_2$)(参见附录 C 和附录 D)。

注 1：虽然用元素分析仪在测定分子量较高的物质时要比测定分子量较低物质精确度要低，但这个精度用于计算理论需氧量(THOD)或理论二氧化碳释放量($ThCO_2$)时是可以接受的。

试验材料的质量，应使其降解时氧气消耗量或释放二氧化碳量在仪器测量量程内，通常 100 g～300 g 的土壤加入 100 mg～300 mg 的试验材料即可以满足要求。试验材料最大量应受供给试验的氧气量的限制，除土壤包含了极大数量的有机物质情况外，一般 200 g 土壤投置 200 mg 的试验材料。

注 2：为了减少在空白烧瓶中土壤呼吸作用产生的影响，必要的时候，可以对试验材料预曝气或添加惰性材料。

试验材料一般采用粉料的形态，但也可以采用膜、碎片的形态或成形的物品。

试验表明，生物分解的最终程度同试验材料的形态和形状几乎无关。但生物分解的速度，与试验材料的形态和形状相关。所以，如果不同的塑料材料在相同试验周期内进行比较时，试验材料应采用相同的形状和形态。如果试验材料是粉状的形态，那么应使用粒径分布已知的微粒，建议最大粒径为 250 μm。如果试验材料不是粉状形态，每块试验材料的尺寸不能大于 5 mm×5 mm。试验设备尺寸应与试验材料的形态相适应。要保证不会由于试验仪器的设计而出现明显的仪器偏差。试样的制作过程(例如混合物加工成粉末)应不会明显地影响材料的降解行为。

可以选择性测定试验材料的氢(H)、氧(O)、氮(N)、磷(P)和硫(S)的含量及其分子质量。试验材料最好不含添加剂，如增塑剂。如果试验材料中确实含有此类添加剂时，在评估聚合材料本身的生物分解能力时，也需要有关添加剂的生物分解能力的资料。

有关处理难溶于水的化合物的详情，见 ISO 10634:1995。

8.2 参比材料

使用已知可生物分解聚合物(如微结晶纤维素粉末，无灰纤维素滤纸或聚 β-羟基丁酸酯)作为正控制参比材料，总有机碳含量(TOC)、形状和尺寸都尽量和试验材料相同。

可选用与试验材料相同形状的不可生物分解的聚合物(如聚乙烯)作为负控制参比材料。

8.3 试验土壤的准备

8.3.1 土壤的收集和过筛

所用的天然土壤从田地和/或森林的土壤表层收集，或已经预曝置的土壤。过筛土壤以获得尺寸小于 2 mm 的微粒，并去除明显的植物材料、石头和其他惰性材料。

注 1：尽可能去除有机固体如秸秆，因为这些材料会在试验期间发生分解。

注 2：土壤可以预处理，但不能使用已经预曝置的土壤，特别是在模拟自然环境下生物分解行为的时候，更不能使用预曝置土壤。但出于一般试验目的而使用了预曝置的土壤，则应在试验报告中加以明确说明(例如生物分解百分率=x%，使用预曝置土壤)，同时在试验报告中详细地说明预曝置的方法。预曝置的土壤可通过在不同的条件下在实验室进行适宜的生物分解试验来获得，也可从环境条件相近的场所(例如被污染的场所或工业废弃物处理场)中收集得到。

记录采样的场所、位置、植物或先前的作物的比例、采样时间、采样深度，如果可能，记录土壤在种植过程中的肥料和杀虫剂的使用情况。

8.3.2 土壤特性的测量

按下列标准测定土壤特性：

按 ISO 11274:1998 测定总的水保持能力；

按 ISO 10390:1994 测定土壤的 pH 值；

按 ISO 10694:1995 测定有机物质的含量。

8.3.3 土壤湿含量和 pH 值的调节

通过向土壤添加适当数量的水，或在添加适当数量水后将土壤暴露于遮光的地方晾干，调节土壤的湿含量至适合试验的值。调节土壤的 pH 值至 6.0～8.0。

注 1：试验土壤的最佳湿含量取决于试验材料，通常在总的水保持能力的 40%～60%之间。

注 2：为保证良好的生物分解过程，试验材料或参比材料的有机碳和土壤的氮的比例（C：N 比）建议调节到至少 40：1，这可以通过添加氮来实现，如氯化铵水溶液等。

8.3.4 土壤的处理和贮藏

在试验前将土壤贮藏在 4 ℃±2 ℃的保温容器中。避免对土壤有任何抑制微生物活性的处理。

用 ISO 10381-6:1993 来确认土壤的活性不受采样的影响。

8.4 试验步骤

准备下列数量的烧瓶（试验瓶）：

a） 两个盛装试验材料的烧瓶（F_T）；

b） 两个用于空白试验烧瓶（F_B）；

c） 两个使用参比材料用于检测土壤活性的烧瓶（F_C）；

另外，如果需要时：

d） 一个用于检查可能出现的非生物分解作用或非微生物变化作用如水解的烧瓶（F_S）；

e） 一个用于检查试验材料对微生物活性可能的抑制作用的烧瓶（F_I）。

在每个烧瓶的底部投放 100 g～300 g 之间的土壤（见 8.3），厚度不能大于 3 cm，按表 1 所示，添加试验材料（见 8.1）或参比材料（见 8.2）到土壤中。记录包含试验混合物的每个烧瓶质量。

表 1 试验材料和参比材料的最后分配表

烧瓶		试验材料	参比材料	培养基
F_T	试验	+	—	+
F_T	试验	+	—	+
F_B	空白	—	—	+
F_B	空白	—	—	+
F_C	土壤活性检测	—	+	+
F_C	土壤活性检测	—	+	+
F_S	非生物分解检测瓶（可选项）	+	—	—
F_I	抑制控制瓶（可选项）	+	+	+

注 1：试验材料应均匀地与土壤混合，如试验材料为粉末时，尽可能将其分散到土壤中；如试验材料是膜时，应尽可能使试验材料与土壤接触。也可以用刮刀刮抹试样表面以增加试验材料和土壤中微生物之间的接触。

注 2：试验材料、空白试验和土壤活性检查的每三个检测瓶也可用两个检测瓶。

把烧瓶放在恒定温度的试验环境中，连接密封试验瓶，把它们放入呼吸计中，开动搅拌器。连接好呼吸计或不含二氧化碳的空气供给系统，开始培养。

如果是测量氧气的消耗量，记录仪表上必要的读数（如手动情况下），并检查耗氧记录仪是否运行正常（自动呼吸计）（参见附录 A）。

如果是测量释放出的二氧化碳，按照释放出的二氧化碳速率、二氧化碳量，在一定间隔时间内，使用合适的、足够精确的方法（参见附录 B 和附录 C）测定从每个烧瓶放出的二氧化碳的量。

如果在试验期间因土壤干燥而使生物分解速率变慢，则应停止测量，从呼吸计或不含二氧化碳供给体系中移走烧瓶。称量烧瓶，往土壤添加适量的水以使其湿含量达到初始值。重新连接烧瓶至体系中，测量氧气消耗量或二氧化碳释放量。这些操作应不会抑制土壤微生物的活性和不会影响氧气消耗量或二氧化碳释放量的测量，并在试验报告中加以明确的说明。

当测得的BOD值或释放的二氧化碳量达到稳定程度(达到平稳阶段)，且预计无更进一步的生物分解时，可认为试验已经结束。试验周期最长为6个月。如果试验需要延长，应定期检测系统的密封性，确保系统无泄漏。

试验结束时，移开烧瓶并对它们称量以检查试验土壤减少的湿含量。如需要时，残余的试验材料可用合适的溶剂从土壤中提取，并进行称量。

9 计算与结果的表示

9.1 计算

9.1.1 由氧气消耗量计算生物分解百分率

使用适当的呼吸计，依照仪器指示的使用方法读取每个烧瓶氧气的消耗量。

按式(1)计算单位试验材料的生化需氧量(BOD_S)。

$$BOD_S = \frac{BOD_t - BOD_{Bt}}{\rho_T} \quad \cdots\cdots(1)$$

式中：

BOD_S——单位试验材料的BOD值，以每克试验材料的毫克数表示，单位为毫克每克试验材料(mg/g)；

BOD_t——在时间 t 时包含试验材料的烧瓶 F_T 的BOD值，单位为毫克每克试验土壤(mg/g)；

BOD_{Bt}——在时间 t 时空白 F_B 的BOD值，单位为毫克每克试验土壤(mg/g)；

ρ_T——烧瓶 F_T 的反应混合物中试验材料的浓度，单位为毫克每克试验土壤(mg/g)。

按式(2)计算生物分解百分率 D_t。

$$D_t = \frac{BOD_S}{ThOD} \times 100 \quad \cdots\cdots(2)$$

以相同方式计算参比材料烧瓶 F_C 的BOD值和生物分解百分率，再计算非生物分解校正值烧瓶 F_S、抑制控制烧瓶 F_I 的BOD值和生物分解百分率。ThOD的求法参见附录A。

9.1.2 由释放出的二氧化碳(CO_2)量计算生物分解百分率

9.1.2.1 试验材料的二氧化碳理论释放量

按式(3)计算二氧化碳理论释放量($ThCO_2$)，单位为毫克(mg)。

$$ThCO_2 = m \times \omega_C \times \frac{44}{12} \quad \cdots\cdots(3)$$

式中：

m——试验材料的质量，单位为毫克(mg)；

ω_C——试验材料中的含碳量，由化学分子式决定或由元素分析计算而得，用%表示；

44和12——分别表示二氧化碳的分子质量和碳的原子量。

用同样的方法计算参比材料以及试验瓶 F_I 中试验材料与参比材料混合物的二氧化碳理论释放量。

9.1.2.2 生物分解百分率

按式(4)计算试验瓶 F_T 的每个测量间隔的生物分解百分率 D_t(%)：

$$D_t = \frac{\sum(m)_T - \sum(m)_B}{ThCO_2} \times 100 \quad \cdots\cdots(4)$$

式中：

$\sum(m)_T$——从试验开始到 t 时间内从 F_T 瓶释放出的二氧化碳量，单位为毫克(mg)；

$\sum(m)_B$——从试验开始到 t 时间内从空白瓶 F_B 中释放出的二氧化碳量，单位为毫克(mg)；

$ThCO_2$——试验材料的二氧化碳理论释放量，单位为毫克(mg)。

用同样的方法计算土壤活性检测瓶 F_C 中参比材料的生物分解百分率。

9.2 结果的表达与解释

将每个烧瓶各个测定周期的BOD值或二氧化碳量和生物分解百分率编辑成表。对每个烧瓶，以时间为横坐标对BOD或二氧化碳释放量和生物分解百分率作曲线图。对双倍的烧瓶如要获得比较结果，可作出平均值生物分解曲线。

由生物分解曲线平稳阶段的平均值或最高值求得生物分解率的最大值来表征试验材料生物分解程度。

试验材料的吸湿性和形状可能会对试验结果产生影响，因此试验尽可能选用相似结构的塑料材料来进行比较。

有关试验材料毒性方面数据有助于解释生物分解试验结果偏低的原因。

10 结果的有效性

只有试验符合下列事项，才可认为有效：

在平稳阶段或试验结束时，参比材料的生物分解百分率>60%；

在平稳阶段或试验结束时，两个空白试验烧瓶的BOD值或二氧化碳释放量的相对偏差不超过20%。

如果不能满足以上要求时，则使用另一预处理或预曝置的土壤来重复本试验。

11 试验报告

a) 依据标准；

b) 能说明此项试验和参比材料的所有资料，包括它们的有机碳含量(TOC)、化学组成、分子式(如果已知)、理论需氧量(ThOD)、二氧化碳理论释放量($ThCO_2$)、形状、状态、数量及浓度、助剂含量(如果已知)；

c) 所用土壤的全部信息，包括来源、采集时间、特征、试验中用的数量、贮藏条件、处理和任何预曝置的细节；

d) 主要试验条件，包括所用试验材料的数量、培养温度、培养周期；

e) 所用的分析技术，包括呼吸计的原理和二氧化碳检测方法；

f) 执行的其他任何操作，包括试验中往试验混合物加水、试验结束时试验混合物的分析结果如湿含量；

g) 试验材料和参比材料获得的所有试验结果(列表和图示)，包括测得的累计BOD值或释放的二氧化碳、生物分解百分率及这些参数相对于时间的各自曲线；

h) 迟滞阶段、生物分解阶段所用时间、达到最大生物分解百分率所用时间以及整个试验所用时间；

如有可选项试验时，应增列下列内容：

i) 试验材料的残余数量或由试验材料残余质量计算得到的生物分解百分率；

j) 土壤中菌落种群数；

k) 任何其他相关的资料(如样品的初始分子质量、残余聚合物的分子质量)。

附　录　A
（资料性附录）
气压式呼吸计原理

在温控环境（如水浴）下呼吸计放置如图 A.1 所示，包括有磁性搅拌棒的测试烧瓶和放置于顶部的吸收二氧化碳的容器，一个氧发生器，一个压力计，电磁搅拌器和一套内部监控设备和记录器（打印机、绘图仪或电脑）。试验烧瓶放置三分之一容器的试验混合物，连续搅拌确保氧在气相和液相中保持平衡，如果生物分解发生，微生物消耗氧气产生二氧化碳，二氧化碳被吸收器吸收，容器内的总压下降可由压力下降测得，并据此来应用电解补充氧气。当压力重新建立时，电解就停止，且所使用电量是正比于氧气消耗量，持续地测量，并在记录器上指示氧气消耗量。

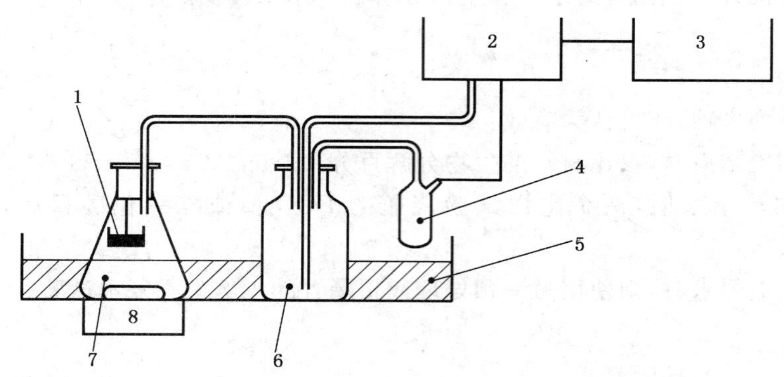

1——二氧化碳吸收器；
2——压强计；
3——打印机、绘图仪或电脑；
4——氧气发生器；
5——恒温（水浴）；
6——监测器；
7——测试瓶；
8——电磁搅拌器。

图 A.1　气压式呼吸计示意图

附　录　B
（资料性附录）
释放的二氧化碳量测定系统的测试原理（示例）

试验烧瓶按图 B.1 所示顺序放置并通过输气管相连。在恒定低压下，通以流量在几个 mL/min 不含二氧化碳的空气。记下气泡数或使用合适的流量控制器来测定空气流量。在使用压缩空气时，将空气通过盛有干燥的碱石灰的瓶子或至少两个碱液洗瓶（例如：盛有 500 mL 浓度为 10 mol/L 的 KOH 溶液），以除去二氧化碳。另外用一个烧瓶盛放 100 mL 浓度为 0.012 5 mol/L 的 $Ba(OH)_2$ 溶液，通过浑浊度来判定空气中是否混有二氧化碳。可在指示剂瓶与下一连接瓶之间接入一个增湿瓶来增湿空气以试验土壤水分的挥发，这可以使空气通过恒定湿度的溶液如饱和磷酸钠水溶液来实现。如果生物分解发生，试验烧瓶中就会产生二氧化碳。产生的二氧化碳随即被连接在其后的吸收瓶吸收，测定方法参见附录 C。

调节进气口空气的流速来保持试验土壤的湿度和需氧的条件。

1——空气进入；
2——流量控制器；
3——二氧化碳吸收瓶；
4——增湿器；
5——试验容器；
6——二氧化碳收集瓶（例如两个盛有强碱的洗瓶）。

图 B.1　释放的二氧化碳量测定系统示意图

附　录　C
（资料性附录）
释放的二氧化碳量的测定方法（示例）

C.1　通过测定溶解无机碳（DIC）来计算二氧化碳释放量

释放出的二氧化碳（CO_2）用 NaOH 吸收，在没有焚烧的情况下用 DOC 分析仪测定溶解无机碳（DIC）。

用去离子水制备浓度为 0.05 mol/L 的氢氧化钠（NaOH）溶液，测定此溶液的溶解无机碳（DIC）作为空白值，当计算产生的 CO_2 量时使用这个空白值。将试验烧瓶依次与分别装有 NaOH 溶液 100 mL 的两个吸收瓶相连，用一小弯管封闭最末端，以防止空气中的二氧化碳进入 NaOH 溶液中。在测定时，取下与试验烧瓶相连的那个吸收瓶，取出足够的样品用于测定 DIC（例如 10 mL），并用盛有新制备的 NaOH 溶液的吸收瓶替换。在试验的最后一天，在对试验溶液进行酸化处理后，测定两个吸收瓶的 DIC 值。

按式（C.1）计算产生的二氧化碳量：

$$(CO_2)_T = \frac{(DIC_T - DIC_B) \times 3.67}{10} \quad \cdots\cdots\cdots\cdots (C.1)$$

式中：

$(CO_2)_T$——释放出的二氧化碳量，单位为毫克（mg）；

DIC_T——测得的 DIC，单位为毫克（mg）；

DIC_B——由 NaOH 溶液计算得到的 DIC 空白值，单位为毫克（mg）；

3.67——二氧化碳分子质量与碳原子量的比值（44/12）；

10——修正系数，因为实际使用 NaOH 的用量为 100 毫升（mL）。

C.2　用氢氧化钡[$Ba(OH)_2$]溶液进行滴定分析

产生的 CO_2 与 $Ba(OH)_2$ 反应生成碳酸钡（$BaCO_3$），通过用 HCl 滴定残留的 $Ba(OH)_2$ 来计算释放出的 CO_2 的量：

$$CO_2 + Ba(OH)_2 \longrightarrow BaCO_3 + H_2O$$

$$Ba(OH)_2 + 2HCl \longrightarrow BaCl_2 + 2H_2O$$

用去离子水或蒸馏水溶解 $Ba(OH)_2 \cdot 8H_2O$ 4.0 g 加水稀释至 1 000 mL，得到浓度为 0.012 5 mol/L 的溶液。建议在进行系列试验时，一次制备足够量的溶液，例如 5 L。滤去固体物质，用标准的盐酸（HCl）溶液进行滴定，用酚酞作为指示剂或自动滴定仪来指示终点，测出准确浓度。将清澈的 $Ba(OH)_2$ 溶液用密封瓶储存起来，防止其吸收空气中的二氧化碳。

将 1 mol/L（36.5 g/L）的盐酸溶液 50 mL 用去离子水和蒸馏水加水稀释至 1 000 mL，得到浓度为 0.05 mol/L 的溶液。

在试验开始时，先在 3 个吸收瓶中各放入 $Ba(OH)_2$ 溶液 100 mL。根据试验材料的特点和用量来调节吸收液的用量。定期滴定第一个收集瓶。此项工作应按需要进行，例如当第一个收集瓶发生浑浊及第二个收集瓶出现 $BaCO_3$ 沉淀前进行滴定。在试验开始后可每隔 1 d 滴定 1 次，然后在达到平稳阶段后每 5 d 滴定 1 次。在取下吸收瓶时，应立即用塞子塞住瓶口，以避免空气中的 CO_2 进入瓶中。将剩下的两个吸收瓶前移接试验烧瓶（即 2 变 1，3 变 2），并在其后再放置一个盛有新鲜 $Ba(OH)_2$ 溶液的吸收瓶。如果试验周期较长，则特别需要测定溶液的准确浓度。用同样的方法对盛有试验材料、参比材料的试验烧瓶及空白、抑制控制及培养液控制的试验烧瓶进行相同方式的处理。

在取下吸收瓶后，将 $Ba(OH)_2$ 溶液分成 2 或 3 等份，并立即用 HCl 溶液进行滴定。记下中和 $Ba(OH)_2$ 所用的 HCl 的体积。

按式(C.2)计算收集到的二氧化碳(CO_2)的质量：

$$m = \left(\frac{2c_B \times V_{B0}}{c_A} - V_A \times \frac{V_{Bt}}{V_{BZ}}\right) \times c_A \times 22 \quad \cdots\cdots(C.2)$$

式中：

m——吸收瓶中收集到的二氧化碳量，单位为毫克(mg)；

c_A——HCl 溶液的准确浓度，单位为摩尔每升(mol/L)；

c_B——$Ba(OH)_2$ 溶液的准确浓度，单位为摩尔每升(mol/L)；

V_{B0}——试验开始时 $Ba(OH)_2$ 溶液的体积，单位为毫升(mL)；

V_{Bt}——滴定前在时间 t 时 $Ba(OH)_2$ 溶液的体积，单位为毫升(mL)；

V_{BZ}——中和滴定时用去的 $Ba(OH)_2$ 溶液的体积，单位为毫升(mL)；

V_A——中和滴定时用去 HCl 的体积，单位为毫升(mL)；

22——CO_2 相对分子质量的一半。

当采用以下试验条件时：

——在吸收 CO_2 前后，$Ba(OH)_2$ 的体积准确为 100mL；

——$Ba(OH)_2$ 溶液全部用于滴定($V_{B0}=V_{Bt}=V_{BZ}$)；

——$Ba(OH)_2$ 的准确浓度正好为 0.012 5 mol/L；

——HCl 溶液的准确浓度 c_A 正好为 0.05 mol/L。

按式(C.3)进行计算：

$$m = 1.1(50 - V_A) \quad \cdots\cdots(C.3)$$

附 录 D
（资料性附录）
理论需氧量（ThOD）

D.1 ThOD的计算

分子质量为 M_r 的化合物 $C_cH_hCl_{cl}N_nS_sP_pNa_{na}O_o$，如果已知它的化学组成或者可以经过元素分析测得时，可用式(D.1)计算ThOD。

$$ThOD = \frac{16(2c + 0.5(h - cl - 3n) + 3s + 2.5p + 0.5na - o)}{M_r} \quad \cdots\cdots(D.1)$$

此计算假设碳转化成二氧化碳，氢转化成水，磷转化成五氧化二磷，硫转化成正六价氧化状态，卤素以卤化氢形式脱除。氮磷硫的氧化物应经过分析确认，此计算还假设氮成为硝酸盐、亚硝酸盐，对于硝化作用的影响参见附录B。

D.2 示例：聚(β-羟基丁酸酯)(PHB)

综合化学式：$C_4H_6O_2$，C=4，H=6，O=2；相对分子质量 M_r=86。

$$ThOD = \frac{16(2 \times 4 + 0.5 \times 6 - 2)}{86} \quad \cdots\cdots(D.2)$$

ThOD=1.674 4 mg/mg PHB=1 674.4 mg/g PHB

D.3 示例：聚乙烯/淀粉/丙三醇的混合物

组分	分子式	ThOD/(mg/g)	组分含量		ThOD/(mg/瓶)
			%	mg/瓶	
聚乙烯	$(C_2H_4)_n$	3 400	50	500	1 700
淀粉	$(C_6H_{10}O_5)_n$	1 190	40	400	476
丙三醇	$C_3H_8O_3$	1 200	10	100	120
总计	—	—	100	1 000	2 296

附　录　E
（资料性附录）
在生物分解试验结束后残留的不溶解于水的聚合物量的测定及聚合物分子质量计算

利用测量在生物分解终止时的残留水不溶性聚合物量及其分子质量是非常有用的。使用下列方法或其他合适的方法可用来分析不溶于水但可溶于不含水的有机溶剂的聚合物。

a) 将试验混合物移至漏斗中，加一适当的有机溶剂，摇动约 10 min～20 min 以萃取残余的聚合物，从液相分离层分离有机溶剂层，加新溶剂并重复上述步骤；

b) 合并有机萃取液，蒸发溶剂至干燥，将固体样品溶解于适量的溶剂中；

c) 利用微量注射器，注入高效液相色谱仪（HPLC）中，柱中填有色谱填料，开始分析并记录色谱图；

d) 使用校正曲线图测定聚合物的存在量；

e) 将已知分子质量的相同聚合物与试验聚合物相类似结构且已知其高分子质量的聚合物注入色谱仪以测定分子质量，滞留时间和分子质量的关系可由色谱图中求得，再利用此关系计算分子质量。

试验聚合物的绝对分子质量也可使用 HPLC 和具有低角度激光扫描（LALLS）及示差折射率检测器（RI）测得。

ICS 97.200.50
Y 57

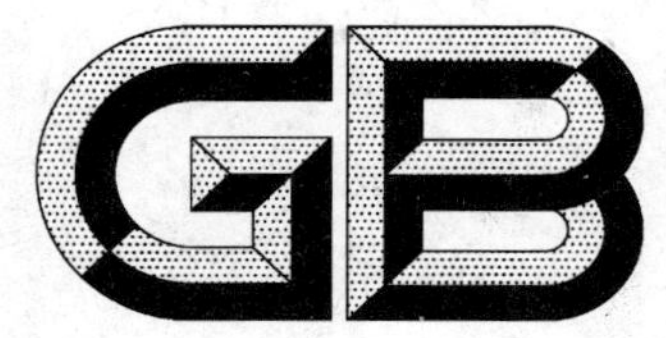

中华人民共和国国家标准

GB/T 22048—2008

玩具及儿童用品　聚氯乙烯塑料中邻苯二甲酸酯增塑剂的测定

Toys and children's products—Determination of phthalate plasticizers in polyvinyl chloride plastic

2008-06-18 发布　　2009-05-01 实施

中华人民共和国国家质量监督检验检疫总局
中国国家标准化管理委员会　发布

前　言

本标准的附录 A 为规范性附录，附录 B、附录 C 和附录 D 为资料性附录。

本标准由中国轻工业联合会提出。

本标准由全国玩具标准化技术委员会归口。

本标准起草单位：广东出入境检验检疫局检验检疫技术中心玩具实验室、深圳市计量质量检测研究院、北京中轻联认证中心。

本标准主要起草人：黄理纳、蚁乐洲、杨万颖、李思源、张艳芬。

玩具及儿童用品　聚氯乙烯塑料中邻苯二甲酸酯增塑剂的测定

1　范围

本标准规定了玩具及儿童用品中 DBP、BBP、DEHP、DNOP、DINP 和 DIDP 共 6 种邻苯二甲酸酯增塑剂(具体名称见附录 A)的气相色谱/质谱测定方法,其他邻苯二甲酸酯的检测也可参照本标准进行。

本标准适用于含聚氯乙烯材料的玩具及儿童用品。

2　规范性引用文件

下列文件中的条款通过本标准的引用而成为本标准的条款。凡是注日期的引用文件,其随后所有的修改单(不包括勘误的内容)或修订版均不适用于本标准,然而,鼓励根据本标准达成协议的各方研究是否可使用这些文件的最新版本。凡是不注日期的引用文件,其最新版本适用于本标准。

GB/T 6379.1　测量方法与结果的准确度(正确度与精密度)　第 1 部分:总则与定义(GB/T 6329.1—2004,ISO 5725-1:1994,IDT)

GB/T 6379.2　测量方法与结果的准确度(正确度与精密度)　第 2 部分:确定标准测量方法重复性与再现性的基本方法(GB/T 6379.2—2004,ISO 5725-2:1994,IDT)

3　原理

用二氯甲烷在索氏(Soxhlet)抽提器或者溶剂萃取器(参见附录 B)中对试样中的邻苯二甲酸酯进行提取,对提取液定容后,用气相色谱/质谱联用仪(GC-MS)测定,采用总离子流色谱图(TIC)进行定性,选择离子检测(SIM)进行定量。

4　试剂和材料

4.1　二氯甲烷:色谱纯。

4.2　邻苯二甲酸酯标准品:纯度均不低于 95%,见附录 A。

4.3　标准储备溶液:分别准确称取适量的邻苯二甲酸酯标准品(4.2),用二氯甲烷(4.1)配制成 DBP、BBP、DEHP、DNOP 浓度为 5 g/L,DINP、DIDP 浓度为 50 g/L 的混合标准储备溶液。

注:标准储备溶液宜在 0 ℃～4 ℃冰箱中保存,有效期 6 个月。

4.4　标准工作溶液:采用逐级稀释的方法配制 DBP、BBP、DEHP、DNOP 浓度从 0.5 mg/L 到 10 mg/L,DINP、DIDP 浓度从 5 mg/L 到 100 mg/L 之间的其中一级或者几级混合标准工作溶液。

注:标准工作溶液宜在 0 ℃～4 ℃冰箱中保存,有效期 3 个月。

4.5　固相萃取柱(SPE):硅胶(sillica)填料 500 mg,柱管体积 6 mL,或相当者。

4.6　有机系微孔滤膜:孔径 0.45 μm。

5　仪器和设备

5.1　气相色谱/质谱联用仪(GC-MS)。

5.2　索氏抽提器:150 mL,参见图 B.1。

5.3　溶剂萃取器(又称脂肪抽提器):参见图 B.2。

5.4　旋转蒸发器。

6 分析步骤

6.1 试样制备

取约 10 g 备测样品，将其制成 5 mm×5 mm 以下，混匀。准确称取 1 g(精确至 1 mg)试料两份(供平行测定用)。

6.2 空白试验

除了不加试料，其他按以下检测步骤 6.3～6.4 进行检测。

6.3 提取

可选取以下两种方法中的一种进行提取。

6.3.1 方法 A

将试料置于 150 mL 索氏抽提器(5.2)的纸筒中，在 150 mL 圆底烧瓶中加入 120 mL 二氯甲烷(4.1)，60 ℃～80 ℃进行 6 h 提取，1 h 内回流次数不小于 4 次。冷却后，用旋转蒸发器(5.4)50 ℃旋转蒸发，直到剩下约 10 mL 左右，准备定容。

在浓缩液出现粘稠、浑浊的情况下，可先将浓缩液经过固相萃取柱(4.5)进行净化处理(净化前，先用 3 mL 二氯甲烷预洗柱进行活化)，再用 3×3 mL 二氯甲烷淋洗，收集过柱和淋洗后的洗脱液准备定容。

用二氯甲烷定容至 25 mL，试液经有机系微孔滤膜(4.6)过滤后，供 GC-MS(5.1)测定。

6.3.2 方法 B

将试料置于溶剂萃取器(5.3)的纸筒中，在萃取瓶中加入 80 mL 二氯甲烷(4.1)，80 ℃浸提 1.5 h，然后再淋洗 1.5 h，最后进行溶剂回收，直到剩下约 10 mL 左右，准备定容。

在提取液出现粘稠、浑浊的情况下，可先将提取液经过固相萃取柱(4.5)进行净化处理(净化前，先用 3 mL 二氯甲烷预洗柱进行活化)，再用 3×3 mL 二氯甲烷淋洗，收集过柱和淋洗后的洗脱液准备定容。

用二氯甲烷定容至 25 mL，试液经有机系微孔滤膜(4.6)过滤后，供 GC-MS(5.1)测定。

6.4 测定

6.4.1 GC-MS 工作条件

由于测试结果取决于所使用的仪器，因此不可能给出色谱分析的通用参数，设定的参数应保证色谱测定时，被测组分与其他组分能够得到有效的分离。以下参数可供参考，具体实例可参见附录 C。

a) 色谱柱：石英毛细管柱；
b) 程序升温；
c) 载气：氦气，纯度≥99.999%；
d) 进样方式：分流进样；
e) 离子源：电子电离源(EI)；
f) 电子能量：70 eV；
g) 测定方式：全扫描的总离子流图(TIC)定性，选择离子监测(SIM)定量。

6.4.2 定性分析

进行样品测定时，如果检出的色谱峰的保留时间与标准样品相一致，并且在扣除背景后的样品质谱图中，所有选择离子均出现，而且其丰度比与标准品的丰度比相一致(相对丰度>50%，允许±10%的偏差；相对丰度在 20%～50%之间，允许±15%的偏差；相对丰度在 10%～20%之间，允许±20%的偏差；相对丰度≤10%，允许±50%的偏差)，则可判断样品中存在相应的邻苯二甲酸酯。

注：在附录 C 中所列的 GC-MS 工作条件下，6 种邻苯二甲酸酯的保留时间及选择离子及其丰度比参见表 C.1；总离

子流色谱图和选择离子色谱图参见图 C.1～图 C.5。

6.4.3 定量分析

根据试液中被测物含量情况，选定浓度相近的标准工作溶液(4.4)，按 6.4.1 相同条件，分别对标准工作溶液与试液等体积参插进样测定。标准溶液和试液中待测定的邻苯二甲酸酯的响应值均应在仪器检测的线性范围内，如果试液的检测响应值超出仪器检测的线性范围，可适当稀释后测定。

本标准采用外标法对邻苯二甲酸酯进行定量分析。在色谱图中，选取适当的定量选择离子(参见表 C.1)进行峰面积积分，DINP 和 DIDP 应分别将其所有同分异构体的色谱峰组的基线拉平后积分，计算其面积的总和，按式(1)计算样品中每种邻苯二甲酸酯的含量。

注：DINP 和 DIDP 由于包含不可分离的同分异构体，出峰存在部分重叠，并且如同时存在 DNOP，在色谱图上 DNOP 出峰也会与 DINP 出峰出现重叠。因此在选取定量离子时应该避免 DNOP、DINP、DIDP 之间的相互干扰，DNOP 选择 $m/Z=279$，DINP 选择 $m/Z=293$，DIDP 选择 $m/Z=307$ 可在最大程度上减少相互之间的干扰。

7 结果计算

样品中每种邻苯二甲酸酯的含量按式(1)计算：

$$X_i=\frac{c_{i,\mathrm{s}}\times(A_i-A_{i,\mathrm{b}})\times V}{A_{i,\mathrm{s}}\times m} \quad \cdots\cdots(1)$$

式中：

X_i——试料中邻苯二甲酸酯 i 的含量，单位为毫克每千克(mg/kg)；

$c_{i,\mathrm{s}}$——标准工作溶液中邻苯二甲酸酯 i 的浓度，单位为毫克每升(mg/L)；

A_i——试液中邻苯二甲酸酯 i 的峰面积或峰面积之和；

$A_{i,\mathrm{b}}$——空白中邻苯二甲酸酯 i 的峰面积或峰面积之和；

V——试液定容体积，单位为毫升(mL)；

$A_{i,\mathrm{s}}$——标准工作溶液中邻苯二甲酸酯 i 的峰面积或峰面积之和；

m——试料质量，单位为克(g)。

计算结果表示到个位数，保留 3 位有效位数。

8 检测低限、回收率和精密度

8.1 检测低限

本方法对 6 种邻苯二甲酸酯增塑剂含量的检测低限为：

DBP、BBP、DEHP、DNOP：10 mg/kg；

DINP、DIDP：50 mg/kg。

8.2 回收率

在试料中定量加入适当已知浓度的标准溶液，按上述检测步骤 6.2～6.4 进行回收率分析。本标准的 6 种邻苯二甲酸酯增塑剂的回收率为 85%～115%。

8.3 精密度

在重复性条件下获得的两次独立测试结果的绝对差值不大于这两个测定值的算术平均值的 20%，以 95%的置信度为前提。本标准方法的精密度试验结果参见附录 D。

9 测试报告

测试报告应至少包括以下内容：

a) 样品的来源及描述；

b) 本标准的编号(包括年号)；

c） 提取方法：方法 A 或方法 B；

d） 测试结果：报告平行样的算术平均值；

e） 与本标准的任何偏离；

f） 在测试中观察到的异常现象；

g） 测试日期。

附 录 A
（规范性附录）
本标准检测的 6 种邻苯二甲酸酯

本标准检测的邻苯二甲酸酯的名称如表 A.1 所示。

表 A.1 本标准检测的 6 种邻苯二甲酸酯

序号	邻苯二甲酸酯名称	英文名称（缩写）	CAS No.	化学结构式[a]	化学分子式
1	邻苯二甲酸二丁酯	Dibutyl phthalate (DBP)	84-74-2	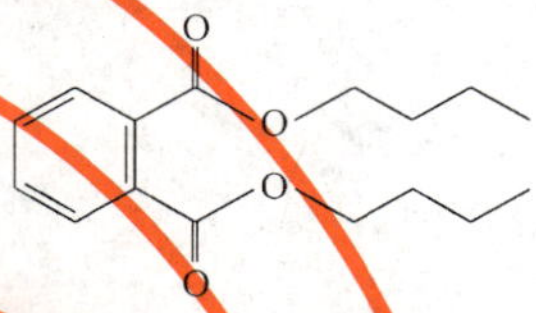	$C_{16}H_{22}O_4$
2	邻苯二甲酸丁苄酯	Benzyl butyl phthalate (BBP)	85-68-7	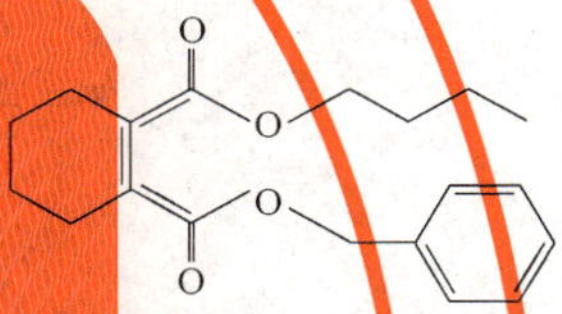	$C_{19}H_{20}O_4$
3	邻苯二甲酸二(2-乙基)己酯	Bis(2-ethylhexyl)phthalate (DEHP)	117-81-7	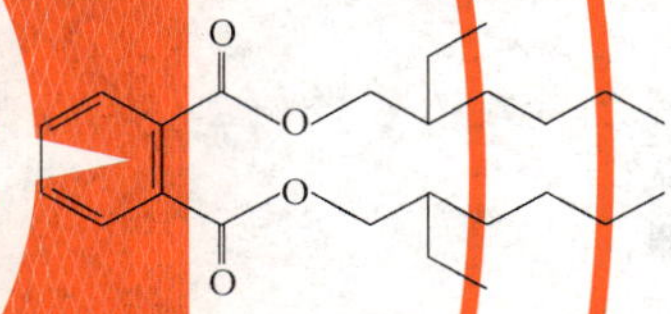	$C_{24}H_{38}O_4$
4	邻苯二甲酸二正辛酯	Di-*n*-octyl phthalate (DNOP)	117-84-0	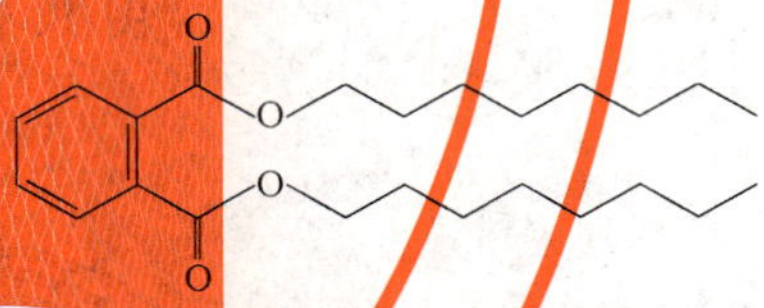	$C_{24}H_{38}O_4$
5	邻苯二甲酸二异壬酯	Di-iso-nonyl phthalate (DINP)	28553-12-0[b] 68515-48-0[c]	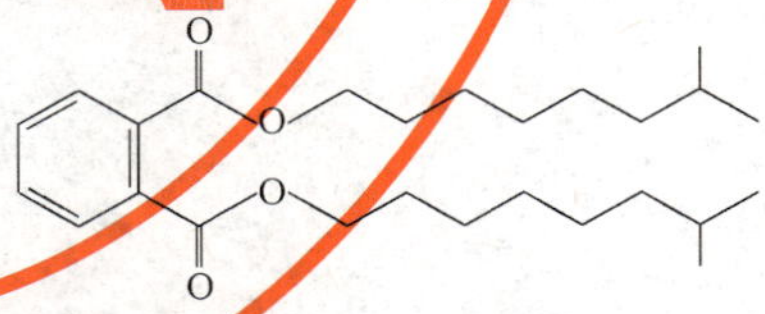	$C_{26}H_{42}O_4$
6	邻苯二甲酸二异癸酯	Di-iso-decyl phthalate (DIDP)	26761-40-0[d] 68515-49-1[e]	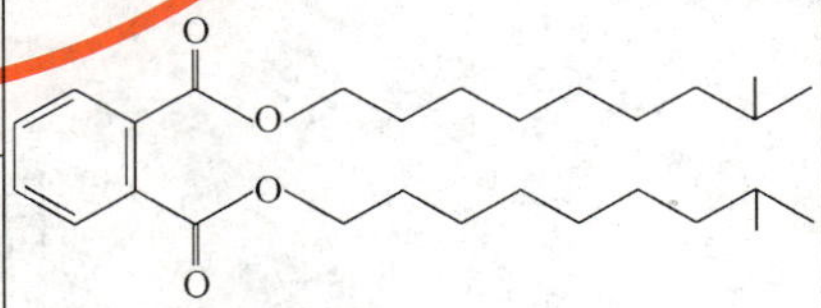	$C_{28}H_{46}O_4$

[a] DINP 和 DIDP 的化学结构式只是它们各自的同分异构体中的一种。

[b] CAS No. 28553-12-0 是邻苯二甲酸二异壬酯(DINP)一类同分异构体的混合物，此物质适宜作标准品。

[c] CAS No. 68515-48-0 是邻苯二甲酸酯的混合物，含有三类同分异构体：邻苯二甲酸二异辛酯(DIOP)，邻苯二甲酸二异壬酯(DINP)，邻苯二甲酸二异癸酯(DIDP)，其中，主要成分是 DINP。

[d] CAS No. 26761-40-0 是邻苯二甲酸二异癸酯(DIDP)一类同分异构体的混合物，此物质适宜作标准品。

[e] CAS No. 68515-49-1 是邻苯二甲酸酯的混合物，含有三类同分异构体：邻苯二甲酸二异壬酯(DINP)，邻苯二甲酸二异癸酯(DIDP)，邻苯二甲酸二异十一酯(DIUP)，其中，主要成分是 DIDP。

附 录 B
（资料性附录）
索氏抽提器和溶剂萃取器的装置图

本标准所用到的索氏抽提器和溶剂萃取器的装置图见图 B.1 和图 B.2。

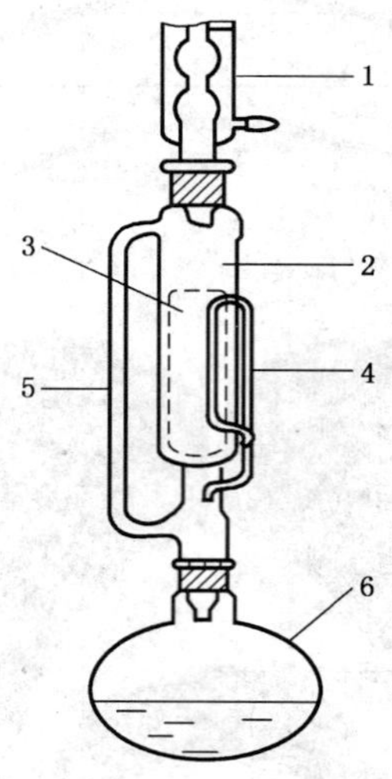

1——冷凝器；
2——提取器；
3——样品纸筒；
4——虹吸管；
5——连接管；
6——圆底烧瓶。

图 B.1 索氏抽提器装置图

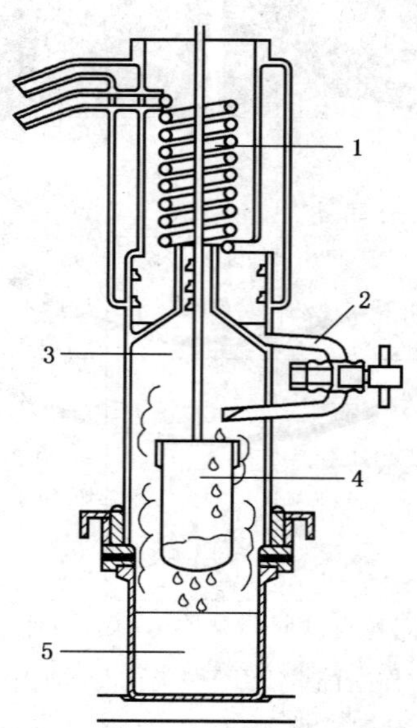

1——冷凝器；
2——回流管；
3——萃取器；
4——样品纸筒；
5——萃取瓶。

图 B.2 溶剂萃取器装置图

附　录　C
（资料性附录）
6种邻苯二甲酸酯的测定示例

可测定增塑剂的GC-MS有很多种型号，以下仅以某型号的GC-MS为例提供参考，其他型号的GC-MS的工作条件可以根据各自仪器的具体情况而定。在下述测定工作条件下，GC-MS色谱图见图C.1～图C.5。

a) 色谱柱：DB-5MS石英毛细管柱30 m×0.25 mm×0.25 μm；

b) 程序升温：$\underset{(0.5\ \text{min})}{180\ ℃} \xrightarrow{20\ ℃/\text{min}} \underset{(7\ \text{min})}{280\ ℃}$；

c) 载气：氦气，纯度≥99.999%，流速：1.2 mL/min；

d) 进样口温度：300 ℃；

e) 进样：采用自动进样器进样，进样量：1.0 μL；

f) 进样方式：分流进样，分流比：20∶1；

g) 色谱-质谱接口温度：280 ℃；

h) 离子源：电子电离源(EI)；离子源温度：230 ℃；

i) 电子能量：70 eV；

j) 质量分析器：四极杆质量分析器；

k) 测定方式：总离子流色谱图(TIC)定性，质量扫描范围：m/Z=50～500，选择离子监测(SIM)定量，参见表C.1。

表C.1　6种邻苯二甲酸酯的保留时间和特征离子

序号	名称	保留时间/min	选择离子 m/Z	丰度比
1	DBP	4.11	$\underline{149}$,150,*223*,205	100∶9∶5∶4
2	BBP	5.91	$\underline{149}$,091,*206*,238	100∶72∶23∶3
3	DEHP	6.69	$\underline{149}$,*167*,279,150	100∶50∶32∶10
4	DNOP	8.11	149,$\underline{279}$,*150*,261	100∶18∶10∶3
5	DINP	7.6～10	149,*127*,$\underline{293}$,167	100∶14∶9∶6
6	DIDP	8.0～12.5	149,*141*,$\underline{307}$,150	100∶21∶16∶10
注：选择离子中的数字带下划线的为第一定量离子，斜体的为第二定量离子。				

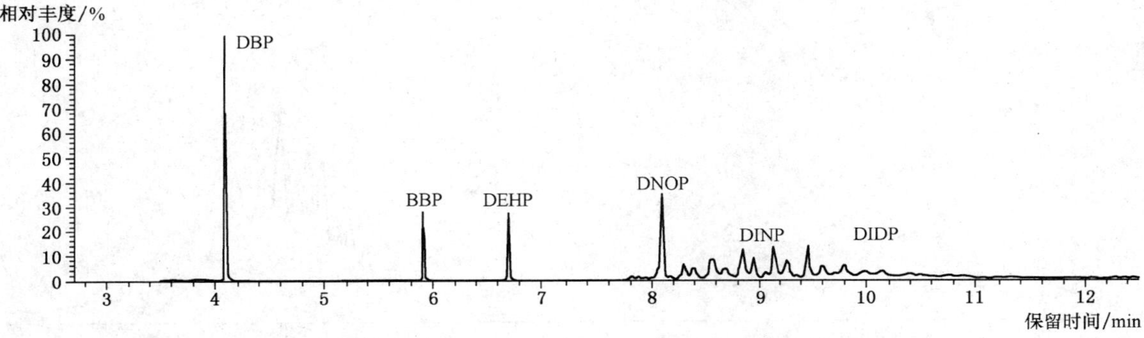

图C.1　邻苯二甲酸酯(6种)标准物的GC-MS总离子流色谱图
(DBP、BBP、DEHP、DNOP各5 mg/L，DINP、DIDP各50 mg/L)

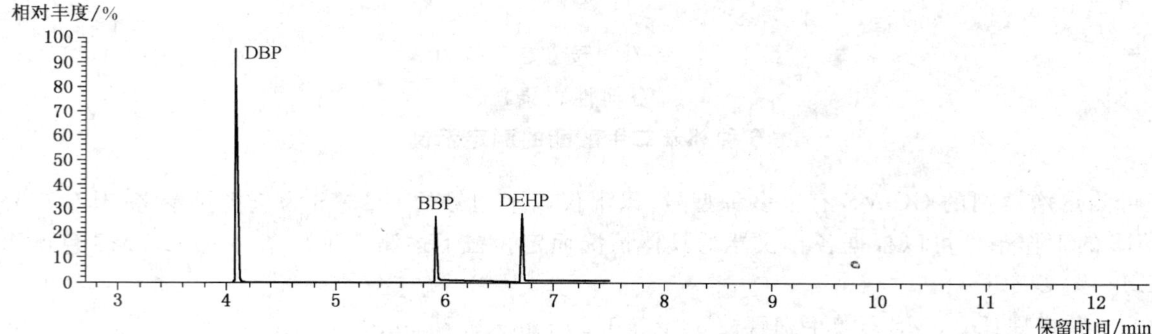

图 C.2 DBP、BBP、DEHP 标准物的 GC-MS 选择离子(m/Z=149)色谱图

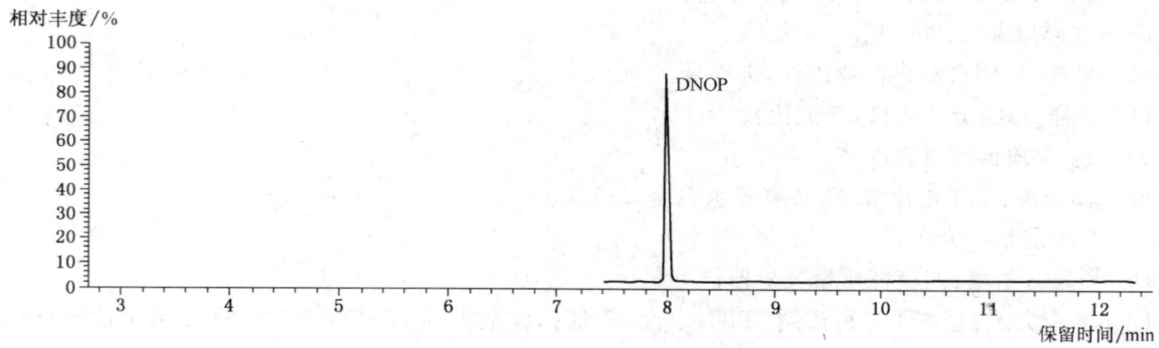

图 C.3 DNOP 标准物的 GC-MS 选择离子(m/Z=279)色谱图

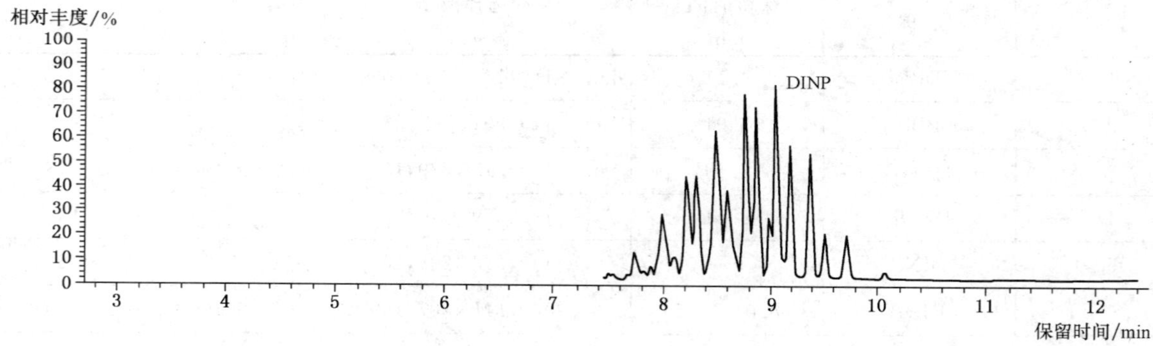

图 C.4 DINP 标准物的 GC-MS 选择离子(m/Z=293)色谱图

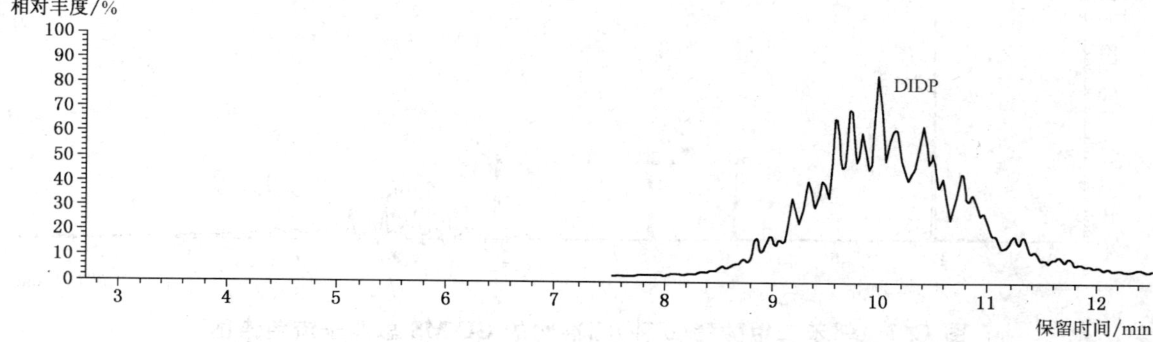

图 C.5 DIDP 标准物的 GC-MS 选择离子(m/Z=307)色谱图

附 录 D
（资料性附录）
本标准的精密度

选取有代表性的2个实际PVC塑料玩具样品，在13间实验室中按照本标准进行测试，并对实验室间试验结果按照GB/T 6379.1和GB/T 6379.2进行统计分析，数据如表D.1所示。

表D.1 实验室间试验数据的统计

样品	邻苯二甲酸酯	平均值/(mg/kg)	重复性标准差(S_r)/(mg/kg)	重复性变异系数/%	重复性限(r)/(mg/kg)	再现性标准差(S_R)/(mg/kg)	再现性变异系数/%	再现性限(R)/(mg/kg)
蓝色PVC	DNOP	183	13	7.1	36	41	22.6	116
蓝色PVC	DEHP	1 860	70	3.8	197	278	14.9	777
黑色PVC	DEHP	145 165	4 498	3.1	12 594	22 755	15.7	63 715
黑色PVC	DINP	7 468	400	5.4	1 119	1 599	21.4	4 476
注：重复性限$r=2.8\times S_r$，再现性限$R=2.8\times S_R$。								

ICS 61.060
Y 78

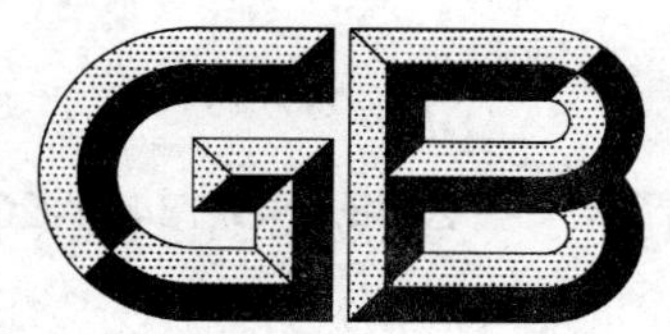

中华人民共和国国家标准

GB/T 22049—2008/ISO 18454:2001

鞋类　鞋类和鞋类部件环境调节及试验用标准环境

Footwear—Standard atmospheres for conditioning and testing of footwear and components for footwear

(ISO 18454:2001, IDT)

2008-06-18 发布　　2009-05-01 实施

中华人民共和国国家质量监督检验检疫总局
中国国家标准化管理委员会　发布

前　言

本标准等同采用国际标准 ISO 18454:2001《鞋类　鞋类和鞋类部件环境调节及试验用标准环境》(英文版),技术内容完全相同,仅作如下编辑性修改:

a) “本欧洲标准”一词改为“本标准”;

b) 删除国际标准的前言;

c) 删除国际标准的目录。

本标准由中国轻工业联合会提出。

本标准由全国制鞋标准化技术委员会归口。

本标准起草单位:中国皮革和制鞋工业研究院、广东省东莞市质量计量监督检测所。

本标准主要起草人:戚晓霞、欧海龙、蔡泽伟、田旺。

鞋类　鞋类和鞋类部件环境调节及试验用标准环境

1　范围

本标准规定了评定鞋类和鞋类部件性能的环境调节及试验用标准环境。

本标准定义了鞋类和鞋类部件环境调节及试验用两种标准环境。

2　术语和定义

下列术语和定义适用于本标准。

2.1

环境　atmosphere

由一个或多个参数定义的周围条件：

——温度；

——相对湿度(RH)。

2.2

环境调节　conditioning

试验前的整体操作，即把样品或试样放置在规定的温度和湿度环境中，并放置一定的时间。

2.3

调节用环境　conditioning atmosphere

试验前用于放置样品或试样的环境。此环境由规定数值的一个或多个参数如温度、相对湿度等所定义，这些数值在一定允差内保持稳定。

注 1：环境调节可在实验室、专用密封的“调节室”或试验箱中进行。

注 2：温度、湿度和调节时间取决于待测样品或试样的性质。

2.4

试验用环境　test atmosphere

样品或试样进行试验时所处的环境。此环境由规定数值的一个或多个参数如温度、相对湿度或压力等定义，这些数值在一定允差内保持稳定。

注：根据样品或试样本身的特性，状态调节可在实验室、专用的“试验箱”或调节室中进行。

3　通用要求

鞋类及鞋类部件的环境调节和试验用标准环境及其允差分别在第 4 章和第 5 章中列出。

当环境调节控制在温度 23℃、相对湿度 50%时，试验报告中可不必注明。否则，应在试验报告中注明环境条件。

4　标准环境

试验用标准环境见表 1。

表 1　标准环境

标　　识	温度/℃	相对湿度/%	备　　注
23/50	23	50	推荐使用环境
20/65	20	65	适用于某些应用领域

5 允差

允差见表2。

表2 允差[a]

允　　差	温度/℃	相对湿度/%
一般(正常)允差	±2	±5[b,c]

a 此允差也适用于相关的试验方法所规定的环境条件。

b 一般允差时,相对湿度范围分别为45%~55%和60%~70%。

c 不确定度不超过±3%。

6 环境调节

调节用环境应与标准环境一致(见第4章)。

环境调节时间应在部件相关的规定中注明。

7 试验

除非标准规定,试样应在与调节用环境相同的环境下进行试验。

所有情况下,试样从调节室取出后应立即进行试验。

ICS 61.060
Y 78

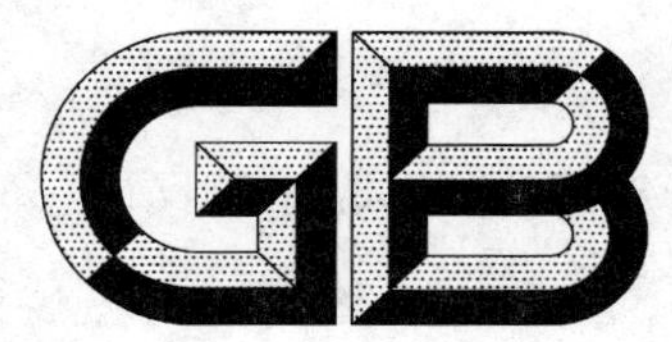

中华人民共和国国家标准

GB/T 22050—2008/ISO 17709:2004

鞋类 样品和试样的取样位置、准备及环境调节时间

Footwear—Sampling location, preparation and duration of conditioning of samples and test pieces

(ISO 17709:2004,IDT)

2008-06-18 发布 2009-05-01 实施

中华人民共和国国家质量监督检验检疫总局
中国国家标准化管理委员会 发布

前　言

本标准等同采用国际标准ISO 17709:2004《鞋类　样品和试样的取样位置、准备及环境调节时间》(英文版),技术内容完全相同,仅作如下编辑性修改:

a) "本欧洲标准"一词改为"本标准";

b) 删除国际标准的前言;

c) 删除国际标准的目录;

d) ISO 17709:2004中所引用的欧盟标准,本标准直接引用与之相对应的国家标准、行业标准或国际标准;

e) 删除国际标准中无内容的第3章。

本标准由中国轻工业联合会提出。

本标准由全国制鞋标准化技术委员会归口。

本标准起草单位:中国皮革和制鞋工业研究院、广东省东莞市质量计量监督检测所。

本标准主要起草人:戚晓霞、欧海龙、蔡泽伟、田旺。

鞋类　样品和试样的取样位置、准备及环境调节时间

1　范围

本标准规定了鞋类、鞋类部件样品和试样的取样位置、准备以及环境调节时间。

本标准适用于按最终用途评定其性能的试验。

如相关试验方法中没有特殊的规定，本标准是通用要求。

2　规范性引用文件

下列文件中的条款通过本标准的引用而成为本标准的条款。凡是注日期的引用文件，其随后所有的修改单(不包括勘误的内容)或修订版均不适用于本标准，然而，鼓励根据本标准达成协议的各方研究是否可使用这些文件的最新版本。凡是不注日期的引用文件，其最新版本(包括修改单)适用于本标准。

GB/T 3903.8　鞋类　内底试验方法　层间剥离强度(GB/T 3903.8—2005，ISO 20866:2001,IDT)

GB/T 3903.9　鞋类　内底试验方法　跟部持钉力(GB/T 3903.9—2005，ISO 20867:2001,IDT)

GB/T 3903.10　鞋类　内底试验方法　尺寸稳定性(GB/T 3903.10—2005，ISO 22651:2002,IDT)

GB/T 3903.11　鞋类　内底、衬里和内垫试验方法　耐汗性(GB/T 3903.11—2005，ISO 22652:2002,IDT)

GB/T 3903.12—2005　鞋类　外底试验方法　撕裂强度(ISO 20872:2001,IDT)

GB/T 3903.13—2005　鞋类　外底试验方法　尺寸稳定性(ISO 20873:2001,IDT)

GB/T 3903.14—2005　鞋类　外底试验方法　针撕破强度(ISO 20874:2001,IDT)

GB/T 3903.22　鞋类　外底试验方法　抗张强度和伸长率(GB/T 3903.22—2008,ISO 22654:2002,IDT)

QB/T 2882—2007　鞋类　帮面、衬里和内垫试验方法　摩擦色牢度(ISO 17700:2004,IDT)

QB/T 2883—2007　鞋类　帮面、衬里和内垫试验方法　撕裂力(ISO 17696:2004，IDT)

QB/T 2884—2007　鞋类　外底试验方法　耐磨性能(ISO 20871:2001，IDT)

QB/T 2885　鞋类　外底试验方法　耐折性能(QB/T 2885—2007，ISO 17707:2005，IDT)

ISO 5404　皮革　物理和机械性能试验方法　重革的防水性

ISO 17693　鞋类　帮面试验方法　可绷帮性

ISO 17694　鞋类　帮面和衬里试验方法　耐折性能

ISO 17695　鞋类　帮面试验方法　形变性

ISO 17697:2003　鞋类　帮面、衬里和内垫试验方法　缝线强度

ISO 17698　鞋类　帮面试验方法　层间剥离强度

ISO 17699　鞋类　帮面和衬里试验方法　透水气性和吸水气性

ISO 17701　鞋类　帮面、衬里和内垫试验方法　颜色迁移性

ISO 17702　鞋类　帮面试验方法　防水性

ISO 17703　鞋类　帮面试验方法　高温性能

ISO 17704　鞋类　帮面、衬里和内垫试验方法　耐磨性能

ISO 17705　鞋类　帮面、衬里和内垫试验方法　绝热性能

ISO 17706　鞋类　帮面试验方法　抗张强度和伸长率

ISO 20865　鞋类　外底试验方法　压缩能

ISO 20868　鞋类　内底试验方法　耐磨性能

ISO 20869　鞋类　外底、内底、衬里和内垫试验方法　水溶物含量

ISO 20875　鞋类　外底试验方法　剥层撕裂力和层间剥离强度

ISO 20876　鞋类　内底试验方法　缝线撕破强度

ISO 22649　鞋类　内底和内垫试验方法　吸水率和解吸率

ISO 22653　鞋类　衬里和内垫试验方法　静摩擦

EN 1392　皮革和鞋类材料用胶粘剂　溶剂型和分散型胶粘剂　在规定条件下测定粘合强度的试验方法

3　参考坐标系的定义

3.1　*X* 轴的定位(见图 1)

确定坐标轴的方法如下:将鞋放在水平面上,靠在一个垂直板上,此垂直面与外底内侧的两个接触点为 A 点和 B 点。放置另外两个垂直板,与第一个垂直面垂直,与外底的前部和后跟部位的接触点分别为 M 点和 N 点。

画一条过 M 点和 N 点的直线,此线即为坐标轴——*X* 轴。

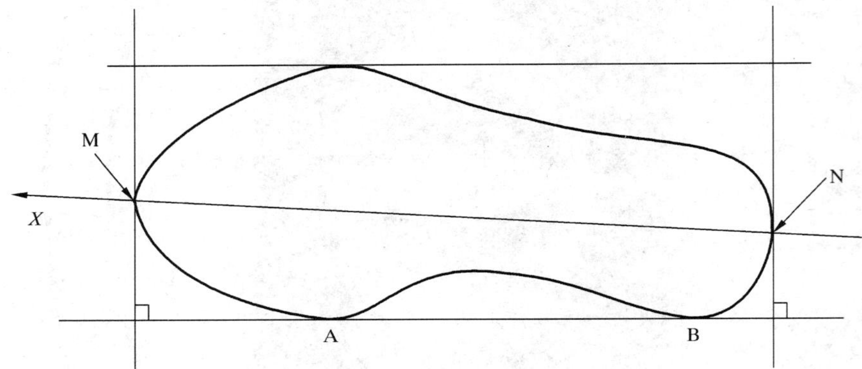

图 1　*X* 轴的定位

3.2　*Y* 轴的定位(见图 2)

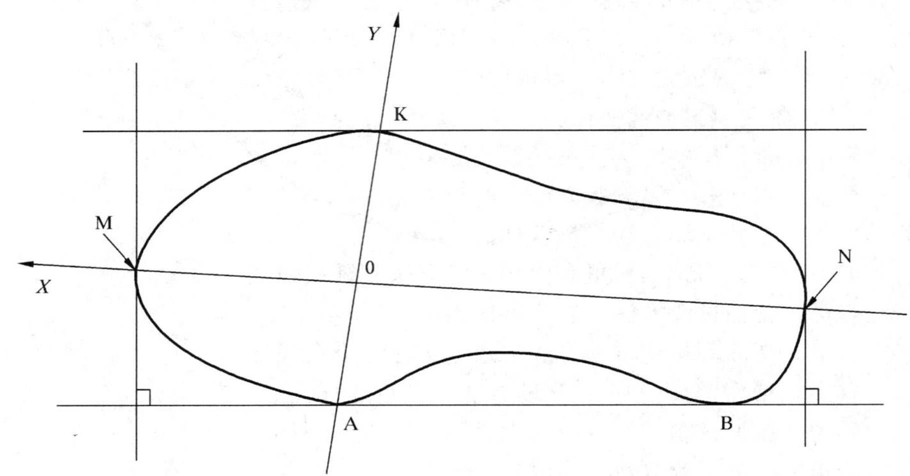

图 2　*Y* 轴的定位

画一条与 AB 线平行的直线,此线与外底的外侧交于 K 点,画一条过 A 点和 K 点的直线,此线即为坐标轴——*Y* 轴。

X 轴线和 *Y* 轴线交点即为原点 0。

4 取样位置

4.1 帮面、外底、内底、内垫和衬里的取样

在表1～表5给出了试样的形状、尺寸、数量、取样位置以及环境调节时间。

4.2 勾心、包头和主跟的取样

试样为部件本身。

表1 帮面的取样位置

性能	试验方法	试样形状	试样尺寸/mm	试样数量	环境调节时间/h	取样位置	备注
可绷帮性	ISO 17693	圆形	≈ϕ34	3	24	—	试样的中央试验区域直径为(25±0.5)mm。取直径34 mm的试样，以保证试样夹持固定
耐折性能	ISO 17694	长方形	(70±1)×(45±1)	4～8	24	与 *X* 轴平行和垂直	试样数量取决于材料类型(见ISO 17694)
形变性	ISO 17695	圆形	≈ϕ34	3	24	—	试样的中央试验区域直径为(25±0.5)mm。取直径34 mm的试样，以保证试样夹持固定
撕裂力	QB/T 2883	长方形	长度至少为55 宽度至少为25	6	24	3个CAL试样 3个PAL试样	—
缝线强度	ISO 17697:2003 方法A和方法B	A:T形 B1:长方形 B2:正方形	(75±1)×(65±1) 80(最小值)×50 50×50	6 3 12(最少)	24	A:3个CAL和3个PAL试样 B2:每个试验方向取3个已缝线试样	B1:试样从帮面上取样 B2:从帮面材料上取样，并用缝线缝合
层间剥离强度	ISO 17698	长方形	(70±1)×(50±1)	6	24	2个CAL试样 4个PAL试样	2个长边为CAL的试样 4个长边为PAL的试样
透水气性 吸水气性	ISO 17699	圆形 圆形	≈ϕ38 ϕ(45±5)	3 2	24	—	试样的试验区域直径为(30±1)mm，精确到0.1 mm 用巴利挠曲仪准备试样

表 1（续）

性能	试验方法	试样形状	试样尺寸/mm	试样数量	环境调节时间/h	取样位置	备　注
色牢度	QB/T 2882—2007（方法 A、方法 B 和方法 C）	A:长方形 B:圆　形 C:长方形	100×25≈ϕ60 (110±10)×(55±5)	2 2 1	24	—	试样数量分别为试验要求的最少数量
颜色迁移性	ISO 17701	颜色较深试样:长方形 颜色较浅试样:长方形	(50±2)×(40±2) (60±2)×(50±2)	1 1	24	—	试验中可能会适用胶粘剂
防水性	ISO 17702	长方形	(75±2)×(60±1)	2	24	1 个 CAL 试样 1 个 PAL 试样	—
高温性能	ISO 17703	长方形	(160±10)×(35±2) (160±10)×(25±0.5)	6	72	3 个 CAL 试样 3 个 PAL 试样	可磨损材料 不可磨损材料
结合强度	EN 1392	长方形	(100±2)×(30±0.5)	3	24	—	—
耐磨性能	ISO 17704	圆形	≈ϕ35	2	24	—	试样的中央试验面积为 (645±5)mm^2。取足够尺寸的试样，以保证试样夹持固定
绝热性能	ISO 17705	圆形	ϕ75	2	24	—	试样与 B1 块尺寸相同，精确到 0.2 mm
抗张强度和伸长率	ISO 17706	长方形	(160±10)×(35±2) (160±10)×(25±0.5)	6	24	3 个 CAL 试样 3 个 PAL 试样	可磨损材料 不可磨损材料
注：CAL 表示与 X 轴平行；PAL 表示与 X 轴垂直。							

表 2　外底取样位置

性能	试验方法	试样形状	试样尺寸/mm	试样数量	环境调节时间/h	取样位置	备　注
耐折性能	QB/T 2885	外底	—	3	24	—	3 个样品，尽可能覆盖全部尺寸范围 试样：带有内底的外底
结合强度	EN 1392	长方形	(100±2)×(30±0.5)	3	24	—	—
耐磨性能	QB/T 2884	圆形	ϕ16±0.2	3	24	—	在鞋的屈挠部位和后跟部位取样，因为这两个地方最易磨损

表 2（续）

性能	试验方法	试样形状	试样尺寸/mm	试样数量	环境调节时间/h	取样位置	备注
撕裂强度	GB/T 3903.12	皮革：长方形 其他：长方形	100(最小值)×40 100(最小值)×15	3	24	PAL	—
尺寸稳定性	GB/T 3903.13	正常尺寸：长方形 较短尺寸：长方形	(150±35)×(25±5) (75±10)×(25±5)	3 3	24	CAL	正常试验长度：(100±5)mm 较短试验长度：(50±5)mm
针撕破强度	GB/T 3903.14	长方形	(50±1)×(20±1)	3	24	CAL	—
层间剥离强度	ISO 20875	长方形	75(最小值)×(25±0.2)	3	72	CAL	—
防水性	ISO 5404	长方形	(110±1)×(40±1)	3	24	CAL (屈挠部位)	—
压缩能	ISO 20865	外底	—	2 (相同尺码)	24	CAL (后跟部位)	试样：带有内底的外底
抗张强度和伸长率	GB/T 3903.22	哑铃形	Ⅰ型：115×(25±1) Ⅱ型：75×(12.5±1)	3	24	CAL (屈挠部位)	见 ISO 22654:2002 中图 2
水溶物含量	ISO 20869	无特殊要求	—	2	24	无特殊要求	10 g 材料

注：CAL 表示与 X 轴平行；PAL 表示与 X 轴垂直。

表 3　内底取样位置

性能	试验方法	试样形状	试样尺寸/mm	试样数量	环境调节时间/h	取样位置	备注
层间剥离强度	GB/T 3903.8	圆形	$\phi(38\pm1)$	3	24	C_x	—
跟部持钉力	GB/T 3903.9	长方形	80×20	1	24	CAL	若做湿试验，则需两个试样
吸水率和解吸率	ISO 22649	正方形	(50±1)×(50±1)	2	24	—	—
耐磨性能	ISO 20868	长方形	120×20	3	24	CAL	—
缝线撕破强度	ISO 20876	长方形	75×25	1	24	CAL	—

表 3（续）

性能	试验方法	试样形状	试样尺寸/mm	试样数量	环境调节时间/h	取样位置	备　注
尺寸稳定性	GB/T 3903.10	正方形或长方形	(60±20)×(60±20)	2	24	CAL	—
耐汗性	GB/T 3903.11	正方形或长方形	(60±20)×(60±20)	2	24	CAL	—
水溶物含量	ISO 20869	无特殊要求	—	2	24	无特殊要求	10 g 材料
注：CAL 表示与 X 轴平行；C_x 表示 X 轴的中点。							

表 4　内垫取样位置

性能	试验方法	试样形状	试样尺寸/mm	试样数量	环境调节时间/h	取样位置	备　注
吸水率和解吸率	ISO 22649	正方形	(50±1)×(50±1)	2	24	CAL	—
耐汗性	GB/T 3903.11	正方形或长方形	(60±20)×(60±20)	2	24	CAL	—
静摩擦	ISO 22653	长方形 长方形	250×100 120×50	2 6	24	CAL	从所提供部件上取样
水溶物含量	ISO 20869	无特殊要求	—	2	24	无特殊要求	10 g 材料
撕裂力	QB/T 2883	长方形	长度至少为 55 宽度至少为 25	6	24	3 个 CAL 试样 3 个 PAL 试样	—
缝线强度	ISO 17697	T 形	(75±1)×(65±1)	6	24	3 个 CAL 试样 3 个 PAL 试样	—
色牢度	QB/T 2882—2007 (方法 A 和方法 B)	A：长方形 B：圆形	100×25 ϕ60	2 2	24	—	—
耐磨性能	ISO 17704	圆形	≈ϕ35	2	24	—	试样的中央试验面积(645±5)mm²。取足够尺寸的试样，以保证试样夹持固定
注：CAL 表示与 X 轴平行；PAL 表示与 X 轴垂直。							

表 5 衬里取样位置

性能	试验方法	试样形状	试样尺寸/mm	试样数量	环境调节时间/h	取样位置	备注
耐汗性	GB/T 3903.11	正方形或长方形	(60±20)×(60±20)	2	24	CAL	—
静摩擦	ISO 22653	长方形 长方形	250×100 120×50	2 6	24	CAL	从所提供部件上取样
水溶物含量	ISO 20869	无特殊要求	—	2	24	无特殊要求	10 g 材料
耐磨性能	ISO 17704	圆形	≈ϕ35	2	24	—	试样的中央试验面积(645±5)mm^2。取足够尺寸的试样，以保证试样夹持固定
绝热性能	ISO 17705:2007	圆形	ϕ75	2	24	—	试样与 B1 块尺寸相同，精确到 0.2 mm
色牢度	QB/T 2882—2007 (方法 A 和方法 B)	A:长方形 B:圆形	100×25 ϕ60	2 2	24	—	—
耐折性能	ISO 17694	长方形	(70±1)×(45±1)	4~8	24	平行或垂直于 X 轴	试样数量取决于材料类型(见ISO 17694)
撕裂强度	QB/T 2883	长方形	长度 55(最小值) 宽度 25(最小值)	6	24	3 个 CAL 试样 3 个 PAL 试样	—
缝线强度	ISO 17697	A:T 形 B1:长方形 B2:正方形	(75±1)×(65±1) (90±10)×(50±2) (50±2)×(50±2)	6 3 12	24	A:3 个 CAL 和 3 个 PAL 试样 B2:每个试验方向 3 个缝线试样	B1:试样从衬里上取样 B2:试样从衬里材料上取样，并用缝线缝合
透水气性 吸水气性	ISO 17699	圆形 圆形	≈ϕ38 ϕ(45±5)	3 2	24	—	试样的中央试验区域直径(30±1)mm，精确到 0.1 mm 用巴利挠曲仪准备试样

注：CAL 表示与 X 轴平行；PAL 表示与 X 轴垂直。

参 考 文 献

［1］ EN 344:1992 专业用安全用鞋、防护用鞋和职业用鞋试验方法要求
［2］ ISO 2418:1972 皮革 实验室样品 取样位置和标识
［3］ GB/T 22049—2008 鞋类 鞋类和鞋类部件的环境调节及试验用标准环境

ICS 23.040.60
J 15

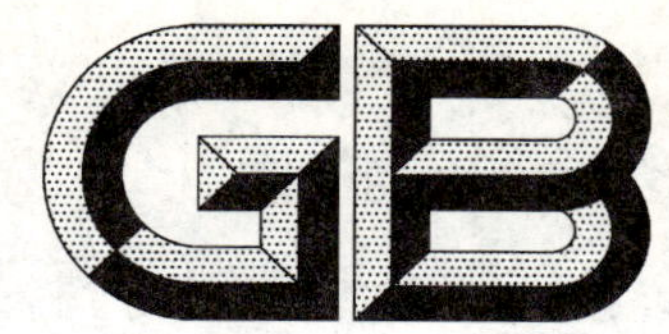

中华人民共和国国家标准

GB/T 22051—2008

交联聚乙烯(PE-X)管用滑紧卡套冷扩式管件

Cold-expansion fittings with sliding compression-sleeves for cross-linked polyethylene (PE-X) pipe

2008-06-18 发布 2009-05-01 实施

中华人民共和国国家质量监督检验检疫总局
中国国家标准化管理委员会 发布

前　言

本标准与 ASTM F2080-05《交联聚乙烯(PE-X)管用金属压缩卡套冷扩式管件》的一致性程度为非等效。本标准与 ASTM F2080-05 的主要技术差异如下：

——将美制公称尺寸系列更改为公制公称尺寸系列，将美制管螺纹更改为英制管螺纹；

——管件的最高工作温度从 82 ℃改为 90 ℃、最大工作压力从 0.69 MPa 改为 1.0 MPa；

——增加管件本体的气密性能要求；

——更改管件系统适用性要求和试验方法；

——取消关于公制对照表和装配图的附录；

——增加滑紧卡套冷扩式管件与管材的连接作为附录 A。

本标准的附录 A 为规范性附录。

请注意本标准的某些内容有可能涉及专利。本标准的发布机构不应承担识别这些专利的责任。

本标准由中国轻工业联合会提出。

本标准由全国塑料制品标准化技术委员会(SAC/TC 48)归口。

本标准起草单位：浙江世进水控股份有限公司、上海速捷达管道工程技术有限公司、上海汉卫管道工程技术有限公司、轻工业塑料加工应用研究所、上海理工大学、佛山塑料集团股份有限公司经纬分公司。

本标准主要起草人：周礼、龚敏、艾金辉、李田华、蔡锦达、冯海英。

交联聚乙烯(PE-X)管用滑紧卡套冷扩式管件

1 范围

本标准规定了交联聚乙烯(PE-X)管用滑紧卡套冷扩式连接管件(以下简称管件)的术语和定义、分类与标记、材料、要求、试验方法、检验规则及标志、包装、运输、贮存。

本标准适用于工作温度不超过 90 ℃,工作压力不大于 1.0 MPa 的建筑物内冷热水管道系统,包括工业及民用冷热水、饮用水和采暖系统等。

本标准不适用于灭火系统和非水介质的流体输送系统。

2 规范性引用文件

下列文件中的条款通过本标准的引用而成为本标准的条款。凡是注日期的引用文件,其随后所有的修改单(不包括勘误的内容)或修订版均不适用于本标准,然而,鼓励根据本标准达成协议的各方研究是否可使用这些文件的最新版本。凡是不注日期的引用文件,其最新版本适用于本标准。

GB/T 2828.1—2003 计数抽样检验程序 第1部分:按接收质量限(AQL)检索的逐批检验抽样计划(ISO 2859-1:1999,IDT)

GB/T 5231—2001 加工铜及铜合金化学成分和产品形状

GB/T 6111—2003 流体输送用热塑性塑料管材耐内压试验方法(ISO 1167:1996,IDT)

GB/T 7306.1—2000 55°密封管螺纹 第1部分:圆柱内螺纹与圆锥外螺纹(ISO 7-1:1994,EQV)

GB/T 7306.2—2000 55°密封管螺纹 第2部分:圆锥内螺纹与圆锥外螺纹(ISO 7-1:1994,EQV)

GB/T 7307—2001 55°非密封管螺纹(ISO 228-1:1994,EQV)

GB/T 10922—2006 55°非密封管螺纹量规(ISO 228-2:1987,MOD)

GB/T 15820—1995 聚乙烯压力管材与管件连接的耐拉拔试验(ISO 3501:1976,EQV)

GB/T 17219 生活饮用水输配水设备及防护材料的安全性评价标准

GB/T 18992.1—2003 冷热水用交联聚乙烯(PE-X)管道系统 第1部分:总则

GB/T 18992.2—2003 冷热水用交联聚乙烯(PE-X)管道系统 第2部分:管材

GB/T 19278—2003 热塑性塑料管材、管件及阀门通用术语及其定义

GB/T 19993—2005 冷热水用热塑性塑料管道系统 管材管件组合系统热循环试验方法

GB/T 20078—2006 铜和铜合金 锻件

ISO 7-2:2000 螺纹密封连接的管螺纹 第2部分:用极限量规验证

3 术语和定义

GB/T 18992.1—2003、GB/T 19278—2003 确立的以及下列术语和定义适用于本标准。

3.1

管件 fittings

在管道系统中起到连接、封堵、改变流体方向或分流作用的部件。

3.2

管件本体 fittings body

用于与管材以及其他管道部件连接的管件主体部件。

3.3

滑紧卡套　sliding compression sleeves

用滑动、压紧的方式使管件本体与管材紧密连接，以实现密封和紧固作用的部件。

3.4

滑紧卡套冷扩式管件　cold-expansion fittings with sliding compression sleeves

一种由管件本体、滑紧卡套构成，通过安装将滑紧卡套滑动、压紧在管材外部以实现密封和紧固作用的连接件。

管件与管材的连接示意图见图1，连接步骤见附录A。

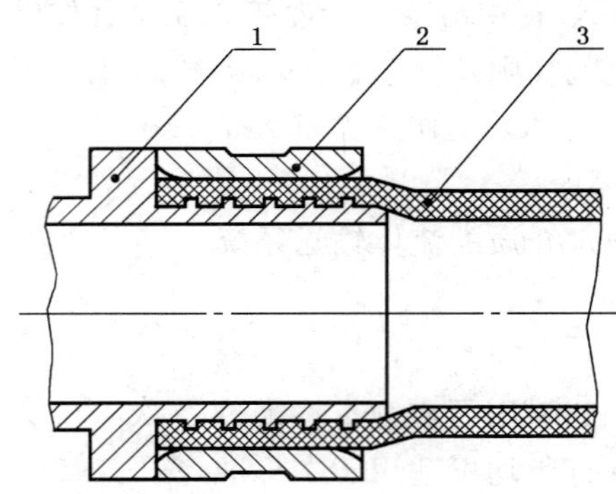

1——管件本体；
2——滑紧卡套；
3——管材。

图1　管件与管材连接示意图

4　分类与标记

4.1　产品分类

4.1.1　按管材尺寸系列划分

管件按配套管材的尺寸系列，对应分为S6.3、S5、S4、S3.2四个系列。

4.1.2　按管材公称外径划分

滑紧卡套连接端按配套管材的公称外径，对应分为12 mm、16 mm、20 mm、25 mm、32 mm、40 mm、50 mm、63 mm、75 mm九种。

4.2　产品标记

4.2.1　标记

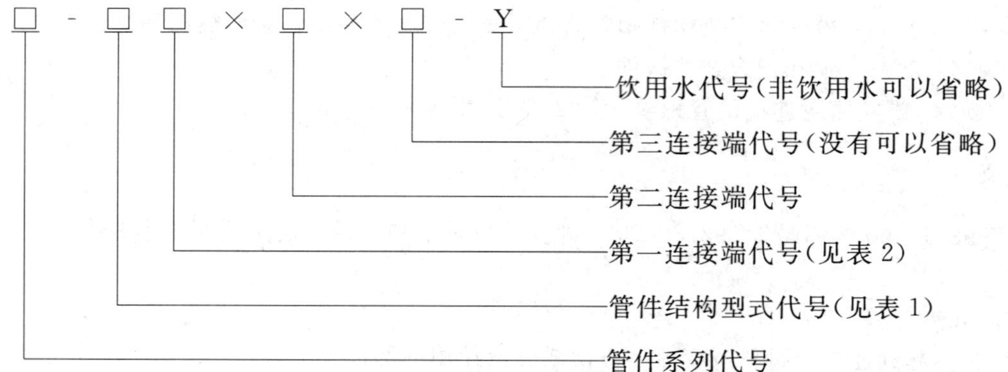

注1：标记顺序：以滑紧卡套连接的大端为起始端，按顺时针方向依次标记；对于有螺纹连接端的管件，滑紧卡套连接端在前，螺纹连接端在后；对于有焊接连接端的管件，滑紧卡套连接端在前，焊接连接端在后。

注2：当有更多连接端时按以上原则顺序标记。

表 1 管件结构型式代号

结构名称	型式代号	结构名称	型式代号
直通	S	四通	X
弯头	L	五通	W
三通	T	其他	Q

表 2 管件连接端代号

连接端类型	连接端代号及说明
滑紧卡套连接	管材的公称外径(用二位整数表示)
焊接连接	焊接管材的外径及大写字母 H
密封管螺纹连接	用"×"及 GB/T 7306.1—2000、GB/T 7306.2—2000 规定的螺纹标记表示
非密封管螺纹连接	用"×"、GB/T 7307—2001 规定的螺纹标记及大写字母 F 或 M 表示(F 表示内螺纹,M 表示外螺纹)

4.2.2 标记示例

示例 1:S3.2 管系列的管件一端接公称外径为 20 mm 规格管材,焊接端接公称外径为 16 mm 管材的用于饮用水的弯头管件标记为:S3.2-L2016H-Y

示例 2:S5 管系列的管件二端均接公称外径为 20 mm 规格管材,中间为 G3/4″内螺纹三通管件标记为:S5-T20×G3/4F

示例 3:S6.3 管系列的管件起始端接公称外径为 25 mm 规格管材,第二端为公称外径为 20 mm 规格管材,其他三端均为公称外径为 16 mm 规格管材的五通管件标记为:S6.3-W2520161616

5 材料

5.1 管件本体、滑紧卡套的材料宜采用铜合金,其化学成分应符合 GB/T 5231—2001、GB/T 20078—2006 中相应牌号的规定,其物理性能的抗拉强度应不小于 280 N/mm^2,延伸率应不小于 10%。

5.2 管件本体、滑紧卡套除采用铜合金加工外,在保证产品性能的条件下,允许用其他材料代替,订货时由供需双方协定。

6 要求

6.1 外观

6.1.1 管件本体和滑紧卡套应无裂痕、气孔、气泡、松缩、杂物及其他影响性能的缺陷;管件与管材的接触面应光洁顺滑,无毛刺。

6.1.2 螺纹应完好规整,无断扣、压伤、毛刺、划伤等缺陷。

6.1.3 表面处理可由供需双方协商确定。

6.2 螺纹

管件的螺纹尺寸及公差等级应符合 GB/T 7306.1—2000、GB/T 7306.2—2000 或 GB/T 7307—2001 的相应规定。

6.3 尺寸

管件基本尺寸(见图 2)和公差应符合表 3 的规定。

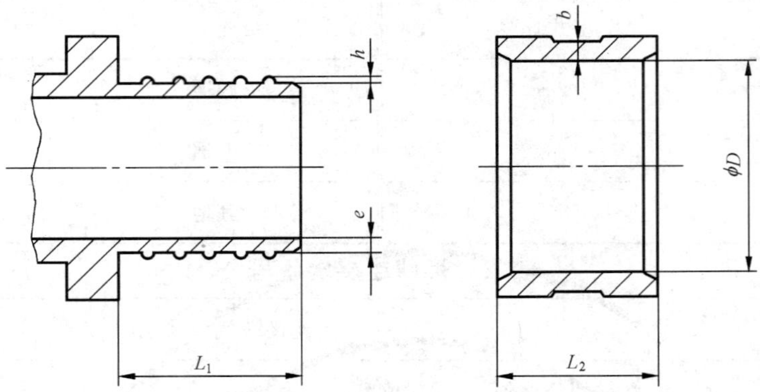

图 2　管件基本尺寸图

表 3　管件基本尺寸

单位为毫米

<table>
<tr><td rowspan="3">连接端配套管材公称外径</td><td colspan="4">管件本体</td><td colspan="4">滑紧卡套</td></tr>
<tr><td rowspan="2">最小壁厚
e_{min}</td><td rowspan="2">最小筋高
h_{min}</td><td rowspan="2">筋数量</td><td rowspan="2">最小长度
$L_{1_{min}}$</td><td colspan="2">卡套内径 D</td><td rowspan="2">最小壁厚
b_{min}</td><td rowspan="2">最小长度
$L_{2_{min}}$</td></tr>
<tr><td>基本尺寸</td><td>公差</td></tr>
<tr><td>12</td><td>0.90</td><td>0.40</td><td>4</td><td>15.00</td><td>12.30</td><td rowspan="4">±0.05</td><td>1.33</td><td>15.00</td></tr>
<tr><td>16</td><td>1.45</td><td>0.40</td><td>4</td><td>15.00</td><td>16.35</td><td>1.33</td><td>15.00</td></tr>
<tr><td>20</td><td>1.50</td><td>0.50</td><td>4</td><td>15.00</td><td>20.35</td><td>1.83</td><td>15.00</td></tr>
<tr><td>25</td><td>1.65</td><td>0.60</td><td>5</td><td>21.00</td><td>25.40</td><td>2.30</td><td>21.00</td></tr>
<tr><td>32</td><td>1.70</td><td>0.65</td><td>5</td><td>24.00</td><td>32.40</td><td rowspan="2">+0.10
−0.05</td><td>2.30</td><td>24.00</td></tr>
<tr><td>40</td><td>1.85</td><td>0.70</td><td>5</td><td>24.00</td><td>40.50</td><td>3.25</td><td>24.00</td></tr>
<tr><td>50</td><td>3.05</td><td>0.70</td><td>6</td><td>27.00</td><td>50.60</td><td rowspan="2">±0.10</td><td>4.20</td><td>27.00</td></tr>
<tr><td>63</td><td>3.65</td><td>0.70</td><td>6</td><td>27.00</td><td>63.70</td><td>5.15</td><td>27.00</td></tr>
<tr><td>75</td><td>5.20</td><td>1.00</td><td>7</td><td>40.00</td><td>76.00</td><td>+0.20
0</td><td>5.50</td><td>40.00</td></tr>
</table>

6.4　气密性能

管件本体应进行气密性能试验，试验中应无气泡出现。

6.5　系统适用性

6.5.1　静液压性能

按表 4 规定的参数进行静液压试验，试验中管件以及连接处应无破裂、无渗漏。

表 4　静液压试验条件

<table>
<tr><td>管件系列</td><td>试验温度/℃</td><td>试验压力/MPa</td><td>试验时间/h</td><td>试样数量</td></tr>
<tr><td rowspan="2">S6.3</td><td>20</td><td>1.5</td><td>1</td><td rowspan="8">3</td></tr>
<tr><td>95</td><td>0.70</td><td>1 000</td></tr>
<tr><td rowspan="2">S5</td><td>20</td><td>1.5</td><td>1</td></tr>
<tr><td>95</td><td>0.88</td><td>1 000</td></tr>
<tr><td rowspan="2">S4</td><td>20</td><td>1.5</td><td>1</td></tr>
<tr><td>95</td><td>1.10</td><td>1 000</td></tr>
<tr><td rowspan="2">S3.2</td><td>20</td><td>1.5</td><td>1</td></tr>
<tr><td>95</td><td>1.38</td><td>1 000</td></tr>
</table>

6.5.2 **热循环性能**

按表5规定的参数进行热循环试验，试验中管件以及连接处应无破裂、无渗漏。

表5 热循环试验条件

最高试验温度/℃	最低试验温度/℃	试验压力/MPa	循环次数	每次循环时间[a]/min
95	20	1.0±0.05	5 000	30^{+2}_{0}
[a] 每次循环冷热水各(15^{+1}_{0})min。				

6.5.3 **循环压力冲击性能**

按表6规定的参数进行循环压力冲击试验，试验中管件以及连接处应无破裂、无渗漏。

表6 循环压力冲击试验条件

最高试验压力/MPa	最低试验压力/MPa	试验温度/℃	循环次数	循环频率/(次/min)	试样数量
1.5±0.05	0.1±0.05	23±2	10 000	≥30	1

6.5.4 **耐拉拔性能**

按表7规定的试验条件，将管件与相配套的管材连接成组件，施加恒定的轴向拉力，保持一定的时间，管件与管材连接处应不发生相对轴向移动。试样数量为3个。

表7 耐拉拔试验条件

温度/℃	轴向拉力/N	试验时间/h
23±2	$1.178d_n^2$ [a]	1
95±2	$0.785d_n^2$	1
[a] d_n 为管材的公称外径，单位为mm。		

6.5.5 **弯曲性能**

按表8规定的参数进行弯曲试验，试验中管件以及连接处应无破裂、无渗漏。

仅当滑紧卡套连接端直径大于等于32 mm时做此试验。

表8 弯曲试验条件

试验温度/℃	试验压力/MPa	试验时间/h	试样数量
20±2	3.71	1	3

6.5.6 **真空性能**

按表9给出的参数进行真空试验。

表9 真空试验条件

项　目	试验参数		要　求
真空密封性	试验温度	(23±2)℃	真空压力变化≤0.005 MPa
	试验时间	1 h	
	试验压力	−0.08 MPa	
	试样数量	3	

6.6 **卫生性能**

用于饮用水的管件卫生性能应符合GB/T 17219、现行相应的卫生规范性能要求。

7 试验方法

7.1 **外观**

用肉眼直接观察。

7.2 **螺纹**

密封管螺纹用符合ISO 7-2:2000要求的量规检验，非密封管螺纹用符合GB/T 10922—2006要求的量规检验。

7.3 尺寸

尺寸用精度不低于0.02 mm的量具检测。

7.4 气密性能

将管件本体安装在试压机上。在常温下,将管件本体浸入水槽中,向管件本体内缓慢注入清洁压缩空气至0.8 MPa±0.05 MPa,保压15 s以上,观察有无气泡出现。

7.5 系统适用性

7.5.1 静液压性能试验

试验组件内外试验介质均为水,试验按GB/T 6111—2003的规定进行。

7.5.2 热循环性能试验

按GB/T 19993—2005的规定进行。

7.5.3 循环压力冲击性能试验

按GB/T 18992.2—2003附录D进行。

7.5.4 耐拉拔性能试验

按GB/T 15820—1995的规定进行。

7.5.5 弯曲性能试验

按GB/T 18992.2—2003附录E进行。

7.5.6 真空性能试验

按GB/T 18992.2—2003附录F进行。

7.6 卫生性能

用于饮用水的管件卫生性能试验按GB/T 17219、现行相应的卫生规范要求进行。

8 检验规则

8.1 检验分类

产品分为出厂检验和型式检验。

8.2 组批

同一原料、同一工艺、同一规格,连续生产的管件为一批,每批数量不超过20 000只,连续生产7 d产量不足20 000只时,按7 d产量为一批。

8.3 出厂检验

8.3.1 管件需经生产厂质量检验部门检验合格后,并附有产品合格证方可出厂。

8.3.2 出厂检验项目为本标准中的6.1~6.4。

8.3.3 抽样方案与判定规则按GB/T 2828.1—2003规定,采用正常检查一次抽样方案,一般检验水平Ⅰ,接收质量限(AQL)为4.0,见表10。

表10 抽样及判定

批量范围 N	样本量 n	接收数 Ac	不合格判定数 Re
≤280	13	1	2
281~500	20	2	3
501~1 200	32	3	4
1 201~3 200	50	5	6
3 201~10 000	80	7	8
10 001~20 000	125	10	11

8.3.4 正常生产过程中的连续批产品检验执行 GB/T 2828.1—2003 规定的转移规则，加严检验或放宽检验仍采用一次抽样方案，一般检验水平Ⅰ，接收质量限(AQL)为 4.0。

8.4 型式检验

8.4.1 有下列情况之一时，应进行型式检验：

a) 新产品或老产品转厂生产的试制定型鉴定；

b) 结构、材料、工艺有较大改变，可能影响产品性能时；

c) 产品停产一年，恢复生产时；

d) 正常生产时，每两年进行一次；

e) 出厂检验结果与上次型式检验有较大差异时；

f) 国家质量监督机构提出型式检验的要求时。

8.4.2 型式检验项目为本标准要求中的全部内容。

8.4.3 型式检验从出厂检验合格批中随机抽取足够的样品，对所有项目进行检验，卫生指标不合格则判定该次型式检验不合格，其他指标有一项达不到规定，加倍抽样，对不合格项进行复验，如仍不合格，则判定该次型式检验不合格。

9 标志、包装、运输、贮存

9.1 标志

9.1.1 产品应有本标准 4.2 规定的标记和商标标志。

9.1.2 标志应永久、清晰，易于识别。

9.2 包装

9.2.1 产品应用合适的形式进行包装，并附有产品合格证和使用说明书。

9.2.2 产品外包装箱上应有以下标识：

a) 产品名称；

b) 制造商名称、地址及商标；

c) 规格、数量、质量及箱体尺寸；

d) 生产日期或批号；

e) 本标准编号；

f) 用于饮用水的产品应特别注明。

9.2.3 包装应牢固，整洁无破损。

9.3 运输

产品在装运过程中应轻装轻放，不得受到剧烈的撞击、划伤、抛摔、曝晒、雨淋和污染。

9.4 贮存

产品应贮存在通风、干燥、清洁的仓库内，防止与腐蚀介质相接触，并离地 200 mm 以上。

附 录 A
（规范性附录）
滑紧卡套冷扩式管件与管材的连接

A.1 原理

将管材冷扩后套在管件连接部位，再将卡套滑动至连接部位实现密封和紧固。

A.2 步骤

A.2.1 将卡套滑入管材，卡套应离管端口足够远，防止给扩管造成影响。

A.2.2 用扩管器冷扩管材端口，冷扩端口大小应能刚好套入管件连接部位。

A.2.3 将冷扩后的管材端插入至管件连接部位最后一条筋处。

A.2.4 用专用安装工具将卡套压入冷扩的管材和管件本体一端，直至卡套与管件本体连接部位的根部完全接触。

A.3 要求

管件与管材应连接牢固可靠，卡套端面、管材端面与轴肩应靠齐，无间隙，无松动。

ICS 13.300
A 80

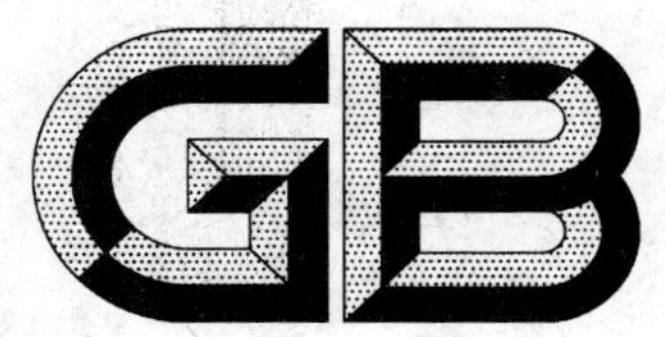

中华人民共和国国家标准

GB/T 22052—2008

用液体蒸气压力计测定液体的蒸气压力和温度关系及初始分解温度的方法

Test method for vapor pressure-temperature relationship and initial decompostition temperature of liquids by isoteniscope

2008-06-30 发布　　　　2009-02-01 实施

中华人民共和国国家质量监督检验检疫总局
中国国家标准化管理委员会　发布

前　言

本标准等同采用了 ASTM D 2879:97(2007)《用液体蒸气压力计测定液体的蒸气压力和温度关系及初始分解温度的方法》(英文版)。

本标准附录 A 和附录 B 是资料性附录。

本标准由全国危险化学品管理标准化技术委员会(SAC/TC 251)提出并归口。

本标准负责起草单位:中化化工标准化研究所、湖北出入境检验检疫局。

本标准主要起草人:崔海容、梅建、郭坚、王晓兵、叶诚、凌约涛、张剑锋、杨顺风、王帆。

本标准为首次发布。

用液体蒸气压力计测定液体的蒸气压力和温度关系及初始分解温度的方法

1 范围

本标准包括了纯液体蒸气压力、混合物的蒸气压力(在一封闭管中,填充量为40%±5%时)及纯液体和混合液体的初始热分解温度的测定。本标准适用于测试温度下,在硼硅酸盐瓶中其蒸气压在133 Pa～101.3 kPa间的液体蒸气压的测定。

本测试方法温度适用范围为环境温度至748 K。如提供合适的恒温浴时,温度范围也可低于环境温度。

注:液体蒸气压力计是一个恒容的装置,使用它测定混合液体的结果与其他恒压蒸馏获得的结果不同。

大多数石油化工产品沸点的温度范围非常广泛,这可通过研究它们的蒸气压力来了解。即使是符合拉乌尔定律的理想混合物,在较轻的组分被分离出来以后,蒸气压力也会逐渐的降低,尤其是成分复杂的混合物,例如制取润滑油的溶剂脱蜡过程。混合物在封闭的容器中释放的压力可能比通过计算它平均成分得到的压力高100倍,可由液体蒸气压力计来模拟封闭容器。为了测定开放系统中的表面蒸气压力,推荐参照标准ASTM D 2878。

本标准与安全性无关,仅限于使用相关性。使用者采用本标准前,有责任制定适当的安全和健康规范。其特殊危害陈述,见6.5,6.10和6.12。

2 规范性引用文件

下列文件中的条款通过本标准的引用而成为本标准的条款。凡是注日期的引用文件,其随后所有的修改单(不包括勘误的内容)或修订版均不适用于本标准,然而,鼓励根据本标准达成协议的各方研究是否可使用这些文件的最新版本。凡是不注日期的引用文件,其最新版本适用于本标准。

ASTM D 2878 润滑油的表面蒸气压力和分子量的评估和试验方法

ASTM E 230 标准化热电偶用温度电动势(EMF)图表

3 术语、定义和符号

3.1 术语和定义

下列术语和定义适用于本标准。

3.1.1

填充量 ullage

蒸气在封闭系统中的百分比。

注:特指图1中,在液体蒸气压力计部分A点处的右部有蒸气。

3.2 符号

下列符号适用于本标准。

t——温度,℃;

T——温度,K;

p——压力,Pa;

P_e——试验测得系统总压力;

P_a——溶解于样品中的固定气体产生的部分压力;

P_c——校正后蒸气压力,Pa。

$$T = t + 273.15 \qquad \cdots\cdots\cdots\cdots (1)$$

4　测试方法概要

4.1　减压条件下，通过加热样品，去除溶解和夹带在样品中的固定气体，同时从样品中除掉小量的挥发性成分。

4.2　在选定温度下，样品的蒸气压力通过测定与之平衡的一种惰性气体的压力获得。液体蒸气压力计的压力计部分用于测定等压。

单位为毫米

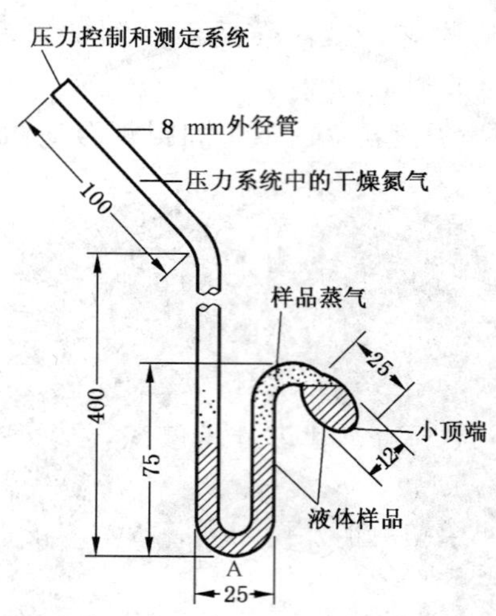

图 1　液体蒸气压力计示意图

4.3　起始分解温度可由蒸气压的对数值对绝对温度倒数的绘图来确定。起始分解温度是首次从线性关系脱离时对应的温度，即样品起始分解时的温度。可使用升高压力等温比的方法来测定，见附录 A。选取一些温度点，以气压上升率的对数对绝对温度的倒数绘图。当样品的气压上升率达到 185 Pa/s 时的温度，即是样品的分解温度。

注：当蒸气压不到 133 Pa 但大于 13.3 Pa，在选定的温度下，降低精度要求时，可直接测定。在一些情况下，样品溶解的空气会阻碍蒸气压在此范围内的直接测定。此范围内获得的较高压力时的数据点可被推断为近似蒸气压力。

5　意义和用途

使用液体蒸气压力计测定物质蒸气压也可反映出样品性质，包括其中的大部分挥发性成分，但不包括溶解的固定气体，例如空气。蒸气压本身是一种热力学性质，这种性质仅依赖于其组成以及稳定系统中的温度。此液体蒸气压力计方法是为了尽量减少发生在测量过程中的成分变化而设计。

6　仪器

6.1　液体蒸气压力计，见图 1。

6.2　恒温气浴，见图 2，温度范围为环境温度至 748 K，“A”点附近的液体蒸气压力计区域的温度偏差需控制在±2 K 内，见图 1。

6.3　温度控制器

6.4　真空和气体处理系统，见图 3。

6.5　水银压力计，封闭终端，范围为 0 kPa～101.3 kPa。

警告——有毒性。如果吸入或吞食可能会有害或致命。蒸气有害；被加热后会放出有毒气体。在

室温下蒸气压超过职业接触的阈限值。见附录 B 中 B.1。

6.6 麦克劳真空计,0 kPa～2.0 kPa,基本标准型(垂直式)。

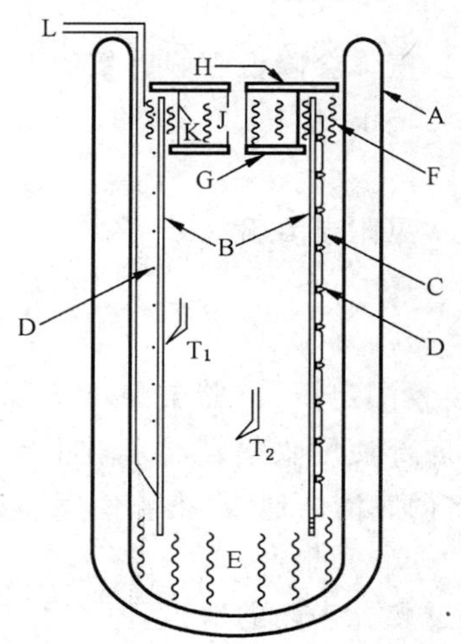

A——杜瓦瓶,镀银,内径 110 mm,深 400 mm;

B——硼硅酸盐玻璃管,外径 90 mm,长 320 mm;

C——玻棒,直径 3.18 mm,长 31 mm。这三个加热元件支撑物是整支完全融合到 B 管的外部表面,切角为 120°。插条插入融合玻璃管 9.54 mm。中间引导电炉丝 D;

D——电阻丝,螺旋围绕 B 管;

E——玻璃棉垫;

F——用于将管 B 固定于中心位置且密封环状开口的玻璃棉;

G——下部隔热支撑板。石棉水泥板,3.18 mm 厚,松紧度适于管 B,中间有孔可用于放置液体蒸气压力计;

H——上部隔热支撑板。石棉水泥板,3.18 mm 厚,松紧度适于杜瓦瓶 A。中间有孔可用于放置液体蒸气压力计;

J——玻璃棉垫用于板 G 和 H 间隔热;

K——板间隔棒。加热器引导连接功率输出的温度控制器;

T_1——温度-控制热电偶,依附于管 B 的内壁;

T_2——温度-控制热电偶,依附于液体蒸气压力计。

图 2 恒温气浴

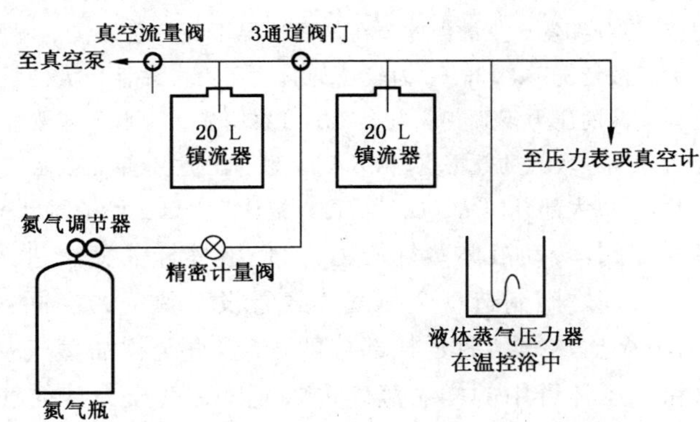

图 3 真空和气体控制系统

6.7 机械式两级真空泵。

6.8 电位分析型或是电子型温度直接读出装置。

6.9 热电偶，与美国国家标准测温热电偶（ANSIC 96.1）的标准热电偶与温度电动势（EMF）图表 E 230 一致。

6.10 氮气，预纯化。

警告——压缩气体处在高压状态。气体会降低呼吸时氧的有效性。见附录 A.2。

6.11 氮气压力调节阀，单级，0 kPa～345 kPa。

6.12 酒精灯。

警告——可燃性。变性酒精有毒。见附录 B.3。

7 危害

7.1 该步骤中要求使用装有水银的装置测定压力（**警告见 6.5**）。此种材料的溢出会在房间内以有毒蒸气的形式造成安全危害。可在装置底部使用收集容器来阻止此种情况发生。如果发生溢出，并且房间的通风在 0.01 $m^3/(s\cdot m^2)$ 以下，需彻底清洁地板，推荐使用检查汞蒸气探测设备。以下步骤可有效地清洁地板。

7.1.1 5%的多硫化钠溶液适用于穿透多孔表面的地板，但不用于表面为金属抛光的材质。

7.1.2 硫磺粉或农业胶体硫，可有效用于无孔地板。

7.1.3 颗粒状锌（20 目、840 μm），可有效用于较大的汞滴，锌粒使用前应在 3%盐酸中漂洗。

7.2 该套仪器包括一个真空系统和一支用于加热的杜瓦瓶（恒温空气浴）。应选取合适的措施来避免这些系统中发生内爆。这些措施包括包裹真空容器、在杜瓦瓶外部加上挡板以及使用安全玻璃等。

8 操作步骤

8.1 向液体蒸气压力计中加入一定量的样品，样品量可填满样品瓶和压力计的短臂直至图 1 所示的 A 点处（**警告——有毒。如果不慎吸入或误食，可能有害或致命。蒸气有害；加热后放出有毒气体。在室温下蒸气压超过职业接触的阈限值。见附录 A.1**）。按图 3 所示连接液体压力蒸气计与真空系统，将整个系统抽真空，然后通入氮气（**警告——压缩气体处在高压下。气体会影响呼吸中氧的有效性。见附录 A.2**），通过麦克劳压力计控制，直至压力达到 13.3 Pa。重复抽真空和净化系统两次以清除残留氧。

8.2 将液体蒸气压力计水平放置，使少许样品能流入样品瓶和压力计部分。降低气压至 133 Pa。用酒精灯逐步加热样品以去除溶解的气体直至沸腾。继续 1 min。

注 1：在系统开始抽真空的过程中，可能冷却挥发样品以阻止沸腾或挥发造成的损失。

注 2：如果样品是纯化合物，在 13.3 Pa 条件下煮沸可以更容易的去除固定气体。如样品由蒸气压力不同的混合物质组成，这个步骤导致组分挥发产生的误差。在这些情况下最好是缓慢的沸腾。沸腾的强度可通过加热量和压力来控制。在大多数情况下，133 Pa 为较佳的脱气压力。黏性较大的材料需要在较低的压力下脱气。易挥发性样品需要在较高的压力下脱气。当蒸气压力数据显示出脱气步骤没有完全去除溶解气体时，此时需要校正数据或是去除偏差较大的数据点（见 8.7）。脱气程序不能完全阻止样品成分的挥发。然而，该步骤使这些损失最小化，所以大部分样品经脱气后可以被认为是已去除了固定气体的样品。

8.3 样品脱气以后，关掉真空阀，转动液体蒸气压力计，使液体样品完全进入样品瓶和气压计的短臂。使用以下方法在样品瓶和压力计之间制造一个充满蒸气且没有氮气的空间：保持液体蒸气压力计的压力与脱气时的压力一致；用小火加热样品瓶延长部分的顶端，直至样品蒸气从样品中释放出来；继续加热顶端直至使样品瓶上部和气压计臂中的样品蒸气进入液体蒸气压力计的气压计部分。

8.4 将液体蒸气压力计垂直放置于恒温浴中。液体蒸气压力计在气浴中达到温度平衡后，将氮气加入气体-样品系统直至样品压力平衡。定期调整气体-控制系统内氮气的压力以平衡样品。当液体蒸气压力计达到温度平衡时，调节氮气的压力使与样品的蒸气压力相等。系统的压力平衡是通过液体蒸气压力计的气压计部分指示的。当气压计臂两侧的液体等高时，则表示平衡。读出并记录系统平衡点的氮气压。用麦克劳气压计测量 2.0 kPa 下的压力，用水银气压计测定 2.0 kPa～101 kPa 的压力。

8.4.1 多次且细微的调节氮气压非常重要。如果氮气压过大，氮气气泡可能会通过压力计与样品的蒸气混合。如果氮气压力过小，样品蒸气会逃逸。如果发生以上情形之一，应立即终止试验，并重新从8.3开始。

注：因为大部分样品的密度都远小于水银密度，当蒸气压力值在133 Pa以上时，气压计的液面水平波动的影响可忽略。

8.5 将恒温浴的温度升高25 K。随着温度的上升，如7.4所述方法保持系统的压力平衡。当达到温度平衡，最终调整压力进行平衡。读出并记录系统的压力。以25 K为间隔，逐次升温，直至体系压力超出101 kPa。

8.6 取测得的压力的对数值对绝对温度的倒数（T^{-1}）作图。

注：3或4循环的半对数坐标图对此类型的绘图有效。

8.7 如果蒸气压曲线的切线在其低温终点显示样品中含有因脱气不完全而残留有固定气体。以下三个步骤可参考使用（见图4和图5）。

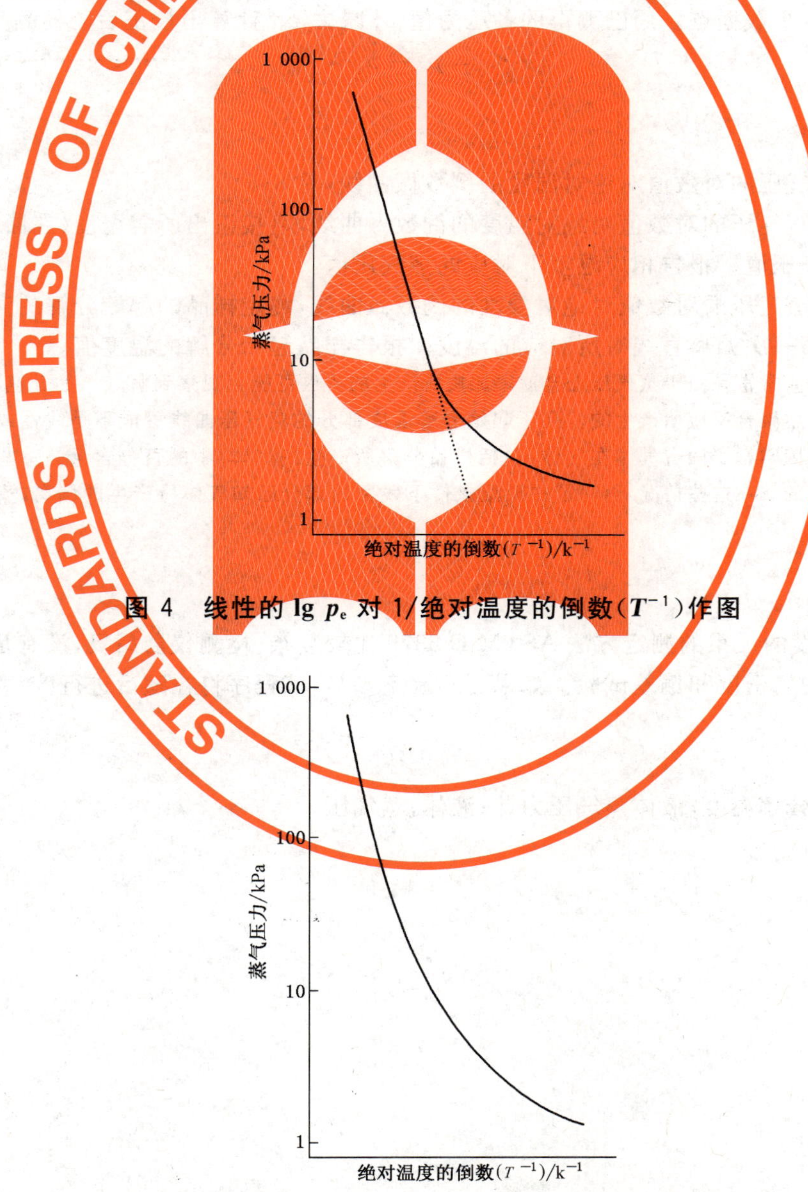

图4 线性的 lg p_e 对 1/绝对温度的倒数（T^{-1}）作图

图5 非线性的 lg p_e 对 1/绝对温度的倒数（T^{-1}）作图

8.7.1 如8.1～8.7所述步骤重复测定蒸气压，并加强脱气步骤。此操作步骤适用于323 K时蒸气压力不超过133 Pa的纯化合物和混合物。

注：总的来说，在气浴中的温度平衡和液体蒸气压力计的压力平衡后才进行蒸气压力的测定。但是，当样品开始分解时，甚至恒温时蒸气压力都会增加。在这些情况下，体系中测得的蒸气压力不再是单一温度函数，也不是通常意义上的蒸气压。有时，当体系已变得不稳定时，继续读出的压力也是有用的。在这些情况下，可读出气浴中温度达到平衡时的压力，无论此时是否能保持压力平衡。

8.7.2 在多数情况下，尽管样品中存在固定气体，蒸气压力的绘图在大范围内可能也会是线性的（见图4）。虽然固定气体会阻碍直接读取蒸气压力，但仍可通过外推线性部分至较低温度以估计蒸气压力。不推荐外推超出10倍以上的压力值。

8.7.3 如果缺乏合适的线性区间阻碍使用如8.7.2所述步骤，见图5，则使用下面的运算校正步骤：假定压力在最低的温度 K_1，测定主要与固定气体有关。计算恒容条件固定气体加热温度为 K_2 的压力。

$$p_{a2} = p_{a1} \times K_2/K_1 \qquad \cdots\cdots(2)$$

重复该过程的每个数据点。用已测得的各压力值 p_e 减去 p_a，计算出校正后的样品蒸气压值。

$$p_c = p_e - p_a \qquad \cdots\cdots(3)$$

9 计算和报告

9.1 以校正后的蒸气压的对数值对绝对温度的倒数做曲线，见8.6。

9.2 根据校正后的蒸气压的对数值对绝对温度的倒数做曲线，直接读出所需温度（在曲线温度范围内）对应的校正后的蒸气压值。报告相应温度下对应的蒸气压值。

9.3 利用校正后的蒸气压的对数值对绝对温度的倒数做曲线，测定样品的起始分解的温度。起始分解的温度即蒸气压值第一次偏离直线时所对应的温度。报告样品起始分解的温度值。

注：线性的最初偏离常常是由于蒸气压上升速率加快所产生的。也可能会观察到蒸气压上升速率减慢的现象，这可能是样品发生聚合反应所产生的。高于起始分解温度部分的蒸气压曲线可能不是线性或近似线性。不要将非线性的原因归咎于固有气体在气体（包括样品分解所产生的气体）中的百分含量。一些样品在试验条件下是不会分解的。在这些情况下，除了在低温条件下残留的部分已知气体所产生的偏离，蒸气压曲线基本成线性关系。

10 精密度和偏差

由于蒸气压-温度的关系的测定方法ASTM D 2879比较复杂，检测仪器昂贵，没有足够的实验室参与进行实验室之间的精密度和偏差试验。如果有实验室参与，该程序将在随后进行。

11 关键词

分解温度；起始分解温度；液体蒸气压力计；液体；蒸气压。

附 录 A
（资料性附录）
测定分解温度的替代方法

A.1 范围

本附录描述了一种测定液体分解温度的方法，其适用于能使用本标准中所用设备测定蒸气压的液体。

A.2 方法概述

采用本标准所描述的方法去除溶解和残留于样品中的气体。在样品的预期分解温度以上选定几个温度点测定压力对时间的等温比。以压力上升速率的对数对测定等温比时样品的绝对温度的倒数做曲线，分解温度定义为样品压力增加速率等于 10 h 内压力上升 67 kPa(即 1.85 Pa/s)时的温度。

A.3 步骤

A.3.1 按本标准的第 8 章、第 9 章所述测定样品的蒸气压和起始分解温度。

A.3.2 如果发现样品有一个起始分解温度，且该温度不在 A.3.1 中的压力-温度曲线的温度范围内，取一定量的样品填充一根液态压力计，按 8.2 中程序排出样品中溶解的固定气体。按 8.3 所述制备液态压力计进行试验。将已填充好的液态压力计维持在一定的恒温条件下，在该温度条件下，压力增加速率远远大于 1.85 Pa/s。按 8.4 所述的方法维持系统的压力平衡，直至液态压力计及其内部物质均达到温度平衡。一旦温度达到均衡，立即选取一时间段检测系统压力，直至检测到出现恒速率时为止。

A.3.3 在 10 K～15 K 的温度区间段内按 A.3.2 重复测定压力上升速率，直至找到三或四个温度区间段。

A.4 计算

A.4.1 以蒸气压上升率的对数对绝对温度的倒数作图。

A.4.2 当压力上升速率达到 1.85 Pa/s 时测定温度。以此温度作为样品分解温度出报告。

A.4.3 检测的间隔应定为最小压力变化约为 2.66 kPa。

A.4.4 如果随着样品的分解，盛样品的玻璃腔内的液体蒸气压力计压力达到 101 kPa，平衡气体压力应缓慢减小，以让部分样品流入液体蒸气压力计的压力计区域。当压力降低到可使用水平时，系统应当重新平衡，重新开始速率测定。

附　录　B
（资料性附录）
预先声明

B.1　水银

警告——有毒。如果吸入或摄入，对人体有害甚至致命；受热时释放有毒气体。室温条件下蒸气压超过职业暴露极限值。

勿呼吸其蒸气。

保持容器密封。

使用场所保持良好的通风。

请勿食入。

如果条件允许，用水覆盖暴露面，以减少蒸发。

请勿加热。

在出售或净化之前，将回收的水银盛入密封的容器内。

请勿丢入水池或垃圾堆。

B.2　氮

警告——压力下气体。该气体减少可供呼吸的氧气量。

不使用时保持盛装容器阀关闭。

使用场所保持良好的通风。

除非有良好的通风，否则勿进入储存区域。

一般使用压力调节器。在打开容器阀之前先拧松压力调节器。

请勿将气体转入另一个容器内，直接灌入较好。

请勿在容器内混合气体。

请勿丢掷容器，保持容器有支撑。

当打开容器阀门时远离容器出气口。

防止容器在太阳下直射，远离热源。

保持容器远离腐蚀环境。

请勿使用无标签的容器。

请勿使用有凹陷或破损的容器。

仅用于技术研究。请勿用于吸入。

B.3　酒精

警告——可燃。改性酒精无法保证无毒。

远离热源、火星及明火。

保持容器密封。

使用时保持良好的通风。

避免长时间呼吸其蒸气或飞沫。

避免与眼睛和皮肤接触。

请勿食入。

ICS 71.100.20
G 86

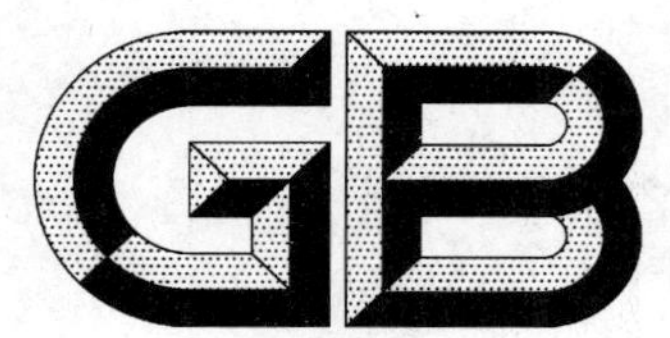

中华人民共和国国家标准

GB/T 22053—2008

戊烷发泡剂

Pentane vesicant

2008-06-30 发布　　2009-02-01 实施

中华人民共和国国家质量监督检验检疫总局
中国国家标准化管理委员会　发布

前　言

本标准的附录 A 为规范性附录。

本标准由中国标准化协会提出并归口。

本标准起草单位:上海艾洛索化工技术研究所、深圳市标准技术研究院、中原油气高新股份有限公司天然气处理厂、中国标准化协会。

本标准主要起草人:李世元、黄曼雪、程振华、邵友信、陈国才、刘红路、张永红、岳远林。

本标准首次发布。

戊烷发泡剂

1 范围

本标准规定了戊烷发泡剂的要求、试验方法、检验规则以及标志、包装、运输、贮存和安全的要求。

本标准适用于以含戊烷的原料经分馏精制而得的戊烷发泡剂，该产品主要在可发性聚苯乙烯和软质聚氨酯生产工艺中作发泡剂，也可用于化学工业或实验溶剂。

分子式：C_5H_{12}

相对分子质量：72.15（按2001年国际相对原子质量）

2 规范性引用文件

下列文件中的条款通过本标准的引用而成为本标准的条款。凡是注日期的引用文件，其随后所有的修改单（不包括勘误的内容）或修订版均不适用于本标准，然而，鼓励根据本标准达成协议的各方研究是否可使用这些文件的最新版本。凡是不注日期的引用文件，其最新版本适用于本标准。

GB 190 危险货物包装标志

GB/T 259 石油产品水溶性酸及碱测定法

GB/T 601 化学试剂 标准滴定溶液的制备

GB/T 603 化学试剂 试验方法中所用制剂及制品的制备（ISO 6353-1:1982，NEQ）

GB/T 1250 极限数值的表示方法和判定方法

GB/T 1884 原油和液体石油产品密度实验室测定法（密度计法）

GB/T 3209 苯类产品蒸发残留量测定方法

GB/T 5096 石油产品铜片腐蚀试验法

GB/T 6682 分析实验室用水规格和试验方法（GB/T 6682—2008，ISO 3696:1987，MOD）

GB/T 11136 石油烃类溴指数测定法（电位测定法）

SH 0164 石油产品包装、贮运及交货验收规则

SH/T 0253 轻质石油产品中总硫含量测定法（电量法）

SY/T 0542 稳定轻烃组分分析方法 气相色谱法

SY/T 0543 稳定轻烃取样法

3 要求

3.1 外观

无色透明液体，无混浊。

3.2 型号

戊烷发泡剂主要由正戊烷和异戊烷两种组分组成，并按不同组分组成11种产品，其型号为：F_0、F_1、F_2、F_3、F_4、F_5、F_6、F_7、F_8、F_9 和 F_{10}，见表1。

表1 戊烷发泡剂组分与型号

组分	型号										
	F_0	F_1	F_2	F_3	F_4	F_5	F_6	F_7	F_8	F_9	F_{10}
nC_5（正戊烷）/%	0	10	20	30	40	50	60	70	80	90	100
iC_5（异戊烷）/%	100	90	80	70	60	50	40	30	20	10	0
注：根据需求，nC_5、iC_5 含量的调整范围应为：±5%。											

3.3 技术要求应符合表2中规定。

表2 技术要求

项目		指标
密度(20 ℃)/(kg/m^3)		615～630
硫含量/(μg/mL)	≤	10
机械杂质及水分		—
铜片腐蚀(20 ℃、3 h)级	≤	1
水溶酸或碱		—
戊烷总含量/%	≥	98
C_6 及以上重组分/%	≤	1
蒸发残余物/(mg/100 mL)	≤	10
溴指数/(mg/100 g)	≤	100

4 试验方法

所用试剂和水在没有注明其他要求时，均指确认为分析纯的试剂和GB/T 6682中规定的三级水。

所用标准溶液、制剂及制品，在没有注明其他要求时，均按GB/T 601和GB/T 603中规定制备。

4.1 外观

取试样10 mL于内径15 mm的试管内，横向透视观察试样颜色及有无混浊。

4.2 组分含量

戊烷含量和 C_6 及以上重组分含量的测定，按照SY/T 0542中规定进行。

4.2.1 方法提要

用气相色谱法，在选定的色谱条件下，试样经气化通过色谱柱，使其中各组分分离，用火焰离子化检测器检测，用面积归一化法计算戊烷的含量和 C_6 及以上重组分的含量。

4.2.2 试剂

4.2.2.1 氮气：体积分数大于99.995%；

4.2.2.2 氢气：体积分数大于99.995%；

4.2.2.3 空气：经硅胶或分子筛干燥、净化。

4.2.3 仪器

4.2.3.1 气相色谱仪：配有火焰离子化检测器(FID)。以苯为试样，整机灵敏度要求检出限 $D \leqslant 1 \times 10^{-11}$ g/s；

4.2.3.2 色谱柱：毛细管柱OV-101，50 m×0.25 mm(内径)×0.25 μm；或者达到同等分离效果的均可使用；

4.2.3.3 记录仪：色谱工作站或色谱数据处理机；

4.2.3.4 进样器：1.0 μL气密型注射器或自动进样仪器。

4.2.4 色谱分析条件

推荐的色谱操作条件见表3。分析色谱图见附录A。其他能达到同等分离程度的色谱柱和色谱操作条件均可使用。

表 3 推荐的色谱柱和色谱操作条件

项 目	毛细管柱
	OV-101
柱温度/℃	50
气化室温度/℃	230
检测室温度/℃	240
进样量/μL	0.5
载气(N_2)流量/(mL/min)	30
氢气流量/(mL/min)	30
空气流量/(mL/min)	300
分流比	1∶150

4.2.5 分析步骤

启动气相色谱仪,按表3所列的色谱操作条件调试仪器,稳定后准备进样分析。

用注射器取适量样品注入进样端口,同时启动色谱仪、工作站或积分仪。

4.2.6 结果计算

4.2.6.1 戊烷的质量分数 w_1,数值以%表示,按式(1)计算:

$$w_1 = \frac{A_1}{\sum A_i} \qquad \cdots\cdots(1)$$

式中:

A_1——戊烷的峰面积;

$\sum A_i$——各组分的峰面积之总和。

取两次平行测定结果的算术平均值为测定结果。

4.2.6.2 C_6 及以上重组分的质量分数 w_2,数值以%表示,按式(2)计算:

$$w_2 = \frac{A_2}{\sum A_i} \qquad \cdots\cdots(2)$$

式中:

A_2——C_6 及以上重组分的峰面积;

$\sum A_i$——各组分峰面积之总和。

取两次平行测定结果的算术平均值为测定结果,两次平行测定结果的相对偏差不大于10%。

4.3 密度测定

按GB/T 1884中规定进行。

4.4 硫含量测定

按SH/T 0253中规定进行。

4.5 铜片腐蚀测定

按GB/T 5096中规定进行。

4.6 水溶性酸或碱测定

按GB/T 259中规定进行。

4.7 蒸发残余物的测定

按GB/T 3209中规定进行。

4.8 溴指数的测定

按GB/T 11136中规定进行。

5 检验规则

5.1 检验分类、检验项目

分为出厂检验和型式检验两种。

5.1.1 出厂检验

5.1.1.1 应由生产厂质量检验部门进行检验，合格后方能出厂，应附有产品出厂检验合格证。

5.1.1.2 项目为戊烷的总含量和 C_6 及以上重组分的含量。

5.1.2 型式检验

5.1.2.1 对所有项目进行型式检验。

5.1.2.2 在正常生产情况下，每月至少进行一次型式检验。

5.2 验收

使用单位应在收到戊烷发泡剂 15 d 内，完成质量验收。

5.3 取样

按 SY/T 0543 规定进行。

5.4 判定

检验结果的判定按照 GB/T 1250 中的修约数值比较法进行。检验结果如有一项指标不符合要求时，应重新自两倍的包装单元中取样进行检验，槽车或集装箱装运产品应重新多点采样进行检验。重新检验的结果即使只有一项指标不符合本标准要求，则判定整批产品为不合格。

6 标志、包装、运输、贮存

按 SH 0164 中规定进行。

6.1 标志

戊烷发泡剂包装容器上应有牢固清晰的标志，内容包括：产品名称、商标、产品型号、生产厂名、厂址、净含量、批号、本标准代号和 GB 190 规定的“易燃”标志。

6.2 包装

槽车或集装箱充装戊烷发泡剂时，充装系数不大于 0.85。

6.3 运输

装有戊烷发泡剂的槽车或集装箱在装卸运输过程中要保持通风，严禁撞击、拖拉和直接曝晒，远离明火，应符合中华人民共和国铁路、公路对危险货物运输的有关规定。

6.4 贮存

戊烷发泡剂贮存场所应与氧气、压缩空气、氧化剂等分开存放；不得靠近热源，严禁日晒雨淋。

贮存场所必须有严禁烟、火的警示牌；有防火防爆技术措施，配备相应品种和数量的消防器材，禁止使用易产生火花的机械设备和工具。

7 安全

7.1 戊烷发泡剂是极为易燃品，其中蒸气和空气可形成爆炸性混合物，遇明火、高热极易燃烧爆炸。与氧化剂接触发生强烈反应，甚至引起燃烧。液体比水轻，不溶于水，可随水漂流扩散到远处，遇明火即引起燃烧。在火场中，受热的容器有爆炸危险。其蒸气比空气重，能在较低处扩散到相当远的地方，遇火源会引起着火、回燃。

7.2 戊烷发泡剂属低毒性化学品。健康危害主要表现为：高浓度可引起眼与呼吸道黏膜轻度刺激症状和麻醉状态，甚至意识丧失。慢性作用是眼和呼吸道的轻度刺激。可引起轻度皮炎。当环境中戊烷发泡剂浓度较高时，现场人员应采取必要的防护措施，佩带防护器具。

附　录　A
（规范性附录）
戊烷发泡剂组分分析典型色谱图及相对保留值

A.1　戊烷发泡剂组分分析典型色谱图

戊烷发泡剂组分分析典型色谱图，见图A.1。

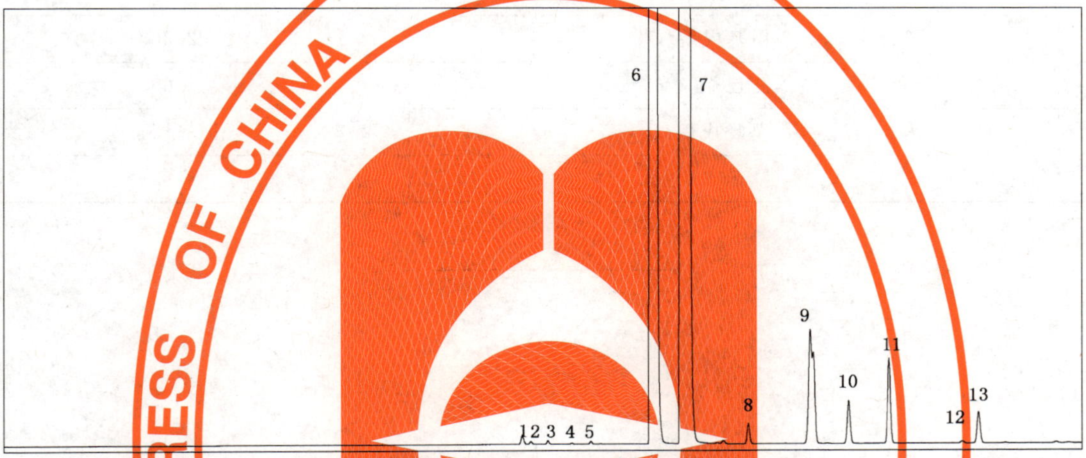

1——甲烷；
2——乙烷；
3——丙烷；
4——异丁烷；
5——正丁烷；
6——异戊烷；
7——正戊烷；
8——2，2-二甲基丁烷；
9——2，3-二甲基丁烷/2-甲基戊烷；
10——3-甲基戊烷；
11——正己烷；
12——甲基环戊烷；
13——苯。

图 A.1　戊烷发泡剂组分分析典型色谱图

A.2　毛细管柱气相色谱法相对保留值

毛细管柱气相色谱法相对保留值，见表A.1。

表 A.1　毛细管柱气相色谱法相对保留值

序号	组　分　名　称	相对保留值
1	甲烷	0
2	乙烷	0.053
3	丙烷	0.149

表 A.1（续）

序号	组　分　名　称	相对保留值
4	异丁烷	0.368
5	正丁烷	0.531
6	异戊烷	1
7	正戊烷	1.237
8	2,2-二甲基丁烷	1.658
9	2,3-二甲基丁烷/2-甲基戊烷	2.105
10	3-甲基戊烷	2.368
11	正己烷	2.658
12	甲基环戊烷	3.184
13	苯	3.329

ICS 13.300
A 80

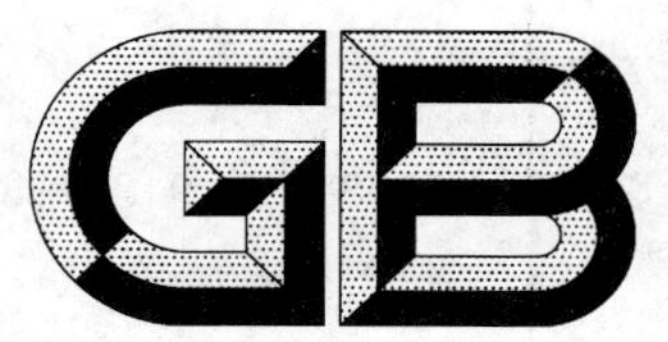

中华人民共和国国家标准

GB/T 22054—2008/ISO 918:1983

有机液体(除石油产品)蒸馏特性测定通用方法

Chemicals general method for determination of distillation characteristics of organic liquids (other than petroleum products)

(ISO 918:1983,IDT)

2008-06-30 发布　　2009-02-01 实施

中华人民共和国国家质量监督检验检疫总局
中国国家标准化管理委员会　发布

前　言

本标准等同采用ISO 918:1983《有机液体(除石油产品)蒸馏特性测定通用方法》(英文版)。

为了方便使用,进行了下述编辑性的修改:

a) 将原标准前言删除;

b) 用小数点“.”代替作为小数点的逗号“,”。

c) 在公式符号注释中用符号“——”代替符号“=”;

d) 删除原标准中的4个条文脚注。

本标准由中国石油和化学工业协会提出。

本标准由全国化学标准化技术委员会归口。

本标准起草单位:中化化工标准化研究所、中国检验检疫科学研究院。

本标准主要起草人:陈会明、王晓兵、王军兵、梅建、郝楠、张君玺、孙鑫、周玮、王睁。

本标准是首次发布。

有机液体(除石油产品)蒸馏特性测定通用方法

1 范围

本标准规定了沸点在30℃～300℃之间、在通常大气压下蒸馏过程中保持稳定的挥发性有机液体(石油产品除外)蒸馏特性的测定方法及试验装置。

本标准适用于在30℃～300℃之间、在通常大气压下蒸馏过程中保持稳定的挥发性有机液体(石油产品除外)蒸馏特性的测定。

2 规范性引用文件

下列文件中的条款通过本标准的引用而成为本标准的条款。凡是注日期的引用文件,其随后所有的修改单(不包括勘误的内容)或修订版均不适用于本标准,然而,鼓励根据本标准达成协议的各方研究是否可使用这些文件的最新版本。凡是不注日期的引用文件,其最新版本适用于本标准。

ISO 3405　石油产品——蒸馏特性的测定

ISO 4626　挥发性有机液体——用作原料的有机溶剂沸点的测定

3 术语和定义

ISO 3405和ISO 4626确立的术语和定义以及下列术语及定义适用于本标准。

3.1

初馏点　initial boiling point

在标准条件下进行蒸馏时,当第一滴冷凝物从冷凝器中落下时的温度(必要时通过校正)。

3.2

终馏点　final boiling point

在标准条件下样品蒸馏到最后阶段的最高温度(必要时通过校正)。

3.3

干点　dry point

在标准条件下蒸馏时,烧瓶底部最后一滴液体蒸发时的温度(必要时通过校正)。

3.4

沸程　boiling range

初馏点和干点之间的温度范围。

4 原理

为便于检测,蒸馏是在严格限定的情况下进行。

4.1　本标准规定测试产品的温度与冷凝物体积相对应;除非在冷凝物两种体积之间温度差异仅是为规定产品性质作准备的(标定温度作为体积函数),否则这些温度应按照第9章的规定进行校正;或

4.2　当温度计显示每个蒸馏温度时,按第9章规定是先前调整的温度,本标准为测试产品对冷凝物的体积有详细规定(标定体积作为温度的函数)。

5 装置

普通试验装置,和

5.1 蒸馏装置,如图1所示。

5.1.1 蒸馏烧瓶,有效容量100 mL,硼硅酸盐玻璃,如图2所示。

5.1.2 温度计,玻璃质水银温度计,刻度以0.2℃为间隔,最大误差±0.2℃,并为测试产品提供合适的计量范围。

温度计水银球顶部和第一个刻度线之间距离至少是100 mm,或者没有收缩室,或收缩室非常接近水银球、或就在水银球处。

使用温度计浸入深度100 mm(或选择全部浸入深度)作为校准刻度的标准。

补充要求,特别是关于温度计的范围,对于进行试验的产品可能规定使用国际标准。

5.1.3 100 mL容量的接收瓶,刻度如图3所示。

5.1.4 Liebig/West型冷凝器,硼硅酸盐玻璃,如图4所示,内管应具有以下尺度:

内径	14.0 mm±1.0 mm
壁厚	1.0 mm至1.5 mm
长管的垂直长度	600 mm±10 mm
短管的长度	55 mm±5 mm
长管与短管形成的角度	97°±3°

冷凝器内部的进口需要封闭,管轴及其出口应与它保持一致,把管轴一点平衡地放在平面上大约形成45°夹角,如图4所示。

冷却水套中心垂直部分的长度应是450 mm±10 mm,并且它的外径是35 mm±3 mm。

5.1.5 风口挡,矩形截面,顶部和底部开口。它所具有的尺寸在图5显示,并且它是由0.7 mm厚的金属板料制成的。

风口挡上较窄两侧各有两个气孔。孔径25 mm位于耐热板下,如图5所示。

风口挡四面的每一面都有三个气孔,孔的中心与风口挡底部相距25 mm。这些孔所处的位置如图5所示,位于较宽面中部孔的直径是25 mm,其余剩下的10个孔直径是12.5 mm。

每个宽面的中间部位,蒸馏烧瓶的侧管有一个纵向插槽,是从挡口顶部向下切割的,尺寸如图5所示。按图5的尺寸要求,无论哪个纵向插槽不能使用,为了封闭都要提供移动式快门。

耐热钢板的架子厚度为6 mm,中央有一个直径为110 mm圆型通口,架子水平支撑挡口并使它适当接近挡口两侧,以确保热气不接触烧瓶的两侧及瓶颈。支撑的架子可能由金属片组成,牢牢地固定挡口的四角。

在挡口较窄边的其中一边,图5中提供了一个门的尺寸,并且在挡口较窄边的每一边,挡口周围叠加了一个大约5 mm的口子,云母窗位于中央,窗子的底部与耐热架的顶部水平。窗子的尺寸和位置如图5所示。

5.1.6 耐热板

除5.1.5涉及的耐热架外,还需要一个150 mm^{2}和6 mm厚的耐热板。它的中央有一个直径50 mm的孔,除非另作说明否则试验中的材料要按照规定要求。

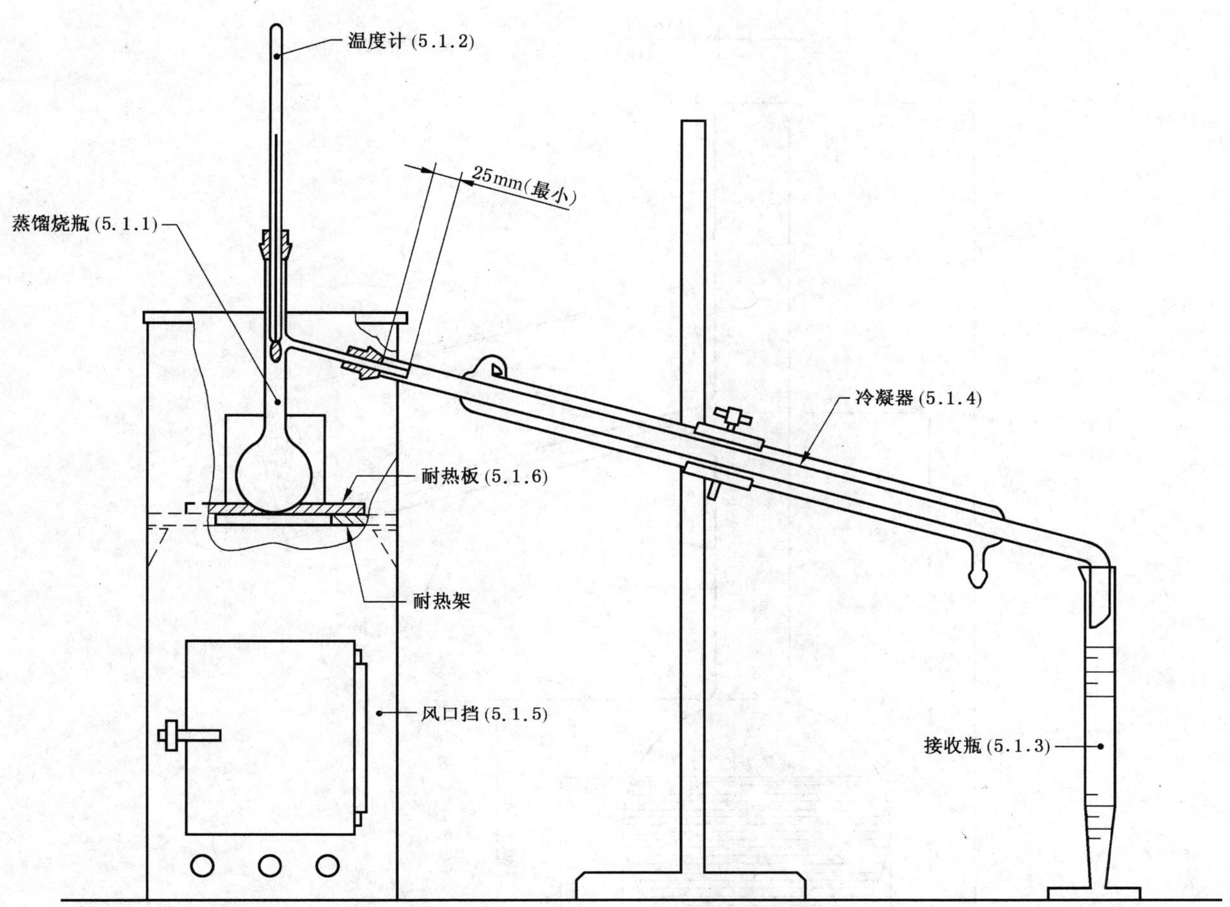

图1 蒸馏装置图(5.1)

单位为毫米

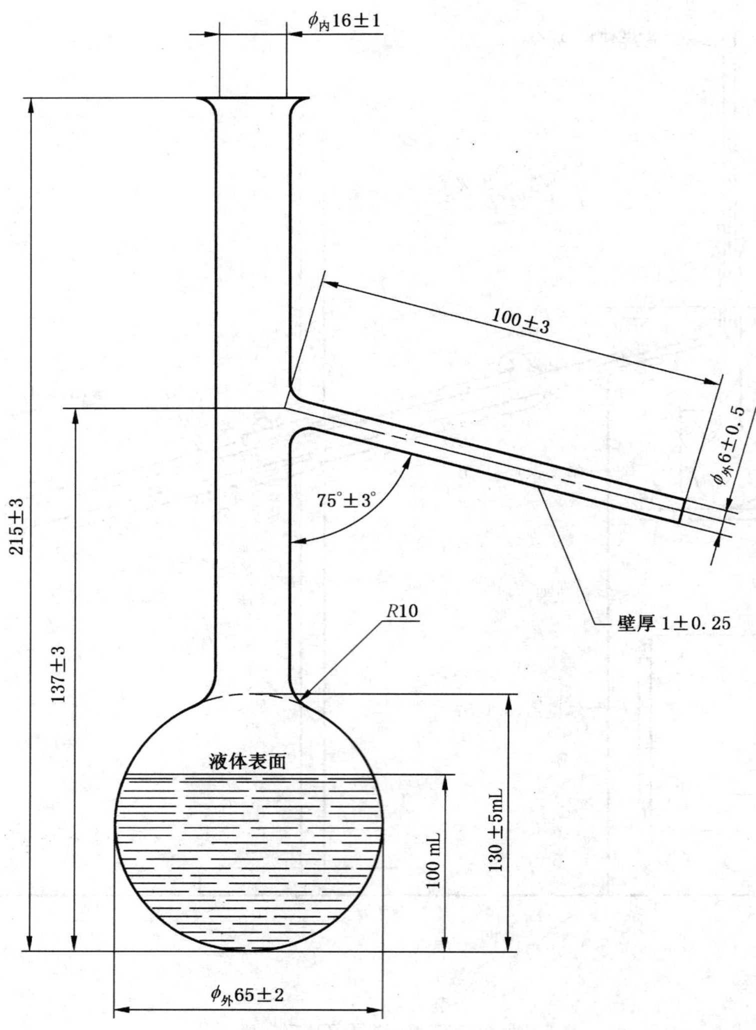

图 2 蒸馏烧瓶(5.1.1)

单位为毫米

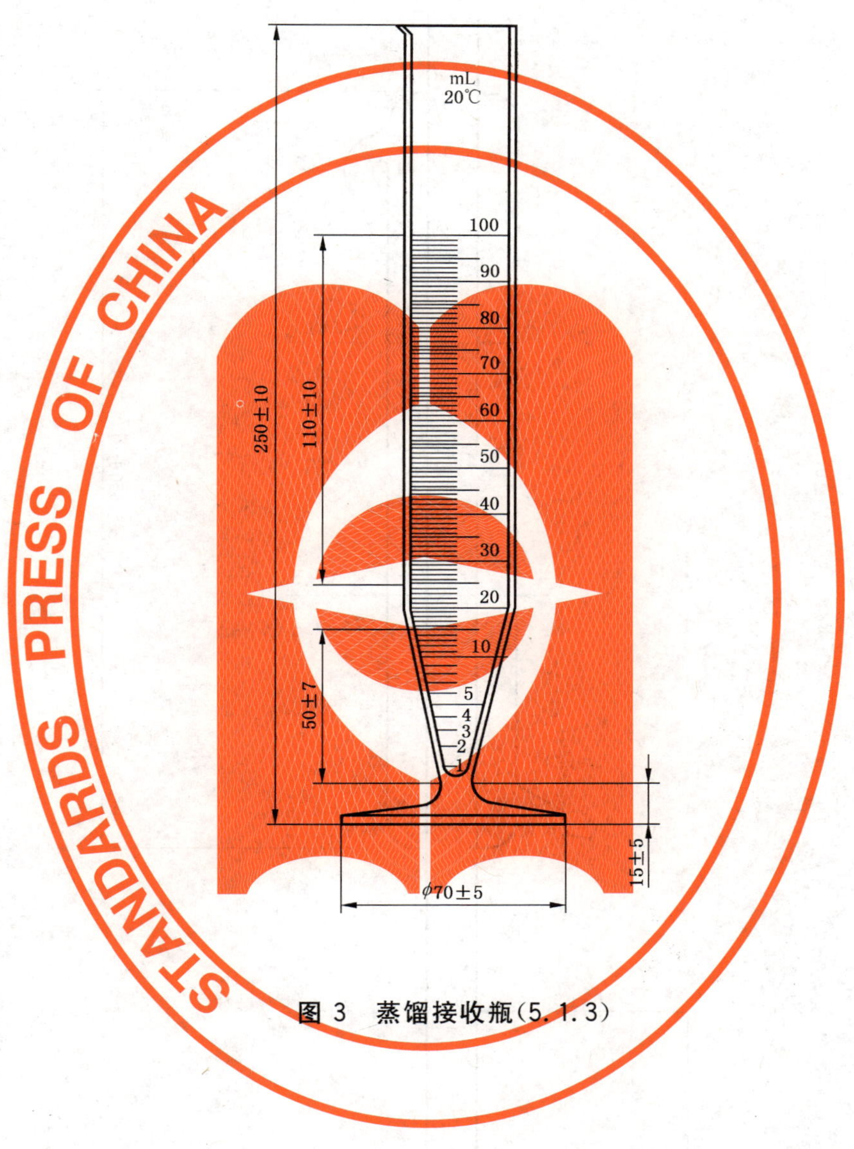

图 3　蒸馏接收瓶(5.1.3)

单位为毫米

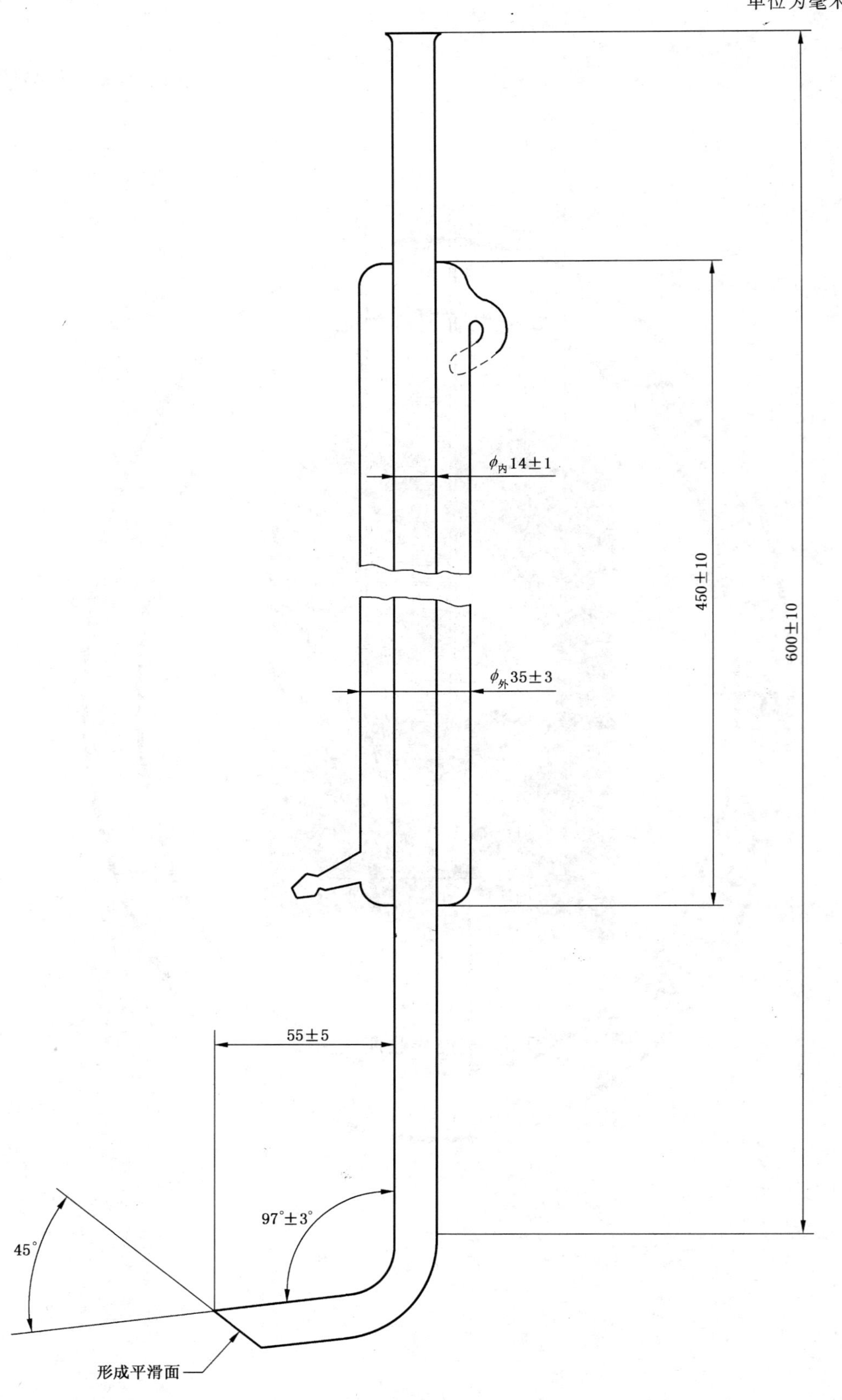

图4　冷凝器(5.1.4)

单位为毫米

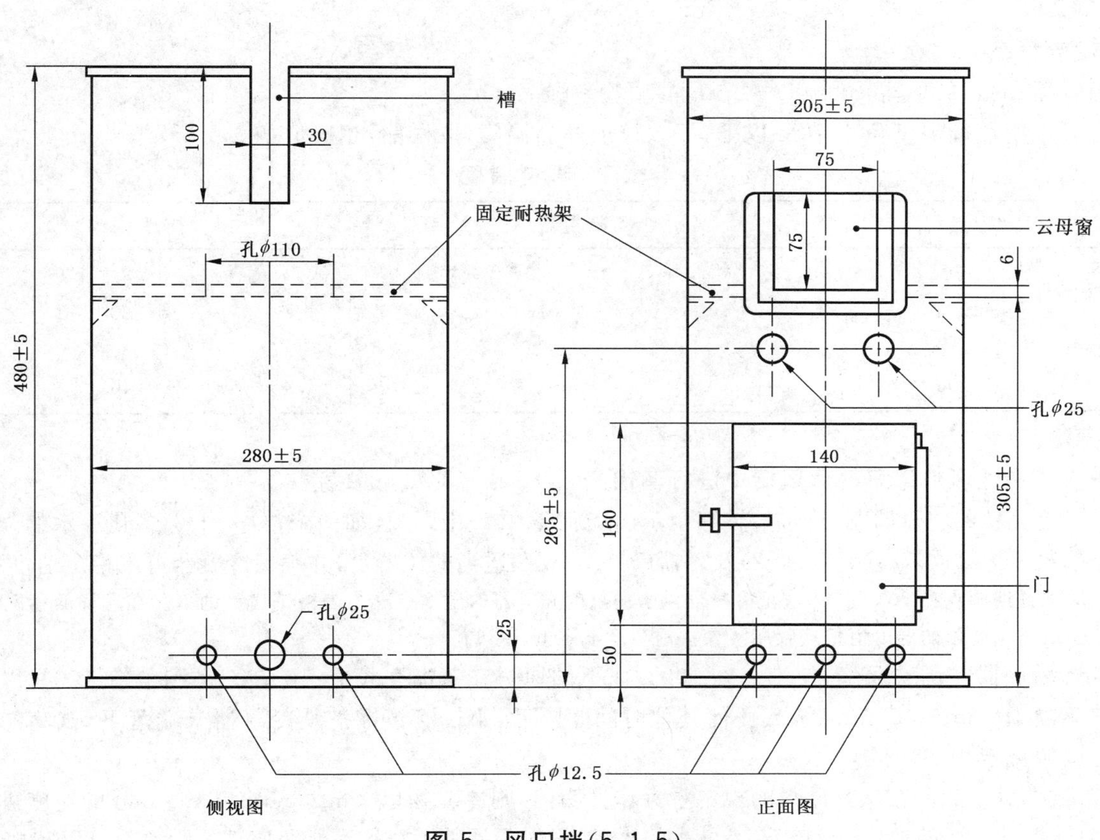

图 5 风口挡(5.1.5)

5.2 装置的配件

图 1 所示蒸馏器配件。

5.2.1 温度计的位置

使用一个不受试验液体侵蚀且吻合较好的塞子将温度计固定在烧瓶的瓶颈处。毛细管和温度计水银球的交界处应与侧管和烧瓶颈部之间交界处的较低端保持水平。塞子应设计在烧瓶颈部的顶部上大约 10 mm 处。

当温度计按照上面的指示安装在适当位置时,温度计上的浸入线和控制温度计在烧瓶颈部恰当位置的顶部塞子是相邻的关系。

5.2.2 烧瓶支架

耐热板(5.1.6)应位于风口挡耐热架的顶部,以便两个孔接近于同心圆的状态。然后,将烧瓶置于恰当的位置得以更接近耐热板的孔。

5.2.3 烧瓶与冷凝器的连接

烧瓶应该被连接到冷凝器上,以便侧管的末端进入冷凝器至少 25 mm 且应是同轴的。

6 取样

供给试验室样品用干净、干燥及密封深色玻璃烧瓶,还要用合适的毛玻璃塞或带有密封惰性塑料封条的螺帽。瓶子的容量需要几乎可完全容纳被测样品。如要必须密封容器,当心可能导致污染的任何物质。

如果需要特殊的预防措施,那么应提供相应的国际标准试验方法。

按照本标准规定进行试验,推荐试验室取样 500 mL。

注:工业用液体化学产品取样将成为未来国际标准的对象。

7 步骤

7.1 试验样品

用容器(5.1.3)取得 100 mL±1 mL 的试验室样品。

如果预期蒸馏温度位于 70℃以下,那么校准样品温度,取样前,相应值如表 1 所示。

表 1 取样温度

初沸点/℃	冷凝器/℃	样品/℃
<50	0～3	0～3
50～70	0～10	10～20
70～150	25～30	20～30
>150	35～50	20～30

7.2 蒸馏

警告 在通风效果好的通风橱中进行蒸馏。

尽可能完整的将试验部分(7.1)转移至蒸馏烧瓶(5.1.1)中,并且加一个洁净、干燥多孔渗水的壶。将蒸馏烧瓶及瓶中物质,温度计(5.1.2)及容器(5.1.3)放在适当的位置上,并确保冷凝器可以稳定地供水。

注:原料预期沸点在 70℃以下,应把冷凝器供水的温度和容器的温度校准为表格 1 显示的值。在这样的情况下,维持表格 1 所示的温度值把接收瓶浸入在透明冷水浴里。

点燃燃烧器并调整火焰,使沸点在 100℃以下的原料在蒸馏 5 min～10 min 后,沸点在 100℃以上的原料在蒸馏 10 min～15 min 后,或任何其他时间间隔后,第一滴蒸馏液从冷凝器末端落下,试验的原料是完全按照规定中要求的。

再调整火焰,除非在试验原料的规定中另作说明,否则冷凝物以 3 mL/min～4 mL/min 的速度进行收集,大约是每秒 2 滴的速度。要是需要最小的火焰,只需要调整燃烧器和烧瓶底部的距离就可以实现。

做相应记录:

——温度作为体积的函数(4.1);

——体积作为温度的函数(4.2)。

另外,记录大气压和气压温度所显示的读数。

8 气压计读数的校正

大气压力通常是用水银气压计(Fortin 型)进行测量的,以毫巴(mbar)为单位用黄铜刻度进行校准。1 标准大气压(1 atm)=1 013.25 mbar=101 325 Pa,见 ISO 31-3。

注:如果气压计是以温度计毫米汞柱单位进行校正的,为了得到相应的 mbar 单位,需要乘以观测值 1.332 89(四舍五入至 1.333)。

然而,如果压力读数是以帕斯卡(Pa)为单位测量的,那么注意下面的换算值:

$$1\ \text{bar}=1\ 000\ \text{mbar}=10^5\ \text{Pa}=100\ \text{kPa}=0.1\ \text{MPa}$$,见 ISO 31-3

8.1 仪表读数校正

最初观察到的正确气压计读数应与由工具得出的测量结果一致。通过在温度和观察位置方面合理地调整气压计,那么将显示出校正过读数的大气压。

8.2 温度校正至 0℃

校正通过 8.1 获得的数值到 0℃,同时还要考虑显示的温度读数和使用的气压计类型。

如果水银气压计是 Fortin 类型的,或是任何其他类型的,那么气压计水银柱校正到置信水平位置时,得到大气压力读数,应用表 2 给出的校正值。

如果使用 Kew 类型的气压计,也就是在没有调整水银容器中水银柱的水平线时得到大气压力的读数,那么温度校正与表 2 给出的将有些不同。Kew 类型气压计的温度系数与量程关系较小,通常只要将 Kew 气压计的温度校正至超过表 2 数值的 5%范围以内，就可以得到精确的测量值。

表 2　黄铜刻度 Fortin 气压计　气压计读数校正至 0℃（大气压读数减去校正值）

气压计温度/℃	气压计读数/10^{-4} MPa[a]							
	925	950	975	1 000	1 025	1 050	1 075	1 100
10	1.51	1.55	1.59	1.63	1.67	1.71	1.75	1.79
11	1.66	1.70	1.75	1.79	1.84	1.88	1.93	1.97
12	1.81	1.86	1.90	1.95	2.00	2.05	2.10	2.15
13	1.96	2.01	2.06	2.12	2.17	2.22	2.28	2.33
14	2.11	2.16	2.22	2.28	2.34	2.39	2.45	2.51
15	2.26	2.32	2.38	2.44	2.50	2.56	2.63	2.69
16	2.41	2.47	2.54	2.60	2.67	2.73	2.80	2.87
17	2.56	2.63	2.70	2.77	2.83	2.90	2.97	3.04
18	2.71	2.78	2.85	2.93	3.00	3.07	3.15	3.22
19	2.86	2.93	3.01	3.09	3.17	3.25	3.32	3.40
20	3.01	3.09	3.17	3.25	3.33	3.42	3.50	3.58
21	3.16	3.24	3.33	3.41	3.50	3.59	3.67	3.76
22	3.31	3.40	3.49	3.58	3.67	3.76	3.85	3.94
23	3.46	3.55	3.65	3.74	3.83	3.93	4.02	4.12
24	3.61	3.71	3.81	3.90	4.00	4.10	4.20	4.29
25	3.76	3.86	3.96	4.06	4.17	4.27	4.37	4.47
26	3.91	4.01	4.12	4.23	4.33	4.44	4.55	4.66
27	4.06	4.17	4.28	4.39	4.50	4.61	4.72	4.83
28	4.21	4.32	4.44	4.55	4.66	4.78	4.89	5.01
29	4.36	4.47	4.59	4.71	4.83	4.95	5.07	5.19
30	4.51	4.63	4.75	4.87	5.00	5.12	5.24	5.37

[a] 如果用毫米汞柱作单位气压计则需要校准，见第 8 章注释。

8.3　标准重力校正

以标准的毫巴为单位在观测位置 0℃时给出符合 8.1 及 8.2 规定的校正后的大气压值。然而，如果蒸馏是在和标准值不同的重力值范围内进行的，那么为了在得到标准重力下的换算值进行第三次校正是必要的。在观测位置，乘以 $\frac{g}{9.806\,65}$ 得到上面所述的值，其中 g 是自由落体的加速度，单位用米/秒^2 表示。通过参考表 3 进行校正标准重力，由于纬度不同表 3 中给出了适当的校正。按表 3 校正后是否标记为正或负，由加或减后显示的值决定。

重力的改变除纬度原因的改变外，还有很多原因，例如海拔高度，可以忽略不计。

表 3　校正气压计读数至标准重力（$g_n = 9.806\,65$ m/s^2）

纬度度数	大气压力读数/mbar							
	925	950	975	1 000	1 025	1 050	1 075	1 100
0	−2.48	−2.55	−2.62	−2.69	−2.76	−2.83	−2.90	−2.97
5	−2.44	−2.51	−2.57	−2.64	−2.71	−2.77	−2.84	−2.91
10	−2.35	−2.41	−2.47	−2.53	−2.59	−2.65	−2.71	−2.77
15	−2.16	−2.22	−2.28	−2.34	−2.39	−2.45	−2.51	−2.57
20	−1.92	−1.97	−2.02	−2.07	−2.12	−2.17	−2.23	−2.28
25	−1.61	−1.66	−1.70	−1.75	−1.79	−1.84	−1.89	−1.94
30	−1.27	−1.30	−1.33	−1.37	−1.40	−1.44	−1.48	−1.52

表 3（续）

纬度度数	大气压力读数/mbar							
	925	950	975	1 000	1 025	1 050	1 075	1 100
35	−0.89	−0.91	−0.93	−0.95	−0.97	−0.99	−1.02	−1.05
40	−0.48	−0.49	−0.50	−0.51	−0.52	−0.53	−0.54	−0.55
45	−0.05	−0.05	−0.05	−0.05	−0.05	−0.05	−0.05	−0.05
50	+0.37	+0.39	+0.40	+0.41	+0.43	+0.44	+0.45	+0.46
55	+0.79	+0.81	+0.83	+0.86	+0.88	+0.91	+0.93	+1.95
60	+1.17	+1.20	+1.24	+1.27	+1.30	+1.33	+1.36	+1.39
65	+1.52	+1.56	+1.60	+1.65	+1.69	+1.73	+1.77	+1.81
70	+1.83	+1.87	+1.92	+1.97	+2.02	+2.07	+2.12	+2.17

9 温度校正

9.1 温度读数作为体积函数（见 4.1）

蒸馏后使用这些校正值。

9.1.1 校正温度计误差

假如在观测初沸点或干点时，温度计显示出错误的读数：如果温度计读数偏高，那么通过减去误差数更正读数，或者如果温度计读数偏低，则加上误差数更正读数。

当使用全部浸入的温度计时，还要对温度计露在外面的径干部分进行校正。

9.1.2 大气压力的校正

当大气压力如第 8 章所述进行校正时，偏离了 1 013.25 MPa，为了观测蒸馏温度，按照试验产品的规定或文献中所示进行更进一步地校正，见第 10 章。

9.2 体积计数作为温度函数（见 4.2）

蒸馏开始前使用这些读数。

9.2.1 校正温度计误差

如果温度计在规定的蒸馏温度里显示出错误的读数，按 9.2.2 进行校正，如果温度计读数偏高，则通过加上误差数校正读数，或者如果温度计读数偏低，则减去误差数。

当使用全部浸入的温度计时，还要对温度计露在外面的茎干部分进行校正。

9.2.2 大气压力的校正

当大气压力如第 8 章所述进行校正时，偏离了 1 013.25 mbar 数值，为了观测蒸馏温度，按照试验产品的规定或文献中所示进行更进一步地校正，见第 10 章。

10 结果表达式

分别使用第 8 章和第 9 章分别规定的大气压力和温度读数的校正方法。

为了计算出用于测试产品沸点变化系数的校正值作为压力函数，见 9.1.2 和 9.2.2，运用下面的公式，代入计算温度值（℃）：

$$CV(1\,013.25 - p)$$

式中：

CV——是测试原料沸点随压力的变化率，单位为摄氏度每毫巴（℃/mbar）；

注 1：关于用于油漆和清漆业的最重要的有机溶剂数值的清单在 ISO 4626 中。

p——大气压力，按第 8 章在试验期间校正并取得，单位为毫巴（兆帕）[mbar（MPa）]；

1 013.25——标准大气压，单位为毫巴（mbar）。

注 2：如果试验部分的全部馏程没有超出 2℃，可以根据在 1 013.25 mbar 时观测的 50%沸点和实沸点间的差异对温度计误差和大气压力进行联合校正,见 ISO 4626。

必须报告测试产品的特性。

11 试验报告

试验报告包括以下内容:

a) 取样证明;

b) 有关方法在本标准的编号;

c) 表达式的结果和方法的使用;

d) 测定期间任何不寻常的显著特征;

e) 本标准中未包括的任何操作方式,或是作为参考的国际标准或作为备选的国际标准。

ICS 37.020
N 32

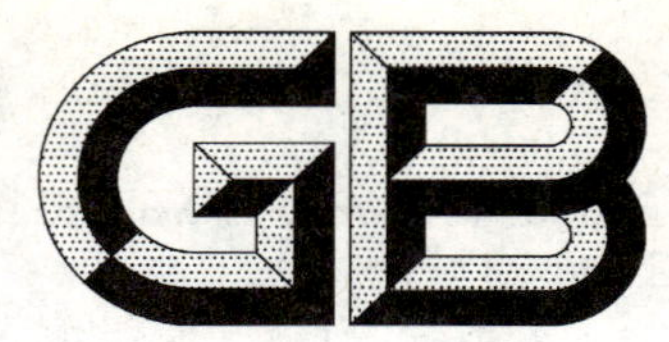

中华人民共和国国家标准

GB/T 22055.1—2008/ISO 8038-1:1997

显微镜　物镜螺纹 第1部分:RMS型物镜螺纹 (4/5 in×1/36 in)

Microscopes—Screw threads for objectives and related nosepieces—Part 1:Screw thread type RMS(4/5 in×1/36 in)

(ISO 8038-1:1997,IDT)

2008-06-20 发布　　2009-01-01 实施

中华人民共和国国家质量监督检验检疫总局
中国国家标准化管理委员会　发布

前　言

GB/T 22055《显微镜　物镜螺纹》分为两个部分:

——第1部分:RMS型物镜螺纹(4/5 in×1/36 in);

——第2部分:M25×0.75 mm型物镜螺纹。

本部分为GB/T 22055《显微镜　物镜螺纹》的第1部分,本部分等同采用ISO 8038-1:1997《显微镜　物镜螺纹　第1部分:RMS型物镜螺纹(4/5 in×1/36 in)》(英文版)。

本部分等同翻译ISO 8038-1:1997。

为便于使用,本部分做了下列编辑性修改:

——“ISO 8038的本部分”改为“GB/T 22055的本部分”;

——删除国际标准的前言;

——采用WJ4/5″×1/36″代替RMS型。

本部分的附录A为资料性附录。

本部分由中国机械工业联合会提出。

本部分由全国光学和光子学标准化技术委员会(SAC/TC 103)归口。

本部分负责起草单位:上海理工大学、上海光学仪器研究所。

本部分参加起草单位:南京江南永新光学有限公司、广州粤显光学仪器有限责任公司、宁波华光精密仪器有限公司、浙江舜宇集团股份有限公司、梧州奥卡光学仪器公司、宁波永新光学股份有限公司、麦克奥迪实业集团有限公司和凤凰光学控股有限公司。

本部分主要起草人:章慧贤、胡钰。

本部分为首次发布。

显微镜　物镜螺纹
第1部分:RMS型物镜螺纹
(4/5 in×1/36 in)

1　范围

GB/T 22055的本部分规定了显微镜物镜和物镜转换器或镜筒的螺纹尺寸。

GB/T 22055的本部分适用于代号为WJ4/5″×1/36″的物镜螺纹。

注1:除螺纹长度[1]以外,给出的所有数值与国际通用的螺纹标准一致。

该螺纹推荐使用于显微镜上,除非为了光学和设计上的原因需要另外的配合。

注2:一个目镜、物镜和镜筒透镜(假如提供,例如:无限远校正光学系统)的特定组合通常是校正好像差的,因此由一个制造商的物镜和另一个制造商的目镜组合,即使都符合GB/T 22055的本部分的规定,仍可能引起像质的降低。

在符合GB/T 22055的本部分的情况下,一个制造商的物镜和目镜可与另一个制造商的显微镜组合。

2　尺寸和公差

2.1　RMS型物镜螺纹的基本尺寸、尺寸界限和公差应符合表1、表2和图1的规定。

表1　螺纹基本尺寸

名　　称	代　　号	数　　值
螺纹角	α	55°
螺距	P	0.706 mm
基础三角形的高	H	0.678 mm
名义直径	D	20.320 mm

表2　尺寸界限和公差　　单位为毫米

尺寸		外径		中径		内径		内、外螺纹之间的间隙		配合公差	公差
内螺纹	最大	D	20.396	D_2	19.944	D_1	19.492	最小 0.046	最大 0.198	+0.076	0.076
	最小		20.320		19.868		19.416			0	
外螺纹	最大	d	20.274	d_2	19.822	d_1	19.370			−0.046	0.076
	最小		20.198		19.746		19.294			−0.122	

1) 按GB/T 22055的本部分最大螺纹长度为5 mm,RMS标准规定螺纹长度为3.175 mm,导向圆柱部分长度为2.540 mm,总计为5.715 mm。

单位为毫米

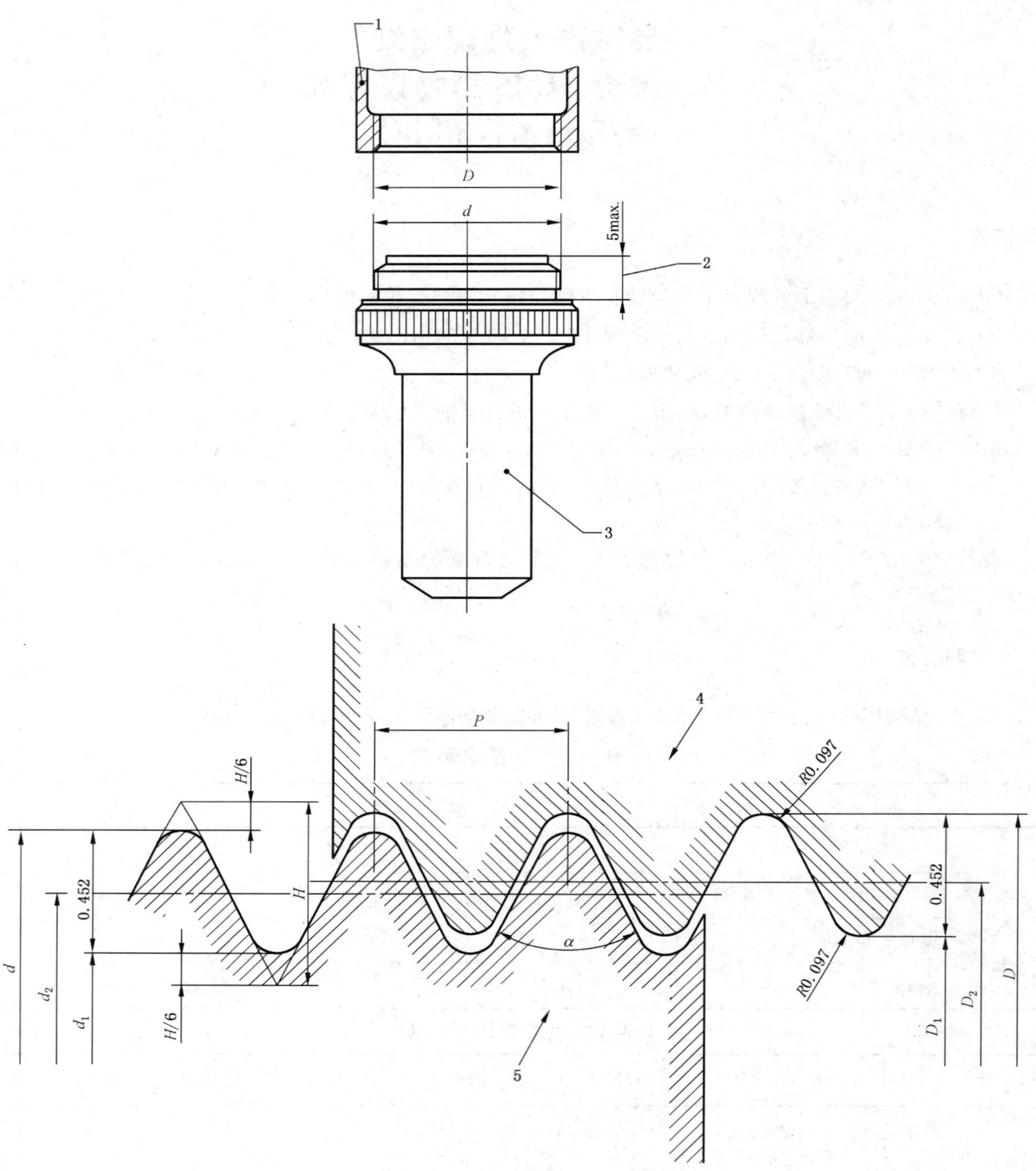

1——物镜筒或物镜转换器等；
2——螺纹长度；
3——物镜；
4——内螺纹；
5——外螺纹。

图 1 形状和基本尺寸

附 录 A
（资料性附录）
文 献

[1] GB/T 22057.1—2008 显微镜 相对机械参考平面的成像距离 第1部分:筒长160 mm

ICS 37.020
N 32

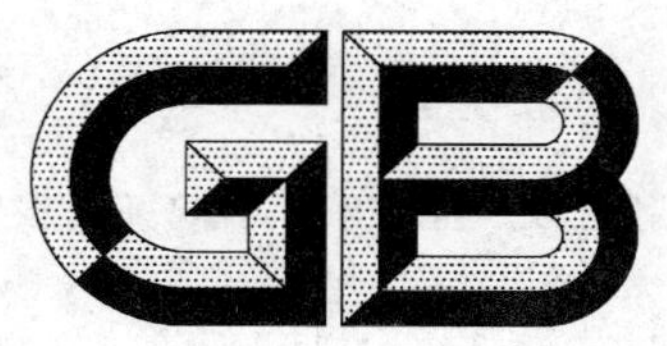

中华人民共和国国家标准

GB/T 22055.2—2008/ISO 8038-2:2001

显微镜 物镜螺纹
第2部分:M25×0.75 mm 型物镜螺纹

Microscopes—Screw threads for objectives and related nosepieces—Part 2:Screw thread type M25×0.75 mm

(ISO 8038-2:2001,IDT)

2008-06-20 发布 2009-01-01 实施

中华人民共和国国家质量监督检验检疫总局
中国国家标准化管理委员会 发布

前　言

GB/T 22055《显微镜　物镜螺纹》分为两个部分：

——第1部分：RMS型物镜螺纹(4/5 in×1/36 in)；

——第2部分：M25×0.75 mm型物镜螺纹。

本部分为GB/T 22055《显微镜　物镜螺纹》的第2部分，本部分等同采用ISO 8038-2:2001《显微镜　物镜螺纹　第2部分：M25×0.75 mm型物镜螺纹》(英文版)。

本部分等同翻译ISO 8038-2:2001。

为便于使用，本部分做了下列编辑性修改：

——“ISO 8038的本部分”改为“GB/T 22055的本部分”；

——删除国际标准的前言。

本部分由中国机械工业联合会提出。

本部分由全国光学和光子学标准化技术委员会(SAC/TC 103)归口。

本部分负责起草单位：上海理工大学、上海光学仪器研究所。

本部分参加起草单位：南京江南永新光学有限公司、广州粤显光学仪器有限责任公司、宁波华光精密仪器有限公司、浙江舜宇集团股份有限公司、梧州奥卡光学仪器公司、宁波永新光学股份有限公司、麦克奥迪实业集团有限公司和凤凰光学控股有限公司。

本部分主要起草人：章慧贤、胡钰。

本部分为首次发布。

显微镜　物镜螺纹
第2部分：M25×0.75 mm型物镜螺纹

1　范围

GB/T 22055的本部分规定了不同于RMS标准的联接显微镜物镜与物镜转换器的M25型螺纹的尺寸。

注：一个由目镜、物镜和镜筒透镜组成的特定的系统(例如：无限远校正光学系统)通常是校正好像差的，因此由一个厂商制造的物镜和另一个厂商制造的镜筒透镜或目镜组合，即使都符合本部分的规定，仍可能带来放大率的误差和/或像质的降低。

2　尺寸和公差

M25型螺纹的基本尺寸、尺寸界限和公差应符合表1、表2和图1的规定。

表1　螺纹基本尺寸

名　　称	代　　号	数　　值
螺纹角	α	60°
螺距	P	0.75 mm
基础三角形的高	H	0.65 mm
名义直径	D	25 mm

表2　尺寸界限和公差

单位为毫米

尺寸		外径		中径		内径		内、外螺纹之间的计算间隙		配合公差	公差	螺纹长度
内螺纹	最大	D	—	D_2	24.663	D_1	24.378	最小间隙 0.022	最大间隙 0.284	+0.150	0.150	—
	最小		—		24.513		24.188			0		5.0
外螺纹	最大	d	24.978	d_2	24.491	d_1	—			−0.022	0.112	5.0
	最小		24.838		24.379		—			−0.134		—

单位为毫米

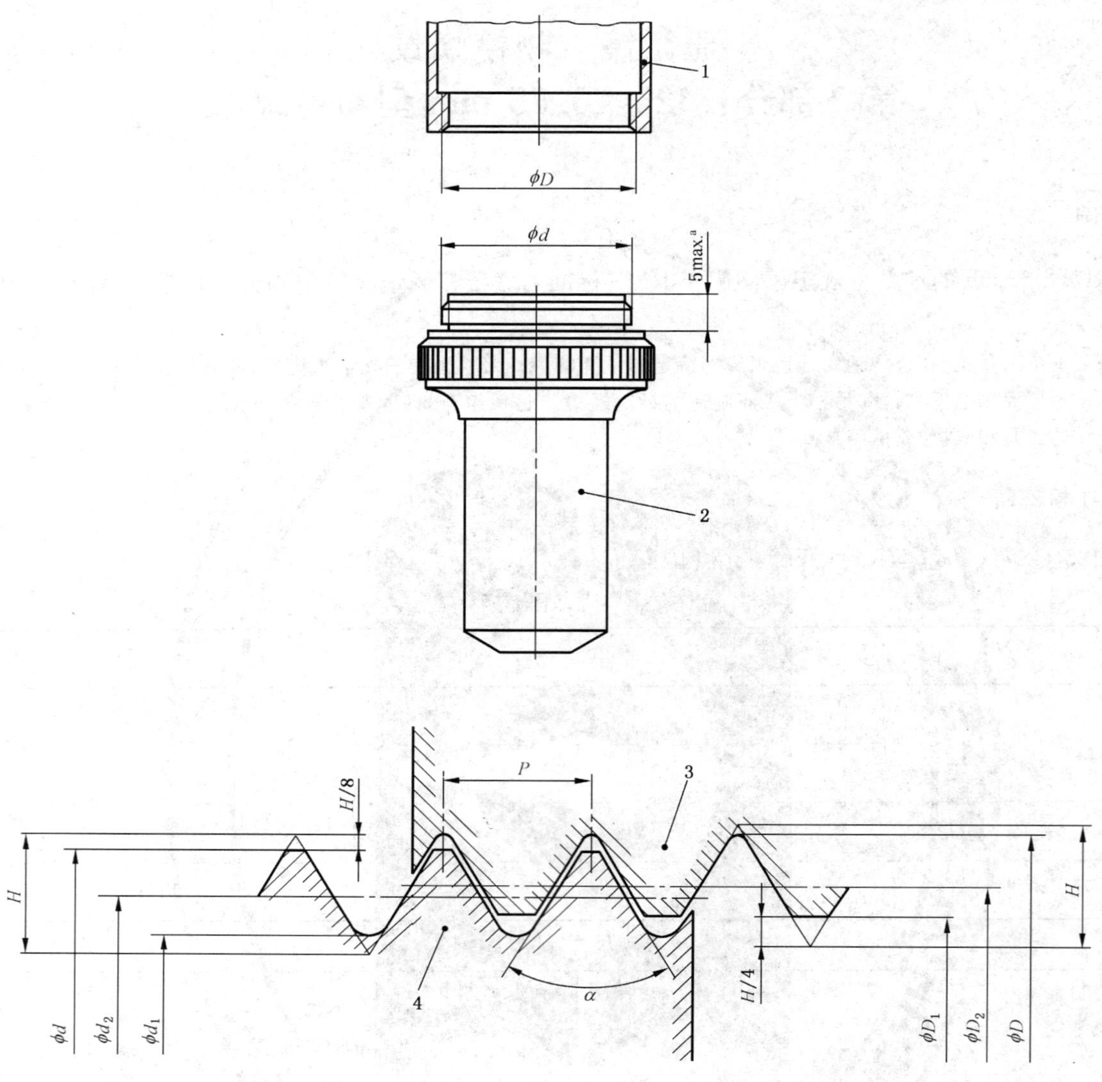

1——物镜筒或物镜转换器等；

2——物镜；

3——内螺纹；

4——外螺纹。

a 螺纹长度。

图1　形状和基本尺寸

ICS 37.020
N 32

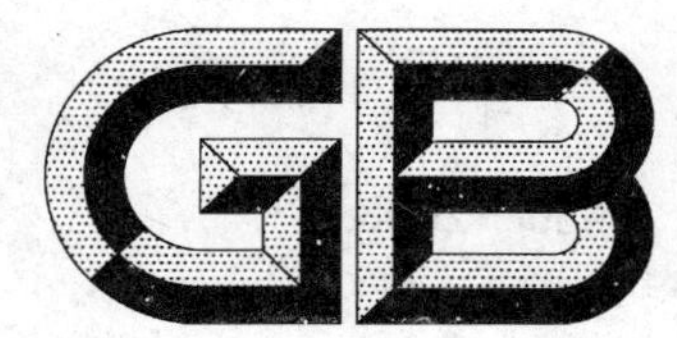

中华人民共和国国家标准

GB/T 22056—2008

显微镜　物镜和目镜的标志

Microscopes—Marking of objectives and eyepieces

(ISO 8578:1997,MOD)

2008-06-20 发布　　2009-01-01 实施

中华人民共和国国家质量监督检验检疫总局
中国国家标准化管理委员会　发布

前　言

本标准修改采用ISO 8578:1997《显微镜　物镜和目镜的标志》,包括其技术勘误ISO 8578:2002(英文版)。

本标准与ISO 8578:1997的主要技术差异为:

——增加了标准的适用范围;

——删除了表1中平视场的说明;

——删除了附录A。

为便于使用,本标准还做了下列编辑性修改:

——“本国际标准”一词改为“本标准”;

——删除国际标准的前言。

本标准由中国机械工业联合会提出。

本标准由全国光学和光子学标准化技术委员会(SAC/TC 103)归口。

本标准负责起草单位:上海理工大学、上海光学仪器研究所。

本标准参加起草单位:南京江南永新光学有限公司、广州粤显光学仪器有限责任公司、宁波华光精密仪器有限公司、浙江舜宇集团股份有限公司、梧州奥卡光学仪器公司、宁波永新光学股份有限公司、麦克奥迪实业集团有限公司和凤凰光学控股有限公司。

本标准主要起草人:章慧贤、胡钰。

本标准为首次发布。

显微镜　物镜和目镜的标志

1　范围

本标准规定了显微镜物镜和目镜的标志以及表示物镜放大率和浸渍介质的颜色圈的颜色和位置。

本标准适用于生物、金相和偏光显微镜的物镜和目镜。

2　物镜

2.1　物镜上必须的标志

物镜上的标志见表1。

表1　物镜上必须的标志

光学特性	标志的内容	标志示例[a]	说　　明
放大率	像距有限远的物镜横向放大率	100	放大率和数值孔必须用一斜线隔开。例:100/1.30
	像距无限远的物镜横向放大率	100×	无限远校正的物镜所标志的放大率值只有与相关镜筒透镜组合才是有效的。符号“×”的标志用来表示无限远校正的物镜的放大率
孔径	数值孔径	/1.30	数值孔径必须确定到小数点后二位
浸渍介质	oil 表示油	OIL	可使用颜色圈作为附加的标志(见 2.2)
	w 表示水	W	
	Glyc 表示甘油	GLYC	
	其他		必须标志所用的任何其他浸渍介质
筒长	像距有限远的物镜的筒长/mm	160	筒长和盖玻片厚度必须用一斜线隔开。例:160/0.17;160/—;160/0;∞/0.17;∞/—;∞/0 机械筒长和盖玻片厚度的标志应比放大率和孔径的标志小一些
	像距无限远的物镜,用∞符号表示	∞	
盖玻片厚度	厚度/mm	/0	对于标本无覆盖的物镜,在斜线之后用数字“0”表示
		/0.17	对于需用盖玻片的物镜,所用盖玻片厚度的值必须以毫米为单位标志在斜线之后为 0.17
		/—	对于不用盖玻片或盖玻片厚度在 0.17 mm 以下的物镜,在斜线之后标志符号“—”
相衬	符号 pH	PH2	符号后面的数字表示相关联的环形光阑
偏光显微术的系统	符号 POL	POL	
平视场	符号 PLAN 或 PL	PLAN	

表 1（续）

光学特性	标志的内容	标志示例[a]	说　　明
色差校正状况	消色差		消色差物镜不要求标志表明它们色差校正的种类
	复消色差，符号 APO	APO	对介于消色差和复消色差之间的色差校正物镜，通常由制造商设计此类校正的标志
可变光阑	数值孔径限定范围	/1.30—0.8	应在通常标志数值孔径的位置标明由可变光阑控制的数值孔径范围上限及下限
制造商	名称或商标		
[a] 大写或小写字母可任选。			

2.2　物镜上推荐的附加标志

可选择附加信息的标志见表 2。

表 2　物镜上推荐的附加标志

项　目	标　志　的　内　容		标志示例[a]	说　　明
放大率	数值	颜色圈		
	1/1.25	黑色		
	1.6/2	灰色		
	2.5/3.2	棕色		
	4/5	红色		
	6.3/8	橙色		
	10/12.5	黄色		
	16/20	淡绿色		
	25/32	深绿色		
	40/50	淡蓝色		
	63/80	深蓝色		
	100 125 160	白色		
浸渍介质	介质	颜色圈		为避免混淆，建议表示浸渍介质的颜色圈作为辅助圈和表示放大率的颜色圈同时标志
	空气	不加标志		
	油	黑色		
	水	白色		
	甘油	橙色		
	其他介质	红色		
相衬	除颜色圈和制造商名外，整个标志应为绿色			制造商名的标志可用任一颜色
偏光显微术的系统	除颜色圈和制造商名外，整个标志应为红色			制造商名的标志可用任一颜色
微分干涉相衬	符号 DIC		DIC	

表 2（续）

项　目	标　志　的　内　容	标志示例[a]	说　　明
垂直照明物镜	符号 EPI	EPI	
明视场和暗视场垂直照明物镜	符号 D	D	符号 EPI 可补充标志
长工作距离	符号 L	L	
制造商的国别			在一些国家中必须标志产地国别
[a] 大写或小写字母可任选。			

2.3　推荐的标志排列方式

建议表 3 中的细目 A 位于细目 B 的上面或前面，细目 C 位于 B 的下面或后面。

表 3　推荐的标志排列方式

A[a]	B[a]	C[a]
平视场 色差校正状况 长工作距离	放大率 数值孔径	浸渍介质 相衬 偏光显微术系统 微分干涉对比 明视场和暗视场反射照明物镜
注 1：如用表 2 中规定的颜色圈作为浸渍介质的附加标志，该颜色图应较标志放大率的色图更靠近物镜前透镜的地方。 注 2：表 1 中涉及的筒长、盖玻片厚度标志可位于栏目 A 或栏目 C 的给出的标志位置。		
[a] A 先于 B，先于 C。		

3　目镜

3.1　目镜上必须的标志

目镜上的标志见表 4。

表 4　目镜上必须的标志

光学特性	标志的内容	标志示例	说　　明
放大率	视觉放大率数值	10×	视觉放大率和视场数必须用斜线隔开。 例：10×/18
视场	直径/mm	/18	
制造厂	名称或商标		

3.2　目镜上推荐的附加标志

可选择附加信息的标志见表 5。

表 5

光学特性	标志的内容	标志示例[a]	说　　明
适合于带眼镜的人	符号 👓	👓	与放大率和视场数一起标志 例：10×/18 👓
带有十字线并定好中心	符号⊕	⊕	仅适用于校正好十字线中心并带有定位销的目镜
校正型式	补偿符号 C	C	
	平视场符号 PL	PL	
[a] 大写或小写字母可任选。			

ICS 37.020
N 32

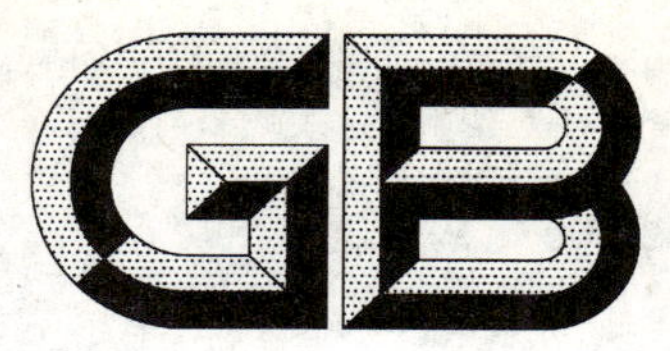

中华人民共和国国家标准

GB/T 22057.1—2008

显微镜　相对机械参考平面的成像距离　第1部分:筒长160 mm

Microscopes—Imaging distances related to mechanical reference planes—Part 1:Tube length 160 mm

(ISO 9345-1:1996,MOD)

2008-06-20 发布　　　　2009-01-01 实施

中华人民共和国国家质量监督检验检疫总局
中国国家标准化管理委员会　发布

前　言

GB/T 22057《显微镜　相对机械参考平面的成像距离》分为两个部分：

——第1部分：筒长160 mm；

——第2部分：无限远校正光学系统。

本部分为GB/T 22057《显微镜　相对机械参考平面的成像距离》的第1部分，本部分修改采用ISO 9345-1:1996《显微镜　相对机械参考平面的成像距离　第1部分：筒长160 mm》(英文版)。

本部分与ISO 9345-1:1996的主要技术差异为：

——增加了标准的适用范围；

——在表1中增加了名义值为35 mm的物镜齐焦距离；

——在图2中增加了名义值为35 mm的物镜齐焦距离的标注。

为便于使用，本部分还做了下列编辑性修改：

——"ISO 9345的本部分"改为"GB/T 22057的本部分"；

——删除国际标准的前言。

本部分由中国机械工业联合会提出。

本部分由全国光学和光子学标准化技术委员会(SAC/TC 103)归口。

本部分负责起草单位：上海理工大学、上海光学仪器研究所。

本部分参加起草单位：南京江南永新光学有限公司、广州粤显光学仪器有限责任公司、宁波华光精密仪器有限公司、浙江舜宇集团股份有限公司、梧州奥卡光学仪器公司、宁波永新光学股份有限公司、麦克奥迪实业集团有限公司和凤凰光学控股有限公司。

本部分主要起草人：章慧贤、胡钰。

本部分为首次发布。

显微镜 相对机械参考平面的成像距离 第1部分:筒长160 mm

1 范围

GB/T 22057的本部分规定了机械筒长为160 mm的显微镜物镜和目镜的成像距离。

GB/T 22057的本部分适用于机械筒长为160 mm的生物、金相和偏光显微镜。

注:通常对目镜和物镜的一个特定组合校正像差。因此,来自某一制造商的物镜和来自另一个制造商的目镜,尽管符合本部分,但仍会影响成像质量。

2 术语和定义

下列术语和定义适用于本部分。

2.1

物镜的齐焦距离 parfocalizing distance of the objective

l_1

物镜的定位面与未覆盖物体的物平面之间的距离(见表1,注2和图1、图2)。

2.2

物镜的像距 image distance of the objective

l_2

初次像面与物镜的定位面之间的距离(见图1)。

2.3

目镜的齐焦距离 parfocalizing distance of the eyepiece

l_3

目镜的定位面与初次像面之间的距离(见图1)。

2.4

机械筒长 mechanical tube length

l_4

转换器物镜的定位面和观察目镜的定位面之间的距离(见图1及其注)。

3 名义尺寸

名义尺寸见表1、图1。

4 标志

若内部光学系统改变初次成像的放大率,则需在放大率变化的部件上标上镜筒系数,如:1.25×。

表 1

距　离	名义值 mm	数值孔径	偏差 mm
物镜的齐焦距离 l_1	45(或 35)	≤0.1	±0.2
		>0.1～0.25	±0.06
		>0.25～0.45	±0.03
		>0.45	±0.01
物镜的像距 l_2	150		±0.5
目镜的齐焦距离 l_3	10		±0.3
机械筒长 l_4	160		±0.5

注 1：数值孔径≤0.1 的物镜齐焦距离偏差为±0.2 的规定不适用于放大率小于 4× 的物镜。

注 2：当物体未覆盖时，物镜的齐焦距离为 45(或 35)mm(见表 1 和图 1)，当物体被盖玻片覆盖时，考虑到由盖玻片带来的物体实际位移，物镜的齐焦距离由以下公式给出(见图 2)：

$$45(\text{或 }35)\text{mm}+t(n-1)/n$$

式中：

t——盖玻片的厚度；

n——玻璃的折射率。

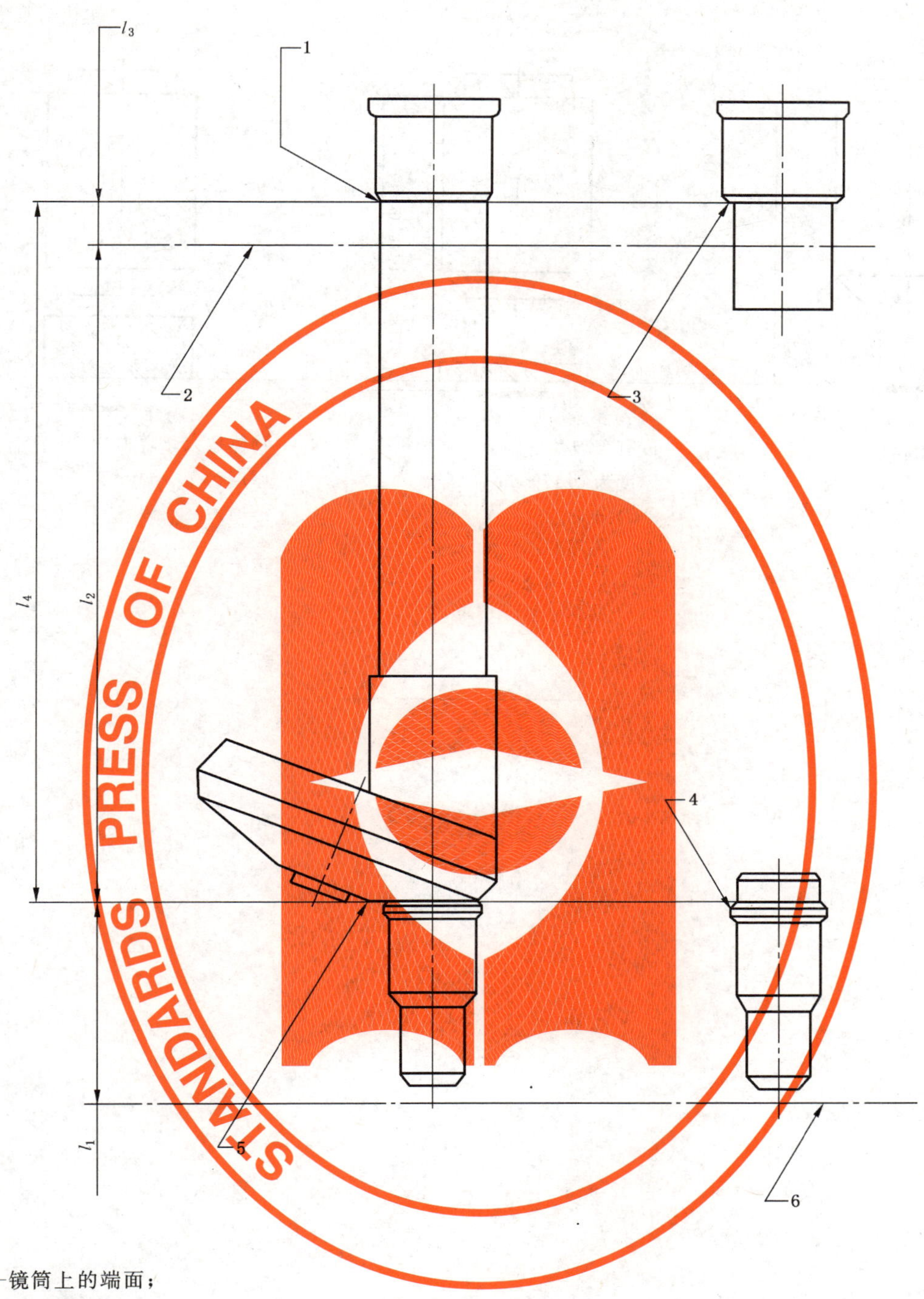

1——镜筒上的端面；

2——初次像面；

3——目镜的定位面；

4——物镜的定位面；

5——转换器的定位面；

6——物平面。

注：多数显微镜内部都有用于改变成像位置和/或放大率的棱镜和透镜。所以，显微镜就需要有一种结构来连接符合 GB/T 22057 的本部分的物镜，使初次像能够在目镜的定位面下 10 mm 处得到。

图 1

单位为毫米

45(或35)
45.06(或35.06)
45.5(或35.5)
无覆盖的物体
覆有盖玻片的物体
厚度为0.17 mm
n=1.5
物体放入培养皿中
厚度为1.5 mm
n=1.5

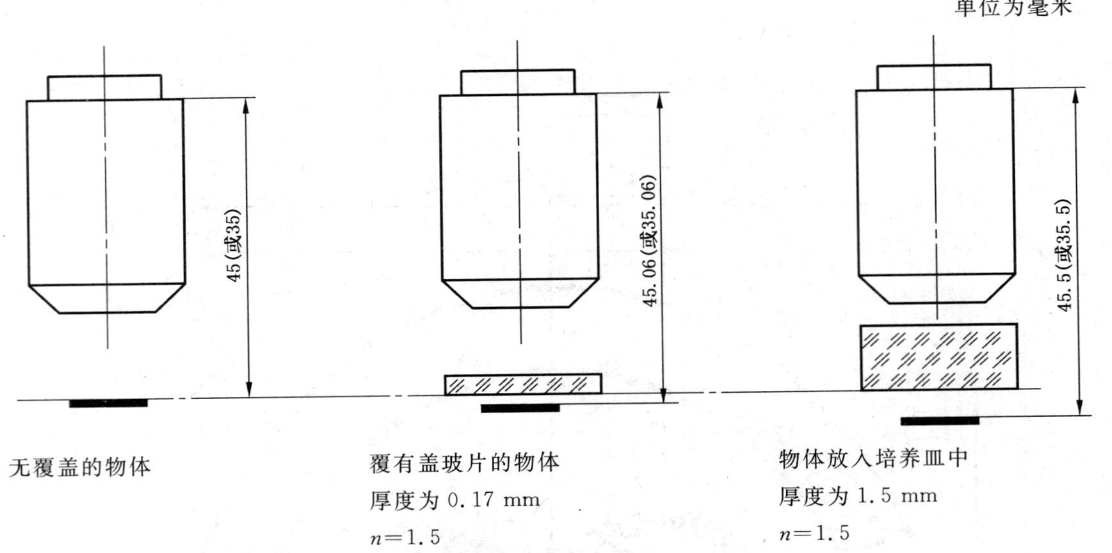

图 2

ICS 37.020
N 32

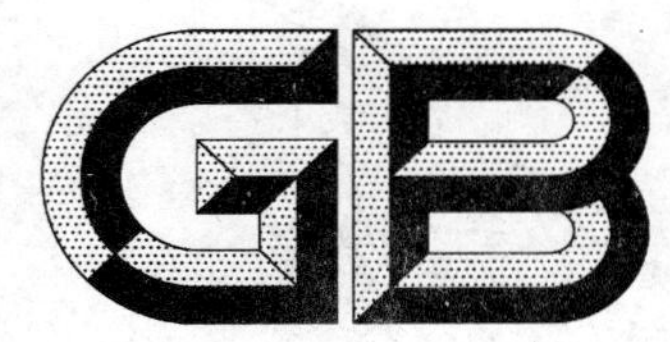

中华人民共和国国家标准

GB/T 22057.2—2008

显微镜　相对机械参考平面的成像距离 第2部分:无限远校正光学系统

Microscopes—Imaging distances related to mechanical reference planes—Part 2:Infinity-corrected optical systems

(ISO 9345-2:2003,MOD)

2008-06-20 发布　　2009-01-01 实施

中华人民共和国国家质量监督检验检疫总局
中国国家标准化管理委员会　发布

前　言

GB/T 22057《显微镜　相对机械参考平面的成像距离》分为两个部分：

——第1部分：筒长160 mm；

——第2部分：无限远校正光学系统。

本部分为GB/T 22057《显微镜　相对机械参考平面的成像距离》的第2部分，本部分修改采用ISO 9345-2:2003《显微镜　相对机械参考平面的成像距离　第2部分　无限远校正光学系统》(英文版)。

本部分与ISO 9345-2:2003的主要技术差异为：

——增加了标准的适用范围；

——删除了标准的附录A和附录B。

为便于使用，本部分还做了下列编辑性修改：

——"ISO 9345的本部分"改为"GB/T 22057的本部分"；

——删除国际标准的前言。

本部分由中国机械工业联合会提出。

本部分由全国光学和光子学标准化技术委员会(SAC/TC 103)归口。

本部分负责起草单位：上海理工大学、上海光学仪器研究所。

本部分参加起草单位：南京江南永新光学有限公司、广州粤显光学仪器有限责任公司、宁波华光精密仪器有限公司、浙江舜宇集团股份有限公司、梧州奥卡光学仪器公司、宁波永新光学股份有限公司、麦克奥迪实业集团有限公司和凤凰光学控股有限公司。

本部分主要起草人：章慧贤、胡钰。

本部分为首次发布。

显微镜　相对机械参考平面的成像距离
第2部分:无限远校正光学系统

1　范围

GB/T 22057的本部分规定了物镜、目镜的像距和具有无限远校正光学系统显微镜“标准”镜筒透镜的焦距。

GB/T 22057的本部分适用于机械筒长为无限远的生物、金相和偏光显微镜。

注：通常对目镜、物镜和镜筒透镜的一个特定组合校正像差。因此,来自某一制造商的物镜和来自另一个制造商的镜筒透镜或目镜的组合,尽管符合本部分,但仍有可能使放大率和/或光学性能产生误差。

2　规范性引用文件

下列文件中的条款通过GB/T 22057的本部分的引用而成为本部分的条款。凡是注日期的引用文件,其随后所有的修改单(不包括勘误的内容)或修订版均不适用于本部分,然而,鼓励根据本部分达成协议的各方研究是否可使用这些文件的最新版本。凡是不注日期的引用文件,其最新版本适用于本部分。

GB/T 22059　显微镜　放大率(GB/T 22059—2008,ISO 8039:1997,IDT)

GB/T 22057.1　显微镜　相对机械参考平面的成像距离　第1部分:筒长160 mm(GB/T 22057.1—2008,ISO 9345-1:1996,MOD)

3　术语和定义

下列术语和定义适用于本部分。

3.1

物镜的齐焦距离　parfocalizing distance of the objective

l_1

显微镜处于工作状态时,物镜的定位面与物平面(即无覆盖物体的表面)之间的距离。

注：见图1、图2和表1中的脚注b。

3.2

物镜的像距　image distance of the objective

l_2

初次像面与物镜的定位面之间在空气中的距离。

注：已校正好的无限远物镜只在无限远处产生一个初次像。在与已校正好的无限远镜筒透镜组合时,该初次像面在该镜筒透镜的后焦平面上(见图1)。

3.3

目镜的齐焦距离　parfocalizing distance of the eyepiece

l_3

目镜的定位面与目镜焦平面之间的距离。

注：当目镜被安放在观察镜筒上时,该焦平面和显微镜的初次像面重合(见图1)。

3.4

“标准”镜筒透镜的焦距　focal length of the“normal”tube lens

f_{NTL}

与设计物镜的放大率和焦距有关的镜筒透镜的焦距。

4 要求

4.1 名义尺寸和偏差

表1给出了 l_1、l_2、l_3 和 f_{NTL} 的名义尺寸，见图1。

表1 名义尺寸和偏差

参　　数	符　号	名义值/范围 mm	数值孔径	偏差 mm
物镜的齐焦距离[a,b]	l_1	$45+15n$ $(n=-1,0,1,2,3,4)$	≤0.1 >0.1～0.25 >0.25～0.45 >0.45	±0.2[c] ±0.06 ±0.03 ±0.01
物镜的像距[d]	l_2	∞		
目镜的齐焦距离	l_3	10		±0.2
“标准”镜筒透镜的焦距[e]	f_{NTL}	$150\leqslant f_{NTL}\leqslant 250$		

a 齐焦距离的选择取决于显微镜总体的设计构想。对于筒长160 mm的显微镜而言，物镜的齐焦距离45 mm是一个标准值，同时也被各类现有的无限远校正显微镜系统采用。附录A给出了各种参数值的示例。

b 当物体(标本)未被覆盖时，齐焦距离 l_1 如图1和表1所示。当物体被盖玻片覆盖时，物体由盖玻片产生轴向位移，则齐焦距离为(见图2)：

$$l_1+t(n-1)/n \quad \text{mm}$$

式中：

t——盖玻片厚度；

n——玻璃的折射率。

c 数值孔径≤0.1的物镜齐焦距离偏差为±0.2 mm的规定不适用放大率小于4×的物镜。

d 在无限远校正光学系统中，初次像是由物镜和镜筒透镜组合产生的。物镜定位面与镜筒透镜之间的距离根据显微镜设计要求而定。显微镜应设计成由物镜和符合本部分规定的镜筒透镜组合产生的初次像位于观察镜筒目镜定位面下10 mm处。

e “标准”镜筒透镜的焦距的选择取决于显微镜系统的设计构想，其数值范围为150 mm≤f_{NTL}≤250 mm。附录A给出了各种尺寸的示例。

4.2 举例

图2为不同盖玻片厚度对齐焦距离影响的示例。

5 标志

若内部光学系统改变初次成像的放大率，则需在放大率变化的部件上标上镜筒系数，如：1.25×。

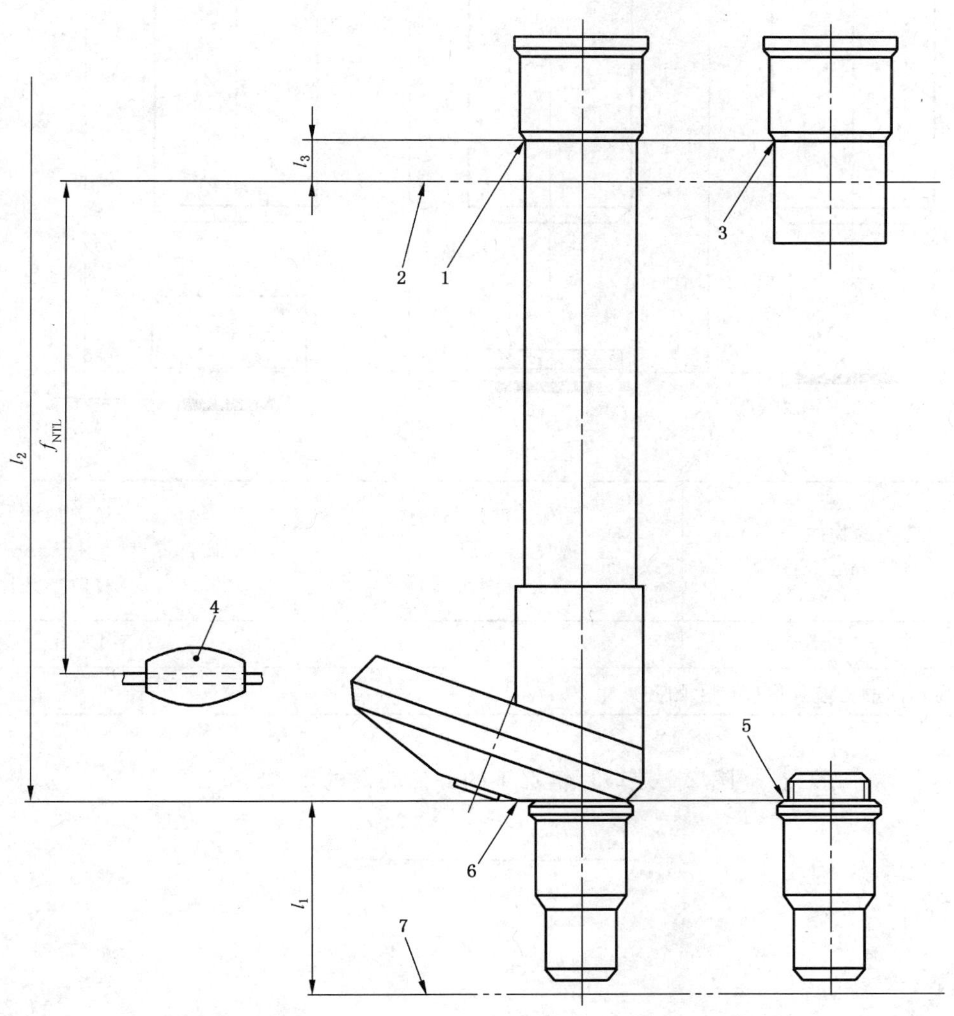

1——观察镜筒上的端面；

2——初次像面；

3——目镜的定位面；

4——镜筒透镜；

5——物镜的定位面；

6——转换器的定位面；

7——物平面。

图 1　定位面、参考面和成像距离

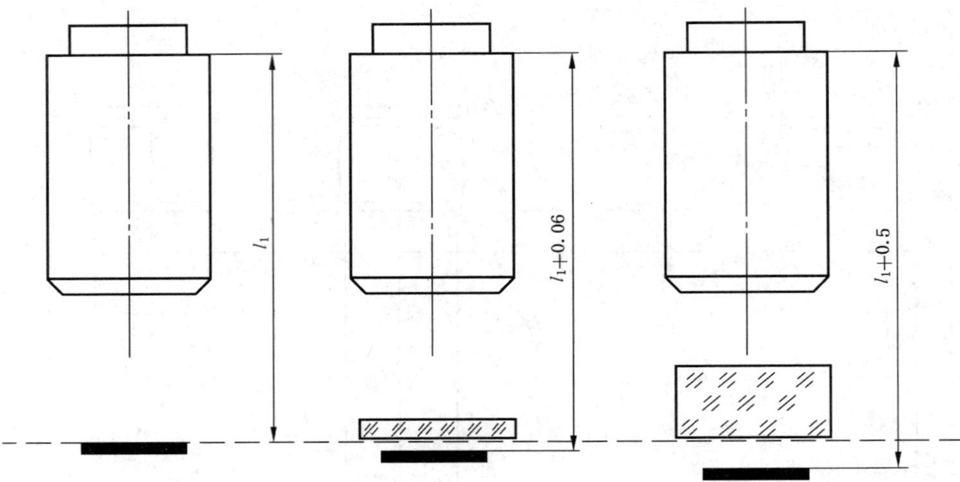

无覆盖的物体 $t=0$ mm	覆有盖玻片的物体 厚度 $t=0.17$ mm $n=1.5$	物体放入培养皿中 底部厚度 $t=1.5$ mm $n=1.5$
$l_{CG}=l_1$ [a]	$l_{CG}=l_1+0.06$ mm[a]	$l_{CG}=l_1+0.5$ mm[a]
[a] l_{CG}为不同的盖玻片厚度产生的齐焦距离。		

图 2　盖玻片情况下的齐焦距离的示例

ICS 37.020
N 32

中华人民共和国国家标准

GB/T 22058—2008

显微镜　体视显微镜的标志

Microscopes—Marking of stereomicroscopes

(ISO 11883:1997,MOD)

2008-06-20 发布　　2009-01-01 实施

中华人民共和国国家质量监督检验检疫总局
中国国家标准化管理委员会　发布

前　言

本标准修改采用 ISO 11883:1997《显微镜　体视显微镜的标志》(英文版)。

本标准与 ISO 11883:1997 的主要技术差异为：

——用文字叙述替代表 1，并增加了商标的标志，删除了说明；

——删除了各表中标志类别的内容；

——删除了焦距的标志。

为便于使用，本标准还做了下列编辑性修改：

——“本国际标准”一词改为“本标准”；

——删除国际标准的前言。

本标准由中国机械工业联合会提出。

本标准由全国光学和光子学标准化技术委员会(SAC/TC 103)归口。

本标准负责起草单位：上海理工大学、上海光学仪器研究所。

本标准参加起草单位：南京江南永新光学有限公司、广州粤显光学仪器有限责任公司、宁波华光精密仪器有限公司、浙江舜宇集团股份有限公司、梧州奥卡光学仪器公司、宁波永新光学股份有限公司、麦克奥迪实业集团有限公司和凤凰光学控股有限公司。

本标准主要起草人：胡钰、章慧贤。

本标准为首次发布。

显微镜　体视显微镜的标志

1　范围

本标准规定了在体视显微镜包括操作显微镜上标志光学特性等信息的格式，给出了推荐的附加信息标志。

2　显微镜主体上的标志

显微镜主体上的标志如下：

a）　制造厂名称或商标；

b）　制造厂国别；

c）　型号名称或类型；

d）　制造编号。

3　可互换或可转换物镜上的标志

不强制规定在固定物镜上标志1.0×的放大率系数，但是在增补的物镜上必须标志放大率系数。

表 1

光学性能	标志类型或内容	标志示例	说明
放大率	放大率系数[a]	0.5×	对于显微镜的操作如果已标志了焦距或工作距离和在使用说明书中已给出了总放大率表，则此项不强制标志
工作距离(WD)	自由工作距离(mm)	WD=185 mm	对于显微镜的操作、标志工作距离是足够的

[a] 附加物镜的放大率系数是用以改变体视显微镜总放大率的系数。可互换的或可能转换的物镜的放大率系数是体视显微镜的可互换或可转换物镜的放大率与体视显微镜标准物镜(放大率系数为1.0×)放大率之比。

4　放大率转换的标志

表 2

光学性能	标志形式或内容	标志示例	说明
放大率	最小和最大放大率系数或放大率刻度 R	0.63× 4×	逐级变换放大率的则每级必须标明。在固定物镜和固定目镜的情况下放大率转换可用总放大率标志

5 双目镜筒上的标志

表 3

<table>
<tr><th>光学性能</th><th>标志类型或内容</th><th>标志示例</th><th>说明</th></tr>
<tr><td>放大率</td><td>放大率系数</td><td>1.25×</td><td rowspan="2">只有当系数不是1.0×时才必须标志。对于操作显微镜，如果使用说明书包含了总放大率表，则标志焦距已足够</td></tr>
<tr><td>焦距</td><td>镜筒透镜焦距</td><td>F=200 mm</td></tr>
</table>

6 置在光路中的附件上的标志

表 4

光学性能	标志类型或内容	标志示例	说明
放大率	放大率系数[a]	1.25×	只有当系数不是1.0×时才必须标志
[a] 附加透镜的放大率是用以改变体视显微镜总放大率的系数。			

7 目镜上的标志

表 5

光学性能	标志类型或内容	标志示例	说明
放大率	视觉放大率	10×	如果倍率转换器是以总放大率标志的，则目镜放大率可不必标示
视场	直径(mm)	/18	视觉放大率和视场数用斜线区隔，例如10×/18
制造厂商	名称或标志图案		
视场校正型式	平场	PL	
适用于戴眼镜	符号		与放大率和视场数连同标志10×/18

8 总放大率

体视显微镜总放大率的数值是物镜和目镜放大率以及倍率转换器、双目镜筒和光路中的附加透镜的放大率系数的乘积。

ICS 37.020
N 32

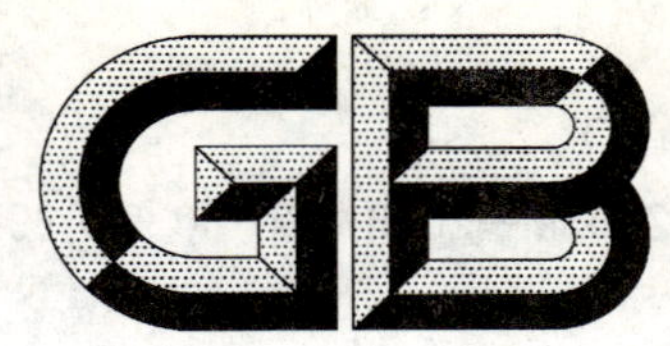

中华人民共和国国家标准

GB/T 22059—2008/ISO 8039:1997

显微镜 放大率

Microscopes—Magnifying power

(ISO 8039:1997,IDT)

2008-06-20 发布 2009-01-01 实施

中华人民共和国国家质量监督检验检疫总局
中国国家标准化管理委员会 发布

前　言

本标准等同采用 ISO 8039:1997《显微镜　放大率》(英文版)。

本标准等同翻译 ISO 8039:1997。

为便于使用,本标准还做了下列编辑性修改:

——增加了“规范性引用文件”一章节;

——“本国际标准”一词改为“本标准”;

——删除国际标准的前言。

本标准由中国机械工业联合会提出。

本标准由全国光学和光子学标准化技术委员会(SAC/TC 103)归口。

本标准负责起草单位:上海理工大学、上海光学仪器研究所。

本标准参加起草单位:南京江南永新光学有限公司、广州粤显光学仪器有限责任公司、宁波华光精密仪器有限公司、浙江舜宇集团股份有限公司、梧州奥卡光学仪器公司、宁波永新光学股份有限公司、麦克奥迪实业集团有限公司和凤凰光学控股有限公司。

本标准主要起草人:胡钰、章慧贤。

本标准为首次发布。

显微镜 放大率

1 范围

本标准规定了可见光显微镜成像部件放大率的数值系列及其所应用的若干放大系统。

2 规范性引用文件

下列文件中的条款通过本标准的引用而成为本标准的条款。凡是注日期的引用文件,其随后所有的修改单(不包括勘误的内容)或修订版均不适用于本标准,然而,鼓励根据本标准达成协议的各方研究是否可使用这些文件的最新版本。凡是不注日期的引用文件,其最新版本适用于本标准。

GB/T 321 优先数和优先数系

3 术语和定义

下列术语和定义适用于本标准。

3.1

放大 magnification

用光学方法改变一个物体视尺寸的行为或过程。

注 1:诸如视觉放大或横向放大的形式应详细说明。

注 2:当在规定的工作条件下,测量光学系统视觉放大或横向放大的能力时较普遍的术语“放大力”已被本标准中的“放大率”所替代,因为在实际工作中该术语的应用已被公认。

3.2

视觉放大率 visual magnification

通过放大系统观察物体时的视角的正切与在明视距离(250 mm)用肉眼观察该物体时的视角的正切之比。

注:此值可用数字连同乘号表示,例如:10×。

3.3

横向放大率 lateral magnification

垂直于光轴的实像的像距与相对应的物距之比。

注:该比值可用比例方式表示,例如:10∶1。

3.4 **物镜放大率**

3.4.1

初次像距为有限远的物镜放大率 magnification of an objective with finite primary image distance

由物镜在设计物镜时规定的距离上形成的初次像的横向放大率。

3.4.2

与标准镜筒透镜组合时,初次像距为无限远的物镜放大率 magnification of an objective with infinite primary image in combination with the normal tube lens

由物镜和标准镜筒透镜(即该透镜在物镜设计时起作用的)组合产生的实像的横向放大率。

注:见 5.1。

3.5

镜筒系数 tube factor

在物镜和初次像之间,插入的透镜或透镜系统而使初次像的横向放大率发生改变的系数。

注:插入的透镜可以是固定的、可互换的或与附件结合的,都有它们独立的镜筒系数(见 5.2)。

3.6

目镜放大率 magnification of an eyepiece

初次像经由目镜形成的虚像的视觉放大率。

注：见5.3。

3.7

投影系数 projection factor

当物体形成的实像投射到如同照相机中摄影感光材料那样的接收装置上时，使显微镜总放大率发生改变的系数。

注：该像可由不同的方法产生(见5.4)。

3.8

显微镜用于目视观察的总放大率 total magnification of microscope used for visual observation

由显微镜产生的虚像的视觉放大率。

注：见5.5。

3.9

用于产生实像的显微镜总放大率 total magnification of microscope used to produce a real image

实像的横向放大率。

注：见5.5。

4 成像部件放大率符号

成像部件及其组合的放大率被推荐使用的符号和表示方式的例子见表1。

表1 放大率的符号和表示方式

系统/组件	符号	表示方式	
		优先	替代
物镜 a) 初次像距校正为有限远 b) 初次像距校正为无限远	 M_O $M_{O\infty}$	 $M_O=25:1$ $M_{O\infty}=25\times$	 25:1 或 25 25×
目镜	M_E	$M_E=10\times$	10×
镜筒系数	q	$q=1.25\times$	1.25
实像的投影系数	P	$P=0.32\times$	0.32
照相投影镜头	M_{PHOT}	$M_{PHOT}=2.5\times$	2.5×
显微镜总放大率 a) 目视观察 b) 实像	 M_{TOTVIS} $M_{TOTPROJ}$	 $M_{TOTVIS}=500\times$ $M_{TOTPROJ}=500:1$	 500× 500:1

5 计算方法

5.1 物镜放大率

初次像距校正为无限远的物镜的放大率数值是标准镜筒透镜的焦距和该物镜焦距的比值，见公式(1)：

$$M_{O\infty}=\frac{f_{NTL}}{f_{O\infty}} \quad \cdots\cdots(1)$$

式中：

$M_{O\infty}$——初次像距校正为无限远的物镜放大率；

f_{NTL}——标准镜筒透镜的焦距，单位为毫米(mm)；

$f_{O\infty}$——物镜的焦距，单位为毫米(mm)。

5.2 镜筒系数

5.2.1 当具有数个中间透镜时，总的镜筒系数是各中间透镜的系数的乘积。

5.2.2 在物镜的初次像距校正为无限远的情况下，一个镜筒透镜代替在设计物镜时起作用的标准镜筒透镜时的镜筒系数是该镜筒透镜焦距与标准镜筒透镜焦距的比值，见公式(2)：

$$q = \frac{f_{TL}}{f_{NTL}} \qquad \cdots\cdots(2)$$

式中：

q——总的镜筒系数；

f_{TL}——镜筒透镜焦距，单位为毫米(mm)；

f_{NTL}——标准镜筒透镜的焦距，单位为毫米(mm)。

5.3 目镜放大率

目镜放大率的值是明视距离与目镜焦距之比，见公式(3)：

$$M_E = \frac{250}{f_E} \qquad \cdots\cdots(3)$$

式中：

M_E——目镜放大率值；

f_E——目镜焦距，单位为毫米(mm)；

250——明视距离，单位为毫米(mm)。

5.4 投影系数

投影系数的计算取决于像的形成方式。

5.4.1 如果实像是目视观察用标准目镜与校正为无限远的照相镜头或对焦于无限远的投影镜头共同形成的，则投影系数是照相镜头/投影镜头的焦距与明视距离之比，见公式(4)：

$$P = \frac{f_{PROJ}}{250} \qquad \cdots\cdots(4)$$

式中：

P——投影系数；

f_{PROJ}——照相机/投影镜头的焦距，单位为毫米(mm)；

250——明视距离，单位为毫米(mm)。

5.4.2 如果实像仅由目视观察用标准目镜形成的，则投影系数是目镜后焦点至投影像之间的距离 a 与明视距离之比，见公式(5)：

$$P = \frac{a}{250} \qquad \cdots\cdots(5)$$

式中：

P——投影系数；

a——目镜后焦点至投影像之间的距离，单位为毫米(mm)。

5.4.3 如果实像是由专门设计的投影镜头(如显微照相术)形成的，该镜头能按指定的放大倍数在给定的平面上成像，摄影投影镜头的放大率值 M_{PHOT}，通常计为产生实像的显微镜总放大率，而不常使用投影系数 P，因为标准目镜与成像无关。

5.5 总放大率

5.5.1 显微镜视觉总放大率值是物镜放大率、总镜筒系数和目镜视觉放大率的乘积,见公式(6):

$$M_{TOTVIS} = M_O \times q \times M_E \qquad (6)$$

式中:

M_{TOTVIS}——显微镜视觉总放大率;

M_O——物镜放大率;

q——总镜筒系数;

M_E——目镜视觉放大率。

5.5.2 以目视观察用标准目镜或已知投影系数的照相投影镜头产生实像的显微镜总放大率,其数值是物镜放大率、总镜筒系数、目镜放大率和投影系数的乘积,见公式(7):

$$M_{TOTPPOJ} = M_O \times q \times M_E \times P \qquad (7)$$

式中:

$M_{TOTPPOJ}$——显微镜总(横向)放大率;

M_O——物镜放大率;

q——总镜筒系数;

M_E——目镜视觉放大率;

P——投影系数。

5.5.3 由专用照相镜头产生实像的显微镜总放大率,其数值是物镜的放大率、总镜筒系数和照相投影镜头放大率的乘积,见公式(8):

$$M_{TOTPROJ} = M_O \times q \times M_{PHOT} \qquad (8)$$

式中:

$M_{TOTPROJ}$——显微镜总(横向)放大率;

M_O——物镜放大率;

q——总镜筒系数;

M_{PHOT}——照相投影镜头放大率。

6 放大率的数值和允差

6.1 成像组件或成像系统放大率的数值应是表2列出的数值之一,在这个表中任何两个数的商的乘积同样是该表范围内的数值。该表是按行以10为系数扩展而成。

表2 放大率数值

				...0.32		0.4	0.5	0.63	0.8
1	1.25	1.6	2	2.5	3.2	4	5	6.3	8
10	12.5	16	20	25	32	40	50	63	80
100	125	160	200	250	320	400	500	630	800
1 000	1 250	1 600	2 000...						

注1:该数值取自GB/T 321中的R10系列。

注2:数值0.32由R10系列数值四舍五入修约而得。

注3:除了本表中的数值以外,下列数值也可采用,1.5、15、30、60、150。

具体部件放大率值的计算见公式5。

6.2 具体部件放大率值的允差

具体部件放大率值的允差见表 3。

表 3 放大率允差

系统/组件	允差
物镜	±5%
镜筒系数	±2%
投影系数	±2%
目镜	±5%

ICS 37.020
N 32

中华人民共和国国家标准

GB/T 22060—2008/ISO 8040:2001

显微镜 镜筒滑块和镜筒槽的连接尺寸

Microscopes—Dimensions of tube slide and tube slot connections

(ISO 8040:2001,IDT)

2008-06-20 发布 2009-01-01 实施

中华人民共和国国家质量监督检验检疫总局
中国国家标准化管理委员会 发布

前　言

本标准等同采用ISO 8040:2001《显微镜　镜筒滑块和镜筒槽的连接尺寸》(英文版)。

本标准等同翻译ISO 8040:2001。

为便于使用,本标准还做了下列编辑性修改:

——“本国际标准”一词改为“本标准”;

——删除国际标准的前言。

本标准由中国机械工业联合会提出。

本标准由全国光学和光子学标准化技术委员会(SAC/TC 103)归口。

本标准负责起草单位:上海理工大学、上海光学仪器研究所。

本标准参加起草单位:南京江南永新光学有限公司、广州粤显光学仪器有限责任公司、宁波华光精密仪器有限公司、浙江舜宇集团股份有限公司、梧州奥卡光学仪器公司、宁波永新光学股份有限公司、麦克奥迪实业集团有限公司和凤凰光学控股有限公司。

本标准主要起草人:章慧贤、胡钰。

本标准为首次发布。

显微镜　镜筒滑块和镜筒槽的连接尺寸

1　范围

本标准规定了由所有制造商生产的偏光显微镜上辅助镜片和补偿器交换所要求的机械尺寸。

2　规范性引用文件

下列文件中的条款通过本标准的引用而成为本标准的条款。凡是注日期的引用文件，其随后所有的修改单(不包括勘误的内容)或修订版均不适用于本标准，然而，鼓励根据本标准达成协议的各方研究是否可使用这些文件的最新版本。凡是不注日期的引用文件，其最新版本适用于本标准。

GB/T 22061　显微镜　偏光显微术的参考系统(GB/T 22061—2008，ISO 8576:1996，IDT)

3　机械尺寸

3.1　总则

镜筒滑块的尺寸见3.2和图1的规定。镜筒槽的尺寸见3.3和图2的规定。

3.2　镜筒滑块

如果滑块安装要求精确定位的光学零件，则必须在镜筒滑块的边上附加接触弹簧，见图1。

必须能够将接触弹簧压缩在滑块之内。

3.3　镜筒槽

必须在镜筒槽的顶部附加接触弹簧，见图2。必须能够将接触弹簧压缩在镜筒槽之外。

镜筒槽的定位必须依照GB/T 22061的规定。

单位为毫米

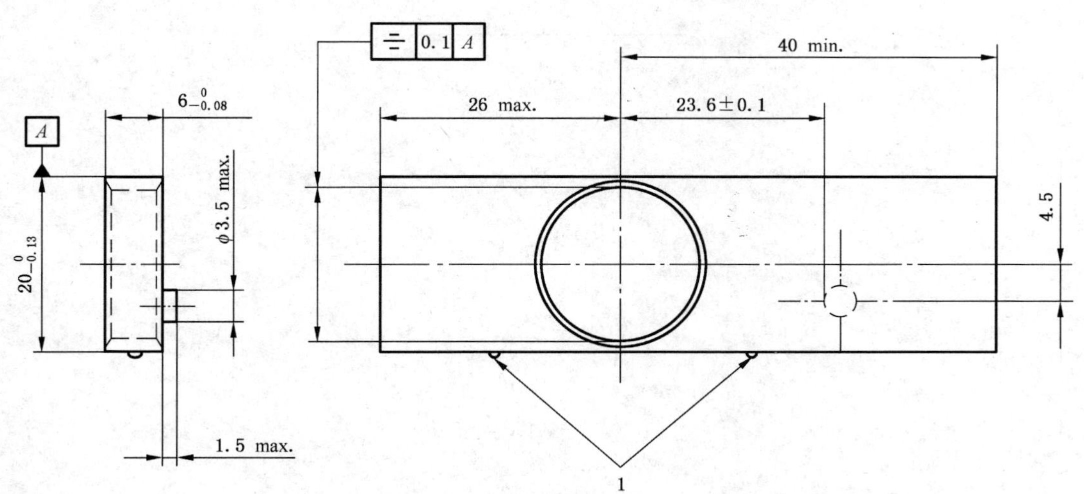

1——接触弹簧。

图1　镜筒滑块的尺寸

单位为毫米

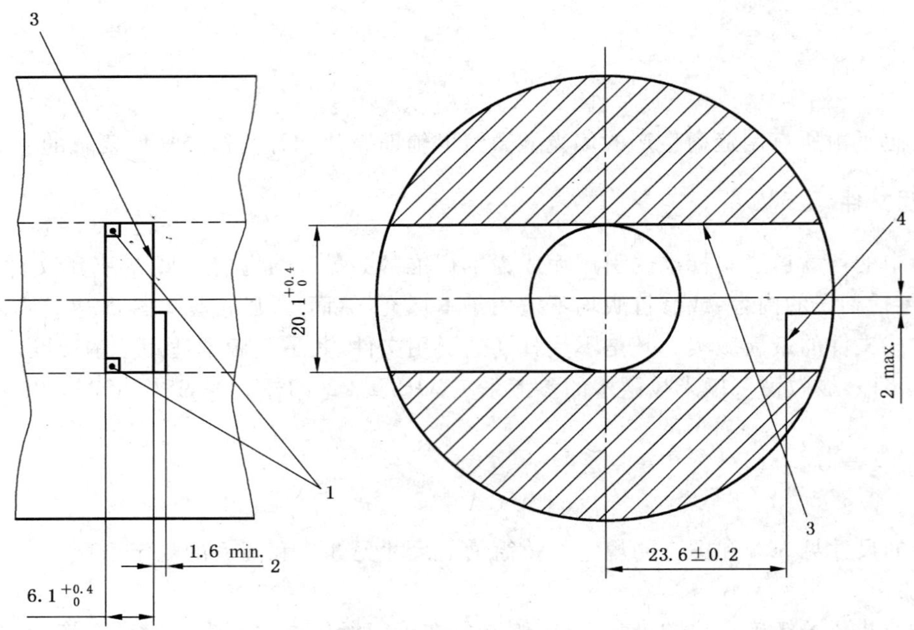

1——接触弹簧;
2——定位槽深度;
3——参考面;
4——定位面。

图 2　镜筒槽的尺寸

ICS 37.020
N 32

中华人民共和国国家标准

GB/T 22061—2008/ISO 8576:1996

显微镜　偏光显微术的参考系统

Microscopes—Reference system of polarized light microscopy

(ISO 8576:1996,IDT)

2008-06-20 发布　　2009-01-01 实施

中华人民共和国国家质量监督检验检疫总局
中国国家标准化管理委员会　发布

前　言

本标准等同采用ISO 8576:1996《显微镜　偏光显微术的参考系统》(英文版)。

本标准等同翻译ISO 8576:1996。

为便于使用,本标准还做了下列编辑性修改:

——“本国际标准”一词改为“本标准”;

——删除国际标准的前言。

本标准由中国机械工业联合会提出。

本标准由全国光学和光子学标准化技术委员会(SAC/TC 103)归口。

本标准负责起草单位:上海理工大学、上海光学仪器研究所。

本标准参加起草单位:南京江南永新光学有限公司、广州粤显光学仪器有限责任公司、宁波华光精密仪器有限公司、浙江舜宇集团股份有限公司、梧州奥卡光学仪器公司、宁波永新光学股份有限公司、麦克奥迪实业集团有限公司和凤凰光学控股有限公司。

本标准主要起草人:章慧贤、胡钰。

本标准为首次发布。

显微镜 偏光显微术的参考系统

1 范围

本标准规定了显微镜及其附件上的全部转动和移动的调整机构的参考系统，以求测量过程的一致。

本标准的重点在于偏光参数和测试附件，如显微镜旋转载物台、偏光元件及补偿器。

2 原理

在压力、温度和波长不变的情况下，各向异性、非对称和非吸收晶体的光学性质，可以用一个三轴折射率椭球体来描述。

椭球体半轴的长度由晶体的主折射率 n_α、n_β 和 n_γ 给定。任何一个经过折射率椭球体并包含椭球体中心的平面，一般都是以轴长为 $n_{\alpha'}$ 和 $n_{\gamma'}$ 的椭圆形。根据定义，彼此关系为：$n_\alpha \leqslant n_{\alpha'} \leqslant n_\beta \leqslant n_{\gamma'} \leqslant n_\gamma$。在偏光观察中所有规定的方向是最高折射率 n_γ 的参考方向。

注：为了强调 $|n_{\gamma'}| > |n_{\alpha'}|$，下标通常用 γ 和 α 代替 γ′ 和 α′。

单轴晶体的折射率椭球体是一个旋转椭球体，并规定 n_ω 和 n_ε 为其两个主轴，其中 n_ω 和 n_ε 分别代表寻常光线和非常光线的振动方向。后者是回转轴的方向，有如下定义：

$n_\alpha = n_\beta = n_\omega \neq n_\gamma = n_\varepsilon$ （正），$n_\gamma = n_\beta = n_\omega \neq n_\alpha = n_\varepsilon$ （负）

即：如果 n_ε 大于 n_ω，则为正单轴晶体；反之，则为负单轴晶体。

3 旋转方向和位移的参考系统(见图 1)

3.1 总则

用一个正笛卡尔参考坐标 X、Y、Z 系统作为基础，对观察者来说，其 Z 轴方向代表来自光源的光线传播方向，因此，对于立式和倒置式显微镜，通过目镜观察，在垂直于 Z 轴的平面内，可以读出按逆时针方向在数学意义上正向增大的 u 角。

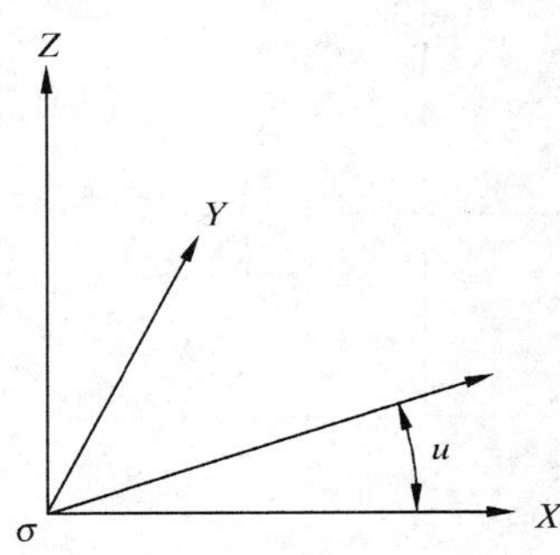

参考方向：东西方向

图 1

3.2 移动尺(见图 2)

移动尺安置在显微镜旋转载物台上，可使物体在 X、Y 坐标方向上移动。当显微镜旋转载物台处于零位时，移动尺的正 X 方向和参考方向是一致的($u=0°$)。

3.3 显微镜旋转载物台的位置

当移动尺的 X 方向为东西方向，即与来自起偏镜的光的振动方向平行时，显微镜旋转载物台处于零位，起偏镜 $v=0°$(见 4.2)。

注：如果起偏镜的基础方向非东西方向($u=0°$)而是其他方向时，则必须在显微镜上标示。

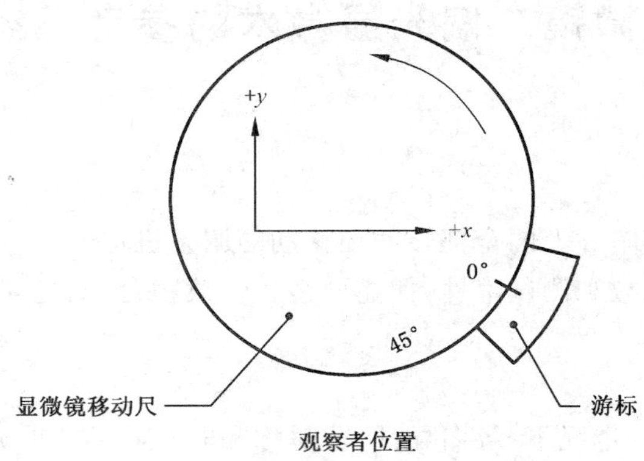

图 2

3.4 万能转台上的旋转和倾斜(见图 3 和图 4)

万能转台是安置在显微镜旋转载物台上的装置,可以使物体向空间任何方向转动,并具有旋转和倾斜轴系统,以下标表示(根据贝瑞克原理),如 An,其中 $n=1,2,3,\cdots\cdots$。

起偏镜:$v = 0°$

检偏镜:$w = 90°$

命名为"正交位置"

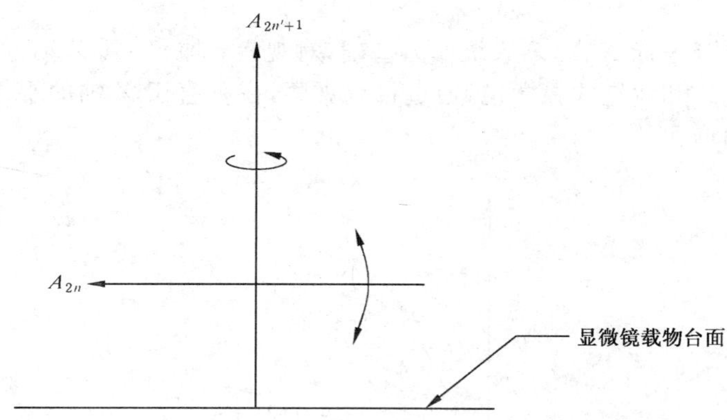

图 3

最大数字表示显微镜载物台的旋转轴。当万能转台处于零位时,纵轴由奇数表示,水平轴由偶数表示,一个轴的运动改变所有用较小数字角注的轴的位置。

当显微镜载物台处于零旋转位置,A_2 和 A_4 轴的倾斜位置的读数标尺处于观察者右方,其倾角为 180°,通常 A_2 轴工作方向垂直于 A_4 轴,即 90°。当万能转台绕 A_4 轴倾斜时,90°方向是 A_2 轴的投影方向。在万能转台处于水平位置时,向 A_2 和 A_4 方向看,围绕 A_2 和 A_4 轴的倾角按顺时针方向为正。

注:万能转台的各轴名称如表 1 所示。

表 1

贝瑞克	尼-杜-海哈特	海哈特	爱孟斯
A_1	N(标准轴)	N(标准轴)	I. V(内立轴)
A_2	H(水平轴)	H(水平轴)	N. S(南北轴)
A_3	M(活动轴)	A(辅助轴)	O. V(外立轴)
A_4	I(非活动轴 O)	K(控制轴)	O. E-W(外东西轴)
A_5		M(显微镜轴)	M(显微镜轴)

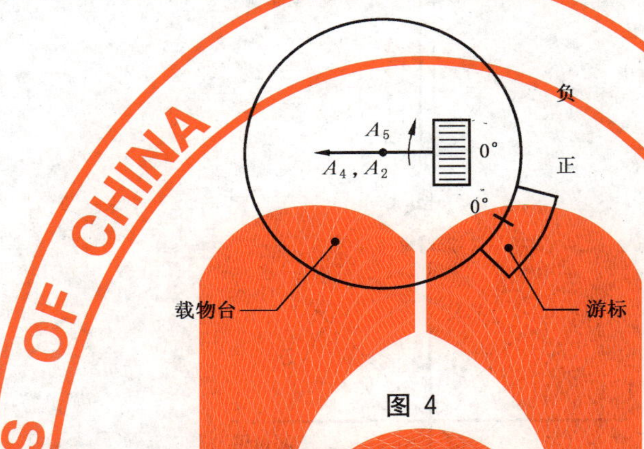

图 4

4 偏光元件、各向异性物体、补偿器和辅助试板[1]的调整

4.1 专业术语

偏光装置透过一个振动方向的线偏振光,其振动方向与装置的透过方向一致。按光的传播方向,放在显微镜载物台上物体前的装置称为起偏镜,放在物体后的装置称为检偏镜。检偏镜用于分析透过物体或物体和补偿器组合的偏振光情况。

各向异性物体是一种折射率随光的传播方向和振动方向变化的光学物质。

补偿器和辅助试板是各向异性光学材料制成的装置,用于系统地增加或减少偏振光波程差。在光路中辅助试板可指明被检物体程差特征,补偿器则表示程差的大小。

4.2 起偏镜和检偏镜的调整(见图 5)

起偏镜和检偏镜的透射方向两者都以东西方向为零方向($u=0°$),其旋转角度和显微镜载物台旋转一样按逆时针方向转动为正,正常工作旋转位置如图 5。

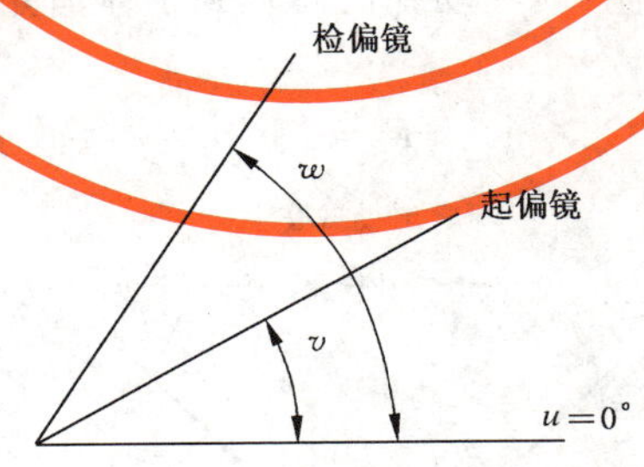

参考方向:起偏镜 $v=0$、检偏镜 $w=90°$,则命名为"正交位置"。

图 5

4.3 显微镜载物台上各向异性物体的调整(见图 6 和图 7)

当物体的折射率 $n_{\alpha'}$ 和 $n_{\gamma'}$ 方向与正交起偏镜和检偏镜的透射方向平行时,物体处于消光位置。当

1) 普通术语中常用同义词,名称有"辅助试板"、"辅助标本"、"定性补偿器"、"固定补偿器"。

折射率 $n_{\alpha'}$ 和 $n_{\gamma'}$ 方向与正交起偏镜和检偏镜的透射方向的夹角为 45°时，物体处于测量位置。

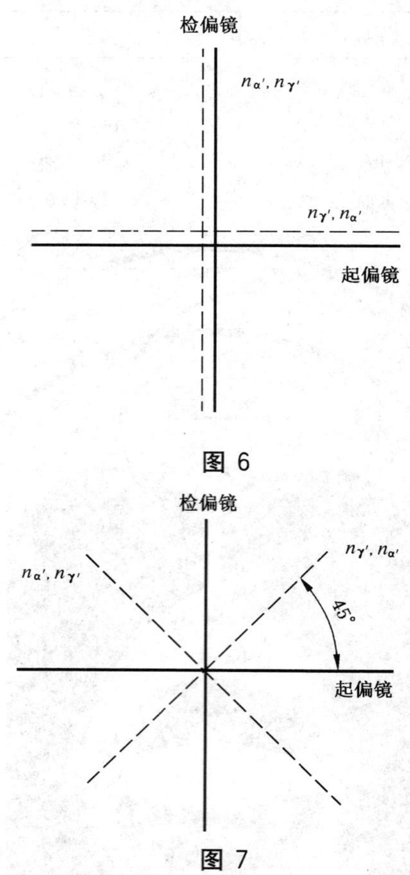

图 6

图 7

4.4　辅助试板和可倾斜式补偿器的调整(见图 8)

辅助试板和补偿器放在标准镜筒槽内，在此情况下，补偿器折射率高(见第 2 章中注)的方向与参考方向的夹角为 45°，显微镜载物台上物体 $n_{\gamma'}$ 方向调整为 135°(与补偿器 n_α 方向平行)，即减法位置。也有例外，某些补偿器如贝瑞克或爱略汉，补偿器中的 n_γ 方向调整在 135°位置上。

4.5　勃氏-柯勒椭圆补偿器的调整(见图 9)

勃氏-柯勒椭圆补偿器是一个已知程差 Γ_c 为 λ/10 全方位旋转的各向异性平板，这个平板的旋转位置调整为 n_γ 方向是 90°即平行于检偏镜的透射方向。在测量步骤开始时，将显微镜载物台上的物体 $n_{\gamma'}$ 方向调整为 45°位置，然后按逆时针方向转动补偿器直到物体消光，转动角度为 β。

物体光程差 Γ 按公式(1)计算：

$$\Gamma = \Gamma_c \sin 2\beta \qquad (1)$$

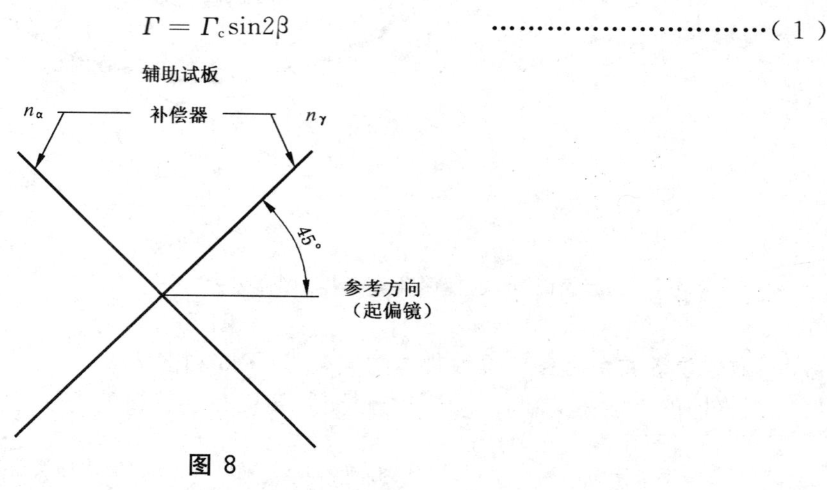

图 8

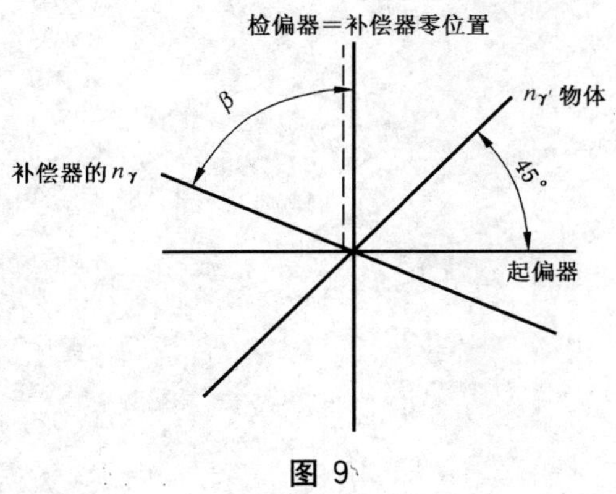

图 9

4.6 谢乃尔蒙原理补偿器(见图 10)

谢乃尔蒙补偿器是一程差为单色光波长 $\lambda/4$ 的平板,将来自物体的椭圆形振动变成特定方向的直线振动。该振动方向与检偏镜的透射方向的夹角等于引起上述椭圆偏振光的位相差的一半。

测量开始时,显微镜载物台上的物体 $n_{\gamma'}$ 方向定位于 45°,然后将 $\lambda/4$ 补偿器插入标准镜筒槽内,其 n_γ 方向平行于起偏镜的透射方向,按逆时针方向转动检偏镜直至物体消光,物体的光程差 Γ 按公式(2)计算:

$$\Gamma = \Delta w \cdot \lambda/180 \qquad \cdots\cdots(2)$$

式中:

λ——用于测量的光波长,单位为纳米(nm);

Δw——旋转角,单位为度(°)。

用谢乃尔蒙补偿器测量的光程差范围不应超过一个波长,即:$0 \leqslant \Gamma \leqslant \lambda$。

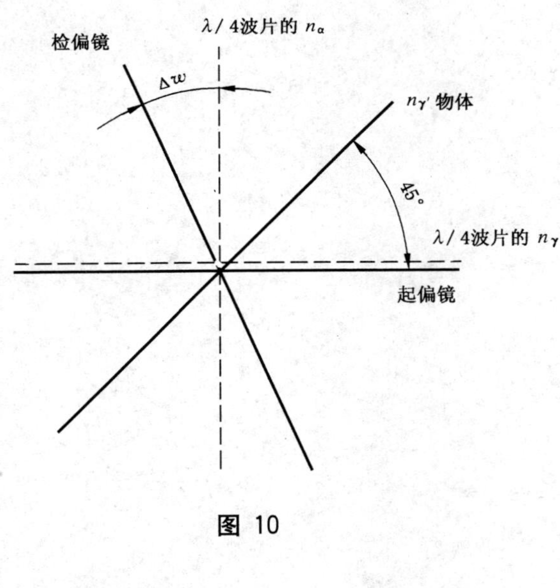

图 10

ICS 37.020
N 32

中华人民共和国国家标准

GB/T 22062—2008

显微镜　目镜分划板

Microscopes—Graticules for oculars

（ISO 9344:1996,NEQ）

2008-06-20 发布　　　　2009-01-01 实施

中华人民共和国国家质量监督检验检疫总局
中国国家标准化管理委员会　发布

前　　言

本标准非等效采用 ISO 9344:1996《显微镜　目镜分划板》(英文版)。

本标准与 ISO 9344:1996 的主要差异如下:

——增加了适用范围;

——增加了对目镜分划板刻线的要求;

——删除了第 1 章中“直径为 19 mm、21 mm 和 26 mm”的表述。

本标准由中国机械工业联合会提出。

本标准由全国光学和光子学标准化技术委员会(SAC/TC 103)归口。

本标准负责起草单位:上海理工大学、上海光学仪器研究所。

本标准参加起草单位:南京江南永新光学有限公司、广州粤显光学仪器有限责任公司、宁波华光精密仪器有限公司、浙江舜宇集团股份有限公司、梧州奥卡光学仪器公司、宁波永新光学股份有限公司、麦克奥迪实业集团有限公司和凤凰光学控股有限公司。

本标准主要起草人:胡钰、章慧贤。

本标准为首次发布。

显微镜　目镜分划板

1　范围

本标准规定了显微镜中用于测量和比较的十字分划板的尺寸、允许的材料缺陷和疵病的检查。

本标准适用于显微镜目镜中可调换的各种型式的分划玻璃平板。

2　规范性引用文件

下列文件中的条款通过本标准的引用而成为本标准的条款。凡是注日期的引用文件，其随后所有的修改单(不包括勘误的内容)或修订版均不适用于本标准，然而，鼓励根据本标准达成协议的各方研究是否可使用这些文件的最新版本。凡是不注日期的引用文件，其最新版本适用于本标准。

GB/T 1185—2006　光学零件表面疵病(ISO 10110-7:1996,NEQ)

GB/T 11162　光学分划零件通用技术条件

3　要求

3.1　尺寸

分划板尺寸见表1。

表1　分划板尺寸　　单位为毫米

直径[a] d	$19_{-0.033}^{0}$ $21_{-0.033}^{0}$ $26_{-0.033}^{0}$
厚度	1.0±0.1 1.5±0.2
保护倒角	0.1～0.3
[a] 其他直径如果遵照规定的厚度和表2中的要求也可允许。	

3.2　容许的材料缺陷和疵病的检查

容许的材料缺陷和疵病的检查见表2。

表2　允许的材料缺陷和疵病的检查

特　征		区　域[a]	最低要求
气泡		1 2	1/2×0.016[b] 1/2×0.025[b]
条纹		—	2/—;3[c]
表面形状误差		—	3/6　(3)[d]
每面的表面缺陷		1 2	5/2×0.016[b] L2×0.025[e] 5/2×0.025[e] L2×0.004[e]

表 2（续）

特　征		区　域[a]	最低要求
表面质量		—	P3/[f]
平行度		—	≤10′

[a] 检验区域

检验区域见图 1。

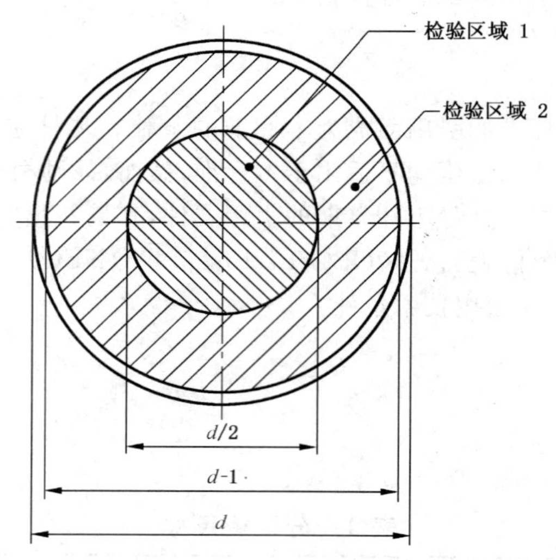

图 1　检验区域

[b] 缺陷代号/容许的缺陷数量乘以最大缺陷的最大面积的平方根(mm^2)。例如：1/2×0.1 表示有两个气泡缺陷。每个气泡最大面积 0.01 mm^2。

[c] 破折号后面的缺陷代码表示不均性是未特别指明的。数字 3 表示条纹的级别其实际的面积根据分划板的直径而定。

直径/mm	19	21	26
条纹级别	3	3	3
条纹面积/mm^2	5	6	10

[d] 在缺陷代号后面第一个数字代表干涉条纹，而括号里的数字给出了干涉圈的均匀性（干涉条纹间隔）的容许偏差。

[e] 容许有 2 个长度不定和最大宽度为 0.002 5(0.004)mm 的擦痕，参见 GB/T 1185。

[f] 抛光表面细看方式每 10 mm 少于 16 个微小缺点。

3.3　刻线

分划板刻线应符合 GB/T 11162 的有关规定。

4　标识

分划板应标识“符合 GB/T 22062”字样，这个标识必须标示在分划板上或者分划板的包装上。

ICS 37.020
N 32

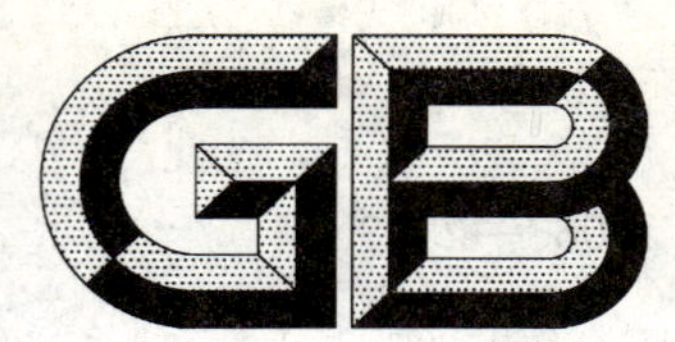

中华人民共和国国家标准

GB/T 22063—2008

显微镜　C型接口

Microscopes—Interfacing connection type C

(ISO 10935:1996,MOD)

2008-06-20 发布　　2009-01-01 实施

中华人民共和国国家质量监督检验检疫总局
中国国家标准化管理委员会　发布

前　言

本标准修改采用ISO 10935:1996《显微镜　C型接口》(英文版)。

本标准与ISO 10935:1996的主要技术差异为:

——删除了第2章;

——修改了第3章中的名词解释;

——删除了第4章 图1中“ϕ32 max”及“打开”的标注。

为便于使用,本部分还做了下列编辑性修改:

——“本国际标准”一词改为“本标准”;

——删除国际标准的前言。

本标准由中国机械工业联合会提出。

本标准由全国光学和光子学标准化技术委员会(SAC/TC 103)归口。

本标准负责起草单位:上海理工大学、上海光学仪器研究所。

本标准参加起草单位:南京江南永新光学有限公司、广州粤显光学仪器有限责任公司、宁波华光精密仪器有限公司、浙江舜宇集团股份有限公司、梧州奥卡光学仪器公司、宁波永新光学股份有限公司、麦克奥迪实业集团有限公司和凤凰光学控股有限公司。

本标准主要起草人:冯琼辉。

本标准为首次发布。

显微镜　C型接口

1　范围

本标准规定了连接显微镜成像出口(单筒或双目镜筒除外)的C型接口螺纹尺寸和初次像面的位置。

2　术语和定义

下列术语和定义适用于本标准。

2.1

接口部件　male component

在显微镜成像出口端面上安装视频或影像适配器。

2.2

配合部件　female component

在显微镜出口端面内插入视频或影像适配器。

3　要求

接口部件的尺寸如图1所示;配合部件的尺寸如图2所示。

初次像面的位置如图1和图2所示。

单位为毫米

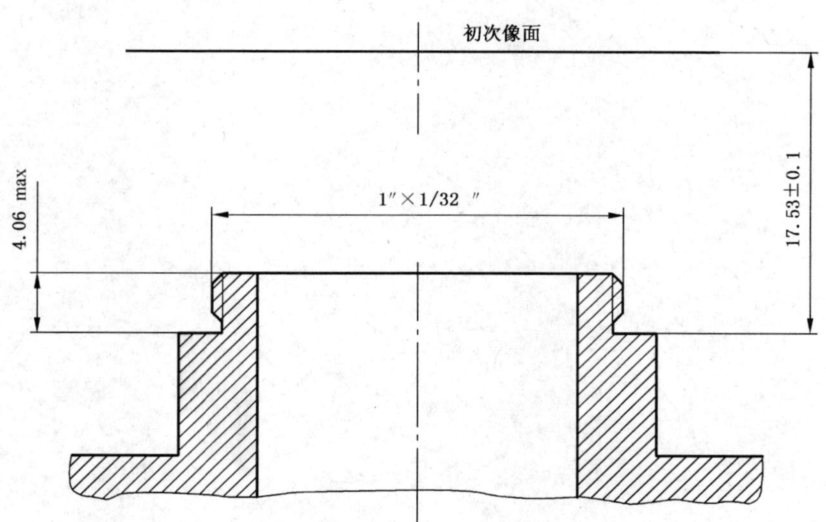

注：在空气下测量距离17.53 mm。

图1　接口尺寸和初次像面的位置

单位为毫米

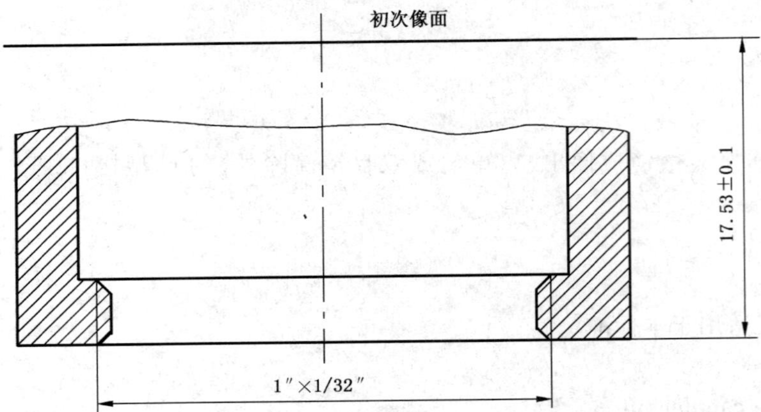

注：在空气下测量距离 17.53 mm。

图 2　配合装置尺寸和初次像面的位置

ICS 37.020
N 32

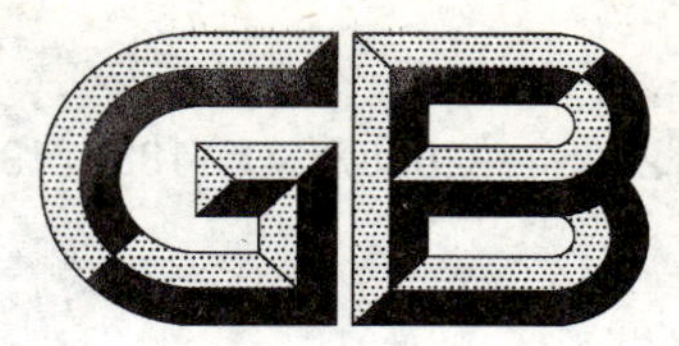

中华人民共和国国家标准

GB/T 22064—2008/ISO 11882:1997

显微镜　35 mm 单反照相机镜头的接口

Microscopes—Interfacing connection for 35 mm SLR photo cameras

(ISO 11882:1997,IDT)

2008-06-20 发布　　2009-01-01 实施

中华人民共和国国家质量监督检验检疫总局
中国国家标准化管理委员会　发布

前　言

本标准等同采用ISO 11882:1997《显微镜　35 mm单反照相机镜头的接口》(英文版)。

本标准等同翻译ISO 11882:1997。

为便于使用,本标准还做了下列编辑性修改:

——“本国际标准”一词改为“本标准”;

——删除国际标准的前言。

本标准由中国机械工业联合会提出。

本标准由全国光学和光子学标准化技术委员会(SAC/TC 103)归口。

本标准负责起草单位:上海理工大学、上海光学仪器研究所。

本标准参加起草单位:南京江南永新光学有限公司、广州粤显光学仪器有限责任公司、宁波华光精密仪器有限公司、浙江舜宇集团股份有限公司、梧州奥卡光学仪器公司、宁波永新光学股份有限公司、麦克奥迪实业集团有限公司和凤凰光学控股有限公司。

本标准主要起草人:冯琼辉。

本标准为首次发布。

显微镜　35 mm 单反照相机镜头的接口

1　范围

本标准规定了显微镜用 35 mm 单反式(SLR)照相机接口的尺寸(三管镜筒适用),对相关的 35 mm 照相机镜头不作规定。

35 mm SLR 照相机的配合通过使用专用适配器获得,本标准不包括专用适配器。

2　要求

35 mm SLR 照相机接口的连接尺寸见图 1。

单位为毫米

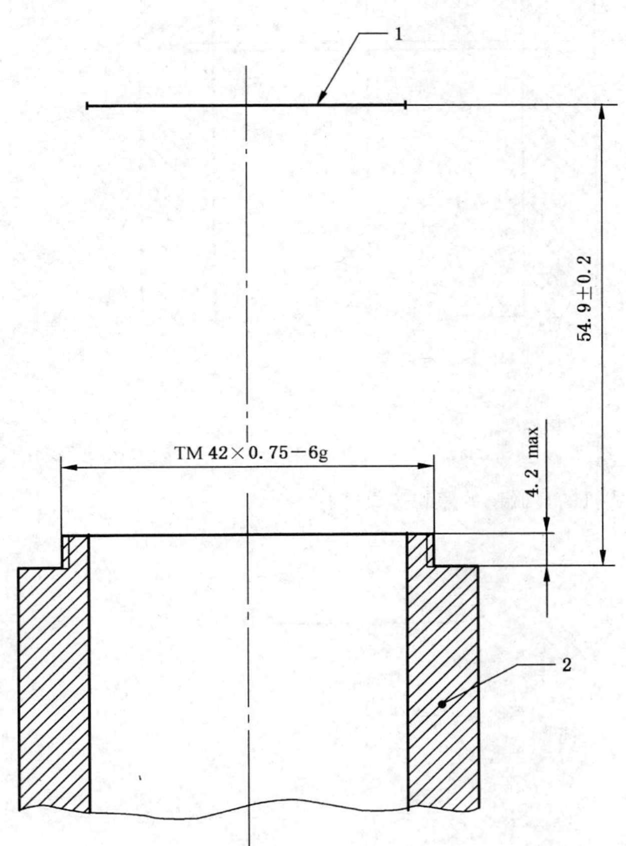

1——底片/显微镜成像面;

2——用于 35 mm SLR 照相机的显微镜的照相接口部分。

图 1

3　35 mm SLR 照相机的配合装置

带有一个中间机械转接器的 35 mm SLR 照相机配合装置尺寸要求见图 2。

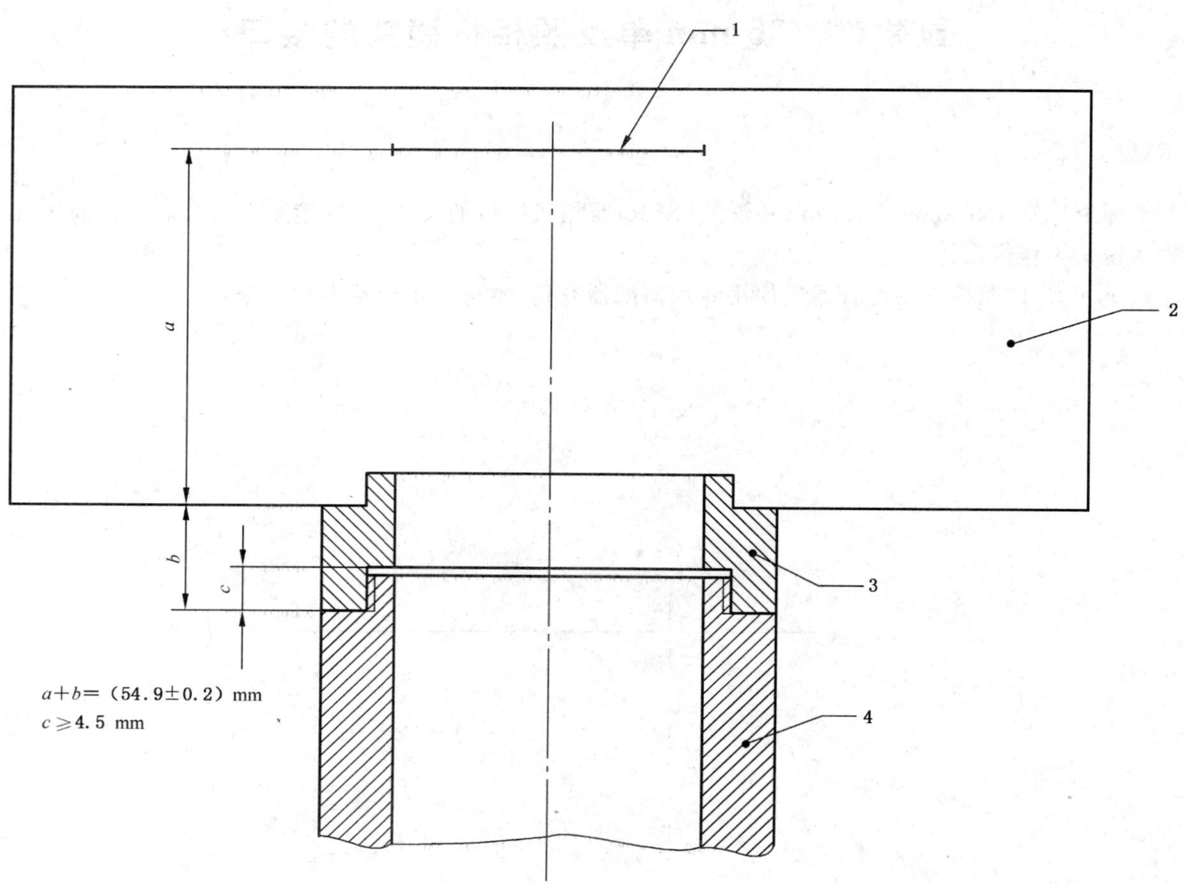

1——底片平面；

2——不带镜头的 35 mm SLR 照相机；

3——包括照相机底座的机械适配器；

4——用于 35 mm SLR 照相机的显微镜的照相接口部分。

图 2

ICS 17.100
N 11

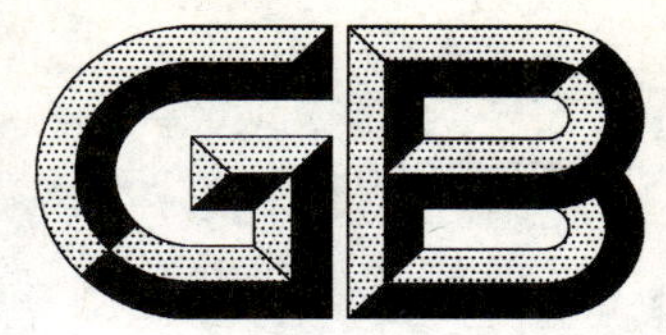

中华人民共和国国家标准

GB/T 22065—2008

压力式六氟化硫气体密度控制器

Pressure type SF_6 gas density monitor

2008-06-20 发布

2009-01-01 实施

中华人民共和国国家质量监督检验检疫总局
中国国家标准化管理委员会
发布

前　言

本标准由中国机械工业联合会提出。

本标准由全国工业过程测量和控制标准化技术委员会第三分技术委员会归口。

本标准的附录A为规范性附录，附录B、附录C为资料性附录。

本标准负责起草单位：西安工业自动化仪表研究所。

本标准参加起草单位：秦川机床集团宝鸡仪表有限公司、北京布莱迪仪器仪表有限公司、西安华伟电力电子技术有限责任公司、河南平高东芝高压开关有限公司、雷尔达仪器仪表有限公司、红旗仪表有限公司。

本标准主要起草人：甘大方、张少平、何佳斌、张军。

本标准为首次发布。

压力式六氟化硫气体密度控制器

1 范围

本标准规定了压力式六氟化硫(SF_6)气体密度控制器的产品分类、技术要求、试验方法、检验规则及标志、包装与贮存。

本标准适用于以弹簧管为测量元件，带有温度补偿装置，并具有指示及控制电气信号通断功能的压力式六氟化硫气体密度控制器(以下简称仪表)。

2 规范性引用文件

下列文件中的条款通过本标准的引用而成为本标准的条款。凡是注日期的引用文件，其随后所有的修改单(不包括勘误的内容)或修订版均不适用于本标准，然而，鼓励根据本标准达成协议的各方研究是否可使用这些文件的最新版本。凡是不注日期的引用文件，其最新版本适用于本标准。

GB 4208 外壳防护等级(IP代码)(GB 4208—2008,IEC 60529:2001,IDT)

GB/T 1226—2001 一般压力表

GB/T 2423.10 电工电子产品环境试验 第2部分:试验方法 试验Fc:振动(正弦)(GB/T 2423.10—2008,IEC 60068-2-6:1995,IDT)

GB/T 11023—1989 高压开关设备六氟化硫气体密封试验方法

GB/T 11287 电气继电器 第21部分:量度继电器和保护装置的振动、冲击、碰撞和地震试验 第1篇:振动试验(正弦)(GB/T 11287—2000,idt IEC 60255-21-1:1988)

GB/T 14598.3—2006 电气继电器 第5部分:量度继电器和保护装置的绝缘配合要求和试验(IEC 60255-5:2000,IDT)

GB/T 15464 仪器仪表包装通用技术条件

JB/T 5528 压力表标度及分划

JB/T 9329 仪器仪表运输、运输贮存基本环境条件及试验方法

3 术语和定义

下列术语和定义适用于本标准。

3.1

额定压力 Rating Pressure

在标准大气压条件下，设备投入运行前或补气时，按要求给设备气室充入SF_6气体的压力。

3.2

报警压力 Alarm Pressure

当设备气室内SF_6气体压力降至某一设定值，要求仪表发出报警信号的压力。

3.3

闭锁压力 Atresia Pressure

当设备气室内SF_6气体压力降至某一设定值，要求仪表发出闭锁信号的压力。

4 产品分类

4.1 型式

4.1.1 仪表测量类型为:压力真空。

4.1.2 仪表按螺纹安装方式分为:径向安装和轴向安装。

4.1.3 仪表按抗震要求分为:表壳内充油和不充油。

4.1.4 仪表的接点形式分为:磁助作用式和微动开关式。

4.2 仪表的精确度等级

仪表的精确度等级分为:1.0 级、1.6 级。

4.3 基本参数

4.3.1 仪表外壳公称直径为:100 mm。

4.3.2 仪表的测量范围、额定压力、报警压力、闭锁压力符合表 1 的规定。

表 1 测量范围、额定压力、报警压力、闭锁压力

测量范围/MPa	−0.1～0.5		−0.1～0.9				
额定压力/MPa	0.30	0.35	0.40	0.45	0.50	0.55	0.60
报警压力/MPa	0.25	0.30	0.35	0.40	0.45	0.50	0.55
闭锁压力/MPa	0.20	0.25	0.30	0.35	0.40	0.45	0.50

注:用户根据需要,若选用其他的额定压力、报警压力、闭锁压力,可与制造商协商解决。

4.3.3 仪表的标度,标度分划及最小分格值应符合 JB/T 5528 中的有关规定。

4.3.4 仪表接头螺纹规格及尺寸应符合图 1 及表 2 的规定。接头螺纹的附加要求见附录 B(资料性附录)。

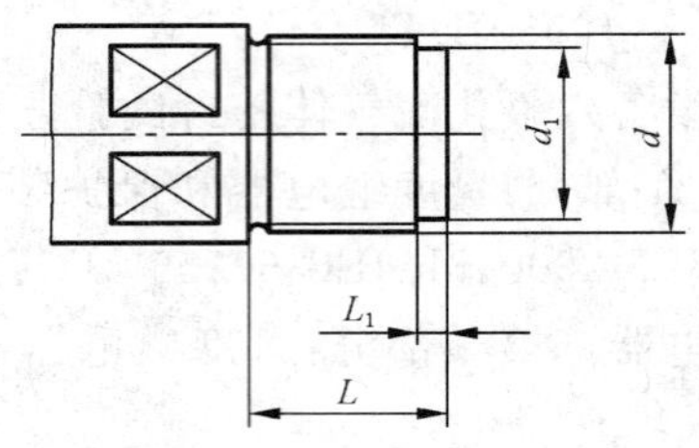

图 1 螺纹规格及尺寸

表 2 螺纹连接尺寸

外壳公称直径/mm	接头螺纹			
	d	d_1/mm	L/mm	L_1/mm
ϕ100	M20×1.5	ϕ18	20	2

注:当仪表接头螺纹有特殊要求时,用户可与制造商协商解决。

4.3.5 仪表的电气参数应符合表 3 的规定。

表 3 仪表的电气参数

接点形式	电流类型	额定功率(容量)	最高工作电压	最大允许电流
磁助直接作用式	交 流	30 VA	380 V	1.0 A
	直 流	30 W	220 V	1.0 A
微动开关式	交 流	30 VA	380 V	3.0 A
	直 流	30 W	220 V	1.0 A

5 技术要求

5.1 正常工作条件

5.1.1 仪表的正常工作环境温度为−20 ℃～+60 ℃、−30 ℃～+60 ℃。

5.1.2 仪表的正常工作相对湿度为不大于95%。

5.1.3 仪表的正常工作环境振动等级为：

a) 表壳内不充油：应不超过 GB/T 11287 规定的1级；

b) 表壳内充油：应不超过 GB/T 11287 规定的2级。

5.1.4 仪表的正常工作环境冲击等级为：

a) 表壳内不充油：应不超过 $30g$；

b) 表壳内充油：应不超过 $50g$。

5.2 参比工作条件

在下列条件下，仪表的基本误差、回差、零点误差、轻敲位移、指针偏转平稳性、设定点偏差及切换差应符合标准有关的规定。

a) 环境温度：20 ℃±1.5 ℃；

b) 仪表处于正常工作位置（系指垂直安装）；

c) 表壳内压力与大气压一致；

d) 负荷变化均匀。

5.3 基本误差

仪表的基本误差以引用误差表示，其值应在表4规定的基本误差限内。

表4 基本误差限

精确度等级	基本误差限（以量程的%计）		
	零位	闭锁压力以下第一检验点～额定压力以上第一检验点（含额定压力点）	其余部分
1.0	±1.0	±1.0	±1.6
1.6	±1.6	±1.6	±2.5

5.4 回差

仪表示值回差应不大于基本误差限的绝对值。

5.5 指针偏转的平稳性

在测量过程中，仪表的指针不应有跳动现象（设定点除外）。

5.6 轻敲位移

在测量范围内的任何位置上，用手指轻敲（使指针能够自由摆动）仪表外壳时，指针指示值的变动量不应大于基本误差限绝对值的1/2。

5.7 设定点偏差

仪表设定值与信号切换时实际负荷值之差，应在表5规定的范围内。

表5 设定点偏差

精确度等级	设定点偏差的允许值（以量程的%计）
1.0	±1.0
1.6	±1.6

5.8 切换差

在同一设定点上，仪表信号接通与断开时（切换时）的实际负荷值之差，磁助作用式应为量程的0.5%～3%，微动开关式应为量程的0.2%～3%。

5.9 温度补偿

给仪表充入 SF_6 气体至额定压力，当仪表试验环境温度偏离20 ℃时，仪表指针仍应指示在额定压力，其压力指示误差应不大于下式规定的温度补偿误差限。

a） 当环境温度为−20 ℃～+60 ℃时

$$\Delta_1 = \pm(\delta + K_1\Delta t) \quad \cdots\cdots(1)$$

式中：

Δ_1——环境温度偏离 20 ℃时的温度补偿误差限，表示方法与基本误差相同，%；

δ——本标准 5.3 规定的基本误差限绝对值，%；

Δt——$|t_2 - t_1|$，单位为摄氏度(℃)；

t_2——环境温度为−20 ℃～+60 ℃内的任意值，单位为摄氏度(℃)；

t_1——20 ℃；

K_1——温度补偿系数(0.02%/℃)。

b） 当环境温度低于−20 ℃时

$$\Delta_2 = \pm(\Delta_{-20} + K_2\Delta t) \quad \cdots\cdots(2)$$

式中：

Δ_2——环境温度低于−20 ℃时的温度补偿误差值，表示方法与基本误差相同，%；

Δ_{-20}——环境温度为−20 ℃时的规定的温度补偿误差值，表示方法与基本误差相同，%；

Δt——$|t_2 - t_1|$，单位为摄氏度(℃)；

t_2——环境温度为低于−20 ℃的任意值，单位为摄氏度(℃)；

t_1——−20 ℃；

K_2——温度补偿系数(0.05%/℃)。

5.10 静压

仪表应承受压力部分上限值，时间为 4 h 的静压试验，试验后应符合本标准 5.3～5.8 的规定。

5.11 交变压力

仪表应按表 6 规定承受正弦波形的交变压力试验，试验后应符合本标准 5.3～5.8 的规定。

表 6 交变压力

测量范围/MPa	交变压力幅度	交变次数
−0.1～0.5；−0.1～0.9	闭锁压力的 90%～额定压力的 110%	5 000

5.12 绝缘性能

仪表在环境温度为(15～35)℃；相对湿度为不大于 95%的条件下，接点之间、接点与外壳之间：

a） 绝缘电阻应不小于 100 MΩ；

b） 绝缘强度应能承受(45～60)Hz 的正弦波电压 2 kV，历时 1 min 的耐压试验，试验中漏电电流应不大于 0.5 mA。

5.13 密封性能

仪表的密封性能用绝对漏气率表示，其值不大于 1×10^{-9} Pa·m³/s。

5.14 外壳防护

外壳防护等级为 GB 4208 中的 IP65 级。试验后应符合本标准 5.12 的规定。

5.15 耐雷电冲击

仪表应能承受 7 000 V×1.2/50 μs 正负极各 15 次的雷电冲击电压，试验后应符合本标准 5.12 的规定。

5.16 耐冲击性能

仪表应能承受本标准 5.1.4 中规定的冲击等级，脉冲持续时间为 7 ms，脉冲次数为 30 次的冲击试验，试验后应符合本标准 5.3～5.8 的规定。

5.17 温度循环

仪表应按表 7 规定，承受 5 个循环的温度循环试验，试验后应无渗漏现象，并应符合本标准的

5.7～5.9 的规定。

表 7 温度循环

试验温度	常温	−30 ℃	+60 ℃	常温
保温时间	10 min	3 h	3 h	10 min

5.18 耐工作环境振动性能

仪表应能承受符合本标准 5.1.3 中规定的振动等级的振动试验。试验后应符合本标准 5.3～5.8 的规定。

5.19 指示装置

仪表的指示装置应符合 GB/T 1226—2001 中 5.10 的规定。

5.20 外观

仪表的可见部分应无明显的瑕疵、划伤，接头螺纹应无明显毛刺和损伤。表壳内充油的仪表，表壳内所充的油应清洁、透明且无渗漏现象，充油高度应位于表壳中心上方 0.25D～0.30D(D 为仪表外壳公称直径)之间，标度、标识等应清晰、正确、完整。

5.21 抗运输环境性能

仪表在运输包装条件下，应能承受 JB/T 9329 的规定。其中：

a) 高温、低温和相对湿度项目不要求做；

b) 自由跌落高度为 250 mm。

6 试验方法

仪表的试验顺序及各试验项目之间的间歇时间按附录 A(规范性附录)进行。

6.1 试验条件

按 5.2 参比工作条件。

6.2 试验仪器

试验用标准仪器基本误差限的绝对值不大于被检仪表基本误差限的绝对值的 1/4。

6.3 检验点

a) 基本误差的检验点以标有数字的标度线及额定压力点作为检验点(设定点除外)。

b) 设定点偏差及切换差的检验点为表盘上标注的报警压力和闭锁压力。

c) 温度补偿的检验点为表盘上标注的额定压力。

6.4 测试方法

采用被测检仪表与标准仪器比较的方法进行测试。

6.5 基本误差试验

6.5.1 试验时应由零均匀缓慢地增负荷，检验各规定的检验点至测量上限(真空检验点应不低于当地可抽得极限真空的 90%)，并保持 3 min，然后再均匀缓慢地减负荷，检验各检验点到零。

6.5.2 检验时，各检验点应进行两次读数，一次是在负荷平稳达到规定检验值时进行，另一次是在轻敲仪表外壳后进行。

6.5.3 基本误差应在正反行程中，轻敲前后各测量一次，轻敲前后示值与检验点示值之差均应符合 5.3 的规定。

6.6 回差试验

在 6.5 的试验中，考察轻敲后同一检验点增负荷与减负荷时示值之差。

6.7 指针偏转平稳性试验

由零均匀缓慢地增负荷至测量上限，再均匀缓慢地减负荷至零，观察指针偏转的平稳性。

6.8 轻敲位移试验

在 6.5 的试验中，考察同一检验点轻敲前与轻敲后示值之差。

6.9 设定点偏差试验

试验时，在报警及闭锁控制回路相应端子之间施加不低于24 V电压，将仪表加压至额定工作压力，保留1 min，然后缓慢地减小负荷(负荷变化速度每秒钟不应大于量程的1%)至信号接通为止。读取信号切换时的实际负荷值。

6.10 切换差试验

试验时，在报警及闭锁控制回路相应端子之间施加不低于24 V电压，对每个设定值在负荷增加和负荷减小两种状态下进行试验，当指针接近设定值时，应缓慢地增加和减小负荷(负荷变化速度每秒钟不应大于量程的1%)至信号接通为止。分别读取各设定点信号切换时的实际负荷值。

6.11 温度补偿试验

温度补偿试验采用等容装置试验法，其方法是给仪表充入SF_6气体，在参比温度下放置2 h后(表壳内充油的仪表应放置3 h后)，使仪表压力达到额定压力。再将仪表放入恒温箱中，使表壳内与大气相通，逐渐升(降)温度至本标准5.1.1规定的温度上、下限值，待温度稳定且保持不少于2 h(表壳内充油的仪表应保持不少于3 h)，此时被检仪表的指示值应符合5.9的规定。

6.12 静压试验

仪表按5.10的规定进行静压试验，去掉负荷后在30 min内按6.5～6.10检验。

6.13 交变压力试验

将仪表安装在能产生正弦波形、频率为(60±5)次/min，交变压力幅度和交变次数符合5.11规定值的交变压力试验机上，经试验后在30 min内按6.5～6.10检验。

6.14 绝缘性能试验

在5.12规定的环境条件下，将500 V兆欧表接在仪表各接线端子及各接线端子与外壳之间，分别测其绝缘电阻。然后以同样的方法，接入绝缘强度试验台，使试验电压由零逐渐平稳地上升到2 kV(微动开关式的各接线瑞子之间为1 kV)，保持1 min，应不出现飞弧和击穿。然后将试验电压平稳地降至零，最后切断电源。

6.15 密封性能试验

给充入SF_6气体至额定压力的110%，吹净仪表周围残余的SF_6气体，用塑料薄膜罩住仪表，24 h后，用灵敏度不低于10^{-8}的SF_6气体检漏仪检测塑料薄膜罩内及表壳内SF_6气体的浓度值，并按GB/T 11023—1989中4.2.1规定的方法计算出仪表的绝对漏气率，其值不应大于5.13的规定。

6.16 外壳防护等级试验

按GB 4208中有关规定进行。试验后按6.14进行检验。

6.17 雷电冲击耐压试验

按GB/T 14598.3—2006中的6.1.3.2规定进行，试验后按6.14进行检验。

6.18 耐冲击试验

将仪表处于正常工作位置按本标准5.16规定的冲击参数进行。试验后按6.5～6.10进行检验。

6.19 温度循环试验

将仪表放入恒温箱中，按5.17规定的温度和时间进行试验，试验后按6.9～6.11及6.22进行检验。

6.20 耐工作环境振动试验

按本标准5.18的要求及GB/T 2423.10规定的试验方法进行，试验后按6.5～6.10进行检验。

6.21 指示装置检验

目测。

6.22 外观检验

目测。

6.23 抗运输环境性能试验

按 5.21 要求及 JB/T 9329 规定的方法进行，试验后按 6.5～6.10 进行检验。

7 检验规则

7.1 出厂检验

7.1.1 检验项目

仪表应按本标准 5.3～5.9、5.12、5.13、5.19、5.20 进行逐台检验，经判定仪表合格并发有合格证明文件后才能出厂。

7.1.2 判定规则

仪表按所规定的出厂检验项目逐台进行检验，若某台仪表有一个检验项目不合格时，即判定该台仪表为不合格品，只有在所规定的出厂检验项目全部合格后，才能判定为合格品。合格品应附有合格证才能出厂。

7.2 型式试验

下列任一情况，仪表应按本标准技术要求进行型式试验：

a) 新产品试制定型；

b) 成批生产的仪表每 3 年进行试验；

c) 当设计、工艺和材料等方面有重大变动时；

d) 停止生产的仪表再次生产时。

注：型式试验 b)、d)中，不进行 5.14、5.15、5.17、5.19 项试验。

8 标志、包装与贮存

8.1 标志

仪表的标度盘或铭牌上一般应标有：

a) 制造厂名或商标；

b) 仪表名称；

c) 计量单位；

d) 精确度等级；

e) 额定功率；

f) 最高工作电压；

g) 最大允许电流；

h) 额定压力；

i) 报警压力；

j) 闭锁压力；

k) 制造年月及仪表编号。

8.2 包装

仪表包装应符合 GB/T 15464 规定。

8.3 贮存

仪表应贮存于干燥通风的室内，室内空气应洁净并对仪表无腐蚀作用。

附　录　A
（规范性附录）
试验顺序及项目之间间歇时间

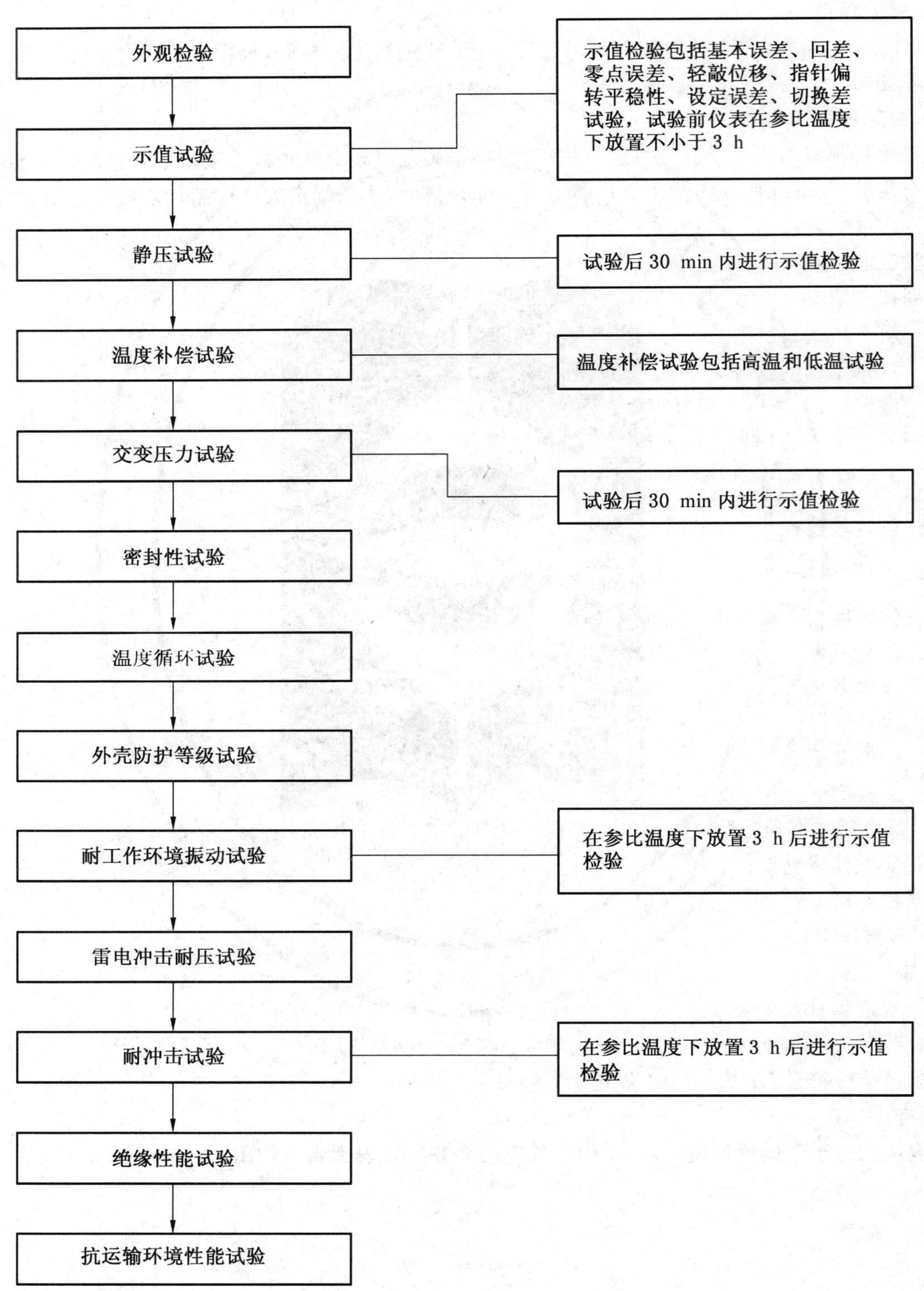

附 录 B
（资料性附录）
仪表接头的附加要求

B.1 接头端面的表面粗糙度不大于 $Ra1.6\ \mu m$。

B.2 接头端面与接头螺纹轴线的垂直度不大于⊥0.012 mm。

附 录 C
（资料性附录）
电气信号装置的接点通断功能

C.1 电气信号装置在通断频率每分钟不大于 60 次及通以最大允许电流 1.0 A 和带有与规定功率 30 VA 相应的感性负载情况下，应能承受 10 万周次的接点通断试验。

C.2 将仪表的电气信号装置单独安装在专门的接点功能试验台上，按 C.1 规定的参数进行 10 万周次的接点通断试验。试验后接点应能正常切换信号。

ICS 19.060
N 71

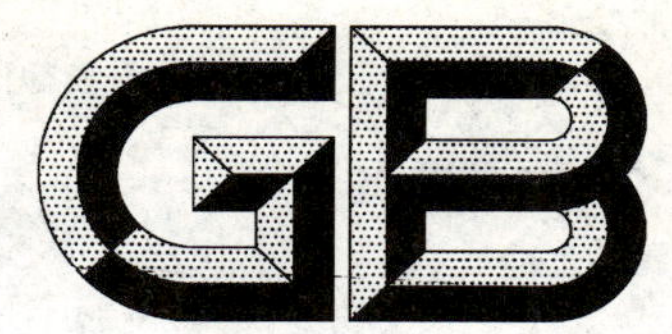

中华人民共和国国家标准

GB/T 22066—2008

静力单轴试验机用计算机数据采集系统的评定

Evaluation for computerized data acquisition systems used in static uniaxial testing machines

2008-06-20 发布　　　　2009-01-01 实施

中华人民共和国国家质量监督检验检疫总局
中国国家标准化管理委员会　发布

前　言

请注意本标准的某些内容有可能涉及专利。本标准的发布机构不应承担识别这些专利的责任。

本标准是非等效采用美国标准 ASTM E 1856—1997(2002)《万能试验机计算机数据采集系统评价指南》并结合我国国情制定的。

与本标准相关的国家标准和行业标准有：

——GB/T 16491—1996　电子式万能试验机；

——GB/T 16826—1997　电液式万能试验机；

——JB/T 8612—1997　电液伺服万能试验机。

本标准附录 A 为规范性附录，附录 B 为资料性附录。

本标准由中国机械工业联合会提出。

本标准由全国试验机标准化技术委员会(SAC/TC 122)归口。

本标准负责起草单位：钢铁研究总院、长春试验机研究所。

本标准参加起草单位：国防科学技术大学、上海华龙测试仪器有限公司、承德市金建检测仪器有限公司。

本标准主要起草人：王春华、郑文龙、陈洪程、陈武、杨毅、任雨峰、张香玲。

静力单轴试验机用
计算机数据采集系统的评定

1 范围

本标准规定了静力单轴试验机用计算机数据采集系统(以下称计算机数据采集系统)的术语和定义与符号、原理、技术要求、评定环境与条件、评定方法、评定报告和评定周期。

本标准适用于计算机数据采集系统的评定。

2 规范性引用文件

下列文件中的条款通过本标准的引用而成为本标准的条款。凡是注日期的引用文件,其随后所有的修改单(不包括勘误的内容)或修订版均不适用于本标准,然而,鼓励根据本标准达成协议的各方研究是否可使用这些文件的最新版本。凡是不注日期的引用文件,其最新版本适用于本标准。

GB/T 228—2002 金属材料 室温拉伸试验方法(eqv ISO 6892:1998)

GB/T 7314 金属材料 室温压缩试验方法

GB/T 12160 单轴试验用引伸计的标定(GB/T 12160—2002,ISO 9513:1999,IDT)

GB/T 16825.1 静力单轴试验机的检验 第1部分:拉力和(或)压力试验机测力系统的检验与校准(GB/T 16825.1—2008,ISO 7500-1:2004,Metallic materials—Verification of static uniaxial testing machines—Part 1:Tension/compression testing machines—Verification and calibration of the force-measuring system,IDT)

3 术语和定义与符号

3.1 术语和定义

下列术语和定义适用于本标准。

3.1.1

基本数据 basic data

在力和变形等测量中,其模拟量所一一对应的数字化当量,在静态条件下可溯源到国家基准(见图1)。

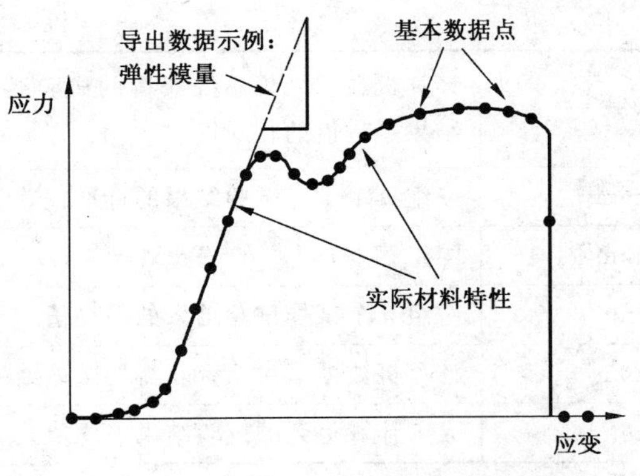

图1 基本数据和导出数据

3.1.2

导出数据 derived data

根据基本数据采用计算机软件算法运算导出的附加的数值。如峰值力或弹性模量值。

3.1.3

数据采集速率　data acquisition rate

采集每一个波形(力、变形、位移等)数字样本的速率,以采样数/秒表示。

3.1.4

分辨力　resolution

显示或指示装置能有效辨别的最小的示值差。

注 1:对于数字式显示装置,是指其末位有效数字变化的最小增量。

注 2:此概念亦适用于记录装置。

注 3:施加了任何力、变形或位移(或两者)时,从计算机数据采集系统中所显示或得到的力、变形或位移(或两者)的最小变化量。

3.1.5

传感器-通道频带宽度　transducer-channel bandwidth

试验机测量力、变形或位移的传感器-通道频带宽度是指其幅频特性曲线中,幅值下降 3 dB 时的频率范围。即测量信号的误差达 30%,相位偏移达 45°或更大(见图 2)。

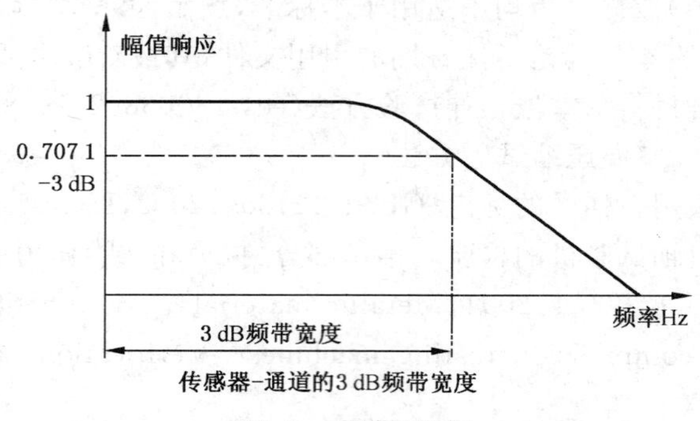

图 2　频带宽度

3.1.6

计算机数据采集系统　computerized data acquisition system

计算机数据采集系统是指试验时从静力单轴试验机中采集基本数据,并根据所采集的基本数据计算和提供导出数据的装置。

3.2　符号

本标准使用的符号、单位及说明见表 1。

表 1　符号、单位及说明

符　号	单　位	说　　明
q	%	计算机数据采集系统获得的试验结果平均值与人工计算得到的试验结果平均值的相对误差
s	N/mm²	一组 n 个试样试验结果的标准偏差
x_i	N/mm²	同组第 i 个试样的试验结果
$\bar{x}$	N/mm²	一组 n 个试样试验结果的平均值
$\bar{x}_j$	N/mm²	计算机数据采集系统获得的试验结果平均值
$\bar{x}_s$	N/mm²	人工计算得到的试验结果平均值

4　原理

本标准采用比较试验的方式评定计算机数据采集系统。其方法是将同一台试验机的计算机数据采集系统获得的基本数据、导出数据与其采用绘图记录得到的结果进行比较(单机比较法),或者将被评定试验机的计算机数据采集系统获得的基本数据、导出数据与其他多台试验机得到的试验结果进行比较（多机比较法）。

5 技术要求

5.1 计算机数据采集系统所采集的力值准确度应为 GB/T 16825.1 规定的 1 级或优于 1 级。引伸计的准确度级别和应用应分别符合 GB/T 12160、GB/T 228—2002 和 GB/T 7314 的规定。

5.2 计算机数据采集系统获得的试验结果平均值与人工计算得到的同台试验机试验结果平均值（或由其他试验机得到的试验结果平均值）的相对误差，其最大允许值为±2%或 1 个标准偏差（取其较大者）。

6 评定环境与条件

6.1 评定环境

评定计算机数据采集系统时的环境温度宜为 23 ℃±5 ℃。

6.2 试样

评定时，至少选取 5 种不同类型试样，用以代表通常在试验机上进行试验的试样，每种类型的试样应在同一坯料上截取。

如果在试验机上通常做试验的试样少于 5 种类型，则选取所有种类试样进行评定。

试样类型可以按不同材料（强度水平）、不同尺寸、不同形状或不同试验方法来区分。

6.3 试验机示值

试验机上带有显示或指示装置和记录装置（包括试验机原有的和计算机化后的）所有测力和测变形系统均应按照 GB/T 16825.1 和 GB/T 12160 进行检验和校准。

6.4 频带宽度

试验机上的所有传感器及其显示装置或记录装置（或两者），包括绘图记录装置，均应达到所要求的频带宽度（参见附录 A 的 A.2）。

7 评定方法

7.1 单机比较法

7.1.1 本方法适用于评定能通过绘图记录进行人工计算试验结果（导出数据）的计算机数据采集系统。

7.1.2 试验机应配置能记录试验过程的绘图装置。绘图装置的记录可由模拟信号源、计算机数据采集系统、或者根据系统记录的基本数据人工绘制。

7.1.3 每种类型试样至少取 5 个试样进行试验，同时获取绘图记录和计算机数据采集系统得到的试验结果。

7.1.4 依据绘图记录，人工计算与计算机数据采集系统同时获得的每一试验结果。

7.1.5 根据每组 5 个试样人工计算的结果和计算机数据采集系统获得的结果，分别按公式（1）、公式（2）和公式（3）计算二者的平均值 $\bar{x}$、标准偏差 s 和相对误差 q：

$$\bar{x}=\frac{1}{n}\sum_{i=1}^{n}x_i \qquad \cdots\cdots(1)$$

$$s=\sqrt{\frac{\sum_{i=1}^{n}(x_i-\bar{x})^2}{n-1}} \qquad \cdots\cdots(2)$$

$$q=\frac{\bar{x}_j-\bar{x}_s}{\bar{x}_s}\times 100\% \qquad \cdots\cdots(3)$$

7.1.6 计算机数据采集系统获得的试验结果的平均值与人工计算得到的平均值之差的最大允许值为其平均值的±2%或 1 个标准偏差（取其较大者）。若二者之差超过最大允许值，应查找原因，并对其进行校准。

注：在所有情况下，使用最小的非零标准偏差来评价。

7.1.7 如有必要，应查找导致计算机数据采集系统所得试验结果的标准偏差是人工计算所得试验结果的标准偏差两倍以上的原因，并对其进行校准(见附录B)。

7.2 多机比较法

7.2.1 除需评定的装有计算机数据采集系统的试验机外，应有两台或两台以上的其他试验机同时参加试验，其他试验机不一定装有计算机数据采集系统。

注：为了不掩盖系统自身的问题，最好使用不同类型的试验机。

7.2.2 试验机应配置能记录试验过程的绘图装置。绘图装置的记录可由模拟信号源、计算机数据采集系统产生，或者根据系统记录的基本数据人工绘制。

7.2.3 每种类型试样在参与比较试验的每台试验机上至少进行5个相同试样的试验。如果在所有试验机上都得到较大的标准偏差，则需进行更多试样的试验。

7.2.4 每台试验机的试验，由计算机数据采集系统或由绘图装置记录(或两者)获得试验数据。

7.2.5 依据绘图记录，人工计算与计算机数据采集系统同时获得的每一试验结果。

7.2.6 根据每组5个试样(或大于5个试样)人工计算结果和计算机数据采集系统获得的试验结果，分别按公式(1)、公式(2)和公式(3)计算二者平均值 $\bar{x}$、标准偏差 s 和相对误差 q。

7.2.7 计算机数据采集系统所得结果的平均值与人工计算所得结果的平均值，或与其他试验机所得结果的平均值之差的最大允许值为其平均值的±2%或1个标准偏差(取其较大者)。若它们的差值超过最大允许值，应查找原因，并对其进行校准。

注：在所有情况下，使用最小的非零标准偏差来评价。

7.2.8 如有必要，应查找导致计算机数据采集系统所得结果的标准偏差，为人工计算所得或由其他试验机所得结果的标准偏差两倍以上的原因，并对其进行校准(见附录B)。

注：这些平均值之差和标准偏差之差通常是由试验用的材料不同所引起，因而可能需要使用如GB/T 228—2002中附录K“拉伸试验的精密度——根据实验室间试验方案的结果”的方法进行数据的完全统计和评价。

8 评定报告

评定报告应至少包括下列内容：

a) 注明执行本标准(标明本标准的编号和名称)；

b) 试验机的标识(制造者名称、型号和编号等)；

c) 计算机数据采集系统的标识(硬件部分及软件部分的名称、编号和(或)版本号等)；

d) 评定日期；

e) 传感器-通道频带宽度；

f) 数据采集速率；

g) 绘图数据与人工计算结果、计算机数据采集系统试验报告；

h) 每组试验结果的平均值、标准偏差；

i) 评定机构的名称或标志，评定人。

9 评定周期

使用单位可根据实际使用情况自主决定复评的时间间隔，建议与试验机测力系统和引伸计校准同时进行。但计算机数据采集系统的硬件和软件升级或更换后，应重新评定。

附　录　A
（规范性附录）
计算机数据采集系统硬件部分的检测

A.1　检测应考虑的事项

A.1.1　弄清试验系统之间数据的传输方式是重要的，以便使系统能进行适当检测和校准。试验系统元件之间数据传输方式可以是数字化的，也可以是模拟的。

A.1.1.1　试验结果从计算机传输到打印机，是试验系统之间数据的数字化传输的一个示例。在某些情况下，试验机的数字化系统可将力和其他数据传输到计算机。

A.1.1.2　由测力传感器产生的电信号传输到试验机内的放大器中，信号在放大器中变换成工程单位，是模拟传输数据的一个示例。试验机把通过其施加的力转换为成比例的直流电压传输到模拟 X-Y 记录仪上，也是模拟传输数据的一个示例。

A.1.2　模拟-数字转换器（A/D）把模拟信号转换成数字信号，数字-模拟转换器（D/A）把数字信号转换成模拟信号。在现代试验机上使用一个或多个这种转换装置是普遍的。系统中每一个使用 A/D 或 D/A传输数据的点都可能需要检测。检测可以在模拟的一侧、或数字的一侧、或转换器的两侧进行。

A.1.3　在大多数情况下，如果从一个不带 A/D 或 D/A 传输的经过检验的数字装置接收数字信号（如打印机和监视器），接收装置无须进行例行校准，更换后也不需校准。

A.1.4　从电器系统简图或从制造者给出的所有传感器和所有数据输出装置的试验系统框图确定检测点，并在图上对所需检测点做上记号。在试验机出厂检验中，应对所需检测点进行检验，以保证试验系统输出数据的可靠性。

A.2　系统响应速度的测定

A.2.1　一般要求

A.2.1.1　频带宽度和数据采集速度是导致由系统对动态变化输入的响应而影响试验机准确度的两个要素。本标准要求确定最小频带宽度，目的是确定最小数据采集的速率。

A.2.1.2　当系统响应和试验条件确定时，有两个频带宽度值要考虑。即从试验条件导出的所需频带宽度和作为试验机的一种功能的传感器-通道频带宽度。

A.2.1.3　传感器-通道频带宽度应等于或超过所需频带宽度。为得到较高的准确度，测量的信号（噪声除外）不能接近传感器-通道频带宽度的频率分量。

A.2.2　所需频带宽度

对准静态试验机所需频带宽度给出一个准确的最小值是困难的，但确保在试验中所观察到的响应不受频带宽度的限制是重要的。另一方面，频带宽度特别宽可能要降低系统的性能，造成准确度下降，噪声也可能增加。在类似 GB/T 228—2002 和 GB/T 7314 等试验方法规定的试验条件下，由试验条件导出的所需频带宽度应不小于 0.2 Hz。评价所需频带宽度的一个简单的准则如下：

a)　评价系统响应过程持续时间（秒），在此期间要求准确的结果（小于误差绝对值的 1%）。此结果可以是力的峰值或为得到弹性模量的应力-应变曲线弹性部分（见图 A.1）；

b)　对变化较慢的信号，其所需频带宽度（Hz）由公式（A.1）给出：

$$\text{所需频带宽度} = \frac{3}{\text{持续时间}}\,\text{Hz} \qquad \cdots\cdots(\text{A.1})$$

c)　当力-时间曲线有尖峰时，为准确地采集到尖峰点，所需的频带宽度可以按公式（A.2）计算：

$$\text{所需频带宽度} = \frac{20}{\text{持续时间}}\,\text{Hz} \qquad \cdots\cdots(\text{A.2})$$

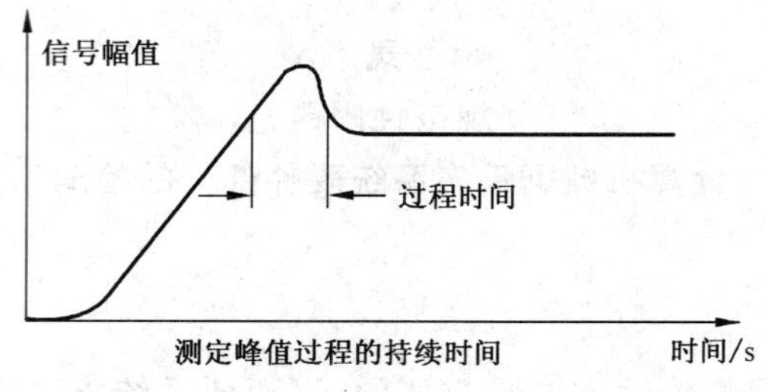

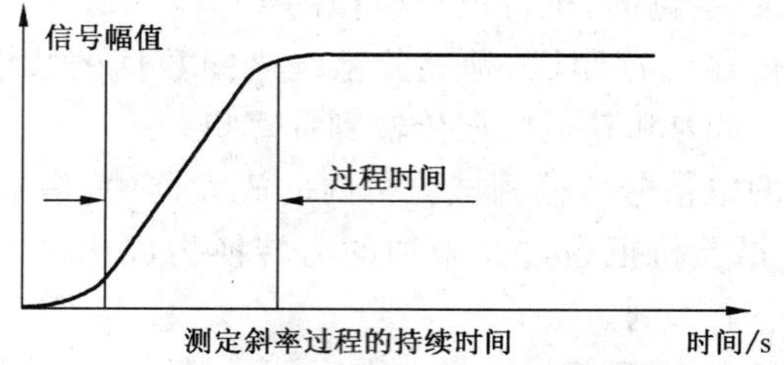

图 A.1 过程时间

A.2.3 传感器-通道频带宽度

试验机制造者应说明传感器-通道频带宽度值。如果由于数据的数字滤波器会引起频带宽度的进一步减小,制造者应在传感器-通道频带宽度的技术条件中说明。

A.2.4 传感器-通道频带宽度计算方法

A.2.4.1 采用测量阶梯响应来计算力测量系统的频带宽度。在试验机夹头间连接一根小直径、高抗拉强度的钢丝(如单股吉他弦),慢慢施加力直到钢丝断裂,用高速数字式或模拟式记忆示波器采集瞬间力减小的阶梯波形或通过计算机数据采集系统采集,并绘制钢丝断裂瞬间的力-时间曲线。计算机数据采集系统应保证软件数据的真实性,同时应保证测试过程要等间隔采样。通过该力-时间曲线用线性内插法确定拉断瞬间对应最大力 F_m 的 10%和 90%两点间的时间差 $t_{10\sim90}$,如图 A.2 所示。如果该时间小于两个数据点之间的时间间隔,那么就使用两数据点之间的时间作为 $t_{10\sim90}$ 的时间。此系统的频带宽度按公式(A.3)计算:

$$\text{传感器-通道频带宽} = \frac{0.34}{t_{10\sim90}}\text{Hz} \qquad \cdots\cdots(A.3)$$

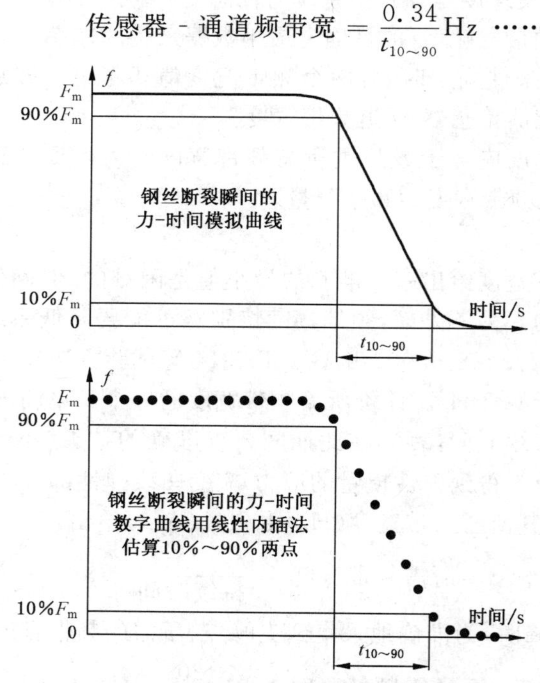

图 A.2 钢丝断裂力与时间响应

A.2.4.2 如制造者提供足够高的数据采集速率，那么全系统响应可以直接从数字采样阶梯响应测量。

A.2.4.3 上述方法只给出一个检测频带宽度是否足够的简单的定性方法。把试样的响应曲线与上述高强度线材破断所产生的曲线相比较，如果曲线的变化速率与高强度线材破断时所观察到的速率一样快，那么可能部分响应曲线发生错误，因为测量到的响应是试验机的特性，而不代表试样的特性。

A.2.5 确定所需的数据采集速率

最小所需数据采集速率按公式(A.4)计算：

$$f_{min}=\frac{\dot{\sigma}}{R_{eH}(\text{或 } R_{p0.2})\times c}\times 100 \quad \cdots\cdots(A.4)$$

式中：

f_{min}——最小数据采集速率，单位为每秒(1/s)；

$\dot{\sigma}$——应力速率，单位为牛每平方毫米秒(N/mm^2s)；

R_{eH}——上屈服强度，单位为牛每平方毫米(N/mm^2)；

$R_{p0.2}$——规定非比例延伸强度，单位为牛每平方毫米(N/mm^2)；

c——试验机的准确度级别。

A.3 系统分辨力的测定

A.3.1 数字化试验系统的分辨力通常是包括许多变量的复杂函数，不仅仅限于施加的力、力的范围、电与机械部件、电与机械噪声及应用的软件等。

A.3.2 分辨力可依据电器系统简图确定或根据从试验系统制造者得到的关于计算机数据采集系统分辨力的说明来确定。

A.3.3 通过对系统进行试验来验证系统是否达到其所声明的分辨力，可用不同的方法来检查系统的分辨力。

A.3.4 用砝码、标准测力仪等施加力的系统，同时采集数据。用系统提供的分辨力的一半来改变施加的力，反复数次，并从指示装置观察力的变化。用类似的步骤也可使用引伸计标定器来检测应变测量系统的分辨力，及用高一级准确度位移装置检查位移测量系统的分辨力。

A.3.5 把检测结果与所标明的分辨力相比较。

A.3.6 在相对分辨力劣于1/200的场合，系统不能直接报告导出数据。然而，可利用相对分辨力劣于1/200的弹性直线段的基本数据来寻找导出数据点。例如：在应力-应变曲线的初始弹性部分，可用来数字化建立曲线的直线部分，进而计算规定非比例延伸(压缩)强度。用于建立直线部分的导出数据点，其相对分辨力可以劣于1/200，但报告的规定非比例延伸(压缩)强度应处在相对分辨力优于1/200的区域。

附　录　B
（资料性附录）
人工计算的与计算机得出的试验结果差异的分析

B.1　试验结果平均值产生差异的分析

B.1.1　校准误差

所有观察到力值结果的偏差通常表现出校准差。如果人工计算的与计算机得出的最大力值的试验结果不一致，可能是由于试验机部件间的校准差（见附录 A 的 A.1）所致。如果力的结果一致，应力结果偏离，可能是由于横截面积或其他尺寸（如弯曲试验中跨距）的测量误差造成的。如果最大力的结果一致而其他力的结果不同，这差别可能不是由于力的校准差造成的。

B.1.2　试验速率差

试验速率差与试验所用材料对应变速率敏感程度相关。宜特别注意，试验时设定的试验速率模式，应与所试验材料要求速率一致，或与比对试验约定要求一致的速率进行。从导出数据能够看出、也可能看不出试验速率的差别。一个检查速率的简单办法是，在试验中测量两点间所用的时间。

B.1.3　计算机输入算法错误

如果依据绘图记录人工计算的试验结果与其他试验机的试验结果相同，但与被评定的计算机数据采集系统得出的试验结果不同，可能是计算机输入的算法有错误。

B.1.4　使用的算法（计算机数据处理程序）

如果依据绘图记录人工计算的试验结果与其他试验机的试验结果相同，但与被评定的计算机数据采集系统得出的试验结果不同，可能是计算机应用的算法有错误。

B.1.5　运算工作不正常

如果依据绘图记录人工计算的试验结果与其他试验机的试验结果相同，但与被评定的计算机数据采集系统得出的试验结果不同，可能是由于计算机运算工作不正常。

注：这种差正如由于人工计算结果和计算机计算产生的同样问题。

B.1.6　试验方法判别错误

编程或使用人员对试验方法的判别不同或不正确导致的错误，因此要求计算机软件编程应与相关试验方法要求一致，同时还要考虑各种材料的应力-应变曲线的不同特性。

B.1.7　夹持和其他与试样接触装置差别

夹持和其他与试样接触装置的差别可能会引起试样过早破坏，或者起散热器作用和导致相关延伸率试验结果的差别。夹具的状态是很重要的，应保证与试样良好的接触并夹紧。

B.1.8　试样对中

试样对中差可导致所得试验结果低于正常的试验结果，或在曲线的弹性范围内产生不良的应力-应变曲线。应保证试样的对中，使其具有良好的受力同轴度。

B.1.9　传感器-通道频带宽度不足

传感器-通道频带宽度过窄，会使试样屈服瞬间的上下屈服强度采集失真，因此应保证足够的通道频带宽度（见附录 A 的 A.2）。

B.2　试验机之间的标准差的差别

B.2.1　分辨力差别

分辨力的差别可通过两种形式表现出来。零标准差可能表征了分辨力差。如果两个或多个不连续数字结果（导出数据）间与测量结果差别大，可能是分辨力差造成的（见附录 A 的 A.3）。

B.2.2 试样尺寸准确度

如果被评定的计算机数据采集系统与其他试验机的力的标准差相符，而应力的导出数据标准差与其他试验机不相符，可能是由于横截面积测量准确度不够所致。

B.2.3 试验速率差别

试验速率太快，由于一个或多个传感器-通道频带宽度的差别，也可以导致标准差的过大或过小。

B.2.4 试验速率控制不稳定

试验机试验速率控制不稳定，可能会产生不良的应力-应变曲线，并会使对应变速率敏感材料的导出数据的标准差过大。

B.2.5 传感器-通道引起的电噪声

电噪声会导致计算机的运算结果不佳，这可以从绘图记录或基本数据中看出，也可通过在固定力或应变下采集数据来确定。

B.2.6 夹持与其他和试样接触装置间的差

一些与试样接触的装置可能会导致试样过早破断，这也是造成标准偏差过大的原因。

B.2.7 试样对中

试样对中差是随机的不能重复的，并会造成标准差过大。

B.2.8 传感器-通道频带宽度的差别

传感器-通道频带宽度过窄造成的差别，见附录A的A.2。

ICS 81.040.01
N 64

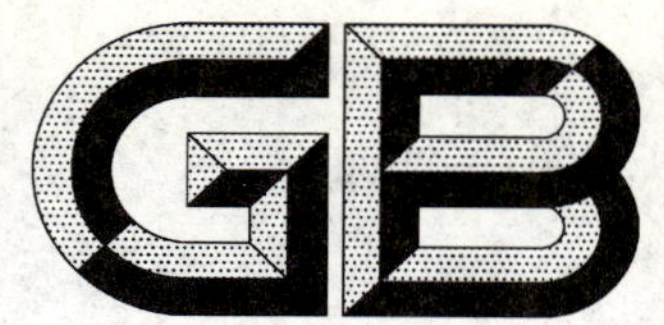

中华人民共和国国家标准

GB/T 22067—2008
代替 GB/T 15725.3—1995

实验室玻璃仪器 广口烧瓶

Laboratory glassware—Wide necked boiling flasks

(ISO 24450:2005,NEQ)

2008-08-19 发布 2009-05-01 实施

中华人民共和国国家质量监督检验检疫总局
中国国家标准化管理委员会 发布

前　言

本标准对应于 ISO 24450:2005《实验室玻璃仪器　广口烧瓶》，与 ISO 24450:2005 的一致性程度为非等效。

本标准与 ISO 24450:2005 的主要差异：

——增加了部分规格系列；

——增加了内表面耐水性、耐酸性、耐碱性、内应力和耐热冲击性能指标；

——增加了产品外观要求；

——增加了试验方法、检验规则及包装、运输和贮存。

本标准代替 GB/T 15725.3—1995《实验室玻璃仪器　广口烧瓶》。

本标准与 GB/T 15725.3—1995 相比主要变化是：增加了内表面耐水性能、耐酸性能（光谱测定法）、内应力双折射的光程差、耐热冲击温度和产品检验规则。

本标准的附录 A 为资料性附录。

本标准由中国轻工业联合会提出。

本标准由全国玻璃仪器标准化技术委员会(SAC/TC 178)归口。

本标准起草单位：北京玻璃仪器厂、国家轻工业玻璃产品质量监督检测中心。

本标准主要起草人：吴文玲、袁守菊、杜玉海、袁春梅。

本标准所代替标准的历次版本发布情况为：

——GB/T 15725.3—1995。

实验室玻璃仪器　广口烧瓶

1　范围

本标准规定了广口烧瓶的分类、结构类型、规格尺寸和结构设计、技术要求、试验方法、检验规则及标志、包装、运输和贮存。

本标准适用于实验室用玻璃广口烧瓶。

2　规范性引用文件

下列文件中的条款通过本标准的引用而成为本标准的条款。凡是注日期的引用文件，其随后所有的修改单(不包括勘误的内容)或修订版均不适用于本标准，然而，鼓励根据本标准达成协议的各方研究是否可使用这些文件的最新版本。凡是不注日期的引用文件，其最新版本适用于本标准。

GB/T 191　包装储运图示标志(GB/T 191—2008,ISO 780:1997,MOD)

GB/T 2828.1　计数抽样检验程序　第1部分:按接收质量限(AQL)检索的逐批检验抽样计划(GB/T 2828.1—2003,ISO 2859-1:1999,IDT)

GB/T 4548　玻璃容器内表面耐水侵蚀性能测试方法及分级(GB/T 4548—1995,eqv ISO 4802-1:1988)

GB/T 4548.2　玻璃容器内表面耐水侵蚀性能用火焰光谱法测定和分级(GB/T 4548.2—2003,ISO 4802-2:1988,IDT)

GB/T 6543　瓦楞纸箱

GB/T 6579　实验室玻璃仪器　热冲击试验方法(GB/T 6579—2007,ISO 718:1990,IDT)

GB/T 6580　玻璃耐沸腾混合碱水溶液浸蚀性的试验方法和分级(GB/T 6580—1997,eqv ISO 695:1991)

GB/T 6581　玻璃在100 ℃耐盐酸浸蚀性的火焰发射或原子吸收光谱法测定方法(GB/T 6581—2007,ISO 1776:1985,MOD)

GB/T 6582　玻璃在98 ℃耐水性的颗粒试验方法和分级(GB/T 6582—1997,eqv ISO 719:1985)

GB/T 15726　玻璃仪器内应力检验方法

GB/T 15728　玻璃耐沸腾盐酸浸蚀性的重量试验方法和分级

GB/T 16920　玻璃平均线热膨胀系数测定方法(GB/T 16920—1997,eqv ISO 7991:1987)

QB/T 2298　双线法测热膨胀系数

HG/T 3115　硼硅酸盐玻璃3.3的性能

3　分类

按广口烧瓶的结构类型和规格系列分类见表1。

表1　结构类型和规格系列

单位为毫升

结构类型	规格系列
广口锥型烧瓶	50,100,200,250,300,500,1000
广口圆底烧瓶	50,100,250,500,1000,2000,3000,5000,6000
广口平底烧瓶	50,100,250,500,1000,2000,3000,5000,6000

4 结构类型、规格尺寸和结构设计

4.1 广口锥型烧瓶

4.1.1 结构类型

广口锥型烧瓶结构类型见图1。

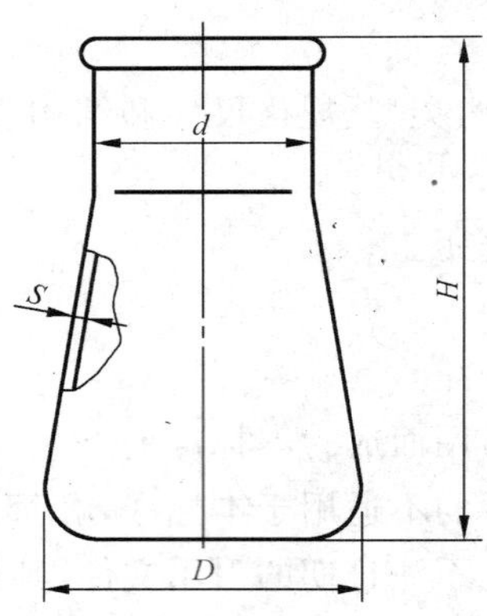

图1 广口锥型烧瓶

4.1.2 规格尺寸

广口锥型烧瓶的规格尺寸见表2。

表2 广口锥型烧瓶的规格尺寸

标称容量/mL	瓶身外径 D/mm	瓶颈外径 d/mm	全高 H/mm	最小壁厚 S/mm
50	51.0±1.0	34.0±1.0	85.0±3.0	0.8
100	64.0±1.5	34.0±1.5	110.0±3.0	0.8
200	79.0±2.0	50.0±2.0	131.0±3.0	0.9
250	85.0±2.0	50.0±2.0	140.0±3.0	0.9
300	87.0±2.0	50.0±2.0	156.0±4.0	0.9
500	105.0±2.0	50.0±2.0	175.0±4.0	0.9
1 000	131.0±3.0	50.0±2.0	220.0±4.0	1.3

4.2 广口圆底烧瓶和广口平底烧瓶

4.2.1 结构类型

广口圆底烧瓶结构类型见图2。

广口平底烧瓶结构类型见图3。

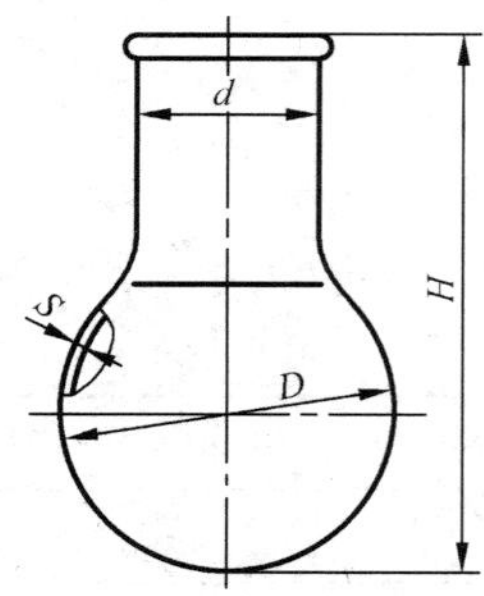

图2 广口圆底烧瓶

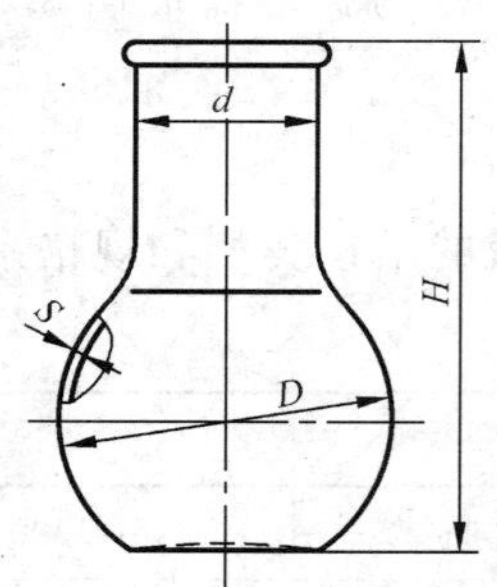

图3 广口平底烧瓶

4.2.2 规格尺寸

广口圆底烧瓶和广口平底烧杯的规格尺寸见表3。

表3 广口圆底烧瓶和广口平底烧瓶的规格尺寸

标称容量/mL	瓶球外径 D/mm	瓶颈外径 d/mm	全高 H/mm		最小壁厚 S/mm
			圆底	平底	
50	51.0±1.0	34.0±1.5	95.0±2.0	90.0±2.0	0.8
100	64.0±1.5	34.0±1.5	110.0±2.0	105.0±2.0	0.8
250	85.0±2.0	50.0±2.0	143.0±2.0	138.0±2.0	0.9
500	105.0±2.0	50.0±2.0	168.0±2.0	163.0±2.0	0.9
1 000	131.0±3.0	50.0±2.0	200.0±2.0	190.0±2.0	1.3
2 000	166.0±3.0	50.0±2.0	240.0±3.0	230.0±3.0	1.5
3 000	195.0±3.0	65.0±3.0	260.0±3.0	250.0±3.0	1.5
5 000	223.0±3.0	65.0±3.0	310.0±3.0	295.0±3.0	1.8
6 000	236.0±3.0	65.0±3.0	330.0±3.0	315.0±3.0	1.8

4.3 结构设计

4.3.1 稳定性

广口锥型烧瓶和广口平底烧瓶放在平台上时，应直立不摇晃、不转动。

4.3.2 颈

广口烧瓶的颈部同一截面应呈圆形。颈的口部不应呈锥形，并应适当提高强度。

4.3.3 锥型烧瓶的外壁与瓶底的过渡半径

锥型烧瓶的外壁与瓶底的过渡半径应是瓶身最大外径的15%～20%。

4.3.4 平底烧瓶的底部直径

平底烧瓶的底部直径约为最大直径的50%。

4.3.5 容量

烧瓶的标称容量从表3中标称容量系列值中选定，但不少于标称烧瓶颈下部的实际容量。

5 技术要求

5.1 材质

广口烧瓶应使用3.3硼硅酸盐玻璃制造，并符合HG/T 3115规定的要求。

5.2 理化性能

广口锥型烧瓶的理化性能应符合表4的要求。

表4 理化性能

理化性能	指标	
线热膨胀系数 a(20 ℃～300 ℃)	$(3.3\pm0.1)\times10^{-6}$ ℃$^{-1}$	
98 ℃颗粒耐水性	HGB1级	
内表面耐水性能	HC1级	
耐酸性能(重量法)	H_1 级	
耐酸性能(光谱测定法)	氧化钠浸出量≤100 μg/dm^2	
耐碱性能	A_2 级	
内应力	双折射的光程差≤180 nm/cm	
耐热冲击温度	≤400 mL	>400 mL
	180 ℃	150 ℃

5.3 外观要求

5.3.1 气泡

破皮气泡和薄皮气泡不应存在。直径≤0.8 mm能目测到的气泡，在20 mm×20 mm的面积内不应多于6个，且每处间距大于50 mm，每个产品上不应多于6处；直径>0.8 mm的气泡，不应超过表5的规定。

表5 气泡要求

规格/mL	底部[a]		壁部		累计数量/个
	气泡直径[b]/mm	数量/个	气泡直径[b]/mm	数量/个	
50～150	0.8～1.5	2	0.8～1.5	4	5
200～500	0.8～1.5	2	0.8～1.5	4	6
			1.6～3.0	1	
600～2 000	0.8～1.5	3	0.8～1.5	6	8
	1.6～3.0	2	1.6～6.0	1	
3 000～6 000	0.8～1.5	4	0.8～3.0	6	10
	1.6～3.0	2	3.1～6.0	2	

a 底部和壁部过渡区的弧形面以下。

b 气泡直径=(长+宽)÷2。

5.3.2 结石

直径≤0.5 mm能目测的结石，在10 mm×10 mm面积内不应多于1个，且每处间距大于50 mm，每个产品上总数不应超过6个。直径>0.5 mm的结石不应超过表6的规定。

表6 结石的要求

规格/mL	底　　部		壁　　部	
	结石长/mm	数量/个	结石长/mm	数量/个
50～150	≤0.5	1	≤1.0	1
200～500	≤0.5	1	≤1.5	2
600～2 000	≤0.8	1	≤2.0	2
3 000～6 000	≤1.5	1	≤3.0	3

5.3.3 节瘤

直径≤0.5 mm能目测到的节瘤，在10 mm×10 mm面积内不应多于2个，且每处间距大于50 mm，每个产品上总数不应超过6处；直径>0.5 mm的节瘤不应超过表7的规定。

表7 节瘤的要求

规格/mL	底　　部		壁　　部	
	节瘤长/mm	数量/个	节瘤长/mm	数量/个
50～150	0.5～1.5	1	0.5～1.5	1
200～500	0.5～1.5	1	0.5～1.5	2
600～2 000	0.5～2.0	1	0.5～2.0	2
3 000～6 000	0.5～3.0	1	0.5～3.0	2

5.3.4 条纹

不应有严重的条纹存在，必要时进行封样。

5.3.5 **划伤和擦伤**

5.3.5.1 不应有划伤存在。

5.3.5.2 擦伤的长度不应超过表8的规定。

表8 擦伤的要求

规格/mL	单个长度/mm	累计长度/mm
50～150	10	30
200～500	20	80
600～2 000	30	120
3 000～6 000	30	180

5.3.6 **铁锈和铁屑**

不应有明显的能目测的铁锈和铁屑存在。

6 试验方法

6.1 规格尺寸

用最小分度值为0.02 mm的游标卡尺、高度尺和测厚仪测量。

6.2 理化性能

6.2.1 **线热膨胀系数**

按GB/T 16920或QB/T 2298规定的试验方法进行。

6.2.2 **耐水性能**

按GB/T 6582规定的试验方法进行。

6.2.3 **内表面耐水性**

按GB/T 4548或GB/T 4548.2规定的试验方法进行。

6.2.4 **耐酸性能**

按GB/T 15728或GB/T 6581规定的试验方法进行。

6.2.5 **耐碱性能**

按GB/T 6580规定的试验方法进行。

6.2.6 **耐热冲击温度**

按GB/T 6579规定的试验方法进行。

6.3 内应力

按GB/T 15726规定的试验方法进行。

6.4 外观

用目测法。测量工具用最小分度值为0.02 mm的游标卡尺及10倍读数的放大镜。

7 检验规则

7.1 检验分类

产品检验分为出厂检验和型式检验。检验项目见表9。

表9 出厂检验和型式检验项目和要求

<table>
<tr><th>检验项目</th><th>本标准章条编号</th><th>本标准试验方法条款</th><th>出厂检验</th><th>型式检验</th></tr>
<tr><td>理化性能</td><td>5.2</td><td>6.2</td><td>—</td><td rowspan="4">抽检</td></tr>
<tr><td>内应力</td><td>5.2</td><td>6.3</td><td rowspan="3">抽检</td></tr>
<tr><td>外观要求</td><td>5.3</td><td>6.4</td></tr>
<tr><td>规格尺寸</td><td>第4章</td><td>6.1</td></tr>
</table>

7.2 出厂检验

7.2.1 抽样方案

采用 GB/T 2828.1 的正常检验一次抽样方案。检验水平和接收质量限(AQL)见表 10。

表 10 检验项目、检查水平和接收质量限

检验项目	检查水平(IL)	接收质量限(AQL)
理化性能	—	全部合格
耐热冲击	S-4	1.5
内应力		6.1
外观要求	Ⅱ	6.1
规格尺寸		

7.2.2 组批规则

同一时间所交付的同一品种规格的产品为一批。

7.2.3 检验实施和检验结果

检验项目、检查水平和接收质量限应符合表 10 规定。

由生产厂按表 9 的出厂检验项目进行抽样检验。经检验合格的批产品方可出厂,出厂时应附有合格证。经检验不合格的批,全数退回生产部门进行全数检验,剔除不合格品后可再次提交出厂检验。

7.3 型式检验

7.3.1 抽样方案

采用 GB/T 2828.1 的正常检验一次抽样方案。检验水平和接收质量限(AQL)见表 10。

7.3.2 检验实施和检验结果

检验项目、检查水平和接收质量限应符合表 10 规定。

由生产厂按表 9 的型式检验项目进行抽样检验。型式检验合格,其代表的产品出厂检验合格的批,可整批交付使用方。型式检验不合格,应停产分析原因并采取有效措施,直至型式检验合格后方可恢复生产。型式检验不合格周期生产的产品不得出厂,已出厂的产品应追回。

7.3.3 有下列情况之一时,进行型式检验:

a) 新产品或老产品转厂生产的试制定型鉴定;

b) 正式生产后,如结构、材料、工艺有较大改变,可能影响产品性能时;

c) 正常生产时,应每半年进行一次检验,型式检验每年至少进行一次;

d) 出厂检验结果与上次型式检验有较大差异时;

e) 国家质量监督机构提出进行型式检验的要求时。

8 标志、包装、运输和贮存

8.1 标志

8.1.1 产品标志

下列标志应耐久、清楚地标在每个烧瓶上:

a) 烧瓶的标称容量,如“100 mL”(或“100”);

b) 广口锥型烧瓶的近似容量分度表和刻度线,参见附录 A;

c) 制造厂商的名称或商标;

d) 每个烧瓶上有一块宜用铅笔作标记的记号面积。

8.1.2 包装箱标志

包装箱上应有以下标识:

a) 外包装应符合 GB/T 191 的有关规定;

b) 产品名称、规格数量、净重、毛重、体积；

c) 制造厂名、注册商标、生产日期；

d) 制造厂址、电话等。

8.1.3 合格证和说明书

每个包装箱中应有产品合格证和说明书。

8.2 包装

用瓦楞纸箱进行包装，并符合 GB/T 6543 的规定。

8.3 运输

本产品可用任何运输工具运输，装卸不应抛掷，运输要有防雨雪措施。

8.4 贮存

产品包装后应在室内保存，堆码高不宜超过十层，不应与强酸、强碱、氰化物等化学物质接触。

附　录　A
（资料性附录）
广口锥型烧瓶的容量分度表

广口锥型烧瓶的容量分度，见表A.1。

表A.1　广口锥型烧瓶的容量分度表

单位为毫升

规　　格	最低分度线	最高分度线
50	20	50
100	40	100
200	75	200
250	100	250
300	100	300
500	200	500
1 000	400	1 000

ICS 27.200
J 73

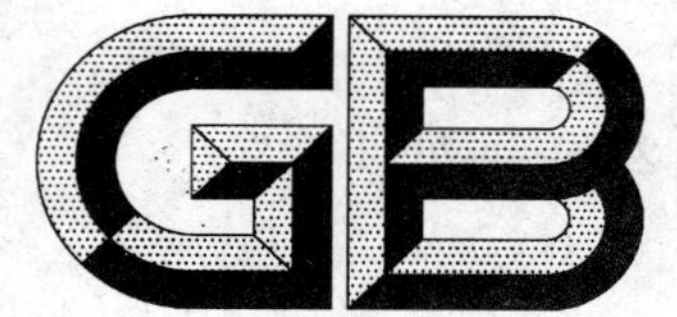

中华人民共和国国家标准

GB/T 22068—2008

汽车空调用电动压缩机总成

Automobile air conditioning electrically driven compressor assembly

2008-07-01 发布 2009-02-01 实施

中华人民共和国国家质量监督检验检疫总局
中国国家标准化管理委员会 发布

前　言

本标准由中国机械工业联合会提出。

本标准由全国冷冻空调设备标准化技术委员会(SAC/TC 238)和全国汽车标准化技术委员会归口。

本标准由全国冷冻空调设备标准化技术委员会负责解释。

本标准起草单位:上海三电贝洱汽车空调有限公司。

本标准主要起草人:钟民先、姚奕、何斌、樊灵、戴玉英、夏欣欣、王翔。

本标准为首次制定。

汽车空调用电动压缩机总成

1 范围

本标准规定了汽车空调用电动压缩机总成的术语和定义、型式与基本参数、要求、试验方法、检验规则、标志、包装、运输和贮存。

本标准适用于制冷剂为 HFC-134a、排量大于等于 10 cm^3/r 且小于等于 40 cm^3/r 的电动机驱动的涡旋式空调压缩机总成。

2 规范性引用文件

下列文件中的条款通过本标准的引用而成为本标准的条款。凡是注日期的引用文件，其随后所有的修改单(不包括勘误的内容)或修订版均不适用于本标准，然而，鼓励根据本标准达成协议的各方研究是否可使用这些文件的最新版本。凡是不注日期的引用文件，其最新版本适用于本标准。

GB/T 2423.17 电工电子产品环境试验 第2部分:试验方法 试验 Ka:盐雾(GB/T 2423.17—2008,IEC 60068-2-11:1981,IDT)

GB/T 2423.22—2002 电工电子产品环境试验 第2部分:试验方法 试验 N:温度变化(IEC 60068-2-14:1984, IDT)

GB/T 2423.34—2005 电工电子产品环境试验 第2部分:试验方法 试验 Z/AD:温度/湿度组合循环试验(IEC 60068-2-38:1974,IDT)

GB/T 4208—1993 外壳防护等级(IP代码)(eqv IEC 529:1989)

GB/T 5773—2004 容积式制冷剂压缩机性能试验方法(ISO 917:1989,MOD)

GB/T 17619—1998 机动车电子电器组件的电磁辐射抗扰性限值和测量方法

GB/T 18488.1—2006 电动汽车用电机及其控制器 第1部分:技术条件

GB/T 18488.2—2006 电动汽车用电机及其控制器 第2部分:试验方法

GB/T 18655—2002 用于保护车载接收机的无线电骚扰特性的限值和测量方法(idt IEC/CISPR 25:1995)

GB/T 19951—2005 道路车辆 静电放电产生的电骚扰试验方法(ISO 10605:2001, IDT)

JB/T 9617—1999 直流电机电枢绕组匝间绝缘试验规范

QC/T 413—2002 汽车电气设备基本技术条件

QC/T 660—2000 汽车空调(HFC-134a)用压缩机试验方法

ISO 7637-2:2004 道路车辆 来自传导和耦合的电气骚扰 第2部分:仅沿供电线路传输的瞬时电传导

ISO 7637-3:2007 道路车辆 来自传导和耦合的电气骚扰 第3部分:通过除供电线路之外的线路由电容耦合和电感耦合引起的瞬时电传输

3 术语和定义

下列术语和定义适用于本标准。

3.1

电动压缩机总成 electrically driven compressor assembly

电动压缩机总成包括电动压缩机部分和驱动控制器部分。分体式电动压缩机总成由上述两个部分分开独立安装使用；一体式电动压缩机总成由上述两个部分集成为一体。

3.2

电动压缩机部分　compressor with direct current motor assembly

电动压缩机部分是由涡旋式压缩机和电动机组成的全封闭式或半封闭式结构。

3.3

驱动控制器　inverter

驱动控制器与电动车主电源连接，是控制直流电源与压缩机电动机之间能量传输和转换的装置，它由外界控制信号接口电路、电动机控制电路和功率驱动电路以及保护电路组成。

3.4

能效比　energy efficiency ratio

能效比为电动压缩机总成制冷量与控制器的输入功率之比。

3.5

电源额定电压等级　voltage grade of power supply

电动压缩机总成由电源供电，电源额定电压等级为 36 V、42 V、48 V、120 V、144 V、168 V、192 V、216 V、240 V、264 V、288 V、312 V、336 V、360 V、384 V、408 V、540 V、600 V。

4　型式与基本参数

4.1　型式

电动压缩机总成按结构型式分为：

a)　一体式；

b)　分体式。

注：下述要求中未有特别注明的，则适用于上述两种形式的电动压缩机总成。

4.2　基本参数

电动压缩机总成的基本参数见表 1。

表 1　电动压缩机总成基本参数

部　件	项　目	数　值	
		A 类	B 类
电动压缩机部分	排量范围/(cm^3/r)	10～25	25～40
	最大允许瞬时转速/(r/min)	≥9 000	≥8 000
	连续允许转速/(r/min)	≥8 500	≥7 500
	最小允许转速/(r/min)	≤3 000	≤2 500
	使用制冷剂	HFC-134a	
	润滑油	根据用户要求	
	电动机额定电压/V	见 3.5 或根据用户要求	
驱动控制器	额定电压/V		
	频率/Hz	≥10 000	

注：A 类、B 类表示排量范围，分别代表排量为：10 cm^3/r≤ A<25 cm^3/r ；25 cm^3/r≤B≤40 cm^3/r。

5 要求

5.1 一般要求

电动压缩机总成应符合本标准的规定，并按经规定程序批准的图样和技术文件(或用户和制造厂的协议)制造。其外形和安装尺寸应符合产品图纸的规定，外表面不应有油污、锈蚀、锐边等缺陷，导线护套不得破裂。

5.2 能效比

按6.3方法试验，电动压缩机总成的能效比应符合表2的要求。

表2 电动压缩机总成的能效比

转速/(r/min)	3 000 ×(1±1%)	4 000 ×(1±1%)	6 000 ×(1±1%)
能效比	≥1.0	≥1.4	≥1.3

5.3 噪声

按6.4方法试验，电动压缩机总成的噪声值应符合表3的要求。

表3 电动压缩机总成的噪声限值

转速/(r/min)		3 000 ×(1±1%)	4 000 ×(1±1%)	6 000 ×(1±1%)
噪声值/dB(A)	A类	≤70	≤81	≤85
	B类	≤74	≤85	≤90

5.4 电动压缩机部分

5.4.1 清洁度

按6.5.1方法试验，电动压缩机内部杂质总量应小于40 mg。

5.4.2 含水率

电动压缩机装配后24 h内，按6.5.2方法试验，其内部的含水率不应超过$1\ 500\times10^{-6}$(1 500 ppm)。

5.4.3 密封性

按6.5.3方法试验，电动压缩机的总泄漏量不应超过15 g/年。

5.4.4 耐压性

5.4.4.1 高压侧耐压性

按6.5.4.1方法试验时，电动压缩机的高压侧应无损坏或泄漏。

5.4.4.2 低压侧耐压性

按6.5.4.2方法试验时，电动压缩机的低压侧应无损坏或泄漏。

5.4.5 电动机定子绕组冷态直流电阻

按6.5.5方法试验，电动机定子绕组冷态直流相电阻应符合具体产品的规定。

5.4.6 电动机定子绕组匝间绝缘

按6.5.6方法试验，电动机定子绕组匝间绝缘应符合GB/T 18488.1—2006中5.6的规定。

5.4.7 电动机定子绕组对外壳的绝缘电阻

按6.5.7方法试验：

a) 清空电动压缩机内部的冷冻机油后，电动机定子绕组对外壳的绝缘电阻应大于50 MΩ。

b) 向电动压缩机内充入50 cm^3±1 cm^3的冷冻机油和63 g±1 g的HFC-134a制冷剂后，电动机定子绕组对外壳的绝缘电阻应大于20 MΩ。

5.4.8 电动机定子绕组对外壳的耐电压

按6.5.8方法试验，电动机定子绕组对外壳的绝缘应能承受表4规定的试验电压，绝缘应无击穿、闪络和飞弧，漏电流应符合表 4 的规定。

表 4 试验电压与漏电流

<table>
<tr><th>额定电压 U_N/V</th><th>试验电压(有效值)/V</th><th>电源功率/kVA</th><th>电源功率/Hz</th><th>电压持续时间/s</th><th>漏电流/mA</th></tr>
<tr><td>≤60</td><td>500</td><td rowspan="5">1</td><td rowspan="5">50～60
正弦波</td><td rowspan="5">60</td><td>≤5</td></tr>
<tr><td>>60～125</td><td>1 000</td><td rowspan="2">≤10</td></tr>
<tr><td>>125～250</td><td>1 500</td></tr>
<tr><td>>250～500</td><td>2 000</td><td>≤20</td></tr>
<tr><td>>500</td><td>1 000＋$2U_N$</td><td>≤25</td></tr>
</table>

5.4.9 外壳防护等级

电动压缩机的防护等级为 IP54。按 6.5.9 方法试验后复测电动机定子绕组对外壳的绝缘电阻，应符合 5.4.7 的规定；复测电动压缩机耐电压，应符合 5.4.8 规定的要求。

5.4.10 电动机的空载转速和电流

按 6.5.10 方法试验，电动机最高转速和电流应符合具体产品的规定。

5.4.11 电动机的负载特性

按 6.5.11 方法试验，电动机转速和扭矩的特性曲线、电流和扭矩的特性曲线、效率和扭矩的特性曲线应符合具体产品的规定。

5.4.12 耐振动性

按 6.5.12 方法试验后，电动压缩机应符合以下要求：

a） 压缩机内部各面不应出现裂纹和损坏，螺栓不应有松动和损坏；

b） 按 6.5.3 方法试验，电动压缩机的总泄漏量不应超过 15 g/年；

c） 电动机定子绕组对外壳绝缘电阻试验应符合 5.4.7 的规定；

d） 耐电压试验应符合 5.4.8 的规定；

e） 按 6.3 规定的 4 000 r/min 工况复测，电动压缩机总成的制冷量不应低于试验前测试值的 90%，能效比不应低于试验前测试值的 82%。

5.4.13 热循环

按 6.5.13 方法试验后，电动压缩机应符合以下要求：

a） 按 6.5.3 方法试验，电动压缩机的总泄漏量不应超过 15 g/年；

b） 电动机定子绕组对外壳绝缘电阻试验应符合 5.4.7 的规定；

c） 耐电压试验应符合 5.4.8 的规定；

d） 按 6.3 规定的 4 000 r/min 工况复测，电动压缩机总成的制冷量不应低于试验前测试值的 90%，能效比不应低于试验前测试值的 82%。

5.4.14 交变湿热

按 6.5.14 方法试验后，电动压缩机应符合以下要求：

a） 在交变湿热试验的最后一周期的低温高湿阶段，保持温度为 25 ℃±3 ℃、相对湿度为 95%～98%的条件 5 h 后，在该环境下按 6.5.7 方法试验，电动机定子绕组对外壳的热态绝缘电阻应大于 1 MΩ；

b） 电动机定子绕组对外壳绝缘电阻试验应符合 5.4.7 的规定；

c） 耐电压试验应符合 5.4.8 的规定；

d） 电动压缩机应能正常工作。

5.4.15 耐腐蚀性

按 6.5.15 方法试验后，电动压缩机经表面防腐处理的零件表面不应有大于 10% 面积的红锈、气泡、蠕变、粘着及功能丧失，电动压缩机应能正常工作。

5.5 驱动控制器部分

5.5.1 机械强度

按 6.6.1 方法试验，驱动控制器壳体应能承受 10 cm×10 cm 的面积上施加的 20 kg 重力，而不发生明显的塑性变形。

5.5.2 绝缘电阻

按 6.6.2 方法试验，驱动控制器绝缘电阻应大于 20 MΩ。

5.5.3 耐电压

按 6.6.3 方法试验，驱动控制器应无击穿、闪络或飞弧。

5.5.4 外壳防护等级

驱动控制器的防护等级为 IP54，按 6.6.4 方法试验（一体式按 6.5.9 规定的方法和电动压缩机部分一起试验）后，复测驱动控制器的绝缘电阻应符合 5.5.2 的规定，复测驱动控制器的耐电压，应符合 5.5.3 的规定。

5.5.5 耐振动性

按 6.6.5 方法试验（一体式按 6.5.12 规定的方法和电动压缩机部分一起试验）后，驱动控制器应符合以下要求：

a) 螺栓不应有松动或损坏，内部接线不得断裂，元器件不应松动；

b) 绝缘电阻应符合 5.5.2 的规定，耐电压应符合 5.5.3 的规定；

c) 驱动控制器应能正常工作。

5.5.6 热循环

按 6.6.6 方法试验（一体式按 6.5.13 规定的方法和电动压缩机部分一起试验）后，驱动控制器应符合以下要求：

a) 绝缘电阻应符合 5.5.2 的规定；

b) 耐电压应符合 5.5.3 的规定；

c) 驱动控制器应能正常工作。

5.5.7 交变湿热

按 6.6.7 方法试验（一体式按 6.5.14 规定的方法和电动压缩机部分一起试验）后，驱动控制器应符合以下要求：

a) 绝缘电阻应符合 5.5.2 的规定；

b) 耐电压应符合 5.5.3 的规定；

c) 驱动控制器应能正常工作。

5.5.8 耐腐蚀性

按 6.6.8 方法试验（一体式按 6.5.15 规定的方法和电动压缩机部分一起试验）后，驱动控制器经表面防腐处理的零件表面不应有大于 10% 面积的红锈、气泡、蠕变、粘着及功能丧失，驱动控制器应能正常工作。

5.5.9 温升

按 6.6.9 方法试验，驱动控制器各部位的温升应符合 GB/T 18488.1—2006 中 5.4 规定的限值要求。

5.6 耐久性

按6.7方法试验时，电动压缩机总成应无异常，试验后电动压缩机总成应符合以下要求：

a) 外部各面不应出现裂纹和损坏，螺栓不应有松动和损坏；

b) 按6.5.3方法试验，电动压缩机的总泄漏量不应超过15 g/年；

c) 电动机定子绕组对外壳绝缘电阻试验应符合5.4.7的规定；

d) 耐电压试验应符合5.4.8的规定；

e) 按6.3规定的4 000 r/min工况复测，电动压缩机总成的制冷量不应低于试验前测试值的90%，能效比不应低于试验前测试值的82%。

5.7 电磁兼容性

5.7.1 电磁抗扰性

5.7.1.1 电磁辐射抗扰性

按6.8.1.1方法试验，在GB/T 17619—1998中第4章规定的抗扰性限值下，电动压缩机总成在正常使用条件下应能正常工作。

5.7.1.2 电瞬变传导抗扰性

按6.8.1.2方法试验，在ISO 7637-2:2004和ISO 7637-3:2007中规定的脉冲种类和Ⅲ级抗扰性限值下，电动压缩机总成在正常使用条件下应能正常工作。

5.7.1.3 静电放电抗扰性

按6.8.1.3方法试验，在GB/T 19951—2005中表B.1规定的Ⅲ级抗扰性限值下，电动压缩机总成在正常使用条件下应能正常工作。

5.7.2 电磁骚扰性

5.7.2.1 传导骚扰性

按6.8.2.1方法试验，电动压缩机总成在正常使用条件下工作产生的传导骚扰应符合GB/T 18655—2002中第12章规定的零部件传导骚扰限值的要求。

5.7.2.2 辐射骚扰性

按6.8.2.2方法试验，电动压缩机总成在正常使用条件下工作产生的辐射骚扰应符合GB/T 18655—2002中第14和16章规定的零部件辐射骚扰限值的要求。

6 试验方法

6.1 一般要求

除有特殊规定外，试验应在下述条件下进行，所用仪器仪表及准确度应符合QC/T 660—2000中3.4的规定：

a) 环境温度为15 ℃～35 ℃；

b) 相对湿度为10%～75%；

c) 大气压强为86 kPa～106 kPa。

6.2 外观

电动压缩机总成外形尺寸用通用或专用量具检测，外观质量和标志用目测法检测。

6.3 能效比

电动压缩机总成按GB/T 5773—2004中规定的方法和记录要求试验，仪表准确度按GB/T 5773—2004中4.4的要求，试验工况见表5。

表 5 试验工况

压缩机转速/(r/min)	电压/V	排气压力/MPa	吸气压力/MPa	过热度/℃	过冷度/℃
3 000×(1±1%)	U_N×(1±5%)	1.70±0.02	0.196±0.005	10±1	0.0±0.5
4 000×(1±1%)					
6 000×(1±1%)					
注:U_N 为额定电压。					

6.4 噪声

在消声室或隔音室内,按 QC/T 660—2000 中 4.2 规定的方法测量电动压缩机总成的噪声,噪声传感器安装在压缩机正上方 15 cm 处,试验工况见表 6,仪表的准确度按 GB/T 5773—2004 中 4.4 的要求,数据应在工况稳定后采集。

表 6 噪声试验工况

转速/(r/min)	电压/V	排气压力/MPa	吸气压力/MPa
3 000×(1±1%)	U_N×(1±5%)	1.70±0.02	0.196±0.005
4 000×(1±1%)			
6 000×(1±1%)			
注:U_N 为额定电压。			

6.5 电动压缩机部分

6.5.1 清洁度

按 QC/T 660—2000 中附录 A 规定的方法测试,用乙二醇溶剂油注入电动压缩机内,采用 8 μm 的过滤纸过滤残余杂质,烘干滤纸后测量,以过滤纸的重量差来确定残余杂质的量。

6.5.2 含水率

采用水分测量仪按 QC/T 660—2000 中 4.8 规定的方法(电量滴定法)测定。含水率按式(1)计算:

$$A = (B/C) \times 10^6 \qquad (1)$$

式中:

A——含水率,10^{-6}(ppm);

B——油中水分质量,单位为克(g);

C——润滑油质量,单位为克(g)。

6.5.3 密封性

倒出电动压缩机内润滑油后,通过吸排气口向电动压缩机内充入 HFC-134a,并采用氮气升压达到 1.5 MPa 后,用高压气体吹除充气处及其他部位上的残余气体 2 min 后,采用测量准确度小于 1×10^{-6} atm. cm^3/s内的电子式制冷剂检漏仪来测定和记录电动压缩机的泄漏量。

6.5.4 耐压性

6.5.4.1 高压侧耐压性

将电动压缩机的汽缸体固定在压力测量夹具上,使其高压部分处于密封状态,将液压泵压力口与汽缸体排气口相连接,利用液压泵向汽缸体内充油逐步升压,当液压泵的压力表指示值达到 8.3 MPa 时,检查汽缸体高压部分。

6.5.4.2 低压侧耐压性

倒出电动压缩机内润滑油后,将其吸气口和液压泵压力口连接,利用液压泵向电动压缩机内充油逐步升压，当液压泵的压力表指示值达到 5.2 MPa 时，检查电动压缩机低压部分。

6.5.5 电动机定子绕组冷态直流电阻

在电动机的转子静止不动时，按 GB/T 18488.2—2006 中 4.1.2 规定的方法测量电动机定子绕组每个出线端间的电阻，并计算出电动机各相的冷态电阻值。

6.5.6 电动机定子绕组匝间绝缘

按 JB/T 9617—1999 中 6.2 规定的方法测试，采用波形比较法判别匝间短路。

6.5.7 电动机定子绕组对外壳的绝缘电阻

采用兆欧表或专用绝缘电阻测量仪测量电动压缩机的电动机定子绕组每个出线端对外壳的绝缘电阻，根据被测定子绕组的额定电压选择兆欧表或专用绝缘电阻测量仪的电压值，应符合表 7 规定。绝缘电阻测量后，被测定子绕组应对地充分放电。

表 7 定子绕组测定电压值

单位为伏

额定电压值	兆欧表的电压值
≤250	250
>250～500	500
>500～1 000	1 000

6.5.8 电动机定子绕组对外壳的耐电压

电动压缩机的电动机定子绕组对外壳的耐电压试验按 GB/T 18488.2—2006 中 4.5.3 规定的方法进行，试验时应先将定子绕组三相线出线端互相短接，根据被测定子绕组的额定电压选择符合表 4 规定的试验电压，测量电压的有效值不应超过规定值的±5%。

试验不应重复进行。如用户提出要求，允许在安装后开始运行前进行一次试验，其试验电压值应不超过表 4 规定电压的 80%。

6.5.9 外壳防护等级

将电动压缩机安装于与实际工作状态相似的工装中，按 GB/T 4208—1993 中第 11、12 和 13 章规定的方法测试。

6.5.10 电动机的空载转速和电流

试验时，将驱动控制器和电动机部件连接后安装在电机性能测试台（测功机）上，给驱动控制器施加额定电压，将测功机转鼓输出扭矩设定为零，测试其最高空载转速和电流值。

6.5.11 电动机的负载特性

将驱动控制器和电动机部件连接后安装在电机性能测试台（测功机）上，按 GB/T 18488.2—2006 中 7.2.1 规定的方法和记录要求测试，给驱动控制器施加额定电压，测试电动机转速和扭矩的特性曲线、电流和扭矩的特性曲线、效率和扭矩的特性曲线。

6.5.12 耐振动性

向电动压缩机内充入 50 cm^3±1 cm^3 的冷冻机油和 63 g±1 g 的 HFC-134a 后，将电动压缩机安装于与实际工作状态相似的工装中，将工装安装在振动试验台的平台上，工装和电动压缩机的重心应在振动的中心轴上。按表 8 工况进行振动试验。

表 8 电动压缩机振动试验工况

试验持续时间/h	频率/Hz	加速度 g_n	振动方向
20	200	30	横向
			纵向
			垂直

6.5.13 热循环

倒出电动压缩机的润滑油后，进行抽真空，然后在电动压缩机内充注 63 g±1 g 的 HFC-134a，放入高、低温箱中，按 GB/T 2423.22—2002 规定的方法进行试验，试验工况如下：

第一步：在－40 ℃低温下放置 72 h；

第二步：在 120 ℃高温下放置 24 h 后，再在－40 ℃低温下放置 24 h，此为一个循环，共 12 个循环；

第三步：在 120 ℃高温下放置 72 h。

试验过程中由高温向低温转化，或由低温向高温的转化过程应小于 2 h，试验循环共计 720 h。

6.5.14 交变湿热

HFC-134a 放入恒温恒湿箱中，按 GB/T 2423.34—2005 规定的方法在－10 ℃～65 ℃之间进行 10 个循环的温度/湿度组合循环试验，每个循环为 24 h，在每个循环周期中的温度和湿度的变化情况如 GB/T 2423.34—2005 中图 2a)所示。

6.5.15 耐腐蚀性

将电动压缩机放入盐雾箱中，按 GB/T 2423.17 规定的方法试验，试验时间为 96 h。

6.6 驱动控制器部分试验

6.6.1 机械强度

将 10 cm×10 cm 面积大小、重 20 kg 的重物放置在驱动控制器外壳上，检查驱动控制器外壳的变形情况。

6.6.2 驱动控制器绝缘电阻

采用兆欧表或专用绝缘电阻测量仪测量驱动控制器各出线端对外壳的绝缘电阻，试验时驱动控制器内的电源开关和接触器应置于接通状态，对于不能承受兆欧表高压冲击的电器元件(如浪涌抑制器、半导体元件及电容器等)应将其短接或断开。

试验时应考虑以下情况：

a) 对于电路接地的驱动控制器，试验前应将所有接地点的连接断开。

b) 主电路和控制电路共用同一个参考地时，检查测试点为主电路的电源输入端。试验时将电源输入端子短接后测试。

c) 主电路和控制电路不共用同一个参考地时，检查测试点包括主电路的电源输入端和控制信号端。试验时将电源输入端子、控制信号端子分别短接后测试。

d) 驱动控制器的三相输出端应互相短接后测试。

根据被测线路的额定电压选择兆欧表或专用绝缘电阻测量仪的电压值，应符合表 7 规定。绝缘电阻测量后，被测线路应对地充分放电。

6.6.3 耐电压

驱动控制器按 GB/T 18488.2—2006 中 4.5.5 规定的方法进行耐电压试验，试验时驱动控制器内的电源开关和接触器应置于接通状态，对于不能承受兆欧表高压冲击的电器元件(如浪涌抑制器、半导体元件及电容器等)应将其短接或断开。

试验时应考虑以下情况：

a) 对于电路接地的驱动控制器，试验前应将所有接地点的连接断开。

b) 主电路和控制电路共用同一个参考地时，检查测试点为主电路的电源输入端，试验时将电源输入端子短接后试验。

c) 主电路和控制电路不共用同一个参考地时，检查测试点包括主电路的电源输入端和控制信号端。试验时将电源输入端子、控制信号端子分别短接后试验。

d) 驱动控制器的三相输出端应互相短接后测试。

根据被测线路额定电压选择符合表4规定的试验电压，试验电压的有效值不应超过规定值的±5%。

试验不重复进行。如用户提出要求，允许在安装之后开始运行之前进行一次试验，其试验电压值不应超过表4规定电压的80%。

6.6.4 外壳防护等级

将驱动控制器安装于与实际工作状态相似的工装中，按GB/T 4208—1993中第11、12和13章规定的方法试验。

6.6.5 耐振动性

将驱动控制器安装于与实际工作状态相似的工装中，将工装安装在振动试验台的平台上，工装和驱动控制器的重心应在振动的中心轴上，按表9工况进行振动试验。

表9 驱动控制器振动试验工况

<table>
<tr><th>试验持续时间/h</th><th>频率/Hz</th><th>加速度 g_n</th><th>振动方向</th></tr>
<tr><td rowspan="2">2</td><td rowspan="3">33</td><td rowspan="3">4.4</td><td>横向</td></tr>
<tr><td>纵向</td></tr>
<tr><td>4</td><td>垂直</td></tr>
</table>

6.6.6 热循环

将驱动控制器放入高、低温箱中，按GB/T 2423.22—2002规定的方法进行试验，试验工况如下：

第一步：在−40 ℃低温下放置72 h；

第二步：在120 ℃高温下放置24 h后，再在−40 ℃低温下放置24 h，此为一个循环，共12个循环；

第三步：在120 ℃高温下放置72 h。

试验过程中由高温向低温转化，或由低温向高温的转化过程应小于2 h，试验循环共计720 h。

6.6.7 交变湿热

将驱动控制器放入恒温恒湿箱中，按GB/T 2423.34—2005规定的方法在−10 ℃～65 ℃之间进行10个循环的温度/湿度组合循环试验，每个循环为24 h，在每个循环周期中的温度和湿度的变化情况如GB/T 2423.34—2005中图2a)所示。

6.6.8 耐腐蚀性

将驱动控制器放入盐雾箱中，按GB/T 2423.17规定的方法试验，试验时间为96 h。

6.6.9 温升

在电动压缩机总成按6.3规定的方法进行性能试验过程中，同时按QC/T 413—2002中4.3规定的方法测试驱动控制器各部位的温升。

6.7 耐久性

将电动压缩机总成安装在压缩机耐久性试验台上，按QC/T 660—2000中4.5规定的方法试验，试验工况见表10。

6.8 电磁兼容性

6.8.1 电磁抗扰性

6.8.1.1 电磁辐射抗扰性

电动压缩机总成电磁辐射抗扰性按GB/T 17619—1998中第9章规定的方法进行试验。建议采用自由场法、TEM小室法和大电流注入法，或按与用户协商双方认可的方法进行试验。

6.8.1.2 电瞬变传导抗扰性

电动压缩机总成电瞬变传导抗扰性按ISO 7637-2:2004和ISO 7637-3:2007规定的方法或按与用户协商双方认可的方法进行试验。

表 10　驱动控制器耐久性试验工况

<table>
<tr><th rowspan="2">运行时间/h</th><th colspan="2">转速/(r/min)</th><th rowspan="2">电压/V</th><th rowspan="2">排气压力/MPa</th><th rowspan="2">吸气压力/MPa</th><th rowspan="2">蒸发器空气入口温度/℃</th><th rowspan="2">驱动控制器环境温度/℃</th></tr>
<tr><th>A类</th><th>B类</th></tr>
<tr><td rowspan="2">250</td><td>3 000×(1±5%)</td><td>2 500×(1±5%)</td><td rowspan="3">U_N×(1±5)%</td><td>2.500±0.035</td><td>0.350±0.005</td><td rowspan="5">40.6±0.6</td><td rowspan="5">60</td></tr>
<tr><td>8 500×(1±5%)</td><td>7 500×(1±5%)</td><td rowspan="4">1.700±0.035</td><td rowspan="4">0.180±0.005</td></tr>
<tr><td>300</td><td rowspan="3">3 000×(1±5%)~8 500×(1±5%)转速循环试验[a]</td><td rowspan="3">2 500×(1±5%)~7 500×(1±5%)转速循环试验[b]</td></tr>
<tr><td rowspan="2">50</td><td>U_N×0.8×(1±5%)</td></tr>
<tr><td>U_N×1.2×(1±5%)</td></tr>
</table>

[a] 转速循环试验工况：

1) 在 30 s 内从 0 r/min 升到 3 000 r/min，3 000 r/min 持续 1 min，

2) 在 15 s 内从 3 000 r/min 升到 4 000 r/min，4 000 r/min 持续 1 min，

3) 在 15 s 内从 4 000 r/min 升到 5 000 r/min，5 000 r/min 持续 1 min，

4) 在 15 s 内从 5 000 r/min 升到 6 000 r/min，6 000 r/min 持续 1 min，

5) 在 15 s 内从 6 000 r/min 升到 7 000 r/min，7 000r/min 持续 1 min，

6) 在 20 s 内从 7 000 r/min 升到 8 500 r/min，8 500r/min 持续 3 min，

7) 在 30 s 内从 8 500 r/min 降到 0 r/min，停留 30 s 再返回到 1)，依此循环。

[b] 转速循环试验工况：

1) 在 30 s 内从 0 r/min 升到 2 500 r/min，2 500 r/min 持续 1 min，

2)在 15 s 内从 2 500 r/min 升到 3 500 r/min，3 500 r/min 持续 1 min，

3) 在 15 s 内从 3 500 r/min 升到 4 500 r/min，4 500 r/min 持续 1 min，

4) 在 15 s 内从 4 500 r/min 升到 5 500 r/min，5 500 r/min 持续 1 min，

5) 在 15 s 内从 5 500 r/min 升到 6 500 r/min，6 500 r/min 持续 1 min，

6) 在 20 s 内从 6 500 r/min 升到 7 500 r/min，7 500 r/min 持续 1 min，

7) 在 30 s 内从 7 500 r/min 降到 0 r/min，停留 30 s 再返回到 1)，依此循环。

注 1：A 类、B 类划分参见第 4 章的规定。

注 2：U_N 为额定电压。

6.8.1.3　静电放电抗扰性

电动压缩机总成静电放电抗扰性按 GB/T 19951—2005 中第 5 章规定的方法进行试验。

6.8.2　电磁骚扰性

6.8.2.1　传导骚扰性

电动压缩机总成传导骚扰性按 GB/T 18655—2002 中第 11 章规定的方法进行试验。

6.8.2.2　辐射骚扰性

电动压缩机总成辐射骚扰性按 GB/T 18655—2002 中第 13 章和第 15 章规定的方法进行试验。

7　检验规则

7.1　出厂检验

7.1.1　每台压缩机总成应经制造厂质保部门检验合格并附有产品合格证方能出厂。

7.1.2　电动压缩机总成出厂检验项目、技术要求和试验方法按表 11 的规定。

表 11　检验项目、技术要求和试验方法

<table>
<tr><th>序号</th><th>项　　目</th><th>技术要求</th><th>试验方法</th><th>出厂检验</th><th>抽样检验</th><th>型式检验</th></tr>
<tr><td colspan="7">电动压缩机总成</td></tr>
<tr><td>1</td><td>外观</td><td>5.1</td><td>6.2</td><td>√</td><td>—</td><td rowspan="9">√</td></tr>
<tr><td>2</td><td>能效比</td><td>5.2</td><td>6.3</td><td rowspan="8">—</td><td rowspan="2">√</td></tr>
<tr><td>3</td><td>噪声</td><td>5.3</td><td>6.4</td></tr>
<tr><td>4</td><td>耐久性</td><td>5.6</td><td>6.7</td><td rowspan="6">—</td></tr>
<tr><td>5</td><td>电磁辐射抗扰性</td><td>5.7.1.1</td><td>6.8.1.1</td></tr>
<tr><td>6</td><td>电瞬变传导抗扰性</td><td>5.7.1.2</td><td>6.8.1.2</td></tr>
<tr><td>7</td><td>静电放电抗扰性</td><td>5.7.1.3</td><td>6.8.1.3</td></tr>
<tr><td>8</td><td>传导骚扰性</td><td>5.7.2.1</td><td>6.8.2.1</td></tr>
<tr><td>9</td><td>辐射骚扰性</td><td>5.7.2.2</td><td>6.8.2.2</td></tr>
<tr><td colspan="7">电动压缩机部分</td></tr>
<tr><td>10</td><td>清洁度</td><td>5.4.1</td><td>6.5.1</td><td rowspan="2">—</td><td rowspan="2">√</td><td rowspan="15">√</td></tr>
<tr><td>11</td><td>含水率</td><td>5.4.2</td><td>6.5.2</td></tr>
<tr><td>12</td><td>密封性</td><td>5.4.3</td><td>6.5.3</td><td>√</td><td>—</td></tr>
<tr><td>13</td><td>耐压性</td><td>5.4.4</td><td>6.5.4</td><td>—</td><td>√</td></tr>
<tr><td>14</td><td>电动机定子绕组冷态直流电阻</td><td>5.4.5</td><td>6.5.5</td><td rowspan="3">√</td><td rowspan="3">—</td></tr>
<tr><td>15</td><td>电动机定子绕组的匝间绝缘</td><td>5.4.6</td><td>6.5.6</td></tr>
<tr><td>16</td><td>电动机定子绕组对外壳的绝缘电阻</td><td>5.4.7</td><td>6.5.7</td></tr>
<tr><td>17</td><td>电动机定子绕组对外壳的耐电压</td><td>5.4.8</td><td>6.5.8</td><td rowspan="8">—</td><td>√</td></tr>
<tr><td>18</td><td>外壳防护等级</td><td>5.4.9</td><td>6.5.9</td><td rowspan="7">—</td></tr>
<tr><td>19</td><td>电动机的空载转速和电流</td><td>5.4.10</td><td>6.5.10</td></tr>
<tr><td>20</td><td>电动机的负载特性</td><td>5.4.11</td><td>6.5.11</td></tr>
<tr><td>21</td><td>耐振动性</td><td>5.4.12</td><td>6.5.12</td></tr>
<tr><td>22</td><td>热循环</td><td>5.4.13</td><td>6.5.13</td></tr>
<tr><td>23</td><td>交变湿热</td><td>5.4.14</td><td>6.5.14</td></tr>
<tr><td>24</td><td>耐腐蚀性</td><td>5.4.15</td><td>6.5.15</td></tr>
<tr><td colspan="7">驱动控制器部分</td></tr>
<tr><td>25</td><td>机械强度</td><td>5.5.1</td><td>6.6.1</td><td>—</td><td rowspan="2">—</td><td rowspan="9">√</td></tr>
<tr><td>26</td><td>驱动控制器绝缘电阻</td><td>5.5.2</td><td>6.6.2</td><td>√</td></tr>
<tr><td>27</td><td>驱动控制器耐电压</td><td>5.5.3</td><td>6.6.3</td><td rowspan="7">—</td><td>√</td></tr>
<tr><td>28</td><td>外壳防护等级</td><td>5.5.4</td><td>6.6.4</td><td rowspan="5">—</td></tr>
<tr><td>29</td><td>耐振动性</td><td>5.5.5</td><td>6.6.5</td></tr>
<tr><td>30</td><td>热循环</td><td>5.5.6</td><td>6.6.6</td></tr>
<tr><td>31</td><td>交变湿热</td><td>5.5.7</td><td>6.6.7</td></tr>
<tr><td>32</td><td>耐腐蚀性</td><td>5.5.8</td><td>6.6.8</td></tr>
<tr><td>33</td><td>温升试验</td><td>5.5.9</td><td>6.6.9</td><td>√</td></tr>
<tr><td colspan="7">注：“√”为应检项目，“—”为不检项目。</td></tr>
</table>

7.2 **抽样检验**

7.2.1 在出厂检验合格的电动压缩机总成中按制造厂规定的抽样方法和要求的抽样数量抽样。

7.2.2 抽样检验的检验项目、技术要求和试验方法按表11的规定。

7.2.3 如抽检不合格时，应以双倍数量重新检验。如仍有一台不合格，该批产品应逐台检验。

7.3 **型式检验**

7.3.1 凡有下列情况之一，应进行型式检验：

a) 新产品鉴定；

b) 电动压缩机总成每三年做一次型式检验，如年产量达10万台以上时，压缩机总成改为每两年做型式检验；

c) 当电动压缩机总成停产一年以上，重新开始生产时；

d) 当电动压缩机总成结构、材料、工艺或场地有重大改变，可能影响产品性能时；

e) 出厂检验结果与上次型式检验有较大差异；

f) 国家质量监督机构提出进行型式检验要求。

7.3.2 型式检验项目、技术要求、试验方法按表11的规定。

8 标志、包装、运输和贮存

8.1 **标志**

8.1.1 电动压缩机总成应在明显的位置上设置永久性铭牌，铭牌上应标明以下内容：

a) 产品系列号和型号；

b) 产品代号；

c) 制冷剂和润滑油；

d) 制造厂商；

e) 生产批号。

8.1.2 产品合格证上应标注产品的执行标准编号。

8.2 **包装**

产品包装应保证在正常运输条件下不致于损坏，包装箱规格、尺寸和材料应符合出厂包装设计图样及包装技术条件。需方对产品包装有特殊要求时，可由供需双方协商确定。

8.3 **运输和贮存**

8.3.1 产品在运输和贮存时不得互相撞击、受潮和活性化学物品的侵蚀，并注意堆放方向应符合包装箱上标志。

8.3.2 电动压缩机总成在符合以上的运输、储存条件下，自出厂日起一年内不能锈蚀，外表涂层不得起泡、剥落。

ICS 27.200
J 73

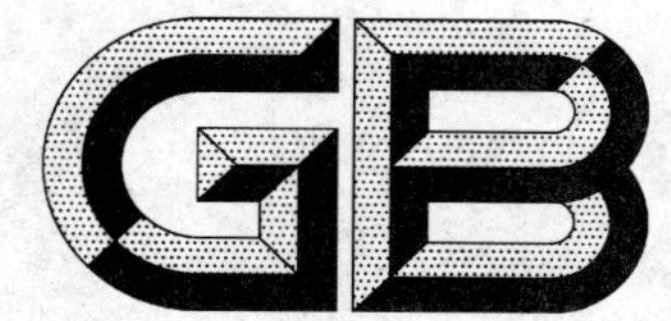

中华人民共和国国家标准

GB/T 22069—2008

燃气发动机驱动空调（热泵）机组

Gas engine driven air-condition (heat pump) unit

2008-07-01 发布　　2009-02-01 实施

中华人民共和国国家质量监督检验检疫总局
中国国家标准化管理委员会　发布

前　言

本标准的附录 A、附录 B、附录 C、附录 D、附录 E、附录 F 为规范性附录。

本标准由中国机械工业联合会提出。

本标准由全国冷冻空调设备标准化技术委员会(SAC/TC 238)归口。

本标准由全国冷冻空调设备标准化技术委员会解释。

本标准起草单位:大连三洋制冷有限公司、大金空调(上海)有限公司、合肥通用机械研究院。

本标准主要起草人:董素霞、糜华、李建华、史剑春、岳海兵。

燃气发动机驱动空调(热泵)机组

1 范围

本标准规定了一种以创造室内舒适性环境为目的、通过燃气发动机驱动制冷压缩机的空调(热泵)机组(以下简称"机组")的术语和定义、型式与基本参数、技术要求、试验、检验规则、标志、包装、运输和贮存等。

本标准适用于名义制冷量不大于 85 kW 的燃气发动机驱动空调(热泵)机组,但不含以下机组:

a) 采用水冷冷凝器的机组;

b) 制热时采用电加热或辅助电加热的机组;

c) 可同时制冷制热的机组;

d) 燃气使用除天然气与液化石油气之外的机组;

e) 其他特殊用途的机组。

2 规范性引用文件

下列文件中的条款通过本标准的引用而成为本标准的条款。凡是注日期的引用文件,其随后所有的修改单(不包括勘误的内容)或修订版均不适用于本标准,然而,鼓励根据本标准达成协议的各方研究是否可使用这些文件的最新版本。凡是不注日期的引用文件,其最新版本适用于本标准。

GB/T 191 包装储运图示标志(GB/T 191—2008,ISO 780:1997,MOD)

GB/T 6388 运输包装收发货标志

GB 11174—1997 液化石油气(neq ASTM D 1835:1991)

GB/T 13306 标牌

GB/T 17758—1999 单元式空气调节机

GB 17820—1999 天然气

JB/T 7249 制冷设备术语

JB 8655—1997 单元式空气调节机 安全要求

3 术语和定义

JB/T 7249 确立的以及下列术语和定义适用于本标准。

3.1

燃气发动机驱动空调(热泵)机组 gas engine driven air-condition (heat pump) unit

一种以创造室内舒适性环境为目的、通过燃气发动机驱动制冷压缩机的空调(热泵)机组。

3.2 制冷性能及制热性能相关用语

3.2.1

消耗燃气热量 gas consumption

机组运行时所消耗的燃气总热量,为燃气流量(Nm^3/h)×低位热值(MJ/Nm^3)×1/3.6 的乘积得到的值,单位:kW。

3.2.2

名义制冷量 rating cooling capacity

机组以额定能力,在名义制冷工况和规定条件下长期稳定制冷运行时,单位时间内从密闭空间、房间或区域内除去的热量总和,单位:kW。

3.2.3

名义制冷消耗燃气热量 rating cooling gas consumption

机组以额定能力,在名义制冷工况和规定条件下长期稳定制冷运行时的燃气消耗量,单位:kW。

3.2.4

名义制冷消耗功率 rating cooling power consumption

机组以额定能力,在名义制冷工况和规定条件下长期稳定制冷运行时消耗的电功率,单位:kW。

3.2.5

中间制冷量 middle cooling capacity

机组以发挥名义制冷量的1/2能力,在名义制冷工况和规定条件下长期稳定制冷运行时,单位时间内从密闭空间、房间或区域内除去的热量总和,单位:kW。

注:中间制冷量在名义制冷量50%±5%的范围内。但是,机组最小能力超过名义制冷量的55%时,以机组最小能力为中间制冷量。

3.2.6

中间制冷消耗燃气热量 middle cooling gas consumption

机组以发挥名义制冷量的1/2能力,在名义制冷工况和规定条件下长期稳定制冷运行时的消耗燃气热量,单位:kW。

注:机组的最小能力超过名义制冷量的55%时,以机组最小能力运行时的消耗燃气热量为中间制冷消耗燃气热量。

3.2.7

名义制热量 rating heating capacity

机组以额定能力,在名义制热工况和规定条件下长期稳定制热运行时,单位时间内送入密闭空间、房间或区域内的热量总和,单位:kW。

3.2.8

名义制热消耗燃气热量 rating heating gas consumption

机组以额定能力,在名义制热工况和规定条件下长期稳定制热运行时的消耗燃气热量,单位:kW。

3.2.9

名义制热消耗功率 rating heating power consumption

机组以额定能力,在名义制热工况和规定条件下长期稳定制热运行时消耗的电功率,单位:kW。

3.2.10

中间制热量 middle heating capacity

机组以发挥名义制热量的1/2能力,在名义制热工况和规定条件下长期稳定制热运行时,单位时间内送入密闭空间、房间或区域内的热量总和,单位:kW。

注:中间制热量在名义制热量50%±5%的范围内。但是,机组最小能力超过名义制热量的55%时,以机组最小能力为中间制热量。

3.2.11

中间制热消耗燃气热量 middle heating gas consumption

机组以发挥名义制热量的1/2能力,在名义制热工况和规定条件下长期稳定制热运行时的消耗燃气热量,单位:kW。

注:机组的最小能力超过名义制热量的55%时,以机组最小能力运行时的消耗燃气热量为中间制热消耗燃气热量。

3.2.12

低温制热量 rating low temperature heating capacity

机组以额定低温制热能力,在低温制热工况和规定条件下长期稳定制热运行时,单位时间内送入密闭空间、房间或区域内的热量总和,单位:kW。

3.2.13

低温制热消耗燃气热量 rating low temperature heating gas consumption

机组以额定低温制热能力,在低温制热工况和规定条件下长期稳定制热运行时的消耗燃气热量,单位:kW。

3.2.14

低温制热消耗功率 rating low temperature power consumption

机组以额定低温制热能力,在低温制热工况和规定条件下长期稳定制热运行时消耗的电功率,单位:kW。

3.2.15

超低温制热量 rating extra-low temperature heating capacity

机组以额定超低温制热能力,在超低温制热工况和规定条件下长期稳定制热运行时,单位时间内送入密闭空间、房间或区域内的热量总和,单位:kW。

3.2.16

全年性能系数(APF) annual performance factor

机组在制冷及制热季节从室内空气中除去的总热量及加入室内空气中的总热量之和与全年耗能的比值,单位:kW/kW。

注:全年性能系数(APF)以南京地区为代表城市、以办公建筑为代表建筑类型,其他城市及建筑类型参照执行。

3.3

氮氧化物12点状态值(NO_x12) NO_x density twelve point state value

按附录E规定的NO_x浓度试验,测量从机组排出烟气中的NO_x浓度值(制冷、制热各6点),并进行年模拟运转后计算的年平均浓度值。

4 型式与基本参数

4.1 型式

4.1.1 按室内机送风型式分为:

a) 直接吹出型;

b) 风管连接型。

4.1.2 按使用的燃料种类分为:

a) 天然气型;

b) 液化石油气型。

4.1.3 按使用气候环境分为:

a) 一般地区型:夏热冬冷区、夏热冬暖区、温暖地区;

b) 寒冷地区型:寒冷地区、严寒地区。

4.1.4 型号

机组型号的编制方法,可由制造商自行编制,但型号中应体现名义工况下机组的制冷量。

4.2 基本参数

4.2.1 机组的电源为额定电压单相220 V或三相380 V交流电,额定频率50 Hz。

4.2.2 机组在−20 ℃~43 ℃温度范围内应能正常工作。

4.2.3 机组的制冷和制热试验工况参数按表1的规定。

表 1 试验工况

单位为摄氏度

试验条件		室内侧入口空气状态		室外侧入口空气状态	
		干球温度	湿球温度	干球温度	湿球温度
制冷试验	名义制冷	27	19	35	—
	最大运行	32	23	43	
	低温制冷	21	15	21	
	室内机凝露及凝结水排除	27	24	27	
制热试验	名义制热	20	15	7	6
	低温制热			2	1
	超低温制热			−8.5	−9.5
	最大运行	27	—	24	18
	自动融霜	20	15(最高)以下[a]	2	1
[a] 适用于湿球温度影响室内侧换热的装置。					

4.2.4 机组使用的燃气条件按表 2 的规定。

表 2 燃气的种类和压力

燃气种类		燃气标准	燃气压力/kPa		
			最高压力	标准压力	最低压力
液化石油气	19Y	GB 11174	3.3	2.8	2.0
	20Y				
	22Y				
天然气	13T	GB 17820	2.5	2.0	1.0
	12T				
	10T				
	6T		2.2	1.5	0.7
	4T		2.0	1.0	0.5
注：燃气种类、成分、热值、压力及其他参数以用户和制造商的协议为准。					

4.2.5 现场不接风管的机组，机外静压为 0 Pa；接风管的机组应标注机外静压。

5 要求

5.1 一般要求

机组应符合本标准的要求，并应按规定程序批准的图样和技术文件制造。

5.2 材料

5.2.1 一般要求

5.2.1.1 机组制冷系统零部件的材料在制冷剂、润滑油及其混合物的作用下，不产生劣化且保证机组正常工作。

5.2.1.2 发动机应具有充分的减振措施，减振材料要经久耐用。

5.2.2 燃气管路

a) 金属材料应为耐腐蚀性材料，或在材料表面进行防腐蚀处理；

b) 橡胶软管材质应能满足燃气压力及成分的要求；

c) 金属挠性软管必须满足强度和密封性要求；

d) 减压阀下游承受负压的燃气管路，应使用充分耐负压的材料。

5.2.3 排气管路

a) 金属材料应为耐腐蚀性材料，或者在材料表面进行防腐蚀处理；

b) 非金属材料应为耐排气腐蚀及耐凝结水腐蚀的材料；

c) 应为充分耐高温的材料。

5.2.4 保温材料等

机组的保温材料、吸音材料等应无毒、无异味且为难燃材料。

5.3 结构

5.3.1 燃气连接口及燃气截止阀

a) 燃气连接口应从机组外部露出或处于外部容易看到的位置，采用螺纹连接。

b) 燃气管路上应串联安装2个或2个以上的燃气截止阀，各燃气截止阀功能独立。发动机停止时各燃气截止阀应全部关闭。

5.3.2 燃气管路

a) 承受负压部分的燃气管路应具有足够的强度。发动机在运转时关闭燃气阀，从关闭燃气阀到发动机停止运转期间，燃气管路各部分应无异常变形。

b) 使用内径2 mm以下的铜管时，内表面应进行镀锡等表面处理。

5.3.3 排气管路

a) 应充分抗振，并便于凝结水排出；

b) 排气口应有防止直径16 mm的钢球和鸟等进入的结构。

5.3.4 吸气箱

a) 开口部分应有防止直径16 mm的钢球和鸟等进入的结构；

b) 吸气箱的外罩板应可拆装。

5.3.5 发动机

a) 发动机启动电机应有防止过热的功能。

b) 发动机点火装置应有在点火过程产生的电磁波不干扰其他设备的结构。

c) 发动机应有保护装置。当发动机转速超过制造商规定的转速或发动机油减少到制造商规定的状态或发动机冷却水(防冻液)超过制造商规定的温度时，应具有发动机停止、燃气管路自动关闭的功能。

5.4 安全要求

机组的安全要求应符合JB 8655—1997的规定。

5.5 性能要求

5.5.1 制冷系统密封性

按6.3.1试验时，制冷系统各部分不应有制冷剂泄漏。

5.5.2 运转

按6.3.2试验时，所测消耗燃气热量、运转电流、进出风温度等参数应符合设计要求。

5.5.3 制冷性能

5.5.3.1 名义制冷性能

a) 名义制冷

按6.3.3.1试验时，各实测值应满足表3的规定。

表 3　名义制冷

制冷量	燃气消耗热量	消耗功率
不应小于名义制冷量的 95%	不应大于名义制冷燃气消耗热量的 110%	不应大于名义制冷消耗功率的 110%

b)　中间制冷

按 6.3.3.1 试验时，各实测值应满足表 4 的规定。

表 4　中间制冷

制冷量	燃气消耗热量
不应小于名义中间制冷量的 95%	不应大于名义中间制冷燃气消耗热量的 110%

5.5.3.2　**最大运行**

按 6.3.3.2 试验时，应满足以下条件：

a)　机组各部件不应损坏，机组应能正常运行。

b)　机组在最大运行制冷期间，发动机不应停止或过载保护器不应跳开。

c)　当机组停机 3 min 后，再启动连续运行 1 h，但在启动运行的最初 5 min 内允许发动机停止或过载保护器跳开，其后不允许；在运行的最初 5 min 内过载保护器不复位时，在停机不超过 30 min 复位的，应连续运行 1 h。

5.5.3.3　**低温制冷**

按 6.3.3.3a)试验时，机组启动 10 min 后，在进行 4 h 运行中，安全保护装置不应跳开，蒸发器的迎风面表面凝结的冰霜面积不应大于蒸发器迎风面积的 50%。

按 6.3.3.3b)试验时，室内机不应有冰掉落、水滴滴下或吹出。

5.5.3.4　**室内机凝露**

按 6.3.3.4 试验时，室内机箱体外表面不应有凝露滴下，室内送风不应带有水滴。

5.5.3.5　**室内机凝结水排除**

按 6.3.3.5 试验时，室内机应具有凝结水排除的能力，不应有水从室内机中溢出或吹出。

5.5.4　**制热性能**

5.5.4.1　**名义制热性能**

a)　名义制热

按 6.3.4.1 试验时，各实测值应满足表 5 的规定。

表 5　名义制热

制热量	燃气消耗热量	消耗功率
不应小于名义制热量的 95%	不应大于名义制热燃气消耗热量的 110%	不应大于名义制热消耗功率的 110%

b)　中间制热

按 6.3.4.1 试验时，各实测值应满足表 6 的规定。

表 6　中间制热

制热量	燃气消耗热量
不应小于名义中间制热量的 95%	不应大于名义中间制热燃气消耗热量的 110%

5.5.4.2　**低温制热**

按 6.3.4.2 试验时，各实测值应满足表 7 的规定。

表 7 低温制热

制热量	消耗燃气热量	消耗功率
不应小于名义低温制热量的 95%	不应大于名义低温制热消耗燃气热量的 110%	不应大于名义低温制热消耗功率的 110%

5.5.4.3 超低温制热

按 6.3.4.3 试验时，超低温制热量的实测值不应小于名义超低温制热量的 95%。

5.5.4.4 最大运行

按 6.3.4.4 方法试验时，应满足以下条件：

a) 机组各部件不应损坏，机组应能正常运行。

b) 机组在最大运行制热期间，发动机不应停止或过载保护器不应跳开。

c) 当机组停机 3 min 后，再启动连续运行 1 h，但在启动运行的最初 5 min 内允许发动机停止或过载保护器跳开，其后不允许；在运行的最初 5 min 内过载保护器不复位时，在停机不超过 30 min 复位的，应连续运行 1 h。

5.5.4.5 自动融霜

按 6.3.4.5 试验时，在融霜周期中室内机的送风温度低于 18 ℃的持续时间不应超过 1 min。

5.5.5 发热

按 6.3.5 试验时，制冷及制热运转时各部位的温度应符合 JB 8655—1997 中第 8 章的规定，且满足以下要求：

a) 燃气通过的燃气截止阀及减压阀的外表面温度应低于 85 ℃；

b) 排烟温度应低于 260 ℃。

5.5.6 防水

按 6.3.6 试验时，除应符合 JB 8655—1997 中第 11 章的规定，还应满足以下要求：

a) 无发动机停止等异常；

b) 试验结束后进行 3 次运转操作，每次启动应无异常，且在发动机启动、运转及停止时不应出现回火。

5.5.7 噪声

按 6.3.7 试验时，室内机与室外机的噪声值不应超过表 8 与表 9 的规定，且不大于明示值+3 dB(A)。

表 8 室内机噪声上限值(声压级)

单位为分贝

名义制冷量/kW	室内机	
	不接风管	接风管
≤2.5	40	42
>2.5～4.5	43	45
>4.5～7.0	50	52
>7.0～14.0	57	59
>14.0～28.0	63	65
>28.0～50.0	67	69
>50.0～80.0	69	71
>80.0～85.0	72	74

表 9　室外机噪声上限值(声压级)

单位为分贝

名义制冷量/kW	室外机
≤4.0	55
>4.0~10.0	60
>10.0~16.0	65
>16.0~85.0	68
注：机组在全消声室测试的噪声值应注明“在全消声室测试”的字样，其符合性判定以半消声室测试为准。	

5.5.8　**发动机性能**

5.5.8.1　**发动机启动**

按 6.3.8 试验时，3 次运转操作中应全部 1 次点火启动，且在发动机启动、运转及停止时不应出现回火。

5.5.8.2　**理论干燥烟气中的 CO 体积浓度**

按 6.3.9 试验时，理论干燥烟气中的 CO 体积浓度不应大于 0.28%。

5.5.8.3　**氮氧化物浓度 12 点状态值(NO_x12)**

按 6.3.10 试验时，氮氧化物浓度 12 点状态值(NO_x12)不应大于 150×10^{-6}(150 ppm)。

5.5.9　**燃气管路的气密性**

按 6.3.11 试验时，应满足以下要求：

a)　机组在停止状态下，通过燃气截止阀的内部泄漏量不应大于 0.07 L/h；

b)　从燃气连接口到发动机入口的管路应无泄漏。

5.5.10　**全年性能系数(APF)**

按 6.3.12 试验时，应满足如下要求：

a)　名义制冷量小于等于 28 kW 的机组，全年性能系数 APF 不应低于 1.10 kW/kW，且不小于明示值的 95%。

b)　名义制冷量大于 28 kW 的机组，全年性能系数 APF 不应低于 1.15 kW/kW，且不小于明示值的 95%。

6　试验方法

6.1　试验条件

6.1.1　机组制冷量和制热量的试验装置见 GB/T 17758—1999 的附录 A。

6.1.2　试验工况见表 1，按相应工况进行试验。

6.1.3　测量仪表的一般规定

试验用仪表应经法定计量检验部门检定合格，并在有效期内。

6.1.4　仪器仪表的型式及准确度

试验用仪器仪表的型式及准确度应满足表 10 的规定。

表 10　仪器仪表的型式及准确度

类　别	型　式	准　确　度
温度测量仪表	水银玻璃温度计、电阻温度计、热电偶	空气温度：　±0.1 ℃ 水温：　±0.1 ℃ 制冷剂温度：　±1.0 ℃
流量测量仪表	记录式、指示式、积算式	测量流量的　±1.0%

表 10（续）

类别	型式	准确度
制冷剂压力测量仪表	压力表、变送器	测量压力的 ±2.0%
空气压力测量仪表	气压表、气压变送器	风管静压：±2.45 Pa
电量测量仪表	指示式	0.5 级精度
	积算式	1.0 级精度
质量测量仪表	天平、台秤、磅秤	测量质量的±1.0%
转速仪表	机械式、电子式	测量转速的±1.0%
气压测量仪表(大气压力)	气压表、气压变送器	大气压力读数的±0.1%
时间测量仪表	秒表	测量经过时间的±0.2%
噪声测量仪表	声级计	Ⅰ型或Ⅰ型以上
燃料测量仪表	燃气量热器、燃弹式量热器、气相测谱仪	±0.5%
烟气分析仪表	红外线式、氧化锆式、磁气式、电池式气体分析仪，烟浓度计，化学、电化学方法	>1%时，相对误差±2% 0.04%～1%时，相对误差±5% <0.04%时，绝对误差±0.002%
燃气压力测量仪表	水柱压力计、电子压力计、弹簧管压力表、膜片压力计	±1.0%

6.1.5 机组进行制冷试验和制热试验(名义制热、最大运行)时，试验工况参数的读数允差应符合表 11 的规定。

表 11 制冷试验和制热试验工况参数的读数允差 单位为摄氏度

项目	室内侧入口空气状态		室外侧入口空气状态	
	干球温度	湿球温度	干球温度	湿球温度
最大变动幅度	±1.0	±0.5	±1.0	±0.5
平均变动幅度	±0.3	±0.2	±0.3	±0.2

6.1.6 机组进行低温制热、超低温制热和自动融霜试验时，试验工况参数的读数允差应符合表 12 的规定。

表 12 低温制热、超低温制热和融霜试验工况参数的读数允差 单位为摄氏度

项目	室内侧空气状态		室外侧空气状态			
	干球温度		干球温度		湿球温度	
	低温及超低温制热	自动融霜	低温及超低温制热	自动融霜	低温及超低温制热	自动融霜
最大变动幅度	±2.0	±2.5	±2.0	±2.0	±1.0	±2.5
平均变动幅度	±0.5	±1.5	±0.5	±0.5	±0.3	±1.0

6.2 试验要求

6.2.1 机组所有试验应按铭牌上的额定电压、额定频率、燃气种类及压力进行。

6.2.2 机组应在规定的风量条件下试验，试验时应连接所有辅助元件(包括进风百叶、管路及附件)，且符合制造商安装要求。

6.2.3 试验应按图 1 或图 2 的方式和要求连接室内机和室外机。室内机可根据机组名义制冷量的大

小，按室外机配置室内机的最少台数配置室内机的数量(但至少2台)，同时，这些被试室内机的名义制冷量之和应等于被试机组的名义制冷量(配置率100%)。

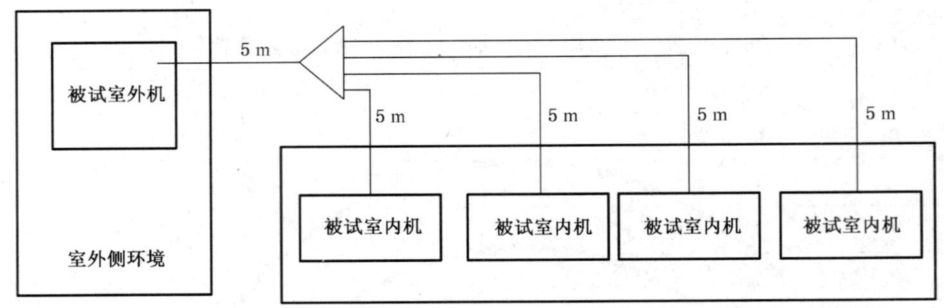

图 1

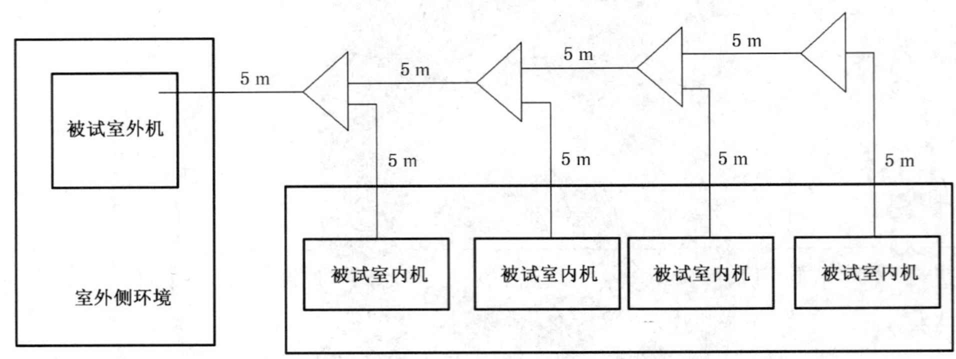

图 2

6.2.4 室内机与室外机之间的连接配管

室内机按图1或图2与室外机连接，其中分配器前、后的连接配管长度为5 m或按制造商规定，分配器的形式不限。配管的口径、隔热、安装、抽真空及制冷剂填充等应按制造商的说明书要求进行。

6.2.5 试验用燃气

试验用燃气的种类应按制造商指定的种类。若制造商没有指定，则从表2中任选一种。试验气体的压力见表2，如果制造商没有指定，则为标准压力。

6.3 试验方法

6.3.1 制冷系统密封性能

机组的制冷系统在制造商指定种类和数量的制冷剂充填状态下，制冷量小于等于28 kW的机组，用灵敏度为1×10^{-6} Pa·m^3/s的制冷剂检漏仪进行检验；制冷量大于28 kW的机组，用灵敏度为1×10^{-5} Pa·m^3/s的制冷剂检漏仪进行检验。

6.3.2 运转

机组在接近名义制冷工况条件下运行，分别测量机组的消耗燃气热量、运转电流和进出风温度。检查安全保护装置的灵敏度和可靠性，检验温度、电器等控制元件的动作是否正常。

6.3.3 制冷

6.3.3.1 名义制冷性能

名义制冷量试验在4.2.3规定的名义制冷工况和规定条件下，按GB/T 17758—1999附录A方法进行。机组以发挥名义制冷能力，连续稳定运行1 h后进行测量。在测量机组名义制冷量的同时测量机组的名义制冷消耗功率和按附录B测量机组的名义制冷消耗燃气热量。

中间制冷量试验在4.2.3规定的名义制冷工况和规定的条件下，按GB/T 17758—1999附录A方法进行。机组以发挥中间制冷能力，连续稳定运行1 h后进行测量。在测量机组中间制冷量的同时按附录B测量中间制冷消耗燃气热量。

6.3.3.2 **最大运行**

在额定频率和额定电压下，按表1规定的制冷最大运行工况稳定后连续运行1 h；然后停机3 min（此间电压上升不超过3%），再启动运行1 h。

6.3.3.3 **低温制冷**

在不违反制造商规定的情况下，将机组的温度控制器、风机转速、风门和导向隔栅调到最易使蒸发器结冰和结霜的状态，达到表1规定的制冷低温试验工况后进行下列试验。

a) 空气流通试验：空调机启动并运行4 h；

b) 滴水试验：将被试室内机回风口遮住完全阻止空气流通后运行6 h，使蒸发器盘管风路被霜完全阻塞，停机后除去遮盖物至冰霜完全融化，再使风机以最高转速运转5 min。

6.3.3.4 **室内机凝露**

在不违反制造商规定情况下，将被试室内机的温度控制器、风机转速、风门和导向隔栅调到最易凝水状态进行制冷运行，达到表1规定的室内机凝露工况后，连续运行4 h。

6.3.3.5 **室内机凝结水排除**

在不违反制造商规定情况下，将被试室内机的温度控制器、风机转速、风门和导向隔栅调到最易凝水状态，在接水盘注满水即达到排水口流水后，按表1规定的室内机凝结水排除工况运行，当接水盘的水位稳定后，再连续运行4 h。

6.3.4 **制热**

6.3.4.1 **名义制热性能**

名义制热量试验在4.2.3规定的名义制热工况和规定条件下，按GB/T 17758—1999附录A方法进行。机组以发挥名义制热能力，连续稳定运行1 h后进行测量。在测量机组名义制热量的同时测量机组的名义制热消耗功率和按附录B测量机组的名义制热消耗燃气热量。

中间制热量试验在4.2.3规定的名义制热工况和规定的条件下，按GB/T 17758—1999附录A方法进行。机组以发挥中间制热能力，连续稳定运行1 h后进行测量。在测量机组中间制热量的同时按附录B测量中间制热消耗燃气热量。

6.3.4.2 **低温制热**

低温制热量试验在4.2.3规定的低温制热工况和规定条件下，按GB/T 17758—1999附录A方法进行。机组以发挥低温制热能力，连续稳定运行1 h后进行测量。在测量机组低温制热量的同时测量机组的低温制热消耗功率和按附录B测量机组的低温制热消耗燃气热量。

6.3.4.3 **超低温制热**

超低温制热量试验在4.2.3规定的超低温制热工况和规定条件下，按GB/T 17758—1999附录A方法进行。机组以发挥超低温制热能力，连续稳定运行1 h后进行测量。

6.3.4.4 **最大运行**

在额定频率和额定电压下，按表1规定的制热最大运行工况稳定后连续运行1 h；然后停机3 min（此间电压上升不超过3%），再启动运行1 h。

6.3.4.5 **自动融霜**

将装有自动融霜装置的机组的温度控制器、风扇转速（室内机高速、室外机低速）、风门和导向格栅调到最易使室外侧换热器结霜的状态。按表1规定的自动融霜试验工况运行稳定后，连续运行两个完整的融霜周期或连续运行3 h（试验总时间从首次融霜周期结束时开始），3 h后首次出现融霜周期结束为止，应取其长者。

注：机组运行稳定后，若连续运行3 h，室内侧及室外侧吹出空气温度的最大变动幅度在±1.0 ℃范围内，则判定为室外换热器无霜。

6.3.5 发热

机组按 JB 8655—1997 中第 8 章进行发热试验。

6.3.6 防水性能

机组按 JB 8655—1997 中第 11 章进行防水试验。

6.3.7 噪声

在额定频率和额定电压下，按 GB/T 17758—1999 附录 B 测定室内机及室外机噪声。

6.3.8 发动机启动

发动机启动试验按附录 C 进行。

6.3.9 理论干燥烟气中的 CO 体积浓度

理论干燥烟气中的 CO 体积浓度按附录 D 进行测定。

6.3.10 氮氧化物浓度 12 点状态值(NO_x12)

氮氧化物浓度 12 点状态值(NO_x12)按附录 E 进行测定。

注：CO 浓度试验与 NO_x12 浓度试验可同时进行。

6.3.11 燃气管路气密性

燃气管路气密性按附录 F 进行试验。

6.3.12 全年性能系数(APF)

按 4.2.3 规定的工况条件，根据附录 A 的试验和计算方法得出机组全年性能系数。

7 检验规则

7.1 出厂检验

每台机组均应做出厂检验，检验项目按表 13 的规定。

7.2 抽样检验

7.2.1 机组应从出厂检验合格的产品中抽样，检验项目和试验方法按表 10 的规定。

7.2.2 抽样方法按同一型号的产品每 100 台抽取 1 台(不足 100 台按 100 台计)进行，逐批检验的抽检项目、批量、抽样方案、检查水平及质量合格水平等由制造商质检部门自行决定。

7.3 型式检验

7.3.1 新产品或定型产品作重大改进，第一台产品应做型式检验，检验项目按表 13 的规定。

7.3.2 型式试验时间不应少于试验方法中规定的时间，运行时如有故障，在故障排除后应重新试验。

表 13 检验项目

<table>
<tr><th>序号</th><th>项　　目</th><th>出厂检验</th><th>抽样检验</th><th>型式检验</th><th>技术要求</th><th>试验方法</th></tr>
<tr><td>1</td><td>一般要求</td><td rowspan="11">△</td><td rowspan="11">△</td><td rowspan="11">△</td><td>5.1</td><td rowspan="3">视检</td></tr>
<tr><td>2</td><td>标志</td><td>8.1</td></tr>
<tr><td>3</td><td>包装</td><td>8.2</td></tr>
<tr><td>4</td><td>绝缘电阻</td><td rowspan="5">JB 8655</td><td rowspan="5">JB 8655</td></tr>
<tr><td>5</td><td>介电强度</td></tr>
<tr><td>6</td><td>泄漏电流</td></tr>
<tr><td>7</td><td>接地电阻</td></tr>
<tr><td>8</td><td>防触电保护</td></tr>
<tr><td>9</td><td>制冷系统密封性</td><td>5.5.1</td><td>6.3.1</td></tr>
<tr><td>10</td><td>运转</td><td>5.5.2</td><td>6.3.2</td></tr>
<tr><td>11</td><td>燃气管路气密性</td><td>5.5.9</td><td>6.3.11</td></tr>
</table>

表 13（续）

序号	项　　目	出厂检验	抽样检验	型式检验	技术要求	试验方法
12	制冷量	—	△	△	5.5.3.1	6.3.3.1
13	制冷消耗燃气热量					
14	制冷消耗功率					
15	中间制冷量					
16	中间制冷消耗燃气热量					
17	制热量				5.5.4.1	6.3.4.1
18	制热消耗燃气热量					
19	制热消耗功率					
20	中间制热量					
22	中间制热消耗燃气热量					
23	噪声				5.5.7	6.3.7
24	全年性能系数(APF)				5.5.10	6.3.12
25	发热				5.5.5	6.3.5
26	防水				5.5.6	6.3.6
27	低温制热量		—		5.5.4.2	6.3.4.2
28	低温制热消耗燃气热量					
29	低温制热消耗功率					
30	超低温制热量				5.5.4.3	6.3.4.3
31	制冷最大运行性能				5.5.3.2	6.3.3.2
32	制热最大运行性能				5.5.4.4	6.3.4.4
33	低温制冷				5.5.3.3	6.3.3.3
34	自动融霜				5.5.4.5	6.3.4.5
35	室内机凝露及凝结水排出性能				5.5.3.4 5.5.3.5	6.3.3.4 6.3.3.5
36	发动机启动性能				5.5.8.1	6.3.8
37	理论干燥烟气中的CO体积浓度				5.5.8.2	6.3.9
38	氮氧化物浓度12点状态值 NO_x12				5.5.8.3	6.3.10

注：“△”为需检项目；“—”为不检项目。

8　标志、包装、运输和贮存

8.1　标志

8.1.1　机组应在明显位置上设置永久性铭牌，铭牌应符合 GB/T 13306 的规定。铭牌上应标示下列内容：

a)　制造商的名称、商标；

b)　产品型号和名称；

c) 主要技术性能参数:名义制冷量、名义制热量、燃气种类、制冷消耗燃气热量、制热消耗燃气热量、电压、相数、频率、电流、制冷消耗功率、制热消耗功率、全年性能系数、制冷剂名称及充注量、外形尺寸、质量等;

d) 产品出厂编号;

e) 制造年月。

8.1.2 机组上应有标明运行状态的标志、明显的接地标志、简单的电路图。

8.1.3 机组包装上应有下列内容:

a) 制造单位名称;

b) 产品型号和名称;

c) 净质量、毛质量;

d) 外形尺寸;

e) “小心轻放”、“向上”等,有关包装、储运标志、包装标志应符合 GB/T 6388 和 GB/T 191 的有关规定。

8.1.4 应在相应的地方(如铭牌、产品说明书等)标注产品执行标准编号。

8.2 包装

8.2.1 机组在包装前应进行清洁处理。制冷量小于 4 kW 的机组应充注额定量制冷剂;制冷量大于或等于 4 kW 的机组可充入额定量的制冷剂,也可充入干燥氮气,氮气压力可控制在 0.03 MPa~0.1 MPa(表压)的范围内。各部件应清洁、干燥,易锈件应涂防锈剂。

8.2.2 机组应外套塑料袋或防潮纸,并有效固定,以免运输中受潮和发生机械损伤。

8.2.3 应随机附出厂文件。

8.2.3.1 产品合格证,其内容包括:

a) 产品名称和型号;

b) 产品出厂编号;

c) 检验结论;

d) 检验员签字和印章;

e) 检验日期。

8.2.3.2 使用说明书,其内容包括:

a) 产品型号和名称、适用范围、执行标准、名义工况下的技术参数和噪声及其他主要技术参数等;

b) 产品的结构示意图、制冷系统图、电路图及接线图;

c) 安装说明和要求;

d) 使用说明及使用注意事项;

e) 日常检查、清扫及定期检查注意事项;

f) 故障、异常时的辨别方法及其处理方法等。

8.2.3.3 装箱单

8.2.4 随机出厂文件应防潮密封,并放在合适的位置。

8.3 运输和贮存

8.3.1 机组在运输和贮存过程中不应碰撞、倾斜、雨雪淋袭。

8.3.2 产品应贮存在干燥和通风良好的仓库中。

附 录 A
（规范性附录）
季节能源消耗的试验和计算

A.1 适用范围

本附录规定了机组季节能源消耗的试验和计算方法。

A.2 术语和定义

A.2.1

制冷燃气性能系数　cooling gas performance factor

制冷量除以制冷消耗燃气热量，单位：kW/kW。

A.2.2

制热燃气性能系数　heating gas performance factor

制热量除以制热消耗燃气热量，单位：kW/kW。

A.2.3

排热并用运转　heat running coordinately utilizing exhaust heat and outdoor energy

制热时同时利用发动机排热和环境热量的运转。

A.2.4

单独排热运转　heat running only utilizing exhaust heat

制热时单独利用发动机排热的运转。

A.2.5

部分负荷率（PLF）　part load factor

同一温度、湿度条件下，断续运转时的性能系数与连续运转时的性能系数之比。

A.2.6

效率降低系数（C_D）　degradation coefficient

由于断续运转导致性能降低的系数。

A.2.7

制冷季节　cooling season

机组制冷运转的日期段。当基于标准气象数据的日平均气温达到某温度（租赁商铺与办公建筑均为 20 ℃）以上第 3 次的那天开始，到日平均气温达到该温度以上的最后一天向前数第 3 次的那天为止。

A.2.8

制热季节　heating season

机组制热运转的日期段。当基于标准气象数据的日平均气温达到某温度（租赁商铺与办公建筑均为 10 ℃）以下第 3 次的那天开始，到日平均气温达到该温度以下的最后一天向前数第 3 次的那天为止。

A.2.9

制冷季节燃气消耗热量（CSGC）　cooling seasonal gas consumption

制冷季节机组运转消耗燃气热量的总和，单位：kW。

A.2.10

制热季节燃气消耗热量（HSGC）　heating seasonal gas consumption

制热季节机组运转消耗燃气热量的总和，单位：kW。

A.2.11

制冷季节消耗功率(CSPC)　cooling seasonal power consumption

制热季节机组运转消耗功率的总和,单位:kW。

A.2.12

制热季节消耗功率(HSPC)　heating seasonal power consumption

制热季节机组运转消耗功率的总和,单位:kW。

A.2.13

全年燃气消耗热量　annual gas consumption

制冷季节消耗燃气热量与制热季节消耗燃气热量之和,单位:kW。

A.2.14

全年消耗功率　annual power consumption

制冷季节消耗功率与制热季节消耗功率之和,单位:kW。

A.2.15

制冷季节耗能　cooling seasonal energy consumption

制冷季节消耗燃气热量与消耗功率之和,单位:kW。

A.2.16

制热季节耗能　heating seasonal energy consumption

制热季节消耗燃气热量与消耗功率之和,单位:kW。

A.2.17

全年耗能(AEC)　annual energy consumption

全年消耗燃气热量与全年消耗功率之和,单位:kW。

A.2.18

制冷季节性能系数(CSPF)　cooling seasonal performance factor

制冷季节机组从室内空气中除去的总热量与制冷季节消耗燃气热量、制冷季节消耗功率之和的比值,单位:kW/kW。

A.2.19

制热季节性能系数(CSPF)　heating seasonal performance factor

制热季节机组加入室内空气中的总热量与制热季节消耗燃气热量、制热季节消耗功率之和的比值,单位:kW/kW。

A.3　建筑物负荷及发生时间

假定建筑物分为租赁商铺及办公建筑2种类型。

A.3.1　建筑物负荷

A.3.1.1　租赁商铺

a) 制冷时:名义制冷能力作为室外温度35 ℃时的负荷点,室外温度21 ℃时作为制冷负荷为零的点,两点间的直线表示制冷时的租赁商铺负荷,此时室内温度为27 ℃。

b) 制热时:名义制冷能力的0.80倍作为室外温度0 ℃时的制热负荷点,室外温度13 ℃时作为制热负荷为零的点,两点间的直线表示制热时的租赁商铺负荷,此时室内温度为20 ℃。

A.3.1.2　办公建筑

a) 制冷时:名义制冷能力作为室外温度35 ℃时的负荷点,室外温度21 ℃时作为制冷负荷为零的点,两点间的直线表示制冷时的建筑物负荷,此时室内温度为27 ℃。

b) 制热时:名义制冷能力的0.70倍作为室外温度0 ℃时的制热负荷点,室外温度13 ℃时作为制热为零的负荷点,两点间的直线表示制热时的建筑物负荷,此时室内温度为20 ℃。

A.3.2 室外温度的各个发生时间见表A.12～表A.15。

A.4 试验方法

按6.3.3试验方法，测量机组的名义制冷量、名义制冷消耗燃气热量、名义制冷消耗功率、中间制冷量、中间制冷消耗燃气热量。

按6.3.4试验方法，测量机组的名义制热量、名义制热消耗燃气热量、名义制热消耗功率、中间制热量、中间制热消耗燃气热量、低温制热量、低温制热消耗燃气热量。

注：全年性能系数的试验可与制冷(制热)能力试验同时进行。

A.5 全年性能系数(APF)的计算

A.5.1 全年耗能(AEC)的计算

A.5.1.1 制冷季节耗能的计算

A.5.1.1.1 制冷季节消耗燃气热量(CSGC)的计算

制冷季节消耗燃气热量计算所用数据如表A.1、表A.2、表A.3所示。

表 A.1 制冷试验性能

Φ_{cr}(名义制冷量)	G_{cr}(名义制冷消耗燃气热量)
Φ_{cm}(中间制冷量)	G_{cm}(中间制冷消耗燃气热量)

表 A.2 能力及消耗燃气热量所对应的室外温度补正系数

能力补正系数/℃$^{-1}$	消耗燃气热量补正系数/℃$^{-1}$
$\alpha_c=-0.009$	$\beta_c=0.011$

表 A.3 建筑物制冷负荷为零时的室外温度 T_{c0}

用　途	租赁商铺	办公建筑
T_{c0}/℃	21	21

计算时所用符号如下：

Φ:能力(kW)；

G:消耗燃气热量(kW)；

C:燃气性能系数；

t:室外温度(℃)；

T:室外温度(℃)，常数；

BL:建筑物负荷(kW)；

α:能力补正系数(℃$^{-1}$)；

β:消耗燃气热量补正系数(℃$^{-1}$)；

θ:机组能力与建筑物负荷平衡时的温度(℃)；

c:制冷；

r:名义性能；

m:中间性能；

0:负荷为零。

室外温度为t时建筑物负荷的计算如下：

$$\mathrm{BL}_c(t)=\Phi_{cr}\times\frac{t-T_{c0}}{35-T_{c0}} \qquad \cdots\cdots(\text{A.1})$$

a) 机组在中间制冷能力下连续运转时：

$$\Phi_{cm}(t) = [1 + \alpha_c \times (t - 35)] \times \Phi_{cm} \quad \cdots\cdots(A.2)$$

$$G_{cm}(t) = [1 + \beta_c \times (t - 35)] \times G_{cm} \quad \cdots\cdots(A.3)$$

$$C_{cm}(t) = \Phi_{cm}(t)/G_{cm}(t) \quad \cdots\cdots(A.4)$$

式中：

$\Phi_{cm}(t)$——室外温度为 t、中间制冷能力下，制冷运转时的能力，单位为千瓦(kW)；

$G_{cm}(t)$——室外温度为 t、中间制冷能力下，制冷运转时的消耗燃气热量，单位为千瓦(kW)；

$C_{cm}(t)$——室外温度为 t、中间制冷能力下，制冷运转时的燃气性能系数。

b) 机组在名义制冷能力下连续运转时：

$$\Phi_{cr}(t) = [1 + \alpha_c \times (t - 35)] \times \Phi_{cr} \quad \cdots\cdots(A.5)$$

$$G_{cr}(t) = [1 + \beta_c \times (t - 35)] \times G_{cr} \quad \cdots\cdots(A.6)$$

$$C_{cr}(t) = \Phi_{cr}(t)/G_{cr}(t) \quad \cdots\cdots(A.7)$$

式中：

$\Phi_{cr}(t)$——室外温度为 t、名义制冷能力下，制冷运转时的能力，单位为千瓦(kW)；

$G_{cr}(t)$——室外温度为 t、名义制冷能力下，制冷运转时的消耗燃气热量，单位为千瓦(kW)；

$C_{cr}(t)$——室外温度为 t、名义制冷能力下，制冷运转时的燃气性能系数。

c) 机组达不到中间制冷能力，根据建筑物负荷进行连续可变运转($T_{c0} \leqslant t < \theta_{cm}$)时：

$$C_c(t) = C_{cm}(T_{c0}) + \frac{C_{cm}(\theta_{cm}) - C_{cm}(T_{c0})}{\theta_{cm} - T_{c0}} \times (t - T_{c0}) \quad \cdots\cdots(A.8)$$

$$\theta_{cm} = \frac{\dfrac{T_{c0} \times \Phi_{cr}}{35 - T_{c0}} + (1 - 35 \times \alpha_c) \times \Phi_{cm}}{\dfrac{\Phi_{cr}}{35 - T_{c0}} - \alpha_c \times \Phi_{cm}} \quad \cdots\cdots(A.9)$$

式中：

$C_c(t)$——室外温度为 t、机组与建筑物负荷相适应的制冷能力下，制冷运转时的燃气性能系数；

θ_{cm}——建筑物负荷与中间制冷能力相平衡时的室外温度，单位为摄氏度(℃)。

另外，机组制冷能力可变幅度的下限值达不到中间制冷能力以下时，视其下限值为中间制冷能力，计算如下：

$$C_c(t) = \left[C_{cm}(T_{c0}) + \frac{C_{cm}(\theta_{cm}) - C_{cm}(T_{c0})}{\theta_{cm} - T_{c0}} \times (t - T_{c0})\right] \times \mathrm{PLF}_c(t) \quad \cdots\cdots(A.8)'$$

式中：

$\mathrm{PLF}_c(t)$——室外温度为 t 进行断续运转的耗能率与中间制冷能力下连续运转耗能率的比，可用下面的公式求出。C_D 的值为定值，通常 $C_D=0.25$。

$$\mathrm{PLF}_c(t) = 1 - C_D[1 - X_c(t)] \quad \cdots\cdots(A.10)$$

$$X_c(t) = \mathrm{BL}_c(t)/\Phi_{cm}(t) \quad \cdots\cdots(A.11)$$

$X_c(t)$——室外温度为 t 时，建筑物负荷与中间制冷能力下运转时的制冷能力的比。

d) 机组在中间制冷能力以上又未达到名义制冷能力，根据建筑物负荷进行连续可变运转($\theta_{cm} \leqslant t < 35$)时：

$$C_c(t) = C_{cm}(\theta_{cm}) + \frac{C_{cr}(35) - C_{cm}(\theta_{cm})}{35 - \theta_{cm}} \times (t - \theta_{cm}) \quad \cdots\cdots(A.12)$$

室外温度为 t、机组与建筑物负荷相适应的制冷能力下运转时的消耗燃气热量的计算如下：

$$G_c(t) = \mathrm{BL}_c(t)/C_c(t) \quad \cdots\cdots(A.13)$$

式中：

$G_c(t)$——室外温度为 t、机组与建筑物负荷相适应的制冷能力下运转时的消耗燃气热量。

机组与建筑物负荷相适应的制冷能力下运转时，在各种负荷及温度条件下，燃气性能系数的计算如表 A.4 所示。

表 A.4 燃气性能系数计算式

负荷条件	温度条件	燃气性能系数
未达到中间制冷能力 $BL_c(t)<\Phi_{cm}(t)$	$T_{c0}\leqslant t<\theta_{cm}$	式(A.8) 式(A.8)′
中间制冷能力以上但未达到名义制冷能力 $\Phi_{cm}(t)\leqslant BL_c(t)<\Phi_{cr}(t)$	$\theta_{cm}\leqslant t<35$	式(A.12)

制冷季节综合负荷(CSTL：cooling seasonal total load)计算如下：

$$CSTL=\sum_{j=1}^{14}BL_c(t_j)\times n_j+\sum_{j=15}^{19}\Phi_{cr}(t_j)\times n_j \qquad \cdots\cdots\cdots\cdots(A.14)$$

式中：

t_j——制冷季节室外温度，见表 A.12～表 A.15；

n_j——制冷季节各室外温度发生的时间，见表 A.12～表 A.15；

j——不同室外温度对应的序号，$j=1,2,3\cdots\cdots19$；

$\Phi_{cr}(t_j)$——制冷季节温度为 t_j 时，机组在名义制冷能力下运转的制冷能力(kW)。室外温度 35 ℃以上时，视其为建筑物负荷。

机组制冷季节消耗燃气热量计算如下：

$$CSGC=\sum_{j=1}^{14}G_c(t_j)\times n_j+\sum_{j=15}^{19}G_{cr}(t_j)\times n_j \qquad \cdots\cdots\cdots\cdots(A.15)$$

制冷时室外温度所相适应的建筑物负荷、制冷能力及制冷燃气性能系数如图 A.1 所示：

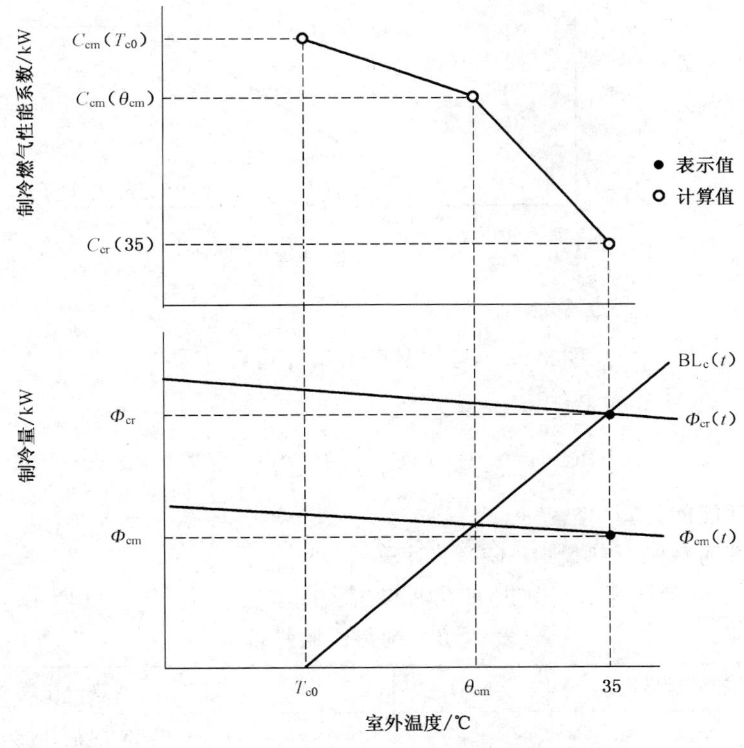

图 A.1 建筑负荷、制冷能力与制冷燃气性能系数

A.5.1.1.2 制冷季节消耗功率(CSPC)的计算

制冷季节消耗功率计算所用数据如表 A.5 所示。

表 A.5 制冷季节消耗功率

项　目	室外机消耗功率	室内机消耗功率
名义运转	P_{c0}(名义制冷消耗功率)	P_{ci}(室内机消耗功率×台数)

a) 机组未达到名义制冷能力，在建筑物负荷相适应的能力下进行连续可变运转($T_{c0} \leqslant t < 35$)时：

$$P_c(t) = (P_{c0} + P_{ci}) \times \frac{t - T_{c0}}{35 - T_{c0}} \quad \cdots\cdots\cdots\cdots (\text{A.16})$$

式中：

$P_c(t)$——机组未达到名义制冷能力，在与建筑物负荷相适应的能力下进行连续可变运转时的制冷消耗功率，单位为千瓦(kW)。

另外，机组制冷能力可变幅度的下限值达不到中间制冷能力以下时，视其下限值为中间制冷能力，中间制冷能力以下($T_{c0} \leqslant t < \theta_{cm}$)的制冷消耗功率计算式如下：

$$P_c(t) = (P_{c0} + P_{ci}) \times \frac{t - T_{c0}}{35 - T_{c0}} / \mathrm{PLF}_c(t) \quad \cdots\cdots\cdots\cdots (\text{A.16})'$$

b) 机组在名义制冷能力下连续运转时：

$$P_{cr}(t) = (P_{c0} + P_{ci}) \quad \cdots\cdots\cdots\cdots (\text{A.17})$$

式中：

$P_{cr}(t)$——温度为 t 时，机组在名义制冷能力下运转时的消耗功率，单位为千瓦(kW)。

制冷消耗功率与对应的室外温度如图 A.2 所示。

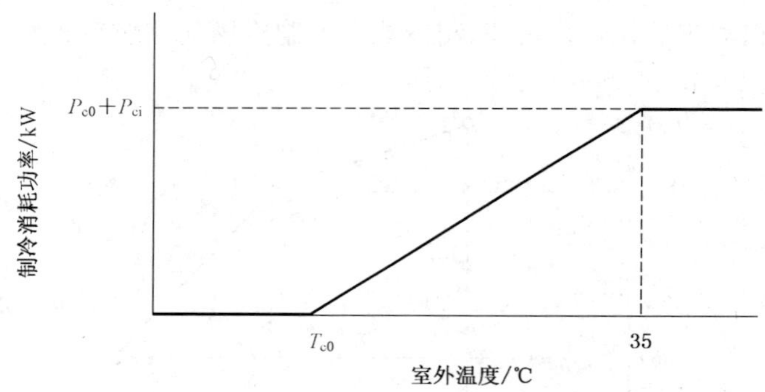

图 A.2 室外温度与制冷消耗功率

制冷季节消耗功率的计算如下：

$$\mathrm{CSPC} = \sum_{j=1}^{14} P_c(t_j) \times n_j + \sum_{j=15}^{19} P_{cr}(t_j) \times n_j \quad \cdots\cdots\cdots\cdots (\text{A.18})$$

A.5.1.2 制热季节耗能的计算

A.5.1.2.1 制热季节消耗燃气热量(HSGC)的计算

制热季节消耗燃气热量计算所用数据如表 A.6、表 A.7、表 A.8、表 A.9 所示。

表 A.6 制热试验性能

Φ_{hr}(名义制热量)	G_{hr}(名义制热消耗燃气热量)
Φ_{hm}(中间制热量)	G_{hm}(中间制热消耗燃气热量)
Φ_{hr2}(低温制热量)	G_{hr2}(低温制热消耗燃气热量)

表 A.7 制热能力及消耗燃气热量所对应的室外温度补正系数

运转领域		能力补正系数/℃$^{-1}$	消耗燃气热量补正系数/℃$^{-1}$
名义制热运转	排热并用运转	$\alpha_{HP}=0.035$	$\beta_{HP}=0.010$
	单独排热运转	$\alpha_{W}=0.005$	$\beta_{W}=0.001$
最大制热运转	排热并用运转	—	$B_{r2HP}=-0.050$
	单独排热运转	—	$\beta_{r2W}=-0.004$

表 A.8 建筑物的制热负荷为零时的室外温度 T_{h0}

用途	租赁商铺	办公建筑
T_{h0}/℃	13	13

表 A.9 建筑物的制热负荷与制冷负荷比 *blr*

用途	租赁商铺	办公建筑
blr	0.80	0.70

计算时所使用的主要符号如下：

Φ：能力(kW)；

G：消耗燃气热量(kW)；

C：燃气性能系数；

t：室外温度(℃)；

T：室外温度(℃) 常数；

BL：建筑物负荷(kW)；

α：能力补正系数(℃$^{-1}$)；

β：消耗燃气热量补正系数(℃$^{-1}$)；

θ：机组能力与建筑物负荷平衡时的温度(℃)；

h：制热；

r：名义性能；

m：中间性能；

r2：低温性能；

HP：排热并用运转领域；

W：单独并用 HP 运转领域；

CP：制热燃气性能系数=1时的点；

0：负荷为零时的点；

RH：辅助制热装置。

室外温度为 t 时建筑物负荷的计算式如下：

$$BL_h(t)=blr\times\Phi_{cr}\times\frac{T_{h0}-t}{T_{h0}} \qquad \cdots\cdots(A.19)$$

a) 机组在中间制热能力下连续运转时：

1) 排热并用运转领域($T_{mCP}\leqslant t$)时：

$$\Phi_{hm}(t)=[1+\alpha_{HP}\times(t-7)]\times\Phi_{hm} \qquad \cdots\cdots(A.20)$$

$$G_{hm}(t)=[1+\beta_{HP}\times(t-7)]\times G_{hm} \qquad \cdots\cdots(A.21)$$

$$C_{hm}(t)=\Phi_{hm}(t)/G_{hm}(t) \qquad \cdots\cdots(A.22)$$

$$T_{mCP}=\frac{(7\times\alpha_{HP}-1)\times\Phi_{hm}-(7\times\beta_{HP}-1)\times G_{hm}}{\alpha_{HP}\times\Phi_{hm}-\beta_{HP}\times G_{hm}} \qquad \cdots\cdots(A.23)$$

$$\theta_{mHP}=\frac{[\Phi_{cr}\times blr+(7\times\alpha_{HP}-1)\times\Phi_{hm}]\times T_{h0}}{\alpha_{HP}\times\Phi_{hm}\times T_{h0}+\Phi_{cr}\times blr} \qquad \cdots\cdots(A.24)$$

式中：

$\Phi_{hm}(t)$——室外温度为 t、中间制热能力下运转时的制热量，单位为千瓦(kW)；

$G_{hm}(t)$——室外温度为 t、中间制热能力下运转时的消耗燃气热量，单位为千瓦(kW)；

$C_{hm}(t)$——室外温度为 t、中间制热能力下运转时的燃气性能系数；

T_{mCP}——排热并用运转与单独排热运转切换(制热燃气性能系数为 1 时)时的室外温度，单位为摄氏度(℃)；

θ_{mHP}——排热并用运转时，建筑物负荷与中间能力相平衡时的室外温度，单位为摄氏度(℃)。

2) 单独排热运转领域($t<T_{mCP}$)时：

$$\Phi_{hm}(t)=[1+\alpha_W\times(t-T_{mCP})]\times\Phi_{hm}(T_{mCP}) \quad\cdots\cdots\cdots\cdots(A.25)$$

$$G_{hm}(t)=[1+\beta_W\times(t-T_{mCP})]\times G_{hm}(T_{mCP}) \quad\cdots\cdots\cdots\cdots(A.26)$$

$$C_{hm}(t)=\Phi_{hm}(t)/G_{hm}(t) \quad\cdots\cdots\cdots\cdots(A.27)$$

$$\theta_{mW}=\frac{[\Phi_{cr}\times blr+(T_{mCP}\times\alpha_W-1]\times\Phi_{hm}(T_{mCP})]\times T_{h0}}{\alpha_W\times\Phi_{hm}(T_{mCP})\times T_{h0}+\Phi_{cr}\times blr} \quad\cdots\cdots(A.28)$$

式中：

θ_{mW}——单独排热运转时，建筑物负荷与中间能力相平衡时的室外温度，单位为摄氏度(℃)。

b) 机组在名义制热能力下连续运转时：

1) 排热并用运转领域($T_{rCP}\leqslant t$)时：

$$\Phi_{hr}(t)=[1+\alpha_{HP}\times(t-7)]\times\Phi_{hr} \quad\cdots\cdots\cdots\cdots(A.29)$$

$$G_{hr}(t)=[1+\beta_{HP}\times(t-7)]\times G_{hr} \quad\cdots\cdots\cdots\cdots(A.30)$$

$$C_{hr}(t)=\Phi_{hr}(t)/G_{hr}(t) \quad\cdots\cdots\cdots\cdots(A.31)$$

$$T_{rCP}=\frac{(7\times\alpha_{HP}-1)\times\Phi_{hr}-(7\times\beta_{HP}-1)\times G_{hr}}{\alpha_{HP}\times\Phi_{hr}-\beta_{HP}\times G_{hr}} \quad\cdots\cdots\cdots(A.32)$$

$$\theta_{rHP}=\frac{[\Phi_{cr}\times blr+(7\times\alpha_{HP}-1)\times\Phi_{hr}]\times T_{h0}}{\alpha_{HP}\times\Phi_{hr}\times T_{h0}+\Phi_{cr}\times blr} \quad\cdots\cdots\cdots(A.33)$$

式中：

$\Phi_{hr}(t)$——室外温度为 t、名义制热能力下运转时的制热量，单位为千瓦(kW)；

$G_{hr}(t)$——室外温度为 t、名义制热能力下转时的消耗燃气热量，单位为千瓦(kW)；

$C_{hr}(t)$——室外温度为 t、名义制热能力下运转时的制热燃气性能系数；

T_{rCP}——排热并用运转与单独排热运转切换(制热燃气性能系数为 1 时)时的室外温度，单位为摄氏度(℃)；

θ_{rHP}——排热并用运转时，建筑物负荷与名义制热能力相平衡时的室外温度，单位为摄氏度(℃)。

2) 单独排热运转领域($t<T_{rCP}$)时：

$$\Phi_{hr}(t)=[1+\alpha_W\times(t-T_{rCP})]\times\Phi_{hr}(T_{rCP}) \quad\cdots\cdots\cdots\cdots(A.34)$$

$$G_{hr}(t)=[1+\beta_W\times(t-T_{rCP})]\times G_{hr}(T_{rCP}) \quad\cdots\cdots\cdots\cdots(A.35)$$

$$C_{hr}(t)=\Phi_{hr}(t)/G_{hr}(t) \quad\cdots\cdots\cdots\cdots(A.36)$$

$$\theta_{rW}=\frac{[\Phi_{cr}\times blr+(T_{rCP}\times\alpha_W-1)\times\Phi_{hr}(T_{rCP})]\times T_{h0}}{\alpha_W\times\Phi_{hr}(T_{rCP})\times T_{h0}+\Phi_{cr}\times blr} \quad\cdots\cdots(A.37)$$

式中：

θ_{rW}——单独排热运转时，建筑物负荷与名义制热能力相平衡时的室外温度，单位为摄氏度(℃)。

c) 机组在最大制热能力下连续运转时：

1) 排热并用运转领域($T_{r2CP}\leqslant t$)时：

$$\Phi_{hr2}(t)=\Phi_{hr2} \quad\cdots\cdots\cdots\cdots(A.38)$$

$$G_{hr2}(t)=[1+\beta_{r2HP}\times(t-2)]\times G_{hr2} \quad\cdots\cdots\cdots\cdots(A.39)$$

$$C_{hr2}(t) = \Phi_{hr2}(t)/G_{hr2}(t) \qquad \cdots\cdots(A.40)$$

$$T_{r2CP} = \frac{\Phi_{hr2} + (2 \times \beta_{r2HP} - 1) \times G_{hr2}}{\beta_{r2HP} \times G_{hr2}} \qquad \cdots\cdots(A.41)$$

$$\theta_{r2HP} = T_{h0} - \frac{\Phi_{hr2} \times T_{h0}}{\Phi_{cr} \times blr} \qquad \cdots\cdots(A.42)$$

式中：

$\Phi_{hr2}(t)$——室外温度为 t、最大制热能力运转时的制热量，单位为千瓦(kW)；

$G_{hr2}(t)$——室外温度为 t、最大制热能力下运转时的消耗燃气热量，单位为千瓦(kW)；

$C_{hr2}(t)$——室外温度为 t、最大制热能力下运转时的燃气性能系数；

T_{r2CP}——排热并用运转与单独排热运转切换(制热燃气性能系数为 1 时)时的室外温度，单位为摄氏度(℃)；

θ_{r2HP}——排热并用运转时，建筑物负荷与最大制热能力相平衡时的室外温度，单位为摄氏度(℃)。

此外，建筑物负荷比制热能力大时，机组在最大制热能力下运转，制热能力不足的部分由辅助制热装置来补充。辅助制热装置的能力计算式如下：

$$G_{RH}(t) = BL_h(t) - \Phi_{hr2}(t) \qquad \cdots\cdots(A.43)$$

式中：

$G_{RH}(t)$——室外温度为 t 时，辅助制热装置制热消耗燃气热量，单位为千瓦(kW)。

2) 单独排热运转领域($t < T_{r2CP}$)时：

$$\Phi_{hr2}(t) = \Phi_{hr2} \qquad \cdots\cdots(A.44)$$

$$G_{hr2}(t) = [1 + \beta_{r2W} \times (t - T_{r2CP})] \times G_{hr2}(T_{r2CP}) \qquad \cdots\cdots(A.45)$$

$$C_{hr2}(t) = \Phi_{hr2}(t)/G_{hr2}(t) \qquad \cdots\cdots(A.46)$$

$$\theta_{r2W} = T_{h0} - \frac{\Phi_{hr2} \times T_{h0}}{\Phi_{cr} \times blr} \qquad \cdots\cdots(A.47)$$

式中：

θ_{r2W}——单独排热运转时，建筑物负荷与最大制热能力相平衡时的室外温度，单位为摄氏度(℃)。

此外，建筑物负荷比制热能力大时，机组在最大制热能力下运转，能力不足的部分由辅助制热装置来补充。辅助制热装置的能力计算式如下：

$$G_{RH}(t) = BL_h(t) - \Phi_{hr2}(t) \qquad \cdots\cdots(A.48)$$

制热时的建筑物负荷与机组的特性如图 A.3 所示：

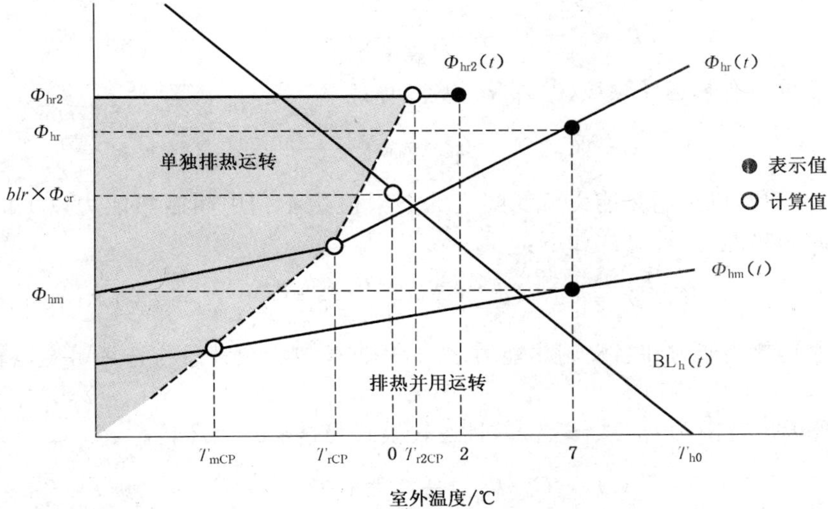

图 A.3 建筑负荷与机组特性

d) 机组达不到中间制热能力、根据建筑物负荷进行连续可变运转时：

1) $T_{mCP} \leqslant \theta_{mHP}$ 时：

室外温度范围为 $\theta_{mHP} \leqslant t \leqslant T_{h0}$，且运转模式为排热并用运转。

$$C_h(t) = C_{hm}(\theta_{mHP}) + \frac{C_{hm}(T_{h0}) - C_{hm}(\theta_{mHP})}{T_{h0} - \theta_{mHP}} \times (t - \theta_{mHP}) \quad \cdots\cdots(\text{A. }49)$$

式中：

$C_h(t)$——室外温度为 t、机组在建筑物负荷相适应的能力下，制热运转时的燃气性能系数。

但是，机组制热能力可变幅度的下限值达不到中间制热能力以下时，视其下限值为中间制热能力，计算式如下：

$$C_h(t) = \left[C_{hm}(\theta_{mHP}) + \frac{C_{hm}(T_{h0}) - C_{hm}(\theta_{mHP})}{T_{h0} - \theta_{mHP}} \times (t - \theta_{mHP})\right] \times \text{PLF}_h(t) \quad \cdots\cdots(\text{A. }49)'$$

式中：

$\text{PLF}_h(t)$——室外温度为 t 进行断续运转的耗能率与中间制热能力下连续运转耗能率的比，可用下面的公式求出。C_D 的值为定值，通常 $C_D = 0.25$。

$$\text{PLF}_h(t) = 1 - C_D[1 - X_h(t)] \quad \cdots\cdots(\text{A. }50)$$

$$X_h(t) = \text{BL}_h(t)/\Phi_{hm}(t) \quad \cdots\cdots(\text{A. }51)$$

式中：

$X_h(t)$——室外温度为 t 时，建筑物负荷与中间制热能力下运转时的制热能力的比。

2) $\theta_{mhP} < T_{mCP}$ 时：

$$T_{CP} = \theta_{mHP} + \frac{1 - C_{hm}(\theta_{mHP})}{C_{hm}(T_{h0}) - C_{hm}(\theta_{mHP})} \times (T_{h0} - \theta_{mHP}) \quad \cdots\cdots(\text{A. }52)$$

式中：

T_{CP}——机组在建筑物负荷相适应的能力下，制热燃气性能系数为 1 时的室外温度，单位为摄氏度(℃)。

——排热并用运转领域($T_{CP} \leqslant t \leqslant T_{h0}$)时：

$$C_h(t) = 1 + \frac{C_{hm}(T_{h0}) - 1}{T_{h0} - T_{CP}} \times (t - T_{CP}) \quad \cdots\cdots(\text{A. }53)$$

但是，机组制热能力可变幅度的下限值达不到中间制热能力以下时，视其下限值为中间制热能力，计算式如下：

$$C_h(t) = \left[1 + \frac{C_{hm}(T_{h0}) - 1}{T_{h0} - T_{CP}} \times (t - T_{CP})\right] \times \text{PLF}_h(t) \quad \cdots\cdots(\text{A. }53)'$$

——单独排热运转领域($\theta_{mW} < t < T_{CP}$)时：

$$C_h(t) = C_{hm}(\theta_{mW}) + \frac{1 - C_{hm}(\theta_{mW})}{T_{CP} - \theta_{mW}} \times (t - \theta_{mW}) \quad \cdots\cdots(\text{A. }54)$$

但是，机组制热能力可变幅度的下限值达不到中间制热能力以下时，视其下限值为中间制热能力，计算式如下：

$$C_h(t) = \left[C_{hm}(\theta_{mW}) + \frac{1 - C_{hm}(\theta_{mW})}{T_{CP} - \theta_{mW}} \times (t - \theta_{mW})\right] \times \text{PLF}_h(t) \quad \cdots(\text{A. }54)'$$

e) 机组在中间制热能力和名义制热能力之间，根据建筑物负荷进行连续可变运转时：

1) $T_{rCP} \leqslant \theta_{rHP}$ 时：

室外温度范围为 $\theta_{rHP} \leqslant t \leqslant \theta_{mHP}$，且运转模式为排热并用运转。

$$C_h(t) = C_{hr}(\theta_{rHP}) + \frac{C_{hm}(\theta_{mHP}) - C_{hr}(\theta_{rHP})}{\theta_{mHP} - \theta_{rHP}} \times (t - \theta_{rHP}) \quad \cdots\cdots(\text{A. }55)$$

2) $\theta_{rHP} < T_{rCP}$ 且 $T_{mCP} \leqslant \theta_{mHP}$ 时：

$$T_{CP} = \theta_{rHP} + \frac{1 - C_{hr}(\theta_{rHP})}{C_{hm}(\theta_{hHP}) - C_{hr}(\theta_{rHP})} \times (\theta_{mHP} - \theta_{rHP}) \quad \cdots\cdots(A.56)$$

——排热并用运转领域（$T_{CP} \leqslant t \leqslant \theta_{mHP}$）时：

$$C_h(t) = 1 + \frac{C_{hm}(\theta_{mHP}) - 1}{\theta_{mHP} - T_{CP}} \times (t - T_{CP}) \quad \cdots\cdots\cdots(A.57)$$

——单独排热运转领域（$\theta_{rW} < t < T_{CP}$）时：

$$C_h(t) = C_{hr}(\theta_{rW}) + \frac{1 - C_{hr}(\theta_{rW})}{T_{CP} - \theta_{rW}} \times (t - \theta_{rW}) \quad \cdots\cdots\cdots(A.58)$$

3) $\theta_{rHP} < T_{rCP}$ 且 $\theta_{mHP} < T_{mCP}$ 时

室外温度范围为 $\theta_{rW} < t \leqslant \theta_{mW}$，且运转模式为单独排热运转。

$$C_h(t) = C_{hr}(\theta_{rW}) + \frac{C_{hm}(\theta_{mW}) - C_{hr}(\theta_{rW})}{\theta_{mW} - \theta_{rW}} \times (t - \theta_{rW}) \quad \cdots\cdots\cdots(A.59)$$

f) 机组在名义制热能力和最大制热能力之间，根据建筑物负荷进行连续可变运转时：

1) $T_{r2CP} \leqslant \theta_{r2HP}$ 时：

室外温度范围为 $\theta_{r2HP} \leqslant t \leqslant \theta_{rHP}$，且运转模式为排热并用运转。

$$T_{CP} = T_{r2CP} \quad \cdots\cdots\cdots\cdots\cdots\cdots\cdots\cdots\cdots\cdots\cdots(A.60)$$

$$C_h(t) = C_{hr2}(\theta_{r2HP}) + \frac{C_{hr}(\theta_{rHP}) - C_{hr2}(\theta_{r2HP})}{\theta_{rHP} - \theta_{r2HP}} \times (t - \theta_{r2HP}) \quad \cdots\cdots(A.61)$$

2) $\theta_{r2HP} < T_{r2CP}$ 且 $T_{rCP} \leqslant \theta_{rHP}$ 时：

$$T_{CP} = \theta_{r2HP} + \frac{1 - C_{hr2}(\theta_{r2HP})}{C_{hr}(\theta_{rHP}) - C_{hr2}(\theta_{r2HP})} \times (\theta_{rHP} - \theta_{r2HP}) \quad \cdots\cdots\cdots(A.62)$$

——排热并用运转领域（$T_{CP} \leqslant t \leqslant \theta_{rHP}$）时：

$$C_h(t) = 1 + \frac{C_{hr}(\theta_{rHP}) - 1}{\theta_{rHP} - T_{CP}} \times (t - T_{CP}) \quad \cdots\cdots\cdots\cdots\cdots(A.63)$$

——单独排热运转领域（$\theta_{r2W} < t < T_{CP}$）时：

$$C_h(t) = C_{hr2}(\theta_{r2W}) + \frac{1 - C_{hr2}(\theta_{r2W})}{T_{CP} - \theta_{r2W}} \times (t - \theta_{r2W}) \quad \cdots\cdots\cdots(A.64)$$

3) $\theta_{r2HP} < T_{r2CP}$ 且 $\theta_{rHP} < T_{CP}$ 时：

室外温度范围为 $\theta_{r2W} < t \leqslant \theta_{rW}$，且运转模式为单独排热运转。

$$C_h(t) = C_{hr2}(\theta_{r2W}) + \frac{C_{hr}(\theta_{rW}) - C_{hr2}(\theta_{r2W})}{\theta_{rW} - \theta_{r2W}} \times (t - \theta_{r2W}) \quad \cdots\cdots(A.65)$$

机组与建筑物负荷相适应的制热能力下运转时，在各种负荷及温度条件下，燃气性能系数的计算如表 A.10 所示。

表 A.10　与建筑物负荷相适应的制热能力下运转时的燃气性能系数的计算式

负荷条件	温度条件		运转模式	燃气性能系数	T_{CP}
未达到中间制热量 $BL_h(t) < \Phi_{hm}(t)$	$T_{mCP} \leqslant \theta_{mHP}$	$\theta_{mHP} < t \leqslant T_{h0}$	排热并用运转	式(A.49) 式(A.49)′	—
	$\theta_{mHP} < T_{mCP}$	$T_{CP} \leqslant t \leqslant T_{h0}$	排热并用运转	式(A.53) 式(A.53)′	式(A.52)
		$\theta_{mW} < t < T_{CP}$	单独排热运转	式(A.54) 式(A.54)′	

表 A.10（续）

负荷条件	温度条件		运转模式	燃气性能系数	T_{CP}
大于中间制热能力小于名义制热能力 $\Phi_{hm}(t)<BL_h(t)<\Phi_{hr}(t)$	$T_{rCP}\leqslant\theta_{rHP}$	$\theta_{rHP}<t\leqslant\theta_{mHP}$	排热并用运转	式(A.55)	—
	$\theta_{rHP}<T_{CP}$ 且 $T_{mCP}\leqslant\theta_{mHP}$	$T_{CP}\leqslant t\leqslant\theta_{mHP}$	排热并用运转	式(A.57)	式(A.56)
		$\theta_{rW}<t<T_{CP}$	单独排热运转	式(A.58)	
	$\theta_{rHP}<T_{rCP}$ 且 $\theta_{mHP}<T_{mCP}$	$\theta_{rW}<t\leqslant\theta_{mW}$	单独排热运转	式(A.59)	
大于名义制热能力小于最大制热能力 $\Phi_{hr}(t)<BL_h(t)\leqslant\Phi_{hr2}(t)$	$T_{r2CP}\leqslant\theta_{r2HP}$	$\theta_{r2HP}<t\leqslant\theta_{rHP}$	排热并用运转	式(A.61)	—
	$\theta_{r2HP}<T_{r2CP}$ 且 $T_{rCP}\leqslant\theta_{rHP}$	$T_{CP}\leqslant t\leqslant\theta_{rHP}$	排热并用运转	式(A.63)	式(A.62)
		$\theta_{r2W}<t<T_{CP}$	单独排热运转	式(A.64)	
	$\theta_{r2HP}<T_{r2CP}$ 且 $\theta_{rHP}<T_{rCP}$	$\theta_{r2W}<t\leqslant\theta_{rW}$	单独排热运转	式(A.65)	—

室外温度为 t、机组与建筑物负荷相适应的制热能力下运转时的消耗燃气热量的计算式如下：

$$G_h(t)=BL_h(t)/C_h(t) \qquad \cdots\cdots(A.66)$$

式中：

$G_h(t)$——室外温度为 t、机组与建筑物负荷相适应的制热能力下运转时的消耗燃气热量，单位为千瓦(kW)。

制热时室外温度与对应的建筑物负荷、制热能力及制热燃气性能系数如图 A.4 所示：

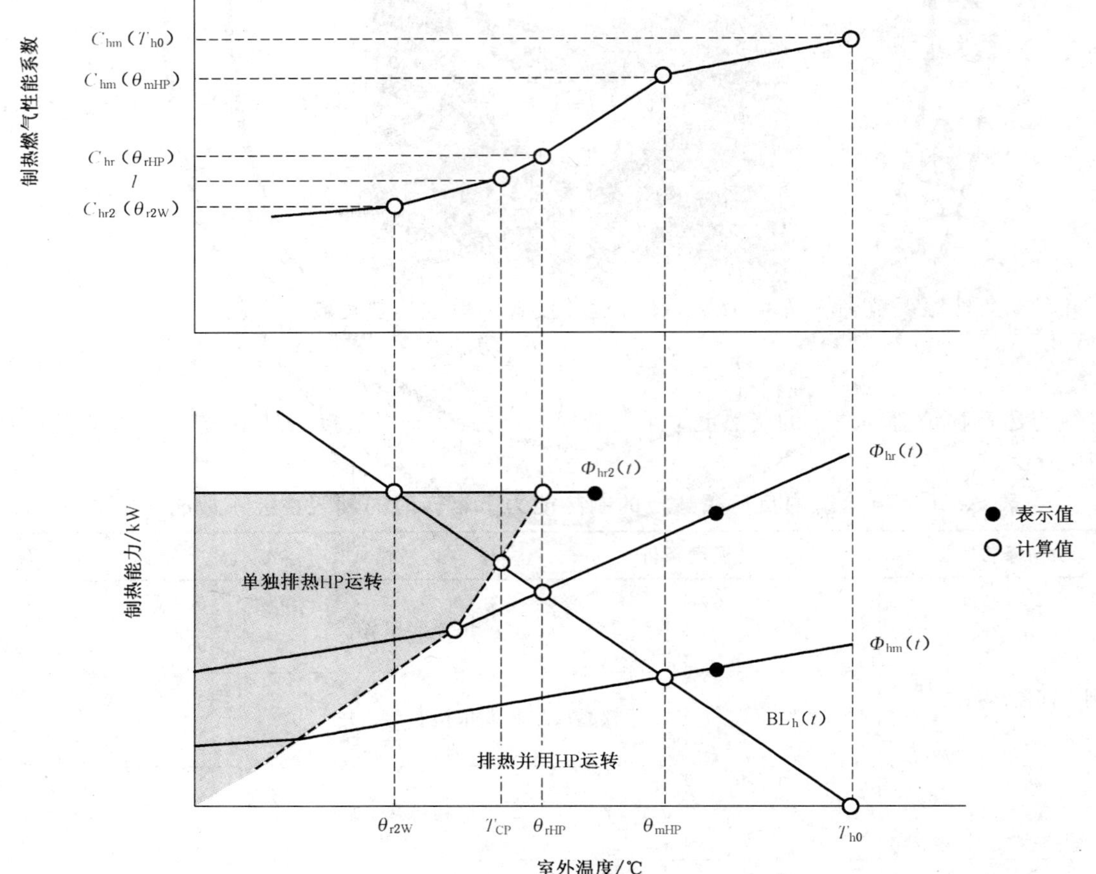

图 A.4 建筑负荷、制热能力与制热燃气性能系数

制热季节综合负荷(HSTL:heating seasonal total load)计算式如下:

$$\mathrm{HSTL} = \sum_{j=1}^{28} \mathrm{BL_h}(t_j) \times n_j \qquad \cdots\cdots(\mathrm{A.67})$$

式中:

t_j——制热季节的室外温度,见表 A.12～表 A.15;

n_j——制热季节各室外温度发生的时间,见表 A.12～表 A.15;

j——不同室外温度对应的序号,$j=1,2,3\cdots\cdots28$。

机组制热季节累计消耗燃气热量计算如下:

$$\mathrm{HSGC} = \sum_{j=k}^{28} G_h(t_j) \times n_j + \sum_{j=1}^{k-1} G_{hr2}(t_j) \times n_j + \sum_{j=1}^{k-1} G_{RH}(t_j) \times n_j \qquad \cdots\cdots(\mathrm{A.68})$$

式中:

k——机组最大能力与建筑物相平衡的温度最接近室外温度时对应的序号,此时 $j=k$。

A.5.1.2.2 制热季节消耗功率(HSPC)的计算

制热季节消耗功率计算所用数值如表 A.11 所示。

表 A.11 制热消耗功率

	室外机消耗功率	室内机消耗功率
名义运转	P_{h0}(名义制热消耗功率)	P_{hi}(室内机消耗功率×台数)
单独排热运转	$\mu \times (P_{h0}+P_{hi})$	
μ——为了计算机组在单独排热状态下运转时的消耗功率而设定的系数。μ 为定值,常用 $\mu=0.6$。		

a) 机组在与建筑物负荷相适应的排热并用区域内运转($T_{CP} \leqslant t < T_{h0}$)时:

$$P_h(t) = (P_{h0} + P_{hi}) \times \frac{t - T_{h0}}{T_{CP} - T_{h0}} \qquad \cdots\cdots(\mathrm{A.69})$$

式中:

$P_h(t)$——室外温度为 t 时,机组在与建筑物负荷相适应的制热能力下运转时的消耗功率,单位为千瓦(kW)。

另外,机组制热能力可变幅度的下限值达不到中间制热能力以下时,视其下限值为中间制热能力,中间制热能力以下($\theta_{mHP} < t \leqslant T_{h0}$)的区域,制热消耗功率计算如下:

$$P_h(t) = (P_{h0} + P_{hi}) \times \frac{T - T_{h0}}{T_{CP} - T_{h0}} / \mathrm{PLF_h}(t) \qquad \cdots\cdots(\mathrm{A.69})'$$

b) 机组在与建筑物负荷相适应的单独排热运转区域内运转($t < T_{CP}$)时:

$$P_h(t) = \mu \times (P_{h0} + P_{hi}) \qquad \cdots\cdots(\mathrm{A.70})$$

制热时的室外温度所对应的消耗功率如图 A.5 所示。

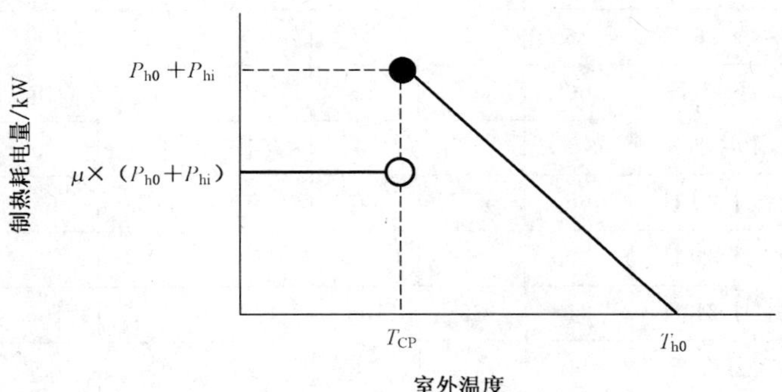

图 A.5 室外温度与制热耗电量

表 A.12 办公建筑在不同地区的制冷季节

地区	温度带 j	1	2	3	4	5	6	7	8	9
	外温 t_j/℃	22	23	24	25	26	27	28	29	30
	制冷季节	外温 t_j 出现的小时								
北京	5月6日～9月24日	56	55	83	85	77	78	77	78	58
长春	5月23日～8月31	63	52	74	79	56	38	49	28	12
长沙	4月27～10月17日	87	85	98	119	95	72	67	81	60
成都	5月2日～10月13日	105	100	115	88	95	67	55	51	49
重庆	4月8日～10月20日	98	102	106	96	109	80	73	71	61
大连	5月31日～9月21日	108	115	109	108	79	82	26	19	7
福州	3月30日～11月20日	96	98	96	95	98	109	108	122	130
广州	3月3日～11月25日	81	100	135	176	158	155	147	139	128
贵阳	4月14日～10月23日	113	96	115	108	87	75	59	31	26
哈尔滨	6月9日～8月26日	54	40	45	51	60	42	32	29	22
海口	1月11日～12月29日	149	127	152	167	150	184	195	184	214
杭州	4月2日～10月24日	119	97	90	80	85	92	94	85	61
合肥	4月29日～11月1日	100	97	101	98	96	86	60	67	65
呼和浩特	5月28日～8月28日	48	47	59	54	50	47	53	41	15
济南	4月13日～10月11日	53	78	105	98	101	94	98	97	93
昆明	4月17日～9月13日	108	96	75	61	41	14	7	2	1
拉萨	不需供冷	0	0	0	0	0	0	0	0	0
兰州	5月3日～9月6日	59	50	58	49	49	51	44	43	17
南昌	4月30日～10月23日	81	104	77	97	85	78	79	77	76
南京	5月8日～10月13日	81	65	73	81	79	81	81	82	68
南宁	1月1日～11月27日	94	102	124	156	176	162	141	144	136
上海	4月29日～10月14日	118	105	119	100	90	89	92	79	56
沈阳	5月23日～9月4日	46	44	54	72	72	68	65	58	41
石家庄	4月29日～9月26日	47	80	73	87	98	84	95	75	71
太原	5月2日～9月2日	64	70	82	72	71	63	81	64	42
天津	5月12日～9月26日	46	55	87	105	120	100	70	74	51
乌鲁木齐	5月9日～9月11日	53	53	45	42	41	45	42	34	26
武汉	3月30日～11月2日	75	96	61	81	100	95	105	93	68
西安	4月29日～9月20日	65	55	66	75	73	60	58	61	71
西宁	7月20日～7月31日	2	5	4	3	1	3	4	1	2
厦门	4月9日～11月21日	81	86	106	122	144	165	159	136	117
银川	5月25日～9月2日	44	61	71	41	56	47	62	37	37
郑州	5月4日～9月23日	54	71	74	74	72	80	87	75	73

及其小时数分布($t_j \geqslant 22$ ℃)

10	11	12	13	14	15	16	17	18	19	总制冷小时数/h	加权平均外温/℃
31	32	33	34	35	36	37	38	39	40		
数/h											
47	41	39	23	10	3	1	0	0	0	811	27.4
10	2	7	2	0	0	0	0	0	0	472	25.5
70	56	45	32	11	7	8	1	0	0	994	27.3
35	20	17	2	0	0	0	0	0	0	799	25.9
46	50	43	26	29	9	3	0	0	0	1 002	27.1
0	0	0	0	0	0	0	0	0	0	653	24.6
110	92	48	39	27	15	2	0	0	0	1 285	27.9
126	97	65	43	23	2	0	0	0	0	1 575	27.6
8	6	1	0	0	0	0	0	0	0	725	25.2
18	9	0	0	0	0	0	0	0	0	402	25.9
151	129	95	43	4	0	0	0	0	0	1 944	27.6
58	53	50	32	31	13	1	0	0	0	1 041	27.3
64	52	41	33	21	8	1	0	0	0	990	27.2
17	12	1	4	0	0	0	0	0	0	448	26.1
55	36	35	16	11	9	1	0	0	0	980	27.3
0	0	0	0	0	0	0	0	0	0	405	23.8
0	0	0	0	0	0	0	0	0	0	0	0.0
17	13	4	7	0	0	0	0	0	0	461	26.1
60	64	59	53	29	16	8	0	0	0	1 043	27.8
70	59	54	48	18	6	1	0	0	0	947	27.8
111	103	62	26	16	3	0	0	0	0	1 556	27.5
58	31	14	12	4	6	0	0	0	0	973	26.4
30	13	6	1	0	0	0	0	0	0	570	26.6
47	42	24	12	10	10	6	1	2	1	865	27.4
13	15	7	0	0	0	0	0	0	0	644	26.1
42	32	21	11	5	2	0	0	0	0	821	26.9
26	20	8	3	2	1	0	3	0	0	444	26.5
63	56	52	38	23	16	10	6	0	0	1 038	27.9
60	44	35	20	18	6	4	0	0	0	771	27.6
0	0	0	0	0	0	0	0	0	0	25	25.5
94	66	31	12	2	0	0	0	0	0	1 321	27.2
31	13	10	0	0	0	0	0	0	0	510	26.4
54	54	37	15	24	9	2	0	0	0	855	27.7

表 A.13 租赁商铺在不同地区的制冷季节

地区	温度带 j	1	2	3	4	5	6	7	8	9
	外温 t_j/℃	22	23	24	25	26	27	28	29	30
	制冷季节	外温 t_j 出现的小时								
北京	5月6日～9月24日	88	95	146	146	166	164	170	152	116
长春	5月23日～8月31	114	107	143	148	99	74	70	40	21
长沙	4月27～10月17日	162	153	176	178	175	156	154	158	120
成都	5月2日～10月13日	163	162	194	185	192	159	144	121	103
重庆	4月8日～10月20日	179	186	180	176	182	146	151	151	137
大连	5月31日～9月21日	198	200	190	190	133	128	31	19	7
福州	3月30日～11月20日	154	180	174	176	209	195	229	239	227
广州	3月3日～11月25日	158	199	285	324	296	280	282	263	259
贵阳	4月14日～10月23日	190	199	230	213	182	162	120	62	45
哈尔滨	6月9日～8月26日	112	81	83	88	102	84	54	42	35
海口	1月11日～12月29日	235	247	265	318	345	350	380	349	345
杭州	4月2日～10月24日	203	192	183	180	178	167	171	138	114
合肥	4月29日～11月1日	188	166	165	187	198	182	146	152	127
呼和浩特	5月28日～8月28日	91	96	109	115	107	99	91	65	25
济南	4月13日～10月11日	121	141	165	175	189	197	178	168	154
昆明	4月17日～9月13日	232	190	146	109	52	18	9	2	1
拉萨	不需供冷	0	0	0	0	0	0	0	0	0
兰州	5月3日～9月6日	107	112	114	114	106	98	85	77	51
南昌	4月30日～10月23日	132	162	169	171	150	143	141	134	157
南京	5月8日～10月13日	148	150	144	157	141	148	139	148	128
南宁	1月1日～11月27日	158	191	215	237	281	310	310	310	272
上海	4月29日～10月14日	211	194	204	187	181	177	171	159	108
沈阳	5月23日～9月4日	92	84	119	139	138	139	114	96	64
石家庄	4月29日～9月26日	79	122	147	158	181	180	183	159	140
太原	5月2日～9月2日	123	131	154	126	145	121	142	106	62
天津	5月12日～9月26日	90	105	158	182	199	202	166	142	107
乌鲁木齐	5月9日～9月11日	83	97	102	109	104	109	94	76	67
武汉	3月30日～11月2日	122	154	122	154	174	174	213	177	141
西安	4月29日～9月20日	108	109	119	130	132	139	131	124	148
西宁	7月20日～7月31日	5	11	11	5	9	12	7	2	2
厦门	4月9日～11月21日	155	185	219	240	292	309	268	222	193
银川	5月25日～9月2日	99	120	142	110	127	116	117	74	66
郑州	5月4日～9月23日	108	111	106	133	150	154	175	156	154

及其小时数分布(t_j≥22 ℃)

10	11	12	13	14	15	16	17	18	19	总制冷小时数/h	加权平均外温/℃
31	32	33	34	35	36	37	38	39	40		
数/h											
98	57	48	26	11	4	1	0	0	0	1 488	27.3
15	4	7	2	0	0	0	0	0	0	844	25.3
126	102	78	57	30	14	13	2	0	0	1 854	27.4
62	28	21	5	0	0	0	0	0	0	1 539	26.1
112	102	84	59	45	14	3	0	0	0	1 907	27.3
0	0	0	0	0	0	0	0	0	0	1 096	24.5
175	136	101	59	33	23	5	1	0	0	2 316	27.8
226	165	109	70	26	2	0	0	0	0	2 944	27.4
13	8	1	0	0	0	0	0	0	0	1 425	25.2
24	12	0	0	0	0	0	0	0	0	717	25.6
233	190	141	63	5	1	0	0	0	0	3 467	27.4
98	97	81	46	49	17	1	0	0	0	1 915	27.1
112	93	69	52	31	9	1	0	0	0	1 878	27.1
29	17	3	4	0	0	0	0	0	0	851	25.9
108	74	55	31	18	16	1	0	0	0	1 791	27.2
0	0	0	0	0	0	0	0	0	0	759	23.6
0	0	0	0	0	0	0	0	0	0	0	0.0
45	20	6	7	0	0	0	0	0	0	942	26.0
141	132	107	81	43	21	10	2	1	0	1 897	27.9
131	116	83	65	24	6	1	0	0	0	1 729	27.5
220	174	102	45	20	3	0	0	0	0	2 848	27.6
79	43	23	17	7	6	0	0	0	0	1 767	26.3
39	16	6	1	0	0	0	0	0	0	1 047	26.2
98	79	42	20	14	11	7	1	2	1	1 624	27.4
25	19	11	2	0	0	0	0	0	0	1 167	26.0
82	53	35	13	5	2	0	0	0	0	1 541	26.9
71	45	19	15	9	9	2	3	0	0	1 014	27.0
135	111	94	77	48	26	18	10	0	0	1 950	28.0
125	101	57	31	26	12	5	0	0	0	1 497	27.7
0	0	0	0	0	0	0	0	0	0	64	25.4
144	106	52	17	4	1	1	0	0	0	2 408	27.0
44	15	12	0	0	0	0	0	0	0	1 042	26.1
125	103	67	30	29	12	3	0	0	0	1 616	27.8

表 A.14　办公建筑在不同地区的制热季节及其小时数

地区	温度带 j	1	2	3	4	5	6	7	8	9	10	11	12	13	14
	外温 t_j/℃	−15	−14	−13	−12	−11	−10	−9	−8	−7	−6	−5	−4	−3	−2
	制热季节	外温 t_j 出现的													
北京	10 月 29 日～4 月 2 日	0	1	1	6	8	12	17	19	21	26	34	39	41	56
长春	10 月 3 日～5 月 7 日	30	50	62	49	74	35	53	50	52	51	37	42	53	51
长沙	11 月 20 日～3 月 17 日	0	0	0	0	0	0	0	0	0	0	0	0	1	3
成都	12 月 3 日～3 月 9 日	0	0	0	0	0	0	0	0	0	0	0	0	0	0
重庆	11 月 29 日～3 月 11 日	0	0	0	0	0	0	0	0	0	0	0	0	0	0
大连	10 月 29 日～4 月 19 日	0	2	7	11	27	20	28	19	19	20	41	56	76	49
福州	12 月 23 日～3 月 21 日	0	0	0	0	0	0	0	0	0	0	0	0	0	0
广州	不需要供暖	0	0	0	0	0	0	0	0	0	0	0	0	0	0
贵阳	10 月 29 日～3 月 28 日	0	0	0	0	0	0	0	0	0	0	0	0	0	6
哈尔滨	10 月 2 日～5 月 4 日	57	48	69	66	47	40	41	50	33	25	40	45	38	37
海口	不需要供暖	0	0	0	0	0	0	0	0	0	0	0	0	0	0
杭州	11 月 19 日～3 月 18 日	0	0	0	0	0	0	0	0	0	0	0	0	0	5
合肥	11 月 10 日～3 月 26 日	0	0	0	0	0	0	0	0	0	0	0	2	9	24
呼和浩特	10 月 3 日～4 月 28 日	31	33	34	42	38	52	71	71	65	54	48	54	48	42
济南	11 月 5 日～3 月 28 日	0	0	0	1	2	2	4	7	11	13	22	19	22	41
昆明	11 月 14 日～3 月 4 日	0	0	0	0	0	0	0	0	0	0	0	0	1	3
拉萨	1 月 3 日～12 月 29 日	0	0	1	1	5	8	13	20	30	35	45	45	54	61
兰州	10 月 12 日～4 月 13 日	4	3	8	7	16	29	23	29	39	55	45	50	48	61
南昌	11 月 26 日～3 月 28 日	0	0	0	0	0	0	0	0	0	0	0	0	0	3
南京	11 月 16 日～3 月 25 日	0	0	0	0	0	0	0	0	0	0	4	8	5	13
南宁	1 月 13 日～1 月 15 日	0	0	0	0	0	0	0	0	0	0	0	0	0	0
上海	11 月 27 日～3 月 22 日	0	0	0	0	0	0	0	0	0	0	0	4	5	7
沈阳	10 月 13 日～4 月 15 日	19	18	26	23	29	35	53	49	41	58	81	34	52	41
石家庄	10 月 30 日～3 月 29 日	0	0	0	1	3	4	5	13	16	20	27	36	47	56
太原	10 月 20 日～4 月 12 日	3	5	7	7	12	14	17	19	26	33	33	34	41	41
天津	11 月 5 日～3 月 29 日	0	0	0	2	4	7	10	21	21	32	36	37	46	57
乌鲁木齐	9 月 27 日～4 月 23 日	20	28	41	42	71	78	94	77	72	77	58	50	44	54
武汉	11 月 10 日～3 月 18 日	0	0	0	0	0	0	0	0	0	0	0	1	2	7
西安	11 月 6 日～3 月 26 日	0	0	0	0	0	0	0	0	7	16	18	22	39	41
西宁	9 月 19 日～5 月 23 日	23	24	22	32	38	36	41	45	50	50	44	60	54	64
厦门	12 月 22 日～2 月 28 日	0	0	0	0	0	0	0	0	0	0	0	0	0	0
银川	10 月 12 日～2 月 28 日	5	8	16	18	30	21	27	27	39	40	55	54	71	71
郑州	11 月 6 日～3 月 27 日	0	0	0	0	0	0	0	2	5	7	5	12	20	23

分布($t_j \leqslant 12$ ℃)(只考虑大于−15 ℃的制热小时数)

15	16	17	18	19	20	21	22	23	24	25	26	27	28	总制热小时数/h	加权平均外温/℃
−1	0	1	2	3	4	5	6	7	8	9	10	11	12		
小时数/h															
55	54	58	59	57	54	63	66	53	40	37	41	51	37	1 006	2.2
36	45	30	42	35	46	50	36	37	42	41	39	38	23	1 229	−2.4
5	37	27	25	47	52	75	71	58	85	84	65	57	52	744	6.7
0	6	6	14	19	43	64	92	103	99	71	62	42	31	652	7.3
0	0	0	2	1	11	16	44	96	119	87	137	79	37	629	8.7
56	58	69	82	80	74	64	42	35	40	38	45	35	30	1 123	1.1
0	0	0	0	0	0	5	7	21	41	73	82	76	72	377	9.9
0	0	0	0	0	0	0	0	0	0	0	0	0	0	0	—
10	26	31	44	62	58	72	95	97	95	70	72	66	52	856	6.5
30	37	32	39	47	41	40	36	30	31	42	25	21	18	1 105	−3.2
0	0	0	0	0	0	0	0	0	0	0	0	0	0	0	—
17	15	6	27	37	70	62	90	89	85	72	65	63	50	753	6.9
25	61	48	52	70	64	69	69	82	86	74	45	54	26	860	5.3
48	48	47	54	45	51	48	41	38	40	32	51	30	24	1 280	−2
34	47	54	44	83	64	59	69	52	59	60	40	37	29	875	3.7
2	13	16	13	20	23	44	39	51	46	58	59	49	48	485	7.4
65	64	75	68	91	75	100	113	96	101	99	142	126	140	1 673	4.3
69	59	62	64	77	60	65	54	63	57	34	36	35	26	1 178	0.9
10	4	11	21	43	57	90	74	97	90	85	92	65	47	789	7.2
17	42	45	59	66	73	91	87	85	77	54	37	32	31	826	5.2
0	0	0	0	0	0	0	0	1	4	1	3	1	0	10	8.9
8	24	21	39	61	60	72	68	64	77	83	66	39	54	752	6.4
60	52	33	42	39	42	44	31	43	39	46	56	36	33	1 155	−0.8
68	64	59	68	67	66	59	65	56	48	37	36	28	29	978	2.5
51	48	66	67	71	75	79	82	70	71	59	51	53	43	1 178	2.5
58	69	60	68	55	73	55	49	42	38	38	30	13	20	941	1.6
34	42	33	28	38	41	28	40	32	37	38	28	33	22	1 280	−3.1
20	19	38	47	52	53	62	92	91	62	74	70	64	48	802	6.4
48	68	75	87	89	86	71	48	44	37	29	37	33	26	921	3.1
64	60	68	78	70	62	71	68	58	61	60	52	62	36	1 453	0.1
0	0	0	0	3	1	4	3	10	10	33	46	44	46	200	10
71	63	62	50	47	44	52	51	54	55	40	25	31	19	1 146	0
37	55	57	47	50	57	88	88	91	84	63	66	44	34	935	4.9

表 A.15 租赁商铺在不同地区的制热季节及其小时数

地区	温度带 j	1	2	3	4	5	6	7	8	9	10	11	12	13	14
	外温 t_j/℃	−15	−14	−13	−12	−11	−10	−9	−8	−7	−6	−5	−4	−3	−2
	制热季节	外温 t_j 出现的													
北京	10月29日～4月2日	0	0	0	3	5	8	21	29	35	40	51	70	82	119
长春	10月3日～5月7日	78	88	126	104	120	81	101	94	88	83	68	84	74	96
长沙	11月20日～3月17日	0	0	0	0	0	0	0	0	0	0	0	0	0	1
成都	12月3日～3月9号	0	0	0	0	0	0	0	0	0	0	0	0	0	0
重庆	11月29日～3月11日	0	0	0	0	0	0	0	0	0	0	0	0	0	0
大连	10月29日～4月19日	0	0	4	20	40	40	48	48	38	53	102	122	115	100
福州	12月23日～3月21日	0	0	0	0	0	0	0	0	0	0	0	0	0	0
广州	不需要供暖	0	0	0	0	0	0	0	0	0	0	0	0	0	0
贵阳	10月29日～3月28日	0	0	0	0	0	0	0	0	0	0	0	0	0	7
哈尔滨	10月2日～5月4日	101	88	109	116	98	82	83	81	62	54	57	72	78	78
海口	不需要供暖	0	0	0	0	0	0	0	0	0	0	0	0	0	0
杭州	11月19日～3月18日	0	0	0	0	0	0	0	0	0	0	0	0	0	3
合肥	11月10日～3月26日	0	0	0	0	0	0	0	0	0	0	0	0	3	19
呼和浩特	10月3日～4月28日	34	55	71	85	101	99	128	115	104	101	101	108	106	96
济南	11月5日～3月28日	0	0	0	0	2	1	4	8	11	24	40	40	41	67
昆明	11月14日～3月4日	0	0	0	0	0	0	0	0	0	0	0	0	0	0
拉萨	1月3日～12月29日	0	0	0	1	2	4	13	15	27	34	47	51	64	73
兰州	10月12日～4月13日	4	4	6	8	12	32	30	38	53	75	74	82	89	104
南昌	11月26日～3月28日	0	0	0	0	0	0	0	0	0	0	0	1	1	6
南京	11月16日～3月25日	0	0	0	0	0	0	0	0	0	0	2	3	7	24
南宁	1月13日～1月15日	0	0	0	0	0	0	0	0	0	0	0	0	0	0
上海	11月27日～3月22日	0	0	0	0	0	0	0	0	0	0	0	1	4	16
沈阳	10月13日～4月15日	32	42	38	41	63	69	108	89	110	118	111	69	83	78
石家庄	10月30日～3月29日	0	0	0	0	2	2	4	12	27	33	27	49	76	103
太原	10月20日～4月12日	0	3	6	2	13	13	24	28	35	41	54	61	84	88
天津	11月5日～3月29日	0	0	0	0	5	7	22	32	34	41	51	66	102	111
乌鲁木齐	9月27日～4月23日	47	57	65	76	123	140	160	145	116	149	114	95	80	94
武汉	11月10日～3月18日	0	0	0	0	0	0	0	0	0	0	0	0	2	7
西安	11月6日～3月26日	0	0	0	0	0	0	0	0	3	10	18	40	52	75
西宁	9月19日～5月23日	15	26	23	34	45	44	55	73	92	89	107	115	111	136
厦门	12月22日～2月28日	0	0	0	0	0	0	0	0	0	0	0	0	0	0
银川	10月12日～2月28日	2	10	10	16	23	24	38	41	69	78	105	118	130	148
郑州	11月6日～3月27日	0	0	0	0	0	0	0	1	1	3	1	9	30	37

分布($t_j \leqslant 12$ ℃)(只考虑大于－15 ℃的制热小时数)

15	16	17	18	19	20	21	22	23	24	25	26	27	28	总制热小时数/h	加权平均外温/℃
－1	0	1	2	3	4	5	6	7	8	9	10	11	12		
小时数/h															
115	122	108	117	108	100	116	120	105	83	83	73	83	66	1 862	2.5
65	87	79	79	60	80	79	63	58	78	78	62	62	63	2 278	－2.7
5	48	41	58	79	88	125	113	111	163	176	127	106	95	1 336	6.9
0	1	5	11	20	52	114	186	233	201	140	95	67	56	1 181	7.5
0	0	0	1	2	8	25	68	133	237	182	232	175	96	1 159	9.0
116	117	128	154	125	122	97	77	68	73	68	82	60	50	2 067	0.9
0	0	0	0	0	0	0	5	38	101	138	140	118	131	671	9.9
0	0	0	0	0	0	0	0	0	0	0	0	0	0	0	—
18	33	52	53	81	126	132	167	156	160	152	132	117	96	1 482	6.8
66	82	83	79	77	68	71	69	58	44	58	38	27	32	2 011	－3.4
0	0	0	0	0	0	0	0	0	0	0	0	0	0	0	—
15	22	21	45	83	142	127	154	163	149	130	123	123	73	1 373	6.9
40	90	74	107	141	134	158	120	138	154	155	87	101	61	1 582	5.7
104	105	88	100	91	83	67	74	68	71	64	74	54	46	2 393	－2.1
68	97	111	90	162	134	114	129	105	106	94	72	69	53	1 642	3.8
4	13	21	16	18	32	57	53	76	82	118	125	130	110	855	8.3
95	100	131	124	159	158	177	205	171	182	168	212	223	255	2 691	5.1
119	135	134	118	143	127	134	110	125	104	68	70	68	51	2 117	1.7
12	11	21	37	65	99	149	168	173	163	153	148	115	70	1 392	7.1
25	66	79	101	135	173	159	156	149	127	96	65	66	66	1 499	5.4
0	0	0	0	0	0	0	0	1	13	12	6	2	2	36	9.0
18	33	30	61	110	122	150	123	117	138	155	115	79	88	1 360	6.5
98	104	84	102	76	85	88	70	79	65	74	89	61	54	2 180	－1.0
151	142	119	137	136	115	93	101	92	97	82	67	58	64	1 789	2.8
114	103	129	138	132	136	154	157	125	122	104	87	78	68	2 099	2.9
112	138	144	132	101	116	96	87	77	72	68	58	38	37	1 747	1.8
73	64	58	57	70	74	57	65	45	60	62	61	61	50	2 318	－3.1
24	36	62	67	96	108	131	167	150	134	163	144	123	84	1 498	6.6
109	138	138	159	135	137	120	102	99	79	67	68	53	52	1 654	3.4
123	123	125	133	127	121	121	121	106	112	124	117	108	108	2 634	1.1
0	0	0	0	3	4	4	5	18	34	68	88	88	72	384	9.9
136	109	114	103	85	92	107	97	106	110	82	67	58	39	2 117	0.8
69	92	109	112	117	147	146	170	160	139	113	108	79	56	1 699	5.1

机组制热季节消耗功率计算式如下：

$$HSPC = \sum_{j=1}^{28} P_{h}(t_j) \times n_j \qquad \text{(A. 71)}$$

A. 5. 1. 3 全年耗能(AEC)的计算

$$AEC = CSGC + CSPC + HSGC + HSPC \qquad \text{(A. 72)}$$

A. 5. 2 全年性能系数(APF)的计算

A. 5. 2. 1 制冷季节性能系数(CSPF)

$$CSPF = \frac{CSTL}{CSGC + CSPC} \qquad \text{(A. 73)}$$

A. 5. 2. 2 制热季节性能系数(HSPF)

$$HSPF = \frac{HSTL}{HSGC + HSPC} \qquad \text{(A. 74)}$$

A. 5. 2. 3 全年性能系数(APF)

$$APF = \frac{CSTL + HSTL}{AEC} \qquad \text{(A. 75)}$$

附　录　B
（规范性附录）
燃气消耗热量试验

B.1　测量装置

B.1.1　按图 B.1 连接燃气源、被试机及测量仪器。

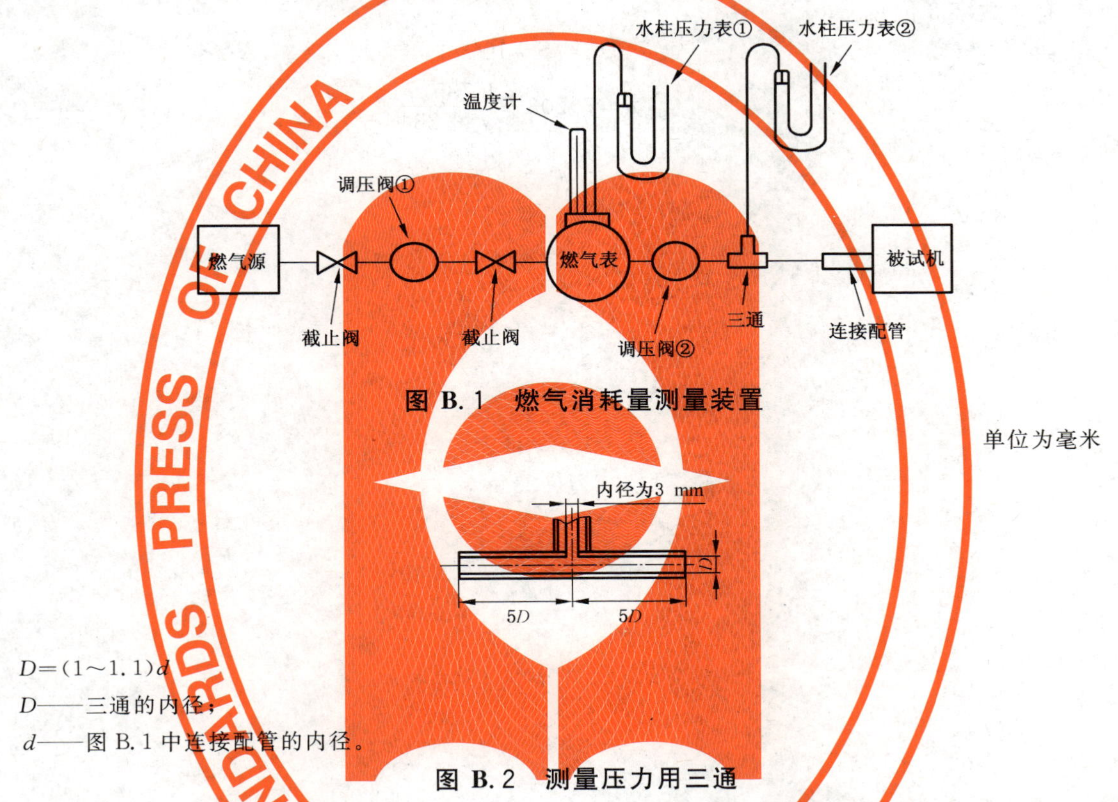

图 B.1　燃气消耗量测量装置

$D=(1\sim1.1)d$

D——三通的内径；

d——图 B.1 中连接配管的内径。

图 B.2　测量压力用三通

B.1.2　燃气源接管口径与被试机燃气入口等径，燃气入口到连接水柱压力表②的三通的距离要尽可能的短并要小于 100 mm，之间不应有弯头和变径。

B.1.3　测量压力用的三通应符合图 B.2 要求。

B.1.4　调压阀②应能将试验燃气压力的波动范围调整到±20 Pa。但是，若燃气表入口的压力能满足以上要求时，也可以省略此件。

B.2　测量方法

B.2.1　依据图 B.1 水柱压力表②，将燃气压力调整到与 4.2.4 规定的压力。

B.2.2　启动被试机后，燃气流量达到稳定状态后开始测量。

B.2.3　测量一次时间应在 1 min 以上。

B.2.4　测量时，连续测量值的差在±2%以内的值作为实测燃气流量值（V_a）。

B.3　燃气消耗热量（I_s）的计算

$$I_s=\frac{1}{3.6}\times Q\times V_a\times\frac{273}{273+t_g}\times\frac{B+P_m-S}{101.3}$$

式中：

I_s——燃气消耗热量，单位为千瓦(kW)；

Q——燃气的低位发热量，单位为兆焦每标准立方米(MJ/Nm^3)；

$\dot{V}_a$——实测燃气流量(燃气流量计的读数)，单位为立方米每小时(m^3/h)；

P_m——水柱压力表①显示的压力，单位为千帕(kPa)；

t_g——测量时燃气表的燃气温度，单位为摄氏度(℃)；

B——测量时的大气压，单位为千帕(kPa)；

S——温度 t_g 时饱和水蒸气压力，单位为千帕(kPa)。t_g 为 0 ℃～100 ℃之间时，按下式计算(保留有效数字 3 位)：

$$S=10^{\alpha}$$

$$\alpha=7.203-\frac{1\,735.74}{t_g+234}$$

附 录 C
（规范性附录）
发动机启动试验

C.1 适用范围

本附录规定了机组发动机启动时的性能试验方法。

C.2 试验条件

电源及试验用燃气条件如下。

C.2.1 电源

电源电压按被试机额定电压的90％及110％分别试验，频率为被试机额定频率。

C.2.2 试验用燃气

应为被试机铭牌上所示的燃气种类，其燃气压力按4.2.4规定的最高压力及最低压力分别试验。

C.3 试验方法

C.3.1 启动试验

启动被试机，在正常使用状态下运转1 min后停止，冷却至常温后，再次启动。连续进行3次上述操作。

C.3.2 异常确认试验

通过C.3.1的试验，确认有无回火等异常现象。

附　录　D
（规范性附录）
CO 浓度试验

D.1　适用范围

本附录规定了机组烟气中一氧化碳(CO)浓度的试验方法。

D.2　试验条件

D.2.1　CO 浓度测量点，按附录 E 中表 E.3 规定的制冷运转 6 点及表 E.4 规定的制热运转 6 点，合计 12 点。
D.2.2　测量装置见图 D.1。
D.2.3　烟气取样管应使用澳氏体不锈钢材质，插入排气管中 600 mm 以上。若无法插入 600 mm 以上可使用排气延长管，并防止空气漏入。烟气取样管的插入应尽可能不影响烟气的顺利排出。
D.2.4　从烟气取样管到测量仪器的连接管应使用氟化橡胶管。
D.2.5　从烟气取样管到测量仪器的距离应在 5 m 以内。但是，根据试验室状况可以超过 5 m，此距离应尽可能的短。

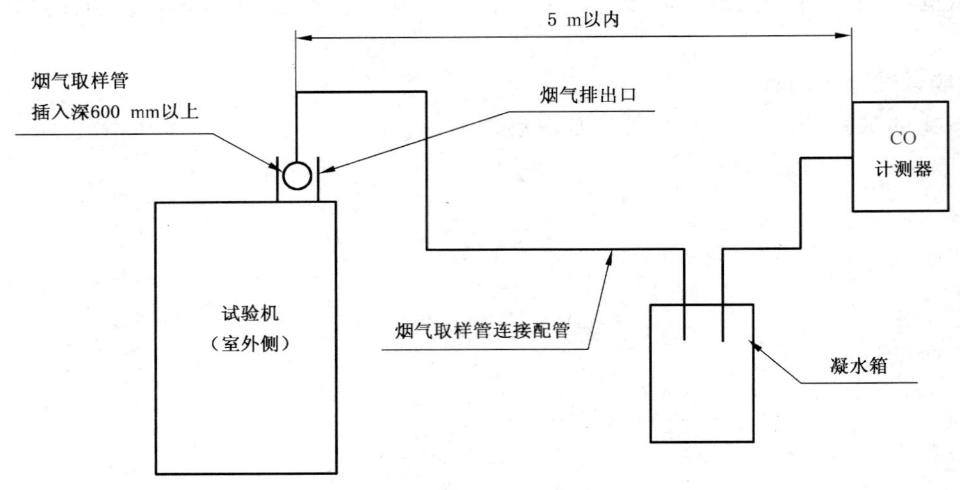

图 D.1　CO 浓度测量装置

D.3　试验方法

D.3.1　被试机运转稳定状态 15 min 后开始测量，连续测量 5 min CO 浓度及 O_2 浓度，其间的平均值作为测量值。
D.3.2　进入融霜运转时，融霜运转结束 15 min 后开始测量，连续测量 5 min CO 浓度及 O_2 浓度，其间的平均值作为测量值。
D.3.3　根据上述 D.3.1 和 D.3.2 的制冷、制热运转各 6 个点的测量值，算出烟气中的理论干燥 CO 体积浓度(换算成 $O_2=0\%$的值)，其中的最大值为 CO 浓度值。

附　录　E
（规范性附录）
NO_x 浓度试验

E.1　适用范围

本附录规定了机组烟气中的氮氧化物（NO_x）浓度的试验方法。

E.2　术语与定义

E.2.1

发动机最高转速　engine maximum speed

被试机在制冷与制热能力试验条件下运转时的发动机转速。

E.2.2

发动机最低转速　engine minimum speed

被试机发动机转速的下限值。

E.2.3

年模拟运转　annual simulation runnning

根据一定的假定条件和一定试验条件下的试验结果，计算出不同室外温度条件下被试机的运转状态参数（发动机转速、制冷量、制热量、消耗燃气热量、NO_x 浓度等）。

E.3　试验顺序

E.3.1　制冷与制热能力试验；

E.3.2　NO_x 浓度测量点的确定；

E.3.3　NO_x 浓度测量试验；

E.3.4　NO_x 12 状态值的计算。

E.4　制冷与制热能力试验

E.4.1　试验种类

按表 E.1 规定。其中：低湿制冷试验、断续制冷试验及断续制热试验可以省略。

表 E.1　制冷和制热试验种类及温度条件

试验种类	室内侧吸入空气温度		室外侧吸入空气温度	
	干球温度	湿球温度	干球温度	湿球温度
名义制冷能力试验	27 ℃[a]	19 ℃[a]	35 ℃[a]	—
低室外温度制冷试验	27±1.0 ℃	19±0.5 ℃	29±1.0 ℃	
低湿制冷试验		16 ℃以下[b]		
断续制冷试验	27±1.5 ℃		29±1.5 ℃	
名义制热能力试验	20 ℃[a]	—	7 ℃[a]	6 ℃[a]
断续制热试验	20±1.5 ℃		7±1.5 ℃	6±1.0 ℃
低温制热试验	20 ℃[a]	15 ℃以下[c]	2 ℃[a]	1 ℃[a]
超低室外温度制热试验	20±2.0 ℃		−8.5±2.0 ℃	−9.5±1.0 ℃[d]

表 E.1（续）

试验种类	室内侧吸入空气温度		室外侧吸入空气温度	
	干球温度	湿球温度	干球温度	湿球温度
a 容许偏差见正文表 11 和表 12。 b 所谓 16 ℃以下是指室内侧热交换器不结露温度。 c 适用于湿球温度影响室内侧热交换器的情况。 d 也可以是与湿球温度对应的露点温度。				

E.4.2 试验条件

E.4.2.1 被试机的制冷量和制热量的试验装置按 GB/T 17758—1999 附录 A 进行。

E.4.2.2 试验工况见表 E.1。

E.4.2.3 被试机在额定频率、额定电压(允许波动范围±2%)下运转。

E.4.2.4 试验用燃气为表 2 规定的液化石油气中的 20Y 气体(标准压力)。

E.4.3 试验方法

按表 E.1 的各温度条件，进行表 E.2 中各项目的测量。

表 E.2 制冷(制热)试验测量项目

试验种类	测定项目	测量值
名义制冷能力试验	发动机在最高转速下运转时的制冷量(kW)、 消耗燃气热量(kW)	Φ_{c1} G_{c1}
	发动机在最低转速下运转时的制冷量(kW)、 消耗燃气热量(kW)	Φ_{c2} G_{c2}
低室外温度制冷试验	发动机在最高转速下运转时的制冷量(kW)、 消耗燃气热量(kW)	Φ_{c3} G_{c3}
	发动机在最低转速下运转时的制冷量(kW)、 消耗燃气热量(kW)	Φ_{c4} G_{c4}
低湿制冷试验	发动机在最低转速下运转时的制冷量(kW)、 消耗燃气热量(kW)	Φ_{c5} G_{c5}
断续制冷试验	发动机在最低转速下运转时的制冷量(kW)、 消耗燃气热量(kW)	Φ_{c6} G_{c6}
名义制热能力试验	发动机在最高转速下运转时的制热量(kW)、 消耗燃气热量(kW)	Φ_{h1} G_{h1}
	发动机在最低转速下运转时的制热量(kW)、 消耗燃气热量(kW)	Φ_{h2} G_{h2}
断续制热试验	发动机在最低转速下运转时的制热量(kW)、 消耗燃气热量(kW)	Φ_{h3} G_{h3}
低温制热试验	发动机在最高转速下运转时的制热量(kW)、 消耗燃气热量(kW) 判断室外机热交换器有无结霜	Φ_{h4} G_{h4}
超低室外温度制热试验	发动机在最高转速下运转时的制热量(kW)、 消耗燃气热量(kW)	Φ_{h5} G_{h5}
	发动机在最低转速下运转时的制热量(kW)、 消耗燃气热量(kW)	Φ_{h6} G_{h6}

E.4.3.1 名义制冷能力试验

在表E.1的名义制冷能力试验条件下，发动机分别在最高转速及最低转速下稳定运行1 h后，30 min内每隔5 min测量1次制冷量及消耗燃气热量，求出7次测量值的平均值。

E.4.3.2 低室外温度制冷试验

在表E.1的低室外温度制冷试验条件下，发动机分别在最高转速及最低转速下稳定运行1 h后，30 min内每隔5 min测量1次制冷量及消耗燃气热量，求出7次测量值的平均值。

E.4.3.3 低湿制冷试验

在表E.1的低湿制冷试验条件下，发动机在最低转速下稳定运行1 h后，30 min内每隔5 min测量1次制冷量及消耗燃气热量，求出7次测量值的平均值。

E.4.3.4 断续制冷试验

在表E.1的断续制冷试验条件下，发动机在最低转速断续运转时的制冷量及消耗燃气热量，按下列条件求出：

a) 手动开停室内机，反复断续运转1 h以上，稳定运行后，连续测出断续运转3个周期的制冷量及消耗燃气热量，其测量值换算成1 h的值。

b) 断续运转时间为运转7 min、停止5 min，断续运转1个周期是指从运转开始到下一运转开始。

c) 制冷量测量间隔为10 s以内，消耗燃气热量测量为运转中累计值。

E.4.3.5 名义制热能力试验

在表E.1名义制热能力试验条件下，发动机分别在最高转速及最低转速下稳定运行1 h后，30 min内每隔5 min测量1次制热量及消耗燃气热量，求出7次测量值的平均值。

E.4.3.6 断续制热试验

在表E.1断续制热试验条件下，发动机在最低转速断续运转时的制热量及消耗燃气热量按下列条件求出。

a) 手动开停室内机，反复断续运转1 h以上，稳定运行后，连续测出断续运转3个周期的制热及消耗燃气热量，其测量值换算成1 h的值。

b) 断续运转时间为运转5 min、停止3 min，断续运转1个周期为从运转开始到下一运转开始。

c) 制热量测量间隔应在10 s以内，消耗燃气热量为运转中的累计值。

E.4.3.7 低温制热试验

在表E.1低温制热试验条件下，发动机最高转速运转时的制热量及消耗燃气热量按下列条件求出：

a) 运转3 h，室内机及室外机的吹出空气干球温度的最大变动幅度如果在±1.0 ℃以内，且室外机热交换器无霜，自动融霜试验可以省略。

b) 试验中，在3 h以内进入融霜运转时，或当室内机及室外机吹出空气干球温度的最大变动幅度超出±1.0 ℃时，则进行自动融霜试验。

c) 带有融霜的测量时间应为连续3个融霜周期(所谓融霜周期是指从进入制热运转开始到融霜运转停止，又进入下一制热运转)。但1个融霜周期超过3 h算为1个融霜周期。制热量测量间隔为10 s以内，消耗燃气热量测量为运转中累计值，各测量值换算成1 h的值。

d) 机组无融霜功能时的测量时间为6 h。测量间隔为10 min以内，制热量及消耗燃气热量的各测量值换算成1 h的值。

E.4.3.8 超低室外温度制热试验

在表E.1超低室外温度制热试验条件下，发动机分别在最高转速及最低转速下稳定运转30 min后，在20 min内测量制热量及消耗燃气热量。制热量测量间隔为10 s以内，消耗燃气热量测量为运转中累计值，各测量值换算成1 h的值。

E.5 NO_x 浓度测量点的确定

E.5.1 NO_x 浓度测量点：

如表 E.3 所示的制冷运转 6 点及表 E.4 所示的制热运转 6 点，合计 12 点。

表 E.3 制冷运转 NO_x 浓度测量点

测量点	室内侧吸入空气温度		室外侧吸入空气温度		发动机转速/s^{-1}	测量值/$\times 10^{-6}$(ppm)
	干球温度	湿球温度	干球温度	湿球温度		
①	(27±1.0)℃	(19±0.5)℃	(35±1.0)℃	(24±0.5)℃	最高转速 R_{cmax}	NO_{xc1}
②			(33±1.0)℃	a	最高转速 R_{cmax}	NO_{xc2}
③			(t_{c3} ±1.0)℃		中间转速 R_{c3}	NO_{xc3}
④			(t_{c4} ±1.0)℃		中间转速 R_{c4}	NO_{xc4}
⑤			(t_{c5} ±1.0)℃		最低转速 R_{cmin}	NO_{xc5}
⑥			(23±1.0)℃		最低转速 R_{cmin}	NO_{xc6}

a 相对湿度为(40±5)%时的湿球温度。

表 E.4 制热运转 NO_x 浓度测量点

测量点	室内侧吸入空气温度		室外侧吸入空气温度		发动机转速/s^{-1}	测量值/$\times 10^{-6}$(ppm)
	干球温度	湿球温度	干球温度	湿球温度		
①	(20±1.0)℃	—	(−5±1.0)℃	a	最高转速 R_{hmax}	NO_{xh1}
②			(t_{h2} ±1.0)℃		最高转速 R_{hmax}	NO_{xh2}
③			(t_{h3} ±1.0)℃		中间转速 R_{h3}	NO_{xh3}
④			(t_{h4} ±1.0)℃		中间转速 R_{h4}	NO_{xh4}
⑤			(t_{h5} ±1.0)℃		最低转速 R_{hmin}	NO_{xh5}
⑥			(14±1.0)℃		最低转速 R_{hmin}	NO_{xh6}

a 相对湿度为 85%时的湿球温度。

E.5.2 表 E.3 中的 t_{c3}、t_{c4}、t_{c5}、R_{c3}、R_{c4} 按下式求出。

$t_{cmax}=33$ ℃，t_{cmin} 值根据名义制冷能力试验及低室外温度制冷试验测量值(表 E.2)，按表 E.5 计算求出。

$t_{c3}=(2t_{cmax}+t_{cmin})/3$，取最接近整数的温度；

$t_{c4}=(t_{cmax}+2t_{cmin})/3$，取最接近整数的温度；

$t_{c5}=t_{cmin}$ 以下，t_{cmin} 中最接近整数的温度；

$$R_{c3}=R_{cmin}+(R_{cmax}-R_{cmin})\frac{t_{c3}-t_{cmin}}{t_{cmax}-t_{cmin}};$$

$$R_{c4}=R_{cmin}+(R_{cmax}-R_{cmin})\frac{t_{c4}-t_{cmin}}{t_{cmax}-t_{cmin}}。$$

表 E.5 制冷量及消耗燃气热量计算式

运转条件	计 算 式
制冷	$\Phi_{cmax}(t)=\Phi_{c1}+(\Phi_{c3}-\Phi_{c1})(35-t)/6$ $\Phi_{cmin}(t)=\Phi_{c2}+(\Phi_{c4}-\Phi_{c2})(35-t)/6$ $\Phi_{cmid}=BL_c(t)$ $g_{cmax}(t)=G_{c1}+(G_{c3}-G_{c1})(35-t)/6$ $g_{cmin}(t)=G_{c2}+(G_{c4}-G_{c2})(35-t)/6$ $g_{cmid}(t)=g_{cmin}(t_{cmin})+[g_{cmax}(33)-g_{cmin}(t_{cmin})]\frac{t-t_{cmin}}{33-t_{cmin}}$ $BL_c(t)=\Phi_{cmax}(33)\times(t-22)/11=(2\Phi_{c1}+\Phi_{c3})(t-22)/33$ $t_{cmax}=33$ $t_{cmin}=22+\frac{11(13\Phi_{c4}-7\Phi_{c2})}{11(\Phi_{c4}-\Phi_{c2})+2\Phi_{c3}+4\Phi_{c1}}$ 式中： $\Phi_{cmax}(t)$——发动机最高转速下运转时的制冷量，单位为千瓦(kW)； $\Phi_{cmin}(t)$——发动机最低转速下运转时的制冷量，单位为千瓦(kW)； $\Phi_{cmid}(t)$——发动机中间转速下运转时的制冷量，单位为千瓦(kW)； $g_{cmax}(t)$——发动机最高转速制冷运转时消耗燃气热量，单位为千瓦(kW)； $g_{cmin}(t)$——发动机最低转速制冷运转时消耗燃气热量，单位为千瓦(kW)； $g_{cmid}(t)$——发动机中间转速制冷运转时消耗燃气热量，单位为千瓦(kW)； $BL_c(t)$——建筑物制冷负荷，单位为千瓦(kW)； t——室外温度或室外侧吸入空气干球温度，单位为摄氏度(℃)； t_{cmax}——$BL_c(t)$与或$\Phi_{cmax}(t)$平衡时的室外温度，单位为摄氏度(℃)； t_{cmin}——$BL_c(t)$与$\Phi_{cmin}(t)$平衡时的室外温度，单位为摄氏度(℃)。

E.5.3 表 E.4 中 t_{h2}、t_{h3}、t_{h4}、t_{h5}、R_{h3}、R_{h4}按下式求出

以低温制热试验结果来判断制热有无结霜。

t_{hb}值根据名义制热能力试验、超低室外温度制热试验的测量值(表 E.2)，按表 E.6 中计算式求出。

t_{fa}、t_{fb}值根据名义制热能力试验、低温制热试验及超低室外温度制热试验的测量值(表 E.2)，按表 E.7 中计算式求出。

$t_{h2}=t_{hmax}$以下，t_{hmax}取最接近整数的温度；

$t_{h3}=(2t_{hmax}+t_{hmin})/3$，取最接近整数的温度；

$t_{h4}=(t_{hmax}+2t_{hmin})/3$，取最接近整数的温度；

$t_{h5}=t_{hmin}$以上，t_{hmin}取最接近整数的温度；

$$R_{h3}=R_{hmin}+(R_{hmax}-R_{hmin})\frac{t_{h3}-t_{hmin}}{t_{hmax}-t_{hmin}};$$

$$R_{h4}=R_{hmin}+(R_{hmax}-R_{hmin})\frac{t_{h4}-t_{hmin}}{t_{hmax}-t_{hmin}}。$$

a) 制热无霜时：$t_{hmax}=t_{ha}$，$t_{hmin}=t_{hb}$；

b) 制热结霜时：$t_{hmax}=t_{fa}$，$t_{hmin}=t_{fb}$

当$t_{fb}\geqslant 5.5$ ℃时，$t_{hmin}=5.5$ ℃。

表 E.6 制热量及消耗燃气热量计算式(制热无霜时)

运转条件	计 算 式
制热无霜时	$\Phi_{hmax}(t)=\Phi_{h5}+(\Phi_{h1}-\Phi_{h5})(t+8.5)/15.5$ $\Phi_{hmin}(t)=\Phi_{h6}+(\Phi_{h2}-\Phi_{h6})(t+8.5)/15.5$ $\Phi_{hmid}=BL_h(t)$ $g_{hmax}(t)=G_{h5}+(G_{h1}-G_{h5})(t+8.5)/15.5$ $g_{hmin}(t)=G_{h6}+(G_{h2}-G_{h6})(t+8.5)/15.5$ $g_{hmid}(t)=g_{hmax}(-2)+[g_{hmin}(t_{hb})-g_{hmax}(-2)]\frac{t+2}{t_{hb}+2}$ $BL_h(t)=\Phi_{hmax}(-2)\times(15-t)/17=(225\Phi_{h1}+302\Phi_{h5})(15-t)/527$ $t_{ha}=-2$ $t_{hb}=15-\frac{17(47\Phi_{h2}-16\Phi_{h6})}{34(\Phi_{h4}-\Phi_{h6})+13\Phi_{h1}+18\Phi_{h5}}$ 式中： $\Phi_{hmax}(t)$——发动机最高转速下运转时的制热量,单位为千瓦(kW); $\Phi_{hmin}(t)$——发动机最低转速下运转时的制热量,单位为千瓦(kW); $\Phi_{hmid}(t)$——发动机中间转速下运转时的制热量,单位为千瓦(kW); $g_{hmax}(t)$——发动机最高转速制热运转时消耗燃气热量,单位为千瓦(kW); $g_{hmin}(t)$——发动机最低转速制热运转时消耗燃气热量,单位为千瓦(kW); $g_{hmid}(t)$——发动机中间转速制热运转时消耗燃气热量,单位为千瓦(kW); $BL_h(t)$——建筑物制冷负荷,单位为千瓦(kW); t——室外温度或室外侧吸入空气干球温度,单位为摄氏度(℃); t_{ha}——$BL_h(t)$和$\Phi_{hmax}(t)$均衡时的室外温度,单位为摄氏度(℃); t_{hb}——$BL_h(t)$和$\Phi_{hmin}(t)$均衡时的室外温度,单位为摄氏度(℃)。

表 E.7 制热量及消耗燃气热量计算式(制热结霜时)

运转条件	计 算 式
制热结霜时	$\Phi_{fmax}(t)=\Phi_{h5}+(\Phi_{h4}-\Phi_{h5})(t+8.5)/10.5$ $\Phi_{fmin}(t)=\Phi_{h6}+(C_\Phi\cdot\Phi_{h4}-\Phi_{h6})(t+8.5)/10.5$ $\Phi_{fmid}=BL_h(t)$ $g_{fmax}(t)=G_{h5}+(G_{h4}-G_{h5})(t+8.5)/10.5$ $g_{fmin}(t)=G_{h6}+(C_g\cdot G_{h4}-G_{h6})(t+8.5)/10.5$ $g_{fmid}(t)=g_{fmax}(t_{fa})+[g_{fmin}(t_{fb})-g_{fmax}(t_{fa})]\frac{t-t_{fa}}{t_{fb}-t_{fa}}$ $BL_h(t)=\Phi_{hmax}(-2)\times(15-t)/17=(225\Phi_{h1}+302\Phi_{h5})(15-t)/527$ $C_\Phi=(21\Phi_{h2}+10\Phi_{h6})/(21\Phi_{h1}+10\Phi_{h5})$ $C_g=(21\Phi_{h2}+10\Phi_{h6})/(21\Phi_{h1}+10\Phi_{h5})$ $t_{fa}=15-\frac{17(47\Phi_{h4}-26\Phi_{h5})}{34(\Phi_{h4}-\Phi_{h5})+(21/31)(13\Phi_{h1}+18\Phi_{h5})}$ $t_{fb}=15-\frac{17(47C_\Phi\Phi_{h4}-26\Phi_{h6})}{34(C_\Phi\Phi_{h4}-\Phi_{h6})+(21/31)(13\Phi_{h1}+18\Phi_{h5})}$ 式中： $\Phi_{fmax}(t)$——发动机最高转速下运转时的制热量,单位为千瓦(kW); $\Phi_{fmin}(t)$——发动机最低转速下运转时的制热量,单位为千瓦(kW); $\Phi_{fmid}(t)$——发动机中间转速下运转时的制热量,单位为千瓦(kW); $g_{fmax}(t)$——发动机最高转速制热运转时消耗燃气热量,单位为千瓦(kW); $g_{fmin}(t)$——发动机最低转速制热运转时消耗燃气热量,单位为千瓦(kW); $g_{fmid}(t)$——发动机中间转速制热运转时消耗燃气热量,单位为千瓦(kW); $BL_h(t)$——建物制热负荷,单位为千瓦(kW); t——室外温度或室外侧吸入空气干球温度,单位为摄氏度(℃); t_{fa}——$BL_h(t)$与$\Phi_{fmax}(t)$平衡时的室外温度,单位为摄氏度(℃); t_{fb}——$BL_h(t)$与$\Phi_{fmin}(t)$平衡时的室外温度,单位为摄氏度(℃)。

E.5.4 当发动机转速为步进式控制时，R_{c3}、R_{c4}、R_{h3}、R_{h4} 分别按 E.5.2 及 E.5.3 计算，取最接近发动机实际转速的值。

E.6 NO_x 浓度测量试验

E.6.1 试验条件

a) NO_x 浓度测量点，见表 E.3 及表 E.4。

b) 测量装置见图 E.1。

c) 烟气取样管应使用澳氏体不锈钢材质，插入排气管中 600 mm 以上。若无法插入 600 mm 以上可使用排气延长管，并防止空气漏入。烟气取样管的插入应尽可能不影响烟气的顺利排出。

d) 从烟气取样管到测量仪器的连接管应使用氟化橡胶管。

e) 从烟气取样管到测量仪器的距离应在 5 m 以内。根据试验室状况可以超过 5 m，但此距离应尽可能的短。

E.6.2 试验方法

E.6.2.1 被试机运转状态稳定 15 min 后开始测量，连续测量 5 min NO_x 浓度及 O_2 浓度，其间的平均值为测量值（换算成 O_2 =0%的值）。

E.6.2.2 进入融霜运转时，融霜运转结束 15 min 后开始测量，连续测量 5 min NO_x 浓度及 O_2 浓度，其间的平均值作为测量值（换算成 O_2 =0%的值）。

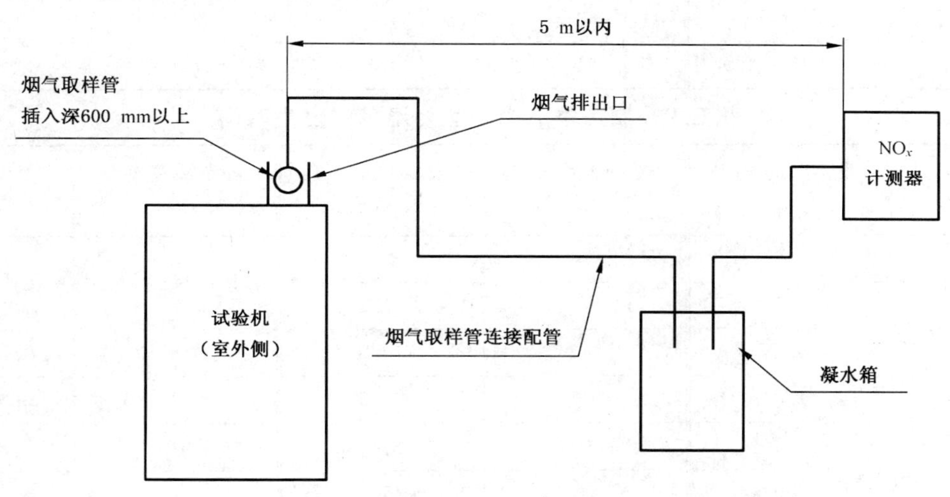

图 E.1 NO_x 浓度测量装置

E.7 NO_x12 状态值的计算

E.7.1 NO_x12 状态值计算方法：

E.7.1.1 根据制冷能力试验及 NO_x 浓度测量试验结果，从 23 ℃～38 ℃之间每一度的各室外温度下制冷运转时的消耗燃气热量及 NO_x 浓度（换算成 O_2 =0%的值），按表 E.5、E.7.2 及 E.7.4 计算求出。

E.7.1.2 根据制热能力试验及 NO_x 浓度测量试验结果，从－14 ℃～12 ℃之间每一度的各室外温度下制热运转时的消耗燃气热量及 NO_x 浓度（换算成 O_2 =0%的值），按表 E.6、表 E.7、E.7.3 及 E.7.5 计算求出。

E.7.1.3 根据 E.7.1.1 及 E.7.1.2 的计算值，对各室外温度发生的时间进行加权，根据下式算出 NO_x12 状态值。其中，$n_c(t)$、$n_h(t)$ 按表 E.8 及表 E.9 中取值。

$$NO_{x12}=\frac{\sum_{t=23}^{38}NO_{xc}(t)\cdot g_c(t)\cdot n_c(t)+\sum_{t=-14}^{12}NO_{xh}(t)\cdot g_h(t)\cdot n_h(t)}{\sum_{t=23}^{38}g_c(t)\cdot n_c(t)+\sum_{t=-14}^{12}g_h(t)\cdot n_h(t)}$$

式中：

NO_{x12}——氮氧化物12点状态值；

$NO_{xc}(t)$——室外温度为t、制冷运转时的NO_x浓度$\times10^{-6}$(ppm)；(换算成$O_2=0\%$的值)；

$NO_{xh}(t)$——室外温度为t、制热运转时的NO_x浓度$\times10^{-6}$(ppm)；(换算成$O_2=0\%$的值)；

$g_c(t)$——室外温度为t、制冷运转时的消耗燃气热量，单位为千瓦(kW)；

$g_h(t)$——室外温度为t、制热运转时的消耗燃气热量，单位为千瓦(kW)；

$n_c(t)$——制冷季节中各室外温度t的发生时间数，单位为小时(h)；

$n_h(t)$——制热季节中各室外温度t的发生时间数，单位为小时(h)。

表 E.8 制冷季节各室外温度的发生时间

室外温度 t_c/℃	发生时间 n_c/h	室外温度 t_c/℃	发生时间 n_c/h	室外温度 t_c/℃	发生时间 n_c/h
23	79.3	29	78.3	35	12.2
24	98.5	30	67.8	36	3.8
25	104.2	31	61.5	37	1.0
26	94.0	32	46.3	38	0.0
27	89.7	33	34.7		
28	85.7	34	24.3	合计	881.3

表 E.9 制热季节中各室外温度的发生时间

室外温度 t_h/℃	发生时间 n_h/h	室外温度 t_h/℃	发生时间 n_h/h	室外温度 t_h/℃	发生时间 n_h/h
−14	0.0	−4	9.3	6	61.5
−13	0.2	−3	12.2	7	60.7
−12	0.2	−2	15.0	8	57.2
−11	1.0	−1	20.5	9	54.3
−10	1.3	0	23.0	10	45.5
−9	2.0	1	35.7	11	42.2
−8	2.8	2	38.3	12	36.8
−7	3.2	3	48.0	合计	693.6
−6	4.7	4	55.8		
−5	7.0	5	55.2		

E.7.2 制冷运转时消耗燃气热量的计算

a) $t\geqslant 33$ ℃时

$$g_c(t)=g_{cmax}(t)$$

b) 33 ℃$>t\geqslant t_{cmin}$时

$$g_c(t)=g_{cmid}(t)$$

c) $t<t_{cmin}$时

$$g_c(t)=\frac{X_c(t)}{1-C_{Dc}[1-X_c(t)]}g_{cmin}(t)$$

$$X_c(t)=BL_c(t)/\Phi_{cmin}(t)$$

$$C_{Dc}=\frac{1-\dfrac{\Phi_{c6}/G_{c6}}{\Phi_{c5}/G_{c5}}}{1-\Phi_{c6}/\Phi_{c5}}$$

当低湿制冷试验与断续制冷试验省略时，$C_{Dc}=0.25$。

式中：

$X_c(t)$——断续制冷运转时的实际运转率；

C_{Dc}——断续制冷运转时效率降低系数。

E.7.3 制热运转时消耗燃气热量计算

a) 制热无霜时：

1) $t\leqslant-2$ ℃时

$$g_h(t)=g_{hmax}(t)$$

2) -2 ℃$<t\leqslant t_{hb}$时

$$g_c(t)=g_{hmid}(t)$$

3) $t>t_{hb}$时

$$g_h(t)=\frac{X_h(t)}{1-C_{Dh}[1-X_h(t)]}g_{hmin}(t)$$

$$X_h(t)=BL_h(t)/\Phi_{hmin}(t)$$

$$C_{Dh}=\frac{1-\dfrac{\Phi_{h3}/G_{h3}}{\Phi_{h2}/G_{h2}}}{1-\Phi_{h3}/\Phi_{h2}}$$

当断续制热试验省略时，$C_{Dh}=0.25$。

式中：

$X_h(t)$——制热无霜断续运转时的实际运转率；

C_{Dh}——断续制热运转时效率降低系数。

b) 制热结霜时：

1) $t\leqslant-8.5$ ℃时

$$g_h(t)=g_{hmax}(t)$$

2) -8.5 ℃$<t\leqslant t_{fa}$时

$$g_h(t)=g_{fmax}(t)$$

3) $t_{fa}<t\leqslant t_{fb}$，且 $t<5.5$ ℃时

$$g_h(t)=g_{fmid}(t)$$

4) $t_{fb}<t<5.5$ ℃时

$$g_h(t)=\frac{X_f(t)}{1-C_{Dh}[1-X_f(t)]}g_{fmin}(t)$$

$$X_f(t)=BL_h(t)/\Phi_{fmin}(t)$$

$$C_{Dh}=\frac{1-\dfrac{\Phi_{h3}/G_{h3}}{\Phi_{h2}/G_{h2}}}{1-\Phi_{h3}/\Phi_{h2}}$$

当断续制热试验省略时，$C_{Dh}=0.25$。

5) 5.5 ℃$\leqslant t\leqslant t_{hb}$时

$$g_h(t)=g_{hmid}(t)$$

6) $t>t_{hb}$且 $t\geqslant5.5$ ℃时

$$g_h(t)=\frac{X_h(t)}{1-C_{Dh}[1-X_h(t)]}g_{hmin}(t)$$

式中：

$X_{f}(t)$——制热结霜断续运转时的实际运转率；

C_{Dh}——断续制热运转时效率降低系数。

E.7.4 制冷运转时 NO_x 浓度计算

制冷运转时各室外温度下的 NO_x 浓度参考图 E.2，按下式计算：

a) $t \geqslant 33$ ℃时

$NO_{xc}(t)=NO_{xc2}+(NO_{xc1}-NO_{xc2})(t-33)/2$

b) 33 ℃ $> t \geqslant t_{c3}$ 时

$NO_{xc}(t)=NO_{xc3}+(NO_{xc2}-NO_{xc3})(t-t_{c3})/(33-t_{c3})$

c) $t_{c3}>t \geqslant t_{c4}$ 时

$NO_{xc}(t)=NO_{xc4}+(NO_{xc3}-NO_{xc4})(t-t_{c4})/(t_{c3}-t_{c4})$

d) $t_{c4}>t \geqslant t_{c5}$ 时

$NO_{xc}(t)=NO_{xc5}+(NO_{xc4}-NO_{xc5})(t-t_{c5})/(t_{c4}-t_{c5})$

e) $t<t_{c5}$ 时

$NO_{xc}(t)=NO_{xc6}+(NO_{xc5}-NO_{xc6})(t-23)/(t_{c5}-23)$

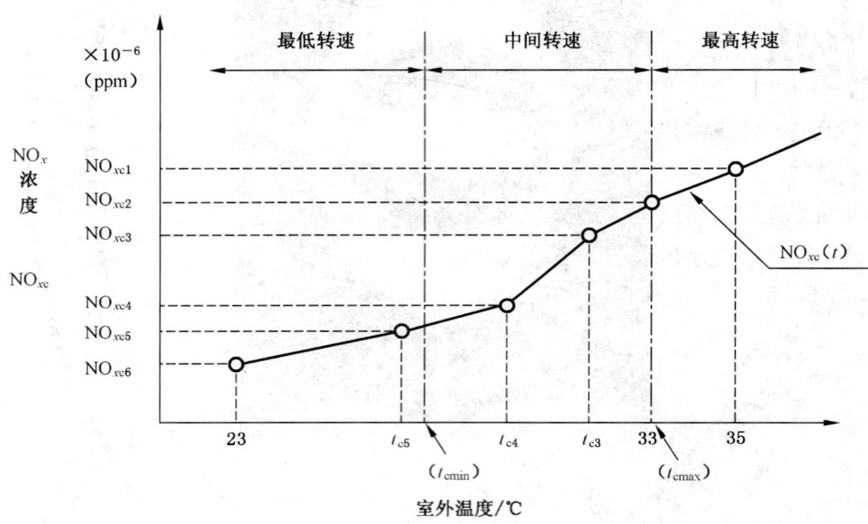

图 E.2 制冷运转时 NO_x 近似方法

E.7.5 制热运转时 NO_x 浓度计算式

制热运转时各室外温度下的 NO_x 浓度参考图 E.3，按下列算式算出。

a) $t<t_{h2}$ 时

$NO_{xh}(t)=NO_{xh1}+(NO_{xh2}-NO_{xh1})(t+5)/(t_{h2}+5)$

b) $t_{h2} \leqslant t<t_{h3}$ 时

$NO_{xh}(t)=NO_{xh2}+(NO_{xh3}-NO_{xh2})(t-t_{h2})/(t_{h3}-t_{h2})$

c) $t_{h3} \leqslant t<t_{h4}$ 时

$NO_{xh}(t)=NO_{xh3}+(NO_{xh4}-NO_{xh3})(t-t_{h3})/(t_{h4}-t_{h3})$

d) $t_{h4} \leqslant t<t_{h5}$ 时

$NO_{xh}(t)=NO_{xh4}+(NO_{xh5}-NO_{xh4})(t-t_{h4})/(t_{h5}-t_{h4})$

e) $t_{h5} \leqslant t$ 时

$$NO_{xh}(t) = NO_{xh5} + (NO_{xh6} - NO_{xh5})(t - t_{h5})/(12 - t_{h5})$$

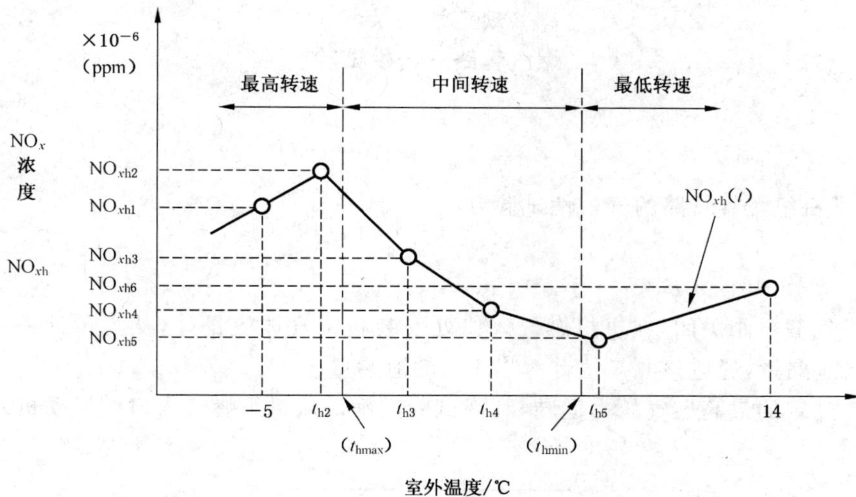

图 E.3 制热运转时 NO_x 近似方法

附 录 F
（规范性附录）
燃气管路气密性试验

F.1 适用范围

本附录规定了机组燃气管路的气密性试验方法。

F.2 试验方法

F.2.1 将机组燃气截止阀关闭，在机组燃气入口处安装精密气体流量计，从流量计入口侧加 4.2 kPa 压力的空气，测出泄漏量，通过该测量值计算出 1 h 的泄漏量。

F.2.2 按 4.2.4 规定的最高燃气压力运转，利用试验火确认从机组燃气入口到发动机入口有无泄漏。

ICS 27.200
J 73

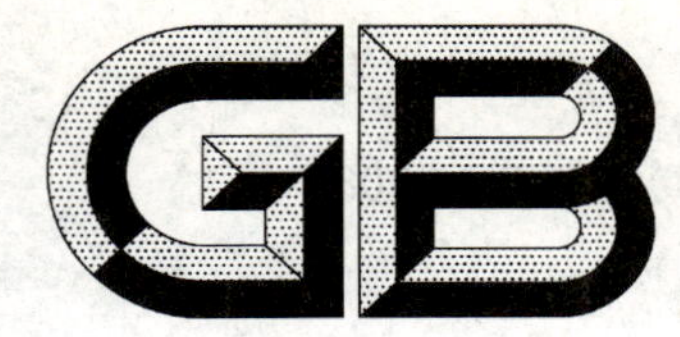

中华人民共和国国家标准

GB/T 22070—2008

氨水吸收式制冷机组

Aqua-ammonia absorption refrigerating unit

2008-07-01 发布　　2009-02-01 实施

中华人民共和国国家质量监督检验检疫总局
中国国家标准化管理委员会　发布

前　言

本标准的附录 A、附录 B、附录 C 为规范性附录。

本标准由中国机械工业联合会提出。

本标准由全国冷冻空调设备标准化技术委员会(SAC/TC 238)归口。

本标准由全国冷冻空调设备标准化技术委员会负责解释。

本标准起草单位:江苏双良空调设备股份有限公司、合肥通用机械研究院。

本标准主要起草人:朱宏清、刘晓立、张明圣、毛洪财。

氨水吸收式制冷机组

1 范围

本标准规定了氨水吸收式制冷机组(以下简称“机组”)的术语和定义、型式和基本参数、要求、试验方法、检验规则、标志、包装、运输和贮存等。

本标准适用于制冷量50 kW以上,以蒸汽、燃气或燃油为加热源的单级氨水吸收式制冷机组。以热水或烟气为加热源的氨水吸收式制冷机组可参照执行。

2 规范性引用文件

下列文件中的条款通过本标准的引用而成为本部分的条款。凡是注日期的引用文件,其随后所有的修改单(不包括勘误的内容)或修订版均不适用于本标准,然而,鼓励根据本标准达成协议的各方研究是否可使用这些文件的最新版本。凡是不注日期的引用文件,其最新版本适用于本标准。

GB 151 管壳式换热器

GB 4824 工业、科学和医疗(ISM)射频设备 电磁骚扰特性 限值和测量方法(GB 4824—2004,CISPR11:2003,IDT)

GB 9237 制冷和供热用机械制冷系统安全要求(GB 9237—2001,eqv ISO 5149:1993)

GB/T 13306 标牌

GB/T 13384 机电产品包装通用技术条件

GB/T 17799.2 电磁兼容 通用标准 工业环境中的抗扰度试验(GB/T 17799.2—2003,IEC 61000-6-2:1999,IDT)

GB 18361—2001 溴化锂吸收式冷(温)水机组安全要求

GB/T 18362—2001 直燃型溴化锂吸收式冷(温)水机组

JB/T 4330—1999 制冷和空调设备噪声的测定

JB/T 4750 制冷装置用压力容器

JB/T 7249 制冷设备术语

3 术语和定义

JB/T 7249确立的以及下列术语和定义适用于本标准。

3.1

氨水吸收式制冷机组 aqua-ammonia absorption refrigerating unit

一种以蒸汽、燃气、燃油等为加热源,以氨为制冷剂、氨水溶液为吸收剂,用于冷冻、工艺等间接制冷的整体式机组。

3.2

加热源消耗量 consumption of heat source

机组消耗蒸汽、燃气和燃油等的量,单位:kg/h或m^3/h。

3.3

加热源消耗热量 heat consumption of heat source

将机组加热源消耗量换算成热量的值,单位:kW。

3.4

性能系数(COP) coefficient of performance

制冷量被加热源消耗热量与消耗电功率之和除所得的比值,其值用kW/kW表示。

4 型式和基本参数

4.1 型式

机组按加热源分为：

a) 蒸汽型；

b) 燃气型；

c) 燃油型。

4.2 型号

机组的型号编制方法由制造厂自行确定，但型号中应体现名义工况下机组的制冷量。

4.3 基本参数

4.3.1 机组名义工况和名义工况时的性能系数按表1的规定。

表1 名义工况和性能系数

<table>
<tr><th rowspan="2">机组型式</th><th rowspan="2" colspan="2">加热源种类及参数</th><th colspan="2">载冷剂</th><th colspan="2">冷却水</th><th rowspan="2">性能系数</th></tr>
<tr><th>进口温度</th><th>出口温度</th><th>进口温度</th><th>出口温度</th></tr>
<tr><td rowspan="2">蒸气型</td><td rowspan="2">蒸气/MPa</td><td>0.8</td><td rowspan="4">−25 ℃</td><td rowspan="4">−30 ℃</td><td rowspan="4">30 ℃</td><td rowspan="4">37 ℃</td><td>0.37</td></tr>
<tr><td>0.6</td><td>0.36</td></tr>
<tr><td>燃气型</td><td colspan="2">天然气、人工煤气、液化石油气[a]</td><td rowspan="2">0.34</td></tr>
<tr><td>燃油型</td><td colspan="2">轻柴油、重柴油、重油[a]</td></tr>
<tr><td colspan="8">a 燃料种类、热值及压力(燃气)以用户和制造厂的协议为准。</td></tr>
</table>

4.3.2 机组名义工况的其他规定：

a) 机组名义工况时的载冷剂侧污垢系数为 0.086 m^2·℃/kW，冷却水侧污垢系数为 0.172 m^2·℃/kW；

b) 机组名义工况时的额定电压，单相交流为 220 V、三相交流电为 380 V，额定频率为 50 Hz。

5 要求

5.1 一般要求

5.1.1 机组应符合本标准的规定，并按经规定程序批准的图样和技术文件(或用户和制造厂的协议)制造。

5.2 气密性、真空试验和液压试验

5.2.1 气密性

按 6.2.1.1 方法试验，采用电子卤素仪或氦检漏仪时，机组单点泄漏率应低于 14 g/a，充分保证机组在应用周期中的气密性。

5.2.2 真空试验

按 6.2.1.2 方法试验时，制冷系统的各部位应无异常变形，且压力回升应在 0.15 kPa 以下。

5.2.3 液压试验

按 6.2.1.3 方法试验时，机组载冷剂和冷却水侧各部位应无异常变形和泄漏。

5.3 名义工况性能

机组在名义工况进行试验时，其性能最大偏差不应超过以下规定。

5.3.1 制冷量

按 6.2.2.1 方法试验时，机组实测制冷量不应小于名义制冷量的 95%。

5.3.2 加热源消耗量

按 6.2.2.2 方法试验时，机组实测单位制冷量加热源消耗量不应大于明示值的 105%。

5.3.3 消耗电功率

按 6.2.2.3 方法试验时，机组实测消耗电功率不应大于明示值的 105%。

5.3.4 载冷剂和冷却水侧压力损失

按 6.2.2.4 方法试验时，机组实测载冷剂和冷却水侧压力损失不应大于明示值的 110%。

5.3.5 性能系数(COP)

机组按 6.2.2.1 方法实测制冷量被按 6.2.2.2 方法实测消耗加热源热量与按 6.2.2.3 方法实测消耗电功率之和除所得的比值不应小于明示值的 95%，且不应小于表 1 中的值。

5.4 变工况性能

机组变工况性能范围见表 2。按 6.2.3 方法进行试验，并绘制性能曲线图或表。

表 2 变工况性能范围

单位为摄氏度

载冷剂		冷却水	
进口温度	出口温度	进口温度	出口温度
—	0～−35	15～30	—

5.5 部分负荷性能

机组应按 100%、75%、50%和 25%负荷点测定部分负荷性能特性(包括制冷量和加热源消耗量)。

部分负荷性能测试时应遵守以下规定：

——载冷剂出口温度为名义工况规定值；

——载冷剂流量为名义工况时流量；

——冷却水进口温度条件按表 3 规定；

——冷却水流量为名义工况时流量；

——载冷剂侧污垢系数为 0.086 $m^2 \cdot ℃/kW$、冷却水侧污垢系数为 0.172 $m^2 \cdot ℃/kW$；

——部分负荷性能数据应以名义工况时的百分数表示。

表 3 部分负荷性能冷却水进口温度条件

单位为摄氏度

负 荷	冷却水进口温度
100%	30
75%	25
50%	20
25%	15

5.6 燃烧设备性能

燃气型和燃油型机组按 GB 18361—2001 附录 B 进行名义燃烧量试验时，燃烧烟气中 CO、NO_x 含量和烟气黑度不应超过表 4 的规定。

表 4 燃烧烟气中 CO、NO_x 含量和烟气黑度

燃料种类	CO 含量(体积分数)/%	NO_x 含量(体积分数)/%	烟气黑度(林格曼黑度)级
天然气	0.030	0.007	1
人工煤气、液化石油气		0.015	
轻柴油		0.015	
重柴油、重油		0.017	

5.7 噪声

按 6.2.5 方法试验时，机组的噪声(声压级)不应超过表 5 的规定。

表 5 噪声限值(声压级)

单位为分贝(A)

名义制冷量/ kW	蒸汽型和热水型	燃气型和燃油型
≤528	75	80
>528~1 163	80	85
>1 163	85	—[a]
[a] 按用户和制造厂协议要求。		

5.8 安全要求

5.8.1 制冷系统安全

机组的制冷系统安全性能应符合 GB 9237 的规定。

5.8.2 机械安全

蒸汽型机组发生器承受加热源压力部分应符合 GB 151 的规定。

5.8.3 燃烧设备安全

燃气型和燃油型机组燃烧设备安全技术要求应符合 GB 18361—2001 中 4.1.4 和 4.2 的规定。

5.8.4 安全保护元器件

机组应具有液位保护、载冷剂断流保护、载冷剂低温保护、发生器高温保护、排烟高温保护(仅适用于燃气型和燃油型机组)、电机过载保护和制冷系统高压保护等安全保护功能和器件,保护器件设置应符合设计要求并灵敏可靠。

5.8.5 电气安全

5.8.5.1 绝缘电阻

按 6.2.6.1 方法试验时,机组带电部位和可能接地的非带电部位之间的绝缘电阻值应不小于 1 MΩ。

5.8.5.2 耐电压

按 6.2.6.2 方法试验时,机组带电部位和非带电部位之间施加规定的试验电压时,应无击穿和闪络。

5.8.5.3 电磁兼容性

采用微处理器电气控制的机组,其电磁兼容性应符合以下规定:

a) 机组电气控制系统应具有抑制电磁干扰的性能,按 GB 4824 进行测试,应不超过该标准中规定的干扰特性允许值;

b) 机组电气控制系统应具有抗电磁干扰的性能,按 GB/T 17799.2 进行测试,应不超过该标准中规定的抗扰度要求。

6 试验方法

6.1 测量仪表的型式及准确度

测量仪表的型式及准确度应符合表 6 的规定,并需经检定合格且在有效期内。

表 6 测量仪表的型式及准确度

类别	型式	准确度
温度测量仪表	玻璃水银温度计、热电偶、电阻温度计	载冷剂和冷却水温度:±0.1 ℃ 蒸汽、环境温度: ±1.0 ℃ 排烟温度: ±2.0 ℃
流量测量仪表	记录式、指示式、积算式	测量流量的 ±1.0%

表 6（续）

类　别	型　式	准 确 度
压力(真空)测量仪表	弹簧管压力表、压力传感器、大气压力计	压力读数的　±1.0%
烟气分析仪表	红外线式、氧化锆式、磁气式、电池式气体分析仪,烟浓度计,化学、电化学方法	—
电工测量仪表	指示式	0.5 级
	积算式	1 级
	绝缘电阻计	—
噪音测量仪表	声级计	Ⅰ型或Ⅰ型以上
时间测量仪表	秒表	测定经过时间的　±0.2%
质量测量仪表	台秤、天平、磅秤	测定质量的　±1.0%

6.2 试验方法

6.2.1 气密性、真空和液压试验

6.2.1.1 气密性试验

机组筒体侧在设计压力下,按 JB/T 4750 中气密性试验方法进行检验,应符合 5.2.1 的规定。

6.2.1.2 真空试验

机组筒体侧进行气密性试验合格后,抽真空至 0.3 kPa(绝对压力)。试验应使用有足够容量的真空泵及其配套件,当达到规定的试验压力后,将容器各部分处于密封状态,并放置 30 min 以上,应符合 5.2.2 的规定。若放置前、后的温度发生变化,应按式(1)修正放置后的测定值。

$$p_0 = \frac{273 + t_0}{273 + t} \times p \qquad \cdots\cdots (1)$$

式中:

p_0——修正后的试验结束时机组内绝对压力,单位为千帕(kPa);

p——试验结束时机组内绝对压力,单位为千帕(kPa);

t_0——试验开始时机组内的温度,单位为摄氏度(℃);

t——试验结束时机组内的温度,单位为摄氏度(℃)。

6.2.1.3 液压试验

机组载冷剂和冷却水侧在 1.25 倍设计压力下,按 JB/T 4750 中液压试验方法进行检验,应符合 5.2.3 的规定。

6.2.2 名义工况性能试验

6.2.2.1 制冷量

机组制冷量按附录 A 规定的方法和表 1 规定的名义工况进行试验。

6.2.2.2 加热源消耗量

机组按附录 A 规定的方法,在制冷量测定的同时,测定加热源消耗量。

6.2.2.3 消耗电功率

机组在名义工况下运行,测定机组的输入电功率。消耗电功率包括溶液泵、燃烧器和控制电路等的输入电功率。

6.2.2.4 载冷剂和冷却水侧压力损失

在进行名义工况试验时,按附录 C 规定的方法测定机组载冷剂和冷却水侧的压力损失。

6.2.3 变工况试验

机组按表 2 某一条件改变时,其他条件按名义工况时的流量和温度条件进行试验,测定其制冷量以及对应的热源耗量、消耗电功率和性能系数。将试验结果给制成曲线图或编制成表格,每条曲线或每个表格不应少于 5 个测量点的值。

6.2.4 部分负荷试验

机组按附录 A 规定的方法和 5.5 规定的部分负荷工况进行试验，测定其制冷量以及对应的加热源消耗量。

6.2.5 噪声试验

机组在名义工况运行，按 JB/T 4330—1999 附录 C 的规定测量机组的噪声。

6.2.6 电气安全试验

6.2.6.1 绝缘电阻试验

用 500 V 绝缘电阻计来测定机组带电部位与可能接地的非带电部位之间的绝缘电阻，应符合 5.8.5.1 的规定。

6.2.6.2 耐电压试验

在 6.2.6.1 试验后，在机组带电部位和非带电金属部位之加上一个频率为 50 Hz 的基本正弦波电压，试验电压值为(1 000 V+2 倍额定电压值)，试验时间为 1 min；试验时间也可采用 1 s，但试验电压应为 1.2 倍的(1 000 V+2 倍额定电压值)。

注 1：泵已由生产商进行耐电压试验并出具检测报告的，可不再进行该项目测试。

注 2：在对地电压为直流 30 V 以下的控制电路中应用的电子器件，可免去该项试验。

7 检验规则

7.1 每台机组经制造厂质量检验部门检验合格后方能出厂。

7.2 机组出厂检验和型式检验项目、要求和试验方法按表 7 的规定。

7.3 出厂检验

每台机组均应做出厂检验，检验项目和试验方法按表 7 的规定。

7.4 型式检验

新产品或定型产品作重大改进对性能有影响时，第一台产品应做型式检验。检验项目和试验方法按表 7 的规定。

表 7 检验的项目、要求和试验方法

<table>
<tr><th>序号</th><th colspan="2">项　目</th><th>出厂检验</th><th>型式检验</th><th>要　求</th><th>试验方法</th></tr>
<tr><td>1</td><td colspan="2">气密性试验</td><td rowspan="6">√</td><td rowspan="16">√</td><td>5.2.1</td><td>6.2.1.1</td></tr>
<tr><td>2</td><td colspan="2">真空试验</td><td>5.2.2</td><td>6.2.1.2</td></tr>
<tr><td>3</td><td colspan="2">液压试验</td><td>5.2.3</td><td>6.2.1.3</td></tr>
<tr><td>4</td><td colspan="2">绝缘电阻</td><td>5.8.5.1</td><td>6.2.6.1</td></tr>
<tr><td>5</td><td colspan="2">耐电压</td><td>5.8.5.2</td><td>6.2.6.2</td></tr>
<tr><td>6</td><td colspan="2">安全保护元器件</td><td>5.8.3、5.8.4</td><td>GB 18361—2001 附录 B</td></tr>
<tr><td>7</td><td rowspan="5">名义工况性能试验</td><td>制冷量</td><td rowspan="5">—</td><td>5.3.1</td><td>6.2.2.1</td></tr>
<tr><td>8</td><td>加热源消耗量</td><td>5.3.2</td><td>6.2.2.2</td></tr>
<tr><td>9</td><td>消耗电功率</td><td>5.3.3</td><td>6.2.2.3</td></tr>
<tr><td>10</td><td>载冷剂和冷却水侧压力损失</td><td>5.3.4</td><td>6.2.2.4</td></tr>
<tr><td>11</td><td>性能系数</td><td>5.3.5</td><td>6.2.2.1～6.2.2.3</td></tr>
<tr><td>12</td><td colspan="2">变工况试验</td><td rowspan="5">—</td><td>5.4</td><td>6.2.3</td></tr>
<tr><td>13</td><td colspan="2">部分负荷试验</td><td>5.5</td><td>6.2.4</td></tr>
<tr><td>14</td><td colspan="2">燃烧设备性能</td><td>5.6</td><td>GB 18361—2001 附录 B</td></tr>
<tr><td>15</td><td colspan="2">噪声</td><td>5.7</td><td>6.2.5</td></tr>
<tr><td>16</td><td colspan="2">电磁兼容性</td><td>5.8.5.3</td><td>GB 4824、GB/T 17799.2</td></tr>
<tr><td colspan="7">注：“√”表示需要；“—”表示不需要。</td></tr>
</table>

8 标志、包装和贮存

8.1 标志

8.1.1 每台机组应在明显的位置上设置永久性铭牌。铭牌应符合 GB/T 13306 的规定。铭牌内容包括：

a) 制造厂的名称和商标；

b) 产品型号和名称；

c) 主要技术参数(名义制冷量、载冷剂种类、载冷剂出口温度、载冷剂流量、冷却水进口温度、冷却水流量、加热源种类及其消耗量、电源、功率及质量等)；

d) 产品出厂编号；

e) 制造日期。

8.1.2 机组相关部位上应设有工作情况标志和安全标志(如接地装置、警告标志等)。

8.1.3 机组应在相应位置(如铭牌、产品说明书等)上标注产品执行标准编号。

8.2 出厂文件

每台机组出厂时应随带下列文件。

8.2.1 产品合格证，其内容包括：

a) 产品型号和名称；

b) 产品出厂编号；

c) 检验结论；

d) 检验员、检验负责人签章及日期；

e) 制造厂名称。

8.2.2 产品说明书，其内容包括：

a) 产品型号和名称；

b) 产品的结构示意图、电气图及接线图；

c) 安装说明和要求；

d) 使用说明、维修和保养注意事项。

8.2.3 装箱单。

8.3 机组外露的不涂漆表面应采取防锈措施，螺纹接头用螺塞堵注，法兰孔用盲板封盖。

8.4 包装

机组的包装应符合 GB/T 13384 的规定。

8.5 运输和贮存

8.5.1 机组出厂前应充入或保持规定的溶液量，或充入 0.02 MPa～0.03 MPa 的干燥氮气。

8.5.2 机组在运输和贮存过程中，不应碰撞、倾斜和雨雪淋袭。

8.5.3 机组应存放在库房或有遮盖的场所，场地应通风良好、干燥。

附　录　A
（规范性附录）
制冷量试验方法

A.1　试验方法

机组制冷量的试验方法采用液体载冷剂法。

A.2　试验装置

机组的试验装置如图A.1所示，在机组的蒸发器载冷剂进（出）口处安装流量测量装置，进、出口处设置流量调节阀门。

试验装置还应设有能提供连续稳定的载冷剂流量、冷却水流量和符合试验工况载冷剂、冷却水温度的附加装置。

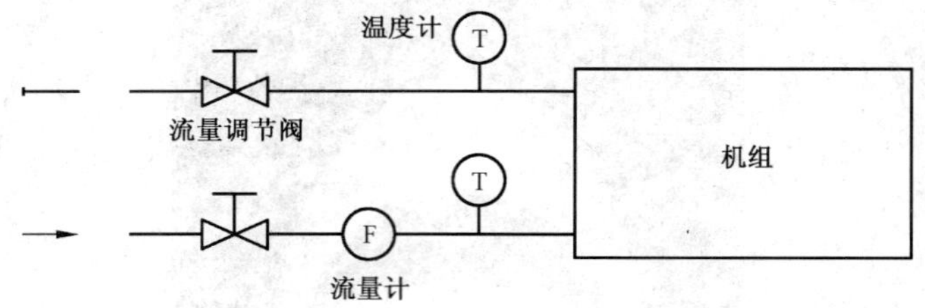

图A.1　试验装置

A.3　试验规定

A.3.1　一般规定

A.3.1.1　被试机组应按制造厂规定的方法进行安装，并不应进行影响制冷量的构造改装。

A.3.1.2　被试机组应充分抽气，并充注规定的溶液量。

A.3.1.3　排尽载冷剂和冷却水管内的空气，并确认管内已灌满载冷剂和冷却水。

A.3.1.4　加热源应符合表1的规定。

A.3.2　试验规定

A.3.2.1　测量应在机组试验工况稳定后进行，每隔15 min测量一次，连续记录不少于三次的平均值为计算依据。试验参数的允许偏差应符合表A.1的规定。

表A.1　试验参数的允许偏差

试验参数	允许偏差
载冷剂进、出口温度	±0.3 ℃
冷却水进、出口温度	±0.3 ℃
蒸汽压力	±0.02 MPa
电压	±5%
频率	±1%
注：燃料热值按实际供应条件。	

A.3.2.2　机组每次测量的数据应用热平衡法校核，其偏差应在±5%以内。

A.4　试验记录

试验应记录的数据见表A.2。

表 A.2 试验应记录的数据

<table>
<tr><th>序号</th><th colspan="3">记 录 内 容</th></tr>
<tr><td>1</td><td colspan="2" rowspan="3">蒸发器</td><td>载冷剂进口温度</td></tr>
<tr><td>2</td><td>载冷剂出口温度</td></tr>
<tr><td>3</td><td>载冷剂流量</td></tr>
<tr><td>4</td><td colspan="2" rowspan="3">吸收器、冷凝器、分凝器</td><td>冷却水进口温度</td></tr>
<tr><td>5</td><td>冷却水出口温度</td></tr>
<tr><td>6</td><td>冷却水流量</td></tr>
<tr><td>7</td><td rowspan="17">发生器</td><td rowspan="3">加热源为蒸汽时</td><td>蒸汽流量</td></tr>
<tr><td>8</td><td>蒸汽温度</td></tr>
<tr><td>9</td><td>蒸汽压力</td></tr>
<tr><td>10</td><td rowspan="7">加热源为燃气时</td><td>标准状态下燃气流量</td></tr>
<tr><td>11</td><td>燃气温度</td></tr>
<tr><td>12</td><td>燃气压力</td></tr>
<tr><td>13</td><td>燃气低热值</td></tr>
<tr><td>14</td><td>燃气种类</td></tr>
<tr><td>15</td><td>排烟温度</td></tr>
<tr><td>16</td><td>烟气成分</td></tr>
<tr><td>17</td><td rowspan="7">加热源为燃油时</td><td>燃油流量</td></tr>
<tr><td>18</td><td>燃油温度</td></tr>
<tr><td>19</td><td>燃油低热值</td></tr>
<tr><td>20</td><td>燃油密度</td></tr>
<tr><td>21</td><td>燃油种类</td></tr>
<tr><td>22</td><td>烟气温度</td></tr>
<tr><td>23</td><td>烟气成分及黑度</td></tr>
<tr><td>24</td><td colspan="3">消耗电功率</td></tr>
<tr><td>25</td><td colspan="3">产品型号、出厂编号</td></tr>
<tr><td>26</td><td colspan="3">试验地点的环境温度</td></tr>
<tr><td>27</td><td colspan="3">试验地点、试验日期</td></tr>
<tr><td>28</td><td colspan="3">试验人员姓名</td></tr>
</table>

A.5 试验结果计算

A.5.1 制冷量

机组制冷量按式(A.1)计算：

$$Q_c = (1/3\,600) q_{Vc} C_c \rho_c (t_{c1} - t_{c2}) \qquad \text{(A.1)}$$

式中：

Q_c——机组制冷量，单位为千瓦(kW)；

q_{Vc}——载冷剂体积流量，单位为立方米每小时(m^3/h)；

C_c——平均温度下载冷剂的比热容,单位为千焦每千克摄氏度[kJ/(kg·℃)];

ρ_c——载冷剂密度,单位为千克每立方米(kg/m^3);

t_{c1}——载冷剂进口温度,单位为摄氏度(℃);

t_{c2}——载冷剂出口温度,单位为摄氏度(℃)。

A.5.2 加热源消耗量

机组燃气消耗量按式(A.2)计算:

$$q_{Vgo} = q_{Vg} \times \frac{273.15}{273.15 + t_g} \times \frac{101.325 + p}{101.325} \qquad \text{(A.2)}$$

式中:

q_{Vgo}——标准状态下燃气体积流量,单位为立方米每小时(m^3/h);

q_{Vg}——燃气体积流量,单位为立方米每小时(m^3/h);

t_g——燃气温度,单位为摄氏度(℃);

p——燃气压力,单位为千帕(kPa)。

A.5.3 加热源消耗热量

加热源消耗热量按式(A.3)、式(A.4)或式(A.5)计算,未进行绝热施工情况下,应按附录B进行修正。

a) 加热源为蒸汽时:

$$Q_i = (1/3\ 600) q_{ms} (h_{s1} - h_{s2}) \qquad \text{(A.3)}$$

式中:

Q_i——加热源消耗热量,单位为千瓦(kW),下同;

q_{ms}——蒸汽质量流量,单位为千克每小时(kg/h);

h_{s1}——蒸汽比焓,单位为千焦每千克(kJ/kg);

h_{s2}——凝结水比焓,单位为千焦每千克(kJ/kg)。

b) 加热源为燃气时:

$$Q_i = (1/3\ 600) q_{Vgo} H_{lg} \qquad \text{(A.4)}$$

式中:

q_{Vgo}——标准状态下燃气体积流量,单位为立方米每小时(m^3/h);

H_{lg}——标准状态下燃气的低热值,单位为千焦每立方米(kJ/m^3)。

c) 加热源为燃油时:

$$Q_i = (1/3\ 600) q_{mo} H_{lo} \qquad \text{(A.5)}$$

式中:

q_{mo}——燃油质量流量,单位为千克每小时(kg/h);

H_{lo}——燃油低热值,单位为千焦每千克(kJ/kg)。

A.5.4 性能系数

机组性能系数按式(A.6)计算:

$$\mathrm{COP} = \frac{Q_c}{Q_i + P} \qquad \text{(A.6)}$$

式中:

P——消耗电功率,单位为千瓦(kW)。

A.5.5 排给冷却水的热量

机组排给冷却水的热量按式(A.7)计算:

$$Q_w = (1/3\ 600) q_{Vw} C_w \rho_w (t_{w2} - t_{w1}) \qquad \text{(A.7)}$$

式中：

Q_w——排给冷却水的热量，单位为千瓦(kW)；

q_{Vw}——冷却水体积流量，单位为立方米每小时(m^3/h)；

C_w——平均温度下冷却水的比热容，单位为千焦每千克摄氏度[kJ/(kg·℃)]；

ρ_w——冷却水密度，单位为千克每立方米(kg/m^3)；

t_{w1}——冷却水进口温度，单位为摄氏度(℃)；

t_{w2}——冷却水出口温度，单位为摄氏度(℃)。

A.5.6 排烟热损失

燃气型和燃油型机组排烟热损失 Q_f 按 GB/T 18362—2001 中式(A.10)或式(A.11)计算。

A.5.7 热平衡校核

机组热平衡偏差按式(A.8)或式(A.9)计算：

a) 蒸汽型机组：

$$\Delta = \frac{Q_c + Q_i + P - Q_w}{Q_w} \times 100\% \quad \cdots\cdots\cdots\cdots(A.8)$$

b) 燃气型和燃油型机组：

$$\Delta = \frac{Q_c + Q_i + P - Q_w - Q_f}{Q_w + Q_f} \times 100\% \quad \cdots\cdots\cdots\cdots(A.9)$$

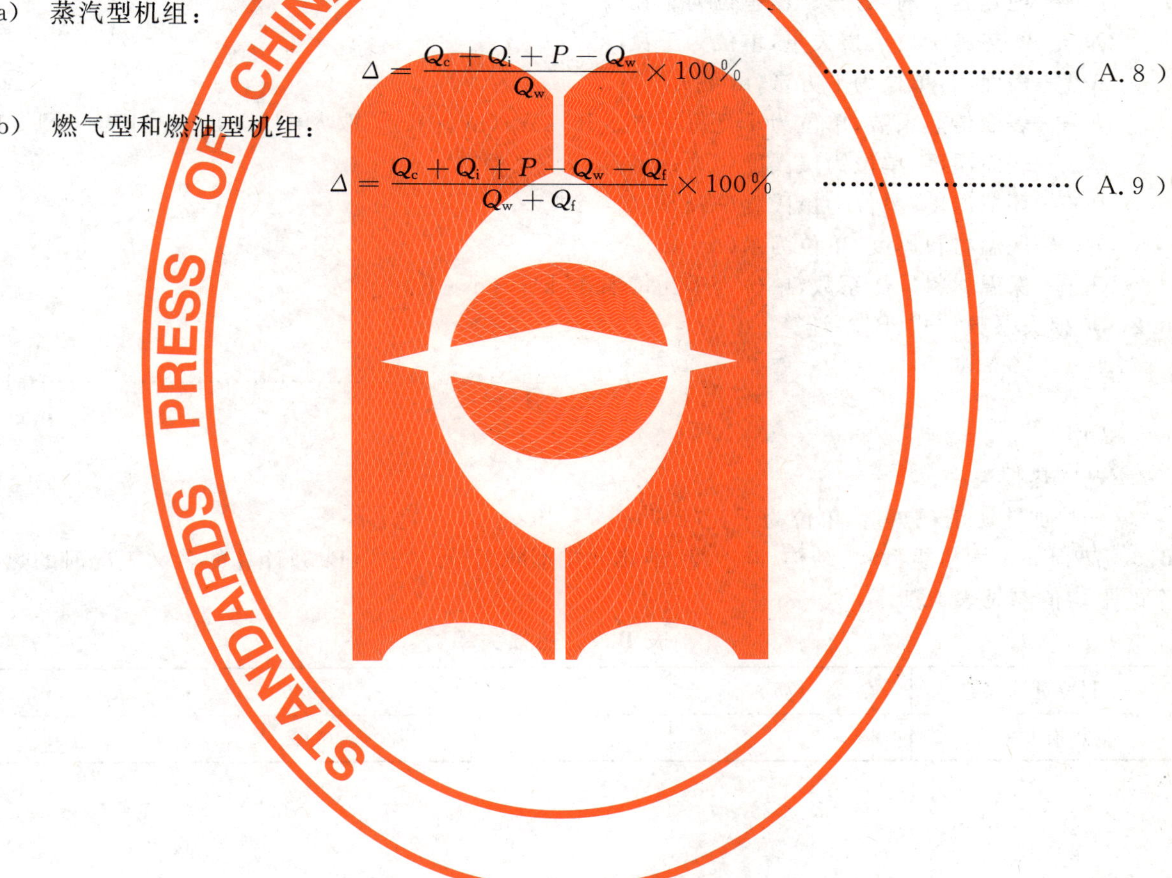

附　录　B
（规范性附录）
机组热损失率计算方法

B.1 机组热损失量按式(B.1)和式(B.2)计算：

$$Q_o = Ah(t_o - t_a) \qquad \cdots\cdots(B.1)$$

$$Q_l = \frac{A(t_o - t_a)}{\frac{1}{h} + \frac{\delta}{\lambda}} \qquad \cdots\cdots(B.2)$$

式中：

Q_o——绝热施工前热损失量，单位为千瓦(kW)；

Q_l——绝热施工后热损失量，单位为千瓦(kW)；

A——表面积，单位为平方米(m^2)；

h——表面传热系数，单位为千瓦每平方米开[$kW/(m^2 \cdot K)$]，取 $h = 11.6 \times 10^{-3}$ $kW/(m^2 \cdot K)$；

t_o——表面温度，单位为摄氏度(℃)；

t_a——环境温度，单位为摄氏度(℃)，取 $t_a = 20$ ℃；

δ——保温材料厚度，单位为米(m)；

λ——保温材料导热系数，单位为千瓦每米开[$kW/(m \cdot K)$]。

B.2 热损失系数按式(B.3)计算：

$$l = \frac{Q_o - Q_l}{Q_i} \qquad \cdots\cdots(B.3)$$

式中：

l——热损失率；

Q_i——加热源消耗热量，单位为千瓦(kW)。

B.3 热损失率因机组型式、结构、制冷量、绝热方式不同而异。按式(B.3)计算的名义工况时的热损失率的平均值参见表B.1。

表 B.1　热损失率

制冷量/kW	175	350	1 050	1 750
热损失率	0.03	0.02	0.02	0.01

附　录　C
（规范性附录）
压力损失的测定

C.1　压力损失测定装置

在机组的载冷剂及冷却水配管接头上连接压力测试管，采用图 C.1 所示装置测定载冷剂或冷却水进口侧与出口侧的压差。

a）压力测试管：机组的载冷剂及冷却水进出接口上连接各自的直管，直管长度为配管内径 4 倍以上，在距加接后的配管内径 2 倍以上位置圆周上设置一个压力测试孔，其位置与机组内部配管及连接配管的弯头平面成垂直方向。

b）压力测试孔为 2 mm～6 mm 或压力测试管内径的 1/10，取两者之中较小的值，如图 C.2 所示，与管内壁垂直，其深度为孔径的 2 倍以上。其内表面应光滑，孔内缘应无毛刺。

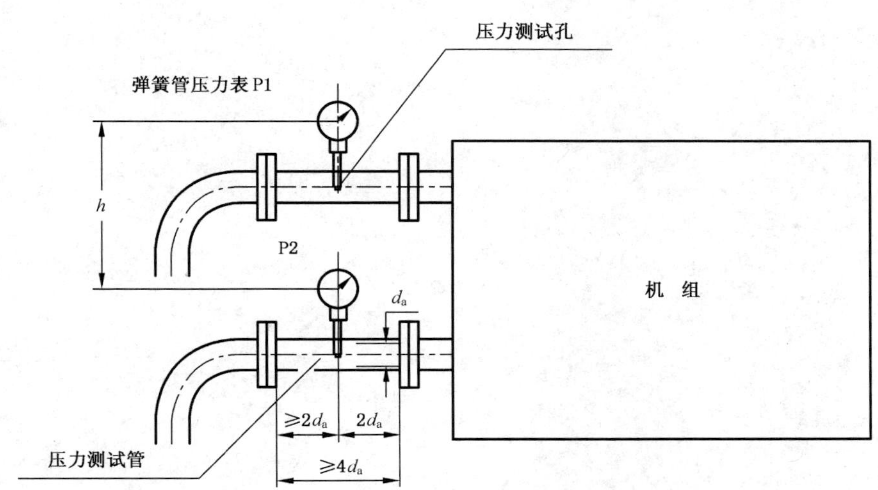

图 C.1　压力损失测定装置

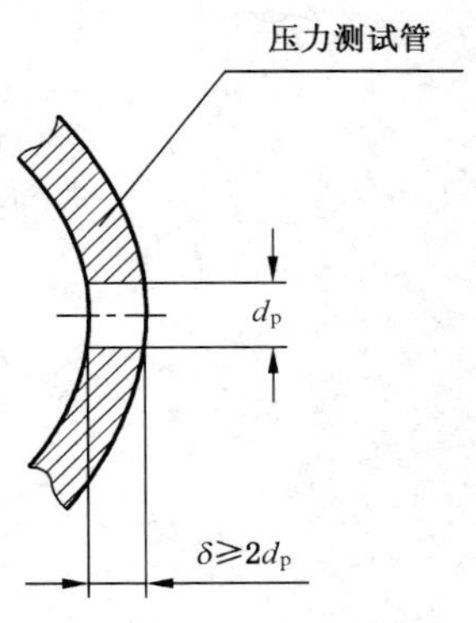

图 C.2　压力测试孔

C.2　压力损失测定方法

在规定水量时，测定机组进口侧与出口侧的压力差，此时，应完全排除仪表及仪表与压力测试孔之间接管内的空气，并充满清水。

C.3 压力损失的计算方法

压力损失按式(C.1)计算：

$$h_w = p_1 - p_2 - 9.81 \times 10^{-5} \rho h \quad \text{(C.1)}$$

式中：

h_w——压力损失，单位为兆帕(MPa)；

p_1——机组进口处压力，单位为兆帕(MPa)；

p_2——机组出口处压力，单位为兆帕(MPa)；

ρ——载冷剂或冷却水密度，单位为吨每立方米(t/m³)；

h——两压力表中心之间的垂直距离，单位为米(m)，出口高时取正值，出口低时取负值。

ICS 29.180
K 41

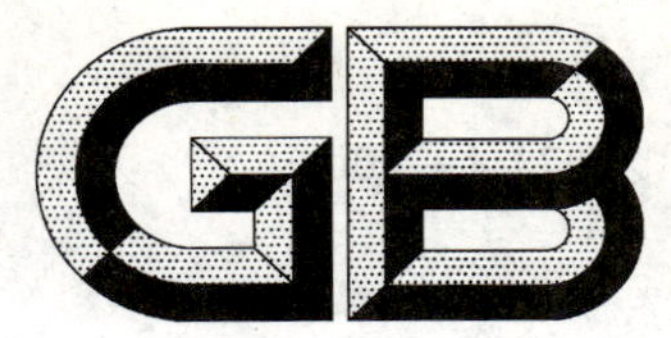

中华人民共和国国家标准

GB/T 22071.1—2008

互感器试验导则 第1部分：电流互感器

Test guide for instrument transformers—
Part 1: current transformers

2008-06-30 发布 2009-04-01 实施

中华人民共和国国家质量监督检验检疫总局
中国国家标准化管理委员会 发布

前　言

《互感器试验导则》标准目前包含了下列几部分：

——第1部分：电流互感器；

——第2部分：电磁式电压互感器。

本部分为《互感器试验导则》标准的第1部分。

本部分针对GB 1208—2006《电流互感器》和GB 16847—1997《保护用电流互感器暂态特性技术要求》中所规定的试验项目而提出指导性试验方法。此外，本部分还提出了目前行业上广泛采用的绝缘电阻测量和伏安特性测量两项试验方法（这两个项目在GB 1208—2006《电流互感器》等标准中并未予规定）。本部分规定的试验方法可能不是唯一的，但却是目前互感器行业广泛采用的方法。

本部分由中国电器工业协会提出。

本部分由全国互感器标准化技术委员会（SAC/TC 222）归口。

本部分起草单位：国家变压器质量监督检验中心、沈阳变压器研究所、国网武汉高压研究院、广东电力科学研究院、阿塔其大一互电器有限公司、大连北方互感器有限公司、中山市泰峰电气有限公司、西安宏泰互感器制造有限公司、沈阳互感器有限责任公司、大连第一互感器有限公司、大连金元互感器有限公司、衡阳华瑞电气有限公司。

本部分主要起草人：张秀菊、魏朝晖、余春雨、姚森敬、李云庆、高速、何见光、刘安彦、潘德滨、吴春先、林贵文、沙玉洲、王仁涛。

互感器试验导则
第1部分:电流互感器

1 范围

GB/T 22071的本部分提出的电流互感器试验要求适用于GB 1208—2006和GB 16847—1997等标准中所规定的型式试验、例行试验和特殊试验。

注:作为产品验收时的交接试验亦可参考采用本部分规定的试验方法。

本部分规定了互感器的试验项目、试验顺序、一般试验条件、试验要求和型式试验的补充要求等。

2 规范性引用文件

下列文件中的条款通过GB/T 22071的本部分的引用而成为本部分的条款。凡是注日期的引用文件,其随后所有的修改单(不包括勘误的内容)或修订版均不适用于本部分,然而,鼓励根据本部分达成协议的各方研究是否可使用这些文件的最新版本。凡是不注日期的引用文件,其最新版本适用于本部分。

GB/T 507—2002 绝缘油 击穿电压测定法(eqv IEC 60156:1995)

GB 1208—2006 电流互感器(IEC 60044-1:2003,Instrument transformers—Part 1:Current transformers,MOD)

GB/T 5654—2007 液体绝缘材料 相对电容率、介质损耗因数和直流电阻率的测量(IEC 60247:2004,IDT)

GB/T 5832.2 气体中微量水分的测定 第2部分 露点法

GB/T 7252—2001 变压器油中溶解气体分析和判断导则(neq IEC 60599:1999)

GB/T 7600—1987 运行中变压器油水分含量测定法(库仑法)

GB/T 11023—1989 高压开关设备六氟化硫气体密封试验方法

GB 16847—1997 保护用电流互感器暂态特性技术要求(idt IEC 60044-6:1992)

GB/T 16927.1—1997 高电压试验技术 第一部分:一般试验要求(eqv IEC 60060-1:1989)

GB/T 16927.2—1997 高电压试验技术 第二部分:测量系统(eqv IEC 60060-2:1994)

JJG 1021—2007 电力互感器检定规程

3 试验项目和试验顺序

3.1 试验项目

型式试验、例行试验及特殊试验项目按GB 1208—2006中第7章的规定。

为了方便供需双方判定产品的状态,本部分增加了GB 1208中并未规定的下列试验项目:

——工频耐压试验之前的绝缘电阻测量;

——保护级(P级)绕组的伏安特性(励磁特性)测量。

3.2 试验顺序

判断互感器是否通过了某一型式试验项目,通常需要对此项型式试验前、后的某些例行试验项目进行测试比较。因此,一般是先进行规定的例行试验项目,再进行规定的型式试验项目和特殊试验项目,然后再重复进行规定的例行试验项目。

4 一般试验条件

本章是对一般试验条件的要求，如试验项目中无具体的规定应按本章执行。

——试验应在装配完整的产品上进行。

——试品的温度与环境温度应无显著差异。

——除另有规定，试验时的环境温度为 5 ℃～40 ℃。

——试验场所不得有明显的外部电磁场影响。

——试验场地应具有单独工作接地和保护接地，并设置保护栅栏。

——试品与接地体或邻近物体的距离，一般应大于试品高压部分与接地部分的最小空气距离的 1.5 倍。

5 试验要求

5.1 密封性能试验

5.1.1 油浸式互感器

5.1.1.1 油浸式互感器密封性能试验的主要设备：

a) 气体压缩装置；

b) 过滤器；

c) 减压阀及输气管；

d) 充气或注油装置，且充气或注油装置上应装有单向阀和压力计(压力计的准确度等级不应低于 2.5 级)。

5.1.1.2 密封性能试验必须在清洁的产品上进行，试验场地应无明显油污。

5.1.1.3 应安装充气或注油装置，通过单向阀对不带膨胀器的油浸式互感器产品注入一定压力的干燥空气(氮气)或油，施加压力和维持时间不低于表 1 规定值。

表 1 油浸式互感器密封性能试验要求

设备最高电压(方均根值)/kV	施加压力/MPa	维持压力时间/h	充气加压的最小剩余压力/MPa	说　　明
≥40.5	0.05	6	0.03	不带膨胀器产品
	0.1	6	0.07	带膨胀器产品不带膨胀器试验
<40.5	0.04	3	0.025	同时适用于户外组合互感器

5.1.1.4 按表 1 规定的压力和时间试验后，观察产品有无渗油、漏气现象。

5.1.1.5 对于带膨胀器的油浸式互感器，应在未装膨胀器之前，对互感器按 5.1.1.3 和 5.1.1.4 的规定进行密封性能试验。

5.1.1.6 完成 5.1.1.5 规定的试验后，将装好膨胀器的产品，按规定时间(一般不少于 12 h)静放，外观检查是否有渗、漏油现象。带防爆片的产品应采取措施，以满足表 1 中规定的试验压力。

5.1.2 SF_6 气体绝缘互感器

SF_6 气体绝缘互感器密封试验按 GB/T 11023—1989 等标准的规定进行。

5.2 端子标志检验

5.2.1 端子标志

端子标志应符合 GB 1208—2006 中 11.1 的规定。

5.2.2 直流检验法

互感器出线端子极性检验用直流试验法(见图 1)。

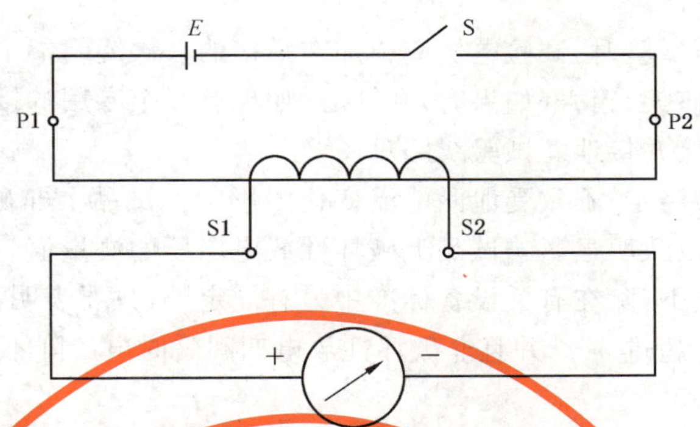

E——直流电源；
S——开关。
（P1、P2——一次绕组端子；S1、S2——二次绕组端子。）

图1 出线端子极性检验——直流试验法

电池的正极接在一次绕组P1端，负极接在一次绕组的P2端；直流电压（流）表的正极接在二次绕组的S1端，负极接在二次绕组的S2端。接通开关瞬间，电压（流）表向顺时针方向摆动则互感器为极性正确。

5.2.3 误差校验仪检验法

用误差校验仪检验互感器出线端子极性的方法按JJG 1021—2007的相关规定进行。

5.3 绝缘电阻测量

5.3.1 试验要求

在工频耐压试验之前，一次绕组对二次绕组及地屏和地、二次绕组间及对地、地屏对地之间应进行绝缘电阻测量。

5.3.2 试验设备

绝缘电阻表或其他适合仪表（可根据产品技术条件确定其型式及规格）。

注：对额定工频耐受电压为3 kV的绝缘，可采用1 000 V（手动）绝缘电阻表；
对额定工频耐受电压大于3 kV的绝缘，可采用2 500 V（手动）绝缘电阻表；
若采用电子式绝缘电阻测试仪测试时，则仪器的最大输出电流一般不小于2 mA。

5.3.3 试验方法

测量前先将绝缘电阻表进行一次开路和短路试验，检查绝缘电阻表是否良好。在测量前后对被试互感器应进行充分放电，以保障设备及人身安全。

首先将互感器一次绕组或二次绕组的出头均分别短接，将绝缘电阻表放在水平位置，然后将绝缘电阻表线路端（L）接在被试绕组上，地线接在其他绕组及金属底座或箱壳上，在记录电阻值的同时还要记录环境温度和湿度。

5.3.4 其他

也可采用其他测试仪进行测量。

无论采用何种方法，试验结果均应符合产品技术条件规定。

5.4 一次绕组的工频耐压试验

5.4.1 参比试验条件

被试品与接地体或邻近物体的距离应不小于被试品高压部分与接地部分之间最小空气距离的1.5倍。试验场所的相对湿度应小于80%。试验要求和测量系统的规定按GB/T 16927.1—1997和GB/T 16927.2—1997。

注：当实际试验条件超出上述参比试验条件的范围时，应考虑其对试验的影响。

5.4.2 试验线路

一次绕组进行工频耐压试验时，试验电压应施加在短接的一次绕组端子与地之间。

短接的二次绕组端子、座架、箱壳（如果有）和铁心（如果有一个专用的接地端子）均应接地。如有地屏，应将其同座架或箱壳连接并接地。试验线路见图2。

试验线路的电压应足够稳定，不致受泄漏电流变化的影响。试品上非破坏性放电不应使试验电压降低过多及维持时间过长，以致明显影响试品上破坏性放电电压的测量值。

在非破坏性放电的情况下，除在有关设备标准中另有规定外，只要表明试验电压值在相应放电发生后的几个周期时间内变化不超过5%，并且非破坏性放电期间瞬时电压降不超过电压峰值的20%，则认为耐压试验通过。

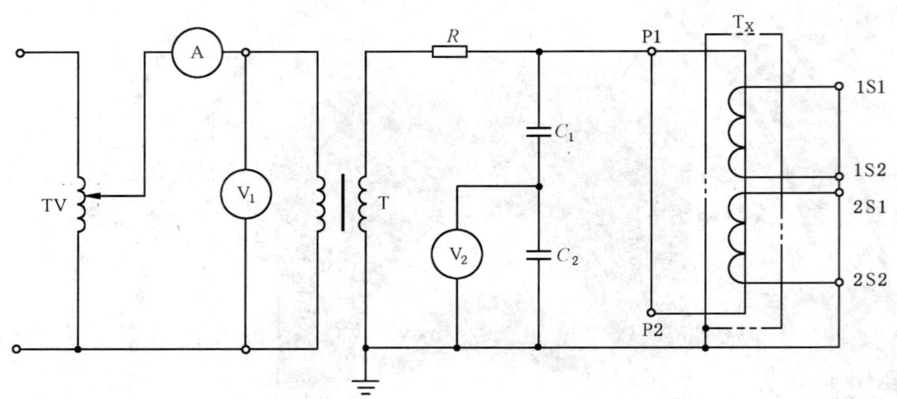

TV——调压器；

A——电流表；

V_1——方均根值电压表；

T——试验变压器；

V_2——峰值电压表（读数除以$\sqrt{2}$）；

R——保护电阻；

C_1、C_2——电容分压器；

T_X——被试互感器。

（P1、P2——一次绕组出线端子；1S1、1S2、2S1、2S2——二次绕组出线端子。）

图2 一次绕组工频耐压试验

5.4.3 试验方法

在确定设备线路及电源波形无误后，对试品施加电压。加压时，应由机械零位开始缓慢升高电压，观测仪表升压数值。在升至75%试验电压时，以每秒2%试验电压的速率升压至短时工频耐压的试验值，维持60 s或规定的时间，然后降到30%规定试验电压以下后再切断电源。

5.4.4 判定

若试验过程中无破坏性放电现象，则试验合格。

5.5 一次绕组段间工频耐压试验

5.5.1 试验线路

一次绕组段间工频耐压试验时，试验电压按GB 1208—2006中6.1.3所列的相应值，施加在端子短接的绕组各段间，持续时间60 s。

座架、箱壳（如果有）和铁心（如果有一个专用的接地端子）和所有其他绕组或绕组段均应连在一起接地。试验线路见图3。

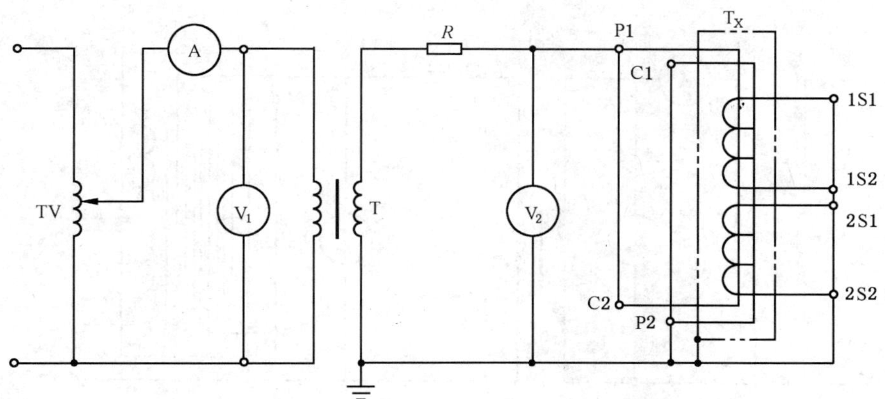

TV——调压器；
A——电流表；
V_1——方均根值电压表；
T——试验变压器；
V_2——峰值电压表(读数除以$\sqrt{2}$)；
R——保护电阻；
T_X——被试互感器。
(P1、P2——一次绕组出线端子；C1、C2——一次绕组换接端子；1S1、1S2、2S1、2S2——二次绕组出线端子。)

图 3　一次绕组段间工频耐压试验

5.5.2　试验程序

施加电压应由机械零位开始缓慢升高，加到规定的试验电压值后持续 60 s，然后降到 30% 规定试验电压以下再切断电源。

5.5.3　判定

若无击穿现象，则试验合格。

5.6　二次绕组(及地屏对地)工频耐压试验

5.6.1　试验线路

二次绕组间及对地的工频耐压试验线路见图 4。

电容型电流互感器地屏对地工频耐压试验线路见图 5。

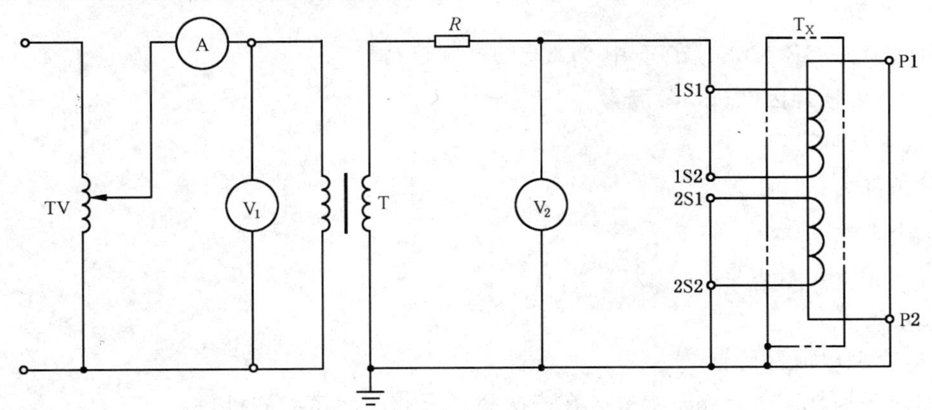

TV——调压器；
A——电流表；
V_1——方均根值电压表；
T——试验变压器；
V_2——峰值电压表(读数除以$\sqrt{2}$)；
R——保护电阻；
T_X——被试互感器。
(P1、P2——一次绕组出线端子；1S1、1S2、2S1、2S2——二次绕组出线端子。)

图 4　二次绕组工频耐压试验

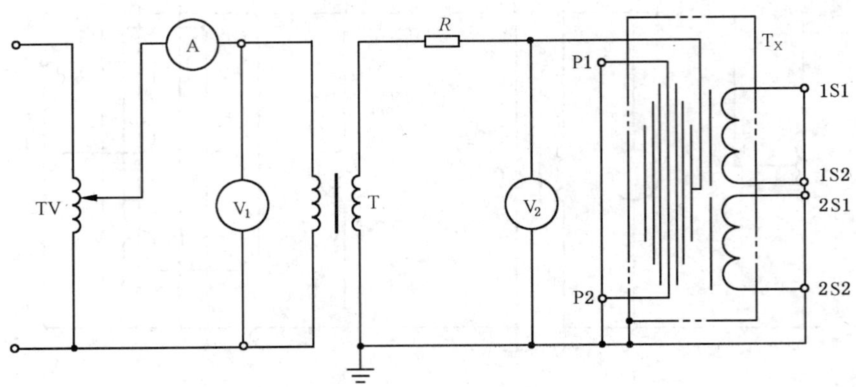

TV——调压器；

A——电流表；

V_1——方均根值电压表；

T——试验变压器；

V_2——峰值电压表(读数除以$\sqrt{2}$)；

R——保护电阻；

T_X——被试互感器。

(P1、P2——一次绕组出线端子；1S1、1S2、2S1、2S2——二次绕组出线端子。)

图 5 地屏对地工频耐压试验

5.6.2 试验方法

施加电压应由机械零位开始升压，升到规定试验电压值并持续 60 s 后，降到 30%试验电压值以下再切断电源。对具有多个二次绕组的互感器应依次进行试验。

5.6.3 判定

若无击穿现象，则试验合格。

5.7 局部放电测量

局部放电测量按 GB 1208—2006 中 9.2.2 的规定进行。

5.8 电容量和介质损耗因数(tanδ)测量

5.8.1 参比试验条件

参比试验条件为：

相对湿度不大于 60%；

试品温度为 10 ℃～30 ℃。

5.8.2 试验方法

5.8.2.1 非电容型电流互感器

电容量和介质损耗因数(tanδ)测量应在一次绕组工频耐压试验后进行。

注：电容量仅作参考。

试验电压应施加在短接的一次绕组端子与地之间，通常，短接的二次绕组端子和绝缘的金属箱壳均应接入测量电桥。如果电流互感器具有一个专供此测量用的装置(端子)，则其他低压端子应短接，并与金属箱壳等一起接地或接到测量电桥的屏蔽。试验线路见图 6。

注：若采用其他的测量方法(如金属底座或箱壳接地)进行测量，其结果不宜与上述方法的测量结果进行比对。

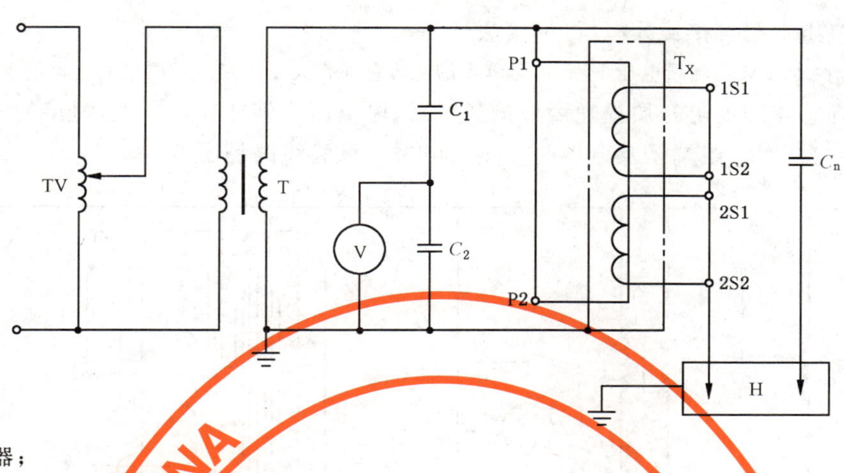

TV——调压器；

T——试验变压器；

V——峰值电压表（读数除以$\sqrt{2}$）；

C_1、C_2——电容分压器；

C_n——标准电容器；

H——电桥；

T_X——被试互感器。

（P1、P2——一次绕组出线端子；1S1、1S2、2S1、2S2——二次绕组出线端子。）

图 6 非电容型电流互感器的电容量和介质损耗因数测量

5.8.2.2 电容型电流互感器

试验电压应施加在短接的一次绕组端子与地之间，短接的二次绕组端子和绝缘的金属箱壳均应接地，一次绕组电容屏的地屏接入电桥（正接法），试验线路见图 7。

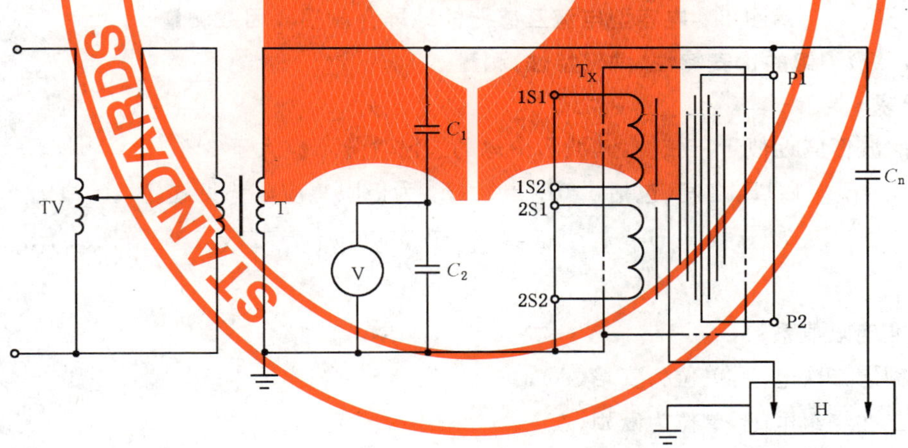

TV——调压器；

T——试验变压器；

V——峰值电压表（读数除以$\sqrt{2}$）；

C_1、C_2——电容分压器；

C_n——标准电容器；

H——电桥；

T_X——被试互感器。

（P1、P2——一次绕组出线端子；1S1、1S2、2S1、2S2——二次绕组出线端子。）

图 7 电容型电流互感器的电容量和介质损耗因数测量（正接法）

亦可将一次绕组端子直接接入电桥(反接法)。

注：反接法只能在 10 kV 的测量电压下测量，且测得的电容量通常大于正接法所测得的电容量。

电容型电流互感器的地屏介质损耗因数测量时，试验电压应施加在地屏上，短接的一次绕组端子不得与地连接，短接的二次绕组端子及金属箱壳接入电桥。试验线路见图 8。

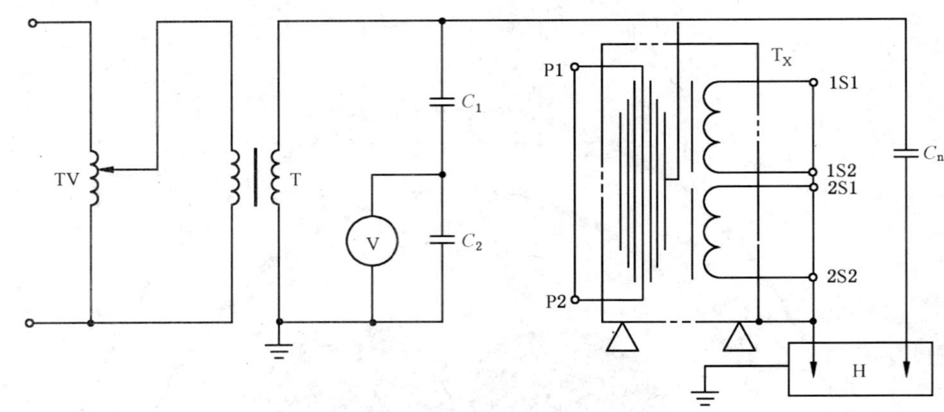

TV——调压器；

T——试验变压器；

V——峰值电压表(读数除以$\sqrt{2}$)；

C_1、C_2——电容分压器；

C_n——标准电容器；

H——电桥；

T_X——被试互感器。

(P1、P2——一次绕组出线端子；1S1、1S2、2S1、2S2——二次绕组出线端子。)

图 8 电容型电流互感器的地屏介质损耗因数测量

5.9 保护级(P 级)绕组的伏安特性(励磁特性)测量

5.9.1 测量要求

电源电压的波形应近似于正弦波，其波形中总的谐波含量不应大于 3%。

测量点在 $0.6E_1$～$1.1E_1$ 之间(包括 $1.0E_1$ 点)。E_1 为极限感应电势见式(1)。

$$E_1 = ALF \cdot I_{2n} \cdot \sqrt{(R_{ct} + R_2)^2 + (X_{ct} + X_2)^2} \quad \cdots\cdots(1)$$

式中：

ALF——准确限值系数；

I_{2n}——额定二次电流，单位为安培(A)；

R_{ct}——二次绕组电阻，单位为欧姆(Ω)；

X_{ct}——二次绕组漏电抗(可按 0.1 Ω 估算)，单位为欧姆(Ω)；

R_2——额定输出对应负荷的有功分量，单位为欧姆(Ω)；

X_2——额定输出对应负荷的无功分量，单位为欧姆(Ω)。

5.9.2 试验设备

平均值电压表(不低于 1.0 级)；

交流电流表(不低于 0.5 级)；

自耦调压器(有足够容量)。

5.9.3 试验线路

试验线路见图 9。

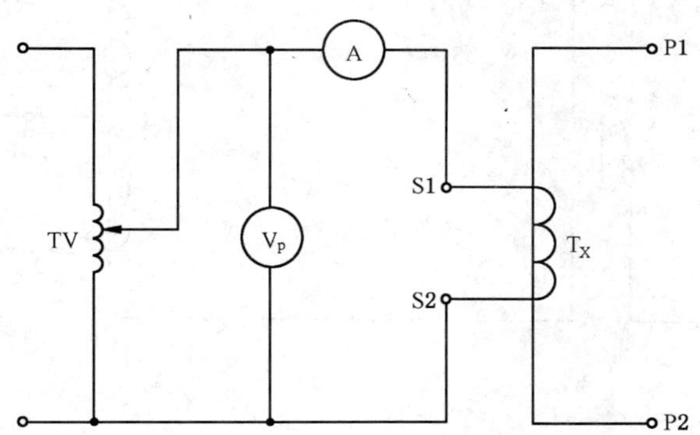

TV——调压器；

V_p——平均值交流电压表；

A——电流表；

T_X——被试互感器。

（P1、P2——一次绕组出线端子；1S1、1S2——二次绕组出线端子。）

图9　伏安特性测量

5.9.4　试验方法

在被试二次绕组两端施加电压，分别读取对应电压的励磁电流值，当对某一绕组进行试验时，其他绕组均应处于开路状态，如此依次对每一绕组进行试验，如图9所示。亦可采用其他方法。试验中应注意电表的分流分压作用所带来的误差。

当测量电压高于二次绕组工频耐压值时，须用低频率的试验电源，在测取电压值与电流值及实测频率后，将电压值折算到50 Hz电源时的数值。折算方法按式(2)。

$$U=\frac{f_n}{f_x}U_x \qquad \cdots\cdots(2)$$

式中：

U——折算到50 Hz时的电压值，单位为伏特(V)；

U_x——实测电压值，单位为伏特(V)；

f_x——实测频率，单位为赫滋(Hz)；

f_n——额定频率(50 Hz)。

5.10　匝间过电压试验

5.10.1　试验条件

本试验仅适用于无短路匝补偿的电流互感器。

5.10.2　试验方法和试验线路

试验方法和要求按GB 1208—2006中9.4或16.4.5的规定。若采用程序A时试验线路图见图10，若采用程序B时试验线路图见图11。

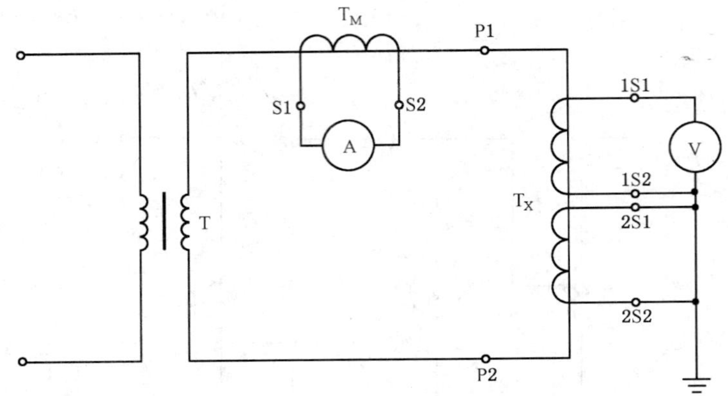

T——升流变压器；

T_M——测量用电流互感器；

A——电流表；

V——峰值电压表；

T_X——被试互感器。

（P1、P2——一次绕组出线端子；1S1、1S2、2S1、2S2——二次绕组出线端子。）

图 10　匝间过电压试验（程序 A）

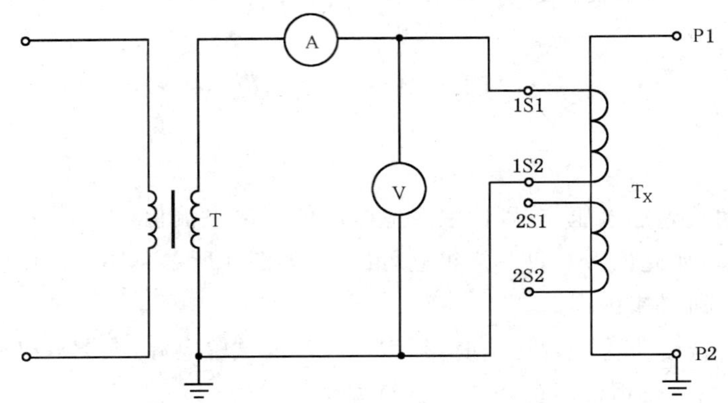

T——升压变压器；

A——电流表；

V——峰值电压表；

T_X——被试互感器。

（P1、P2——一次绕组出线端子；1S1、1S2、2S1、2S2——二次绕组出线端子。）

图 11　匝间过电压试验（程序 B）

5.11　误差测定

5.11.1　误差测定

误差测量应按 GB 1208—2006 和 JJG 1021—2007 的规定进行。试验中所用的标准互感器应符合 JJG 1021—2007 的要求。

测量误差时应注意：

a)　连接被试互感器二次绕组的两根导线电阻之和应等于其规定值，该规定值为负载箱的预留电阻（通常为 0.06 Ω 或 0.05 Ω）减去校验仪对被试互感器造成的有功负荷，误差不大于±3%。

b)　连接标准互感器二次绕组的两根导线电阻之和应等于其规定值，该规定值为标准互感器的额定负荷（$\cos\phi=1$）减去校验仪对标准互感器造成的负荷（$\cos\phi=1$），误差不大于±3%。

c)　试验母线式互感器的一次导线应确保其导线处于互感器中心位置。

5.11.2 退磁方法

除另有规定外，在测定互感器误差前应先退磁，退磁方法可根据具体情况采用下面的方法之一进行：

a) 开路退磁法

在一次(或二次)绕组中选择其匝数较少的一个绕组通以电流，在其他绕组均开路的情况下，平稳、缓慢地将电流降至0。退磁过程中应监视接于匝数最多绕组两端的峰值电压表，指示值超过4.5 kV时，则应在较小的电流下进行退磁。

b) 闭路退磁法

在二次绕组上接一个相当于额定负荷10～20倍的电阻(考虑足够容量)，对一次绕组通以由0增至1.2倍额定电流的工频电流，然后均匀缓慢地降至0。

对具有两个或两个以上的二次绕组的电流互感器进行退磁时，其中一个二次绕组接退磁电阻，其余的二次绕组应短路。

5.12 绝缘油性能试验

油浸式互感器绝缘油性能试验按GB/T 507—2002、GB/T 5654—2007、GB/T 7252—2001及GB/T 7600—1987等相关标准进行。

5.13 SF_6 气体微量水分测定

SF_6 气体绝缘互感器的微量水分测定方法按GB/T 5832.2等相关标准进行。

5.14 短时电流试验

5.14.1 试验准备

按GB 1208—2006中8.1的规定进行，产品试验时，试品的布置应模拟正常安装运行状态。

5.14.2 试验线路

试验线路见图12。

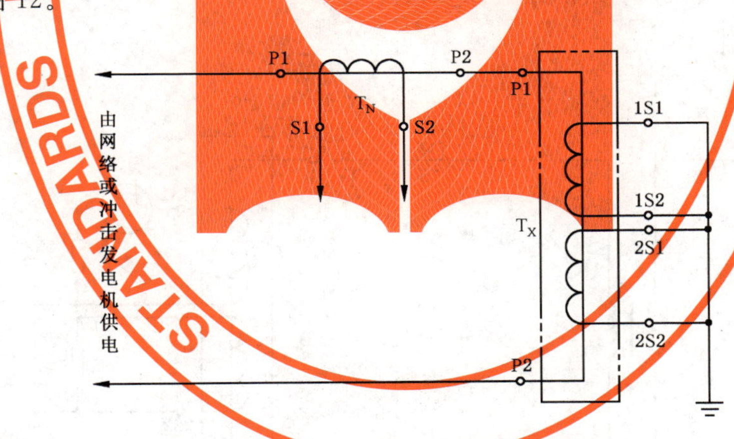

T_N——基准互感器；

T_X——被试互感器。

(P1、P2——一次绕组出线端子；S1、S2、1S1、1S2、2S1、2S2——二次绕组出线端子。)

图12 短时电流试验

5.14.3 多变比互感器的绕组连接

对于多变比互感器的短时电流试验，应根据使一次绕组有最大电流密度的产品技术条件所规定的短时电流值来进行互感器引出端子的接线。

a) 当互感器有相同多段一次绕组进行串、并联连接以改变电流比时，如果只规定一个短时电流额定值(对任何变比都要满足的)，则应在最小电流比接线方式下进行试验；

如果规定了不同的几个短时电流额定值，且这几个短时电流额定值的比例关系与一次绕组在不同的串、并联连接时的额定一次电流的比例关系相对应(例如：一台互感器可以通过一次绕组串联、串—并联、并联，换接得到三种电流比，其额定一次电流的比例关系为 1：2：4，且短时电流额定值的比例关系也是 1：2：4)，则应在最大电流比接线方式(一次绕组并联)下进行试验；

如果与上述关系不对应，则需在一次绕组短时热电流密度最大的连接方式(一般为一次绕组串联)下进行试验。

b) 对采用一次绕组串、并联改变电流比的互感器，应选择在一次绕组短时热电流密度最大的接线方式下进行试验。

如果各种接线方式下一次绕组短时热电流密度相同时，则应在最大一次电流接线方式下进行试验。

c) 当互感器通过二次绕组抽头改变电流比时，应将具有最小电流比的二次端子短接。

5.14.4 二次电流测量

在短时电流试验时，应同时测量二次电流。

对于有多个二次绕组的互感器，可选择具有最大二次电流倍数的绕组进行测量，其余二次绕组端子均应短接。

注：最大二次电流倍数定义为：在二次绕组短接时，当互感器铁心磁密达到饱和状态时的二次电流与额定二次电流的比值(委托试验方提供)。

5.14.5 与导线表面接触绝缘的检查

对于绕组材质为铜材料的互感器，与导线表面接触绝缘的检查按 GB 1208—2006 中 8.1 的 d)项进行。

短时电流密度应采用实测导线截面来计算(无法测量时，也可用设计时的理论导线截面来代替)。

5.15 温升试验

5.15.1 试验要求

试验应按 GB 1208—2006 中 8.2 的规定进行。

5.15.2 试验线路

试验线路如图 13。

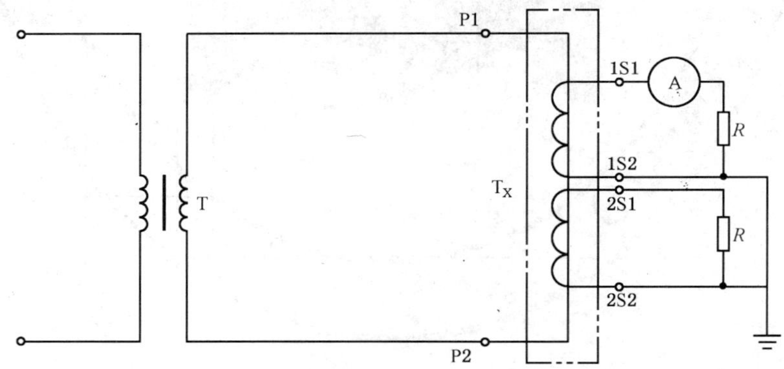

T——升流器；

A——电流表；

R——负载电阻；

T_X——被试互感器。

(P1、P2——一次绕组出线端子；1S1、1S2、2S1、2S2——二次绕组出线端子。)

图 13 温升试验

5.15.3 环境要求

试验场所周围不得有任何影响环境温度的因素，例如辐射、热源、气流等。

环境温度测量应采用 2～3 个温度计，其测温端应浸于容积不小于 1 000 mL 装满油的杯中。放置于试品周围 1 m～2 m 处，高度约为试品高度的中间部位。环境温度以几个温度计的平均值为准。

5.15.4 试验方法

温升试验应采用负荷法，在征得用户同意的情况下也可以采用短路法。对于具有多个相同二次绕组的互感器，如能证明其中某个绕组考核最严格，则允许只测量此一个绕组。

5.15.5 二次激磁法

在满足要求时，也可用二次激磁法即从二次侧施加电流进行温升测量。

5.15.6 温度测量

测量母线出线端子及铁心表面温度，可采用酒精温度计或其他不受磁场影响的温度计（如热电偶或电阻式温度计），测温端应与被测点紧密接触。

测量油顶层温度时，温度计的测温端应浸于油面下 50 mm～100 mm 处（如有温度计座时，座内应充油）。

5.15.7 绕组平均温度的测量

绕组平均温度的测量一般采用电阻法，对于一次绕组，推荐采用热电偶法。

注：如一次绕组导体较短（如一次为单匝的倒立式电流互感器），则可不测量一次绕组的温升。

5.15.8 电阻法测量绕组平均温度的方法

测量冷、热态电阻应用同一线路和仪器。

在温升试验结束，切断电源之后，立即测量绕组的直流电阻。应在停电后 1 min～2 min 内测出第一个读数。然后在 8 min～10 min 内每隔相等的时间 Δt（30 s～60 s）测定电阻值，依次记录为 R_1、R_2、R_3、…、R_k。若以切断电源瞬间为 $t_0=0$，在对数坐标纸上将相应各点绘出，用一曲线连接，按图 14 的方法绘出 L 线，再确定曲线与 R 轴的交点即为 $t_0=0$ 时的 R_0 值，由电阻值 R_0 可计算出切断电源瞬间的绕组平均温度 $\Delta\theta$。

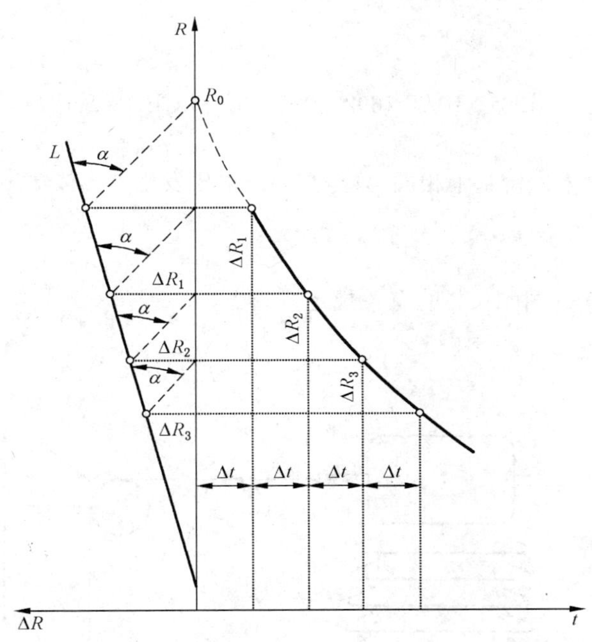

图 14 确定切断电源瞬间的电阻 R_0 值

绕组平均温升 $\Delta\theta$ 按式(3)计算。

$$\Delta\theta = \frac{R_0}{R_{\theta_1}}(235+\theta_1) - (235+\theta_2) \qquad \cdots\cdots(3)$$

式中：

$\Delta\theta$——绕组平均温升，单位为开(K)；

R_0——断电瞬间绕组热态电阻值，单位为欧姆(Ω)；

R_{θ_1}——温度为 θ_1 时冷态电阻值，单位为欧姆(Ω)；

θ_1——绕组冷态温度(冷态时环境温度)，单位为摄氏度(℃)；

θ_2——温升试验后期确定温升的环境温度，单位为摄氏度(℃)；

235——铜导体温度系数的倒数。

5.15.9 热电偶测量绕组平均温度的方法

用热电偶法测量绕组温度时，以适当数量的热电偶分别置于被测绕组的不同部位，最后以各热电偶测得温度的平均值作为绕组的平均温度。

5.16 额定雷电冲击试验和操作冲击试验

5.16.1 试验要求

额定雷电冲击试验和操作冲击试验，应按 GB 1208—2006、GB/T 16927.1—1997 和 GB/T 16927.2—1997 有关规定进行。

5.16.2 试验电压

试验电压应是 GB 1208—2006 中列出的相应值，如另有要求，可按技术条件的规定进行。

5.16.3 接地要求

如果试品有一次绕组地屏端子，也应将其同二次端子相连并一起接示波器；若只将地屏接示波器，则所有二次端子应与金属底座或箱壳相连并接地。

5.17 户外式互感器的湿试验

5.17.1 试验电压

试验电压应按 GB 1208—2006 选择。如另有要求，可按技术条件的规定进行。

5.17.2 试验线路

试验线路与一次绕组的工频耐压试验或操作冲击试验线路相同。

5.18 截断雷电冲击试验

5.18.1 试验要求

试验应按 GB/T 16927.1—1997、GB/T 16927.2—1997 和 GB 1208—2006 中 10.1 的有关规定进行。

5.18.2 试验线路

试验线路与额定雷电冲击试验基本相同，只是在冲击电压发生器本体输出端与试品端加一截断装置。

5.19 机械强度试验

5.19.1 试验要求

试验应按 GB 1208—2006 中 10.2 的有关规定进行。

5.19.2 试验方法

试验方法示意见图 15。

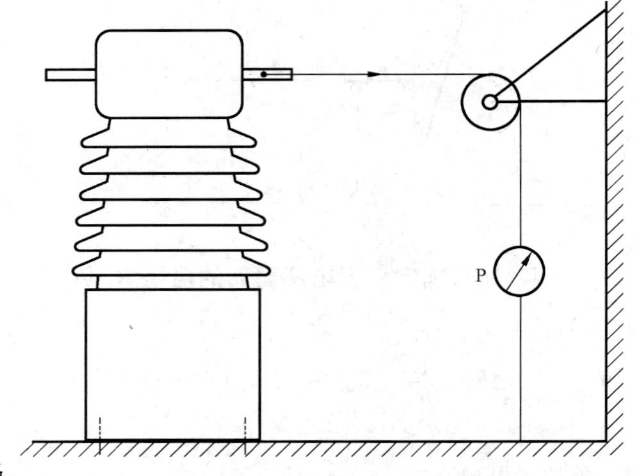

P——拉力计或标准砝码。

图 15 机械强度(端子拉力)试验

5.19.3 受力部位

施加受力点应为一次接线端子中心部位，三个受力方向可根据实际要求调整。

注：如果两端子许用拉力相同，可只对有绝缘端进行试验。

5.20 复合误差试验

5.20.1 试验方法和要求

试验方法和要求按 GB 1208—2006 中第 14 章及附录 C 的规定。

5.20.2 试验线路

推荐采用图 16 或图 17 中的试验线路。

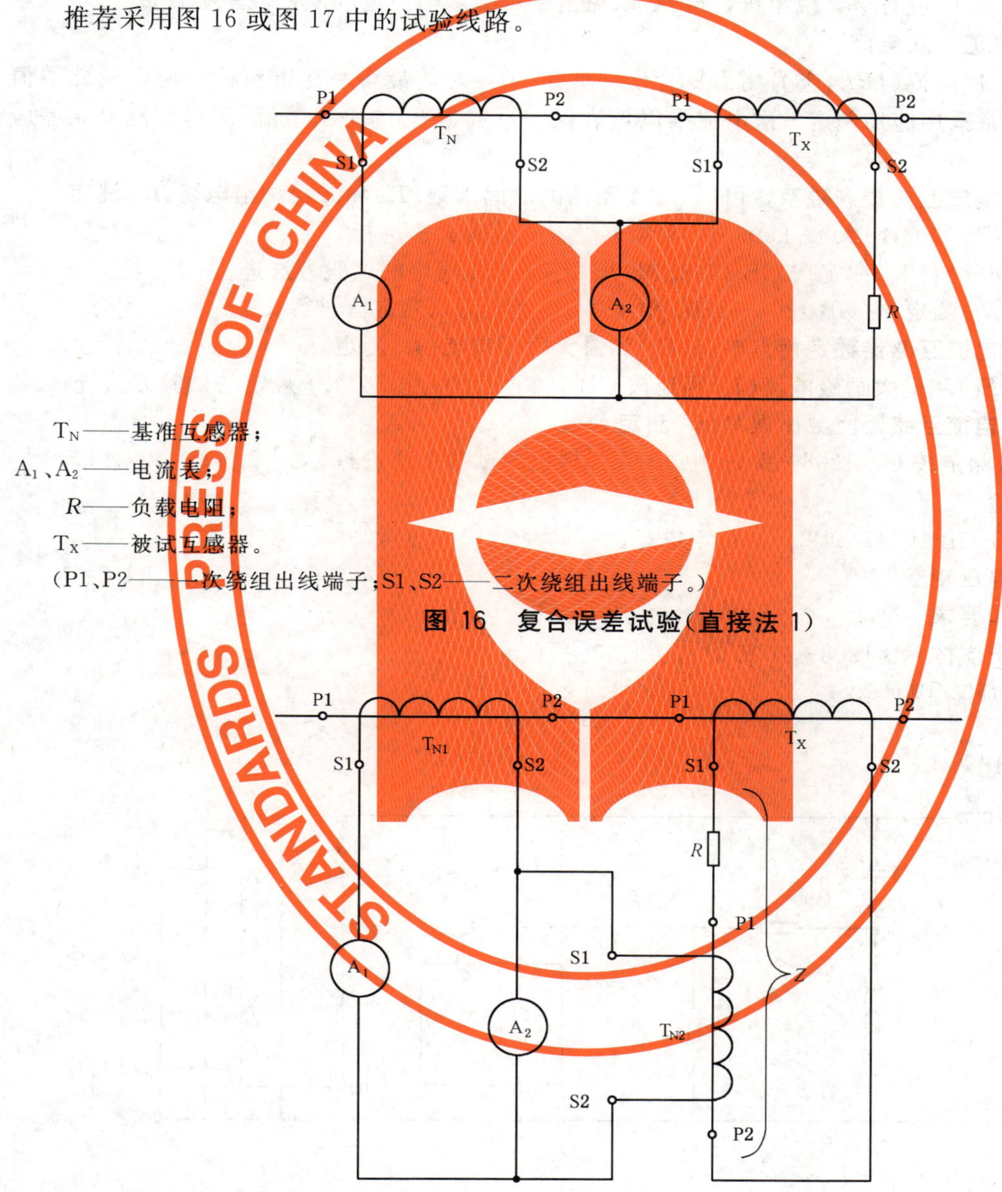

T_N——基准互感器；

A_1、A_2——电流表；

R——负载电阻；

T_X——被试互感器。

（P1、P2——一次绕组出线端子；S1、S2——二次绕组出线端子。）

图 16 复合误差试验（直接法 1）

T_{N1}、T_{N2}——基准互感器；

A_1、A_2——电流表；

Z——总负载；

R——负载电阻；

T_X——被试互感器。

（P1、P2——一次绕组出线端子；S1、S2——二次绕组出线端子。）

图 17 复合误差试验（直接法 2）

5.20.3 设备

复合误差型式试验时二次电流较大，测试时间应尽量短，除采用图中电流表测量外，通常采用示波器或暂态记录仪进行测量。

5.20.4 负荷箱要求

测试用负荷箱不应采用测量额定一次电流下误差时的负荷箱，而应采用能承受额定准确限值一次电流的测量复合误差电流通用的负荷箱。

5.20.5 退磁

试验前或重复试验时应对被试绕组进行退磁，以免由于剩磁影响而造成复合误差不合格。

5.20.6 额定仪表限值一次电流

额定仪表限值一次电流（*IPL*）应为测出复合误差大于10%时的最小一次电流值。但由于此数值较难迅速测出，故通常采用施加额定一次电流乘以仪表保安系数（*FS*）的一次电流，测得的复合误差应大于10%。

5.21 PR级保护用电流互感器剩磁系数（E_k）、二次回路的时间常数（T_s）和二次绕组电阻（R_t）测定

剩磁系数（E_k）测定按GB 1208—2006中15.4.1规定的试验方法进行。

二次回路的时间常数（T_s）测定按GB 1208—2006中15.4.2规定的试验方法进行。

二次绕组电阻（R_t）测定 按GB 1208—2006中15.4.3规定的试验方法进行。

5.22 PX级保护用电流互感器额定拐点电势（E_k）和最大励磁电流（I_e）测定

额定拐点电势（E_k）和最大励磁电流（I_e）测定按GB 1208—2006中16.4.1规定的试验方法进行。

5.23 PX级保护用电流互感器匝数比误差（ε_t）测定

匝数比误差（ε_t）测定按GB 1208—2006中16.4.3规定的试验方法进行。

5.24 暂态误差试验

暂态误差试验按GB 16847—1997的规定进行。

5.25 无线电干扰电压测量

5.25.1 试验方法和要求

试验方法和要求应按GB 1208—2006的有关规定进行。

注：外部的电连接部位不加屏蔽。

5.25.2 试验线路

试验线路见图18。

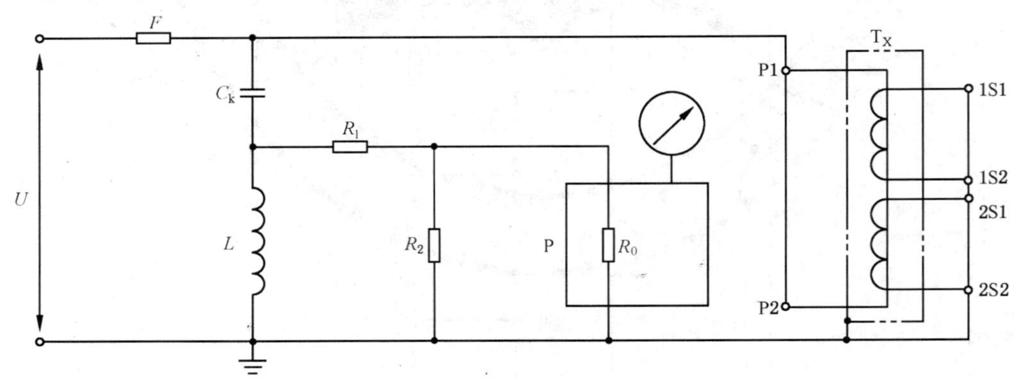

F——阻波器；

C_k——耦合电容器；

L——电抗器；

R_1、R_2——电阻；

R_0——无线电干扰测量仪内阻；

P——无线电干扰测量仪；

T_X——被试互感器。

（P1、P2——一次绕组出线端子；1S1、1S2、2S1、2S2——二次绕组出线端子。）

图18 无线电干扰电压测量

5.26 绝缘热稳定试验

5.26.1 试验方法及要求

试验方法及要求按GB 1208—2006 中 8.6 的规定。

5.26.2 试验线路

应采用图 19 试验线路进行试验。

注：升流变压器的铁心及一次绕组和二次绕组的某一同名端可连接在一起，形成等电位。

若试验条件不允许时，一般铁心无气隙的试品也可采用图 20 试验线路进行试验。

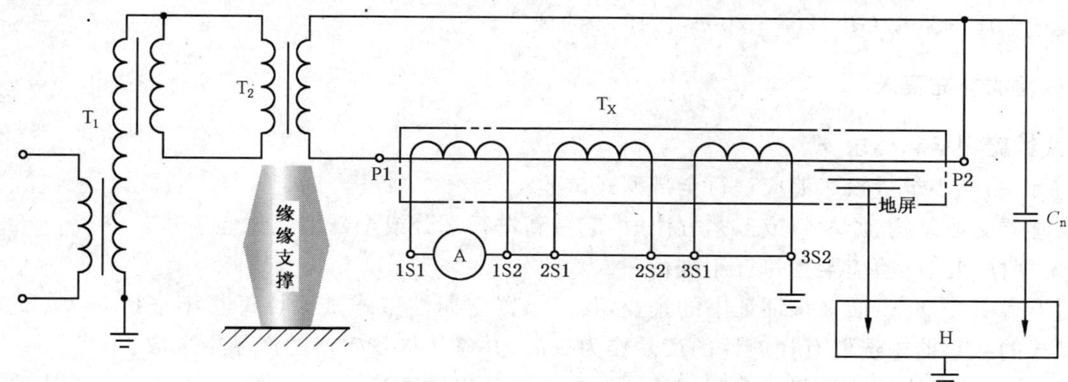

T_1——(高压绕组带励磁线圈的串级式)试验变压器；

T_2——升流变压器；

A——电流表；

C_n——标准电容器；

H——介质损耗测量电桥；

T_X——被试互感器。

(P1、P2——一次绕组出线端子；1S1、1S2、2S1、2S2、3S1、3S2——二次绕组出线端子。)

图 19 绝缘热稳定试验(1)

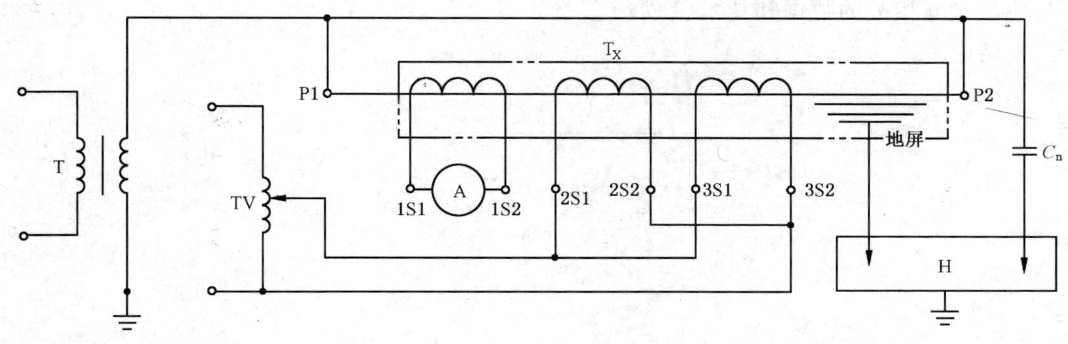

T——试验变压器；

TV——调压器；

A——电流表；

C_n——标准电容器；

H——介质损耗测量电桥；

T_X——被试互感器。

(P1、P2——一次绕组出线端子；1S1、1S2、2S1、2S2、3S1、3S2——二次绕组出线端子。)

图 20 绝缘热稳定试验(2)

5.26.3 **测量**

介质损耗因数测量应每小时测量一次，并同时记录环境温度、湿度及试品温度。

5.26.4 **导线截面选择**

连接被试互感器的一次导线应选择合适截面，一般按温升试验要求选择。

5.26.5 **注意事项**

查看被试互感器温度时，应停电进行，时间应越短越好，尽快恢复送电，必须注意安全。

5.27 **传递过电压测量**

传递过电压测量按 GB 1208—2006 中 10.3 的规定进行。

6 型式试验的补充要求

6.1 型式试验周期和要求

6.1.1 新产品在小批量投产前应进行全部型式试验。

当互感器更改结构、原材料或工艺方法时，应重新进行部分或全部型式试验项目。

6.1.2 定期性型式试验应至少每五年进行一次。

但对取得 ISO 9001 质量认证证书的企业，其互感器定期性型式试验可每八年进行一次。此时，可从同一型式的互感器中选取有代表性的产品作为试品，并应从批量生产的产品中选取。

6.1.3 互感器的型式试验一般应在国家认可的专业检验机构进行。

对于具备 $U_m>126$ kV 互感器试验条件的企业，也可进行本企业制造的互感器（$U_m>126$ kV）的型式试验。此时，其测试用的器具均应在有效检定期内，且应在国家认可的专业检验机构的监督下进行。

6.2 型式试验报告

型式试验报告至少应包括以下内容：

——产品代号及型号、外形图、铭牌数据等；

——主要试验线路图和试品布置图；

——试验仪器仪表的主要性能指标；

——试验时的实际电流值、电压值及波形图（有要求时应包括二次侧）等；

——试验前后相关的例行试验数据；

——其他与试验相关的数据和技术参数；

——试验结论。

ICS 29.180
K 41

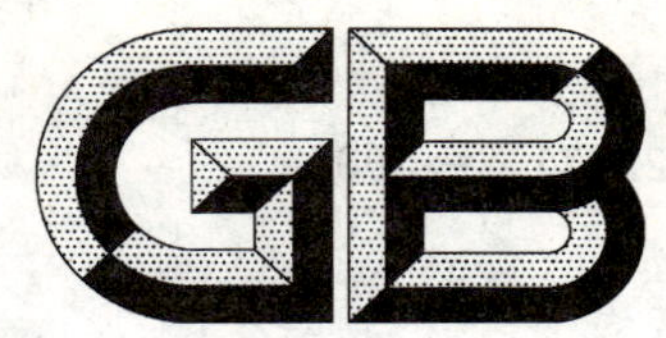

中华人民共和国国家标准

GB/T 22071.2—2008

互感器试验导则
第2部分：电磁式电压互感器

Test guide for instrument transformers—
Part 2: Inductive voltage transformers

2008-06-30 发布　　　　2009-04-01 实施

中华人民共和国国家质量监督检验检疫总局
中国国家标准化管理委员会　发布

前　言

《互感器试验导则》标准目前包含了下列几部分：

——第 1 部分：电流互感器；

——第 2 部分：电磁式电压互感器。

本部分是《互感器试验导则》标准的第 2 部分。

本部分针对 GB 1207—2006《电磁式电压互感器》等标准中所规定的试验项目而提出指导性试验方法。此外，本部分还提出了目前行业上广泛采用的绝缘电阻测量和绕组直流电阻测量两项试验方法（这两个项目在 GB 1207—2006《电磁式电压互感器》等标准中并未予以规定）。本部分规定的试验方法可能不是唯一的，但却是目前互感器行业广泛采用的方法。

本部分由中国电器工业协会提出。

本部分由全国互感器标准化技术委员会（SAC/TC 222）归口。

本部分起草单位：国家变压器质量监督检验中心、沈阳变压器研究所、国网武汉高压研究院、广东电力科学研究院、阿塔其大一互电器有限公司、大连北方互感器有限公司、中山市泰峰电气有限公司、西安宏泰互感器制造有限公司、沈阳互感器有限责任公司、大连第一互感器有限公司、大连金元互感器有限公司。

本部分主要起草人：张秀菊、魏朝晖、黄华、姚森敬、李云庆、高速、何见光、刘安彦、潘德滨、王仁涛、林贵文、沙玉洲。

互感器试验导则
第2部分:电磁式电压互感器

1 范围

GB/T 22071的本部分提出的电磁式电压互感器试验要求适用于GB 1207—2006等标准中所规定的型式试验、例行试验和特殊试验。

注:作为产品验收时的交接试验亦可参考采用本部分规定的试验方法。

本部分规定了互感器的试验项目、试验顺序、一般试验条件、试验要求和型式试验的补充要求等。

2 规范性引用文件

下列文件中的条款通过GB/T 22071的本部分的引用而成为本部分的条款。凡是注日期的引用文件,其随后所有的修改单(不包括勘误的内容)或修订版均不适用于本部分,然而,鼓励根据本部分达成协议的各方研究是否可使用这些文件的最新版本。凡是不注日期的引用文件,其最新版本适用于本部分。

GB/T 507—2002 绝缘油 击穿电压测定法(evq IEC 60156:1995)

GB 1207—2006 电磁式电压互感器(IEC 60044-2:2003,Instrument transformers—Part 2:Inductive voltage transformers,MOD)

GB/T 5654—2007 液体绝缘材料 相对电容率、介质损耗因数和直流电阻率的测量(IEC 60247:2004,IDT)

GB/T 5832.2 气体中微量水分的测定 第2部分 露点法

GB/T 7252—2001 变压器油中溶解气体分析和判断导则(neq IEC 60599:1999)

GB/T 7600—1987 运行中变压器油水分含量测定法(库仑法)

GB/T 11023—1989 高压开关设备六氟化硫气体密封试验方法

GB/T 16927.1—1997 高电压试验技术 第一部分:一般试验要求(eqv IEC 60060-1:1989)

GB/T 16927.2—1997 高电压试验技术 第二部分:测量系统(eqv IEC 60060-2:1994)

JB/T 10433—2004 三相电压互感器

JJG 1021—2007 电力互感器检定规程

3 试验项目和试验顺序

3.1 试验项目

型式试验、例行试验及特殊试验项目按GB 1207—2006中第8章的规定。

为了方便供需双方判定产品的状态,本部分增加了GB 1207—2006中并未规定的下列试验项目:

——工频耐压试验之前的绝缘电阻测量;

——绕组直流电阻测量。

3.2 试验顺序

判断互感器是否通过了某一型式试验项目,通常需要对此项型式试验前、后的某些例行试验项目进行测试比较。因此,一般是先进行规定的例行试验项目,再进行规定的型式试验项目和特殊试验项目,然后再重复进行规定的例行试验项目。

4 一般试验条件

本章是对一般试验条件的要求，如试验项目中无具体的规定应按本章执行。

——试验应在装配完整的产品上进行。

——试品的温度与环境温度应无显著差异。

——除另有规定，试验时的环境温度为 5 ℃～40 ℃。

——试验场所不得有明显的外部电磁场影响。

——试验场地应具有单独工作接地和保护接地，并设置保护栅栏。

——试品与接地体或邻近物体的距离，一般应大于试品高压部分与接地部分的最小空气距离的 1.5 倍。

5 试验要求

5.1 密封性能试验

5.1.1 油浸式互感器

5.1.1.1 油浸式互感器密封性能试验的主要设备：

a) 气体压缩装置；

b) 过滤器；

c) 减压阀及输气管；

d) 充气或注油装置，且充气或注油装置上应装有单向阀和压力计(压力计的准确度等级不应低于 2.5 级)。

5.1.1.2 密封性能试验必须在清洁的产品上进行，试验场地应无明显油污。

5.1.1.3 应安装充气或注油装置，通过单向阀对不带膨胀器的油浸式互感器产品注入一定压力的干燥空气(氮气)或油，施加压力和维持时间不低于表 1 规定值。

表 1 油浸式互感器密封性能试验要求

设备最高电压(方均根值)/kV	施加压力/MPa	维持压力时间/h	充气加压的最小剩余压力/MPa	说明
≥40.5	0.05	6	0.03	不带膨胀器产品
	0.1	6	0.07	带膨胀器产品不带膨胀器试验
<40.5	0.04	3	0.025	同时适于户外组合互感器

5.1.1.4 按表 1 规定的压力和时间试验后，观察产品有无渗油、漏气现象。

5.1.1.5 对于带膨胀器的油浸式互感器，应在未装膨胀器之前，对互感器按上述方法进行密封性能试验。

5.1.1.6 完成 5.1.1.5 规定的试验后，将装好膨胀器的产品，按规定时间(一般不少于 12 h)静放，外观检查是否有渗、漏油现象。带防爆片的产品应采取措施，以满足表 1 中的试验压力。

5.1.2 SF_6 气体绝缘互感器

SF_6 气体绝缘互感器密封试验按 GB/T 11023—1989 等标准的规定进行。

5.2 出线端子标志检验

5.2.1 端子标志

端子标志应符合 GB 1207—2006 中 12.2.2 的规定。

5.2.2 直流检验法

互感器出线端子极性检验用直流试验法(见图 1)。

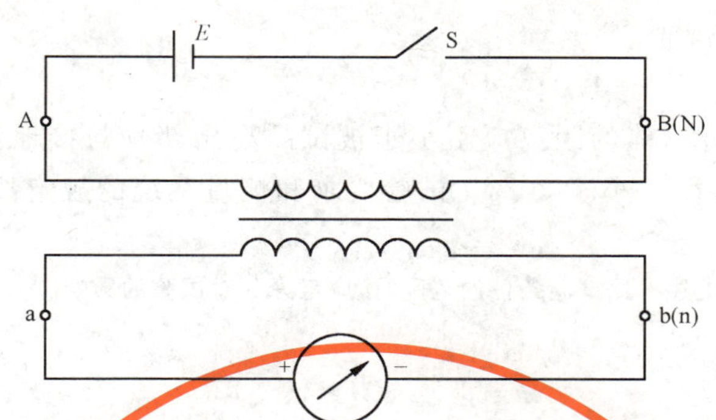

E——直流电源；

S——开关。

［A、B(N)——一次绕组端子；a、b(n)——二次绕组端子］

图 1　出线端子极性检验——直流试验法

电池的正极接一次绕组 A 端，负极接一次绕组的 B(或 N)端。直流电压(流)表的正极接在二次绕组的 a 端，负极接在二次绕组的 b(或 n)端。接通开关的瞬间，电压(流)表向顺时针方向摆动即为极性正确。

剩余电压绕组端子标志检验方法同上。

5.2.3　误差校验仪检验法

用误差校验仪检验互感器出线端子极性的方法按 JJG 1021—2007 的相关规定进行。

5.3　绝缘电阻测量

5.3.1　试验要求

在工频耐压试验之前，一次绕组对二次绕组及地屏和地、二次绕组间及对地、地屏对地之间应进行绝缘电阻测量。

5.3.2　试验设备

绝缘电阻表或其他适合仪表(可根据产品技术条件确定其型式及规格)。

注：对额定工频耐受电压为 3 kV 的绝缘，可采用 1 000 V(手动)绝缘电阻表；

对额定工频耐受电压大于 3 kV 的绝缘，可采用 2 500 V(手动)绝缘电阻表；

若采用电子式绝缘电阻测试仪测试时，则仪器的最大输出电流一般不小于 2 mA。

5.3.3　试验方法

测量前先将绝缘电阻表进行一次开路和短路试验，检查绝缘电阻表是否良好。在测量前后对被试互感器应进行充分放电，以保障设备及人身安全。

首先将互感器一次绕组或二次绕组的出头均分别短接，将绝缘电阻表放在水平位置，然后将绝缘电阻表线路端(L)接在被试绕组上，地线接在其他绕组及金属底座或箱壳上，在记录电阻值的同时还要记录环境温度和湿度。

5.3.4　其他

也可采用其他测试仪进行测量。

无论采用何种方法，试验结果均应符合产品技术条件规定。

5.4　绕组直流电阻测量

测量时应记录准确的环境温度。

当被测量电阻大于或等于 10 Ω 时，可采用单臂电桥(惠斯顿电桥)或直流电阻测试仪进行测量。

当被测量电阻小于 10 Ω 时，推荐采用双臂电桥(凯尔文电桥)或直流电阻测试仪进行测量。

5.5 一次绕组的工频耐压试验

5.5.1 参比试验条件

被试品与接地体或邻近物体的距离应不小于被试品高压部分与接地部分之间最小空气距离的1.5倍。试验场所的相对湿度应小于80%。试验要求和测量系统的规定按GB/T 16927.1—1997和GB/T 16927.2—1997。

注：当实际试验条件超出上述参比试验条件的范围时，应考虑其对试验的影响。

5.5.2 外施工频耐压试验

5.5.2.1 试验线路

进行一次绕组的外施工频耐压试验时，试验电压应施加在短接的一次绕组端子与地之间。

短接的二次绕组端子、座架、箱壳(如果有)和铁心(如果有一个专用的接地端子)均应接地。如有地屏，应将其同座架或箱壳连接并接地。试验线路见图2。

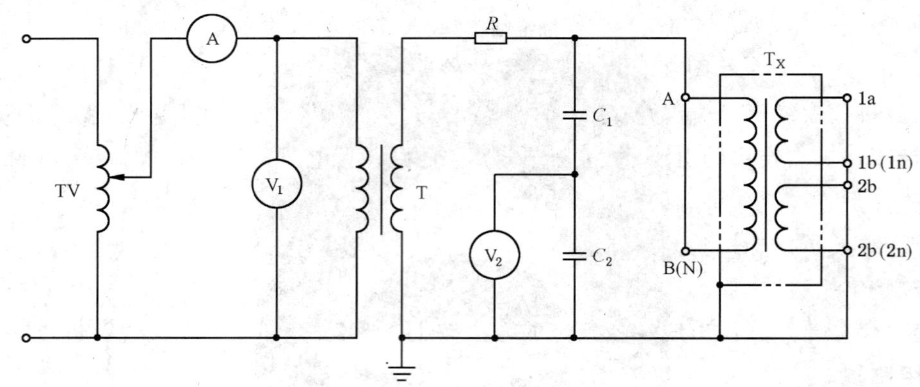

TV——调压器；

A——电流表；

V_1——方均根值电压表；

T——试验变压器；

R——保护电阻；

C_1、C_2——电容分压器；

V_2——峰值电压表(读数除以$\sqrt{2}$)；

T_X——被试互感器。

[A、B(N)——一次绕组端子； 1a、1b(1n)、2a、2b(2n)——二次绕组端子]

图2 一次绕组外施工频耐压试验

试验线路的电压应足够稳定，不致受泄漏电流变化的影响。试品上非破坏性放电不应使试验电压降低过多及维持时间过长，以致明显影响试品上破坏性放电电压的测量值。

在非破坏性放电的情况下，除在有关设备标准中另有规定外，只要表明试验电压值在相应放电发生后的几个周期时间内变化不超过5%，并且非破坏性放电期间瞬时电压降不超过电压峰值的20%，则认为耐压试验通过。

5.5.2.2 试验要求

在确定设备线路及电源波形无误后，对试品施加电压。加压时，应由机械零位开始缓慢升高电压，观测仪表升压数值。在升至75%试验电压时，以每秒2%试验电压的速率升压至短时工频耐压的试验值，维持60 s或规定的时间，然后降到30%规定试验电压以下后再切断电源。

5.5.2.3 判定

若试验过程中无破坏性放电现象，则试验合格。

5.5.3 感应耐压试验

5.5.3.1 试验线路

试验电压施加在一次绕组两出线端子之间，金属夹件、金属底座或箱壳、铁心以及各二次绕组的一个出线端子和一次绕组的接地端子应连在一起接地。基础试验线路见图3。

注：也可参照GB 1207—2006(单相电压互感器)和JB/T 10433—2004(三相电压互感器)的有关试验线路图。

也可对二次绕组侧施加一足够的励磁电压，使一次绕组感应出规定的试验电压值，金属夹件、金属底座或箱壳、铁心以及各二次绕组的一个出线端子和一次绕组的一个端子应连在一起接地。

注：二次绕组侧施加电压时须监测二次电流。

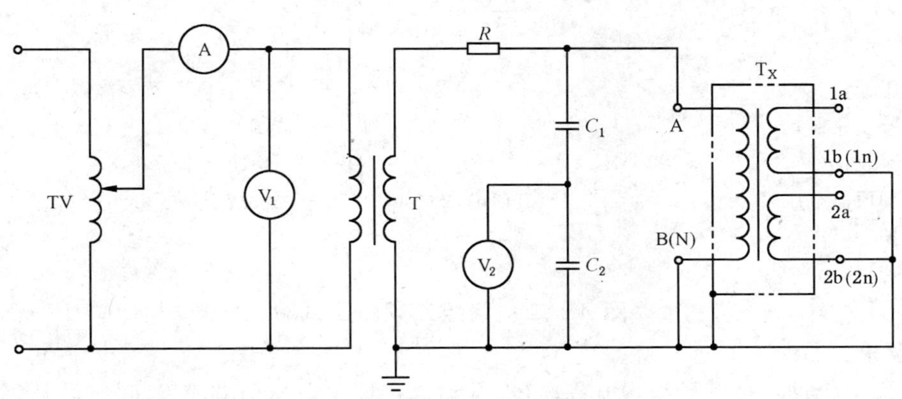

TV——调压器；

A——电流表；

V_1——方均根值电压表；

T——试验变压器；

R——保护电阻；

C_1、C_2——电容分压器；

V_2——峰值电压表(读数除以$\sqrt{2}$)；

T_X——被试互感器。

[A、B(N)——一次绕组端子； 1a、1b(1n)、2a、2b(2n)——二次绕组端子]

图3 一次绕组感应耐压试验

5.5.3.2 判定

若试验过程中无破坏性放电现象，则试验合格。

5.6 二次绕组的工频耐压试验

5.6.1 试验线路

二次绕组工频耐压试验试验时，试验电压按GB 1207—2006中7.1.4所列的相应值，施加在各短接的二次绕组与地之间，持续时间60 s。座架、箱壳(如果有)和铁心(如果要求接地)及所有其他绕组均应连在一起接地。试验线路见图4。

二次绕组段间工频耐压试验试验时，试验电压按GB 1207—2006中7.1.3所列的相应值，试验线路可参照图4。

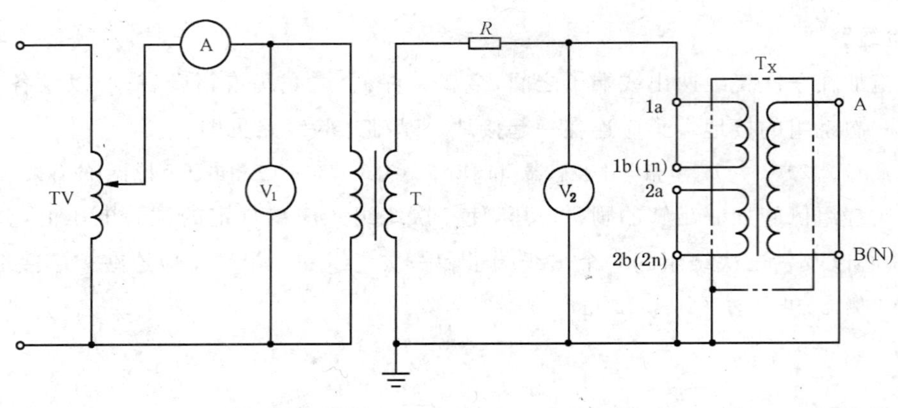

TV——调压器；
T——试验变压器；
A——电流表；
V_1——方均根值电压表；
R——保护电阻；
V_2——峰值电压表(读数除以$\sqrt{2}$)；
T_X——被试互感器。
[A、B(N)——一次绕组端子；
1a、1b(1n)、2a、2b(2n)——二次绕组端子]

图4 二次绕组工频耐压试验

5.6.2 试验要求

施加电压应由机械零位开始缓慢升高电压,升到规定试验电压值并持续60 s后,降到30%试验电压值以下再切断电源。

5.6.3 判定

若无击穿现象,则试验合格。

5.7 局部放电测量

局部放电测量按GB 1207—2006中10.2.4的相关规定进行。

注:三相电压互感器的局部放电测量参见JB/T 10433—2004中4.9.11.2的规定。

5.8 励磁特性测量

5.8.1 试验线路

励磁特性测量试验线路见图5。

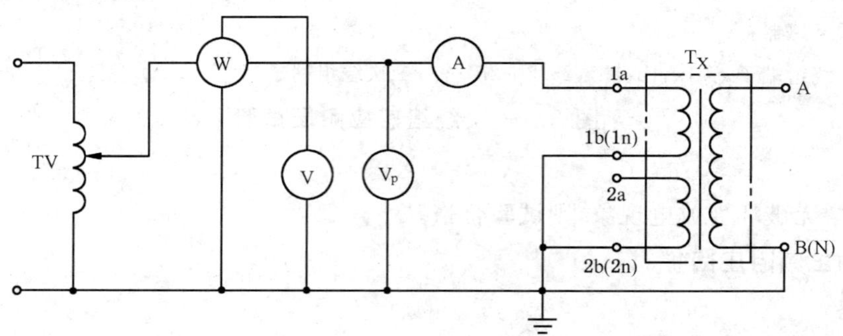

TV——自耦调压器；
A——电流表；
W——低功率因数功率表；
V——方均根值电压表；
V_P——平均值交流电压表；
T_X——被试互感器。
[A、B(N)——一次绕组端子；
1a、1b(1n)、2a、2b(2n)——二次绕组端子]

图5 励磁特性测量

5.8.2 试验要求

试验电源应为额定频率 50 Hz，电源电压的波形应近似于正弦波，其波形中总的谐波含量不大于 3%。

试验时应将互感器一次绕组的末端出线端子可靠接地，其他绕组开路且接地，在互感器二次绕组上测量损耗值和励磁电流值，具体测量点按 GB 1207—2006 中 9.6 的规定。试验中应注意电表的分流分压作用所带来的误差。

注：三相电压互感器应三相同时励磁（参见 JB/T 10433—2004 中 4.9.10 的规定）。

5.9 介质损耗因数（tanδ）测量

5.9.1 参比试验条件

参比试验条件为：

相对湿度不大于 60%；

试品温度为 10 ℃～30 ℃。

5.9.2 试验要求

5.9.2.1 不接地电压互感器

试验电压施加在短接的一次绕组端子上，二次绕组短接且接到测量电桥，金属底座或箱壳接地。

试验线路见图 6。

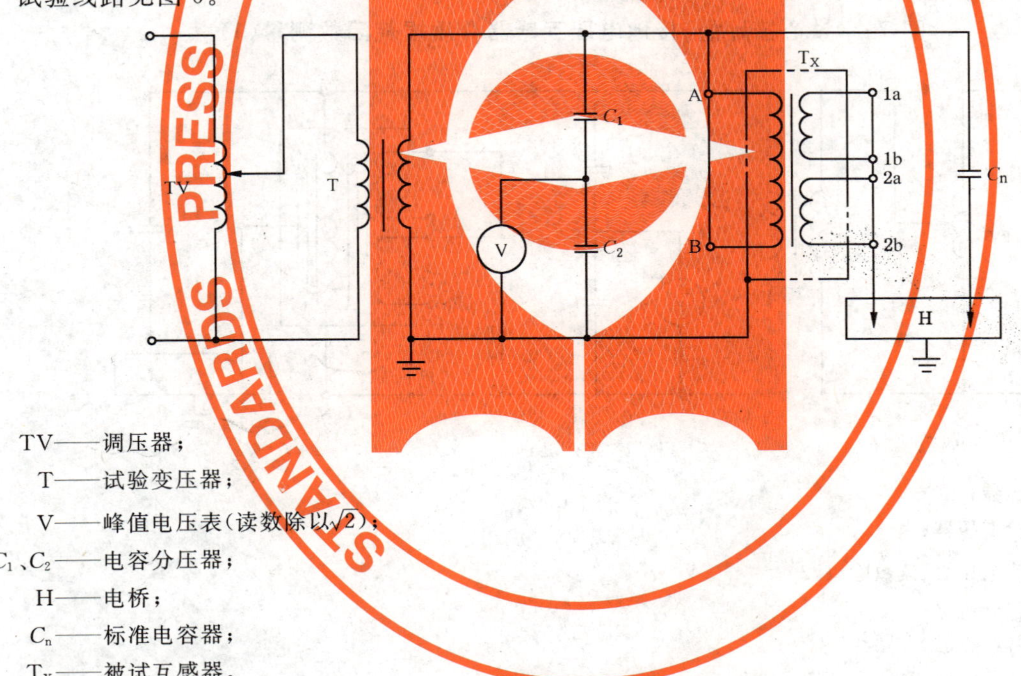

TV——调压器；

T——试验变压器；

V——峰值电压表（读数除以$\sqrt{2}$）；

C_1、C_2——电容分压器；

H——电桥；

C_n——标准电容器；

T_X——被试互感器。

（A、B——一次绕组端子； 1a、1b、2a、2b——二次绕组端子）

图 6 不接地电压互感器介质损耗因数测量

5.9.2.2 接地电压互感器

5.9.2.2.1 铁心接地的互感器

试验时将一次绕组的末端接地，试验电压施加在一次绕组的首端，各二次绕组均开路，并将任一同名端相连且接测量电桥，座架、箱壳（如果有）和铁心（如果要求接地）均应连在一起接地。试验线路见图 7。

一次引线绝缘采用电容型结构的电磁式电压互感器，末屏应接至电桥，其余二次绕组应开路且一端接地。试验线路见图 8。

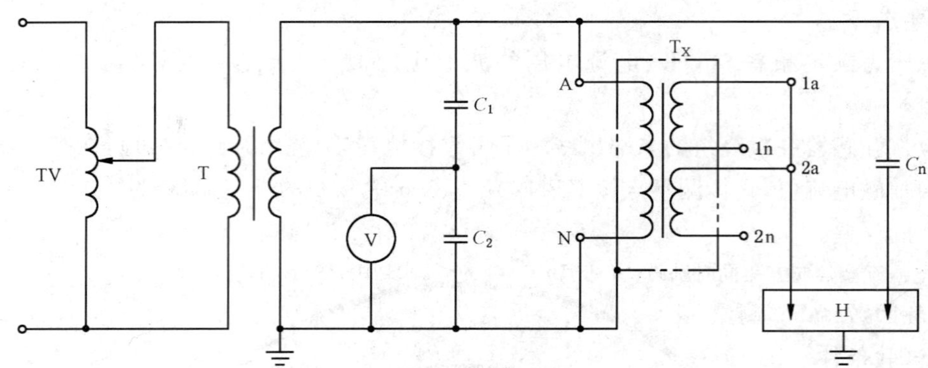

TV——调压器；

T——试验变压器；

V——峰值电压表(读数除以$\sqrt{2}$)；

C_1、C_2——电容分压器；

H——电桥；

C_n——标准电容器；

T_X——被试互感器。

(A、N——一次绕组端子； 1a、1n、2a、2n——二次绕组端子)

图 7 (铁心接地的)接地电压互感器介质损耗因数测量(1)

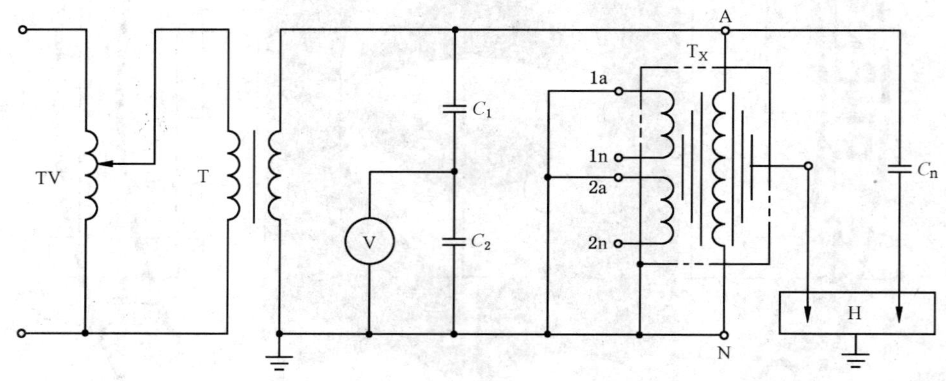

TV——调压器；

T——试验变压器；

V——峰值电压表(读数除以$\sqrt{2}$)；

C_1、C_2——电容分压器；

H——电桥；

T_X——被试互感器。

(A、N——一次绕组端子； 1a、1n、2a、2n——二次绕组端子)

图 8 (铁心接地的)接地电压互感器介质损耗因数测量(2)

5.9.2.2.2 铁心不接地的互感器

试验时将互感器与地面绝缘，一次绕组首端施加电压(电压值为 10 kV)，一次绕组末端接地。各二次绕组开路中任一同名端相连且与底座连接，然后接入测量电桥，此时测得 tanδ 值表示互感器一次绕组与二次绕组、绝缘支架以及外瓷套等之间的介质损耗因数(tanδ)，因此通常称为互感器的整体介质损耗因数(tanδ)，如图 9 所示。其试验方法也称末端屏蔽法。

如果将二次绕组中任一出线端子均相连且接地再将底座与测量电桥相连，则测得互感器内绝缘支架的介质损耗因数(tanδ)，如图 10 所示。该试验方法也称支架介损测量法。

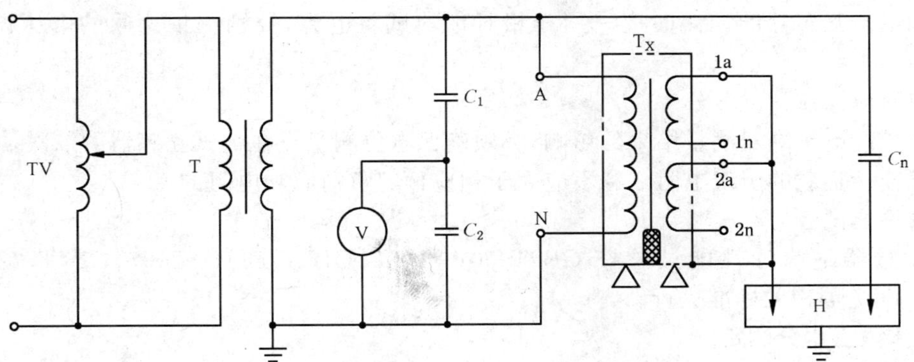

TV——调压器；
T——试验变压器；
V——峰值电压表(读数除以$\sqrt{2}$)；
C_1、C_2——电容分压器；
H——电桥；
C_n——标准电容器；
T_X——被试互感器。
(A、N——一次绕组端子； 1a、1n、2a、2n——二次绕组端子)

图 9 (铁心不接地的)接地电压互感器介质损耗因数测量(1)

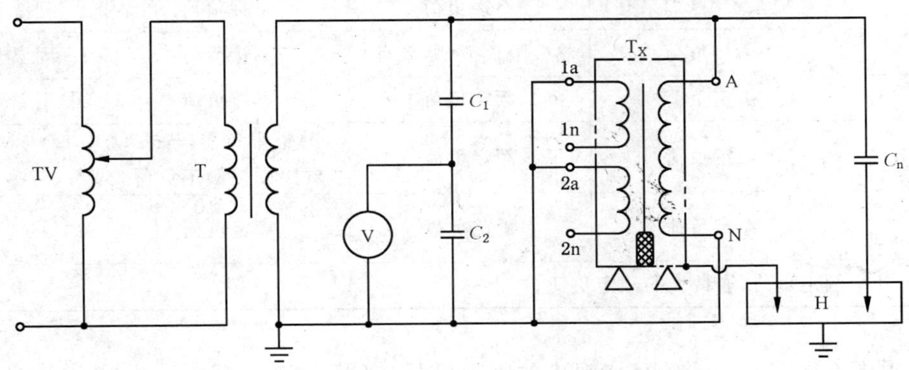

TV——调压器；
T——试验变压器；
V——峰值电压表(读数除以$\sqrt{2}$)；
C_1、C_2——电容分压器；
H——电桥；
C_n——标准电容器；
T_X——被试互感器。
(A、N——一次绕组端子； 1a、1n、2a、2n——二次绕组端子)

图 10 (铁心不接地的)接地电压互感器介质损耗因数测量(2)

现场试验需要采用反接法时，具体接线可根据使用电桥的说明书进行操作，当测试数据与正接法有差别时，应以正接法为准。

注：三相电压互感器试验方法和试验线路参见 JB/T 10433—2004 中 4.9.9 的规定。

5.10 误差测定

误差测量按 GB 1207—2006、JB/T 10433—2004 和 JJG 1021—2007 的规定进行。试验中所用的标准互感器应符合 JJG 1021—2007 的要求。

测定三相电压互感器的误差时应采用三相对称的试验电源，分别测量相间的电压误差 ε_v 和相位差 δ_v。

测量误差时应注意：

——防止导线电压降对测量结果的影响，必须确保电位测量点在被试互感器的二次端子上。

——两根连接负载的引线电阻之和不应大于相应额定负荷有功电阻的 1%。

5.11 绝缘油性能试验

油浸式互感器绝缘油性能试验按 GB/T 507—2002、GB/T 5654—2007、GB/T 7252—2001 及 GB/T 7600—1987 等相关标准进行。

5.12 SF_6 气体微量水分测定

SF_6 气体绝缘互感器的微量水分测定方法按 GB/T 5832.2 等相关标准进行。

5.13 温升试验

5.13.1 试验要求

试验应按 GB 1207—2006 中 9.1 及 15.6.1 的规定进行。

5.13.2 试验负荷

试验中所带负荷见表 2。

表 2 试验负荷

试验时施加的一次电压	各绕组所带负荷			试验持续时间
	二次测量绕组	二次测量(保护)绕组	剩余绕组	
$1.0U_{1n}$	热极限负荷(如果有)	不接负荷	不接负荷	到温升稳定为止
$1.0U_{1n}$	不接负荷	热极限负荷(如果有)	不接负荷	到温升稳定为止
$1.2U_{1n}$	额定负荷	额定负荷	不接负荷	到温升稳定为止
$1.9U_{1n}$/8 h	额定负荷	额定负荷	热极限负荷，若未规定则接额定负荷	8 h
$1.5U_{1n}$/30 s 或 $1.9U_{1n}$/30 s	额定负荷	额定负荷	额定负荷	30 s
注：如果有几个额定负荷，取最大的额定负荷。				

5.13.3 环境要求：

试验场所周围不得有任何影响环境温度的因素，例如辐射、热源、气流等。

环境温度测量应采用 2～3 个温度计，其测温端应浸于容积不小于 1 000 mL 装满油的杯中。放置于试品周围 1 m～2 m 处，高度约为试品高度的中间部位。环境温度以几个温度计的平均值为准。

5.13.4 温度测量

测量铁心表面温度，可采用酒精温度计或其他不受磁场影响的温度计(如热电偶或电阻式温度计)，测温端应与被测点紧密接触。

测量油顶层温度时，温度计的测温端应浸于油面下 50 mm～100 mm(如有温度计座时，座内应充油)。

5.13.5 测量要求

绕组平均温度应采用电阻法测量，测量冷、热电阻应用同一线路和仪器。

5.13.6 电阻法测量绕组平均温度的方法

在温升试验结束，切断电源之后，立即测量绕组的直流电阻。应在停电后 1 min～2 min 内测出第一个读数。然后在 8 min～10 min 内每隔相等的时间 Δt(30 s～60 s)测定电阻值，依次记录为 R_1、R_2、R_3、…、R_k。若以切断电源瞬间为 $t_0=0$，在对数坐标纸上将相应各点绘出，用一曲线连接，按图 11 的方法绘出 L 线，再确定曲线与 R 轴的交点即为 $t_0=0$ 时的 R_0 值，由电阻值 R_0 可计算出切断电源瞬间的绕组平均温度 $\Delta\theta$。

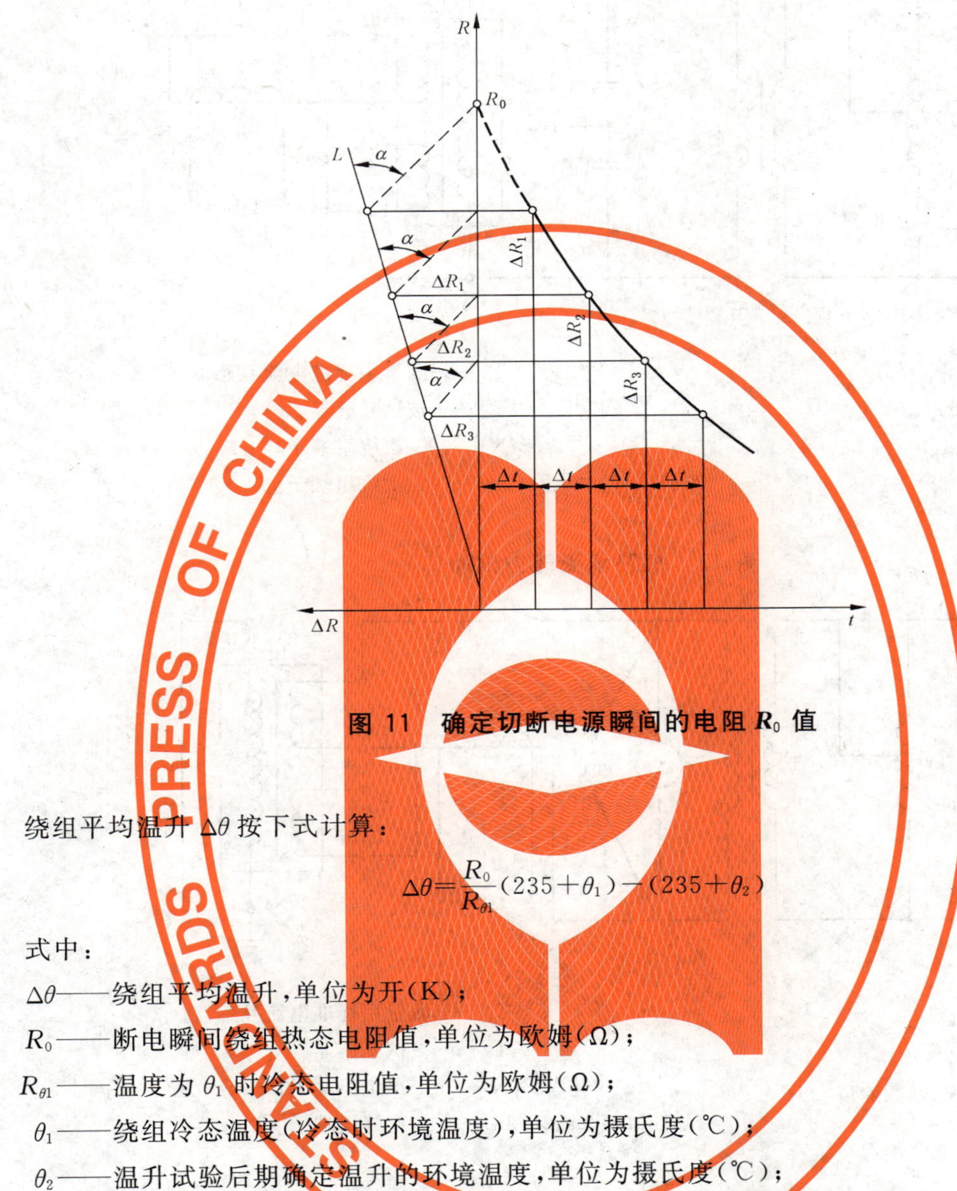

图 11　确定切断电源瞬间的电阻 $\boldsymbol{R}_0$ 值

绕组平均温升 $\Delta\theta$ 按下式计算：

$$\Delta\theta = \frac{R_0}{R_{\theta1}}(235+\theta_1)-(235+\theta_2)$$

式中：

$\Delta\theta$——绕组平均温升，单位为开(K)；

R_0——断电瞬间绕组热态电阻值，单位为欧姆(Ω)；

$R_{\theta1}$——温度为 θ_1 时冷态电阻值，单位为欧姆(Ω)；

θ_1——绕组冷态温度(冷态时环境温度)，单位为摄氏度(℃)；

θ_2——温升试验后期确定温升的环境温度，单位为摄氏度(℃)；

235——铜导体温度系数的倒数。

5.14　短路承受能力试验

5.14.1　试验要求

短路承受能力试验可按 GB 1207—2006 的 9.2 规定进行。

5.14.2　试验线路

试验线路按图 12 或图 13 任选其一，图 12 为二次短路，图 13 为一次短路。

试验前，应先进行试品的阻抗测量，以此估算出短路电流值，以便选择合适的测量用标准电流互感器的量程。

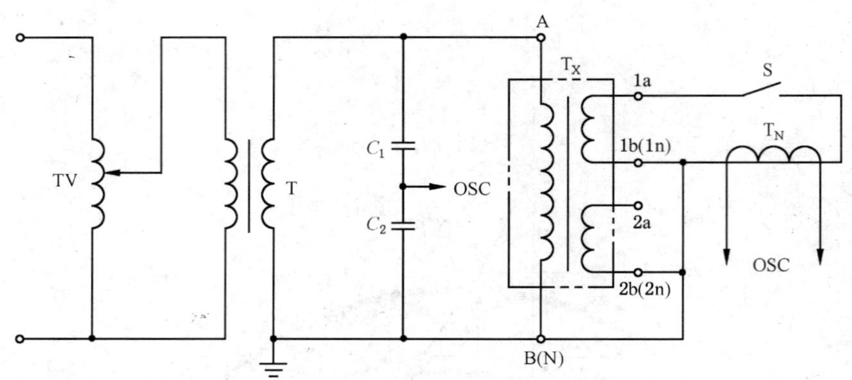

TV——调压器；
T——升压变压器；
C_1、C_2——电容分压器；
OSC——示波器；
S——开关；
T_N——测量用标准电流互感器；
T_X——被试互感器。
[A、B(N)——一次绕组端子；
1a、1b(1n)、2a、2b(2n)——二次绕组端子]

图 12 短路承受能力试验(1)

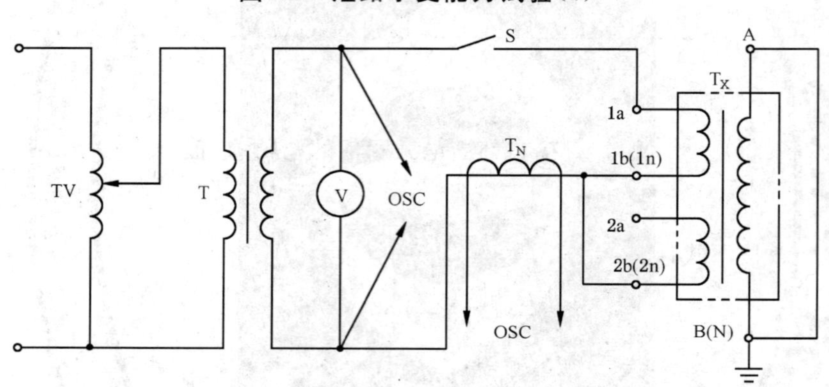

TV——调压器；
T——升流器；
V——峰值电压表(读数除以$\sqrt{2}$)；
OSC——示波器；
S——开关；
T_N——测量用标准电流互感器；
T_X——被试互感器。
[A、B(N)——一次绕组端子；
1a、1b(1n)、2a、2b(2n)——二次绕组端子]

图 13 短路承受能力试验(2)

5.14.3 试验方法

5.14.3.1 如有必要，可在试品一次绕组末端B(N)与地之间接一低阻值标准电阻，其容量应能承受一次短路电流，由标准电阻抽取信号来测量试品一次短路电流值。

5.14.3.2 施加试验电压应不低于额定电压值，此电压应通过计算或先施加1/3～1/2试验电压，时间小于0.5 s，以此推算出压降。以便使短路后施加的电压等于或略高于额定电压值。

5.14.3.3 对于有多个二次绕组的试品，应在短路阻抗最小的绕组上进行试验。

注：三相电压互感器短路承受能力试验可参见JB/T 10433—2004中4.9.2的规定。

5.15 额定雷电冲击试验和操作冲击试验

5.15.1 试验要求

额定雷电冲击试验和操作冲击试验，应按GB 1207—2006、GB/T 16927.1—1997和GB/T 16927.2—1997的有关规定进行。

5.15.2 试验电压

试验电压应是 GB 1207—2006 中列出的相应值，如另有要求，可按技术条件的规定。

5.15.3 接地要求

对于额定雷电冲击试验，如试品有一次绕组末(地)屏端子，也应将其同二次端子相连并一起接地。

对于操作冲击试验，试品二次端子不能直接接地，可一端接地另一端悬空或接入一个高阻抗装置。

注：三相电压互感器的额定雷电冲击试验和操作冲击试验可逐项进行(参见 JB/T 10433—2004 中 4.9.3.2 的规定)。

5.16 户外式互感器的湿试验

5.16.1 试验要求

试验电压应按 GB 1207—2006 选择。如另有要求，可按技术条件的规定进行。

5.16.2 试验线路

试验线路与一次绕组的工频耐压试验及操作冲击试验线路相同。

5.17 截断雷电冲击试验

5.17.1 试验要求

试验应按 GB/T 16927.1—1997、GB/T 16927.2—1997 和 GB 1207—2006 中 9.3.3 的规定进行。

5.17.2 试验线路

试验线路与额定雷电冲击试验基本相同，只是在冲击电压发生器本体输出端与试品端加一截断装置。

5.18 机械强度试验

5.18.1 试验要求

试验应按 GB 1207—2006 中 11.1 的规定进行。

5.18.2 试验方法

试验方法示意见图 14。

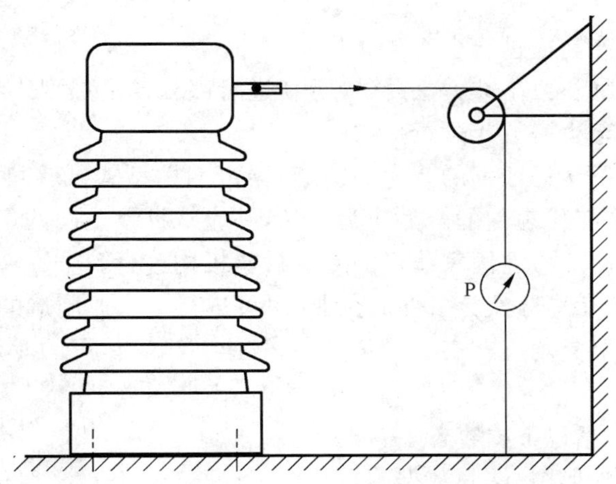

P——拉力计或标准砝码。

图 14 机械强度(端子拉力)试验

5.18.3 受力部位

施加受力点应为一次接线端子中心部位，三个受力方向可根据实际要求调整。

5.19 无线电干扰电压测量

5.19.1 试验方法和要求

试验方法和要求应按 GB 1207—2006 的有关规定进行。

5.19.2 试验线路

试验线路见图 15。

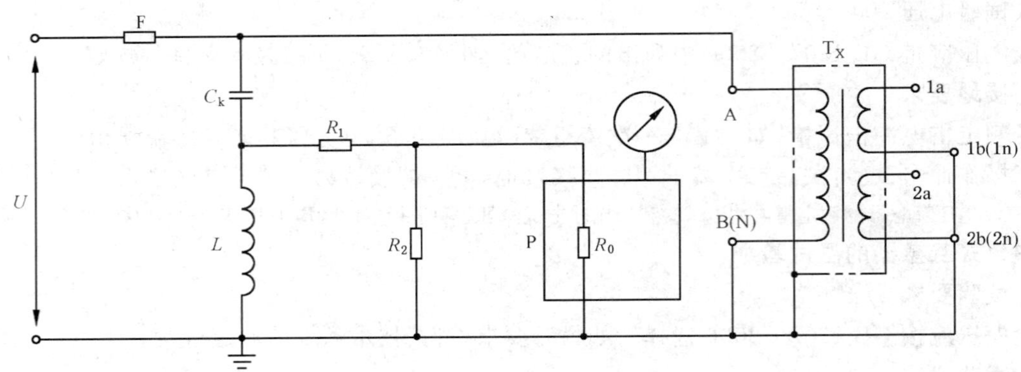

F——阻波器；

C_k——耦合电容器；

L——电抗器；

R_1、R_2——电阻；

R_0——无线电干扰测量仪内阻；

P——无线电干扰测量仪；

T_X——被试互感器。

[A、B(N)——一次绕组端子； 1a、1b(1n)、2a、2b(2n)——二次绕组端子]

图 15 无线电干扰电压测量

5.20 传递过电压测量

传递过电压测量按 GB 1207—2006 中 11.2 的规定。

6 型式试验的补充要求

6.1 型式试验周期和要求

6.1.1 新产品在小批量投产前应进行全部型式试验。

当互感器更改结构、原材料或工艺方法时，应重新进行部分或全部型式试验项目。

6.1.2 定期性型式试验应至少每五年进行一次。

但对取得 ISO 9001 质量认证证书的企业，其互感器定期性型式试验可每八年进行一次。此时，可从同一型式的互感器中选取有代表性的产品作为试品，并应从批量生产的产品中选取。

6.1.3 互感器的型式试验一般应在国家认可的专业检验机构进行。

对于具备 $U_m>126$ kV 互感器试验条件的企业，也可进行本企业制造的互感器($U_m>126$ kV)的型式试验。此时，其测试用的器具均应在有效检定期内，且应在国家认可的专业检验机构的监督下进行。

6.2 型式试验报告

型式试验报告至少应包括以下内容：

——产品代号及型号、外形图、铭牌数据等；

——主要试验线路图和试品布置图；

——试验仪器仪表的主要性能指标；

——试验时的实际电流值、电压值及波形图(有要求时应包括二次侧)等；

——试验前后相关的例行试验数据；

——其他与试验相关的数据和技术参数；

——试验结论。

ICS 29.180
K 41

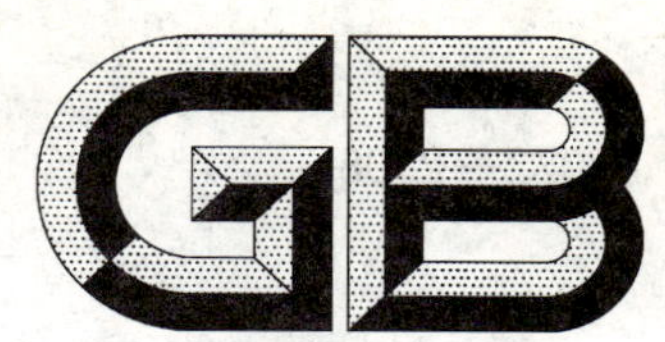

中华人民共和国国家标准

GB/T 22072—2008

干式非晶合金铁心配电变压器技术参数和要求

Specifications and technical requirements for dry-type amorphous alloy core distribution transformers

2008-06-30 发布 2009-04-01 实施

中华人民共和国国家质量监督检验检疫总局
中国国家标准化管理委员会 发布

前　言

本标准需与GB 1094.11—2007《电力变压器　第11部分：干式变压器》配套使用。

本标准由中国电器工业协会提出。

本标准由全国变压器标准化技术委员会(SAC/TC 44)归口。

本标准起草单位：沈阳变压器研究所、国家电网公司、顺特电气有限公司、上海置信电气股份有限公司、中国电力科学研究院、武汉高压研究院、广州市番禺明珠电器有限责任公司、吴江市变压器厂有限公司、天津市特变电工变压器有限公司、中电电气集团有限公司、杭州钱江电气集团股份有限公司、浙江省电力公司、广东钜龙电力设备有限公司、三变科技股份有限公司、山东达驰电气股份有限公司。

本标准的主要起草人：郭振岩、章忠国、陶丹、刘福义、刘燕、凌健、盛万兴、任晓红、蔡定国、林灿华、石肃、徐子宏、钱国锋、吴锦华、王文光、俞尚群、陈玉国、郭庆秋。

本标准为首次发布。

干式非晶合金铁心配电变压器
技术参数和要求

1 范围

本标准规定了干式非晶合金铁心配电变压器的术语和定义、性能参数、技术要求、测试项目及标志、包装、运输和贮存。

本标准适用于电压等级为 6 kV、10 kV 级，额定频率为 50 Hz，额定容量为 30 kVA～2 500 kVA 的三相自冷干式非晶合金铁心无励磁调压配电变压器（以下简称“变压器”）。

注：其他额定容量的产品可参考使用本标准。

本标准不适用于充气式变压器（当所充气体不是空气时）。

2 规范性引用文件

下列文件中的条款通过本标准的引用而成为本标准的条款。凡是注日期的引用文件，其随后所有的修改单（不包括勘误的内容）或修订版均不适用于本标准，然而，鼓励根据本标准达成协议的各方研究是否可使用这些文件的最新版本。凡是不注日期的引用文件，其最新版本适用于本标准。

GB/T 191—2008 包装储运图示标志（ISO 780:1997，MOD）

GB 1094.1 电力变压器 第1部分：总则（GB 1094.1—1996，eqv IEC 60076-1:1993）

GB/T 1094.10 电力变压器 第10部分：声级测定（GB/T 1094.10—2003，IEC 60076-10:2001，MOD）

GB 1094.11 电力变压器 第11部分：干式变压器（GB 1094.11—2007，IEC 60076-11:2004，MOD）

GB/T 2828.1—2003 计数抽样检验程序 第1部分：按接收质量限（AQL）检索的逐批检验抽样计划（ISO 2859-1:1999，IDT）

GB/T 2900.15—1997 电工术语 变压器、互感器、调压器和电抗器（neq IEC 60050-421:1990，IEC 60050-321:1986）

GB/T 5273 变压器、高压电器和套管的接线端子（GB/T 5273—1985，neq IEC 60518:1975）

GB/T 5465.2—2008 电气设备用图形符号 第2部分：图形符号（IEC 60417 DB:2007，IDT）

GB/T 17211 干式电力变压器负载导则（GB/T 17211—1998，eqv IEC 60905:1987）

JB/T 501 电力变压器试验导则

3 术语和定义

GB 1094.1、GB 1094.11 和 GB/T 2900.15 中确立的及下列术语和定义适用于本标准。

3.1

非晶合金 amorphous alloy

以铁、硅、硼、碳、钴等元素为原料，用急速冷却等特殊工艺使内部原子呈现无序化排列的合金。

3.2

非晶合金铁心 amorphous alloy core

用具有软磁特性的非晶合金带材制成的变压器铁心。

3.3

干式非晶合金铁心配电变压器　dry-type amorphous alloy core distribution transformers

以非晶合金铁心为导磁材料的干式配电变压器。

4　性能参数

变压器的额定容量、电压组合、联结组标号、空载损耗、负载损耗、空载电流及短路阻抗应符合表1的规定。

表1　30 kVA～2 500 kVA干式非晶合金铁心配电变压器

<table>
<tr><th rowspan="2">额定容量/kVA</th><th colspan="3">电压组合</th><th rowspan="2">联结组标号</th><th rowspan="2">空载损耗/W</th><th colspan="3">负载损耗/W</th><th rowspan="2">空载电流/%</th><th rowspan="2">短路阻抗/%</th></tr>
<tr><th>高压/kV</th><th>高压分接范围/%</th><th>低压/kV</th><th>100 ℃(B)</th><th>120 ℃(F)</th><th>145 ℃(H)</th></tr>
<tr><td>30</td><td rowspan="21">6
6.3
6.6
10
10.5
11</td><td rowspan="21">±5
±2×2.5</td><td rowspan="21">0.4</td><td rowspan="21">Dyn11</td><td>70</td><td>670</td><td>710</td><td>760</td><td>1.6</td><td rowspan="12">4.0</td></tr>
<tr><td>50</td><td>90</td><td>940</td><td>1 000</td><td>1 070</td><td>1.4</td></tr>
<tr><td>80</td><td>120</td><td>1 290</td><td>1 380</td><td>1 480</td><td>1.3</td></tr>
<tr><td>100</td><td>130</td><td>1 480</td><td>1 570</td><td>1 690</td><td>1.2</td></tr>
<tr><td>125</td><td>150</td><td>1 740</td><td>1 850</td><td>1 980</td><td>1.1</td></tr>
<tr><td>160</td><td>170</td><td>2 000</td><td>2 130</td><td>2 280</td><td>1.1</td></tr>
<tr><td>200</td><td>200</td><td>2 370</td><td>2 530</td><td>2 710</td><td>1.0</td></tr>
<tr><td>250</td><td>230</td><td>2 590</td><td>2 760</td><td>2 960</td><td>1.0</td></tr>
<tr><td>315</td><td>280</td><td>3 270</td><td>3 470</td><td>3 730</td><td>0.9</td></tr>
<tr><td>400</td><td>310</td><td>3 750</td><td>3 990</td><td>4 280</td><td>0.8</td></tr>
<tr><td>500</td><td>360</td><td>4 590</td><td>4 880</td><td>5 230</td><td>0.8</td></tr>
<tr><td>630</td><td>420</td><td>5 530</td><td>5 880</td><td>6 290</td><td>0.7</td></tr>
<tr><td>630</td><td>410</td><td>5 610</td><td>5 960</td><td>6 400</td><td>0.7</td><td rowspan="7">6.0</td></tr>
<tr><td>800</td><td>480</td><td>6 550</td><td>6 960</td><td>7 460</td><td>0.7</td></tr>
<tr><td>1 000</td><td>550</td><td>7 650</td><td>8 130</td><td>8 760</td><td>0.6</td></tr>
<tr><td>1 250</td><td>650</td><td>9 100</td><td>9 690</td><td>10 370</td><td>0.6</td></tr>
<tr><td>1 600</td><td>760</td><td>11 050</td><td>11 730</td><td>12 580</td><td>0.6</td></tr>
<tr><td>2 000</td><td>1 000</td><td>13 600</td><td>14 450</td><td>15 560</td><td>0.5</td></tr>
<tr><td>2 500</td><td>1 200</td><td>16 150</td><td>17 170</td><td>18 450</td><td>0.5</td></tr>
<tr><td>1 600</td><td>760</td><td>12 280</td><td>12 960</td><td>13 900</td><td>0.6</td><td rowspan="3">8.0</td></tr>
<tr><td>2 000</td><td>1 000</td><td>15 020</td><td>15 960</td><td>17 110</td><td>0.5</td></tr>
<tr><td>2 500</td><td>1 200</td><td>17 760</td><td>18 890</td><td>20 290</td><td>0.5</td></tr>
<tr><td colspan="11">注1：表中所列的负载损耗为括号内绝缘耐热等级所对应的参考温度(见GB 1094.11的规定)下的值。
注2：当采用其他联结组标号时，具体要求由制造方与用户协商确定。</td></tr>
</table>

5　技术要求

5.1　按本标准制造的变压器应符合GB 1094.11和GB/T 17211的规定。

5.2　变压器组、部件的设计、制造及检验等应符合相关标准的要求。

5.3　变压器的绕组直流电阻不平衡率：相为不大于4%，线为不大于2%。如果由于线材及引线结构等原因而使直流电阻不平衡率超过上述值时，除应在例行试验记录中记录实测值外，尚应写明引起这一偏差的原因。使用单位应与同温度下的例行试验实测值进行比较，其偏差应不大于2%。

注1：绕组直流电阻不平衡率应以三相实测最大值减最小值作分子，三相实测平均值作分母计算。

注2：对所有引出的相应端子间的电阻值均应进行测量比较。

5.4　变压器的接地装置应有防锈层及明显的接地标志。

5.5　变压器一次和二次引线的接线端子参照 GB/T 5273 的规定。

5.6　变压器防止直接接触的保护标志应符合 GB/T 5465.2 的规定。

5.7　变压器的铁心和金属件应有防腐蚀的保护层。

5.8　变压器应装有底脚，其上应设有安装用的定位孔，孔中心距（横向尺寸）为 300 mm、400 mm、550 mm、660 mm、820 mm 及 1 070 mm；如使用单位要求装有滚轮时，轮中心距（横向尺寸）为 550 mm、660 mm、820 mm 及 1 070 mm。如对纵向尺寸有要求时，也可按横向尺寸数值选取。

5.9　根据用户要求，可在变压器上装设监测其运行温度的装置，并提供监测方法和必要的数据。

5.10　变压器应具有承受整体总质量的起吊装置。

5.11　变压器的声级水平应符合表2的规定。

表2　30 kVA～2 500 kVA 干式非晶合金铁心配电变压器声功率级限值

<table>
<tr><th>额定容量/
kVA</th><th>声功率级/
dB(A)</th></tr>
<tr><td>30</td><td rowspan="2">63</td></tr>
<tr><td>50</td></tr>
<tr><td>80</td><td rowspan="2">65</td></tr>
<tr><td>100</td></tr>
<tr><td>125</td><td rowspan="2">66</td></tr>
<tr><td>160</td></tr>
<tr><td>200</td><td rowspan="2">67</td></tr>
<tr><td>250</td></tr>
<tr><td>315</td><td rowspan="2">69</td></tr>
<tr><td>400</td></tr>
<tr><td>500</td><td>70</td></tr>
<tr><td>630</td><td>71</td></tr>
<tr><td>800</td><td rowspan="2">72</td></tr>
<tr><td>1 000</td></tr>
<tr><td>1 250</td><td>74</td></tr>
<tr><td>1 600</td><td>75</td></tr>
<tr><td>2 000</td><td>77</td></tr>
<tr><td>2 500</td><td>78</td></tr>
<tr><td colspan="2">注1：声功率级是由声压级或声强级的实测值按 GB/T 1094.10 的规定换算得出的。
注2：特殊条件下的声级水平由制造方与用户协商确定。</td></tr>
</table>

5.12　变压器结构不应因运输而造成空载损耗和声级水平明显增加。

5.13 变压器在短路试验后的空载损耗值与短路试验前相比不应有明显的增加。

6 测试项目及方法

6.1 变压器除应进行 GB 1094.11 所规定的试验项目外，还应进行 6.2 和 6.3 所规定的试验项目。

6.2 变压器出厂前应进行绝缘电阻测量，并提供绝缘电阻实测值（包括测量时的温度及相对湿度），试验方法按 JB/T 501 的规定。

6.3 变压器出厂前应抽样进行声级测定，抽样方法由制造方与用户参照 GB/T 2828.1—2003 的规定协商确定，声级测定方法应符合 GB/T 1094.10 的要求。

7 标志、包装、运输和贮存

7.1 变压器各绕组的接线端子应有相应的标志，所有标志应牢固且耐腐蚀。

7.2 变压器包装箱外壁的文字与标志应耐受风吹日晒，不应因雨水冲刷而模糊不清，其内容应包括：

a) 收货单位名称及地址；
b) 产品名称及型号；
c) 毛重和变压器总重；
d) 制造方名称；
e) 包装箱外形尺寸；
f) 包装箱储运指示标志（其中"向上"、"防湿"、"小心轻放"、"由此吊起"等应按 GB/T 191—2008 的规定）。

7.3 随变压器装箱的文件应包括：

a) 装箱单；
b) 铭牌标志图；
c) 外形尺寸图；
d) 产品合格证书（包括例行试验数据）；
e) 产品使用说明书。

7.4 变压器在运输和贮存期间应防止受潮。

ICS 27.040
E 54

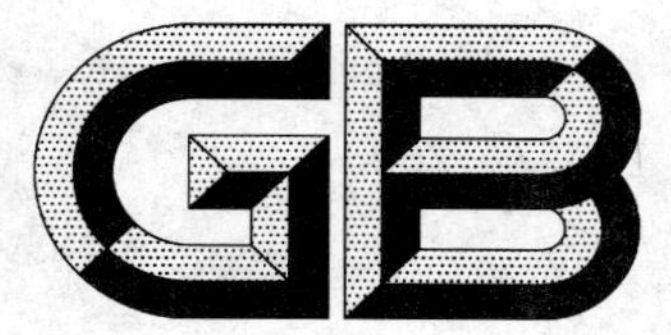

中华人民共和国国家标准

GB/T 22073—2008

工业用途热力涡轮机（汽轮机、气体膨胀涡轮机）一般要求

Thermal turbines for industrial applications (steam turbines, gas expansion turbines) —General requirements

（ISO 14661:2000，MOD）

2008-06-30 发布　　2009-04-01 实施

中华人民共和国国家质量监督检验检疫总局
中国国家标准化管理委员会　发布

前　　言

本标准修改采用 ISO 14661:2000《工业用途热力涡轮机(汽轮机、气体膨胀涡轮机)　一般要求》(英文版)。

本标准根据 ISO 14661:2000 重新起草。

在采用 ISO 14661:2000 时，考虑到中国的国情，本标准做了一些修改。有关技术性差异已编入正文中并在它们所涉及的条款的页边空白处用垂直单线标识。在附录 D 中给出了这些技术性差异及其原因的一览表以供参考。

为便于使用，本标准还对 ISO 14661:2000 做了下列编辑性修改：

——“本国际标准”一词改为“本标准”；

——删除了 ISO 14661:2000 的前言和引言。

本标准的附录 B 是规范性附录，附录 A、附录 C、附录 D 为资料性附录。

本标准由中国电器工业协会提出。

本标准由全国汽轮机标准化技术委员会(SAC/TC 172)归口。

本标准起草单位：杭州工业汽轮机研究所、中国航空工业 301 研究所技术委员会制定。

本标准主要起草人：严敬和、方章法、廖小林、周明正、刘志勇、武文华。

本标准为首次发布。

工业用途热力涡轮机（汽轮机、气体膨胀涡轮机）一般要求

1 范围

本标准规定了：

——工业用的汽轮机和气体膨胀涡轮机的采购和供货的一般要求；

——非备用或作为关键设备的单级和多级冲动式或反动式涡轮机的基本要求；

——被驱动机器、齿轮装置、润滑和密封系统、控制器、仪表和涡轮机用辅助设备的部分要求。

本标准适用于轴流式和辐流式工业涡轮机（汽轮机和气体膨胀涡轮机）。

本标准适用于驱动泵、风机、压缩机或发电机等的工业用途汽轮机和（高温烟气）热力膨胀涡轮机。但对特殊应用场合，如应用于石油和天然气行业的一般用途和特殊用途汽轮机可根据需要提出补充规范。

注1：对个别情况使用哪个标准由需方决定。例如，无论本标准如何规定，并入公共电网的驱动发电机的汽轮机一般应服从公共电网的技术要求。如并网运行或孤立运行驱动发电机的汽轮机通常按 IEC 60045-1 规定。

注2：石油和天然气工业用汽轮机更适用的标准为 ISO 10436 和 ISO 10437。其他相关标准的信息在参考文献中给出。

注3：标有黑点●的条款表示应由需方决定的要求或提供进一步的信息。这些信息宜采用数据表的形式列出，否则宜在询价单或标书中作出说明。

注4：如有可能，今后通过修改的方式增加一个典型的数据表附录。

2 规范性引用文件

下列文件中的条款通过本标准的引用而成为本标准的条款。凡是注日期的引用文件，其随后所有的修改单（不包括勘误的内容）或修订版均不适用于本标准，然而，鼓励根据本标准达成协议的各方研究是否可使用这些文件的最新版本。凡是不注日期的引用文件，其最新版本适用于本标准。

GB/T 193 普通螺纹 直径与螺距系列（GB/T 193—2003，ISO 261:1998，ISO general purpose metric screw threads—General plan，MOD）

GB/T 1047 管道元件 DN（公称尺寸）的定义和选用（GB/T 1047—2005，ISO 6708:1995，MOD）

GB/T 1048 管道元件 PN（公称压力）的定义和选用（GB/T 1048—2005，ISO/CD 7268:1996，MOD）

GB/T 2298 机械振动与冲击 术语（GB/T 2298—1991，neq ISO 2041:1990）

GB/T 3374 齿轮基本术语（GB/T 3374—1992，neq ISO/R 1122-1:1983）

GB 3836（所有部分） 爆炸性气体环境用电气设备

GB/T 6075.1 在非旋转部件上测量和评价机器的机械振动 第1部分：总则（GB/T 6075.1—1999，idt ISO 10816-1:1995）

GB/T 6075.2 在非旋转部件上测量和评价机器的机械振动 第2部分：50 MW 以上，额定转速 1 500 r/min、1 800 r/min、3 000 r/min、3 600 r/min 陆地安装的汽轮机和发电机（GB/T 6075.2—2007，ISO 10816-2:2001，IDT）

GB/T 6075.3 在非旋转部件上测量和评定机器的机械振动 第3部分：额定功率大于 15 kW 额定转速在 120 r/min 至 15 000 r/min 之间的在现场测量的工业机器（GB/T 6075.3—2001，idt ISO 10816-3:1998）

GB/Z 6413.1 圆柱齿轮、锥齿轮和准双曲面齿轮 胶合承载能力计算方法 第1部分:闪温法(GB/Z 6413.1—2003,ISO/TR 13989-1:2000,IDT)

GB/Z 6413.2 圆柱齿轮、锥齿轮和准双曲面齿轮 胶合承载能力计算方法 第2部分:积分温度法(GB/Z 6413.2—2003,ISO/TR 13989-2:2000,IDT)

GB/T 6444 机械振动 平衡术语(GB/T 6444—1995,eqv ISO 1925:1990)

GB/T 6557 挠性转子机械平衡的方法和准则(GB/T 6557—1999,idt ISO 11342:1998)

GB/T 9113~9125 钢制管法兰及法兰盖

GB/T 9239.1 机械振动 恒态(刚性)转子平衡品质要求 第1部分:规范与平衡允差的检验(GB/T 9239.1—2006,ISO 1940-1:2003,IDT)

GB/T 9239.2 机械振动 恒态(刚性)转子平衡品质要求 第2部分:平衡误差(GB/T 9239.2—2006,ISO 1940-2:1997,Mechanical vibration—Balance quality requirements of rigid rotors—Part 2:Balance errors,IDT)

GB 11120 L—TSA 汽轮机油(GB 11120—1989,neq ISO 8068:1987)

GB/T 11348.1 旋转机械转轴径向振动的测量和评定 第1部分:总则(GB/T 11348.1—1999,idt ISO 7919-1:1996)

GB/T 11348.2 旋转机械转轴径向振动的测量和评定 第2部分:50 MW 以上,额定转速 1 500 r/min、1 800 r/min、3 000 r/min、3 600 r/min 陆地安装的汽轮机和发电机(GB/T 11348.2—2007,ISO 7919-2:2001,MOD)

GB/T 11348.3 旋转机械转轴径向振动的测量和评定 第3部分:耦合的工业机器(GB/T 11348.3—1999,eqv ISO 7919-3:1996)

GB/T 16839.1 热电偶 第1部分:分度表(GB/T 16839.1—1997,idt IEC 60584-1:1995)

GB/T 16839.2 热电偶 第2部分:允差(GB/T 16839.2—1997,idt IEC 60584-2:1982)

GB/T 17395 无缝钢管尺寸、外形、重量及允许偏差(GB/T 17395—2008,ISO 1127:1992,Stainless steel tubes—Dimensions, tolerances and conventional masses per unit length,neq & ISO 4200:1991,Plain end steel tubes, welded and seamless—General tables of dimensions and masses per unit length,neq & ISO 5252:1991,Steel tubes—Tolerance systems,NEQ)

GB/T 18404 铠装热电偶电缆及铠装热电偶(GB/T 18404—2001,idt IEC 61515:1995,Mineral insulated thermocouple cables and thermocouples)

GB/T 18853 液压传动过滤器 评定滤芯过滤性能的多次通过方法(GB/T 18853—2002,ISO 16889:1999,MOD)

ISO 263 ISO 英制螺纹 螺钉、螺栓和螺母的总则及其选用 直径范围 0.06 in~6 in

ISO 3304 光端精密无缝钢管 交货技术条件

IEC 60045-1 汽轮机 第1部分:规范

JB/T 8622 工业铂热电阻技术条件及分度表(JB/T 8622—1997,neq IEC 60751:1983)

JB/T 8830 高速渐开线圆柱齿轮和类似要求齿轮承载能力计算方法(JB/T 8830—2001,idt ISO 9084:1998)

3 术语和定义

GB/T 3374、GB/T 6444、GB/T 2298 中给出的以及下列术语和定义适用于本标准。

注:在订货合同文件中应该避免使用"设计"一词来描述蒸汽参数、输出功率、转速等。"设计"这一术语只能为设备设计者和制造厂在设计计算中使用,如压力容器的设计压力。

3.1 涡轮机

3.1.1

汽轮机 steam turbine

具有旋转部件的热动力设备,在该设备中蒸汽焓降通过单级或多级转换成机械能。

3.1.2

工业汽轮机　industrial-type steam turbine

应用于工业的汽轮机。

注：除了蒸汽通过汽轮机转化成机械能的典型情况外，蒸汽还能为多个生产领域输出。蒸汽在膨胀过程中的某一部位能从汽轮机内抽出。

3.1.3

抽汽式汽轮机　extraction turbine

为了供热或工艺流程用蒸汽，在膨胀过程中从其内部抽走部分蒸汽的汽轮机。

注：如果汽轮机具有控制抽汽压力的手段，则称之为可调整(或自动调整)抽汽式汽轮机。

3.1.4

混压式涡轮机　mixed pressure turbine

工作介质为两种或两种以上压力且其进口分开的涡轮机。

3.1.5

气体膨胀涡轮机　gas expansion turbine

具有旋转部件的热动力设备，在该设备中气态介质的焓降通过单级或多级转换成机械能。

注：气体膨胀涡轮机不同于燃气轮机，它自身既不带压缩系统也没有燃烧系统。

3.2　输出功率、热耗和汽耗率

3.2.1

额定输出功率　rated power output

P_r

在需方规定的运行条件下，涡轮机联轴器端或发电机端的最大输出功率。

注：调节阀不需要全开。

3.2.2

最大输出功率　maximum power output

P_{max}

在规定的运行条件下，供方给定的涡轮机联轴器端或发电机端可达到的最大输出功率。

3.2.3

热耗率　heat rate

φ

在规定运行条件下，进入和排出的流体间吸收的热量与联轴器端或发电机端的输出功率的比率。

$$\varphi=\frac{Q_s-Q_r}{P}$$

式中：

Q_s——输入流体的热量；

Q_r——排出流体的热量。

注1：量纲是千焦每千瓦秒[kJ/(kW·s)]或为一个在相关的单位体系中获得一个无量纲比值的当量。

注2：热耗率 φ 和热效率 η_t 之间的关系式是：

$$\varphi=\frac{1}{\eta_t}$$

3.2.4

汽耗率　steam rate

s

在规定的运行条件下，输入汽轮机的蒸汽质量流量(q_m)与在汽轮机联轴器端或发电机输出端的输出功率的比率。

$$s=\frac{q_m}{P}$$

注1：量纲是千克每千瓦·秒[kg/(kW·s)]或千克每千瓦小时[kg/(kW·h)]或为一个相关单位体系中的当量。

注2：汽耗率与热力学效率 η_{td} 和等熵焓降 Δh_s 三者之间的关系式为

$$s=\frac{1}{\eta_{td}\times\Delta h_s}$$

热力学效率 η_{td} 是输出功率除以等熵功率。

注3：对混压式和抽汽式汽轮机，除了汽耗率数值外，还必须对特殊工况下的注汽和抽汽蒸汽参数作出如下说明：

a) 对混压式汽轮机，注汽的：
——质量流量；
——压力；
——温度。

b) 对抽汽式汽轮机，抽汽的：
——质量流量；
——压力。

3.3 连接点

3.3.1

进口 inlet connections

主汽(气)阀的输入连接点或带有进汽(气)和附加注汽(气)阀的汽(气)缸连接点。

3.3.2

出口 outlet connections

可调或非可调抽汽(气)或排汽(气)的汽(气)缸出口连接点。

3.4 蒸汽或气体参数

3.4.1

蒸汽或气体参数 steam or gas conditions

蒸汽或气体的热力参数，通常指(静态的)压力和温度或干度(或质量)。

注：蒸汽或气体的压力始终宜为绝对压力，而不是表压。

3.4.2

蒸汽或气体初参数 initial steam or gas conditions

蒸汽或气体在主汽(气)阀进口处的参数。

3.4.3

蒸汽或气体最高运行参数 maximum operating steam or gas conditions

涡轮机连续运行的最高蒸汽或气体参数。

注：蒸汽参数不宜超过 IEC 60045-1 所允许的范围。

3.4.4

蒸汽或气体的最高参数 maximum steam or gas conditions

涡轮机能连续运行的最高蒸汽或气体参数。

注：如果压力和/或温度被蒸汽或气体系统的保护装置所限制(设定值)，以保护涡轮机任何零件，这些设定值就定义为蒸汽或气体的最高参数。

3.4.5

蒸汽或气体的最低运行参数 minimum operating steam or gas conditions

涡轮机能连续运行的最低蒸汽或气体参数。

3.4.6

注汽参数 induction steam conditions

任何低于新蒸汽压力的附加注入汽轮机的蒸汽参数。

3.4.7

抽汽参数　extraction steam conditions

汽轮机抽汽口处用于供热或工艺流程用的抽汽参数。

3.4.8

排汽(气)参数　exhaust conditions

涡轮机排汽(气)接口处的蒸汽或气体参数。

3.5　湿度

3.5.1

气体湿度　gas wetness

规定的气体容积中所含的实际蒸汽和雾滴质量与规定的容积内的总质量之比。

3.5.2

蒸汽湿度　steam wetness

规定的蒸汽容积中所包含水的实际质量与规定容积的总质量(蒸汽和水的混合物)之比。

3.6　质量流量

3.6.1

蒸汽或气体流量　steam or gas flow

在规定参数下涡轮机(包括涡轮机轴驱动的辅助设备)在不同的运行工况下,在联轴器或发电机端输出规定的功率所要求的蒸汽或气体流量。

注:对于辅助蒸汽和功率的要求由需方和供方商定。

3.6.2

抽汽(气)质量流量　extraction or bleed mass flow

从涡轮机抽取的低于进口压力而高于排出压力的蒸汽或气体的质量流量。

3.6.3

排汽(气)质量流量　exhaust steam or exhaust gas mass flow

通过缸体进入到背压系统或凝结设备的蒸汽或气体的质量流量。

3.6.4

注汽(气)质量流量　induction mass flow

以低于进口压力注入涡轮机的蒸汽或气体的质量流量。

3.7　转速

转速的定义见图1。

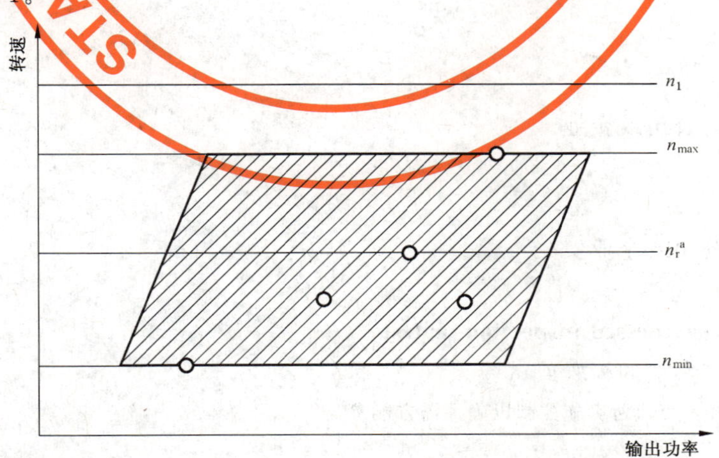

○——规定的运行点;

////—— 规定的涡轮机变速运行范围。

[a] 对发电装置而言,所有的运行点都在这条线上。

图1　转速的定义

3.7.1

额定转速 rated speed

n_r

额定运行点下的转速。

3.7.2

最低连续运行转速 minimum continuous operating speed

n_{min}

规定转速范围内的最低转速。

注：对发电装置而言，它等于考虑电网频率一定变化量的额定转速 n_r。

3.7.3

最高连续运行转速 maximum continuous operating speed

n_{max}

规定运行转速范围内的最高转速。

3.7.4

跳闸转速 trip speed

n_t

涡轮机通过独立的超速保护装置自动跳闸的转速。

注：在10.2和附录A中给出了有关转速更详细的说明。关于转速调节的术语，在附录B中给出。

3.8 运行点

3.8.1

正常运行点 normal operating point

要求经常运行的和最佳效率的运行点。

3.8.2

保证运行点 guarantee point(s)

符合保证值的正常运行点和/或其他规定的运行点。

3.8.3

额定运行点 rated point

在额定转速下输出额定功率的运行点。

3.9 其他

3.9.1

需方 purchaser

给供方发出订单的公司或企业。

3.9.2

供方 supplier

接受需方订单的公司或企业。

3.9.3

见证检验或试验 witnessed inspection or test

有需方或需方代表参加的检验或试验。

注：在这种情况下，对生产计划实施控制以确保需方能参与。

3.9.4

观察检验或试验 observed inspection or test

在按时通知需方后进行的检验或试验。

注：在这种情况下，按计划进行检验或试验，且如果需方或其代表不在场，供方可进行下一步工作。

3.9.5

专用工具　special tools

在工具供应商产品目录中没有的工具。

4　符号和缩写

A	振幅
F	放大系数
L_v	振动限值
MSR	最大升速率
P	输出功率
P_m	在允许零抽汽(气)或零注汽(气)时的最大输出功率
P_{max}	最大输出功率
P_r	额定输出功率
Q_s	输入流体的热量
Q_r	排出流体的热量
S	避开裕量
SV	转速变动率
U	转子响应分析输入的不平衡量
U_{max}	最大允许的残余不平衡量
W	轴颈静重载荷
h	焓
Δh_s	等熵焓降
n	转速
n_c	转子临界转速
n_m	零抽汽(气)或零注汽(气)输出最大功率时的转速
n_{max}	最高连续运行转速
n_{min}	最低连续运行转速
n_r	额定转速
n_s	整定转速
n_t	跳闸转速
Δn	转速改变量
q_m	蒸汽质量流量
s	汽耗率
δ	稳态转速不等率
δ_i	局部稳态转速不等率
η_t	热效率
η_{td}	热力学效率
φ	热耗率

5　询价和投标

5.1　总则

工业涡轮机的数据表是询价单或订单的一部分。如果在询价单中有与本标准不一致的要求，则应按询价单中规定的要求执行。订单中规定的要求可以不符合本标准的要求。

除非是设定报价表或实施订单所必需，询价单、报价表或订单不宜透露给第三方。

已提交给需方和由需方批准的文件，应包括在订单信息中，但批准文件并不免除需方和供方双方的合同义务。

应在合同签订之前明确涡轮机与被驱动机器相互间的责任。

5.2 询价

需方应尽可能列出完整的工业涡轮机的数据表。在数据表中，所有陈述应被作为供方投标的一个必要依据。本标准中要求需方作出决定的条款，需方宜作出一个明确的陈述。

需方应提出由供方去考虑的与本标准的差异。

- 在询价单中，需方应列出要求的所有备件。供方可在其报价书中对备件清单提出修改。

需方应向供方提供与涡轮机及其辅机相关的所有法规信息，如噪声传播、空气污染、水污染、防火等方面的有关资料。

需方和供方应对任何与本标准有差异的部分进行协商并达成共识。

5.3 投标

供方应填写工业涡轮机的数据表，并将该表作为投标文件的一部分。有必要阐明供货范围时，供方应提供附加信息。

此外，供方在投标文本中至少应提供以下资料：

a) 布置图或外形图；

b) 工作流体的系统图、控制和润滑油系统以及总体控制系统图；

c) 供货范围和协调职责范围；

d) 交接点清单或图表；

e) 与本标准的差异；

f) 基于供方推荐和使用经验，对询价要求的差异和补充；

g) 交货进度表。

对于预算报价表，其文件的范围应由需方和供方共同商定。

5.4 保单

保单的类型、范围和期限是商业合同的组成部分。

5.5 安全要求

有关安全标准的信息见参考文献。

5.6 备选的设计

供方可提供备选的设计方案。应在报价书中清楚说明与本标准或规定设计的任何偏离，以便需方决定是否接受备选的设计方案。

6 涡轮机

6.1 总则

6.1.1 设计性能

涡轮机及其辅助设备的设计应满足需方在询价单中规定的期间内及所有规定的运行点下连续运行，同时应考虑启动、停机和所有规定的瞬时过载。

任何偏离额定参数的运行参数应由需方和供方商定。

涡轮机的旋转方向应由涡轮机供方和被驱动机器的供方商定。

订单发出前需方和供方应尽可能准确地协商机器和辅助设备的布置。

起吊用吊环螺栓、顶起螺钉和导向销或类似装置应便于安装和拆除。在使用顶起螺钉的地方，密封面不应受损。

控制系统、轴承箱、轴封和供油系统的设计应符合在运行和停机期间最大限度地避免湿汽、灰尘和外来杂质进入。

涡轮机和辅助设备应适合需方在数据表中规定的工作环境和气候条件。

应提供汽缸和管路系统的疏水装置。

由于低温环境可能受损和失效的所有零件应采用适当的方式加以保护。

如有需要，应为润滑油和控制油系统提供加热装置。

如有反向旋转的可能，则应阐明可能发生的情况。预防措施应由需方和供方商定。

6.1.2　材料

有关材料标准的信息见参考文献。

6.1.3　焊接

所有承压壳体和管道的焊接应符合以下规定：

——材料应适合于焊接，且熔敷材料应与母材相匹配；

——应根据材料特性、工件厚度和焊缝应力选择合适的焊接工艺；

——除非另有规定，所有焊接由供方负责按其焊接工艺进行；

——焊接应由有资格的焊工按评定过的焊接工艺执行，其鉴定权限应在签订合同前由需方和供方商定；

——对焊缝的检验权限应由需方和供方商定。

有关焊接标准的信息见参考文献。

6.1.4　炽热表面

在正常运行条件下，表面温度达到 67 ℃的部件应加以保护以免伤害操作人员。应有防止操作人员接触炽热表面的防护措施。只允许使用无石棉的隔热材料。

由于存在发生火灾的危险，即使油管表面温度超过 67 ℃也不应隔热。

6.1.5　长期停机的防蚀

需方在长期停机时应按供方说明书中推荐的保护方法进行防蚀处理。有关防蚀的细则应在操作说明书中给出。

6.1.6　场所分类

● 电子器件和电气设备应按适合于需方规定的场所分类。危险场所分类应按 GB 3836.14 的规定。

6.1.7　涡轮机装置的布置

涡轮机装置和它的附件的最终布置应由需方和供方共同确定。

6.1.8　法律要求

需方和供方应共同决定采取一定措施以适合设备所在地的国家和地方的法律、法规和条例。

6.2　缸体

6.2.1　设计总则

缸体及其连接管道的设计应考虑到在规定的蒸汽（气体）参数下，压力和温度同时达到最恶劣条件时预期发生的情况。缸体可分区段进行强度计算和压力测试。

如果缸体不是用耐蚀材料制成，则缸体最小壁厚的设计应考虑最小的计算厚度再加上腐蚀裕量。

缸体的设计压力应考虑由需方规定的与每个对外接口相关的最高压力。需方应考虑过压阀的设置。

6.2.2　材料

除非需方和供方另有规定，供方应按下面规定选用涡轮机缸体的材料：

a)　承受表压大于 2.5 MPa 或温度大于 352 ℃的汽轮机缸体应采用钢质材料；

b)　承受表压小于 2.5 MPa 而大于 0.5 MPa 或温度大于 262 ℃的汽轮机缸体应采用球墨铸铁或焊接钢材料；

c) 承受表压小于 0.5 MPa 或温度小于 262 ℃的汽轮机缸体可采用灰铸铁、球墨铸铁或钢质材料，但温度低于 7 ℃时，不能使用铸铁件；

d) 对气体膨胀涡轮机，由于条件特殊，所使用材料应由需方和供方商定。

用于连接缸体的结构焊接应按经评定的工艺执行并进行焊后热处理。有关焊接标准的信息见参考文献。

除非另有规定，所有试验和检验应按供方的标准进行。需方可向供方索取这些资料，作为招标文件的一个部分。有关材料试验标准的信息见参考文献。

6.3 外力和外力矩

供方应规定在交接点的热位移、允许的力和力矩。需方可向供方索取这些资料，作为招标文件的一部分。

外力和外力矩应允许涡轮机在包括停机在内的任何规定的运行点下安全运行。管路的布置和管路接口位移的计算以及允许的力和力矩由管路设计者和管路供方负责，其责任是不应超过许用值。

管路及管路支撑的计算结果，应提交给涡轮机供方进行评定，但这不应减轻上述管路设计者和管路供方的责任。

6.4 螺栓连接

米制螺纹应符合 GB/T 193 规定，英制螺纹应符合 ISO 263 的规定。轴向预紧的螺栓连接可用大间隙螺纹。

可使用制造商规定的倒锥螺纹以减少螺纹载荷。

对于缸体连接，宜使用螺栓和螺柱。螺孔不应延伸到承压区，剩余的壁厚应足够承受压力。

缸体螺栓的材料应考虑按缸体的设计温度进行选择。供方在设计缸体的法兰和它的螺栓时应考虑：

——法兰的许用压力；

——螺栓的许用应力；

——法兰和螺栓间可能的温差；

——在所有规定运行点无泄漏；

——尽可能使安装简单。

6.5 管路连接的缸体接口

6.5.1 设计总则见 6.2.1。除非另有规定，应符合以下的一般要求。

6.5.2 外部接口、管件、配件、法兰等的尺寸至少为 DN15(DN 为 GB/T 1047 定义的通径)。信号管路的接口尺寸可小于 DN15。

6.5.3 缸体接口应采用法兰或焊接(可焊接的接口)连接。如果使用双头螺柱，供方应同时提供螺母。

对规格为 DN15～DN40 的接口，允许在缸体上焊接短管和焊接法兰。焊接应按评定的工艺执行，并进行焊后热处理。

对于螺纹接口和螺纹管子连接件见 6.5.6。

6.5.4 对有毒、腐蚀或易燃的气体，应尽可能少地使用螺纹连接。

6.5.5 法兰应符合 GB/T 9113～9125，其设计公称压力至少为 PN1.0 MPa(PN 为 GB/T 1048 定义的公称压力)。对于公称压力大于或等于 PN6.3 MPa 的法兰应采用 RF 型(突面)或 RJ 型(环连接面)法兰。对公称压力小于或等于 PN4.0 MPa 的法兰可采用 FF 型(平面)法兰。

在不可避免要使用特殊法兰的地方可例外，如凝汽式汽轮机的排汽口。

6.5.6 应尽可能少使用螺纹接口和螺纹管子连接件。不接管子的螺孔应至少用高强度的钢质螺塞塞住。

6.5.7 如果交接点法兰是非标法兰，则供方应提供相匹配的法兰。所有用于由供方提供的辅助管道的连接法兰，可根据供方的实际规程制造。

6.5.8 管路连接件应能在不移动机器的情况下拆卸。

6.6 涡轮机转子

6.6.1 转子的设计应满足转子能在最高运行温度下,转速为跳闸转速之上的正常超速且至少超过跳闸转速10%以上安全瞬时运行。如果转子是套装结构的,在设计选定的转速下轮盘应与主轴保持牢固。

6.6.2 如果采用检修期间能拆卸的轮盘结构,则轮盘在装配前应单独进行动平衡。

6.6.3 每根转子应清晰地标有唯一的标识号。标识号应方便查看,当脱开联轴器的转子被缸体罩盖时,标识号最好标于主轴端面上或整体的联轴器法兰上。

6.6.4 应特别注意用于测量径向振动和轴向位移的感应区域的处理。除非另有规定,用于径向振动测量的感应区域的处理应使电气和机械的跳动总值不超过 10 μm。

6.6.5 为了防止电位差的产生,转动部件的剩磁不应超过 10×10^{-4} T(10 Gs)。

6.6.6 如果存在显著的环流危险(如凝汽式汽轮机),转子应至少安装一个接地电刷。这个接地电刷可安装在汽轮机轴上也可安装在被驱动机器的转子上,以提供完全导电的轴系。如果在一个轴或连通导电的轴系中装有两个或更多的电刷,电刷应装在轴或轴系的同一端上,以防止产生环流。磨损的电刷应易于更换。

6.7 缸体内腔

缸体内腔的设计应在最不利的规定参数下考虑可能同时出现的影响。供方应考虑瞬变期、热膨胀、蠕变、饱和蒸汽中水蚀等因素。

6.8 内密封

静子部件和转子部件之间的内密封应是非接触式密封(迷宫式密封)。密封件可固定在静子部件和/或转子部件上。在常规的设备大修时应能更换密封部件。

6.9 平衡活塞和平衡管路

单流式涡轮机,尤其是反动式涡轮机,一个平衡活塞和平衡管路可能是必须的,以使推力轴承的轴向载荷保持在允许值之内。平衡活塞可设计成直的或阶梯式的。

在双分流式涡轮机中,流体以相反的轴向方向导入单级或多级通流部分,则平衡活塞可省略或在涡轮机的两个流道之间的内密封可承担平衡活塞的作用。

平衡活塞应设置一个如6.8中规定的迷宫式密封。

6.10 外轴封

外轴封的功能是最低限度地减少或防止轴和缸体间的蒸汽或气体泄漏。在气体膨胀涡轮机的情况下,外轴封应防止有毒、易燃、易爆气体泄漏到大气中。

有四种基本密封可供使用:

——迷宫式密封;

——机械接触式密封;

——浮环式密封;

——非接触面密封。

在低于大气压下工作的轴封应按引入密封蒸汽以封阻空气侵入的原理来设计。引入的密封蒸汽应在整个载荷范围内可调节。应提供一个单独的交接点用于连接需方的辅助蒸汽系统,以便起动时提供密封蒸汽。正常运行时的密封蒸汽最好引自汽轮机的正压区段(见8.5)。

对汽轮机来说,根据认可的蒸汽泄漏量,需方和供方应协商确定是否需要汽封凝汽器设备或类似系统。

轴封系统的设计应满足在任何预期工况下防止可能发生泄漏的要求。

6.11 轴承和轴承箱

轴承箱可与涡轮机缸体制成一体,也可以采用一个装置单独连接以确保其在运行和维护时与缸体对中。

液压径向轴承的类型应由供方选择，可考虑6.12的要求。

推力轴承应是液压型的，且在两个方向上具有止推能力。推力轴承应是钢衬、浇巴氏合金的多瓦块型，每侧均配备连续的压力油润滑。

推力轴承应按在最不利的规定运行工况下连续运行来确定其尺寸大小。推力轴承应能够承受经过联轴器从被驱动机械的轴传来和涡轮机本身产生的两个方向的力。

若采用齿式联轴器，计算轴向推力时，联轴器轮齿中的节径摩擦因数至少为0.15。

挠性联轴器的推力应根据联轴器制造厂允许的最大许用挠度来计算。

推力轴承的布置应使每根转子能相对于缸体进行轴向定位并调整轴承的间隙或预加载荷。

除非另有规定，应提供整体的推力盘。该推力盘在总厚度上至少应提供3 mm的附加余量，以确保推力盘损坏时能再次加工。当提供可更换的推力盘时，则推力盘应红套并牢固地固定在轴上，以防止微振磨蚀。

轴承箱应尽可能防止油起泡沫，其布置应有足够的重力排油以确保油位低于轴和外油封。外油封应是可更换的。

轴承和端部密封应在不移开水平中分面涡轮机的上缸或垂直中分面涡轮机的端盖的情况下能更换。

邻近每个轴承应提供两个安装角度成90°±10°的非接触式振动传感器的接口。除非需方和供方另有规定，推力轴承所在的轴承箱内至少应安装一个轴向位移传感器和一个相位角基准用传感器。

当有规定时，轴承箱上应安装加速度计或速度传感器。

6.12 动力学

6.12.1 总则

术语和定义见GB/T 2298。

振动不仅影响可用性和安全性，还会导致设备和结构的严重损坏。对振动的测量和说明，见以下标准：

a) GB/T 11348.1、GB/T 11348.2 和 GB/T 11348.3 旋转机械转轴径向振动的测量和评定；

b) GB/T 6075.1、GB/T 6075.2 和 GB/T 6075.3 在非旋转部件上测量和评价机器的机械振动。

GB/T 6075.1 和 GB/T 11348.1 是总则，描述总体要求，用于评价各类机器的振动。

GB/T 6075.2 和 GB/T 11348.2 是功率大于50 MW的陆地用大型汽轮发电机组振动测量的特殊要求。

GB/T 6075.3 和 GB/T 11348.3 是对额定功率大于15 kW、额定转速在120 r/min～15 000 r/min之间的在现场振动测量的工业机器的特殊要求。

关于动力学的定义和说明，见附录A。

振动测量在轴、轴承箱或缸体上进行。对振动测量来说最有效的位置应根据设计细则来选择，包括部件的重量、刚性和检查方法。供方应规定设备上最适合进行振动测量的位置。

供方应规定涡轮机在预定工作范围内合适的振动限值、报警值和涡轮机组的紧急停机值。这些值宜根据上述所列的标准或按6.12.2的要求确定。

对装置负责的供方，应确定驱动轴系的临界转速(转子横向振动、轴系扭转振动和动叶振型等)与被驱动设备的临界转速相容，且确定在包括任何起动转速滞留点(保持点)要求在内的规定运行转速范围内整个轴系也是适宜的。

应给需方列出从零连速至跳闸转速间所有不希望停留的转速列表，以供其审查并列入运行手册，作为需方使用指南。

6.12.2 振动

如规定进行工厂试验，机组装上平衡后的转子，在最高连续转速或规定运行转速范围内的任何其他转速下进行试验，对应并邻近于每个径向轴承的轴上任一平面测定振动，未滤波的振幅峰-峰值不应超过下面的计算值或 50 μm，取两者中的较小值：

$$A = 25.4 \times \sqrt{\frac{12\ 000}{n_{max}}} \quad \cdots\cdots(1)$$

式中：

A——未滤波的振幅，峰-峰值，单位为微米(μm)；

n_{max}——最高连续转速，单位为转每分(r/min)。

高于最高连续转速而小于等于跳闸转速的任何转速下，振动值不应超过由式(1)给出的 A 的许用值的 150%。

如果供方能说明电跳动或机械的跳动是存在的，则按式(1)计算所得的试验值的 25%或 8 μm，取两者中的较大者作为提交的最大值，可在工厂试验时测定的振动信号值中按矢量差方法减去。

6.12.3　平衡

术语和定义见 GB/T 6444。

有关平衡方法和准则的更详细的细节见标准：GB/T 9239.1、GB/T 9239.2、GB/T 6557。

转动部件的主要零件如轴、平衡轮鼓和叶轮，应做动平衡。当带一个单键槽的光轴进行动平衡时，应用一个半键装入该键槽内。光轴初次平衡的校正值应予记录。带有相差 180°但不在同一横截面内的多个键槽的轴也应按上述的要求装上键。

对于低转速平衡，转动部件在装配时应进行多平面动平衡。在加装上不多于两个主要零件后应进行动平衡，平衡的校正只应在加装的部件上进行。在全部组装好部件进行最终平衡调整时，才可要求对其他零件进行微量的修正。在带有单键槽的转子上，该键槽应装上半键。每个面(轴颈)的最大允许残余不平衡量应按公式(2)计算：

$$U_{max} = 650 \times \frac{W}{n_{max}} \left(U_{max} \approx \frac{6\ 350}{9.81} \times \frac{W}{n_{max}}\right) \quad \cdots\cdots(2)$$

式中：

U_{max}——残余不平衡量，单位为克毫米(g·mm)；

W——轴颈静重载荷，单位为牛(N)；

n_{max}——最高连续转速，单位为转每分(r/min)。

当提供备用转子时，应按与主转子一样的允差进行动平衡。

装配好的各转动部件在完成最终的低速平衡之后应进行残余不平衡量的检查。

如果进行高速平衡(按运行转速在高速平衡机上的平衡)，其平衡的验收准则应由需方和供方共同商定。

应测定和记录电跳动量和机械跳动量。

6.13　底座(底盘)和底板

6.13.1　总则

6.13.1.1　底座的提供应由需方和供方商定。当有规定时，供方应提供任何要求埋入基础的附加底板和地脚螺栓。

底座、附加底板和底板的联接部件(螺钉、地脚螺栓、键等)应按所有安装在底板上的机器设备产生的力和力矩来设计。

6.13.1.2　对于安装轴承箱或垫板的底座，其对中的表面应进行机加工。需要用调整工具对中时，可使用顶起螺钉或带顶起螺钉的调整元件。当设备支承重量大于 500 kg 时，应配置适当的螺钉或顶杆进行水平调整。

6.13.1.3　涡轮机支承系统的设计应确保在压力、扭矩和管路载荷最恶劣的组合作用下，引起的对中变化应满足需方的规定值。

6.13.1.4 安装螺栓的地方应具有足够的工作空间，以便使用套筒扳手，且允许使用水平和垂直顶动螺钉来移动设备。

6.13.1.5 当提供底板时，底板应大于每个安装垫块的贴合面。

6.13.2 底座(底盘)

6.13.2.1 当必须提供底座时，底座的结构应由需方和供方双方商定。根据装置的总尺寸，可用共用底座或两个独立的底座安装涡轮机和被驱动机器。

可考虑的项目为：底座范围、要求的支承类型、作油箱用的底座、现场找中和连接单个底板的设施。

6.13.2.2 底座应至少提供四个起吊吊耳。当吊起时，不应使底座或装于其上的设备产生永久变形或其他损伤。

6.13.2.3 应提供垫块，以便安装了所有设备的底座在现场调整水平。当底座底部是敞开式的，则在灌浆期间应有排气的设施。

6.13.2.4 在底座顶部的全部行走区和工作区应盖上防滑盖板。

6.13.2.5 除非另有规定，底座应为钢板或轧制型钢焊制而成。

6.14 铭牌和转向箭头

涡轮机的铭牌应用耐蚀材料制作。铭牌应至少包括下列内容：

——制造厂的名称；

——系列号或订货号；

——型号(类型)；

——制造日期；

——最大或额定输出功率，kW(见3.2.1和3.2.2)；

——最高连续转速或额定转速，r/min(见3.7.1和3.7.3)；

——最大许用进汽(气)和注汽(气)参数(见3.4)，进口压力单位为MPa或Pa，进口温度单位为℃，压力应规定为绝对压力或表压；

——最大/最小排汽(气)和抽汽(气)压力，单位为MPa或Pa(见3.4)，压力应规定为绝对压力或表压。

转向箭头应在涡轮机的轴承箱上铸出或用不锈钢板牢固地固定在涡轮机的醒目位置。

7 被驱动机器、齿轮装置和联轴器

7.1 被驱动机器

● 为确保涡轮机机组的正确设计，需方应说明被驱动机器的类型以及涡轮机必须要满足被驱动机器的要求，特别是压缩机和泵的旋转方向、不允许连续运行的转速范围以及整个运行转速范围内的载荷特性。

转向箭头应在被驱动机器的缸体或轴承箱上铸出，或用不锈钢板牢固地固定在醒目位置。

对于驱动发电机，应考虑所有电气故障或不同步所产生的扭矩。

7.2 齿轮装置

7.2.1 总则

术语和定义见GB/T 3374。

除非另有规定，以下要求适用于齿轮装置，该装置通常属于涡轮机供方的供货范围。

这些要求应适合于单级或多级减速平行轴齿轮、行星齿轮以及多轴齿轮装置。

6.1的要求应(尽可能)适用于齿轮装置。

在规定的运行范围内，齿轮装置应能承受所有外来载荷(推力、润滑油管等的载荷)。

每个齿轮均应用两个轴承支撑。所有的齿轮应满足7.2.2～7.2.5的要求。

7.2.2 特性

齿轮应标出规定运行范围内的最大扭矩。

齿轮装置应适应(涡轮机的)跳闸转速。

齿轮应为单螺旋或双螺旋型。

齿形由齿轮供方负责选择。

轮齿设计应按 JB/T 8830 进行。抗胶合的承载能力应根据 GB/Z 6413.1 或 GB/Z 6413.2 确定。

7.2.3 箱体

齿轮箱应为铸造或焊接结构,其设计和制造应确保轴在整个规定的运行范围内的所有因素(如扭矩、温度、内力、外部许用力和力矩)作用下保持对中。

设计应避免因激振和箱体或其部件的固有频率产生共振。

齿轮箱应优先采用轴向中分面形式。

为了避免由于空气摩擦引起的不可接受的热量,在大齿轮、小齿轮和箱体之间应提供足够大的侧向间隙和圆周间隙。

齿轮箱应设置一个或若干个可拆卸且装有密封垫圈的检查孔盖。建议设置能目视检查大、小齿轮整个齿宽的检查孔,检查孔的尺寸应至少为齿面宽度一半。

箱体的设计应做到快速地排放润滑油以减少油沫的产生,且应有足够的重力排放以确保油位低于大齿轮。外密封应是可更换的。

当有规定或供方要求时,轴承附近应提供安装两个位置成 90°±10°的非接触振动传感器的接口。

当有规定时,在箱体上应提供安装加速度计或速度传感器的接口。

7.2.4 轴承

径向轴承的类型由齿轮供方选定,并应考虑 6.11 和 6.12 的要求。

7.2.5 动力学

见 6.12。

7.3 联轴器

7.3.1 总则

联轴器的制造、型式和布置由需方与被驱动机器和涡轮机的供方共同商定。

7.3.2 联轴器的选择

联轴器应能传递在任何规定的运行点连续运行的转动扭矩乘以 JB/T 8830 中规定的相应使用系数后得到的最大转矩。

对电气故障或不同步,见 7.1。

如果电机是轴系的一部分,电机的特性也应考虑。

7.3.3 联轴器布置

联轴器的布置应设计成在不拆除被驱动机器、齿轮装置和涡轮机缸体时就能接近两个半联轴器。

涡轮机应能带着联轴器而脱开被驱动机器进行试验。

7.3.4 联轴器的配合

与轴体分离的半联轴器应通过带键或不带键的柱面或锥面与轴紧配合。可用液压套装或红套锥面联轴器。

7.3.5 平衡

如果联轴器的轮毂和轴套与轴不是整体的,则在装配前应作静平衡和/或动平衡(见 6.12.3)。

联轴器的螺栓应根据重量进行选择,并明确标识它们在法兰上的位置,避免再次装配后改变平衡状态。

7.3.6 **联轴器护罩**

护罩应设计成易于检查联轴器。联轴器护罩的设计应符合相关的安全规范。

7.3.7 **供货范围**

除非另有规定,涡轮机和被驱动机器间的非整体半联轴器和联轴器护罩由被驱动机器的供方提供。串联驱动机器或串联被驱动机器之间的联轴器和联轴器护罩由串联机器的供方提供。

除非另有规定,涡轮机一边的半联轴器应由涡轮机供方安装。

如果两个半联轴器都是与轴成整体的,涡轮机供方应提供中间分隔件和安装所需的专用工具。

有关轴、键槽尺寸(如果有键槽)以及由于轴端窜动和热影响产生的轴端位移的资料,应提供给联轴器的供方。

如果规定进行工厂试验,联轴器的供方应将空转接套和半联轴器一起供给涡轮机供方。半联轴器和空转接套所产生的力矩应等于按合同供货的半联轴器加上1/2该联轴器中间分隔件所产生的力矩。当所有试验完成后,空转接套应作为专有工具的一部分提交给设备的需方。

7.4 **盘车装置**

当有规定或供方认为有必要时,涡轮机应配备一个盘车装置以避免转子在停机冷却过程中发生有害的变形。

当转子盘车时应向轴承供油,如果润滑无效,应提供联锁装置以阻止盘车。然而如果使用冲击式盘车装置,除非另有规定,供方应决定轴承的润滑是否必要。

当涡轮机启动时盘车装置应能自动脱开。如果涡轮机组发生反转时(见6.1.1),盘车装置应有保护设施。如在正常的旋转方向上盘车装置失效,则应能人工转动转子。

电动盘车装置的设计应使其最大扭矩能克服正常运行的扭矩、摩擦扭矩(见9.4.5)以及脱开扭矩。

8 辅助设备

8.1 管路

辅助管路包括下列所有管路:

——润滑油管路;

——控制油管路;

——密封和泄漏管路;

——疏水管路;

——信号线管路;

——仪表和控制气管路。

需方和供方应商定涡轮机和辅助设备连接管件的供货范围。与其他装置连接的管件应另行协商。

管路应有适当的支撑和加固措施,以防止由于振动引起的损伤并尽可能减少装运和维护过程中引起的损坏。管路的设计应能安全地接近进行日常维护,最好是紧靠机器的外轮廓来布管。含油管路应与其他炽热管路和炽热部件相分离,以尽可能减少绝热层浸油而发生火灾的危险。

除信号线路外,管道、阀门和接头的公称通径应不小于DN15,其最小公称压力为PN1.0 MPa。

管路的公称通径应按GB/T 1047规定。

除非需方和供方另有规定,管路应为GB/T 17395的1系列无缝钢管。根据协议,可使用ISO 3304规定的精制钢管,或者带纵向焊缝的大直径管。

有关钢管交货条件的标准信息见参考文献。

除信号线路外,应尽可能少地使用螺纹连接。法兰应按GB/T 9113~9125规定。管路焊接应符合认定的焊接工艺规范和质量要求。通常,优先采用对焊接头,且滤油器的下游不允许使用承插焊接头。不锈钢钢管的对焊焊缝采用惰性气体保护钨极焊打底,用惰性气体保护钨极焊或手工电弧焊焊满。

管路焊接应由合格的焊工按照适当的操作规程进行(见参考文献)。

法兰、阀门和其他部件的垫圈和填料应不含石棉。

8.2 进口滤网和汽水分离器

在危急遮断阀的阀座前应安置一个可更换的耐用抗腐蚀进口滤网。对于设备试运行，可协商提供一个额外的细孔进口滤网，该滤网应在不需拆除管路的情况下易于更换。

如果汽轮机缸体进汽处的蒸汽是饱和蒸汽或仅稍微过热的蒸汽，则可以考虑使用一台汽水分离器。汽水分离器应能通过疏水器对新蒸汽进行连续疏水。需方和汽轮机供方应商定汽水分离器的供货方。

8.3 电气系统

需方应规定电动机、加热器和测量仪器的供电特性。

- 安装在机组上或任何单独仪表板上的电气设备，应适用于 GB 3836.14 规定的危险类别。要详细了解有关易爆气体环境用的电子仪表，见 GB 3836 有关部分。电气启动和监视控制器可用交流电或直流电。

在底盘范围和供油装置内的电源线和控制线应耐油、耐所处的温度、防潮和抗擦伤。在底盘范围和其他受振动的区域内应使用绞合导线。在使用橡胶或合成橡胶绝缘的地方，应有氯丁橡胶(或相当的)或耐高温热塑性护套以保护绝缘。

为易于维护，对所有通电部件(如接线板和继电器)应具有足够的空间。对较低电压的部件也应尽可能提供 600 V 使用场合所要求的空间。

电气材料(包括绝缘体)应耐腐蚀和尽可能不吸潮。当规定用于热带地区时，材料应进行抗霉蚀保护且无保护层的表面应涂刷保护层。

在底盘范围内的控制、测量和电源线(包括热电偶导线)均应安装在耐受力强的导管内或电缆槽和盒内。适当地配置托架以使振动减至最低程度，并进行隔离或屏蔽以防止不同电压等级间的相互干扰。通常导管可端接(对于测温元件头部则应端接)足够长的挠性金属导管，使能在不拆除导管的情况下接近机组进行维护工作。对于 2 类场所，挠性金属导管应有一个不透液体的热固性的或热塑性的外套。

8.4 冷凝设备

如果供货范围包括冷凝设备，则需方和供方应商定冷凝设备的设计、制造和试验所采用的规范。

8.5 密封的蒸汽或气体系统

当供冷凝器时，供方应提供一种适合于需方现场条件和运行系统的结构。供方应提供或规定该系统正确运行所必需的任何设备，例如射汽抽气器、真空泵或风机。

8.6 辅助设备的材料

材料标准的信息见参考文献。

8.7 汽轮机的疏水系统

汽轮机应采取保护措施，以避免凝结水在汽轮机和管道内聚积。进汽和出汽管路不应通过汽轮机来疏水。

带有上排汽的凝汽式汽轮机，需特殊考虑排汽管疏水，以确保凝结水不进入汽轮机叶栅而回到热井中。

所有可能积水的管路和缸体区段，应提供足够大尺寸的疏水接口，使产生的凝结水得以排出而不发生积水。可采用下面的措施：

a) 运行绝对压力超过 0.1 MPa 和运行温度不低于饱和温度以上 50 ℃的区域：带截止阀的疏水管。

b) 运行绝对压力超过 0.1 MPa 和运行温度低于饱和温度以上 50 ℃的区域：带截止阀的疏水管和带凝结水集水器的旁路。

c) 运行绝对压力接近 0.1 MPa 的区域，如外轴封：带水封(集水器)或一个固定节流孔板的开式疏水管。

d) 运行绝对压力低于 0.1 MPa 的区域：带截止阀或凝结水集水器的疏水管。也可提供一个带截止阀和旁路的凝结水集水器或一个固定节流孔板的疏水管。排放的凝结水进入凝汽器。

e) 从高压区到低压区分级疏水的疏水孔。

8.8 防止水流入汽轮机

蒸汽管路的设计应确保水不会回流到汽缸内。

9 润滑油和控制油系统

9.1 总则

除非另有规定，涡轮机供方应提供涡轮机的油系统和配件。

如果需方和供方同意，润滑油系统也可以和被驱动设备并用。如果油系统由别的厂家提供，涡轮机供方应传达其供货范围内的所有供油要求。

除非另有规定，涡轮机供方应为每个压力等级提供一个单独的供油接口，并配备一个使全部油回入油箱的回油接口。

9.2 油的类型

使用的油应符合 GB 11120 规定。对于带齿轮装置的设备，额外要求可能是难以避免的。油的类型应由需方与涡轮机、联轴器、齿轮装置和被驱动机器的供方协商从 GB 11120 规定中选取。对涡轮机机组，应尽可能使用同一品质的油。

油的类型、注入量和推荐的检查周期和维护应纳入操作手册。除非另有规定，油应由需方提供。

注：基于需方和供方达成的协议，控制系统可采用抗燃无毒液体。

9.3 油箱

9.3.1 油箱类型

油箱可单独布置，也可建在或装在涡轮机底座、轴承箱或齿轮箱的座架内。

9.3.2 设计准则

油箱应有通风设施，其布置应能防止外界污物进入。以下部位应有 20 mm 左右的凸缘：

——顶部开口，带垫圈；

——法兰接口，带垫圈；

——用于安装设备的凸缘。

螺栓孔不应是通孔。

回油接口的布置应尽可能远离泵的吸入口，以便沉积物下沉、空气释放并使回油与油箱内的油在油箱中混合。

所有不带压力的回油接口应位于最高运行液位之上。所有带压力的回油接口应分开并通过位于吸入损失油位以下的内部管道排油。油箱设计应避免静止区并容易清洗。在运输和安装期间有足够的防护措施以保证油箱的清洁状态。除非另有规定，油箱应由碳钢制成，且内部不涂刷油漆。

9.3.3 单独油箱的附加设计准则

为确保在清洗期间疏水，应在倾斜箱底的低端配置一个用于连接法兰阀门的接口，其尺寸至少为 DN50。泵的吸入口位置应尽可能靠近油箱倾斜底部高的一端。

9.3.4 尺寸准则

对于单独的油箱，滞留时间至少为 6 min。这种油箱内油的自由表面在正常流量为 1 m^3/h 时至少为 0.1 m^2。

对与底盘制成一体的油箱，推荐的滞留时间为 5 min，油的自由表面在正常流量为 1 m^3/h 时至少为 0.2 m^2。

如果油箱与轴承箱或齿轮箱做成一体，或控制油和润滑油系统是分开的，则供方可选择一个较短的滞留时间。较短的滞留时间应经需方同意。

减少的容量应考虑需方规定的附加容积。在润滑油和密封油系统中，最低和最高运行液位间的尺寸应至少为 50 mm。

根据用途,最低运行油位和吸入损失油位之间应有足够的间距。

注:间距极限值取决于设备运行在最低运行油位且发生泄漏而不产生回流对要求无扰运行的时间。

9.3.5 加热

如果规定加热,加热器应能在 12 h 内对油箱内的油从规定的最低环境温度加热到规定必须的最低启动温度。加热器的类型、尺寸和结构应由需方和供方商定。油可用蒸汽、热水或电加热。加热器油侧表面温度不应超过 120 ℃。电加热器的安装应能使其在运行期间可拆去。如有规定,油箱应配置伴热管和保温设施。当使用导热油时,应提供带有一个通气口的适应热膨胀的油箱。宜提供切断供热介质的装置,以防止油或加热器过热。

9.4 油泵及其驱动装置

9.4.1 总则

如果供油装置兼顾润滑油和控制油系统,除非另有规定,可由共用油泵控制润滑油和控制油的流量来控制油压,或分别由两个独立的油泵来控制供油。

应有防止油经备用泵或应急泵回流的措施。

油泵可水平或垂直安装。

除顶轴油泵外其余电机驱动泵应自带电机。带单独驱动设备的泵应成套提供,有合适的安装垫块并能承受管路载荷。

9.4.2 涡轮机用泵的类型和其他油源

涡轮机用泵的类型和其他油源见表 1。

表 1 涡轮机用泵类型和其他油源

类 型	如果主油泵是轴驱动的	如果主油泵是电机(涡轮机)驱动的
备用油泵(可以代替主油泵)	当主轴驱动的主油泵故障时,备用油泵通常不能阻止汽轮机停机	从液压角度上看,备用油泵完全可以与主油泵互换,这是因为主油泵不是机械地连接汽轮机轴。备用泵外形通常与主油泵一致
辅助油泵[a](不能代替主油泵)	辅助油泵在启动、停机和冷却时需要	辅助油泵不需要,因为主油泵运行独立于汽轮机转速
应急油泵(能不间断地提供可靠动力,动力小于辅助油泵)	应急油泵仅适用于停机和冷却	应急油泵仅适用于停机和冷却
高位油箱 蓄能器[b] 润滑油环	高位油箱,蓄能器和润滑油环仅用于停机	高位油箱、蓄能器和润滑油环仅用于停机
如果上面提到的泵中有多个,则这些泵应作标记,例如:第一备用泵、第二备用泵等		
[a] 辅助油泵可以用第二备用油泵代替。它可以用作交流电的应急油泵来使用,交流电的应急油泵应先于直流电的应急油泵动作。 [b] 可提供一个蓄能器以维持在油流量瞬变时,油系统压力高于跳闸设定的系统压力。		

9.4.3 主油泵

根据涡轮机结构类型、运行模式或泵的类型,主油泵可由下列装置驱动:

——主涡轮机或齿轮装置的轴;

——单独的驱动设备(涡轮机或电机)。

泵和上述驱动设备的组合可满足主油泵的工作要求。

9.4.4 备用油泵，辅助油泵和应急油供应

推荐采用下列设备：

a) 对主轴驱动主油泵的涡轮机：

——用于启动、停机和冷却的辅助油泵；

——用于停机和冷却的应急油泵或用于停机时的高位油箱或蓄能器或润滑油环。

b) 对电机(涡轮机)驱动主油泵的涡轮机：

——与主油泵类型一致的备用油泵；

——用于停机和冷却的应急油泵或用于停机的高位油箱或蓄能器或润滑油环。

主油泵和备用油泵的动力源宜分开。

应急油泵宜有一个独立的、不间断的、可靠的动力源。

9.4.5 顶轴油泵

对配备盘车装置(见 7.4)的大型涡轮机转子和/或被驱动机器的转子，可另外提供一个顶轴油泵以减少轴承摩擦。

按 9.4.6 的规定进行保护，且顶轴油泵应自成系统，以防止其他油系统的压力影响。

9.4.6 泵的选择

泵可设计成容积泵或离心泵。当系统在良好的运行情况下，对润滑油和控制油系统容积泵的额定容量应为在最大系统压力下正常油耗的 110%，对离心泵的额定容量应为要求的系统压力下正常油耗的 100%。瞬时油耗可以由蓄能器或泵的极限容量来提供。

除非另有规定，当泵的油温最低时，容积泵应能在最低的油温和规定的泵减压阀设定值(包括蓄能)下运行。该最低温度经需方和供方协商可以是最低环境温度或油泵的启动油温(在油泵启动前，油可以加热)。

离心泵应能从正常运行点至出口关断时连续增加其排出压力至少 5%。离心泵至少在油温为 25 ℃黏度为 VG46 或油温为 15 ℃黏度为 VG32 时，应传输稳定的流量。

如提供涡轮机驱动的油泵，油泵的布置应避免在非正常条件下(如超速、吸力降低)产生的危险。在最低入口和最高出口压力条件下，涡轮机驱动油泵应达到规定输出量。

垂直布置在油箱上的涡轮机应提供一个可靠的轴封，以确实防止冷凝液在运行或停机时进入油中。

备用油泵应提供自启动装置，以防主油泵失效或因其他原因导致油压下降时维持油压并确保安全运行。

需方和供方应商定自启动系统要求的电气设备供货范围。

备用油泵的布置应使其在启动时不会出现供油中断。当涡轮机运行时应提供检查备用油泵运行情况的措施。自启动系统应有用于维护目的的手动复位和隔离措施。

泵壳可由铸铁、钢或铝合金制成。然而，在环境温度低于 7 ℃时不应使用铸铁泵壳，但浸没式泵不受此限制。

9.4.7 油系统保护

容积泵系统应提供溢流阀。

溢流阀的整定值应考虑设备和部件可能的故障和不超过 10%的允许超压。溢流阀应保护油系统的部件和管路。溢流阀开始打开后，其压力应随流量同比增加。溢流阀应可调整并运行平稳、无冲击和振动。溢流阀的最低开启压力应比要求的最高运行压力高出 10%。溢流阀不应用作连续压力调节。多余的油应回流到油箱。

对于高压用途，可作特殊考虑。

当使用容积泵，独立的油系统应提供压力调节装置以确保油压相对稳定。调节装置应有适当的响应时间且平稳地运行、无冲击和振动以及在运行期间可以调整。多余的油应回流到油箱。除非另有规定，所有压力调节阀应考虑在所有泵工作时和在运行温度下，按规定黏度为 VG32 或 VG46 号的油时能

维持其许用压力。如果流量变化非常大,则应考虑使用并联两个或多个控制阀。

如离心泵采用主轴驱动或涡轮机驱动,应考虑油系统在跳闸转速和零排量时压力的增高。

9.4.8 泵的进出口布置

除主轴驱动泵外,泵的进口管应有能注满油的设施,以确保启动。主轴驱动泵应有适当的注油启动设施。所有泵的进口管应具有在启动时排气及注油的设施。

进口管、进口阀(如果有的话)、泵壳体和所有其他部件(特别是增压泵装置)的设计应考虑由于出口止回阀的泄漏而可能引起的超压危险。

如需方和供方同意,应提供吸入和排出隔离阀以维护备用泵。在这种情况下,应有有力措施以防止误动作而中断供油。对容积泵,在泵的出口与隔离阀之间应装设溢流阀。

对需要增压泵的各个系统,所有高压增压泵同时运行时,应完全满足低压油的供油要求。供方应可提供增压泵的辅助吸入接口,也可以提供增压泵低压报警或跳闸开关。

9.5 滤油器

润滑系统供油应经过滤油器,但对应急油源不推荐使用滤油器。如需方和供方同意,润滑油滤油器可省略。滤油器的正常过滤率应为按 GB/T 18853 的 $\beta_{25}=75$,其尺寸大小应使清洁滤油器在稳定条件下,正常的工作压降[1)]不应超过 0.035 MPa。滤油器应经得起最小为 0.5 MPa 的压降。滤油器装置试验压力应至少为 1.5 倍的最大运行压力。

滤油器应安装在冷油器的下游。

控制油系统的滤油器应满足各自压力等级的要求。

除非另有规定,供方应提供带可更换滤芯的双联滤油器。双联滤油器应设置切换阀,切换阀切换时不能对涡轮机供油产生节流作用。滤油器的腔室应有充油和排气装置。

滤油器壳体、盖和切换阀可用铸铁或钢制成。但在环境温度低于 7 ℃的场合,不应使用铸铁材料。

9.6 冷油器

9.6.1 总则

下列要求适用于用水或水基混合物作冷却介质的冷油器。对空气冷却的冷油器的要求,需方和供方另行商定。

冷油器的大小应能散发来自油系统的最大热量,以确保油温不超过极限要求。

需方应规定所有与冷却水供应系统相关的参数,包括下列参数的正常、最大和最小的设计数据:

——冷却液压力;

——许用压降;

——冷却液温度;

——许用温升;

——冷却液成分/品质。

冷油器应设计成能承受油和水两侧同时或单独可能出现的最大可能的压力和温度而不受损坏。除非另有规定,冷油器的水侧应设计成能承受 0.7 MPa 的压力。油侧和水侧的试验压力应至少为最大运行压力的 1.5 倍。

对清洁的冷油器,油侧和冷却水侧的压损不应超过 0.1 MPa。冷油器冷却水侧的工作压力(切实可行的场合)宜小于油侧工作压力以最大程度地减少水漏入油的危险。

冷油器的设计应有一个考虑污垢的适当附加许用值,这个许用值应根据冷油器的类型、冷却水的质量和使用维护周期等因素决定。冷油器的材料应与油和冷却介质相适应,在涡轮机规定的寿命期间不应出现严重损坏。

1) 正常的工作压降是指在正常工作温度下和正常流量下产生的压降。正常流量是指设备部件总的需油量,不包括控制油系统的瞬时流量和直接通过旁路回到油箱的回油。对油的正常工作温度参见使用说明书。

● 对水温变化大的设备，需方可规定油温的恒温控制。在冷油器油侧的旁路中应提供一个带手动补偿的恒温阀。

供方应在冷油器的油侧和水侧的适当位置提供简便的疏水和通气设施。

需方或供方应提供适当的措施以保护冷油器免受油、水两侧的超压。

当需方要求时，应提供带切换阀的两台全容量冷油器，其布置应使冷油器切换时不中断对涡轮机的供油。

除非另有规定，切换阀阀体可用灰铸铁制成。阀柱塞或阀球应用抗蚀材料，最好用不锈钢制造。

切换前须均衡压力的冷油器，应提供一个较小的压力平衡阀。该压力平衡管路还可以在切换前对备用冷油器注油。

在水足够清洁的条件下，可以使用板式冷油器。这特别适用于封闭的冷却水系统或经特殊处理的水或清洁海水。

当对冷却水的清洁度存在怀疑时，应选择管壳式冷油器。

在不拆除冷油器壳体的前提下应有足够的有效抽管空间以维修冷油器的管束。

如果提供两个全容量冷油器，则不应影响涡轮机的性能。

如果需方规定，冷油器应适合于使用如蒸汽或水-蒸汽混合物等加热介质。加热介质的压力和温度应由需方和供方商定，见 9.3.5。

9.6.2 板式冷油器

除非需方规定了其他的材料，冷油器板的材料应是不锈钢或钛合金，或由冷却水的性能决定而采用其他材料。板组应可从冷却器机身上拆去。板间的距离应不小于 2.5 mm。

板的结构设计应使冷油器任何一侧的泄漏物能够排入大气，以避免污染油系统。

冷油器最好应安装隔离屏以最大程度减少油或水喷射泄漏的危险。

衬垫材料应适合冷油器两侧的流体。衬垫在实用场合下，应为可拆卸类型。

除非另有规定，应按下列允许的水侧污垢系数进行设计：

——软化水闭式循环：　0.001 m^2℃/kW。

——清洁海水(开式海洋)：　0.03 m^2℃/kW。

——冷却塔处理水、沿海的海水、河水：　0.05 m^2℃/kW。

9.6.3 管壳型冷油器

除非另有规定，应按下列允许的水侧污垢系数进行设计：

——闭式循环(处理水)：　0.09 m^2℃/kW。

——正常冷却水和清洁海水：　0.17 m^2℃/kW。

——含盐不清洁水：　0.35 m^2℃/kW。

除非需方和供方另有规定，冷却水在管内的流速在额定状态下应不低于 1 m/s 且不高于下列值：

——软黄铜和 90％铜，10％镍合金：　1.8 m/s。

——碳钢：　2 m/s。

——防腐黄铜：　2.3 m/s。

——不锈钢：　2.5 m/s。

——70％铜，30％镍合金：　3 m/s。

——钛合金：　3.5 m/s。

每个冷油器应由一个壳体、一个或多个水室和一个可抽出的管束组成。

除非另有规定或由规定的冷却水的特性决定，推荐使用下列材料：

a) 壳、盖和腔室：碳钢。

b) 管板：铜锌合金或带防蚀涂层的碳钢。

c) 管:最好用铜锌合金。

d) 在特殊情况下可使用:

——铜镍合金;

——不锈钢;

——钛合金;

——碳钢。

有关铜合金和钢的标准信息见参考文献。

除非另有规定,冷却水管应有如下尺寸:

——最小外径: 12 mm。

——最小壁厚:

铜锌和铜镍合金: 1 mm。

不锈钢和钛管: 0.5 mm。

碳钢: 1.6 mm。

9.7 蓄能器

如果控制系统需要满足技术规范的要求时,应提供蓄能器。在备用泵升速期间,蓄能器可维持润滑油系统压力高于跳闸设定值。

如有规定,供方应提供任何充气蓄能器所需要的特殊设备。

蓄能器应与备用油泵起动控制隔离(如:止回阀)以消除启动信号动作的滞后。

9.8 油管路

除8.1给出的要求外,下面的要求适用于油管路。

管路应尽可能用最少的法兰和配件(安装和维护所需的)焊接而成。除非需方另有规定,管路和法兰允许使用碳钢。螺纹连接数量应保持最少。

排油管的尺寸应在正常油温下使油流不超过1/2全值,且其布置应确保在可能形成泡沫的条件下很好地排放。作为一个准则,油的流速可为0.5 m/s,且斜度可为15 mm/m或更大。

10 调节和保护系统

10.1 总则

● 设计调节系统时,需方应提供规定的监测参数,包括相关的被驱动机器的数据和运行特性。

机械驱动或孤立运行的发电机组的调节系统控制涡轮机的转速。此外,调节系统可在确定的环境中控制其他变量,如进汽(气)压力、注汽(气)压力、抽汽(气)压力、背压。与公共电网并网运行的发电用涡轮机的调节系统控制发电机负荷或任何其他上述的控制变量。

除非另有规定,涡轮机调节系统应仅能在正常运行转速内控制转速。在这种情况下,操作人员应能控制涡轮机从停机到调节系统开始控制的最小转速。在此期间保护系统应是有效的。

除非另有规定,这个控制可以是手动的。

对涡轮机驱动的发电机,涡轮机的调节系统应能控制:

——当发电机单独运行时,包括空载和满负荷在内的所有负荷下的转速保持稳定。

——当与其他发电机并列运行时,功率以稳定方式输入到互连系统。

调节器及其系统的配置应保证任何部件的失效都不妨碍涡轮机安全停机。

注:除非另有规定,对于机械驱动用涡轮机,其最大连续运行转速 n_{max} 为额定转速 n_r 的1.05倍。对于发电用涡轮机,最大连续运行转速 n_{max} 等于考虑电网的一定变化频率的额定转速 n_r。

10.2 转速调节系统的分级

根据应用场合,转速调节系统应符合表2的分级规定。详细说明见附录B。

表 2 转速调节系统分级

	1 级	2 级	3 级	4 级
特性 稳态转速不等率 转速变动率	PI 0%～0.5% ≤±0.25%	P 4%～6% ≤±0.25%	P 6%～8% ≤±0.50%	P 8%～10% ≤±0.75%
最大升速量	在跳闸转速的 1%以下			
总死区	≤0.2%	≤0.2%	≤0.4%	≤0.4%

● 根据应用领域，需方应规定适合的转速调节系统级别。

10.3 转速调整

应能进行转速的手动调整。

除非另有规定，发电用涡轮机在空负荷运行时的转速应至少能在额定转速±5%范围内调整。当测试超速跳闸系统时，应用解除调节的方法超过这个转速范围至跳闸转速以上 5%。

除非另有规定，提高控制信号值应增加涡轮机转速。

● 规定的转速范围应与整个控制信号范围相对应。

在控制信号或给定值调节器失效时，机械式调速器应可用手动调节。

10.4 电调系统用电子转速传感器

如果使用电调系统，应至少包括两个转速控制专用的转速传感器。调速器应通过高信号选择来区别从转速传感元件发出的信号。如果使用两个以上转速传感器，调速器可用测得的中间值(不是平均值)作为实际值。一个转速传感元件故障应仅触发警报。两个元件都出故障应触发停机。

应提供一个测转速传感用的多齿表面，该多齿表面可与涡轮机轴成整体或可靠连接或固定在涡轮机轴上。该多齿表面可为调速器、超速停机系统及转速表所共用。转速传感器不应与超速停机系统共用。

10.5 保安系统

10.5.1 总则

保安系统应按自动防故障原理进行设计，按此原理，控制液压失压时，应立即关闭遮断阀和调节阀。

当触发跳闸系统动作的条件消失后，既不应使跳闸装置自动复位，也不应使这些汽阀重新开启。跳闸系统应设计成只能由操作人员复位。汽阀只有在跳闸系统复位后，才能重新开启。

10.5.2 超速跳闸系统

10.5.2.1 总则

每台涡轮机应至少提供一个保安装置(机械的和/或电子的)以防止涡轮机和被驱动机械超速。该装置应独立于调速器，并当转速达到跳闸转速时通过一个或多个遮断阀切断涡轮机的工作流体。

同样，保安装置应立即跳闸关闭再热蒸汽管路冷端和抽汽管路中的速关止回阀(如有的话)，即涡轮机必须防止被回流蒸汽加速。

超速跳闸系统应能不停机复位。如果在运行转速进行超速跳闸系统动作性能试验时，涡轮机应继续受保护，以免转速超过跳闸转速。

在紧急停机的情况下，遮断阀和调节阀都应同时关闭。在最大许用进汽(气)压力下应能使跳闸装置动作。

应提供不中断涡轮机运行时检查遮断阀的手段。如果只有一个单独的遮断阀，可以用部分行程进行检查。供方应说明包含的任何输出范围的限制。

注：除非另有规定，正常的跳闸转速设定值为最大连续运行转速 n_{max} 的 1.1 倍，即：

——驱动压缩机用：$n_t=1.15\times n_r$(如果没有其他规定，$n_{max}=1.05\times n_r$)。

——驱动发电机用：$n_t=1.10\times n_r$。

10.5.2.2 **电子超速回路**

如果没有安装其他超速系统，则应提供至少两个独立的由转速传感器和逻辑装置构成的电子超速回路。其最低配置应包括下列内容：

a) 任一回路检测到超速状态都应触发停机；

b) 任一回路中的转速传感器或逻辑装置发生故障，应仅仅触发警报(解除激励)；

c) 两个回路都发生故障时应触发停机；

d) 对a)、b)、c)三项要求人工复位；

e) 超速回路中的所有设定值都应可现场更改，并应通过受控访问进行保护；

f) 每个超速回路应能接收来自频率发生器的输入以检验跳闸转速设定值：为进行在线试验提供受控访问锁定；

g) 每个超速回路应提供一个用于转速显示的输出；

h) 超速系统转速传感器不应与其他任何系统共用；

i) 应提供具有受控访问复位的峰值保持特性，以显示跳闸状态下达到的最高转速值。

当规定时，应提供一个根据三选二逻辑原理的超速停机系统。

除非另有规定，应提供电磁传感器作为转速传感用。

应提供一个转速传感用的多齿表面，该多齿表面应与涡轮机轴成整体或可靠连接或固定于涡轮机轴上。该多齿表面可以为调速器、超速停机系统及转速表所共用。

测速齿轮的齿数将根据涡轮机转速和齿轮直径不同而变化。工厂进行机械运转试验中机组开始起动及投入试运行再次起动时，应特别注意检查测速齿轮上的齿数，以确保调速器、超速停机系统和转速表已按测速齿轮的正确齿数校准。

10.5.3 **超压保护系统**

涡轮机应采取下列的一种方法进行防护，以阻止过高的排汽压力：

——一个用于最大流量的安全阀[2)]；安全阀应由排汽管的供方提供；

——一个作用于跳闸系统的压力开关和一个作用于调节阀的压力限制器和一个至少为最大流量10%的安全阀[2)]；

——一个作用于隔离阀的连锁逻辑装置和一个作用于调节阀的压力限制器和一个至少为最大流量10%的安全阀[2)]；

——两个独立工作的作用于遮断阀和调节阀的压力开关。

所有这些装置应安装在隔离阀或止回阀之前。

注：有关超压保护的安全装置标准的信息见参考文献。

10.5.4 **轴向位移跳闸装置**

涡轮机可安装一个(机械的或电子的)保护装置用于当转子轴向位移超标时切断涡轮机的工作流体。

10.5.5 **润滑油低压跳闸**

如果润滑油压力降低到非许用值，备用油泵或辅助油泵应自动启动。如果这样润滑油压力仍然太低，应触发涡轮机跳闸，并且应急油泵应同时自动启动(见9.4.2和9.4.4)。

10.5.6 **转子振动跳闸系统**

建议涡轮机高幅振动时跳闸。

建议对振动值和触发的报警进行记录。

10.5.7 **手动跳闸系统**

涡轮机应至少提供一个就地手动跳闸装置。

---

2) 对真空系统则为放气阀或爆破膜板(自裂压板)。

- 更多的手动跳闸位置按需方规定。

10.5.8 其他跳闸系统

- 其他跳闸系统的提供应由需方规定或由需方和供方商定(例如凝汽式汽轮机排缸异常升温)。

10.6 仪表

10.6.1 总则

除非另有规定,应适用10.6.2～10.6.10的要求。

10.6.2 转速表

涡轮机供方应提供一个易读的现场显示的转速表。如有规定,涡轮机供方应提供用于远传的第二个转速表。转速表的最小显示范围应为最大连续运行转速的0%～125%。

如果规定,转速应连续记录。

10.6.3 压力表

机械式压力表应为波登管式,内部构件应由不锈钢制成。刻度盘直径至少为100 mm,并以白色的底板上印制黑色的刻度为标准型式。表的量程应按正常运行时,压力处在压力表全量程的一半或3/4处来选择。然而,无论如何刻度盘的最大读数决不应低于使用安全阀设定值的110%。每个压力表应与一个用于释放表壳超压的装置一起提供。凝汽式汽轮机遮断阀下游的蒸汽系统中的所有压力表,在汽轮机启动之前,应能承受该系统中存在的真空。

每个压力表应配置一个截止阀和放气阀,以便于拆除和/或校准。

10.6.4 温度计

温度计应是棒式或盘式。

棒式温度计为注液式,该液体应为酒精,外壳可为黄铜或钢,刻度线和数字应为黑色。

刻度盘温度计应为双金属式或充气式。刻度盘直径至少为100 mm,并以白色底板上印制黑色刻度为标准式。内部构件应由不锈钢制成。

如果测量流体,则温度计的传感元件应浸入流体中。

10.6.5 热电偶和电阻式温度计

10.6.5.1 总则

电子温度传感器应是热电偶或电阻式测温元件。

在实际可行的条件下,除轴承温度传感元件外,热电偶和电阻式测温计的结构和安装应在机组运行期间允许进行更换,其导线应为整根连续导线装在传感器和接线盒之间。

从传感器接头或轴承温度传感器的电缆密封套至接线盒之间应配备导线套管。

10.6.5.2 热电偶

热电偶及其相关电缆应符合GB/T 18404、GB/T 16839.1和GB/T 16839.2。

10.6.5.3 电阻式测温计

电阻式测温计应为JB/T 8622中的Pt100/B/3型。在接线盒内,三线制可以转化成四线制。金属线应为铠装式的。

10.6.6 温度计套管

装入压力管路或溢流管路或与易燃或有毒介质接触的温度计或传感器,应配备与相配部分材料相同或与之同类材料制成的坚固的棒式温度计套管。

10.6.7 轴径向振动测量装置

测量装置的频率范围至少应是转动频率的10倍。

传感器的螺纹应为GB/T 193的M10×1,且传感器的延长电缆应是同轴电缆。

前置器(振荡解调器)应设计成能用规定的头部直径和延长电缆来工作。前置器在需方和供方商定的供给电压下的输出应为8 mV/μm,并应对前置器、传感器、延长电缆和规定材料进行校准。

10.6.8 轴向位置测量装置

轴向位置测量装置应与轴径向振动测量装置的要求一致。轴向位置测量范围应适合涡轮机的止推位置的间隙。

10.6.9 仪表范围

- 仪表范围应由需方规定。

涡轮机供方有责任提出有关涡轮机设备安全运行所必需的仪表。仪表范围见表3的建议。

表3 仪表建议的范围

	显示[a]	报警[a]	停机[a]
工作流体系统中的测量值			
接近流体进口处的压力	X	—	—
接近流体进口处的温度	X	(H)、(L)	(H)、(L)
喷嘴进口压力	(X)	—	—
调节级下游段的压力	X	(H)	—
抽汽(气)涡轮机的抽汽(气)压力	X	(H)、(L)	(H)、(L)
抽汽(气)涡轮机的抽汽(气)温度	(X)	—	—
排出压力	X	(H)、(L)	(H)、(L)
排出温度	(X)	(H)	(H)
润滑和控制油系统中的测量值			
主油箱内的油位	X	(H)、(L)	(H)、(L)
主油箱内的油温	(X)	—	—
冷油器进口油温	X	—	—
冷油器出口油温	X	(H)、(L)	—
冷油器进口的润滑油压力	(X)	—	—
滤油器的压差	X	(H)	—
供油管的润滑油压力	X	(L)	L
控制油的压力	X	L	—
每个涡轮机轴承温度	X	(H)	(H)
每个齿轮装置轴承的温度	X	(H)	(H)
轴位置和振动			
轴向位置	(X)	(H)	(H)
轴振动	(X)	(H)	(H)
其他			
转速	X	—	H
缸体温度,顶部/底部	(X)	(H)	—
缸体温度,内部/外部	(X)	(H)	—
密封流体压力	(X)	—	—

[a] 字母H表示:当数值超过上限值时,报警和/或停机将被触发。
字母L表示:当数值低于下限值时,报警和/或停机将被触发。
字母X表示:提供显示器,显示器可理解为是一个显示当前参数值的测量装置。
当表中出现字母H、L或X(字母没有括号)时,则应提供相应仪表。
当表中出现(H)、(L)、(X)时,则可提供相应仪表。

10.6.10 仪表布置

仪表可以如下布置：

——在测量点；

——在(或接近)测量点的仪表架上；

——在仪表屏或操纵台；

——在中央控制室内。

● 为了仪表正确的定位，需方应说明涡轮机如何操作。所有仪表及其功能应用标签标识。

11 专用工具

当维护涡轮机机组而需要专用工具时，这些工具应包括在报价书内并作为机器初始供货的一部分。

12 检验和试验

12.1 总则

供方向需方预先发出通知之后，需方的代表应进入所有供方和分供方正在进行设备制造、试验或检验的现场。供方应通知其分供方允许需方代表进入其生产现场。

● 供方应在标书中向需方说明其打算实施的试验。

● 任何附加试验应由需方在合同签订之前作出规定。

● 另外，需方应规定他要参与检查和试验的范围以及要求预先通知的提前量。

供方应通知他的分供方有关需方的检查和试验要求。在进行需方规定的应见证或观察的任何检验和试验之前，供方应向需方发出通知。

需方或其代表应在试验和检验日之前，尽可能早地确认是否参加。应制定协议规定，如果在供方规定的日期，需方或其代表不到现场，检验和试验应如何进行。如果没有签订此协议或需方没有确认他将在规定的日期到场，或者需方或他的代表都没有在设定日期到场，则试验应如期进行。任何延期试验供方应及时发出通知。

当需方规定了工厂的检验和试验时，需方和供方应面谈协调加工控制点和检查者的访问。

所有合同规定的试验项目，供方应按合同中规定的要求提交试验证明书。

由需方或其代表见证的所有由供方颁发的证明书都应由需方或其代表签字。

需方或其代表可以审查供方的质量控制程序。

在规定的检查完成之前，承压部件不应涂漆。由板材焊接而成的构件除焊接区外允许涂漆。

12.2 检验

12.2.1 总则

除非另有规定，供方应将下列资料至少备存10年，让需方或其代表在需要时查阅：

——必要的材料证明书，例如钢厂的试验报告；

——在材料清单上全部项目的采购订单和采购规范；

——证明符合规范要求的试验数据；

——质量控制试验和检验的结果；

——最终的装配、维护和运行间隙。

12.2.2 材料检验项目

材料检验项目建议按表4规定。

表4　材料检验项目

<table>
<tr><th colspan="2">零(部)件</th><th>力学性能试验</th><th>化学分析</th><th>超声波检验</th><th>X射线检验</th><th>表面裂纹检查</th></tr>
<tr><td rowspan="4">锻件或轧制件</td><td>轮盘
轴
平衡活塞</td><td>是</td><td rowspan="2">成品分析或熔炼分析[a]</td><td>是</td><td>如果规定</td><td rowspan="2">是</td></tr>
<tr><td>导叶环
钢质缸体</td><td>是</td><td colspan="2">如果规定</td></tr>
<tr><td>动叶
导叶</td><td colspan="2">抽样检查[b]</td><td>如果规定[c]</td><td>不适用</td><td>如果规定[c]</td></tr>
<tr><td>转子套筒</td><td colspan="3">如果规定[c]</td><td>不适用</td><td>如果规定</td></tr>
<tr><td>焊接件</td><td>轮盘
钢质缸体
导叶持环</td><td>是</td><td>是</td><td colspan="2">如果规定[c]</td><td>在焊接区进行</td></tr>
<tr><td rowspan="4">铸件</td><td>轮盘
钢缸体
钢导叶持环</td><td rowspan="2">是</td><td rowspan="2">成品分析或熔炼分析[a]</td><td>是</td><td>如果规定[c]</td><td>是</td></tr>
<tr><td>球墨铸铁缸体
球墨铸铁导叶持环</td><td colspan="3">如果规定[c]</td></tr>
<tr><td>灰铸铁缸体
灰铸铁件导叶持环</td><td colspan="5">如果规定[c]</td></tr>
<tr><td>动叶</td><td colspan="2">抽样检查</td><td>如果规定[c]</td><td>不适用</td><td>如果规定[c]</td></tr>
<tr><td colspan="7">[a] 如果是由多炉合浇而成，则为每件。
[b] 原始材料。
[c] 试验的细节由需方和供方商定。</td></tr>
</table>

12.2.3　材料检验方法和判定准则

需方和供方应商定射线、超声波、磁粉或液体渗透检验所适用的标准和验收准则。除非另有规定，确定验收标准值是供方的责任。

注：有关材料试验的标准信息见参考文献。

12.3　试验

12.3.1　液压试验

正常工作压力大于0.1 MPa的所有部件应进行液压试验，试验压力应至少为1.5倍的最大运行压力(包括可能出现的任何在3.8中规定的运行点)，但不得低于0.15 MPa(表压)的有效压力。那些在使用中泄漏不进入大气的部件，液压试验可不进行。当供方能通过其他方式使需方确信部件的完善性和适用性，并经需方同意液压试验也可不进行。

通过观察至少30 min，缸体既无泄漏也无渗漏，该液压试验应认为合格。

缸体分段试验所需要的内部隔板处的渗漏和以试验泵运行维持压力是允许的。

如无法进行液压试验，如凝汽式汽轮机的焊接排汽缸，则需对焊缝进行100%检查。

12.3.2　调速器的试验

调速器通常应与涡轮机分开进行试验。检查其在运行转速范围内是否平稳运行，并应测试输出信号对应输入信号的变化。

12.3.3　在供方进行的机械运转试验

12.3.3.1　总则

如有规定，涡轮机应在制造厂内进行空负荷机械运转试验。

工作流体的参数应尽可能接近设计值。在试验期间，由于空负荷运行时间的延长，可能需要降低进汽(气)参数以防止机组过热。

油的压力和黏度应在被指定试验机组的供方运行说明书中所推荐的运行数值范围内。

滤油器应具有按GB/T 18853规定的正常过滤率$\beta_{25}=75$。

机械运转试验的机器应使用属于合同供货的轴封和轴承。

在试验期间应使用所有外购的振动传感器、电缆、前置器和加速度计或速度传感器。如果振动传感器、加速度计或速度传感器不由装置供方提供或如果他们与制造厂现有的二次仪表不匹配，可以使用制造厂的传感器和二次仪表。

制造厂的试验装置应包括能连续监视并绘出每分钟的转速、转子位移和相位角的仪器。如果规定使用FFT(傅里叶函数发送器)频谱仪，则应采用示波器显示振动位移。

12.3.3.2 机械运转试验程序

转速的定义见3.7和图1。

涡轮机应以大约10%的转速增量从零升速到最高连续运行转速，升速中应避开任何临界转速，待轴承和润滑油温度以及轴振动都达到稳定后，将涡轮机升速至低于跳闸转速约2%的转速且运行至少15 min。

应检查和调整超速跳闸装置，直到连续三次的无趋向性的跳闸值与正常的跳闸设定值的差值在正常的跳闸设定值的1%之内。

除非另有规定，涡轮机应在最高连续运行转速下连续运行1 h。

机械运转试验时，试验的整个设备的机械运行和测试仪表的工作均应符合要求。

所有接头、接口和密封面应进行密封性试验，并排除任何泄漏。

应检查试验期间所用的所有报警、保护和控制装置，并按要求调整。

应对涡轮机整个运行转速范围内的平稳特性进行试验。应检验空负荷的稳定性和对控制信号的响应。应检验控制信号与转速之间的灵敏度、线性度、以及调速器的可调整响应转速范围。

如果机械运转试验中合同供货的调速器不能得到，则可使用试验台的调速器。

关于横向轴振动的测量，测量值和按式(1)计算得到的极限值间的比较作为机组验收或拒收的依据。

机械运转试验结束后，涡轮机的主轴承应拆下检查并重新装上。

● 另外与机械运转试验关联的试验和检测由需方确定。

假如为了排除机械或性能方面的缺陷而要求更换或修整轴承或密封，或打开缸体以更换或修整其他零件，则初次试验将不予认可，而应在这些更换或修改完成后再进行最后的工厂试验。

● 在供应范围内提供的备用转子、备用导叶持环或备用的径向轴承，需方应规定这些备件是否应装入涡轮机缸体内进行检查以及是否应进行机械运转试验。

12.3.4 选择性试验和检验

● 任何其他试验和检验应由需方规定。

这些试验和检验应由需方和供方商定并共同执行。

13 运输和储存的准备

13.1 总则

应为规定的运输类型对设备作好适当的准备。部件应很好地固定，以保护它们免受运输中由于冲击、变形、腐蚀带来的损坏。在涡轮机上应系上一个清晰易见的耐蚀的警示性标签以指明哪些是安全运输用装置，且必须在开机前去除。

应对设备作适当的准备以适应需方规定的贮存方法和贮存时间。除检查轴承和汽(气)封外，在运行之前不需要分解机组。

供方应向需方提供必要的说明书，使设备到达工作场所后以及开机之前保持贮存的完整性。

13.2 特别的准备要点

除机械加工表面外，易受腐蚀的外表面应至少涂一层制造厂的标准漆。易受腐蚀的机械加工外表面应涂上合适的防锈剂。

设备内部应清洁,无氧化皮、焊渣和异物。使用防腐或防锈的方法应由需方和供方商定。

碳钢制的轴承箱和油系统辅助设备(如油箱、容器和管道)的内部钢质表面应涂上适当的油溶性防锈剂。

开口应封闭(如用法兰盖、盖板、塞子)。

起吊点和重心应清楚地标识在设备包装箱上。

设备应标出项目号和顺序号。分开装运的构件应牢固地附上抗蚀的标签作标识,标签上应标出其所属设备的项目号和顺序号。此外,装箱发运的设备应附两份装箱单,一份在箱内,一份在箱外。

14 基础

涡轮机供方应向基础设计者提供由供方负责设计与需方或基础设计者负责设计的交接处的有关基础设计资料(静态的和动态的载荷、外形图、支座细节、力和力矩、热膨胀等等),以便进行总支承系统的设计和建造。

如果部分基础由涡轮机供方设计或提供,则涡轮机供方应确保其设计或提供基础部分的自振频率以及其他性能,以保证其在整个规定的设备运行范围内对运行无不利影响。

除非另有规定,需方应提供上述意义的合适的基础,涡轮机供方在设计阶段可提出意见。

基础和建筑结构应为设备安装提供足够的空间和必要的开口以便设备进入。需方应在设备周围提供足够的空间以便设备维护,包括拆出转子和放置上半汽缸的空间(搁置区)。

当与涡轮机相连的辅助设备(如汽水分离器和再热器)安装在由他方提供的单独的基础之上时,如果涡轮机的供方负责设计辅助设备和涡轮机之间的连接管道,则涡轮机的供方应规定辅助设备基础与涡轮机基础之间允许的相对位置偏差值。

附录C中给出了关于基础的更详细的信息。

15 现场安装和试运行

15.1 现场准备

如果涡轮机安装由供方负责,则应在安装开始日期前适时地通知供方。供方有权在部件到达或安装开始之前检查基础及为安装所需的设备。这不免除需方提供所要求质量的基础的责任。

正确安装的必要条件,如提供现场设备和现场服务,应由需方和供方商定。

需方应确保所供应的供工作流体用的管道是清洁的。清洁度用软金属制成的靶板来测定。具体细节由需方和供方商定。

● 签订合同前,需方应通知供方适用于现场工作条件的有关法律和法规。

15.2 现场安装

在单独的安装合同中规定安装的型式、范围和责任。

15.3 现场验收试验

现场验收试验的细节应经需方和供方专门商定。根据本标准生产的汽轮机的热力性能验收试验,推荐采用IEC 60953-2。

15.4 员工培训

在机组安装、试运行期间,建议需方的机组操作人员参加培训。如果要求员工培训,则培训细则应由需方和供方商定。

16 合同文件

16.1 图纸

提供的图纸应包含足够的信息,使需方能利用16.5中规定的图纸和说明书来正确地安装、运行和维护所订购的设备。

图纸应清晰明了，且符合相应的国家标准。

16.2 技术数据

供方应对提交给需方的数据中需要改变的任何图纸注释或规范的修订版本予以指明。

16.3 进度报告

如有规定，供方应按需方规定的时间间隔和范围向需方提供进度报告。

在计划表中对每个重要阶段应标出计划日期、实际日期和完成的百分比。

16.4 推荐的备件

供方应提交一份完整的备件清单。清单应包括所供整个设备及辅机的备件及件数，并附上用于识别的剖面图或装配图。

需方和供方应共同努力以确保备件能与产品零件同步制造或外购。

16.5 安装、运行和维护的信息

16.5.1 总则

供方应提供足够的书面说明书，包括相互参照的图样清单，使需方能对所订购的设备进行正确安装(如果规定需方安装的设备无须供方指导)、运行和维护。

16.5.2 安装说明书

如果规定设备由需方安装，且图样中没有正确安装所需要的所有专用信息，则应编成章节或与运行和维护说明书分开单独编成一本手册。安装说明书应包括如特殊的对中或灌浆工艺实用规范(包括数量)及所有安装结构数据等信息。

16.5.3 运行和维护资料

运行和维护资料至少应包括以下内容：

a) 启动。

b) 正常停机。

c) 紧急停机。

d) 运行极限值或其他运行限制，以及不希望出现的转速列表。

e) 推荐的润滑脂和润滑油及技术要求。

f) 常规运行规程，包括推荐的检查表和规程。

g) 性能数据。

h) 制造数据，包括：

——制造尺寸或数据；

——液压试验记录；

——由需方规定的任何其他记录和证明书。

i) 图纸和资料，包括：

——外形尺寸图和外部连接件清单；

——剖面图；

——润滑油示意图和外部连接件清单；

——电气和仪表示意图和外部连接件清单；

——调节、控制和跳闸系统图和资料；

——由需方规定和供方同意的其他图纸或资料。

如果合适的话，资料应包括在规定的极端环境条件下运行的特殊说明。

附 录 A
（资料性附录）
动力学说明

A.1 临界转速

A.1.1 当作用到一个转子-轴承支承系统的周期性强迫力的频率（激振频率）与该系统的固有频率一致时，系统可处在共振状态之中。

A.1.2 转子-轴承支承系统在共振状态中的振幅将正常的振动的振幅值放大了。放大值和相位角变化率与系统的阻尼值和转子的振型有关。

注：振型通常指的是一阶刚性振型（平移型或跳动型）、二阶刚性振型（圆锥型或摆动型）以及（一阶、二阶、三阶……n阶）弯曲振型。

A.1.3 如振动传感器测出的转子放大系数（见图A.1）大于或等于2.5，则与该转轴的最大振幅相对应的旋转频率称为临界转速。对于本标准来说，放大系数小于2.5的系统为极大阻尼系统。

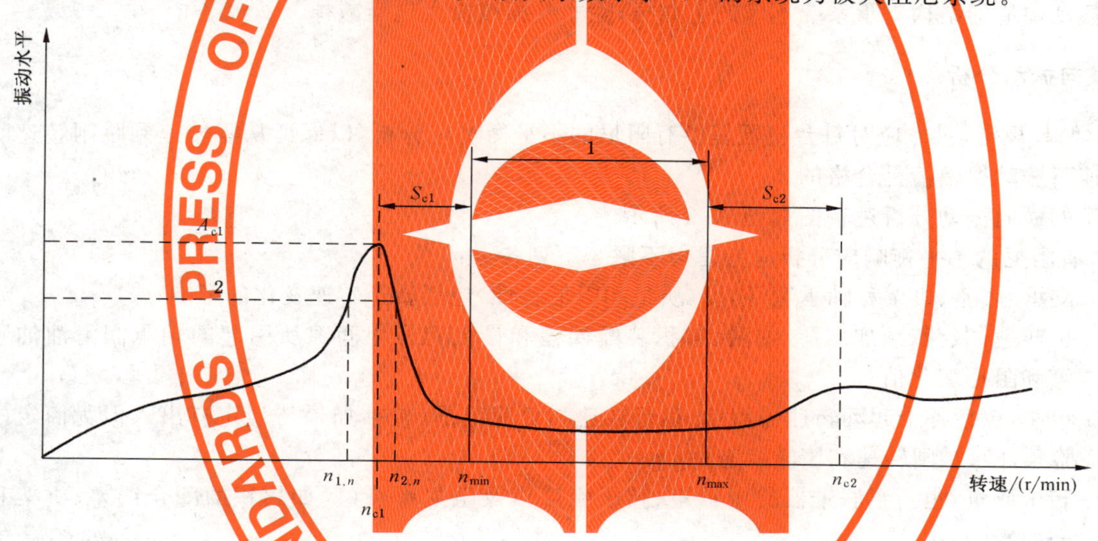

1——运行转速范围；

2——0.707的峰值；

n_{cn}——转子的第n阶临界转速；

$n_{1,n}$——在第n阶临界转速0.707×振幅峰值（临界的）处的初始（较低）转速；

$n_{2,n}$——在第n阶临界转速的0.707×振幅峰值（临界的）处的最终（较高）转速；

$n_{2,n}-n_{1,n}$——在第n阶临界转速的半能量点处的峰宽；

F_{cn}——在第n阶临界转速处的放大系数（计算式如下）；

$$F_{cn}=\frac{n_{cn}}{n_{2,n}-n_{1,n}}$$

S_{cn}——第n阶临界转速处的避开裕量；

A_{cn}——第n阶临界转速处的振幅。

注：此曲线仅作说明之用，不代表某一实际转子的响应曲线。

图A.1 转子响应曲线

A.1.4 应通过对有阻尼的转子不平衡响应分析来确定临界转速。如有规定，应采用试验台数据来验证。

A.1.5 避开裕量应按供方标准。如有规定，应采用A.2.5.1和A.2.5.2的要求。

A.1.6 激振频率可以低于、等于或高于转子转速。根据实际使用情况，在系统设计时考虑的可能出现的激振频率可包括但不限于以下列项：

——转子系统的不平衡；

——油膜不稳定性（油涡动）；

——内摩擦；

——动叶、静叶、喷嘴和扩散器通道的频率；

——齿轮轮啮合和边带；

——联轴器不对中；

——转子系统活动的组件；

——迟滞和摩擦涡动；

——流动附面层的分离；

——声音和空气动力的横向组合力；

——异步涡动。

A.1.7 在规定的运行转速范围内或在规定的避开裕量范围内（见 A.2.5），属于供方供货范围内的影响转子振动幅值的结构支承系统不应产生共振，除非共振被极大地衰减掉。

A.2 横向振动分析

A.2.1 如有规定，供方应对每台机器提供有阻尼的不平衡响应分析，以保证从零转速到跳闸转速间的任何转速下振动振幅值是合格的。

典型的横向振动分析逻辑图如图 A.2 所示。

A.2.2 有阻尼的不平衡响应分析应考虑但不限于下列各点：

a) 支承（底座、机架和轴承箱）刚度、质量和阻尼特性，包括转子转速变化的影响；

b) 由转速、载荷、预加载荷、油温、累积装配误差和最大到最小间隙所引起的轴承润滑油油膜刚度和阻尼变化值；

c) 转速，包括各个起动转速滞留点、运行转速和负荷范围（包括如果与规定有出入但为商定的试验条件）、跳闸转速和惰转状态；

d) 转子质量，包括半联轴器的质量矩、转子刚度以及阻尼影响（例如累积的配合误差、机架和罩壳的影响）；

e) 不对称载荷（例如部分进汽、齿轮力、偏流和偏心间隙）。

A.2.3 如有规定，在有阻尼的不平衡响应分析中应计及轴系中其他设备的影响（也就是说应进行轴系的横向振动分析）。例如，带刚性联轴器的轴系宜规定进行轴系横向振动分析。

A.2.4 有阻尼的不平衡响应分析至少应包括下列内容。

A.2.4.1 从零转速至跳闸转速间的每个共振转速（极大阻尼或无阻尼）的模态振型图和振动判据以及高于跳闸转速所出现的下一个模态振型图和振动判据。

A.2.4.2 应用图 A.3 中表示的对特定模态的不平衡量配置，在转速通过每个临界区域时在振动传感器位置处测得频率、相位和响应振幅数据并绘制成图形（称波德图）。其不平衡量应足以增大转子在传感器处的位移达到振动极限值。振动极限值按式（A.1）确定：

$$L_{v} = 25.4 \times \sqrt{\frac{12\ 000}{n}} \qquad \cdots\cdots\cdots\cdots (A.1)$$

式中：

L_{v}——振动极限值（不滤波的振动幅值），峰-峰值，单位为微米（μm）；

n——与相关临界转速最接近的运行转速，单位为转每分（r/min）。

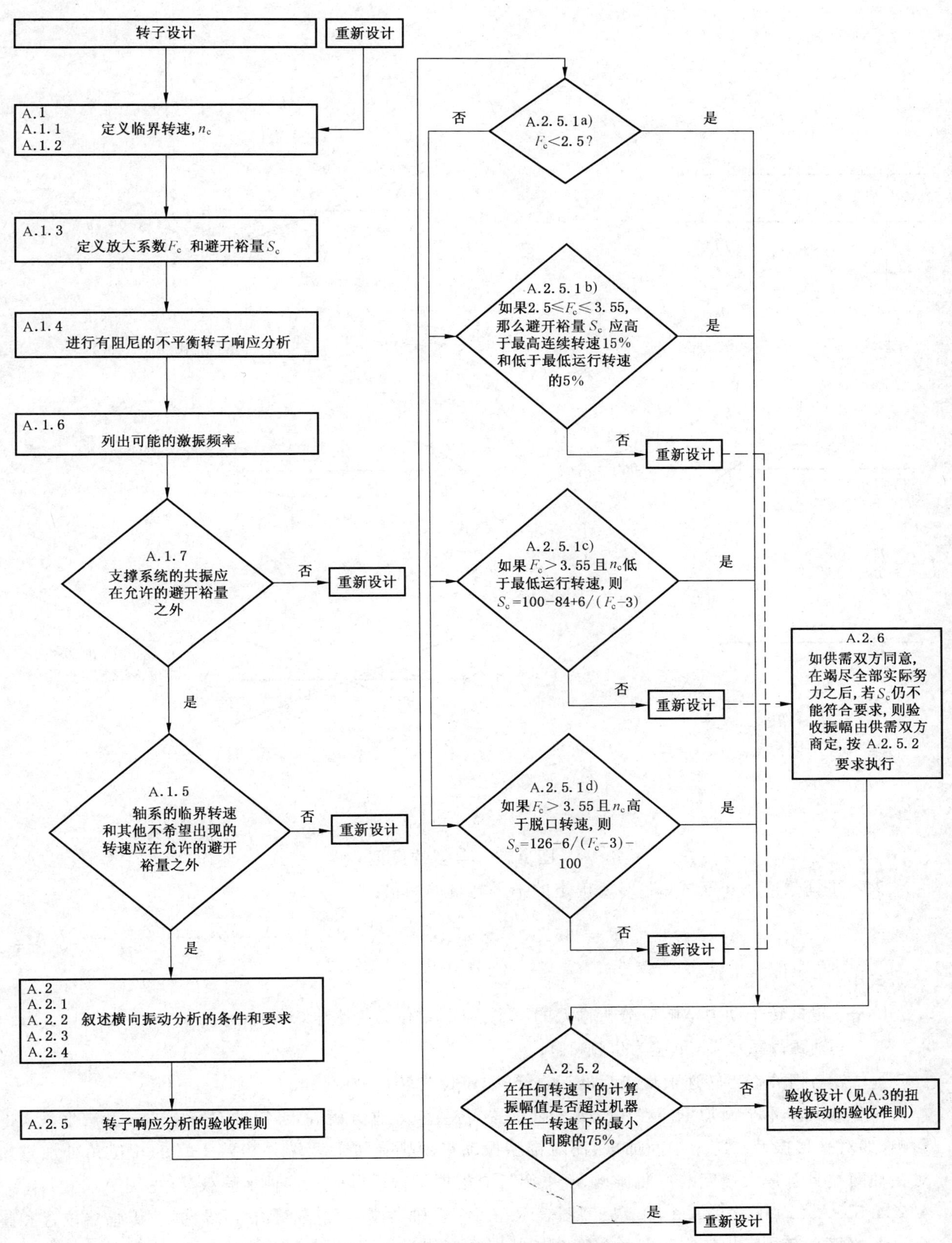

图 A.2 转子动力学逻辑图（横向振动分析）

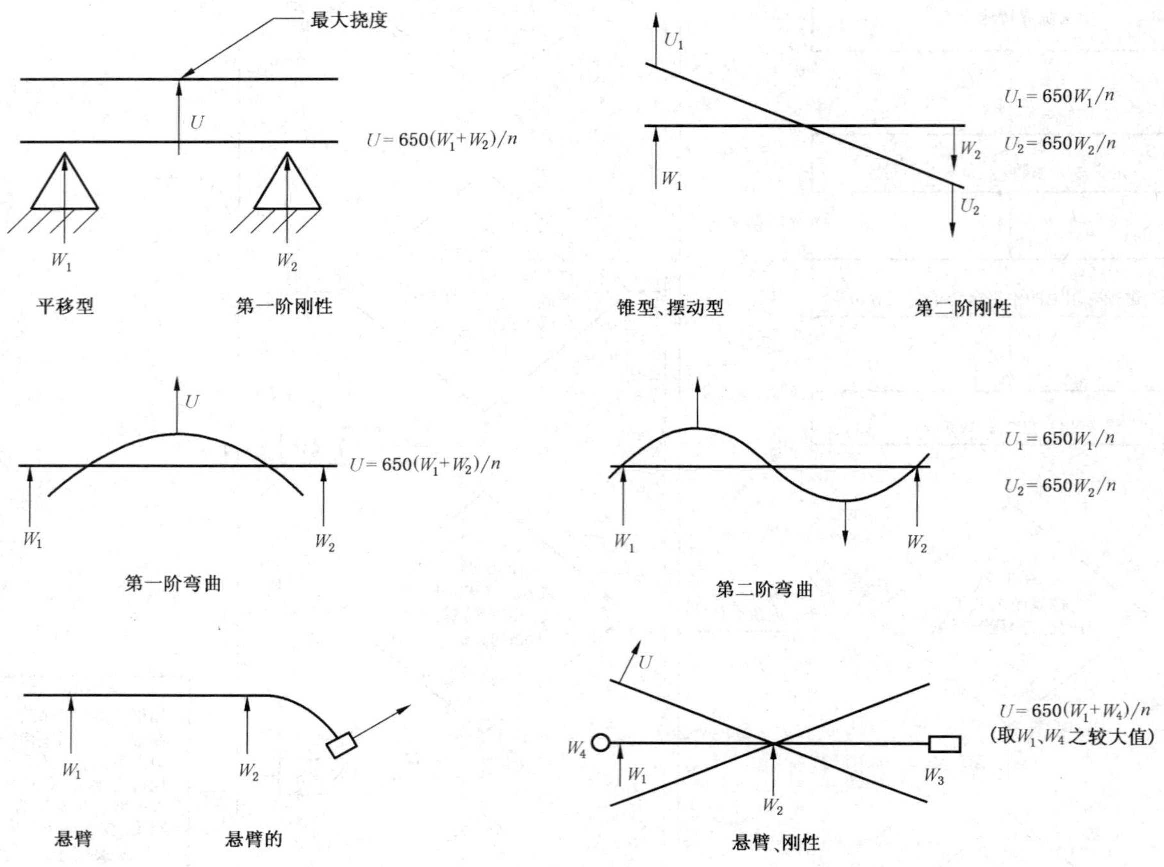

图 A.3 典型的振型

该不平衡量应不小于式(A.2)所确定的不平衡量的两倍:

$$U=650\times\frac{W}{n}\quad\left(U\approx\frac{6\ 350}{9.81}\times\frac{W}{n}\right)\qquad\cdots\cdots(A.2)$$

式中:

U——根据转子动力学响应分析输入的不平衡值,单位为克毫米(g·mm);

W——轴颈静重载荷,单位为牛顿(N);

n——与相关临界转速值最接近的运行转速,单位为转每分(r/min)。

一个或几个不平衡加重应在一处或多处配置,位置应通过分析确定,以便对特定的振型产生最大的影响(如对平移振型在跨距中间加重,而对锥型振动来说则在接近两端并相差180°的相位角处加重)。对在轴两端具有最大挠度的弯曲振型,不平衡量应根据悬臂质量而不按轴承静载荷(见图A.3)。

A.2.4.3 A.2.4.2中的每个响应振型图表示在每个联轴器啮合面、轴承中心线、振动传感器位置和整个机器的每个密封区的特定位置的相位和长轴振动幅值或者临界转速时的振型,同时也表示了密封面的设计直径最小通流间隙。

A.2.4.4 当有规定时,应提供无阻尼转子响应的刚度图。从该刚度图推导出A.2.4.3规定的有阻尼不平衡响应分析。该曲线图应表示出固有频率与支承系统刚度的关系并附有叠加的支承系统刚度曲线。

A.2.5 应指明处于A.2.4.2所述的不平衡条件下有阻尼不平衡响应分析的机器将满足供方的标准，或者另有规定则按A.2.5.1和A.2.5.2的要求验收(见图A.1)。

A.2.5.1 避开裕量(S_c)的验收准则如下：

a) 如果放大系数(F_c)小于2.5，可认为是极大阻尼下的响应，不要求避开裕量；

b) 如果放大系数在2.5～3.55之间，则要求有高于最高连续转速15%和低于最低运行转速5%的避开裕量；

c) 如果放大系数大于3.55且临界响应峰值位于低于最低运行转速，则要求的避开裕量(为最低运行转速的百分比)由式(A.3)确定(符号的定义见图A.1)：

$$S_c = 100 - \left(84 + \frac{6}{F_c - 3}\right) \qquad \cdots\cdots (A.3)$$

d) 如果放大系数大于3.55且临界响应峰值位于高于跳闸转速，则要求的避开裕量(为最高连续转速的百分比)由式(A.4)确定(符号的定义见图A.1)：

$$S_c = \left(126 - \frac{6}{F_c - 3}\right) - 100 \qquad \cdots\cdots (A.4)$$

A.2.5.2 从零转速至跳闸转速间，任何转速下计算的转子不平衡峰-峰值(见A.2.4.2)应不超过整个机器的设计直径径向最小间隙值的75%(浮环密封和可磨耗密封除外)。

A.2.6 如需方和供方同意，在实际设计中竭尽全力之后，分析表明避开裕量仍不能符合要求或一个临界响应峰值转速落入运行转速范围之内，则验收振幅由需方和供方共同商定，以A.2.5.2的要求为先决条件。

A.3 扭转振动分析

A.3.1 很多因素均可激发扭转共振，在分析中宜考虑这些因素。这些因素可包括但不限于下列内容：

a) 诸如不平衡和节圆线跳动等齿轮方面的问题；

b) 启动工况中诸如转速滞动(在惯性阻抗下)和其他扭转振荡；

c) 诸如同步电机启动等引起的瞬时扭矩；

d) 由电气设备激发的；

e) 从变频电动机引起的液压调节器、电子反馈和控制电路共振；

f) 电气设备和/或电网的电气故障。

扭转振动分析要求的典型逻辑图见图A.4。

A.3.2 除非另有规定，对电动机驱动机组、驱动发电机装置和包括齿轮轴的轴系，对轴系负有责任的供方应对整个相联轴系进行一次扭转振动分析，并应负责指导为了满足A.3.3～A.3.5的要求所需的改进工作。

A.3.3 整个轴系无阻尼扭振的固有频率应至少高于或低于规定运行转速范围(最低至最高的连续转速)内的任何可能激振频率的10%。

A.3.4 当适合时，扭转分析应考虑为运行转速两倍或更多倍数的扭转激振以及与运行转速不成函数关系或实际上不同步的激振。需方和供方都有责任来鉴别这些频率。

A.3.5 如经计算，扭转共振值落入上述规定的范围之内(而且需方和供方一致认为已无法从限定的频率范围内移开临界值)，则应进行应力分析，以证明这样的共振不会对整个轴系产生有害的作用。该分析的验收准则应由需方和供方共同商定。

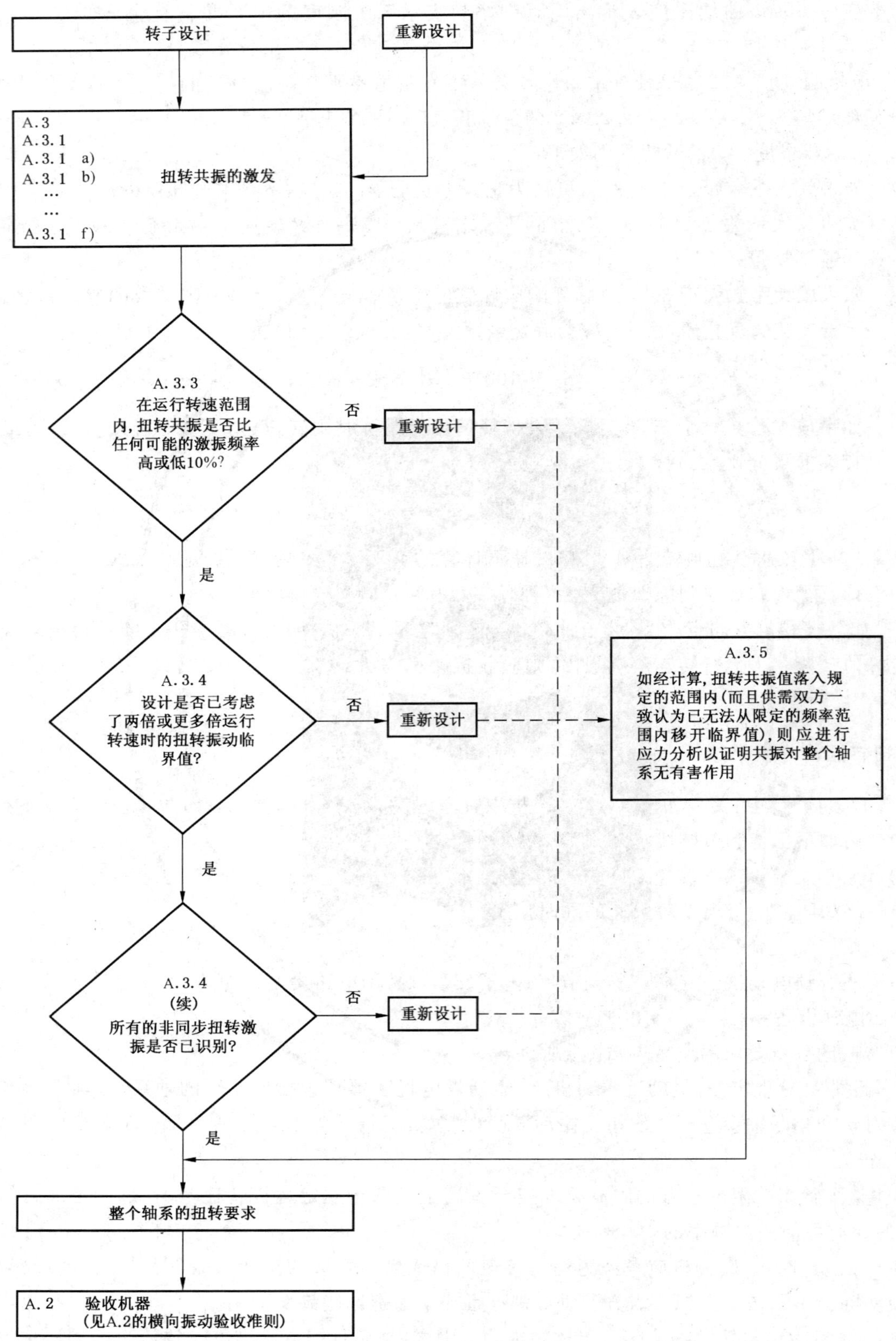

图 A.4 转子动力学逻辑图(扭转振动分析)

附　录　B
（规范性附录）
有关调节系统的术语

B.1　导言

本附录说明了 10.2 中使用的术语。

B.2　特性

特性见图 B.1。

B.2.1　特性 P

特性 P 意味着调节系统具有比例传递特性。

调速器按其实际转速与给定值之间成比例关系的方式动作，导致了稳态下一个持续的偏移值 δ。

B.2.2　特性 PI

特性 PI 意味着调节系统具有比例加积分的传递特性。

调速器按其实际转速将重新设定其给定值的方式运行，导致了稳态下一个连续的偏移值 δ 接近于 0。

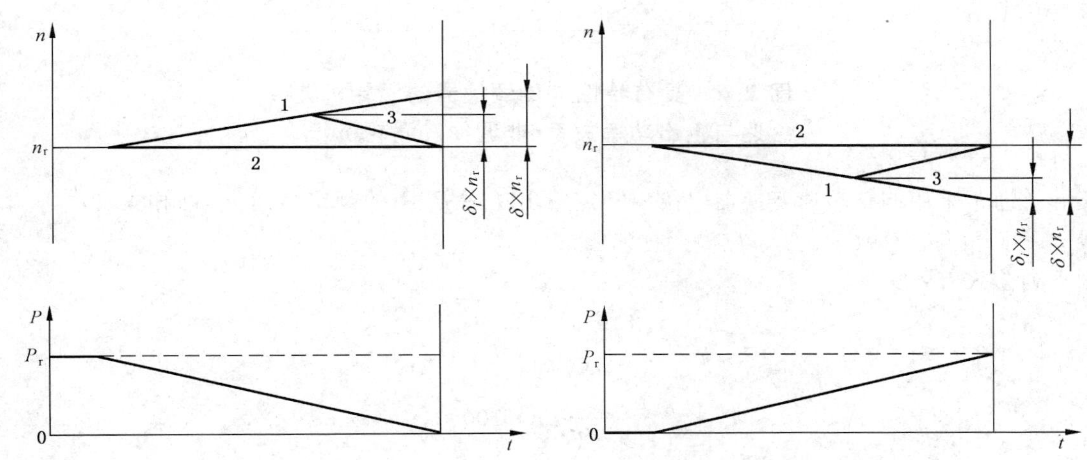

δ——稳态转速不等率；

δ_i——稳态局部转速不等率；

n_r——额定转速；

P——输出功率；

P_r——额定输出功率；

1——具有特性 P 的调速器（$\delta>0$）；

2——具有特性 PI 的调速器（$\delta=0$）；

3——具有特性 P 的调速器用作伺服控制器和一作为主控制器的频率控制器，导致整个过程 $\delta=0$，但局部稳定不等率 $\delta_i>0$。运行线 3 仅对输出功率快速改变时有效。如输出功率缓慢改变，则多数的 δ_i 接近于 0，多数的运行线 3 接近于运行线 2。

图 B.1　根据调节系统特性的涡轮机转速特性简图
（左边为减载，右边为加载）

B.3 稳态的转速不等率

B.3.1 非调抽汽涡轮机的稳态转速不等率(见图 B.2)

转速不等率:表示为稳态工况下,涡轮机功率从额定输出功率 P_r 到零功率逐渐变化时,转速变化量和额定转速 n_r 的百分比。

a) 蒸汽参数(进汽压力、进汽温度、排汽压力)设定在额定值并保持稳定;

b) 任何外部控制装置不起作用并锁定在开启位置上,以使蒸汽无约束自由流入调节阀。

$$\delta=\frac{n_A-n_B}{n_r}\times 100\%$$

式中:

n_A——空载时转速;

n_B——在转速变换器特性设定相同时额定输出功率下的转速。

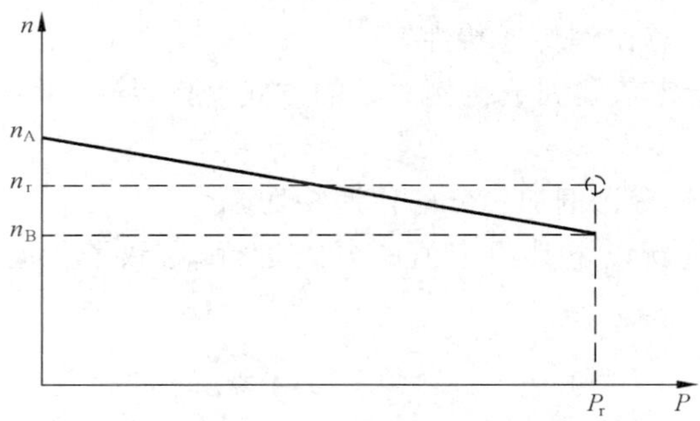

图 B.2 具有特性 P 的调速器的涡轮机转速与输出功率关系(非调抽汽涡轮机)

实际上通常采用调整转速变换器以给出额定输出功率 P_r 下的额定转速 n_r,即相关的图 B.2 中,特性曲线 $n=f(P)$ 向上移动。

则下列公式有效:

$$n_B\equiv n_r$$

和

$$\delta=\frac{n_A-n_r}{n_r}\times 100\%$$

B.3.2 对带可调抽汽和混压式涡轮机的稳态转速不等率(见图 B.3)

转速不等率:表示为稳态工况下涡轮机的输出功率从零抽汽或零注汽状态的最大输出功率 P_m 逐渐地变到零输出功率时的转速变化量与额定输出功率 P_r 时的额定转速 n_r 的百分比。

a) 当蒸汽参数(进汽压力、进汽温度、排汽压力)设定在额定值并保持稳定。

b) 当抽汽或注汽控制系统不起作用并锁定在零抽汽或零注汽位置上。另外,任何其他外部控制装置不起作用并锁定在开启位置上,以使蒸汽不受约束自由流入调节阀:

$$\delta=\frac{n_A-n_m}{n_r}\times\frac{P_r}{P_m}\times 100\%$$

式中:

n_m——零抽汽或零注汽下最大输出功率时的转速;

P_m——在允许零抽汽或零注汽时的最大输出功率。

实际上通常采用调整转速变换器在允许零抽汽或零注汽条件下最大输出功率 P_m 时的额定转速 n_r。

则下列公式有效:

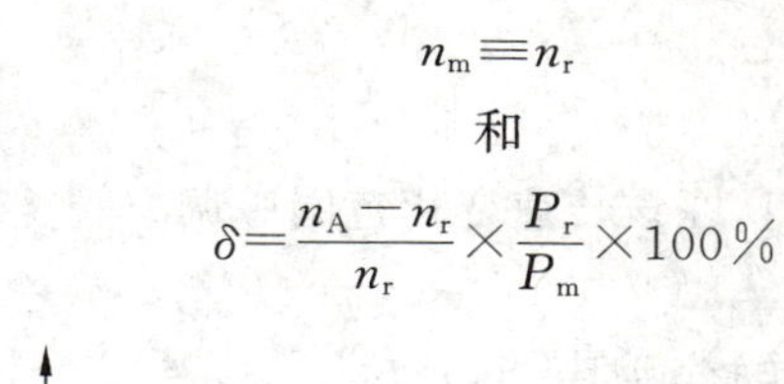

$$n_m \equiv n_r$$

和

$$\delta = \frac{n_A - n_r}{n_r} \times \frac{P_r}{P_m} \times 100\%$$

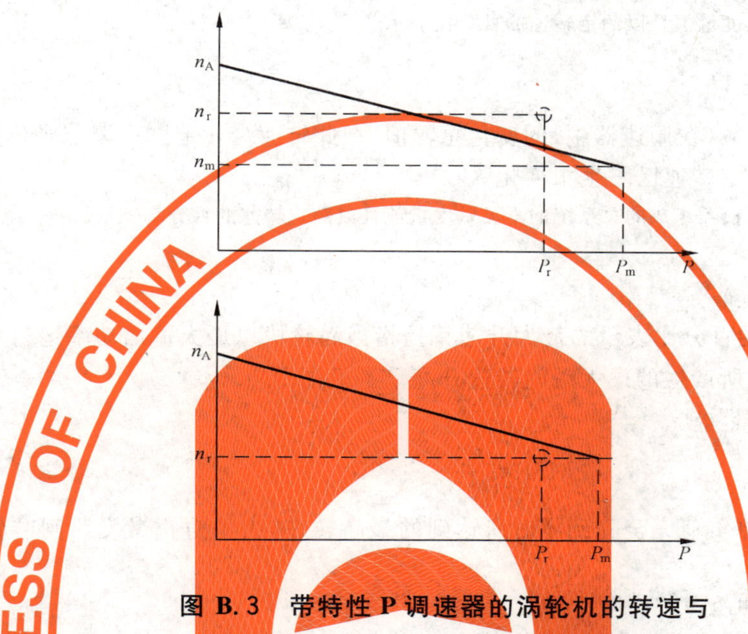

图 B.3 带特性 P 调速器的涡轮机的转速与输出功率关系(可调抽汽涡轮机)

B.4 转速变动率(SV)

转速变动率(SV)见图 B.4。

转速变动率,是指上述稳态下相对整定转速 n_s(当调节系统被锁定而不动作时,可测得)的转速变化或波动总量 Δn,以额定转速 n_r 的百分比率来表示。

注:转速变化量的定义为:在一切其他条件保持不变的情况下,调节系统在动作与被卡住不动作之间转速变动的差值。转速变动率包括控制回路的死区和持续的摆动量。

$$SV = \pm \frac{\Delta n}{2 \times n_r} \times 100\%$$

式中:

n_r——额定转速;

Δn——相对于整定转速的变化幅值。

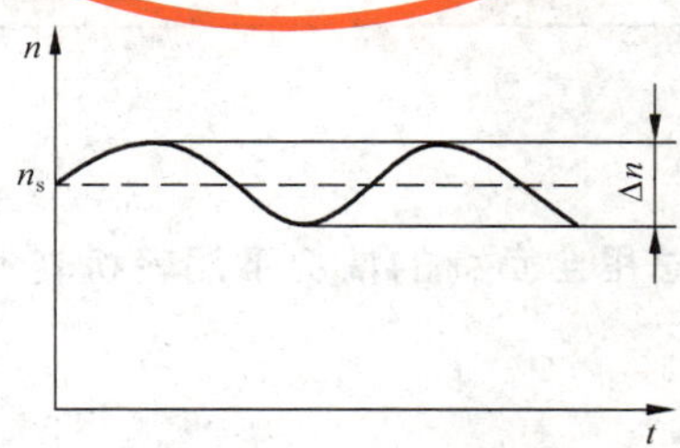

图 B.4 转速变动率

B.5 控制回路的死区

死区是稳态下的转速变化的总幅值，在该转速变化范围中调节阀位置不发生变化，即转速给定值保持恒定而实际转速已发生变化了。

注：为调速系统的不灵敏度量值且以额定转速的百分比表示。

B.6 总死区

总的死区是指转速读数（在调速器中）的变化总幅值，在此转速变化范围中调节阀位置不发生变化，即实际转速保持恒定而给定转速已发生了变化。

注：为调速系统和转速变换器组成的总系统的不灵敏度量值且以额定转速的百分率表示。

B.7 最大升速率（MSR）

以相对额定转速 n_r 的百分比表示的最大升速率是指当涡轮机以最大输出功率运行在相应转速下，突然将负荷完全降到零时所产生的最大瞬间转速升高率。见图 B.5。

注：仅适用于发电用涡轮机。

$$\mathrm{MSR}=\frac{n^{*}-n_r}{n_r}\times 100\%$$

式中的 n^{*} 是指突然将负荷完全降到零时所达到的最高转速，为了防止激发跳闸装置，此值不应高于 $1.09n_r$。

通常，MSR≤0.09（见 3.7）。

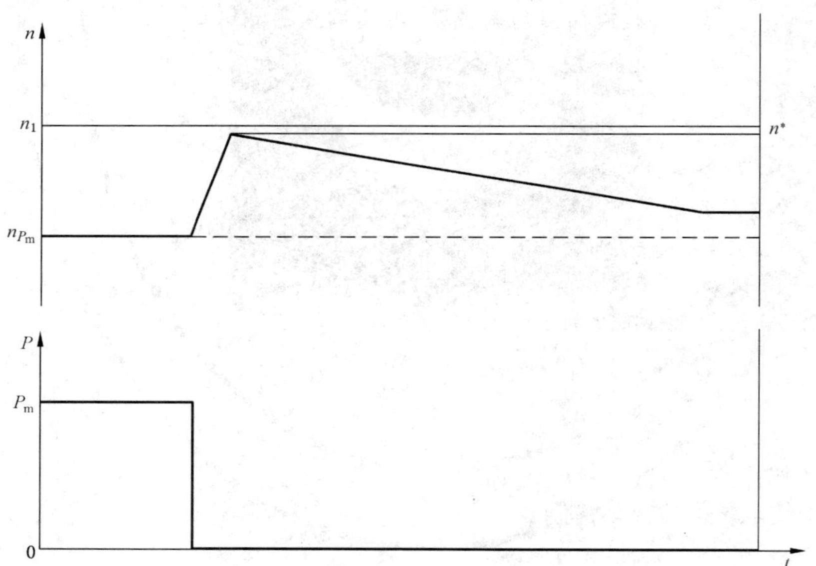

n_{P_m} 为最大输出功率相对应的转速。

图 B.5 在涡轮机总甩全负荷的情况下涡轮机转速特性简图（$\delta>0$）

附　录　C
（资料性附录）
有关基础的详细信息

C.1　总则

基础应有足够的强度以能承受在规定运行范围内的所有载荷。

基础应有足够的刚度以避免出现无法接受的位移和变形。

动力学性能不应妨碍机器在规定运行范围内平稳运行。

地脚螺栓及其附近的混凝土的不可避免的材料蠕变影响应最小。

C.2　设计载荷

C.2.1　总则

涡轮机供方应分别给出静载荷和动载荷的位置、数量和方向。供方同时还宜规定其变形和位移的限制值。在设计过程中，对于单个的设计载荷类型宜与现实中最恶劣工况结合考虑。

C.2.2　静载荷

静载荷包括下列内容：

a)　涡轮机和安装在基础上的其他机组部件的重量，包括底座基架；

b)　作用在基础上的机器的驱动和输出力矩；

c)　作用在凝汽式汽轮机排汽口的真空吸力（力的存在取决于排汽口具体布置）；

d)　通过管道连接从系统外部传递至系统的力和力矩（管道的预加载荷、管道系统的热影响、通过管件与附近系统相连的其他部件的位移）；

e)　涡轮机相对于导向组件的热膨胀或收缩所产生的载荷，包括导向组件滑动面产生的摩擦力。

特殊情况下的静载荷为：

——地脚螺栓的预加载荷（作用在混凝土表面上的压力）；

——安装载荷，包括安装设备所产生的载荷，正常运行时通常不出现。

C.2.3　动载荷

C.2.3.1　总则

对动载荷宜给出其大小和方向，以及频率函数、持续时间、作用点或作用区域。

应区分正常运行条件下的动载荷和不正常情况下导致的动载荷。

C.2.3.2　正常动载荷

正常动载荷包括：

——许用残余不平衡产生的力；

——地震产生的动载荷。

注：根据地理位置，由地震产生的部件加速度而引发的动载荷。

C.2.3.3　不正常情况下导致的动载荷

此动载荷包括：

——严重的转子不平衡产生的力；

——由端子短路或同步异相所产生的负荷；

——压缩机的喘振。

作用在基础上的载荷应不传递动载荷。

C.3　固有振动频率

基础的固有频率不应和任何运行转速的低倍数值相一致。

附 录 D
(资料性附录)
本标准与 ISO 14661:2000 的技术差异及其原因

D.1 表 D.1 给出了本标准与 ISO 14661:2000 的技术性差异及其原因的一览表。

表 D.1 本标准与 ISO 14661:2000 技术性差异及其原因

本标准的章条编号	技术性差异	原 因
1	对本标准的适用范围作出明确的表述	为了便于使用本标准的用户明确本标准的适用范围
2	将规范性引用文件中有相应我国标准的原标准修改为相应的我国标准	为了便于本标准在我国使用
5.1	删除了 ISO 14661:2000 中的 5.1.1,将 5.1.2 改为 5.1	ISO 14661:2000 中的 5.1.1 的内容已在 2 规范性引用文件中的引导语中明确表示了,没有必要重复
6.1.4 等	将 ISO 14661:2000 中开尔文温度单位改为摄氏温度	与我国对温度单位的表示习惯相一致
6.5.5	将 ISO 14661:2000 中法兰型式代号修改为我国标准的法兰型式代号	便于国内使用配套
表 2	将 ISO 14661:2000 表 2 中总死区的数值缩小了 10 倍	IEC 60045-1:1991 与 JB/T 10086—2001《汽轮机调节(控制)系统技术条件》中对总死区的数值要求均比 ISO 14661:2000 小 10 倍
14	删除了 ISO 14661:2000 中有关基础设计资料中括号内列举中的“许可的基础挠度”	适应于我国一般均不提供许可的基础挠度的现状

参 考 文 献

本标准中引用的相关标准

[1] GB/T 3141 工业液体润滑剂 ISO黏度分类(GB/T 3141—1994,eqv ISO 3448:1992)

[2] GB 4208 外壳防护等级(IP代码)(GB 4208—1993,eqv IEC 60529:1989)

[3] GB/T 10095.1 渐开线圆柱齿轮 精度 第1部分:轮齿同侧齿面偏差的定义和允许值(GB/T 10095.1—2001,idt ISO 1328-1:1997)

[4] GB/T 14039 液压传动 油液 固体颗粒污染等级代号(GB/T 14039—2002,ISO 4406:1999,MOD)

[5] JB/T 6764 一般用途工业汽轮机技术条件(JB/T 6764—1993,neq API 611:1988)

[6] JB/T 6765 特种用途工业汽轮机技术条件(JB/T 6765—1993,neq API 612:1987)

[7] ISO 10441 石油和天然气工业 传递机械功用挠性联轴器

[8] IEC 60953-1 汽轮机热力验收试验规程 第1部分:方法A:高精度,适用于大容量凝汽式汽轮机

[9] IEC 60953-2 汽轮机热力验收试验规程 第2部分:方法B:较宽精度范围,适用于各种类型和容量的汽轮机

有关材料的标准

a) 钢

[10] GB/T 700 碳素结构钢(GB/T 700—2006,ISO 630:1995,Structural steels—Plates, wide flats, bars,sections and profiles,NEQ)

[11] GB/T 2100 一般用途耐蚀钢铸件(GB/T 2100—2002,eqv ISO 11972:1998)

[12] GB/T 11352 一般工程用铸造碳钢件(GB/T 11352—1989,neq ISO 3755:1975)

[13] GB/T 13304 钢分类(GB/T 13304—1991,neq ISO 4948-1～4948-2)

[14] GB/T 15574 钢产品分类(GB/T 15574—1995,eqv ISO 6929:1987)

[15] GB/T 16253 承压钢铸件(GB/T 16253—1996,eqv ISO 4991:1994)

[16] GB/T 17505 钢及钢产品交货一般技术要求(GB/T 17505—1998,eqv ISO 404:1992)

[17] GB/T 20878 不锈钢和耐热钢 牌号及化学成分

[18] JB/T 10087 汽轮机承压铸钢件技术条件(JB/T 10087—2001,neq ISO 4990:1986& EN 10213:1995&ASTM A356/A356M:1998)

[19] ISO 683-1 热处理钢、合金钢和易切削钢 第1部分:直接硬化的非合金和低合金锻钢

[20] ISO 683-9 热处理钢、合金钢和易切削钢 第9部分:压力加工易切削钢

[21] ISO 683-10 热处理钢、合金钢和易切削钢 第10部分:压力加工渗氮钢

[22] ISO 683-11 热处理钢、合金钢和易切削钢 第11部分:压力加工表面硬化钢

[23] ISO 683-13 热处理钢、合金钢和易切削钢 第13部分:压力加工不锈钢

[24] ISO 683-16 热处理钢、合金钢和易切削钢 第16部分:沉淀硬化不锈钢

[25] ISO 683-18 热处理钢、合金钢和易切削钢 第18部分:非合金和低合金光亮钢制品

[26] ISO 1052 一般工程用钢

[27] ISO 2604-1 承压用钢制品 质量要求 第1部分:锻件

[28] ISO 2604-5 承压用钢制品 质量要求 第5部分:纵向焊奥氏体不锈钢管

[29] ISO 2604-6 承压用钢制品 质量要求 第6部分:纵向或螺旋埋弧焊焊接钢管

[30] ISO 4885 钢铁制品 热处理 术语

[31] ISO/TR 4949 钢的字母命名

[32] ISO 4951-1 高屈服强度钢棒和型钢 第1部分:一般交货条件

[33] ISO 4951-2 高屈服强度钢棒和型钢 第2部分:正火、正火控制轧制状态下的交货条件

[34] ISO 4951-3 高屈服强度钢棒和型钢 第3部分:热轧钢交货条件

[35] ISO/TR 4956 工程高温机器用压力加工钢

[36] ISO 9327-1 承压用锻钢和轧制或锻制钢棒 交货技术条件 第1部分:一般要求

[37] ISO 9327-2 承压用锻钢和轧制或锻制钢棒 交货技术条件 第2部分:高温用非合金钢、含钼钢、含铬钢或铬钼钢

[38] ISO 9327-3 承压用锻钢和轧制或锻制钢棒 交货技术条件 第3部分:低温用镍合金钢

[39] ISO 9327-4 承压用锻钢和轧制或锻制钢棒 交货技术条件 第4部分:高屈服应力的细晶可焊钢

[40] ISO 9327-5 承压用锻钢和轧制或锻制钢棒 交货技术条件 第5部分:不锈钢

[41] ISO 9328-1 承压用钢板和钢带 交货技术条件 第1部分:一般要求

[42] ISO 9328-2 承压用钢板和钢带 交货技术条件 第2部分:室温和高温用非合金钢和低合金钢

[43] ISO 9328-3 承压用钢板和钢带 交货技术条件 第3部分:低温用镍合金钢

[44] ISO 9328-4 承压用钢板和钢带 交货技术条件 第4部分:以正火或淬火回火态交货的高屈服应力细晶可焊钢

[45] ISO 9328-5 承压用钢板和钢带 交货技术条件 第5部分:奥氏体钢

[46] ISO 9477 一般工程和结构用高强度铸钢

b) 铸铁

[47] GB/T 1348 球墨铸铁件

[48] GB/T 9439 灰铸铁件

c) 铜合金

[49] GB/T 5231 加工铜及铜合金化学成分和产品形状

[50] GB/T 5235 加工镍及镍合金 化学成分和产品形状

[51] GB/T 11086 铜及铜合金术语(GB/T 11086—1989,eqv ISO 197-1～197-4:1983 & ISO 197-5:1980)

[52] ISO 274 圆铜管 尺寸

[53] ISO 1190-1 铜和铜合金 命名规则 第1部分:材料牌号

[54] ISO 1634-1 加工铜和铜合金板和带 第1部分:一般用途交货技术条件

[55] ISO 1634-2 加工铜和铜合金板和带 第2部分:锅炉、压力容器和热交换器用板、带交货技术条件

[56] ISO 1635 加工铜和铜合金 一般用途圆管 力学性能

[57] ISO 1635-2 无缝轧制铜和铜合金管 第2部分:凝汽器和热交换器用管交货技术条件

[58] ISO/CD 1635-3 无缝轧制铜和铜合金管 第3部分:一般用途管交货技术条件

有关焊接的标准

[59] GB/T 5185 金属焊接及钎焊方法在图样上的表示代号(GB/T 5185—2005,ISO 4063:1998,IDT)

[60] GB/T 15169 钢熔化焊焊工技能评定(GB/T 15169—2003,ISO/DIS 9606-1:2002,Qualification test of welders—Fusion welding—Part 1: Steels,IDT)

[61] GB/T 19419 焊接管理 任务与职责(GB/T 19419—2003,ISO 14731:1997,IDT)

[62] GB/T 19805 焊接操作工技能评定(GB/T 19805—2005,ISO 14732:1998,Welding personnel—Approval testing of welding operators for fusion welding and of resistance weld setters for

fully mechanized and automatic welding of metallic materials,IDT)

[63] ISO 581 可焊性 定义

[64] ISO 857-1 焊接和有关工艺 词汇 第1部分:金属焊接工艺

[65] ISO 9606-2 焊工资格考试 熔化焊 第2部分:铝及铝合金

[66] ISO 9606-3 焊工资格考试 熔化焊 第3部分:铜及铜合金

[67] ISO 9606-4 焊工资格考试 熔化焊 第4部分:镍及镍合金

[68] ISO 9606-5 焊工资格考试 熔化焊 第5部分:钛及钛合金

焊接工艺质量的标准

[69] GB/T 6416 影响钢熔化焊接头质量的技术因素(GB/T 6416—1986,eqv ISO 3088:1975)

[70] GB/T 12467.1 焊接质量要求 金属材料的熔化焊 第1部分:选择及使用指南(GB/T 12467.1—1998,idt ISO 3834-1:1994)

[71] GB/T 12467.2 焊接质量要求 金属材料的熔化焊 第2部分:完整质量要求(GB/T 12467.2—1998,idt ISO 3834-2:1994)

[72] GB/T 12467.3 焊接质量要求 金属材料的熔化焊 第3部分:一般质量要求(GB/T 12467.3—1998,idt ISO 3834-3:1994)

[73] GB/T 12467.4 焊接质量要求 金属材料的熔化焊 第4部分:基本质量要求(GB/T 12467.4—1998,idt ISO 3834-4:1994)

[74] ISO 9956-1 金属材料焊接工艺的规范及评定 第1部分:熔化焊总则

[75] ISO 9956-2 金属材料焊接工艺的规范及评定 第2部分:电弧焊的焊接工艺规范

[76] ISO 9956-3 金属材料焊接工艺的规范及评定 第3部分:电弧焊的焊接工艺试验

[77] ISO 9956-4 金属材料焊接工艺的规范及评定 第4部分:铝及铝合金电弧焊的焊接工艺试验

[78] ISO 9956-5 金属材料焊接工艺的规范及评定 第5部分:电弧焊用焊接消耗品的评定

[79] ISO 9956-6 金属材料焊接工艺的规范及评定 第6部分:根据现有经验作评定

[80] ISO 9956-7 金属材料焊接工艺的规范及评定 第7部分:用电弧焊标准焊接工艺进行评定

[81] ISO 9956-8 金属材料焊接工艺的规范及评定 第8部分:试制阶段的焊接试验评定

[82] ISO 9956-12 金属材料焊接工艺的规范及评定 第12部分:铸钢电弧焊的焊接工艺试验

[83] ISO 11970 铸钢件焊接制品的焊接工艺规范和评定

[84] ISO 15609-2 金属材料的焊接工艺规范和评定 焊接工艺规范 第2部分:气体焊

有关焊接缺陷的标准

[85] GB/T 6417.1 金属熔化焊焊缝缺陷分类及说明(GB/T 6417.1—2005,ISO 6520-1:1998,Welding and allied processes—Classification of geometric imperfections in metallic materials—Part 1:Fusion welding,IDT)

[86] GB/T 19418 钢的弧焊接头 缺陷质量分级指南(GB/T 19418—2003,ISO 5817:1992,IDT)

[87] ISO 6214 焊接和相关工艺 焊缝缺陷的验收分级

[88] ISO 13919-1 焊接 电子束和激光束焊接接头 缺陷等级指南 第1部分:钢

材料试验的标准

[89] GB/T 228 金属材料 室温拉伸试验方法(GB/T 228—2002,eqv ISO 6892:1998)

[90] GB/T 229 金属夏比缺口冲击试验方法(GB/T 229—1994,eqv ISO 148:1983)

[91] GB/T 230.1 金属洛氏硬度试验 第1部分:试验方法(A、B、C、D、E、F、G、H、K、N、T标尺)(GB/T 230.1—2004,ISO 6508-1:1999,MOD)

[92] GB/T 231.1 金属布氏硬度试验 第1部分:试验方法(GB/T 231.1—2002,eqv ISO 6506-1:1999)

[93] GB/T 2975 钢及钢产品 力学性能试验取样位置及试样制备(GB/T 2975—1998,eqv ISO 377:1997)

[94] GB/T 4338 金属材料 高温拉伸试验(GB/T 4338—1995,eqv ISO 783:1989)

[95] GB/T 5777 无缝钢管超声波探伤检验方法(GB/T 5777—1996,eqv ISO 9303:1989)

[96] GB/T 6296 灰铸铁冲击试验方法(GB/T 6296—1986,eqv ISO 946:1975)

[97] GB/T 7216 灰铸铁金相(GB/T 7216—1987,neq ISO 945:1975)

[100] GB/T 9445 无损检测人员资格鉴定与认证(GB/T 9445—1999,idt ISO 9712:1992)

[101] GB/T 12604.1 无损检验 术语 超声检测 词汇(GB/T 12604.1—2005,ISO 5577:2000,IDT)

[102] GB/T 12604.2 无损检测 术语 射线照相检测(GB/T 12604.2—2005,ISO 5576:1997,IDT)

[103] GB/T 12604.3 无损检测 术语 渗透检测(GB/T 12604.3—2005,ISO 12706:2000,IDT)

[104] GB/T 12606 钢管漏磁探伤方法(GB/T 12606—1999,eqv ISO 9402:1989)

[105] GB/T 15822.1 无损检验 磁粉检验 总则(GB/T 15822.1—2005,ISO 9934-1:2001,IDT)

[106] GB/T 16544 球形储罐γ射线全景曝光照相方法(GB/T 16544—1996,neq ISO 5579:1985)

[107] GB/T 17455 无损检测 表面检查的金相复制件技术(GB/T 17455—1998,idt ISO 3057:1998)

[108] GB/T 18253 钢及钢产品 检验文件的类型(GB/T 18253—2000,eqv ISO 10474:1991)

[109] GB/T 18851.1 无损检测 渗透检测 第1部分:总则(GB/T 18851.1—2005,ISO 3452:1984,IDT)

[110] GB/T 20968 无损检验 目视检测辅助设备 低倍放大镜的选用(GB/T 20968—2007,ISO 3058:1998,IDT)

[111] SY/T 6423.6 石油天然气工业用承压焊接钢管无损检测方法 无缝和焊接(埋弧焊除外)钢管分层缺欠的超声波检测(SY/T 6423.6—1999,eqv ISO 10124:1994)

[112] SY/T 6423.7 石油天然气工业用承压钢管无损检测方法 无缝和焊接钢管管端分层缺欠的超声波检测(SY/T 6423.7—1999,eqv ISO 11496:1993)

[113] ISO 643 钢 铁素体或奥氏体晶粒度的显微金相测定

[114] ISO 4964 钢 硬度换算

[115] ISO 4986 铸钢 磁粉检验

[116] ISO 4987 铸钢 渗透检验

[117] ISO 4992 铸钢 超声波检验

[118] ISO 4993 铸钢 射线检验

[119] ISO/TR 7705 钢技术条件中规定的夏比V型缺口冲击试验导则

[120] ISO 9305 承压用无缝钢管 用全周超声波测试法检验横向缺陷

[121] ISO 9769 钢和铁 现有分析方法评价

[122] ISO 10543 承压用无缝和热拉焊接钢管 全周超声波厚度检测

[123] ISO 11484 承压用钢管 无损检验人员资格鉴定(NDT)

[124] ISO 11537 无损检验 热中子射线检验 一般原理和基本规则

[125] ISO 11700-1 金属材料 显微洛氏硬度试验 第1部分:试验方法

[126] ISO 11971 铸钢表面质量的外观检查

[127] ISO 12095 承压用无缝和焊接钢管 液体渗透检验

[128] ISO 13664 承压用无缝和焊接钢管 层状缺陷测试用管端的磁粉检验

[129] ISO 13665 承压用无缝和焊接钢管 层状缺陷测试用管身的磁粉检验

[130] ISO/TR 15461 锻钢件 力学性能用试验频率、抽样条件和试验方法

有关焊接的特殊标准

[131] GB/T 2653 焊接接头弯曲及压扁试验方法(GB/T 2653—1989,neq ISO 5173:1981)

[132] GB/T 12605 钢管环缝熔化焊对接接头 射线透照工艺和质量分级(GB/T 12605—1990,neq ISO 1106-3:1984)

[133] JB/T 8428 校正钢焊缝超声检测仪器用标准试块(JB/T 8428—1996,idt ISO 2400:1972)

[134] SY/T 6423.1 石油天然气工业 承压钢管无损检测方法 埋弧焊钢管焊缝缺欠的射线检测(SY/T 6423.1—1999,eqv ISO 12096:1996)

[135] SY/T 6423.4 石油天然气工业 承压钢管无损检测方法 焊接钢管焊缝附近分层缺欠的超声波检测(SY/T 6423.4—1999,eqv ISO 13663:1995)

[136] ISO 1106-1 熔化焊焊缝射线检验的推荐规程 第1部分:小于、等于50 mm的钢板对焊接头

[137] ISO 1106-2 熔化焊焊缝射线检验的推荐规程 第2部分:厚度50 mm~200 mm的钢板对焊接头

[138] ISO 4136 金属材料焊缝破坏性试验 横向拉伸试验

[139] ISO 5178 金属材料焊缝破坏性试验 熔化焊接头焊缝金属的纵向拉伸试验

[140] ISO 7963 焊缝超声波检测校准用第2号样块

[141] ISO 9014 电阻焊、点焊、凸焊和缝焊的维氏硬度试验(低载和显微硬度)

[142] ISO 9015 金属材料的焊缝破坏性试验 硬度试验 电弧焊接头的硬度试验

[143] ISO 9016 金属材料的焊缝破坏性试验 冲击试验 取样位置 缺口方向和试验

[144] ISO/DIS 9017 金属材料的焊缝破坏性试验 断裂试验

钢管交货条件的标准

[145] GB 3087 低中压锅炉用无缝钢管(GB 3087—1999,neq ISO 9329-1:1989)

[146] GB 9948 石油裂化用无缝钢管(GB 9948—2006,ISO 9329-2:1997,Seamless steel tubes for pressure purposes—Technical delivery conditions—Part 2: Unalloyed and alloyed steels with specified elevated temperature properties,NEQ)

[147] GB/T 17395 无缝钢管尺寸、外形、重量及允许偏差(GB/T 17395—1998,neq ISO 1127:1992 & ISO 4200:1991 & ISO 5252:1991)

[148] ISO 3304 平端无缝精制钢管 交货技术条件

[149] ISO 9329-3 承压用无缝钢管 交货技术条件 第3部分:规定低温性能的非合金钢和合金钢

[150] ISO 9329-4 承压用无缝钢管 交货技术条件 第4部分:奥氏体不锈钢

[151] ISO 9330-1 承压用焊接钢管 交货技术条件 第1部分:规定室温性能的非合金钢钢管

[152] ISO 9330-2 承压用焊接钢管 交货技术条件 第2部分:规定高温性能的电阻焊和感应焊非合金钢和合金钢钢管

[153] ISO 9330-3 承压用焊接钢管 交货技术条件 第3部分:规定低温性能的电阻和感应焊非合金钢和合金钢钢管

[154] ISO 9330-4 承压用焊接钢管 交货技术条件 第4部分:规定温度性能的埋弧焊非合金

钢和合金钢钢管

[155] ISO 9330-5 承压焊接钢管 交货技术条件 第5部分:规定低温性能的埋弧焊非合金钢和合金钢钢管

[156] ISO 9330-6 承压用焊接钢管 交货技术条件 第6部分:纵向焊接奥氏体不锈钢钢管

超压保护安全装置的标准

[157] GB/T 12241 安全阀 一般要求(GB/T 12241—2005,ISO 4126-1:2004,MOD)

[158] ISO 4126-2 用于超压保护的安全装置 第2部分:爆破片安全装置

[159] ISO 4126-3 用于超压保护的安全装置 第3部分:安全阀和爆破片组合安全装置

[160] ISO 4126-4 用于超压保护的安全装置 第4部分:先导式安全阀

[161] ISO 4126-5 用于超压保护的安全装置 第5部分:控制安全释压系统 一般要求

[162] ISO 4126-7 用于超压保护的安全装置 第7部分:常用数据

有关一般性安全的标准

[163] GB/T 16855.1 机械安全 控制系统有关安全部件 第1部分:设计通则(GB/T 16855.1—2005,ISO 13849-1:1999,MOD)

[164] ISO 13943 防火安全 词汇

[165] ISO 14121 机器安全 危险评估原则

有关功能性安全的标准

[166] GB/T 16754 机械安全 急停 设计原则(GB/T 16754—1997,eqv ISO 13850:1996)

[167] GB/T 19670 机械安全 防止意外启动(GB/T 19670—2005,ISO 14118:2000,MOD)

[168] IEC 60065A/179-1 功能安全 安全相关系统 第1部分:一般要求

[169] IEC 60065A/180-2 功能安全 安全相关系统 第2部分:电气/电子可控程序电子系统

有关机器操作安全的标准

[170] GB 12265.1 机械安全 防止上肢触及危险区的安全距离

[171] GB 12265.2 机械安全 防止下肢触及危险区的安全距离

齿轮装置的标准

[172] GB/T 2821 齿轮几何要素代号(GB/T 2821—2003,ISO 701:1998,IDT)

[173] GB/T 3374 齿轮基本术语(GB/T 3374—1992,neq ISO/R 1122-1:1983)

[174] GB/T 3480 圆柱齿轮、锥齿轮和准双曲面齿轮 胶合承载能力计算方法 第1部分:闪温法(GB/T 3480—1997,eqv ISO 6336-1:1996 & ISO 6336-2:1996 & ISO 6336-3:1996)

[175] GB/T 3481 齿轮轮齿磨损和损伤术语(GB/T 3481—1997,idt ISO 10825:1995)

[176] GB/Z 6413.1 圆柱齿轮、锥齿轮和准双曲面齿轮 胶合承载能力计算方法 第1部分:闪温法(GB/Z 6413.1—2003,ISO/TR 13989-1:2000,IDT)

[177] GB/Z 6413.2 圆柱齿轮、锥齿轮和准双曲面齿轮 胶合承载能力计算方法 第2部分:积分温度法(GB/Z 6413.2—2003,ISO/TR 13989-2:2000,IDT)

[178] GB/T 12370 锥齿轮和准双曲面齿轮 术语(GB/T 12370—1990,neq ISO/R 1122:1983)

[179] GB/Z 18620.1 圆柱齿轮 检验实施规范 第1部分:轮齿同侧齿面的检验(GB/Z 18620.1—2002,idt ISO/TR 10064-1:1992)

[180] GB/Z 18620.2 圆柱齿轮 检验实施规范 第2部分:径向综合偏差、径向跳动、齿厚和侧隙的检验(GB/Z 18620.2—2002,idt ISO/TR 10064-2:1996)

[181] GB/Z 18620.3 圆柱齿轮 检验实施规范 第3部分:齿轮坯、轴中心距和轴线平行度(GB/Z 18620.3—2002,idt ISO/TR 10064-3:1996)

[182] ISO/TR 10495 圆柱齿轮 有效载荷下工作寿命的计算 符合ISO 6336规定的圆柱齿

轮条件

其他标准

[183] GB/T 2352 液压传动 隔离式充气蓄能器压力和容积范围及特征量(GB/T 2352—2003,ISO 5596:1999,IDT)

[184] GB/T 14412 机械振动与冲击 加速度计的机械安装(GB/T 14412—1993,eqv ISO 5348:1987)

[185] GB/T 19783.1 机器的状态监测和诊断 机器的振动监视 第1部分:机器的振动状态监测规程(GB/T 19783.1—2005,ISO 13373-1:2002,IDT)

[186] DL/T 656 火力发电厂汽轮机控制系统在线验收测试规程

[187] IEC 61064 声学 由汽轮机和被驱动机械发出的空间噪声测量

[188] ISO 2954 旋转式和往复式机器的机械振动 对振动测量仪的要求

[189] ISO 6072 液压传动 橡胶材料与液体的相容性

[190] ISO 10814 转子不平衡的灵敏度和敏感性

[191] ISO 10817-1 转动轴振动测量系统 第1部分:相对和绝对的径向振动敏感性

ICS 29.120.70
K 33

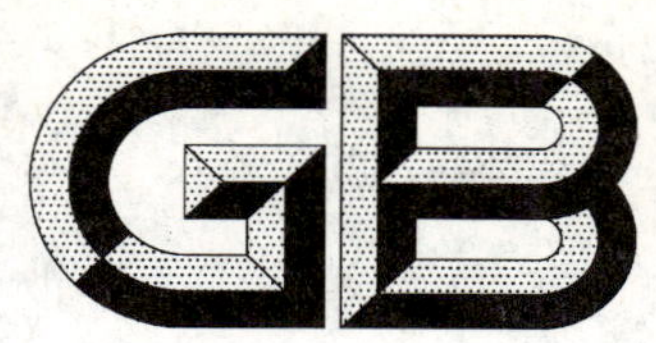

中华人民共和国国家标准化指导性技术文件

GB/Z 22074—2008

塑料外壳式断路器可靠性试验方法

Reliability test method for moulded case circuit-breakers

2008-06-30 发布　　　　2009-04-01 实施

中华人民共和国国家质量监督检验检疫总局
中国国家标准化管理委员会　发布

前　言

本指导性技术文件的附录 A、附录 B 为资料性附录。

本指导性技术文件由中国电器工业协会提出。

本指导性技术文件由全国低压电器标准化技术委员会(SAC/TC 189)归口。

本指导性技术文件负责起草单位:上海电器科学研究所(集团)有限公司、河北工业大学。

本指导性技术文件参加起草单位:人民电器集团有限公司、天正集团有限公司、正泰集团有限公司、施耐德电气(中国)投资有限公司、上海电器股份有限公司人民电器厂、TCL 国际电工(无锡)有限公司、浙江德力西电器股份有限公司、天津市百利电气有限公司、杭申控股集团有限公司、ABB 新会低压开关有限公司、苏州西门子电器有限公司、苏州万龙集团有限公司、上海良信电器股份有限公司、浙江天正电气股份有限公司、华通机电集团有限公司。

本指导性技术文件主要起草人:陆俭国、季慧玉、李奎、刘金琰、陈晓东。

本指导性技术文件参加起草人:郑建荣、黄章武、施成杰、吴爱新、刘振忠、朱军、孔军、樊旺国、梁燕、胡雪松、范名市、姚东、唐德泰、王永忠、王旭川、朱朝阳。

本指导性技术文件是首次制定。

塑料外壳式断路器可靠性试验方法

1 范围

本指导性技术文件规定了塑料外壳式断路器(简称塑壳断路器)进行可靠性验证试验的一般要求。

本指导性技术文件适用于符合 GB 14048.2—2001、交流 50 Hz(60 Hz)、额定电压不超过 1 000 V、额定电流 250 A 及以下的塑壳断路器。除验证试验方案及试验程序外,本指导性技术文件也适用于产品的可靠性测定试验。本指导性技术文件可作为塑壳断路器生产企业进行产品可靠性试验的指导性文件。

额定电流 250 A 以上的塑壳断路器的可靠性试验可参照本标准进行。

2 规范性引用文件

下列文件中的条款通过本指导性技术文件的引用而成为本指导性技术文件的条款。凡是注日期的引用文件,其随后所有的修改单(不包括勘误的内容)或修订版均不适用于本指导性技术文件,然而,鼓励根据本指导性技术文件达成协议的各方研究是否可使用这些文件的最新版本。凡是不注日期的引用文件,其最新版本适用于本指导性技术文件。

GB/T 2900.18—2008 电工术语 低压电器

GB/T 3187—1994 可靠性、维修性术语(idt IEV 191 的 119 号中办文件)

GB/T 5080(所有部分) 设备可靠性试验[idt IEC 60605(所有部分)]

GB 14048.1—2006 低压开关设备和控制设备 第 1 部分:总则(IEC 60947-1:2001,MOD)

GB 14048.2—2001 低压开关设备和控制设备 低压断路器(IEC 60947-2:1997,IDT)

3 术语和定义、符号

3.1 术语和定义

GB/T 2900.18、GB/T 3187、GB/T 5080(所有部分)、GB 14048.1、GB 14048.2 所规定的术语和定义适用于本指导性技术文件,并补充下列术语及定义。

3.1.1

成功率 success ratio

产品在规定的条件下完成规定功能的概率或在规定条件下试验成功的概率。

3.1.2

失效率 failure rate

产品工作到 t 时刻后的单位时间内发生失效的概率。

3.1.3

定时或定数截尾试验方案 time or failure curtailed test plan

在试验期间,对试品进行连续地或短间隔地监测,若累积相关试验时间达到了预定的试验截尾时间,而相关失效数未达到预定的截尾失效数,则判为接收;若累积相关试验时间未达到预定的试验截尾时间,而相关失效数达到了预定的截尾失效数,则判为拒收。

注:本指导性技术文件中,有关可靠性量值的“时间”单位可用“次数”替代,例如:累积相关试验次数、相关试验次数、截尾次数、截止次数和试验次数等。

3.1.4

相关失效(关联失效) relevant failure

在解释试验或工作结果或者计算可靠性量值时必须计入的失效。

3.1.5

相关试验时间 relevant test time

与试品相关失效数有关的用来验证可靠性要求或用来计算可靠性量值时的试验时间。

3.1.6

使用方风险 consumer's risk

当产品的真实失效率等于失效率等级的最大失效率时(或当产品的真实成功率等于不可接收的成功率时),产品被接收的概率。

3.2 符号

本标准采用了下列符号:

A_c 合格判定数(允许失效数),$A_c=r_c-1$;

I_n 断路器额定电流;

n 试品数;

n_f 成功率验证试验的截尾次数(截尾时间);

n_z 成功率验证试验的截止次数(截止时间);

n_Σ 成功率验证试验的累积相关试验次数(累积相关试验时间);

r 相关失效数;

r_c 截尾失效数;

R_1 不可接收的成功率;

r_1 拒动次数;

r_2 误动次数;

T 失效率验证试验的累积相关试验时间(累积相关试验次数);

T_c 失效率验证试验的截尾时间(截尾次数);

t_z 失效率验证试验的截止时间(截止次数);

β 使用方风险;

λ 操作失效率;

λ_{max} 规定操作失效率等级的最大失效率。

4 可靠性指标

塑壳断路器采用操作失效率、瞬动保护成功率和过载保护成功率作为其可靠性特征量。并分别将操作失效率等级、瞬动保护成功率等级和过载保护成功率等级作为其可靠性指标。

4.1 操作失效率等级

按最大失效率 λ_{max} 的数值将操作失效率划分为四个失效率等级(亚三级、三级、亚四级、四级),操作失效率等级的名称和最大失效率见表1。

表1 塑壳断路器操作失效率等级名称和最大失效率 λ_{max} 单位为(1/10次)

操作失效率等级名称	最大失效率 λ_{max}
亚三级	3×10^{-3}
三级	1×10^{-3}
亚四级	3×10^{-4}
四级	1×10^{-4}

4.2 瞬动保护成功率等级

按不可接收的成功率 R_1 的数值将瞬动保护成功率划分为五个等级(一级、二级、三级、四级、五级),瞬动保护成功率等级的名称和 R_1 的数值见表2。

表 2 塑壳断路器瞬动保护成功率等级名称和不可接收的成功率 R_1

瞬动保护成功率等级名称	R_1
一级	0.995
二级	0.99
三级	0.98
四级	0.97
五级	0.96

4.3 过载保护成功率等级

按不可接收的成功率 R_1 的数值将过载保护成功率划分为五个等级(A 级、B 级、C 级、D 级、E 级),过载保护成功率等级的名称和 R_1 的数值见表 3。

表 3 塑壳断路器过载保护成功率等级名称和不可接收的成功率 R_1

过载保护成功率等级名称	R_1
A 级	0.98
B 级	0.96
C 级	0.94
D 级	0.92
E 级	0.90

5 可靠性试验方法

5.1 试验条件

5.1.1 试验环境条件

试验环境条件如下:

a) 操作可靠性试验与瞬动保护可靠性试验可在室温下进行。除非产品标准中另有规定,推荐在 GB 14048.2—2001 的试验条件下进行过载保护可靠性试验,即:周围空气基准温度为:30 ℃±2 ℃;试品应在试验的大气条件中放置足够的时间(不少于 8 h),以使试品达到热平衡;

b) 试验环境应注意避免灰尘和其他污染。

5.1.2 试品的安装条件

试品安装应符合以下要求:

a) 试品应按产品标准规定的正常工作方式安装;

b) 试品安装处的冲击和振动条件应符合产品标准的规定;

c) 试品安装面与垂直面的倾斜度应符合产品标准的规定;

d) 对于采用安装轨安装的断路器,安装轨应符合有关安装轨的标准。

5.1.3 试验电源

试验电源应符合以下要求:

a) 频率为 50 Hz 的正弦波电源,其频率允许偏差为±5%。

b) 直流电源可采用发电机、蓄电池电源或稳压电源,若试验中不影响产品性能时,可以采用三相全波整流电源,但其纹波系数不大于 5%。

5.1.4 试验激励条件

5.1.4.1 操作可靠性试验

进行操作可靠性试验时,每小时的操作循环次数可选为 120 次,在每个操作循环期间,断路器应保持闭合足够的时间，但不超过 2 s。操作循环总数的 10%应为闭合—脱扣操作，即断路器完成闭合操作后分别用欠电压脱扣器和分励脱扣器完成脱扣操作(两者脱扣操作的次数各占一半)。

5.1.4.2 **瞬动可靠性试验**

进行断路器的瞬动保护可靠性试验时，应在其短路整定电流的 80%和 120%下进行验证。对于可调试断路器，整定电流取其最大值。试验电流应对称。

5.1.4.3 **过载可靠性试验**

在基准温度下，电流整定值的 1.05 倍时，即在约定不脱扣电流时，断路器脱扣器的各相极同时通电，断路器从冷态开始，即断路器在基准温度下，在小于约定时间(约定时间：I_n>63 A 时为 2 h，I_n≤63 A 时为 1 h)的时间内不应发生脱扣。

此外，在约定时间结束后，立即使电流上升至电流整定值的 1.30 倍，即达到约定脱扣电流，断路器应在小于规定的约定时间内脱扣。

如果制造厂声明脱扣器实质上与周围温度无关，则上述的约定不脱扣电流和约定脱扣电流将在制造厂公布的温度带内适用，允差范围在 0.3%/K 内。

温度带的宽度在基准温度的任何一侧应至少为 10 K。

5.2 **试品的准备**

试验中所用试品，应是从在稳定的工艺条件下批量生产并经过出厂检验合格的产品中随机抽取，供抽样的产品数量应不小于试品数 n 的 10 倍。

5.3 **试品的检测**

5.3.1 **操作可靠性试验的检测**

5.3.1.1 **试验前检测**

试验前先对试品进行开箱检测，检查试品的零部件有无运输引起的损坏、断裂，剔除零部件损坏、断裂的试品，并按规定补足试品数，剔除掉的试品不计入相关失效数 r 内。

5.3.1.2 **试验过程中检测**

试验过程中要对断路器的操作可靠性进行监测。

除非产品标准另有规定，应对试品的所有触头在试品每次操作循环的“闭合”期中间的 40%时间内与“断开”期中间的 40%时间内，监测触头接通时其两引出端的电压降及触头分断时触头间的电压。

5.3.1.3 **试验后检测**

除非产品标准另有规定，试验后试品不应有下列现象：

——电动及手动操作机构不能正常工作；

——外壳损坏至能被试验触指触及带电部件；

——电气或机械连接的松动。

5.3.1.4 **触头回路**

为检测主触头、辅助触头是否正常地工作，可分别将主触头、辅助触头接入各自的检测线路，成为主触头回路及辅助触头回路；触头回路的电源推荐采用直流 24 V 电源，也可采用产品标准规定的工作电压，相应的触头回路的电流可为 1 A；触头回路的负载推荐采用阻性负载。

5.3.2 **瞬动保护可靠性试验的检测**

5.3.2.1 **试验前检测**

按 5.3.1.1 的规定。

5.3.2.2 **试验过程中检测**

当试验电流等于短路整定电流的 80%时，脱扣器不动作，电流持续时间为 0.2 s。

当试验电流等于短路整定电流的 120%时，脱扣器应在 0.2 s 内动作。

多极短路脱扣器的动作应对任意二极串联通以试验电流进行验证，但要对每个具有短路脱扣器的极作各种可能的组合进行验证。

其次，短路脱扣器的动作应对每一相极单独验证，脱扣电流按制造厂提出的数值，脱扣器在此值时应在0.2 s内动作。

每台试品瞬动保护可靠性试验共进行 n_z 次，其中A、B极串联，B、C极串联，C、A极串联，各进行 $n_z/6$ 次，A极、B极及C极每一相极各进行 $n_z/6$ 次。

瞬动保护可靠性试验应在操作可靠性试验前后各进行50%n_f 次。

5.3.3 过载保护可靠性试验的检测

5.3.3.1 试验前检测

按5.3.1.1的规定。

5.3.3.2 试验过程中检测

过载保护可靠性试验按5.1.4.3的规定和要求进行验证。

对于与周围空气温度有关的脱扣器，其动作特性应在基准温度下进行验证，脱扣器所有相极都通电。如果本试验是在不同的周围空气温度下进行的，则应按制造厂的温度/电流数据进行校正。

对于制造厂声明与周围空气温度无关的脱扣器，其动作特性应用两种测量法进行验证：一种是在30 ℃±2 ℃下进行，另一种是在20 ℃±2 ℃或在40 ℃±2 ℃下进行，脱扣器的所有相极都通电。

该操作每台试品进行 n_z 次，对于制造厂声明与周围空气温度无关的脱扣器，每台试品在30 ℃±2 ℃ 下进行 $n_z/2$ 次，在20 ℃±2 ℃或在40 ℃±2 ℃下进行 $n_z/2$ 次。

过载保护可靠性试验应在操作可靠性试验前后各进行50%n_f 次。过载保护可靠性试验在瞬动保护可靠性试验之后。

5.4 失效判据

5.4.1 操作可靠性试验的失效判据

在操作可靠性试验过程中，当某试品出现下列任意一种情况时，即认为该试品发生失效。

a) 触头接通时其两引出端间的电压降超过触头回路开路电压的10%；

b) 触头分断时触头间的电压低于触头回路开路电压的90%；

c) 触头发生熔接或其他形式的粘接；

d) 断路器闭合操作时闭合不上；

e) 断路器分断操作时不分断；

f) 试品零部件有破坏性损坏、连接导线及零部件松动；

g) 在操作可靠性试验后，未失效的试品应按5.3.1.3检验，其中任一项目的检测结果不符合产品标准的规定，即认为该试品失效，每台试品的相关失效数最多为1。

5.4.2 瞬动保护可靠性试验的失效判据

在瞬动保护可靠性试验中，当某试品出现以下任意一种情况时，即认为该试品发生失效。

a) 断路器的两极串联后通以其短路整定电流的120%的交流电流时，断路器的分断时间大于或等于0.2 s。此时认为该试品发生拒动故障。

b) 断路器的两极串联后通以其短路整定电流的80%的交流电流时，断路器分断时间小于0.2 s。此时认为该试品发生误动故障。

c) 每一相极单独通以脱扣电流（按制造厂提出的数据）时，脱扣器在0.2 s内不动作，此时认为该试品发生拒动故障。

5.4.3 过载保护可靠性试验的失效判据

在过载保护可靠性试验中，当某试品出现以下任意一种情况时，即认为该试品发生失效。

a) 断路器各极同时通以约定不脱扣电流时，断路器在约定时间（I_n>63 A时为2 h，I_n≤63 A时为1 h）内动作，此时认为该试品发生误动故障；

b) 断路器各极同时通以约定脱扣电流时，断路器未在约定时间（I_n>63 A时为2 h，I_n≤63 A时为1 h）内动作，此时认为该试品发生拒动故障。

5.5 可靠性试验的试验装置

塑壳断路器可靠性试验装置应能满足以下要求：

a) 能实现逐次监测；

b) 当试品失效时，试验装置应自动停机、记录失效试品的编号及失效发生时的试验次数；

c) 进行程序控制，并能正确按照操作循环的顺序进行。

推荐采用微机进行控制、检测的可靠性试验装置（其原理框图如附录 A 所示），也可采用其他合适的试验检测装置。

6 可靠性验证试验方案及试验程序

6.1 试验组成

塑壳断路器可靠性试验由操作失效率验证试验、瞬动保护成功率验证试验和过载保护成功率验证试验三部分组成。

6.2 可靠性验证试验方案

塑壳断路器的可靠性验证试验采用定时或定数截尾试验。

塑壳断路器的操作失效率验证试验、瞬动保护成功率验证试验和过载保护成功率验证试验，其使用方风险均为 0.1。操作失效率验证试验抽样方案见表 4，瞬动保护成功率验证试验抽样方案见表 5，过载保护成功率验证试验抽样方案见表 6。

表 4 操作失效率验证试验抽样方案（β=0.1） 单位为 10^4 次

操作失效率等级	最大失效率 λ_{max} 1/10 次	试验截尾次数 T_c								
		$A_c=0$	$A_c=1$	$A_c=2$	$A_c=3$	$A_c=4$	$A_c=5$	$A_c=6$	$A_c=7$	$A_c=8$
四级	1×10^{-4}	23.0	38.9	53.2	66.8	79.9	92.7	105.3	117.7	130
亚四级	3×10^{-4}	7.68	13.0	17.7	22.3	26.6	30.9	35.1	39.2	43.3
三级	1×10^{-3}	2.30	3.89	5.32	6.68	7.99	9.27	10.53	11.77	13.0
亚三级	3×10^{-3}	0.77	1.30	1.77	2.23	2.66	3.09	3.51	3.92	4.33

表 5 瞬动保护成功率验证试验抽样方案（β=0.1） 单位为次

瞬动保护成功率等级	不可接收的成功率 R_1	截尾次数 n_f					
		$A_c=0$	$A_c=1$	$A_c=2$	$A_c=3$	$A_c=4$	$A_c=5$
一级	0.995	460	777	1 063	1 335	1 597	1 853
二级	0.99	230	388	531	667	798	926
三级	0.98	114	194	265	333	398	462
四级	0.97	76	129	176	221	265	308
五级	0.96	57	96	132	166	198	230

表 6 过载保护成功率验证试验抽样方案（β=0.1） 单位为次

过载保护成功率等级	不可接收的成功率 R_1	截尾次数 n_f					
		$A_c=0$	$A_c=1$	$A_c=2$	$A_c=3$	$A_c=4$	$A_c=5$
A 级	0.98	114	194	265	333	398	462
B 级	0.96	57	96	132	166	198	230
C 级	0.94	38	64	88	110	132	153
D 级	0.92	28	48	65	82	98	114
E 级	0.90	22	38	52	65	78	91

6.3 可靠性验证试验程序

6.3.1 操作失效率验证试验程序

操作失效率验证试验按下列程序进行：

a) 选定失效率等级；

b) 选定合格判定数 A_c 和截尾失效数 r_c($r_c=A_c+1$)，推荐在 1～5 的范围内选择 A_c，不推荐选 $A_c=0$；

c) 根据选定的操作失效率等级和 A_c，由表 4 查出试验截尾次数 T_c；

d) 选定试品的试验截止时间 t_z，t_z 应不超过产品标准中规定的机械寿命次数；

e) 根据 T_c、A_c、t_z，由式(1)确定试品数 n：

$$n=\frac{T_c}{t_z}+A_c \tag{1}$$

f) 从批量生产的合格产品中随机抽取 n 个试品；

g) 按 5.3.1 的规定进行试验与检测，当某台试品的失效次数累积达到 2 次时，该试品应退出试验；

h) 统计相关失效数 r 及各失效试品的相关试验时间(失效发生时间)，对试验后检测出的相关失效试品，其相关试验时间按试验结束时的时间计算；

i) 统计累积相关试验时间 T；

j) 试验结果判定：

当相关失效数 r 未达到截尾失效数 r_c(即 $r\leqslant A_c$)，而累积相关试验时间 T 达到或超过了截尾时间 T_c，则判为试验合格(接收)；当累积相关试验时间 T 未达到截尾时间 T_c，而相关失效数 r 达到或超过了截尾失效数 r_c(即 $r>A_c$)，则判为试验不合格(拒收)。

6.3.2 瞬动保护成功率验证试验程序

瞬动保护成功率验证试验按下列程序进行：

a) 选定产品的瞬动保护成功率等级；

b) 选定允许失效数 A_c 和截尾失效数 r_c($r_c=A_c+1$)，推荐在 1～5 的范围内选择 A_c，不推荐选择 $A_c=0$；

c) 根据选定的瞬动保护成功率等级和 A_c，由表 5 查出截尾次数 n_f；

d) 选定试品的试验截止次数 n_z，一般选 $n_z=30$ 次；

e) 根据 n_f、n_z 及 A_c 由式(2)确定试品数 n：

$$n=\frac{n_f}{n_z}+A_c \tag{2}$$

f) 由式(2)计算的 n 若小于操作可靠性试验中的 n，则本试验样品在操作可靠性试验中的样品中进行抽取；若由式(2)计算的 n 大于操作可靠性试验中的 n，超出部分从批量生产并经过出厂检验合格的产品中随机抽取(供抽样的产品数量应不小于超出部分的 10 倍)；

g) 按 5.3.2 的规定进行试验与检测，当某台试品的失效次数累积达到 2 次时，该试品应退出试验；

h) 统计相关失效数 r($r=r_1+r_2$，式中 r_1 为拒动次数，r_2 为误动次数)；

i) 统计累积相关试验次数 n_Σ；

j) 试验结果判定：

当累积试验次数 n_Σ 达到或超过了截尾次数 n_f，相关失效数 r 未达到截尾失效数 r_c(即 $r\leqslant A_c$)，则判为试验合格(接收)；相关失效数 r 达到或超过截尾失效数 r_c(即 $r>A_c$)，而累积试验次数 n_Σ 未达到截尾次数 n_f，则判为试验不合格(拒收)。

6.3.3 过载保护成功率验证试验程序

过载保护成功率验证试验按下列程序进行：

a) 选定产品的过载保护成功率等级；

b) 按6.3.2b)的规定；

c) 根据选定的过载保护成功率等级和A_c，由表6查出截尾次数n_f；

d) 选定试品的试验截止次数n_z，一般选$n_z=5$次～20次；

e) 根据n_f、n_z及A_c由式(3)确定试品数n：

$$n=\frac{n_f}{n_z}+A_c \quad \cdots\cdots(3)$$

f) 由式(3)计算的试品数n若小于操作可靠性试验或瞬动保护可靠性试验的试品数，则本试验样品可从上述试验的样品中进行抽取；若由式(3)计算的试品数n大于上述两个试验的试品数，则超出部分从批量生产并经过出厂检验合格的产品中随机抽取(供抽样的产品数量应不少于超出部分的10倍)；

g) 按5.3.3的规定进行试验与检测，当某台试品的失效次数累积达到2次时，该试品应退出试验；

h) 按6.3.2h)的规定；

i) 统计累积相关试验次数n_Σ，统计时应注意，任一试品通以约定不脱扣电流至约定时间未动作，之后立即将电流上升至约定脱扣电流，在约定时间内能正常动作，则该试品的试验次数应按2次进行累积；

j) 按6.3.2j)的规定。

7 试验记录

应对每一台试品建立一份试验记录，并按先后顺序在试品失效后进行试验数据记录，记录内容为：

a) 试品名称、型号、规格；

b) 制造单位、生产日期；

c) 试验日期和试品数；

d) 试验环境条件；

e) 失效试品编号及相关试验次数；

f) 失效现象；

g) 失效分析与判断；

h) 试验人员。

推荐的试验报告格式见附录B。

附 录 A
（资料性附录）
塑料外壳式断路器可靠性试验装置原理框图

推荐的塑料外壳式断路器（简称塑壳断路器）可靠性试验装置的原理框图见图 A.1、图 A.2 和图 A.3。

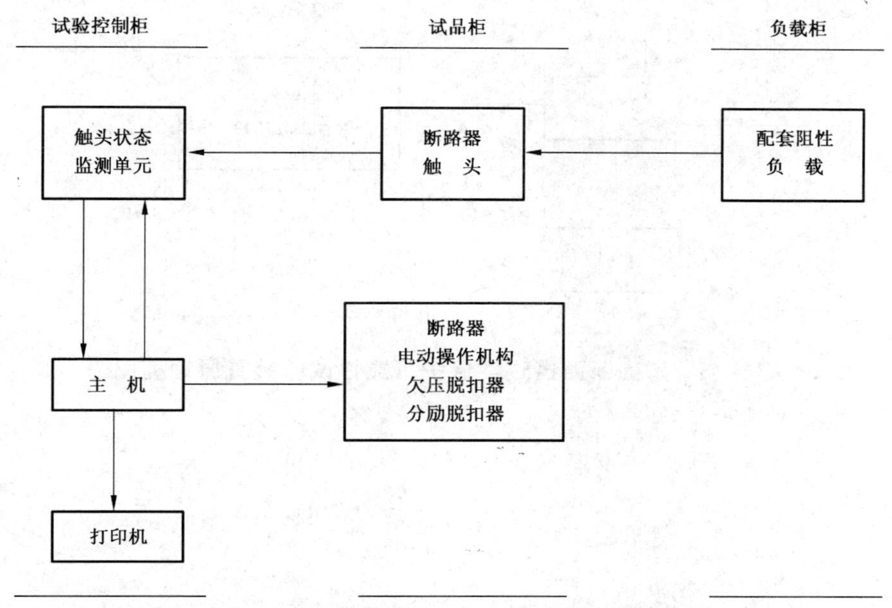

图 A.1　塑壳断路器操作可靠性试验装置原理框图

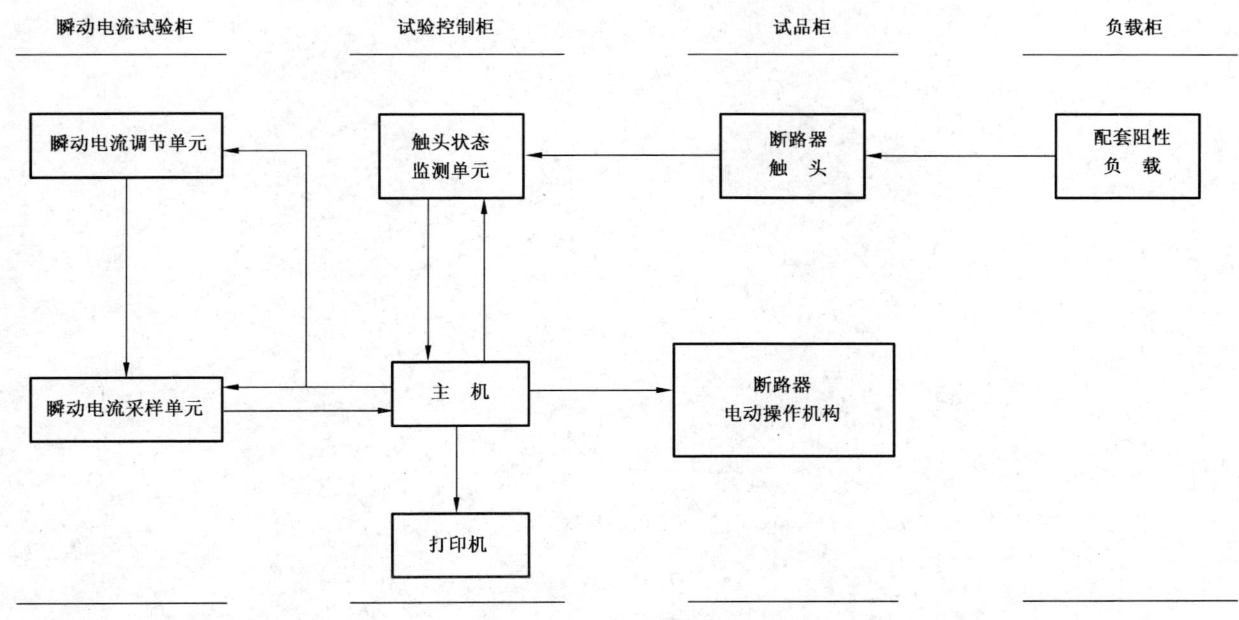

图 A.2　塑壳断路器瞬动保护可靠性试验装置原理框图

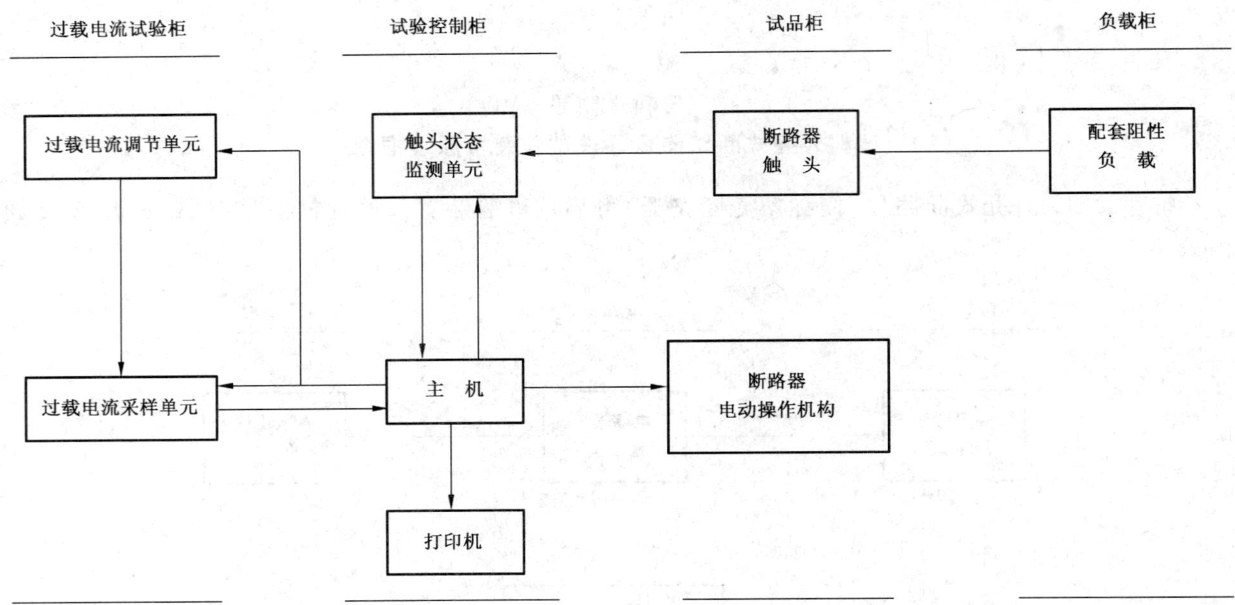

图 A.3　塑壳断路器过载保护可靠性试验装置原理框图

附 录 B
（资料性附录）
试 验 报 告

推荐的试验报告格式见表 B.1、表 B.2 和表 B.3。

表 B.1　操作可靠性试验（操作失效率验证试验）报告

文档编号：

制造单位		产品型号和规格		生产日期		试验地点	
试验日期	年 月 日 时至 年 月 日 时					试品数 n	
试验条件							
试验目的	操作失效率等级	操作失效率试验方案	截尾次数 T_c/次	截尾失效数 r_c	试验截止时间 t_z/次		

序号	失效产品序号	相关试验次数/次	失效现象	失效原因	备注

累积相关试验次数 T		相关失效数 r	
试验结论			

试验人员＿＿＿＿＿＿＿＿＿＿＿＿＿＿＿＿＿＿＿＿

试验负责人＿＿＿＿＿试验单位＿＿＿＿＿＿＿＿（盖章）＿＿年＿＿月＿＿日

注：试验条件包括温度、湿度、触头回路电源电压、负载性质、负载电流及断路器类型等。

表 B.2　瞬动保护可靠性试验(瞬动保护成功率验证试验)报告

文档编号：

制造单位		产品型号和规格		生产日期		试验地点	
试验日期	年　月　日　时至　年　月　日　时				试品数 n		
试验条件							

试验目的	瞬动保护成功率等级	瞬动保护成功率试验方案	截尾次数 n_f/次	截尾失效数 r_c/次

序号	失效产品序号	试验电流/A	相关试验次数/次	失效现象	失效原因	备注

拒动次数 r_1		误动次数 r_2	
相关失效数 r		累积相关试验次数 n_Σ	
试验结论			

试验人员________________________________

试验负责人________试验单位_____________(盖章)___年___月___日

注：试验条件包括温度、湿度、触头回路电源电压、负载性质、负载电流及断路器类型等。

表 B.3　过载保护可靠性试验(过载保护成功率验证试验)报告

文档编号：

制造单位		产品型号和规格		生产日期		试验地点
试验日期	年　月　日　时至　年　月　日　时				试品数 n	
试验条件						

试验目的	过载保护成功率等级	过载保护成功率试验方案	截尾次数 n_f/次	截尾失效数 r_c/次

序号	失效产品序号	试验电流/A	相关试验次数/次	失效现象	失效原因	备注

拒动次数 r_1		误动次数 r_2	
相关失效数 r		累积相关试验次数 n_Σ	
试验结论			

试验人员________________________

试验负责人________试验单位____________(盖章)___年___月___日

注：试验条件包括温度、湿度、触头回路电源电压、负载性质、负载电流及断路器类型等。

ICS 17.140
A 59

中华人民共和国国家标准

GB/T 22075—2008

高压直流换流站可听噪声

HVDC converter station audible noise

2008-06-30 发布　　　　2009-04-01 实施

中华人民共和国国家质量监督检验检疫总局
中国国家标准化管理委员会　发布

前言

本标准制定过程中参考了IEC的工作文件22F/83/NP《High voltage direct current (HVDC) substation audible noise》。

本标准与22F/83/NP的主要差异：

——按GB/T 1.1—2000的规定，对标准的语言表述和格式作了修改；

——原第1、第2、第3章内容被综合编辑，并分别纳入引言、第1章范围和正文的其他相关部分。因此，本标准的章条号并不与IEC 22F/83/NP文件一一对应；

——根据需要，原文各章之后的参考文献部分编入规范性引用文件中，没有全部引用；

——对部分术语进行了修改，采用了我国现行声学标准名词术语的相关内容，并根据需要增加术语“计权”(3.3)；

——对原文中部分章节间雷同的内容不再重复，采取“见××”的方式表述；

——因为我国电力系统工频为50 Hz，所以删除原文中与工频60 Hz相关的描述；

——3.8中增加了“声功率不能直接测量，可以通过对声强的计算得到”；

——删除原6.1中第1段内容；

——原6.1.1标题改为“5.2 噪声级限值表示方法”；

——原6.1.2标题改为“5.3 噪声测量”；

——为了便于理解，在原10.2.1(现条号9.3.1)中增加四级条标题；

——对原文中的“箱式油浸电抗器”、“铁芯油浸式电抗器”，统一改为“油浸式电抗器”。

本标准由中国电器工业协会提出。

本标准由全国电力电子学标准化技术委员会归口。

本标准由全国电力电子学标准化技术委员会负责解释。

本标准负责起草单位：西安高压电器研究所。

本标准参加起草单位：西南电力设计院、南方电网技术研究中心、西安电力电子技术研究所、北京网联直流输电系统工程有限公司、北京机械工业北京电工技术经济研究所、西安西电电力变压器有限责任公司、西安西电电力电容器有限责任公司、西安西电整流器有限责任公司、北京电力设备总厂。

本标准参加起草人：苟锐锋、黎小林、程晓绚、胡劲松、方晓燕、马为民、田恩文、陆剑秋、蔚红旗、周观允、周登洪、田方、李宾宾、黄晓明、王琦、杨一鸣、王琨、李慧、郭蓉、王瑚、郭香福。

本标准主要起草人：苟锐锋、黎小林、程晓绚、胡劲松、方晓燕。

本标准为首次发布。

引　言

可听噪声是空气中能被人耳听到的具有一定频率的压力波，可由单一频率的音响信号（纯音）或由各种频率的声音组成。

高压直流换流站电力设备的噪声主要来自于电应力（电压或电流）引起的设备机械振动。大多数设备的机械结构有几个固有的谐振频率，如果设备电应力频谱中的一个或几个频率与其一致，振动将会加剧并使噪声增大。另外，由于交流/直流转换，会在高压直流换流站的交流侧和直流侧出现电流或电压谐波，使换流设备产生不同频率及强度的声音，增加了换流设备的噪声。

事实上，当高压直流换流站附近有对噪声敏感的居民区或商业区时，都会存在可听噪声问题。

制定本标准的主要目的是为了能根据本标准编写高压直流换流站可听噪声功能规范书，对换流站噪声进行综合评估，使换流站可听噪声级满足相关法律、法规和标准的要求。

高压直流换流站可听噪声功能规范书是确定高压直流换流站可听噪声技术要求的文件，它能确保投标的一致性，并为评标及合同的后续执行提供指导。编制时应注意：

第一，在提出详细的技术要求之前，应确定业主和承包商的责任范围，否则，有可能产生契约冲突、工程延期或可听噪声不达标等问题。对此，有两种比较极端的划分方式：

——由业主确定环境条件、声级限值、计算方法和所有需要考虑的参数。承包商据此进行研究，并负责证明研究结果是按照功能规范的所有要求完成的。此时，大部分风险由业主承担。

——业主仅提出有哪些法律、法规和标准需要满足或通过指定的现场试验进行验证。此时，大部分风险由承包商承担。

实际上，在划定责任的过程中，通常都会对这两种方式进行适当折衷。因为如果所有风险由承包商承担，则有可能需要提高工程造价。在本标准中没有推荐具体的方法，但是提供了能帮助业主对此做出决定的详细信息。

第二，在提出功能规范前应调查适用的规章、周围环境和测量背景噪声，并在功能规范书中明确提出对承包商所具有的能力要求，如换流站声级预测计算能力、单台设备的噪声计算和测量能力以及进行现场验证能力等。

第三，功能规范书中应规定承包商为满足噪声要求应采用的方法，有：

——计算预测换流站及其周边的可听噪声，或者

——换流站试运行后进行实地测量，或者

——综合应用上述两种方法。

高压直流换流站噪声预测计算应考虑到最不利的情况，但换流站发声设备和换流站周围地形的模拟准确度、可能存在的错误数据以及不完善的计算方法等会造成计算结果的偏差。实地测量可获得准确的结果，但不一定能在换流站设计的不利环境下进行。而且这种测量是在换流站建成后进行的，此时所能采取的降噪措施已经非常有限并相当困难。所以，首先进行计算预测，然后实地测量可最大程度地保证可听噪声满足限值要求。

第四，功能规范书中应明确要求承包商提供与研究技术有关的数据，否则可能出现由不同承包商提交的研究信息不能反映其设计中可能存在的缺陷，或者出现不公平竞争现象。同时，在功能规范书（或业主和承包商间的其他协议）中，应明确指出由承包商提交的研究报告是否需要得到业主认可。如果需要，应在工程时间表内进行适当的安排，使业主有足够时间对这些报告进行检查、修改和批准。

本标准尽可能地包括了功能规范书以及后续技术评估中所有可能涉及的内容，对关键点或争议点做了详细的分析。

本标准中尽可能地给出了明确的建议，并描述了采取的方式和产生的结果。

本标准涉及了高压直流换流站可听噪声研究的大部分内容，但并不意味要求功能规范书也必须与此完全相同，如一些与拟建换流站站址有关的内容等。尽管如此，当制定功能规范书时，至少应考虑到本标准中讨论到的所有内容。在技术评估阶段，本标准中大部分内容都是适用的。

高压直流换流站可听噪声

1 范围

本标准用于指导编写高压直流换流站可听噪声功能规范书、评估承包商提议的设计方案以及监测工程建成后的可听噪声，对高压直流换流站可听噪声进行综合评定，使其可听噪声级满足相关法律、法规和标准的要求。

2 规范性引用文件

下列文件中的条款通过本标准的引用而成为本标准的条款。凡是注日期的引用文件，其随后所有的修改单(不包括勘误的内容)或修订版均不适用于本标准，然而，鼓励根据本标准达成协议的各方研究是否可使用这些文件的最新版本。凡是不注日期的引用文件，其最新版本适用于本标准。

GB/T 1094.10—2003 电力变压器 第10部分：声级测定(IEC 60076-10:2001，MOD)

GB/T 3767—1996 声学 声压法测定噪声源声功率级 反射面上方近似自由场的工程法(eqv ISO 3744:1994)

GB/T 3768—1996 声学 声压法测定噪声源声功率级 反射面上方采用包络测量表面的简易法(eqv ISO 3746:1995)

GB/T 3947—1996 声学名词术语

ISO 3745:2003 声学 声压法测定噪声源声功率级 消声室和半消声室精密法

ANSI S1.11:2004 倍频带和分数倍频带模拟及数字滤波器规范

3 术语和定义

本标准采用下述术语和定义，更多相关信息请查阅 GB/T 3947—1996。

3.1

声(波) sound(wave)

弹性媒质中传播的压力、应力、质点位移、质点速度等的变化或几种变化的综合。

[GB/T 3947—1996，定义 2.1]

3.2

噪声 noise

噪声为紊乱断续或统计上随机的声振荡，或者为不需要的声音。

注：改写 GB/T 3947—1996，定义 2.11。

3.3

计权 weighting

对信号进行变换的一种方法。其基本点是突出信号中的某些成分，抑制信号中的另一些成分。对信号不同成分所乘的不同比例因子称为计权函数。

注1：因为“A计权”可以区分能被人耳接收到的以相似方式传输的不同频率的声音，所以通常使用“A计权”表征声音。使用 dB(A)可以表示人们对声响度的感受，其他的频率计权，例如“C计权”，则比A计权更注重考虑低频声。

注2：改写 GB/T 3947—1996，定义 2.85。

3.4

声压 sound pressure

有声波时媒介中的压力与静压的差值，单位为帕(Pa)。

[GB/T 3947—1996，定义 2.21]

3.5

声压级 sound pressure level

声压与基准声压之比以10为底的对数乘以20,单位为分贝(dB)。

计算公式如下:

$$L_p = 20 \lg(p/p_0) \tag{1}$$

式中:

p——声压方均根值,单位为帕(Pa);

p_0——基准声压方均根值,为20×10^{-6} Pa,该数值是感知声波的门槛值。

注1:可以使用多点的A计权声压级计算平均声压级($\overline{L_{pA}}$),公式如下:

$$\overline{L_{pA}} = 10 \lg\left(\frac{1}{N}\sum_{i=1}^{N}10^{0.1L_{pAi}}\right) \tag{2}$$

式中:

$\overline{L_{pA}}$——A计权平均声压级,单位为分贝(dB(A));

N——测量点总数;

L_{pAi}——第i点A计权声压级,可以根据背景噪声的影响进行修正,单位为分贝dB(A)。

注2:使用相似的方式对几个频带的声压级(1/1倍频程、1/3倍频程等)求和:

$$L_{pA,TOT} = 10 \lg\left(\frac{1}{N}\sum_{j=1}^{N}10^{0.1L_{p(fj)}}\right) \tag{3}$$

式中:

$L_{pA,TOT}$——A计权声压级总和;

N——频带数;

$L_{p(fj)}$——第j频带A计权声压级,单位为分贝(dB(A)),可以根据背景噪声的影响进行修正。

关于“1/1倍频程”和“1/3倍频程”的详细描述见3.12。

注3:改写GB/T 3947—1996,定义2.47。

3.6

声强 sound intensity

声场中某点处,与质点速度方向垂直的单位面积上在单位时间内通过的声能称为瞬时声强。稳态声场中,声强为瞬时声强在一定时间T内的平均值,单位为瓦每平方米(W/m²)。

注1:对于自由平面波和球面波而言,在传播方向n上的声强为:

$$I_n = P^2/(\rho\times c) \tag{4}$$

式中:

P——声压的方均根值,单位为帕(Pa);

ρ——空气密度,常量,单位为千克每立方米(kg/m³);

c——声速,单位为米每秒(m/s)。

注2:改写GB/T 3947—1996,定义2.26。

3.7

声强级 sound intensity level

声强与基准声强之比的以10为底的对数乘以10,单位为分贝(dB)。计算公式如下:

$$L_I = 10 \lg(|I_n|/I_0) \tag{5}$$

注1:当声波反向进入声波包围面时,I_n为负值,这种情况有可能发生在声源近场。此时声强级用“××”dB表示。在公式(5)中假定平面波在声源远场正向传播。

注2:改写GB/T 3947—1996,定义2.48。

3.8

声功率　sound power

单位时间内通过某一面积的声能，单位为瓦(W)。

注1：声功率不能直接进行测量，可以通过对声强的计算得到，其计算公式如下：

$$W=\oint_A \vec{I}\times d\vec{A} \quad \cdots\cdots(6)$$

公式(6)表示声功率 W 为声强矢量 $\vec{I}$ 对闭合曲面 A 的积分。

注2：改写 GB/T 3947—1996，定义2.30。

3.9

声功率级　sound power level

声功率与基准声功率之比的以10为底的对数乘以10，单位为分贝(dB)。计算公式如下：

$$L_W=10\ \lg(W/W_0) \quad \cdots\cdots(7)$$

式中：

W——声功率；

W_0——基准声功率，为 1×10^{-12} W，是感知声波的门槛值。

注1：声源的A计权声功率级(L_{WA})由平均声压级 L_{pA} 决定：

$$L_{WA}=L_{pA}+10\ \lg(S/S_0) \quad \cdots\cdots(8)$$

式中：

S——包围目标物的"测量面"面积，单位为平方米(m^2)；

S_0——基准面积，为 1 m^2。

测量面内的声功率级大小与距声源的距离无关。

注2：改写 GB/T 3947—1996，定义2.49。

3.10

声传播　sound propagation

某一点的声压级取决于该点距声源的距离(r)、声源的声功率级和空间几何位置。对于半球形传播的声波，适用公式(9)：

$$L_p=L_W-10\ \lg(2\pi r^2) \quad \cdots\cdots(9)$$

注1：当声源为固定声源时，公式(9)在声学里被称为"距离原理"。该原理表明，假如测量是在声源远场执行，那么距声源的距离每增加一倍，声压级就降低6 dB(A)。远场的起始距离由声源规模、声场的空间复杂性和传播频率决定。例如，对于一个大变压器，远场起始于距变压器30 m处；对于以1 kHz频率传播声波的小电抗器，远场起始于5 m处。

注2：严格来讲，距离原理只适用于点声源。当距声源很远时，大多数声源才可以被看作为点声源，所以在实际应用时应特别注意声源类型。

3.11

声辐射的指向性　directivity of sound radiation

指向性和声功率级、声压级的关系为：

$$L_p=L_W-10\ \lg(4\pi r^2/Q) \quad \cdots\cdots(10)$$

式中：

L_p——距声源距离为 r 处的声压级；

L_W——声源的声功率级；

r——声源和接收器间的距离；

Q——声辐射的指向性，例如 $Q=1$（球形声辐射）；$Q=2$（半球形声辐射）；$Q>2$(方向不一的声辐射)。

注：声辐射指向性也可以用分贝表达，称为指向性指数，由公式(11)确定：

$$D_I=10\lg Q \quad \cdots\cdots(11)$$

指向性指数是球形传播时声偏移量的校正系数。此时，声压级可以通过公式(12)计算获得：

$$L_p = L_W + D_I - 10\ \lg(4\pi r^2) \qquad (12)$$

3.12

声测量滤波器　sound measurement filters

把信号中各分量按频率加以分离的设备。滤波器能使一个或几个频带中的信号分量通过时基本上不受衰减，对其他频带中的分量则加以衰减。

注1：通过使用标准滤波器，使声测量设备能在规定的频带内测量总声压级。通常使用“1/1倍频程”滤波器或“1/3倍频程”滤波器进行测量。一个1/1倍频带包含3个1/3倍频带。

“倍频程”滤波器的相邻频率间的关系如下：

$$f_2 = 2^a f_1 \qquad (13)$$

公式(13)中，$a=1$时为“1/1倍频程”滤波器；$a=1/3$为“1/3倍频程”滤波器。

注2：声测量滤波器的中心频率应满足相关标准的要求。在ANSI S1.11等标准中，“1/1倍频程”的中心频率为(单位为赫)：16，31.5，63，125，250，500，1000，2000，4000，8000，16000；“1/3倍频程”的中心频率为(单位为赫)：16，20，25，31.5，……，17780，22390。

注3：改写GB/T 3947—1996，定义6.49。

3.13

反射面　reflecting plane

任何能完全反射声波的表面。

3.14

基准辐射面　principal radiating surface

测量对象周围的一个假定的面，假定声波是从这个表面辐射出去的。

3.15

规定轮廓线　prescribed contour

与基准辐射面相距某一规定水平距离(即测量距离)的水平线，各测量点位于此线上。

[GB/T 1094.10—2003，定义3.9]

3.16

测量距离　measurement distance

基准辐射面与测量表面之间的水平距离。

[GB/T 1094.10—2003，定义3.10]

3.17

测量表面　measurement surface

包络声源的假想表面，各测量点位于此表面上。

[GB/T 1094.10—2003，定义3.11]

3.18

背景噪声　background noise

测量对象在非运行状态下的声压级(此处，测量对象可以是整个高压直流换流站或单台设备)。

4　环境影响

4.1　概述

当声源发声时，周围环境将影响声波的传播以及在一定距离处对声波的感知。本章描述了背景噪声、地形条件和气象条件等环境因素对声波的影响，其中气象条件对声波的长距离(数百米)传播影响很大。

4.2　背景噪声的影响

图1表明了固有噪声和背景噪声。对于背景噪声，即使在固有噪声消失后其仍会存在。固有噪声

级和背景噪声级共同作用形成总的测量声级。

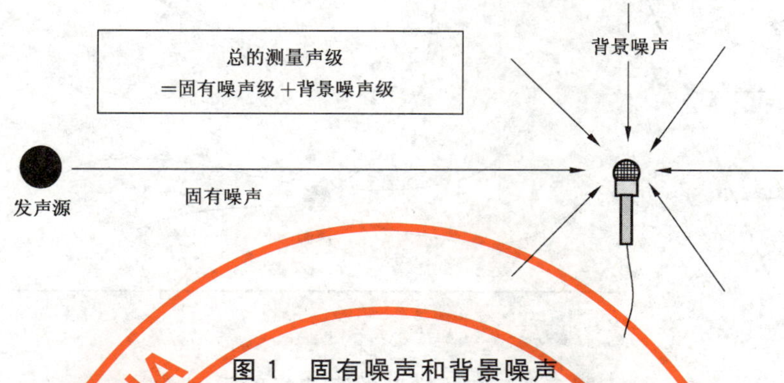

图1 固有噪声和背景噪声

在拟建高压直流换流站的站址处，总会存在背景噪声。人类活动的声音和自然界的声音都属于背景噪声。这样的噪声源在白天或晚上，或其他某个特殊的时段内都有可能产生，因此确定不同时段的背景噪声级是非常重要的。一般来讲，人们在午夜至凌晨四点间活动最少，此时的背景噪声级通常最低。

当背景噪声级接近规定的最大值或等于总的噪声级时，考虑背景噪声的影响是非常重要的。

为了确定背景噪声级是否接近最大限值，在高压直流换流站建设前应测量站址的背景噪声。一旦换流站建成，如果背景噪声级与总的测量声级之差小于10 dB(A)，则测量时应认真考虑背景噪声的影响。此时，即使可修正总的测量声级，但是已不可能准确地确定固有噪声级(见10.3.1.4)。

4.3 地形条件的影响

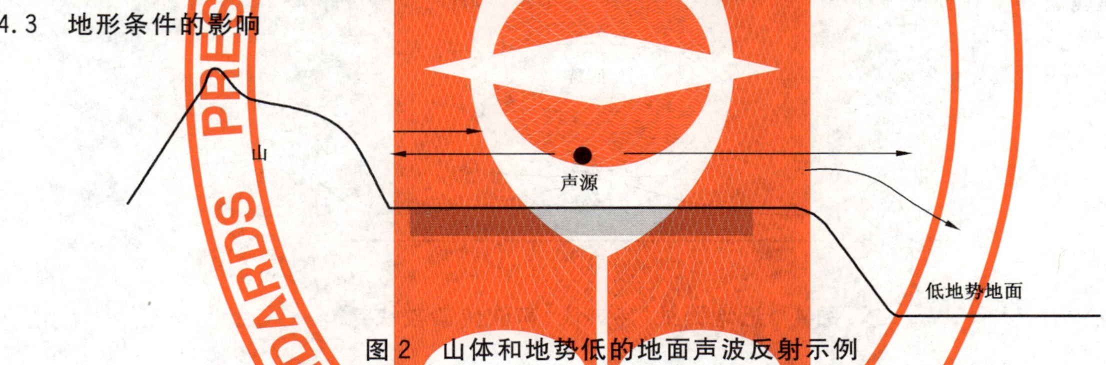

图2 山体和地势低的地面声波反射示例

高压直流换流站周围的地形各异，例如海洋附近、山上或山谷和平原等。地形影响声波的传播，特别是地面物体(如山体或地面本身)对声波的反射、吸收、屏蔽和衰减效应尤为明显。另外，当换流站位置与选定测量点的海拔高度不同与相近相比，声波的传播是不一样的。

如图2所示，声波可被山体反射，而地势低的地方可成为无声区。这说明即使距声源的距离相同，各处声波的衰减也可不一样。

地表特性决定了地面对声波的反射或吸收能力。因此，当要求准确计算从高压直流换流站传出的噪声时，不仅需要考虑地形条件，还应考虑地表特性，如森林、岩石、草地等。

但是，当地面基本平坦、地表均匀、海拔较低而使“距离”成为声波衰减的主要原因时，通常在计算中不必过多地考虑地形对声波传播的影响。

4.4 气象条件的影响

声波在空气中的远距离传播受气象条件，如风、温度、雨、雾和雪的影响。特别是风和温度对声波传播的影响尤为显著。因此，在换流站测量声波时应特别关注气象状况。

4.4.1 风速和风向的影响

由于摩擦阻力，近地表的风速通常比高处的风速低。如图3所示，因为声速为风速和初始声速的矢量和，所以声波会发生折射，因此声波顺风向和逆风向的传播是不同的。

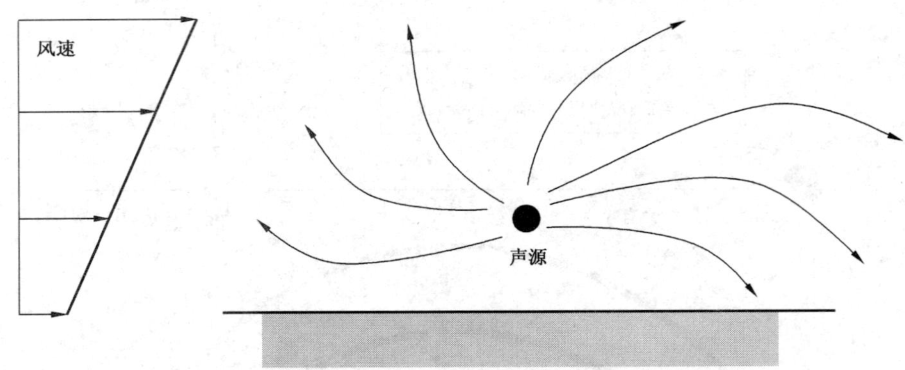

图 3　存在风梯度的声波折射示例

如果高压直流换流站区域的风很大，则同一声源逆风向的声级比顺风向的低。利用这一条件有可能使换流站布置和隔声设计达到最优化（如果在风大时测量，风在传声器上会产生所谓的自噪声，这种自噪声可采用在传声器上安装挡风装置的方法降低）。

4.4.2　温度梯度的影响

热地表和冷地表在大气中可形成垂直温度梯度，因为声波在热空气中比冷空气中传播快，所以温度梯度对声波传播有很大的影响（见图 4 和图 5）。因此，对于处于地面的人来说，图 5 中的声波衰减相对较小，这种现象通常在夜间发生。

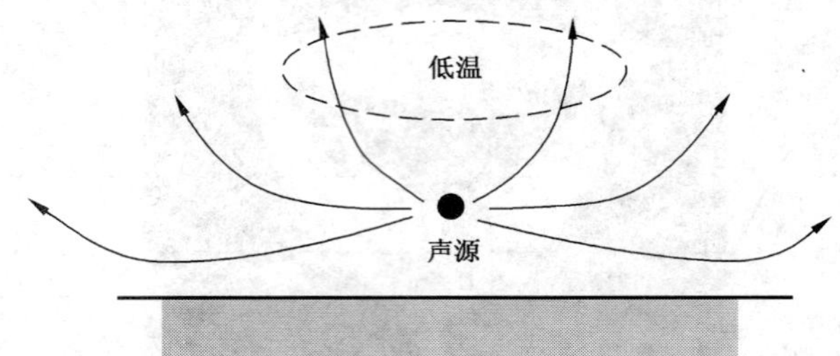

图 4　近地面处（热地表）声波传播较快

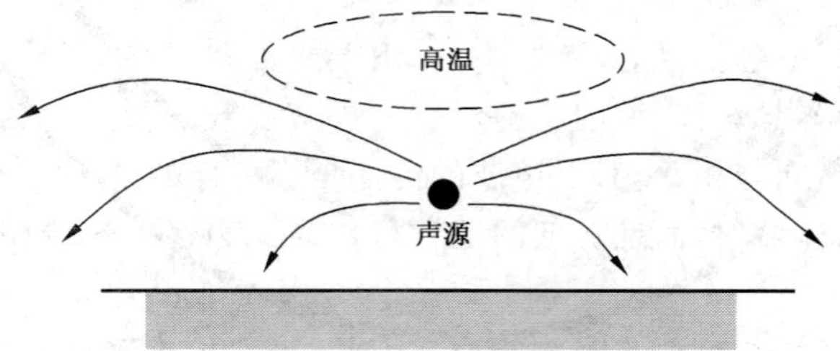

图 5　近地面处（冷地表）声波传播较慢

4.4.3　大气条件的影响（温度、湿度和压力）

因为空气会吸收声波的能量，所以声波通过空气传播时强度会衰减。衰减量主要与空气介质的黏滞性和氧分子（O_2）、氮分子（N_2）的张驰度有关。总的来说，声波频率较低时衰减量很小，可忽略不计；但频率较高时这种衰减就会变得很大（见 9.3.1.2）。

4.4.4　雨、雾和雪的影响

在雨天或雾天，声波有时会被传送得更远一些。主要原因不是雨或雾的声学特性，而是伴随这种天气产生的风梯度和温度梯度对声波传播的影响（见图 4 和图 5）。试验数据表明，雨和雾引起的声波衰减相对较小。

另一方面，新下的雪覆盖的地面对声波有很高的吸收率，引起的声波衰减量较大。

在雨天由于雨滴声的存在，会使背景噪声级增加。

4.4.5 示例及典型数据

气象条件对声波的影响及典型数据如下：

——逆风时测量的声级比没有风时测量的声级低 20 dB(A)；

——即使温度梯度很大，低风速或中等风速对声波传播的影响还是大于温度梯度对此的影响；

——当风速超过 3 m/s～4 m/s 时，很难准确测量低于 40 dB(A)的噪声级。如果使用了挡风装置，上述风速限值会有所增加，但通常增加值也仅有几米每秒；

——低频声波在大地干燥与潮湿时有很大差别（如 63 Hz 音在大地潮湿时的声级比干燥时小 10 dB(A)）。

总之，每天的气象状况都会不同，不同的地理位置气象状况也会不同，因此考虑气象条件对声波传播的影响是很有必要的。

5 噪声级限值

5.1 概述

由政府或权力机构制定的规章中规定了多种用地类型下的最大允许噪声级，其中还包括了用于验证声级的测量方法。噪声级也有不同的频率计权，如 A 计权和 C 计权，见 3.3。

5.2 噪声级限值表示方法

通常，噪声级限值与用地类型有关，与距噪声源（如高压直流换流站）的距离无关。但是有些情况下，为了更符合业主和当地规划机构的验收程序，规章中也会给出与距离有关的噪声级限值。就另一方面而言，规定更多的限制条件以适应不同的运行状态也是有必要的。

现有的地方规章中，表示噪声级限值的主要方法有：

——不同用地类型的最大允许 A 计权声压级，包括背景噪声在内；

——在背景噪声基础上的最大允许增加量；

——也可结合 A 计权和 C 计权表示噪声级限值，例如规定 C 计权总声级比 A 计权总声级小 15 dB(A)。

一些规章中没有规定整个区域的声级限值，而仅给出了特殊边界上的限值。第一种方法适合低背景噪声级区域，第二种方法更适合高背景噪声级区域。

5.3 噪声测量

正确完成噪声测量应充分考虑下列因素：

——具有代表性的单点测量的数量和测量时间；

——所使用的测量设备；

——障碍物和传声器间的允许距离；

——气象条件，例如，风向和最大允许风速。

除以上因素外，还应明确测量准确度，即测量的不确定度，例如表示为(45±3)dB(A)。

测量方法的详细描述见 10.3。

5.4 用地类型

人类的大部分活动都会发出声音，这些声音可能会影响周围环境中人们的谈话和休息，因此，应有法律或规章来规定可接受的噪声级。

如果声波在声源处被抑制，则不会存在噪声问题，但造价可能会与收益在很大程度上不成比例。同时，有些情况下声波很难在声源处抑制，如移动声源（飞机）等。

因此需要对用地进行分类，如果有可能，应把噪声源集中在远离居住区和商业区的地方。拟建高压直流换流站的站址及其周围地区当前可能正用于其他用途，如工厂、商业、农场或公用地，每一个区域的噪声级限值通常是由当地的法规和规章决定的，同时也是基于不同的用地种类上确定的。

当高压直流换流站的位置选定时，为了使建设时或以后不会产生噪声问题，有必要提前调查用地情况和相关规章，特别是在居住区，应了解换流站未来相邻对象的生活和要求。同时也应认识到，现有的背景噪声级可能恰恰就是来自于当前的用地规章的限值。

5.5 要求限制噪声的区域

要求限制噪声的区域的划分方式有：

——高压直流换流站的围墙处或征地红线处；

——距高压直流换流站一定距离的给定边界线处，例如，在一个圆周界上或某地域边界线上；

——附近的地域边界。

不同划分方式的优点和缺点如下：

——在高压直流换流站围墙或征地红线处：

优点：

- 背景噪声的影响小；
- 测量受气象条件的影响小；
- 受周围地形和地面声场的影响小。

缺点：

- 选择的验证地点无法确定噪声危害对人的影响，不具有代表性；
- 对换流站的布置可能产生不必要的影响；
- 由于靠近换流站的噪声最大，使测量更复杂，耗费时间更多；
- 承包商可能不得不采取措施以降低噪声，工程造价会比较高。

——在距离高压直流换流站一定距离的给定边界线处：

优点：

- 比靠近换流站围墙处预测噪声级更简单。原因是换流站可以被当作点声源。

缺点：

- 选择的测量地点无法确定噪声危害对人的影响，不具有代表性；
- 受到背景噪声、天气条件、地形和地表的影响。

——在附近地域的边界处：

优点：

- 在真正存在危害的地方进行测量；
- 与户外可听噪声规章一致；
- 能很简单地预测噪声级。

缺点：

- 进行验证时，很难实现同一时间内所有测量条件都满足；
- 需要能靠近私人地域。

对环境噪声而言，因为噪声危害人们居住或工作，所以最后一种划分方式最好。当然，将来可能会在以前无人居住的地方建造房屋，当地的规划机构应对此进行规划。另外，住宅开发计划在选择位置和布局时应考虑周围环境的噪声，包括运行着的高压直流换流站。

5.6 噪声级限值与噪声持续时间的关系

通常，来自高压直流换流站的噪声是连续的，但换流站某些设备会产生脉冲噪声，如断路器和隔离开关（见6.6.1）。描述脉冲噪声的主要性能参数包括：

——噪声级峰值；

——持续时间；

——在一天中的时段；

——发生的频率；

——规律性(每天相同的音调可能比变化的音调更有危害)；

——单音；

——噪声脉冲随时间的变化。

公式(26)提供了使用连续等效声级计算脉冲噪声的方法。许多规章中既规定了白天的噪声级限值，也规定了晚上的噪声级限值。

很多情况下，工作人员安全条例对脉冲噪声级限值的规定是最严格的。

5.7 典型的噪声级限值

在给出典型的噪声级限值之前，需要指出的是即使仅仅改变几个分贝，所要投入的费用也有可能是很可观的。

下面给出了两种描述噪声级限值的方法。

5.7.1 A计权声压级

根据用地类型，户外声压级一般分为几个级别。下述为典型应用值(仅给出夜间值)：

——无工业噪声的工作场所： <50 dB(A)～70 dB(A)；

——居住区、教育场所和医院： <40 dB(A)～55 dB(A)；

——商业区： <35 dB(A)～45 dB(A)。

如果存在一主控单音，限制会更严格。每个规章中都有对单音的定义，当有主控单音时，以上给出的声级数值可能会减小。

注：地方规章中的规定有可能不同，所以上述典型值表示为一定的范围。

5.7.2 在背景噪声基础上的最大允许增加量

因为在背景噪声级基础上的最大允许增加量的变化范围较大，所以很难给出一个确切数值作为示例，但是在此可给出背景噪声级的允许增加范围为0 dB(A)～7 dB(A)，该范围通常为背景噪声敏感区域的临界值。通常，如果存在单音，所允许的增加量会减少。

6 发声源

6.1 概述

为了限制由高压直流换流站辐射到其周围区域的噪声级，应对换流站的可听噪声提出要求。但是当所有设备在换流站现场安装后，几乎就不可能再准确确定单台设备的噪声级了，所以应把整个高压直流换流站可听噪声级的要求分解到对各相关设备的要求上，并在设备制造厂的实验室确认各设备的可听噪声级。因此，为了满足噪声级限值，必须了解每一个发声设备的声学特性和噪声强度。

本章介绍了高压直流换流站的主要发声源，简单地讨论了每一个声源的声学特性并阐述了影响每个设备声功率的主要参数。其中主要的噪声源设备有：

——换流变压器；

——电抗器；

——电容器；

——冷却风扇。

其他噪声源设备包括：

——开关装置；

——同步调相机；

——柴油发电机；

——空调设备；

——冷却泵；

——换流阀；

——电晕。

6.2 换流变压器

6.2.1 换流变压器中的噪声源

换流变压器是高压直流换流站单台设备中声功率最高的设备，所以是换流站的主要噪声源。

换流变压器中产生的噪声来源于：

——铁芯(由磁致伸缩和结合处产生噪声)；

——绕组、箱壁和磁屏蔽中的电磁力；

——变压器散热系统的风扇/泵。

换流变压器的风扇/泵严格意义上不属于变压器本体，由不同的制造商提供。

6.2.2 与交流变压器的比较

因为对交流变压器的发声结构有较深的了解，所以首先对此进行讨论。

过去，铁芯振动是交流变压器的主要噪声源，此时的噪声辐射主要取决于变压器的额定功率和铁芯的磁通密度，而不是负载。然而，随着铁芯设计技术的提高，如使用能减少磁致伸缩的高质量硅(锡)钢片以及铁芯连接技术的改进而降低了铁芯噪声，这就使得由电磁力产生的与负载有关的绕组噪声变得相对突出。

对于现代交流变压器，如果额定电压时的铁芯磁感应强度减小到大约 1.4 T 或更低，则绕组噪声的声功率就有可能与铁芯噪声的声功率相当，甚至更大。绕组噪声的声功率级可用公式(14)计算：

$$L_{WA,W} \approx 39 + 10\lg(S_r/S_p) \qquad \cdots\cdots(14)$$

式中：

$L_{WA,W}$——额定电流、额定电压和额定频率下绕组的 A 计权声功率级，单位为分贝[dB(A)]；

S_r——额定功率，单位为兆伏安(MVA)；

S_p——基准功率，1 MVA。

变压器额定运行时，产生频率为 1 kHz 以下的噪声频谱。在负载电流为正弦时，绕组噪声包含两倍工频频率的噪声，而铁芯噪声频谱包含大量的 4 次到 10 次工频谐波，这取决于磁通密度水平。因此，交流变压器负载时的噪声主要为叠加了空载频谱的 100 Hz 音频(工频为 50 Hz)。

6.2.3 换流变压器的特有性能

通常，在高压直流换流变压器和交流变压器的额定功率相同时，换流变压器的声功率级比交流变压器大，这是由两个因素造成的：

——高压直流换流变压器的负载电流的谐波含量较高；

——高压直流换流变压器连接换流阀桥的绕组中有少量的直流偏磁电流。

上述因素使换流变压器的声功率级比正常交流运行时增加 10 dB(A)以上。

换流变压器的声频谱包含高达几千赫兹的频率，因此更易被人类听到(使用 A 计权声级表示，见 3.3)。当换流变压器的主频率大于 300 Hz 时，使用外部降噪措施(例如屏蔽和吸收装置)会更有效果。

直流磁化产生的噪声不直接取决于负载水平，因为直流偏磁电流含量由下述几方面决定：

——换流阀不对称触发，取决于阀触发控制系统的准确度；

——换流变压器的阻抗差；

——单极大地回线运行时，接地极和换流站接地的电位差。

变压器铁芯的直流磁化能增加 50 Hz 音频、奇次谐波音频和偶次谐波音频，所以即使是换流变压器的直流电流含量不多，变压器铁芯的直流磁化也会增加变压器的可听噪声。

通常，对于高压直流换流变压器，绕组是主要的可听噪声源，因此可听噪声级将会随着变压器负载的增加而增加。

在高压直流换流站中，通过声压测量法得到的换流变压器声功率级一般随着变压器负载的增加而增加。声功率级随负载的变化量与变压器额定功率几乎没有关系，空载时的声功率级和额定负载时的声功率级之间的差别从几分贝到二十几分贝均有可能。

另外，应考虑变压器冷却设备产生的声功率，尤其是对于采用低噪声设计的变压器。有关冷却风扇的声学特性见6.5。

6.2.4 变压器绕组噪声

当电流通过变压器绕组时，带电绕组在杂散磁场中会产生电磁力，形成绕组振动，从而产生绕组噪声。绕组的电磁力与绕组的磁场强度和电流的乘积成正比，并与电流的平方成正比，如下所示：

$$F \propto B \times I \propto I^2 \qquad \cdots\cdots (15)$$

式中：

F——绕组电磁力，单位为牛(N)；

B——绕组中的磁场强度，单位为特(T)；

I——绕组电流，单位为安(A)。

绕组振动的振幅和速度与电磁力成正比，绕组噪声的声功率与振动速度的平方成正比，与负载电流的4次方成正比：

$$W \propto v^2 \propto (\omega \times x)^2 \propto F^2 \propto I^4 \qquad \cdots\cdots (16)$$

式中：

W——绕组噪声的声功率；

v——振动速度；

ω——$2\pi f$，声学角频率；

x——振动幅度。

6.3 电抗器

6.3.1 高压直流电抗器的类型和结构

高压直流系统中的电抗器有以下几类：

——滤波器电抗器：为交流/直流滤波器的组成部分，用于滤除交流侧和直流侧的谐波；

——高压直流平波电抗器：与高压直流传输线和/或电缆串联，或接入背靠背直流回路的中间以减小直流侧谐波、抑制直流系统故障引起的电流升高和提高系统的动态稳定性；

——电力线路载波器和无线电干扰滤波电抗器：用于高压直流换流站交流侧和/或直流侧，以减少线路中的高频噪声；

——并联电抗器：主要用于配合交流滤波器提供感性无功补偿，尤其是在轻负载下为满足系统谐波要求而投入最小滤波器组时，需投入并联电抗器。

其中，应重点研究滤波器电抗器和高压直流平波电抗器的噪声对换流站总声级的影响。

除了特殊情况下需要采用油浸式平波电抗器(例如，在极端的污秽和气候状况的地方)之外，通常高压直流系统用电抗器均采用干式空芯电抗器(自调谐交流滤波器电抗器例外，它使用铁芯控制被直流磁化的磁路的导磁性实现滤波器调谐)。

对于油浸式电抗器，除了其另有铁芯间隙产生噪声之外，它与换流变压器的发声机理和采用的降噪措施相似，见6.2。下面介绍基于干式空芯技术的电抗器设计和发声机理。干式空芯电抗器的主要构造如图6所示：

电抗器绕组由单层或多层绕组组成，绕组层由绝缘铝导线制成并由树脂填充压缩。这些绕组层的端部被焊接到支架上，使同心绕组层并联。顶部支架和底部支架通过几组玻璃丝结沿绕组上下夹紧固定。绕组被由圆周状布置的玻璃加强丝棒隔出放射形的间隔，从而形成可进行绕组自然对流冷却的垂直空气通道。

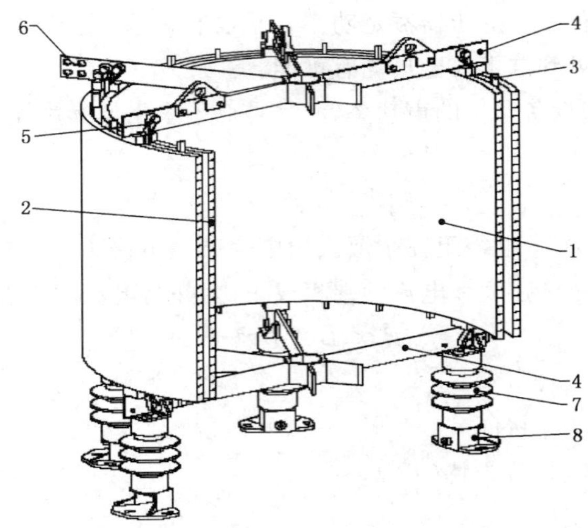

1——绕组；

2——导线；

3——间隙绝缘棒；

4——支架；

5——玻璃丝结；

6——端子；

7——支柱绝缘子；

8——安装固定脚。

图 6　干式空芯电抗器

6.3.2　发声的机理

空芯电抗器绕组电流和磁场相互作用产生绕组振动，从而产生噪声。

如果是铁芯电抗器，作用于磁路的力会加剧设备振动。如果铁芯有气隙，则应考虑由气隙中的力导致的噪声。这些噪声通常比由磁致伸缩产生的噪声大。

任何通电导线放到磁场中都会受到力的作用，因此，通过绕组区域的磁场会产生绕组电磁力。图 7 示例说明额定功率为 30 Mvar 的空芯电抗器的磁场分布。

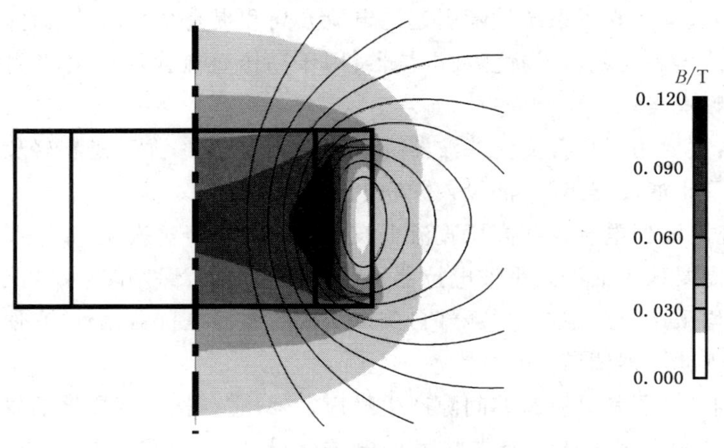

图 7　空芯电抗器绕组的磁场分布

6.2.4 中已经说明，绕组力与绕组的磁场强度和电流的乘积成正比，与电流的平方成正比。

计算绕组力时，力频谱与电频谱不同。如果是单频交流电流，力以两倍的电流频率振荡。然而，如果电抗器同时流过几种不同频率的电流，除了频率为两倍电流频率的振动模式外，还存在另外的振动模式。

绕组上的振动力引起电抗器轴向和径向振动。虽然振动力的大小可以确定，但对绕组结构的振动响应分析却很复杂。对任一机械结构，可按照“振动模式”描述电抗器的动态行为。因为振动力几乎是旋转对称的，所以希望只存在与振动力分布形状相同的对称模式结构。然而，因为存在同心绕组层间一定数量的气隙绝缘棒、固定在绕组端部的支架以及制造误差等因素，所以还存在其他非旋转对称的模式。圆柱体电抗器结构的基本振动模式有：

——所谓的“呼吸模式”，此时电抗器绕组像一个圆柱形的压力容器。这种模式的频率基本上取决于绕组的材料参数，与绕组的直径成反比。呼吸模式的典型频率在几百赫兹到 1 kHz 之间。呼吸模式的形状是完全对称的，见图 8，并与由轴向磁场分量激励的分布电磁力一致。

——轴向上的“压缩模式”，此时电抗器向着电抗器中心平面被轴向对称压缩。这种模式由径向电磁场分量激励。

——绕组层的“弯曲模式”，以圆周向和轴向上的节点数表征。该模式的主要频率通常低于呼吸模式频率。尽管弯曲模式不是旋转对称，但它还是由电磁力激励的，见图 9。

图 8　电抗器呼吸模式简化结构

图 9　电抗器弯曲模式示例（绕组层无轴向约束）

电抗器表面的振动辐射到周围环境中，成为由空气传播的可听噪声。辐射的声功率可由式(17)、式(19)计算：

$$W = \rho_0 \times c \times A_W \times \sigma \times v^2 \qquad (17)$$

其中，

$$v = \omega \times x \quad (18)$$

则

$$W = \rho_0 \times c \times A_W \times \sigma \times \omega^2 \times x^2 \quad (19)$$

式中：

W——辐射的声功率，单位为瓦(W)；

ρ_0——空气密度，单位为千克每立方米(kg/m^3)；

c——声波在空气中的传播速度，单位为米每秒(m/s)；

v——振动速度，单位为米每秒(m/s)；

A_W——声辐射面面积，单位为平方米(m^2)；

σ——辐射效率；

ω——$2\pi f$，声学角频率；

x——振动幅度，单位为米(m)。

设备的振动幅度和声辐射面的大小基本决定了辐射声功率的大小，因为干式空芯电抗器的绕组是声辐射面的主要部分，所以其声辐射由绕组径向振动的幅度决定。轴向绕组振动和其他部件的振动对整个声辐射的作用相对较低。

为了避免振动的幅度加大，力频率(由电流频谱决定)不应与设备固有谐振频率相同。

电抗器的声功率与负荷电流的4次方成正比(见6.2.4)。为了获得准确的计算结果，有必要明确换流站的运行状态。满足电抗器声学要求的电流额定值可以不同于满足热应力要求的电流额定值。

辐射效率σ由设备的频率、几何特性和结构特性决定。例如，假定一个面以一定频率振动，在周围介质(如空气)中振动波长明显大于声学波长，此时空气不能被横向释放以消除压力差，空气微粒的速度等于这个面上空气微粒的速度，甚至超出最靠近这个面处的外部空间中空气微粒的速度，此时$\sigma=1$，反之则$\sigma<1$。振动波长与空气波长相同时，σ可以大于1。见10.2.3。

因为声功率随着负载电流4次方的增加而增加，所以可以直接根据试验结果按比例计算。因为很难在试验室中达到实际运行电流，所以这一点在应用中是非常有用的。如公式(20)所示，可以使用在电流I_1时测量的声功率级L_{W1}计算出电流为I_2时的声功率级L_{W2}：

$$L_{W2} = L_{W1} + 40\lg(I_2/I_1) \quad (20)$$

式中：

L_{W1}——电流为I_1时的声功率级，单位为分贝[dB(A)]；

L_{W2}——电流为I_2时的声功率级，单位为分贝[dB(A)]。

包括所有声频的总声功率级可由对数求和得到(见第3章)。电抗器的声频谱取决于它的负载电流频谱，因此在很大程度上也取决于电抗器的应用场所，详见6.3.3、6.3.4和6.3.5。

6.3.3 交流滤波器电抗器

图10是交流滤波器电抗器的简化电流频谱示例，假定电流由基频f和谐波次数为n的谐波组成。实际上，电流至少包含一种谐波成分。

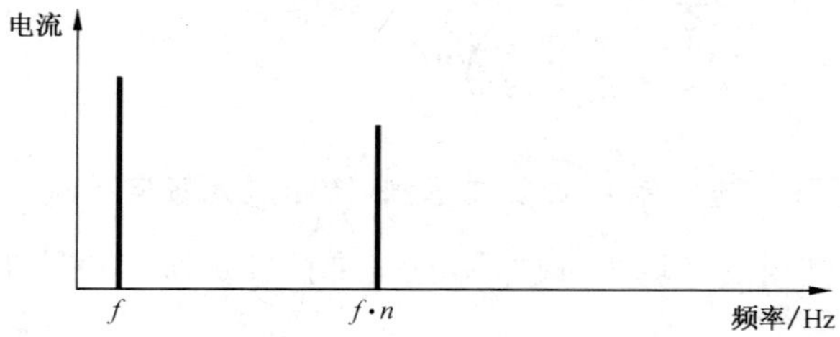

图10 交流滤波器电抗器的电流频谱示例

图 11 举例说明了交流滤波器电抗器绕组上力的组成。此力由一个静态预加负载和频率为 $2f$、$f(n-1)$、$f(n+1)$、$2fn$ 的振动力组成。仅振动力产生噪声。静态预加负载不影响声功率。

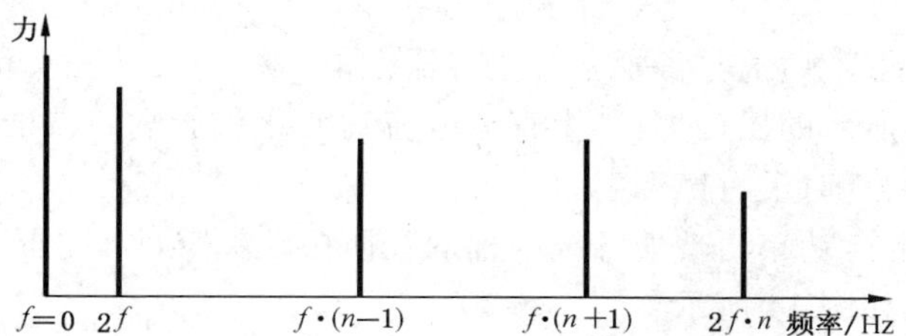

图 11 交流滤波器电抗器绕组的力频谱示例

在电流产生电磁力的过程中，频率发生了变化，力频谱中的频率数量（$f=0$ 除外）等于电流频谱中的频率数量的平方。如果电抗器的电流频谱包括几种谐波，则声频谱中的分量也会显著增多。

与任何机械结构一样，具有分布质量和结构特性的电抗器有无数的固有谐振点。如果力频谱中的一种或几种频率与这些固有频率相同，则设备振动将会加剧，从而使设备噪声增加。所以在考虑滤波器电抗器的声学特性时，必须同时考虑基波电流和谐波电流这两者的影响。

6.3.4 高压直流平波电抗器

干式空芯平波电抗器绕组的噪声主要由绕组振动产生，而绕组振动则由直流电流和谐波电流引起。目前，换流站通常采用 12 脉波换流桥运行，直流侧的主要谐波是 12 次和 24 次，因此，当交流系统为 50 Hz 时，平波电抗器的主要噪声在 600 Hz 和 1200 Hz 谐波电流下产生。

图 12 是高压直流平波电抗器的简化电流频谱示例。假定电流由直流分量和谐波次数为 n 的谐波组成。实际上，电流至少包含一种谐波成分。

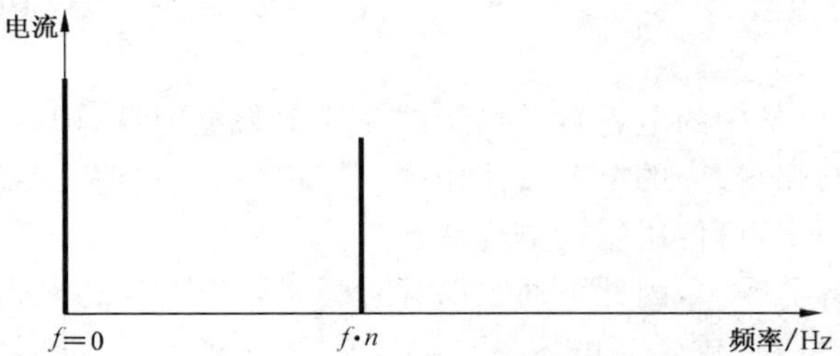

图 12 高压直流平波电抗器的电流频谱示例

图 13 举例说明了高压直流平波电抗器绕组上力的组成。这个力由一个静态预加负载（力频率 $f=0$）和频率为 fn 和 $2fn$ 的振动力组成。

静态预加负载（力频率 $f=0$）实际上不影响总噪声。

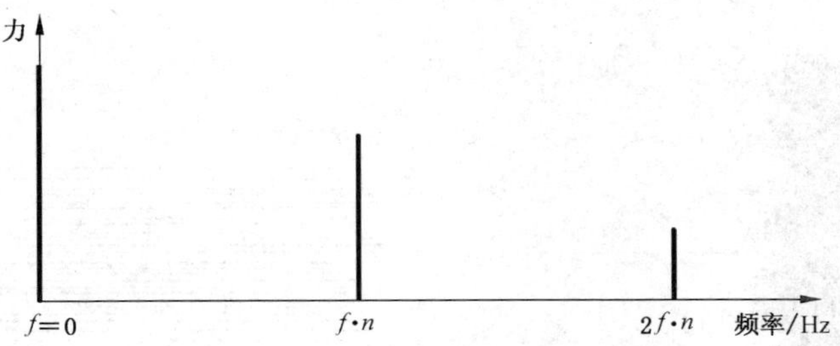

图 13 高压直流平波电抗器绕组的力频谱示例

6.3.5 自调谐滤波器电抗器

交流滤波器应有一定的频带宽度以防止滤波器失调，自调谐滤波器电抗器通过自调节以适应频率的偏移，如图 14 所示。这种电抗器有一个带可控绕组的铁芯(励磁电流可调节)，可控绕组中的直流电流变化影响铁芯的磁导率和电抗器的电感，交流电磁线绕在包围着铁芯的玻璃纤维圆桶上。电抗器外围设有隔声屏。

声测量表明，这种电抗器本质上与常规空芯电抗器性能一样。在某一交流频率下直流电流与交流电流共同作用产生如图 13 所示的振动力，其中直流电流的变化仅影响声波的大小(而不会使交流频率变化，如使其加倍)。频率为 0 时没有声辐射。

自调谐滤波器电抗器的声功率由玻璃纤维圆桶的径向振动决定，而不同于空芯电抗器，其声功率由(交流)绕组径向振动决定，如图 14 所示。

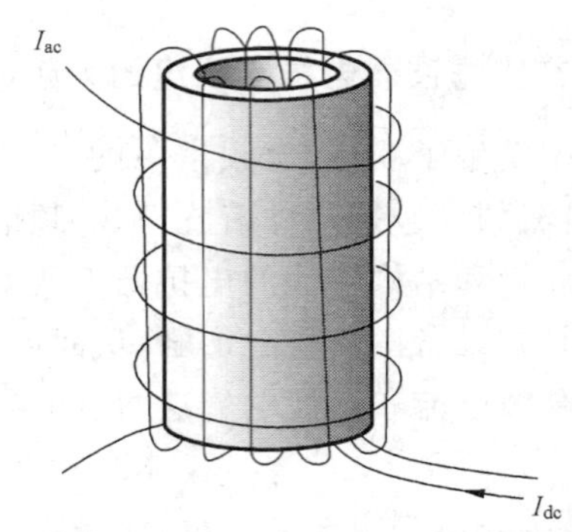

图 14　自调谐滤波器电抗器

6.4　电容器

6.4.1　电容器的类型与结构

除了换流变压器和电抗器，电容器也是高压直流换流站主要噪声源之一。电容器被广泛应用于高压直流系统中，如用于交/直流滤波器，无功功率补偿，电力载波滤波器(PLC)和电容式电压互感器(CVTs)等。

滤波器和无功功率补偿设备中的电容器是典型的壳式电力电容器；PLC 回路中的耦合电容器和电容式电压互感器(用于测量与保护)中的电容器使用瓷套式电容器。如果受现场空间的限制，或者因为环境污染和/或频繁地震等因素，可使用箱式电容器。

通常，需要限制壳式电容器噪声，因此下面主要针对壳式电容器描述电容器设计。

为了说明电容器的发声机理，首先对电容器的结构进行描述。电容器塔由许多单台电容器组成。单台电容器表面是钢外壳，配有套管。每一单台电容器内都充满了油，并且内含了一个由许多电容器元件串、并联组成的元件组，如图 15 所示。每个电容器元件由两层铝箔和数层一定长度的塑料薄膜和纸膜绕制而成。

瓷套式电容器元件和元件组的设计与壳式电容器元件和元件组的设计基本相同。因此下面关于发声机理的描述适用所有类型的电容器。

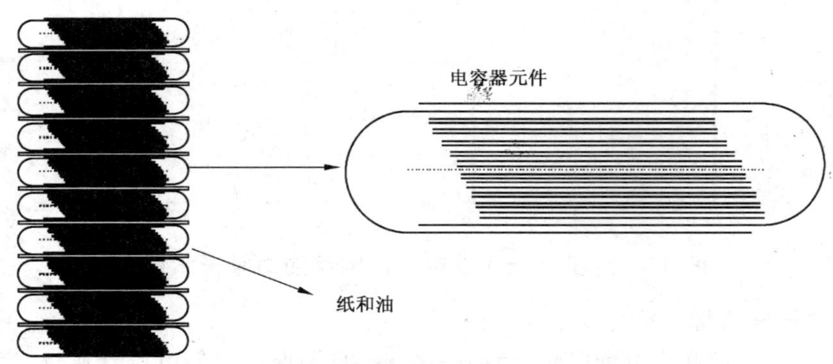

图 15　由电容器元件组成的电容器元件组

6.4.2 **发声机理**

如图 16 所示，因为电容器元件的每侧均有铝箔，所以带电电容器元件的大部分部位受力都是平衡的，受力不平衡的部位仅是电容器元件的边缘处（图 16 中的力 F_1）和中间（图 16 中的力 F_2）。由于电容器元件中间薄油层的强度是非常高的，尽管中间受力处上下力之间有小的偏移，但还是可互相抵消，所以电容器元件上的静力仅为边缘上的力。因此，电容器元件的大部分可听噪声是从其顶部和底部发出的。

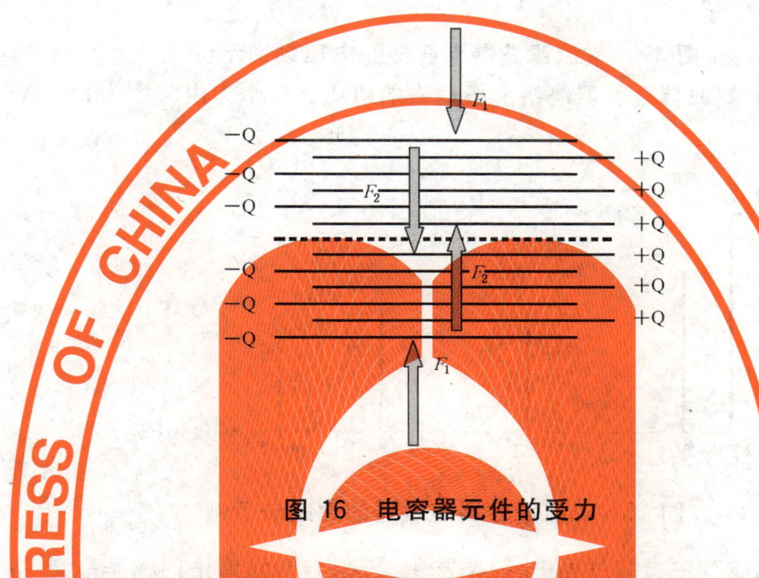

图 16 电容器元件的受力

电容器元件组的发声机理与电容器元件类似，它的机械响应由元件组中最初的轴向共振决定，为一维空间的声辐射，且声辐射主要被限制在与电容器元件组纵向垂直的平面上。

可通过电容器的能量对电容器极板间距离的微分计算（虚位移定理）电容器受力：

$$F = \frac{\mathrm{d}W}{\mathrm{d}x} \qquad \cdots\cdots(21)$$

式中：

W——电容器中储存的能量，单位为瓦（W）；

x——电容器极板间的距离，单位为米（m）。

电容器中储存能量可以通过下式计算：

$$W = (U^2 \times C)/2 \qquad \cdots\cdots(22)$$

式中：

U——施加在电容器上的电压的方均根值，单位为伏（V）；

C——电容，单位为法（F）。

因此，电容器受力可表示如下：

$$F = -(U^2 \times C)/2x \qquad \cdots\cdots(23)$$

如果 U 为正弦电压，即：

$$U(t) = \sqrt{2}U\sin(\omega t) \qquad \cdots\cdots(24)$$

此时，电容器的受力由一个静态力和一个振荡（谐波）力组成。如果电压频谱包括几种谐波，声频谱的分量会明显增多。

图 17 举例说明了交流滤波器电容器的简化电压频谱，假定电压频谱由基频 f 和谐波次数为 n 的谐波构成。实际上，电压总是包含至少一种以上的谐波分量。

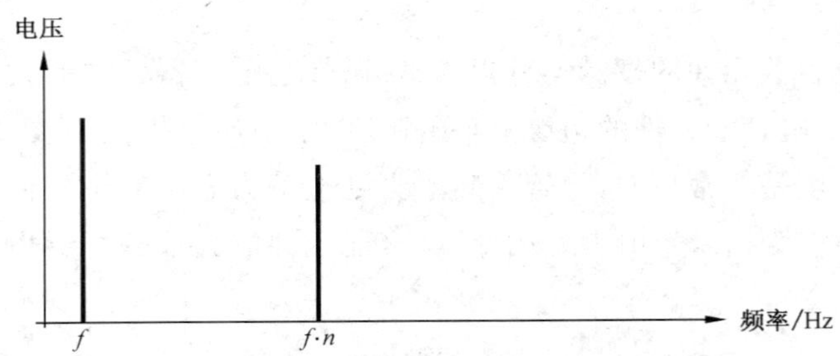

图 17　交流滤波器电容器的电压频谱示例

图 18 举例说明了交流滤波器电容器绕组上振动力的组成。这个力由频率为 $2f$、$f(n-1)$、$f(n+1)$ 和 $2fn$ 的力组成。

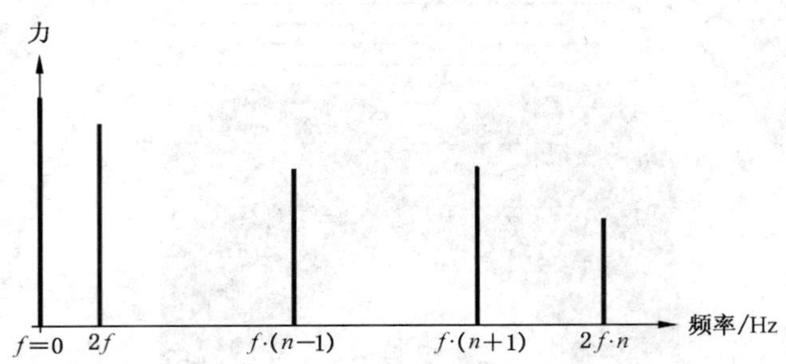

图 18　交流滤波器电容器的力频谱示例

如图 18 所示，在由电压产生力的过程中，频率发生了变化，力频谱中的频率数量（$f=0$ 除外）等于电压频谱中的频率数量的平方。电容器元件组中的力最终会引起单台电容器钢外壳的振动，因此产生电容器可听噪声。

可使用 6.3 中的公式计算电容器噪声的声功率和声功率级，并且从计算中可知电容器噪声的声功率与电容器电压的 4 次方成正比。

为了确定整个电容器塔的声功率级，可将所有单台电容器的声功率级作为独立的声源相加，即：

$$L_W^{\text{stack}} = L_W^{\text{unit}} + 10\lg N \qquad \cdots\cdots(25)$$

式中：

L_W^{stack}——整个电容器堆的声功率级，单位为分贝[dB(A)]；

L_W^{unit}——单台电容器的声功率级，单位为分贝[dB(A)]；

N——电容器台数。

电容器塔的噪声主要由下列因素决定：

——电容器工频电压和谐波电压；

——电容器塔的机械强度；

——机械固有频率（由电容器元件组，外壳和支架等决定）；

——单台电容器数量；

——单台电容器/电容器组所处的位置。

以上声功率和声功率级的计算公式仅考虑了单声频情况，对于包含多声频的总的声功率级可通过对数求和计算（见 3.9）。电容器的声频谱由加在电容器上的电压频谱决定。

6.5　冷却风扇

强迫通风冷却装置一般用于换流阀的冷却，由热交换器（包含冷却介质水/乙二醇、空气等）和轴流式风扇组成。通常每一组冷却组件配有几个风扇，风扇之间由隔板分开，每个风扇都能根据冷却的需要分别投切以逐步调节冷却装置容量。

应根据不同使用要求选择最佳容量的冷却装置、最佳风扇转速（一般从几百转每分钟到1 000 r/min）和风扇数量，从而将噪声控制到最小。使用直径大且以低转速运行的低噪声轴流式风扇、具有双速电动机的风扇或变频调速风扇，均能减小风扇的噪声。应通过选用具有足够声学等级的标准组件，以优化冷却装置的降噪设计。

相对于没有隔声设计的换流变压器，冷却设备的噪声是可以忽略的；而相对于具有隔声设计的或低噪声的换流变压器，由冷却风扇产生的额外声功率就不能忽略。

额定功率大的变压器的冷却可采用单独的散热器箱，这种方式更利于变压器本体封装。

6.6 其他发声源

6.6.1 开关装置

与上述设备相比，开关装置如断路器和隔离开关仅在操作时（开关合、分动作）产生短时的可听噪声（即脉冲噪声）。这种可听噪声有可能远远高于背景噪声。断路器的合/分产生的单个声脉冲的持续时间一般不超过1 s。

通常使用等效连续噪声级表示脉冲噪声。时间间隔为 T_i 的脉冲噪声的等效连续 A 计权声功率级可以通过计算 T_i 期间的 A 计权声功率级得到，见公式(26)。T_i 没有可参考的值，选择的 T_i 值应能合理描述短时事件，例如，空气隔离开关或接地开关的 T_i 是 10 s，见 7.3.6。

$$L_{W\text{Aeq}} = 10\lg\left[\frac{1}{T}\sum T_i 10^{0.1L_{W\text{Aeq},T_i}}\right] \quad \cdots\cdots(26)$$

式中：

$L_{W\text{Aeq}}$——时间间隔为 T 的等效连续 A 计权声功率级，单位为分贝[dB(A)]；

T——总的时间间隔（$T=\sum T_i$），单位为秒(s)；

$L_{W\text{Aeq},T_i}$——持续时间为 T_i 的等效连续 A 计权声功率级，单位为分贝[dB(A)]；

T_i——噪声的声功率级为 $L_{W\text{Aeq}}$ 的时长，单位为秒(s)。

根据不同的总的时间间隔 T，使用不同的 A 计权量计算脉冲噪声对环境的影响，如：

——等效连续声级；

——白天的平均声级；

——夜间的平均声级；

——白天和夜间的平均声级（叠加了夜间声级分贝值）；

——每小时的平均声级。

通常，除了滤波器组的断路器可能在一天中操作几次外，其他开关设备一年只操作几次，由此累积的噪声量相对低于连续噪声源产生的噪声，所以开关设备产生的噪声对高压直流换流站的总噪声级没有很大影响。但是，为了防止开关设备噪声对现场工作人员听力的损害，应规定开关设备在工作日期间累积的声级限值。一般，该限值取决于噪声持续的累积时间，由当地的安全规章规定。对于高频声波，通常规定较低的声级限值以提高对高频噪声的限制要求。

开关操作期间产生的脉冲噪声由开关类型（真空断路器和 SF_6 断路器）及其操动机构（如弹簧机构，液压机构）决定。

隔离开关和接地开关操作时会产生长达 10 s 的噪声。

6.6.2 同步调相机

同步调相机被安装在建筑物里或一个预制的隔音和防风雨的箱体里，通常为连续运行。同步调相机噪声主要由冷却设备产生，因此，冷却风扇（见 6.5）的内容也适用于同步调相机。调相机的另一部分噪声来自于户内设备残余噪声，如励磁机、滑环/电刷和辅助变压器噪声等。

6.6.3 柴油发电机

通常，柴油发电机不会长期运行，且几乎都是安装在户内的。由于建筑物有排气口，所以柴油发电机运行时户外会听到噪声。但是因为柴油发电机仅偶尔运行，如在例行检查或紧急情况下使用，且例行检查通常在工作日的白天进行,因此基本能避免在噪声敏感期出现柴油发电机噪声。

6.6.4 空调设备

空调设备的噪声大部分被限制在户内,但部分残余噪声(来源于气流、百叶片噪声及空调设备)还是会从通风口传出。关于空调装置中风扇产生的噪声,见6.5中相关内容。

6.6.5 冷却回路泵

如果冷却系统的泵安装在户外,则应限制其噪声。

6.6.6 换流阀

本标准仅讨论对高压直流换流站周围区域声功率级有影响的换流站设备,因为通常换流阀安装在户内,其噪声对换流站周围区域的声功率级没有明显的影响,所以本标准中不讨论换流阀的声学特性。

阀本体的噪声主要来自于阀的磁性组件如阀电抗器(阻尼电抗器)等元件,这些元件通常安装在户内。但是阀冷却设备通常安装在户外,所以阀冷却设备的风扇也就成为了一个主要的发声源,也需限制其噪声,相关内容见6.5。

6.6.7 电晕

所有高压线路都会产生电晕。无论出于什么原因(满足噪声的要求、无线电干扰要求和限制闪络等),都应采取抑制措施(见7.2.8)将电晕限制在较低的水平。

6.7 典型声功率级

表1中各设备的声功率级是在下列前提下给出:

——各设备按标准要求设计;

——在设计中尽量减小设备内部固有噪声,例如避免机械共振等;

——未采用外部降噪措施,如声屏蔽、隔声罩等。

表1 主要设备声功率级

发 声 源		声功率级 $L_{W(A)}$/dB(A)
高压直流换流变压器: 额定负载 无负载		 100～125 90～110
高压直流平波电抗器		85～100
自调谐滤波电抗器		90～100
交流滤波电抗器		70～90
交流滤波电容器组(壳式电容器)		60～105
冷却风扇(用于阀冷却的强迫通风冷却装置) 风扇转速大约 冷却容量 风扇转速大约 冷却容量	 300 r/min 30 kW/300 kW 900 r/min 500 kW/1 300 kW	 大约 55/85 大约 90/105
开关设备		105～130(脉冲噪声)

7 降噪措施

7.1 概述

当预测的高压直流换流站设备噪声超过限值时,应当采取降噪措施。

降噪措施应在设备设计中就予以考虑,并与换流站的站设计相结合,从而使降噪措施有效且经济。常用的降噪措施是通过封闭或屏蔽把声波限制在允许的区域内。若设备安装之后,测量结果显示不能满足噪声限值要求,则还需进一步进行降噪处理。所以,最终有可能采用更多的封闭或屏蔽甚至有源降噪技术(见7.5.3)。

7.2 换流站布置

在换流站设计中应尽可能将产生噪声的设备和噪声敏感的区域分隔,合理布置主要的噪声源,尽量利用自然地形或换流站设备和其他建筑物的屏蔽效应来阻止声波向噪声敏感区传播。

有些噪声源,如泵和换流阀均是户内设备,应根据噪声对工作人员和参观人员的影响考虑。通常,这些设备传到户外的声级是无危害的。当需要在设备运行时进入户内检查时,可使用护耳器。

整个换流站降噪的有效措施:

——在换流站周围建立围墙;

——将换流站建在低凹地或合适的山谷里,山谷里最好没有陡峭的岩石。

7.2.1 变压器和油浸式电抗器

从换流站布置角度考虑,对变压器和油浸式电抗器采取的降噪措施有:

——采用屏蔽罩(用于吸收声波能量,如使用特殊的吸声材料);

——将声波定向向某个允许一定声波干扰等级的方向传播。

在某些情况下,可通过对换流站建筑和换流变压器甚至整个换流站定向,以避开周边的声敏感地区,使其不受变压器噪声的影响。

目前,高压直流换流站设计中换流变压器和油浸式电抗器通过穿墙套管与换流器连接,如果阀厅明显高于换流变压器或电抗器,则阀厅的墙壁就成为声波在该方向上传播的有效屏障。

变压器之间或变压器周围常会有防火墙,假如它们的高度与变压器/电抗器相比足够高,也会使声波有效衰减。在不完全屏蔽的地方,必须考虑不完全屏蔽可能会导致某个不受保护的方向上的噪声由于共振或反射而被加强。

7.2.2 空心电抗器

空心电抗器(特别是滤波电抗器)是主要的发声源。由于它需要空气流动进行冷却,所以很难像变压器一样被屏蔽。

从换流站布置的角度考虑,有两种降噪方法:

——将其布置在远离噪声敏感区的地方。由于滤波器中有多台电抗器,所以可以进行优化布置;

——将其安装在户内。

7.2.3 电容器

某些情况下,电容器可能会成为主要的噪声源。通过换流站布置实现电容器降噪的措施与空心电抗器相同。

另外,高压直流滤波器电容器塔体积庞大,噪声辐射复杂,并有一定的方向性,因此需在高压直流换流站布置时对其位置、方向以及屏蔽措施进行优化。

7.2.4 冷却风扇

从发声的角度看,冷却风扇与空心电抗器很相似。风扇的噪声有很强的方向性,所以可通过定向布置使风扇噪声向某个允许一定声波干扰等级的方向传播。

7.2.5 柴油发电机

柴油发电机的主要噪声是从排气口传出的(见6.6.3)。在换流站布置中,采用与空心电抗器相同的降噪措施。

7.2.6 开关设备

与常规的变电站相同,通常开关设备在操作时产生的噪声是可以接受的。对特殊的噪声敏感区,可考虑把开关安装在户内。

7.2.7 空调设备

采用与冷却风扇相同的降噪措施。

7.2.8 电晕

降低电晕水平的方法有以下几种：

——在设备电极结构及外形设计上应配置合适；

——增加相间、母线间和设备间的净距；

——应用电缆或气体绝缘母线。

7.2.9 同步调相机

同步调相机中最主要的噪声来自于冷却装置(见 6.6.2)，所以采用与冷却风扇相同的降噪措施。

7.3 设备的降噪设计

在第 6 章中已介绍了设备噪声产生的机理，本条主要介绍设备的降噪设计。

通常，在设备设计时应使设备的固有振动频率不同于主要的电磁频率，以尽量减小设备噪声辐射面的振幅，从而满足设备低噪声要求。

对多种设备均有效的一种降噪技术是使用弹性衬垫，将振动隔离(可以限制低频噪声的传播)以降低设备噪声。

7.3.1 变压器和油浸式电抗器

变压器和油浸式电抗器的降噪设计包括(但不限于)：

——采用新型铁芯材料；

——设备低磁通运行；

——采用先进的铁芯连接技术；

——避免临界机械共振；

——在油箱内和安装时采用机械阻尼；

——应用先进的绕组设计尽量减小阻抗公差；

——进一步减小制造公差；

——使用低噪声风扇(见 7.3.4)；

——使用独立的冷却装置(见 6.5)。

7.3.2 空心电抗器

降低电抗器噪声的关键在于限制其绕组的振动，通常采用的降噪措施包括：

——调整物理尺寸、隔板和机械支架，使振动频率偏离临界共振频率；

——使用体积较大的导体(通过增加惯性降低振幅)，但是这是一种不经济的方法，例如当导体横截面面积增加一倍，绕组重量相应也增加一倍时，减小的噪声仅约为 6 dB(A)。

7.3.3 电容器

降低电容器噪声的关键在于降低单台电容器表面的振动，通常采用的降噪措施包括：

——增加电容器元件的串联数量，减小电容器介质的应力以抑制振动；

——增加机械阻尼，使电容器元件紧密堆叠在一起，从而增加电容器元件组的刚度；

——考虑固有频率对噪声的影响。

7.3.4 冷却风扇

目前，低噪声风扇的设计技术已经成熟，而且很多技术对降低冷却风扇的噪声都是很有效的，包括：

——采用大直径低转速轴流风扇；

——采用消音器和空气挡板。

换流变压器冷却可根据需要采用独立冷却设备。

7.3.5 泵和柴油发电机

尽管泵和柴油发电机正常运行时产生的噪声是有限的，但是如果不采取基本的防范措施，其噪声有可能大幅增加并对周围事物产生危害。应确保电机旋转部分的对中正确，并应非常准确地操作。

7.3.6 开关设备

对具有特殊设计的断路器，几乎不需要采取任何措施去减小其操作噪声。

减小隔离开关和接地开关操作时产生的噪声的方法有：

——在保证安全的前提下重新考虑这些开关的投切顺序；

——如果可能的话，在白天操作开关。

7.3.7 空调设备

按照7.3.4进行空调设备中风扇的降噪设计。

7.3.8 高压连接处

如果电晕水平过高，通常使用具有更高电压等级的连接件、较粗的导线或导线束和防晕环以降低电晕水平。

7.4 声屏障

声屏障用于屏蔽和吸收声波，所屏蔽的噪声通常为高频噪声（300 Hz以上）。换流站建筑物、隔板、封装外壳等均可作为声屏障使用。

声屏障应具有一定的高度，且被保护的区域必须处于屏障后的声屏蔽区内才能使屏障有效地发挥作用。可通过公式计算出该保护区的范围。

设计声屏障时应综合考虑多种因素，如可靠性、可利用率和价格。

7.4.1 变压器和油浸式电抗器

变压器和油浸式电抗器的隔声技术已很成熟。由于设备噪声频谱的主要频率均高于300 Hz，所以隔板和吸声装置的作用非常明显。实际上，在很多工程中变压器和油浸式电抗器都被全部包围起来，并使用独立冷却设备，同时将独立冷却设备放置在隔声区之外，从而极大地简化了隔声设计。

全包围隔声技术最基本的形式是通过搭建砖墙或扩建防火/防爆围墙（不包含吸声材料）将变压器/电抗器完全包围。其降噪能力大部分取决于墙的结构和墙面打磨程度，同时还与变压器和围墙的体积有关。无顶部时最多可降噪14 dB(A)，有顶部时则可降噪20 dB(A)～35 dB(A)。但是同时应注意，如果围墙设计不当，反而有可能使噪声加大。

还有一种方法可代替全包围隔声技术使用，即在围墙上加装吸声覆层，尤其是在原来就有的防火/防爆墙上。这种方法更适用于换流变压器隔声，因为换流变压器通常位于靠近阀厅的外墙处，如果在此不加装吸声材料会形成大量的噪声反射，影响隔声效果。

另外，在需要大幅度降低噪声的场所，则需采用内含吸声材料的围墙（有可能为双层材料）进行全包围。这种方式的降噪多达40 dB(A)。

7.4.2 空心电抗器

因为空心电抗器需保证一定的通风以免电抗器过热，以及需满足设备电气净距的要求，所以对空心电抗器采用声屏障（即空心电抗器消声罩）使降噪变得相对复杂。

任一消声罩的设计必须和空心电抗器的设计相结合。消声罩有两种基本形式：房屋或安装在空心电抗器上的消声罩。用于降噪的房屋需满足散热要求，通常在屋顶装有风扇。这种消声效果与变压器围墙相同。采用这种方式时需保证不能产生任何环绕电抗器的磁链，否则空心电抗器会在磁场的影响下过热。

安装在空心电抗器上的消声罩是空心电抗器设计的一部分。这种消声罩的形式可以从简单到复杂，例如它可以是一个附加在空心电抗器外的简单外壳，也可以是具有独立支架结构和吸声材料的复杂玻璃纤维外壳，后者约可降噪15 dB(A)，但其造价有可能超过空心电抗器本身。另外，空心电抗器的电压水平有可能限制消声罩的使用，尤其是对于处于潮湿、污秽环境中的雷电冲击耐受水平较高的电抗器而言。

空心电抗器消声罩最大降噪的典型值为：

——顶部和底部隔声板　　5 dB(A)；
——加装外部圆筒式声罩　　10 dB(A)；
——加装完整声罩　　15 dB(A)。

7.4.3 电容器

可以通过包围电容器降低电容器噪声。但是，电容器组通常为分级绝缘的高压设备，所以包围时必须考虑最大净距要求或者分别包围各独立部分。包围油浸式电容器相对简单，可采取与换流变压器相同的方式完成。

全包围时可采用非吸声屏障(简单)或吸声屏障(材料结构复杂且价格昂贵)，这取决于噪声要求和经济性的考虑。

对电容器塔的每一层分别设置声屏障至少降噪 10 dB(A)。采用全包围方式降噪能力将会更高。

7.5 改进技术

7.5.1 声屏障技术

对于在运行时发出的噪声超出预期值的设备，在服从换流站布置、满足散热要求和电气要求的前提下，应有可能在其周围建立噪声屏障。但是，其造价通常都比在换流站投运前建立的等效屏障的造价高很多，而且需要中断高压直流系统运行。

7.5.2 阻尼降噪

通常，对于因设备和地基或支架之间的相互作用产生噪声的场所可以通过增加额外的阻尼降噪。

这种方式包括改变支架结构或设备本体(如增加设备质量)，例如在变压器梁上填装砂子等可抑制噪声传播。

7.5.3 有源降噪

有源噪声减振控制(ANVC)利用安装在声辐射面处的传声器或安装在发声设备附近的喇叭降噪。这一技术要求准确地建立各部分的研究模型，进行详细的噪声研究。

ANVC 主要用于降低低频噪声。目前用于电力变压器上的 ANVC 由两部分组成，一部分是直接安装在油罐上的振动调节器，另一部分是安装在油罐附近的声调节器。由安装在远场的声差传声器测量噪声声级，并给控制器提供输入信号。对于新型的变压器，可以使用近场传声器或装在油罐上的振动传感器，电子式控制器从传声器取得输入信号，并驱动调节器使多处的噪声减到最小。

如果安装正确，ANVC 消除低频噪声的效果比声屏障更好。但是，有源控制处理三维空间的噪声和振动问题比其处理一维空间的问题困难得多。通常，在小噪声源上实现 ANVC 要比在变压器油罐这类大噪声源上实现更简单、经济。

8 运行工况

8.1 概述

很多运行参数会影响到高压直流换流站的噪声，这些参数包括：

——高压直流换流站运行参数，如：

- 功率；
- 功率输送方向；
- 投运极；
- 触发角；
- 投运的滤波器/并联电容器/并联电抗器；
- 冗余设备是否投入使用，如冷却装置。

——交流网络参数，如：

- 交流系统的电压和频率；
- 背景谐波；

● 其他换流器和静止无功补偿装置(SVC)。

——环境条件(见第4章),如:

● 一天中的时间;

● 环境温度;

● 风和其他气象因素;

● 背景噪声源。

由于设备的负荷(如冷却设备和风扇的负荷)、换流器产生的谐波、投入运行的设备的数量(如投入的冷却设备数量和交流滤波器组数)等都与系统运行工况有关,所以可听噪声级也会受到运行工况的影响。

当功能规范书中提出噪声限值要求并要求确定噪声级时,了解运行工况如何影响噪声级是很重要的。

运行工况可分为:

——正常运行工况;

——异常运行工况;

——验证噪声级时的运行工况。

8.2 正常运行工况

正常运行工况指可以长期实现或能规律性重复的工况,其运行数据如表2所示。

表2 正常运行工况

功率范围	从最小值到额定值
直流电压范围	额定值(对于远距离传输系统)
功率范围	从最小值到额定值
交流电压和频率	正常连续
滤波器配置	与输送功率有关
控制策略	正常
冗余	无冗余设备运行

8.3 异常运行工况

异常运行工况指在激活特殊控制功能时、暂时(短时)操作期间(如投切交流滤波器)或交流网络不正常时的运行工况。其运行数据如表3所示。

表3 异常运行工况

功率范围	从最小值到最大可能值
直流电压范围	全运行范围(对于远距离传输系统)
交流电压和频率	正常连续
滤波器配置	与输送功率有关
控制策略	如:增大触发角和/或降低直流电压运行
冗余	所有冗余设备均投入运行(如换流阀冷却设备、换流变压器冷却设备)

如果要求在所有的运行工况下声级必须在指定范围内,建议分别给出正常运行工况下和异常运行工况下的声级限值。

8.4 验证噪声级时的运行工况

建议声级验证在正常运行工况或某个允许的工况下进行。由于换流站现场测量条件的限制,通常验证都是结合测量和计算完成的。测量是对在某一特殊运行工况下进行的计算的验证,包括计算中预测到的正常运行和异常运行的最苛刻工况。应在研究前列出以下工况(如果存在):

——正常运行时的最苛刻工况；
——异常运行时的最苛刻工况；
——能完成噪声测量的典型工况。

9 声级预测

9.1 概述

在进行下述项目(包括但不限于)时，应进行高压直流换流站声级预测：

——设计新站点；
——扩建已有站点；
——已有站点运行工况发生变化时；
——对站点采取降噪措施；
——更新或改变已有设备；
——进行换流站预设评审时。

最终，计算预测完成后，可将其结果与测量点的声级限值进行比较。

高压直流换流站周围区域声级的预测，是针对站内设备发出的噪声而进行的。预测对象只包含从高压直流换流站发出的噪声，而不包含背景噪声。背景噪声级在一天中会随时段的不同而变化，它与气象条件、公路、铁路、飞机、非换流站设备的运行等因素有关。背景噪声并不影响高压直流换流站噪声，但它对声级的测量有很大影响。

换流站内或其周围区域声级预测值的准确度，取决于站内声源数据的准确性。另外，因为高大建筑及障碍物能阻挡或反射声波，所以进行声级预测计算时应视其为声屏障。同时，在计算时也应考虑换流站周围的地形对声波传播的影响。

9.2 换流站模型

建立换流站模型时，应选择主要的发声设备及其相应结构作为模型的输入数据。通常，站点建模由承包商在投标期间完成。实际上，换流站声级计算(尤其是多声源多频率的换流站)都是使用工程手段完成，如计算机程序(应为商业软件)。

通常，高压直流换流站主要由交/直流滤波器、换流变压器、平波电抗器、换流阀和冷却设备等组成，换流站建筑物包括配电室和阀厅。用于声级预测计算的模型应包含换流站内主要发声源和建筑物，同时应考虑换流站的布置和声波传播路径。

9.2.1 换流站布置

在换流站模型中，换流站布置确定了站内所有设备的位置和朝向，同时建筑物和换流站区域范围也包括在模型中。此外，地表也按照实际地表类型模拟，如沥青公路、沙砾或种草地面等(见 9.3.1.5)，并会因此影响声波的反射和传播。

9.2.2 发声源

在换流站模型中，使用等效的单极子声源表示实际声源。单极子是一种信号源模型，它的所有声粒子做同相运动。模型中的声源有下列特性参数：

——声功率；
——声频率；
——声辐射指向性模式。

9.2.3 传输路径

对每个能把声波发送到接收点的声源，分别计算经不同路径传输至接收点的各频段下的声压级，并将结果相加得到接收点的总声压级，见图 19。

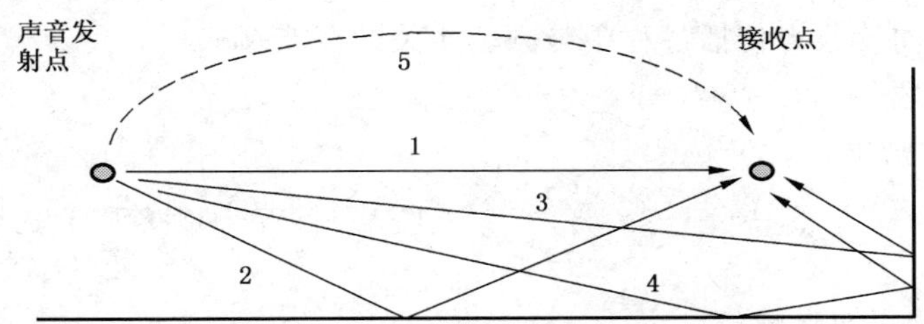

1——直接从发射点至接收点的路径；

2——通过地面反射的路径；

3——通过障碍物反射路径；

4——通过地面和障碍物反射的路径；

5——受诸如大气层温度、风速和方向影响的路径，该路径太复杂以至于无法计算。

图 19 从声源至接收点传播路径的示例

9.3 计算过程

本条简要地描述声级计算的步骤和不同衰减条件对声波传播的影响。

通常，分别计算每个声源传至接收点的声压级可使计算更灵活，结果更准确。但在实际计算过程中，为了减少计算量，经常将多个声源合并计算。

式(27)～式(34)均适用于点声源计算。

当一组点声源具有以下特征时，可用一个位于声源组中心的等效点声源来描述(见图 20)：

——组中各点声源具有相近的声功率级、频率特性、方向和距地面高度；

——组中各点声源传声至同一接收点的传播条件相同；

——等效点声源到接收点的距离超过组内各声源之间最大距离的 2 倍。

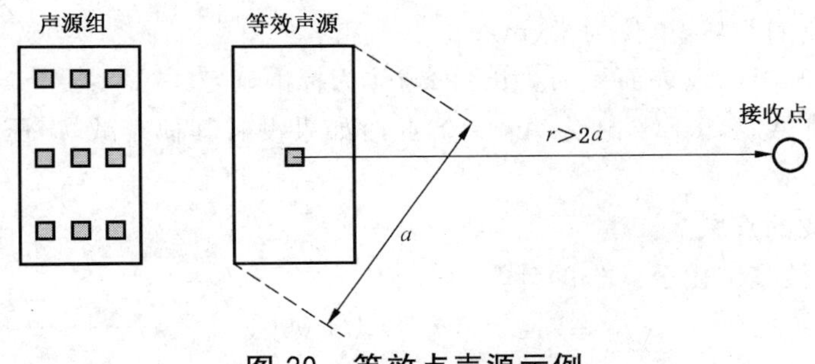

图 20 等效点声源示例

如果等效点声源至接收点的距离小于图 20 中所示，或者组内各点声源的传播条件不同(如有屏蔽)，则这组点声源必须被分成各个独立点声源进行计算。

对于每个点声源和每个具有中频带频率的倍频带(通常为 63 Hz～8 kHz)，应计算接收点处的平均声压级。计算过程可按下述三个步骤进行(不同计算程序的顺序可能不同)：

a) 对于每个位于中频带的频率 f，计算每个声源的声功率级，计算涉及该点路径 i 的指向性。

$$L_{wfi} = L_{wf} + D_{\mathrm{I}} \qquad (27)$$

式中：

D_{I}——指向性指数，单位为分贝[dB(A)]，见 3.11。它描述了实际声源向不同方向辐射时相对无方向性的点声源的声辐射方向偏离的范围。

b) 对每个声源(n)，考虑从声源到接收点的路径，计算位于接收点的频带 f 的声压级。

$$L_{p\mathrm{TOT}}(N) = \sum_{n=1}^{N} L_{wfi,n} - A_{fi,n} \qquad (28)$$

式中：

$A_{fi,n}$——声源 n 在向接收点传播过程中与频率相关的声波衰减；

N——点声源总数。

衰减项 $A_{fi,n}$ 由下式给出：

$$A_{fi,n} = A_{\text{div}} + A_{\text{atm}} + A_{\text{screen}} + A_{\text{reflect}} + A_{\text{ground}} + A_{\text{veg}} \quad \cdots\cdots(29)$$

式中：

A_{div}——几何离散造成的衰减；

A_{atm}——大气吸收造成的衰减；

A_{screen}——障碍物屏蔽造成的衰减；

A_{reflect}——障碍物反射和吸收造成的衰减；

A_{ground}——由地面条件造成的衰减(地面上可能有植被，如草等)；

A_{veg}——通过植被传播造成的衰减。

c) 最后，各频带声压级的总和 $L_{p\text{TOT}}$ 通过公式(30)计算：

$$L_{p\text{TOT}} = 10\ \lg\sum_{f=1}^{n} 10^{L_{p\text{TOT}(N)}/10} \quad \cdots\cdots(30)$$

此处，n 表示频带数。

9.3.1 衰减项计算

9.3.1.1 几何离散造成的衰减

声源在自由场发出的声波在每个方向上是相等的(球形)。这个球体的表面积随着直径增大而增大。由于声源声功率不变，每单位面积上的声能会随着直径的增大而减小。

$$A_{\text{div}} = 10\ \lg[4\pi(r/r_0)^2] \quad \cdots\cdots(31)$$

式中：

r——声源到接收点的距离，单位为米(m)；

r_0——参考距离(或半径)，以表面积为 1 m^2 的球体为标准确定。

当 $r<0.28$ m(导致 $A_{\text{div}}<0$)时，认为 $A_{\text{div}}=0$，此时如果没有其他衰减，声压级与声功率级相等，即 $L_p=L_W$。

9.3.1.2 大气吸收造成的衰减

大气吸收造成的声波衰减由公式(32)计算：

$$A_{\text{atm}} = (a_a \times d/1\ 000) \quad \cdots\cdots(32)$$

式中：

a_a——大气衰减系数(见表 4)，单位为分贝每千米[dB(A)/km]；

d——声传输距离，单位为米(m)。

表 4 大气衰减系数示例

大气温度/℃	相对湿度/%	额定倍频程中心频率/Hz							
		63	125	250	500	1 000	2 000	4 000	8 000
		大气衰减系数/[dB(A)/km]							
−20	70	0.17	0.51	1.73	5.29	11.5	16.6	20.2	27.8
−10	70	0.15	0.33	0.83	2.65	9.19	27.8	58.5	86.2
0	70	0.15	0.39	0.76	1.61	4.64	16.1	55.5	153
10	70	0.12	0.41	1.04	1.93	3.66	9.66	32.8	117
20	70	0.09	0.34	1.13	2.80	4.98	9.02	22.9	76.6

表 4（续）

大气温度/℃	相对湿度/%	额定倍频程中心频率/Hz							
		63	125	250	500	1 000	2 000	4 000	8 000
		大气衰减系数/[dB(A)/km]							
30	70	0.07	0.26	0.96	3.14	7.41	12.7	23.1	59.3
15	20	0.27	0.65	1.22	2.70	8.17	28.2	88.8	202
15	50	0.14	0.48	1.22	2.24	4.16	10.8	36.2	129
15	80	0.09	0.34	1.07	2.40	4.15	8.31	23.7	82.8

大气衰减系数值极大程度上取决于声频率、环境温度和空气相对湿度，大气压力对其影响不大。计算某一环境中的噪声级时，应使用基于当地典型气候条件得到的平均衰减系数。

9.3.1.3 障碍物屏蔽造成的衰减

计算由于障碍物屏蔽造成的声波衰减的关键是识别声源与接收点之间的所有障碍。把每个障碍模拟为一个薄屏蔽层是一种简单的模拟方法，计算程序根据屏蔽层数完成计算。

当障碍物具有以下特性时，被视为有效屏蔽：

——障碍物单位面积的质量应超过 10 kg/m^2；

——障碍物没有裂缝和开口；

——垂直于声源与接收点连线的尺寸应大于空气中声波的波长，如 $s_l+s_r>\lambda_c$，见图 21。

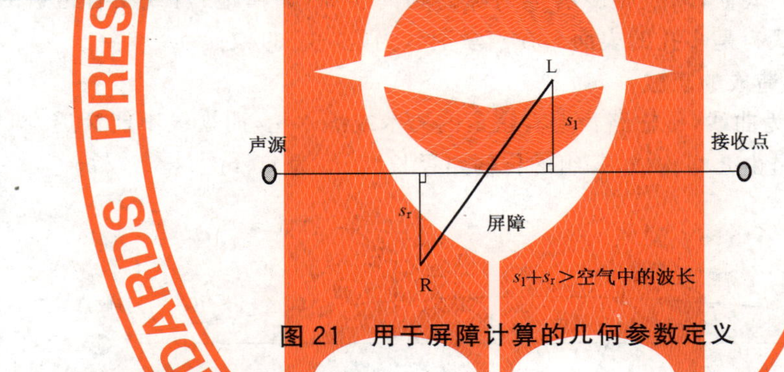

图 21　用于屏障计算的几何参数定义

9.3.1.4 障碍物反射和吸收造成的衰减

通常，在计算模型中，声波在障碍物上的反射按镜面反射模拟，见图 22。

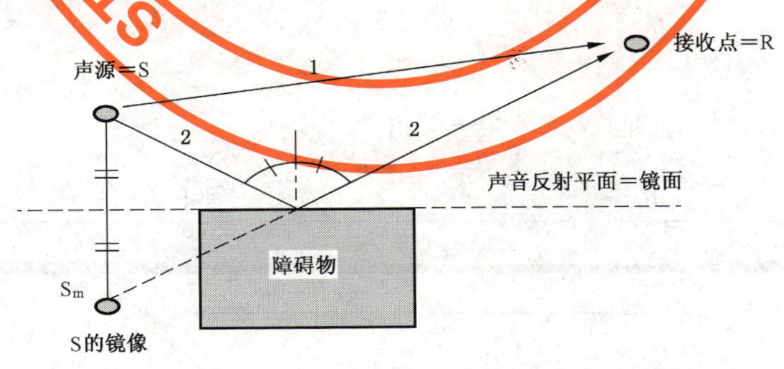

图 22　声波镜面反射

如图 22 所示，声波入射方向与反射表面法线的夹角等于反射表面法线与反射方向的夹角。接收点的声压级可以认为是由两个独立路径的分量组成。

当声波到达反射表面时，有可能一部分被反射，一部分继续传播，一部分被障碍物吸收(取决于反射表面的声学特性和声波的特性)。

可以通过把声源 S 在接收点产生的声压级和声源镜像 S_m(见图 22)在接收点产生的声压级相加得到声源 S 经过障碍物反射后在接收点产生的总声压级。

9.3.1.5 由地面条件造成的衰减

通常,把从声源到接收点的区域划分为三部分,即声源区域、中心区域和接收点区域(见图 23),分别计算这三个区域内的由地面条件产生的声波衰减,并通过这三个值的相加获得总衰减值。

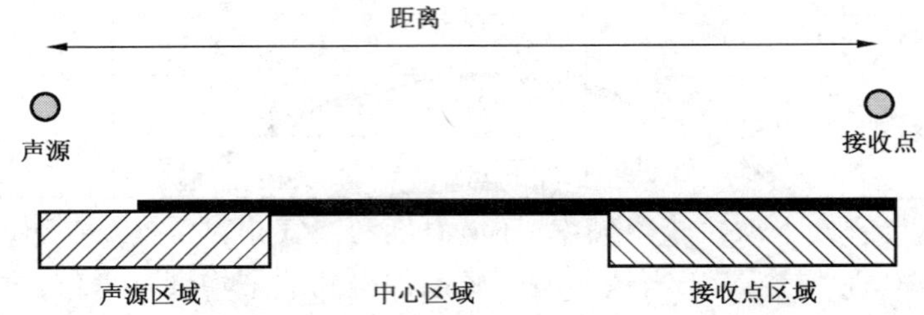

图 23 由地面条件产生的声衰减的部分计算参数的定义

各区域内由地面条件产生的声波衰减与声源和接收点的高度、地表类型、声源和接收点间的距离以及传输路径上是否有障碍物屏蔽等条件有关。该值可为正也可为负,二者分别表示对声波产生的衰减或放大作用。

地面有两种类型:硬地,如沥青、公路、混凝土、水和有许多散射障碍物的地面,在声学上认为是“硬”的;软地,即所有可生长植被的表面,以及很少有散射障碍物的表面,如草地、有或没有植被的耕地、森林、沼泽和花园等(声学上均认为是多孔的表面),在声学上认为是“软”的。

9.3.1.6 声波通过植被传播造成的衰减

图 24b)中声波传输路径为曲线,传输路径上有密集的树木或灌木丛,而视线不能穿透,即传输路径被遮挡。这些植被也有可能是由几组构成,每组的传输路径长度 d_v 为 50 m。

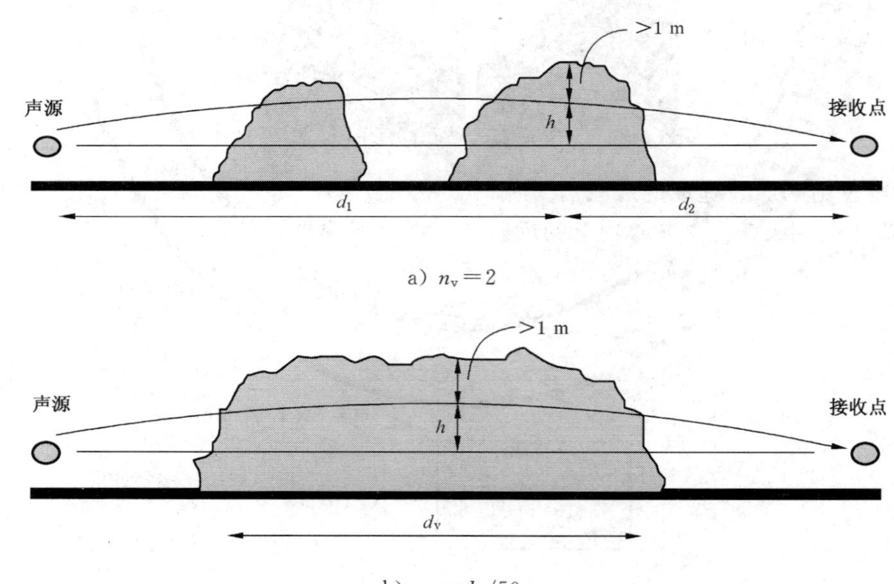

图 24 式(34)中各参数定义示例

此外,如果声波传输需穿过几组连续的树木或灌木组,并且每组树木或灌木都挡住了路径,则这些树木或灌木组最多可被分为 4 组。植被高度应超过传输曲线高度 1 m 以上(见图 24)。以连接声源和接收点的水平线为基准定义的 h 值按下式计算:

$$h = (d_1 \times d_2)/16 \times d \qquad (33)$$

式中：

h——传输路径与连接声源和接收点的水平线之间的垂直距离，单位为米(m)；

d_1——声源到“屏蔽”的水平距离，单位为米(m)；

d_2——接收点到“屏蔽”的水平距离，单位为米(m)；

d——d_1+d_2，单位为米(m)。

植被造成的声波衰减 A_{veg} 由式(34)计算：

$$A_{veg}=-n_v\times a_v \quad (34)$$

式中：

n_v——植被组数；

a_v——每组的衰减系数，见表5。

若 $n_v>4$，则将 n_v 设为4。

表5 相应1/1倍频程的衰减系数示例

1/1倍频程 f_m/Hz	63	125	250	500	1 000	2 000	4 000	8 000
每组衰减系数 a_v/[dB(A)/组]	0	0	1	1	1	1	2	3

如果传输路径被挡，无论是冬天还是夏天，均要使用衰减系数计算声波衰减。通常不列出冬季值，如果需要的话，可把表5中的数值乘以0.5后用于冬季计算。

50 m的浓密树林大约可降低噪声1 dB(A)。

9.4 计算结果的表示

有两种实际有用的方法用于表示声级预测计算结果：

——图例表示法，即如图25所示的用于描述等效声级的声级等值线图；

——表格表示法，如表6所示，表中罗列了接收点的声级预测值。

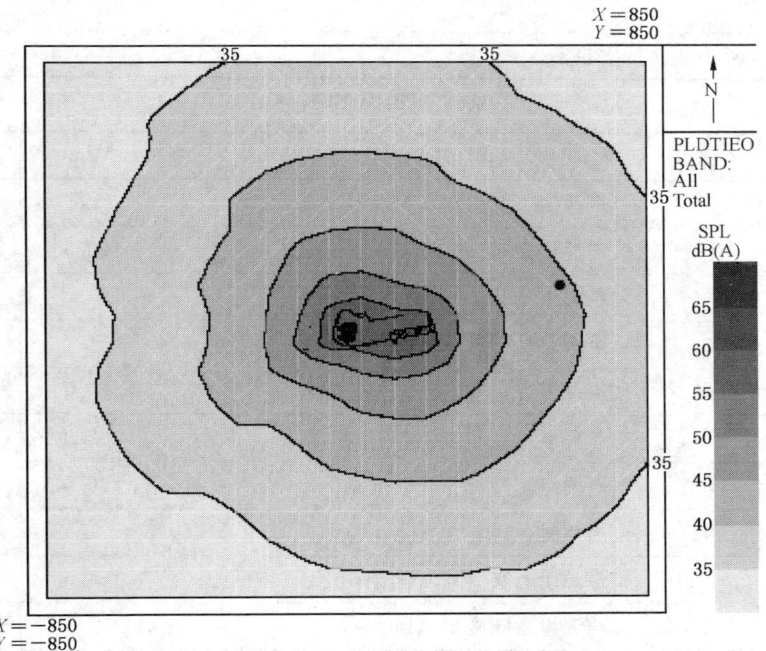

图25 用图例表示声压级计算结果

图25显示了计算得到的换流站内及其周围的声压级预测值，但从中看不出哪个声源是主要噪声源。

使用表格表示计算结果的方法非常有用，特别是声源阵列表格的建立。表中显示了每个频率下各声源或声源组在总声压级中所占的比重，因此可以从表中得知需重点降噪的设备。表 6 中，每行按各声源或声源组排列，每列表示各声源或声源组在不同倍频程频率或窄频段下的声压级。表 7 按声压级由大到小排列了各声源或声源组，并列出了各声源或声源组所对应的发声对象。

表 6　声源阵列表 a

接受点(最近的房屋)：X(570.00)，Y(130.00)，Z(1.50)											
每个频率下各声源或者声源组在总声压级中所占比重的等级											
			1	2	3	4	5	6	7	8	9
频率	总 计		1 000	500	700	600	250	125	2 000	1 200	其他声源
序号	dB(A)	声源组	dB(A)	dB(A)	dB(A)	dB(A)	dB(A)	dB(A)	dB(A)	dB(A)	dB(A)
Tot	40.6	—	35.6	34.5	29.6	29.4	27.8	27.1	26.1	25.9	25.0
1	34.3	1	29.3	29.4	7.8	8.6	23.2	21.2	23.1	—	26.1
2	32.6	10	29.8	27.4	—	—	—	—	19.7	20.2	20.7
3	32.5	9	29.9	27.6	—	1.3	—	—	19.6	19.1	17.1
4	32.0	3	26.4	25.3	—	27.7	—	—	—	23.1	12.2
5	31.1	8	20.0	17.8	29.5	19.7	—	—	9.8	—	21.3
6	29.5	7	19.5	17.2	—	22.4	—	—	9.4	—	27.5
7	28.9	6	—	21.7	—	—	25.1	24.8	—	—	4.4
8	25.7	4	23.1	22.3	—	—	—	—	—	—	—
9	23.4	5	—	18.8	—	—	17.8	19.2	—	—	—
10	12.3	2	—	9.4	—	—	4.4	—	—	—	7.4
注：“—”表示噪声源不包含该次频率。											

表 7　声源阵列表 b

序号	dB(A)	声源组	描　述	X/m	Y/m	Z/m
1	34.3	1	＜声源组＞变压器和变压器冷却设备	23.0	1.0	2.8
2	32.6	10	＜声源组＞36^{th}电容器和电抗器	168.5	−7.0	4.5
3	32.5	9	＜声源组＞24^{th}电容器和电抗器	163.5	−15.0	4.5
4	32.0	3	＜声源组＞平波电抗器	5.0	26.0	8.0
5	31.1	8	＜声源组＞13^{th}电容器和电抗器	170.0	−13.3	4.5
6	29.5	7	＜声源组＞11^{th}电容器和电抗器	162.0	−8.3	4.5
7	28.9	6	＜声源组＞交流并联电抗器	166.5	−12.5	1.5
8	25.7	4	＜声源组＞PLC 滤波器	−41.0	−12.2	18.4
9	23.4	5	＜声源组＞交流并联电容器	165.5	−8.5	5.0
10	12.3	2	＜声源组＞阀冷却风扇	−16.3	−25.3	2.0

10　确定设备的声功率

10.1　概述

通常，为了满足高压直流换流站的噪声限值，必须把对换流站的总体噪声要求分解为对各设备的噪声要求。各设备的声功率级应在设备现场安装之前确定，因为当所有设备在现场安装之后，几乎就不可能再准确地确定出单台设备的声功率级了。然而，在背景噪声足够低的前提下，在换流站现场有可能对一组设备的总声功率级进行验证，如交流滤波器组。

确定设备声功率的方法主要有三种：

——计算；

——测量：

● 声压测量法，根据测量标准在声学测量室或户外完成；

● 声强测量法；

● 振动测量法。

——计算与测量相结合。

10.2 计算

10.2.1 计算步骤

声功率是表征声源声量特征的最重要的声学参数，也是对声源进行评价和比较的基本参数。声功率是对声源输出量的度量。声功率级表征声源对周围环境的噪声影响，通过限制噪声的声功率级进行有效的噪声控制。

通常，电气设备噪声的声功率的计算步骤可分为三步：

——首先，计算电应力：

● 电容器的静电；

● 电抗器线圈和变压器绕组的电磁量；

● 变压器铁芯和电抗器铁芯的磁致伸缩。

——第二步，确定系统响应或传递函数。

——第三步，计算振幅和由此产生的噪声声功率。

计算流程见图 26。

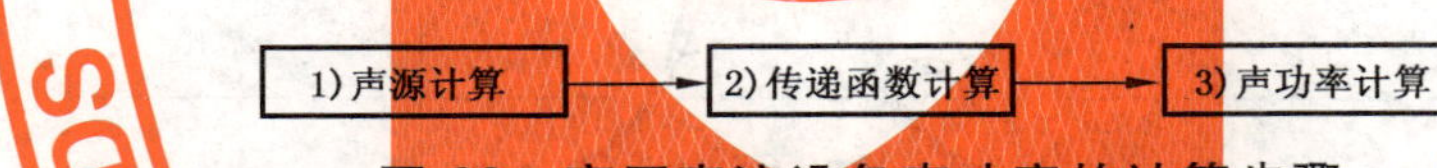

图 26 高压直流设备声功率的计算步骤

10.2.2 力频谱计算

本条中，用术语“电流”表示电气负载，有时也可用“电压”表示。

如果设备上流过某一频率的交流电流，在直流不存在时它会产生两倍该频率的电应力。如果存在直流电流，力频谱中还会出现该频率的电应力。

如果存在两种频率的电流，则力频谱中包含的频率为：电流频率两倍的频率（两种），两个电流频率之和的频率及之差的频率。例如，工频 50 Hz 及其 11 次谐波 550 Hz 可生成表 8 中的力频谱。

表 8 50 Hz 和 550 Hz 电流频率产生 100 Hz、500 Hz、600 Hz 和 1 100 Hz 的力频率

力频率/Hz	来源于电流频率(Hz)的计算表达式
100	2×50
500	550－50
600	550＋50
1100	2×550

10.2.3 传递函数的计算

在计算外力引起的振幅时，设备的机械特性是很重要的。所有的电气设备都具有机械结构及其固有的振动模式，每种振动模式都各有其谐振频率和阻尼。阻尼决定了在设备振动接近谐振频率时的响应特性。

当一个力施加在设备的结构体上时，将会激起多个固有振动模式，各模式的强弱主要取决于：

——外力频率与这种振动模式的谐振频率的接近程度；

——这种振动模式的阻尼大小；

——这种振动模式的空间形态与外力形态的相似程度。

上述列项一和列项二的原因是很明显的，首先，如果外力频率等于谐振频率，结构振幅会很大；第二，如果一种振动模式的阻尼大于另一种，同时两种模式的谐振频率都等于外力的频率，则阻尼较小的振动模式将会主导机械结构的振动。

列项三说明每个固有振动的模式或空间形态是很重要的，如 6.4.2 中的电容器，施加于其上的外力是正轴向的，见图 16，则电容器发出的声功率由轴向谐振频率决定，垂直于轴向的谐振频率不会受静电力的影响，因此对声功率没有影响。

图 27 举例说明了上述内容，其中表明了具有一定自由度(DOF)的机械结构的受力和振幅的关系。从图 27 中可清楚地看到，在振动频率接近谐振频率时，阻尼对系统响应的重要性。

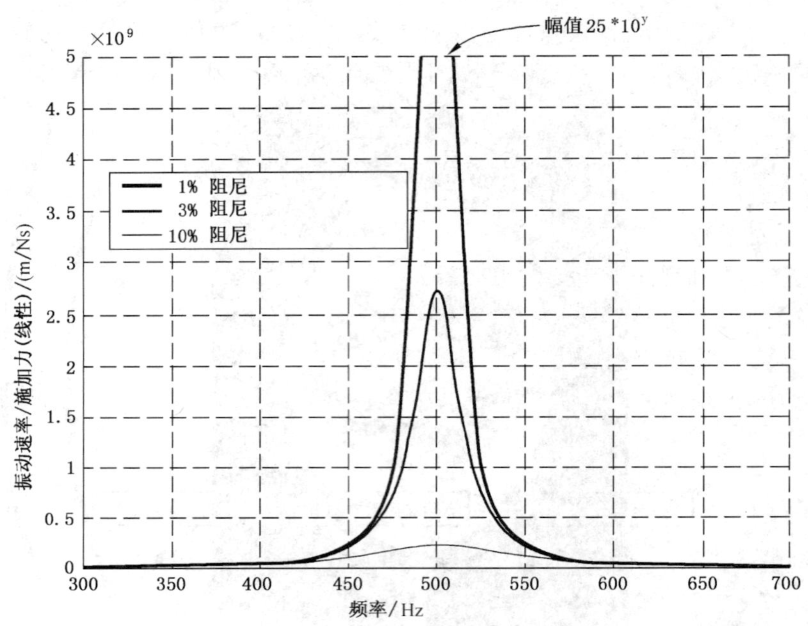

图 27　固有频率 500 Hz，1-DOF 系统的振动速度和受力(线性)的关系

10.2.4　声功率计算

在已知机械结构的振动速率 v 时，使用式(35)可以准确地计算出声功率：

$$L_W = 10\lg[\rho_c \times A \times \sigma \times \langle \overline{v^2} \rangle / 1 \times 10^{-12}] \quad \cdots\cdots\cdots\cdots (35)$$

式中：

ρ_c——周围介质的阻抗，单位为牛秒每立方米(Ns/m³)(空气 ρ_c=410 Ns/m³)；

A——振动表面的表面积，单位为平方米(m²)；

σ——辐射效率；

$\langle \overline{v^2} \rangle$——振动表面的振动速率(方均根值)的二次方，单位为米每秒的二次方(m/s)²；

1×10^{-12}——声功率的基准值，单位为瓦(W)。

有时会因为辐射效率 σ(见 6.3.2)的不同造成计算结果的不同，例如弯曲波在电抗器绕组呼吸模式下的辐射效率一般在 10^{-4}～1 之间，其中，仅当声波波长与电抗器高度的数量级相同时(导致 σ 减小)$\sigma<1$，否则 $\sigma=1$。

为了获得比较准确的辐射效率，可使用边界元法或有限元法。

10.3　测量

10.3.1　确定声功率的一般方法

声功率是表示声源特性的最重要的声学参数，然而，声功率是无法使用仪器直接测量的。有几种不同的方法可以确定一个对象的声功率，每种方法都有它的优点和不足。

10.3.1.1 方法分类

确定声功率最简单也是最常用的方法是声压测量法。大部分标准都是基于声压测量法。这种方法需要使用专用设备(声级计)完成，同时声级计应能分析被测声波的频率成分(通过配套使用 FFT 分析仪或实时滤波器实现)。同时，需要一个符合声学标准的测量室(但不一定是声学实验室)或符合声学标准的自由场环境，声学标准 GB/T 3767、GB/T 3768 适用。这种方法的优点是“简单”，但对背景噪声和反射很敏感。此外，在带电设备附近使用任何仪器进行测量时，都必须考虑人员安全。

第二种方法是声强测量法。声强测量法可减小测量过程中始终存在的背景噪声的影响，因此可在不宜采用声压测量法的环境中使用。这种方法耗时，且需要有经验的人员才能获得准确结果。如果操作正确，声强测量法是一种能非常准确确定声功率的方法。

第三种方法是振动测量法，即测量机械结构的振幅，并合理地计算声功率。对此，有两个因素会造成计算结果的不同，一个是辐射效率，另一个是用于计算空间平均振动速率的测量点数的多少。测量时，为了避免在测量对象上出现高电压和/或电流，同时考虑到有可能损坏直接安装在带电物体上的测量设备，所以这种方法可能需要使用激光设备作为振动传感器。振动测量不需要特别的实验室，但如果需要使用激光设备，则成本较高。

这三种方法在 10.5 中作了总结，同时列出了每种测量方法的优缺点。

10.3.1.2 指向性

由振动产生的设备噪声大多是空间不对称的，所以产生了声辐射的指向性，从而导致了声波在某方向上出现了最大或最小值。所以当采用声压测量法时，选择足够多的测量点以获得一个准确的空间平均声压级是很重要的，否则由此得到的声功率会有很大误差。在使用声强测量法和振动测量法时也应考虑测量点数量对计算结果的影响。在 GB/T 3767 中给出了相关建议。

另外，噪声源和反射表面的相互位置关系也会造成声辐射的指向性(见 3.11)。这一点在确定声功率时也很重要。

10.3.1.3 测量环境

在制造厂确定声功率很复杂，这是因为：首先，工厂可能没有一个专门用于声学测量的特别试验区；第二，工厂背景噪声有可能过高，不宜使用声压测量法。但是，在工厂内找到一个符合声学标准的试验场地也是有可能的，甚至可使用外面的停车场，或在夜间背景噪声降低时进行测量。声学测试环境的要求在声学标准 ISO 3745 中给出。

此外，在试验室中几乎不可能产生与换流站现场同样的大电流和/或高电压，更何况是产生与换流站现场相同的、有几种谐波的负载频谱。在试验室里，使设备在一个频率下小负荷运行比使其额定运行更易于实现。设备额定和满负荷运行时的声功率随后可按比例算出，但是必须在测试对象的声级大于背景噪声级时才可使用这种方法。

如果需要高精度地确定某个对象的声功率，则需使用特殊设计的声学试验室，如消声室或混响室。此时，设备制造商可与声学咨询公司和/或大学合作。但是，因为使用这种声学试验室需要耗费太长时间并且成本太高，所以并不实际，除特别需要，可不予考虑。

10.3.1.4 背景噪声的修正

在此，某个固有的噪声级被认为是被测对象的“真实”噪声级，如果背景噪声级与总噪声级之差在 10 dB(A)以内，则应修正总噪声级以减小背景噪声的影响。理论上，只要在背景噪声级没有超过固有噪声级时这种修正都是可行的；但在实际中，如果两者之差很小，即只有几个分贝时，这种修正将会变得很不可靠，ISO 标准中规定该值不能低于 6 dB(A)。

式(36)为总噪声级 $L_{p,\mathrm{t}}$、背景噪声级 $L_{p,\mathrm{b}}$和固有噪声级 $L_{p,\mathrm{s}}$的关系式：

$$L_{p,s} = 10\ \lg(10^{(L_{p,t}/10)} - 10^{(L_{p,b}/10)}) \qquad (36)$$

10.3.2 **声压测量法**

如上所述，声压测量法是一种测量声辐射的简单方法，所以应用最为广泛。但是，声压测量法对其他声源产生和反射的噪声比被测对象产生和反射的噪音更加敏感。为了避免周围环境的影响，声压测量法通常在测量试验室或设备制造厂的户外特殊测量区内进行。

由于在声源周围的声级分布通常是不均匀的，应采用在不同位置测得的数据的平均值来评估空间噪声级，而不是使用在一个位置的测量值。测量点应选择在一个假想的围绕声源的包络面上。

平均声压级 L_{pA} 的计算公式如下：

$$\overline{L}_{pA} = 10\ \lg\left[\frac{1}{N}\sum_{i=1}^{N}10^{0.1L_{pAi}}\right] \qquad (37)$$

式中：

$\overline{L}_{pA}$——平均声压级，单位为分贝[dB(A)]；

N——测量点总数；

L_{pAi}——测量点 i 的 A 计权声压级，单位为分贝[dB(A)]。

然后使用平均声压级$\overline{L}_{pA}$计算测量对象的 A 计权声功率级 L_{WA}，公式如下：

$$L_{WA} = \overline{L_{pA}} + 10\ \lg(S/S_0) \qquad (38)$$

式中：

L_{WA}——A 计权声功率级，单位为分贝[dB(A)]；

$\overline{L}_{pA}$——平均声压级，单位为分贝[dB(A)]；

S——基准辐射面面积，单位为平方米(m^2)；

S_0——基准面积，为 1 m^2。

式(38)中各参数的定义见图 28。

上述计算声功率级的方法，仅在各测量点到声源的声学中心的距离基本相等时有效。然而，如果背景噪声过高以至于不能准确地计算被测对象的声功率时，则通过声压测量法得到的声功率级就会不准确。此时，声压测量法确定的声功率级比实际值大，如果这个偏大的数值仍能满足要求(噪声限值)，可不必做进一步的测量计算。若要得到更准确的数据，可在离声源更近的地方进行测量或采用其他的测量方法。

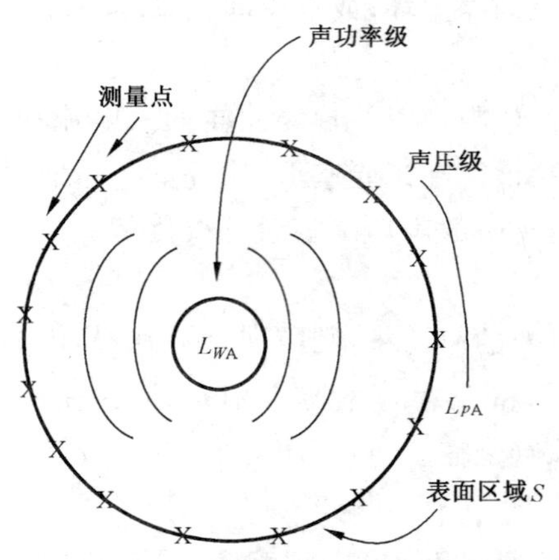

图 28 式(38)中的参数定义

10.3.3 **声强测量法**

声强是一个矢量，等于瞬时声压和相应的瞬时质点速度的乘积。声波在 r 方向上的声强为：

$$\vec{I}_r = \langle p(t) \times v_r(t) \rangle \qquad (39)$$

式中：

$\vec{I}_r$——r 方向上的声强；

$p(t)$——瞬时声压的方均根值；

$v_r(t)$——瞬时质点速度在 r 方向上的方均根值。

符号“＜＞”表示为时间平均值。

与声压(声压是个标量,只有大小)相比,声强是矢量值,它有大小和方向。

式(39)中的声强可以使用一个或几个传声器采用简单的方法进行测量。因为质点速度很难直接测量,所以可以通过使用两个传声器在沿 r 方向的 r_1 和 r_2($r_2>r_1$)处测量相应的声压 p_1 和 p_2,使用公式(40)确定声强：

$$\vec{I}_r=\frac{1}{2\rho\times\Delta r}\left[(p_1+p_2)\int_0^t(p_1-p_2)\mathrm{d}t\right] \qquad (40)$$

式中：

p_1,p_2——在 r_1 和 r_2 点测得的声压方均根值；

Δr——两个传声器之间的距离；

ρ——媒质密度(空气,20 ℃,$\rho=1.2\ \mathrm{kg/m^3}$)。

声功率 W 可以通过声强对包围声源的闭合曲面的积分求出,见公式(41)。

$$W=\oint_A\vec{I}\times\mathrm{d}\vec{A} \qquad (41)$$

式中：

W——总声功率；

$\vec{I}$——使用声强仪测得的声强矢量；

$\mathrm{d}\vec{A}$——曲面 A 的面积积分元。

声源发出的声波穿过假想轮廓线向外辐射。从外部声源传过来的声波(包括障碍物反射的声波),也即假想轮廓线外的声波,会传入假想轮廓线内并从它的另一端传出,因此“外部”声波对积分的结果没有影响,从而使声强测量法可区分被测物体的声功率和由其他持续声源产生的声功率。

实际中应选择对靠近声源表面的闭合曲面积分来增大声强测量的信噪比,并应通过声强仪长时间扫描闭合曲面或者测量一些离散点得到整个曲面的空间平均声强。因为测量时,对积分面上所有点的测量不是同时进行的,所以,在此期间背景噪声必须稳定,否则声波出入积分面的声功率会有差别。

总之,声强测量法在某些情况下很有效,但需由有经验的人员完成。

10.3.4 振动测量法

在声压或声强测量均无法确定被测对象的声功率时,振动测量法可以给出较好的或至少是合理的声功率。采用这种方法时,必须考虑测量对象的振动模式。测量时至少应按照每结构波长 4 个～6 个测量点进行,才能得到正确的振幅空间平均值,因此,在测量振幅之前“描绘”振动模式是很重要的。同时,因为辐射效率可在 10^{-4}～1 之间变化(见 10.2.3),所以采用不同的辐射效率计算出的声功率不同。

10.4 计算和测量相结合

需要得到的声功率必须是设备额定负荷下的声功率,如电容器在额定电压下的声功率、电抗器在额定电流下的声功率等。同时试验频率必须正确。就电气设备而言,根据负荷和声功率的关系,可在设备非额定负荷运行时进行测量,然后按比例计算相应的额定负荷运行时的声功率。对于电容器,声功率与电压的 4 次方成正比;对于空心电抗器,声功率与电流的 4 次方成正比。

对此,下面举例进行说明。假设通过声压测量法得到的电容器的声功率级为 56 dB(A),测量时电压为实际运行电压的 1/5,则实际运行条件下的声功率为：

$$56+10\times\lg(5^4)=56+40\times\lg5=83\ \mathrm{dB(A)}$$

当变压器铁芯的磁通密度在一定的范围内时，变压器电压和声功率具有线性关系。当磁通密度超过这个范围时，则其关系为非线性，按照上述方法在非线性区内确定的声功率会有误差，因此，应以线性区的测量为准。

10.5 验证

在此针对两类对象总结了确定声功率的方法。这两类对象分别为：单个设备（在制造厂）和在换流站现场的关键设备（多台设备）

10.5.1 单个设备声功率的验证

确定单个设备（在制造厂）声功率的三种方法总结于表9中：

表9 确定声功率的三种方法

方 法	所需设备	优 点	缺 点
声压测量法	声级计，配有 FFT 分析仪或实时滤波器	——简单且快速 ——低成本测量设备	——需要某种测量试验室或自由场条件 ——对背景噪声和声波反射敏感
声强测量法	声强仪	——正确操作下为最准确的方法 ——不受持续的背景噪声的影响 ——用于诊断的很好的工具	——耗时较长 ——需要两个传声器和专用软件。使用的设备比声压测量法昂贵
振动测量法	振动传感器或激光设备	通过简单扫描较快地得到声功率计算值	——由于辐射效率或平均振幅的不确定性，会产生很大误差 ——可能需要昂贵的激光设备

10.5.2 换流站现场关键设备声功率的验证

在换流站现场验证声功率的最常用的方法是声压测量法。然而，使用这种方法在验证单个设备的声功率（如交流滤波器元件）时可能会很困难。与其他设备不同，平波电抗器噪声主要集中在设备附近，采用振动测量法可以较直接地确定平波电抗器的声功率。

当在换流站现场进行验证性测量时，应记录实际电流、电压等数值，并将这些数值与用于进行换流站噪声预测计算时的数值相比较。如果二者差值较大，则需要使用不同的电压和/或电流值重新进行测量。

当测量设备音频噪声的声压时，应使用旋转吊杆或测量多点噪声以得到正确的空间平均值，否则最终得到的声功率会由于音频声场的干扰产生误差。

11 高压直流换流站声级的验证

11.1 概述

由于电气负载特性、与交流网络相关的背景谐波、气象条件的变化以及测量环境的不同（如存在反射障碍物）等因素，一天 24 h 中换流站周围任何位置的声级都会有明显的波动。规定噪声限值和进行声级测量时，这些情况都应予以考虑。

测量声压时，通常将测量点选在与居民区（最靠近换流站的居民区）最近的接收点处。如果在该接收点处背景噪声偏高（可能会高于允许的来自于高压直流换流站的噪声），则无法得到所需数据。此时，应在距高压直流换流站更近的地方测量，然后通过衰减计算得到所期望得到的接收点的声压级。

如果在最近的居民区和高压直流换流站之间找不到合适的测量点，则应在紧靠换流站的地方或在站内采用声压测量法确定换流站（多声源区）的声功率级，并且依此计算出站外的声压级。这种测量可能会受到声场复杂性的影响。如果使用简单的测量方法，如在少数点使用固定传声器，测量结果可能会随传声器的空间位置的不同而发生很大的变化，对此可通过使用旋转传声器解决，该旋转传声器的半径至少为主要频率中的最低频率的半波长。

测量高压直流换流站的声波有两种方式，第一种是直接校验业主要求的结果(声压级)，第二种是确定声源的声功率(声功率级)。第一种方式的测量通常在距高压直流换流站一定距离处进行，其主要问题是如何将来自换流站的声波从背景声中提取出来。这种测量法一般需花费很长时间，直到气象条件的影响被最终平衡后才能得到准确的平均值。第二种方式的难点在于有多个声源且都带有高电压，无法靠近声源测量。解决方法是在离声源一定距离处进行测量，而后根据距离原理(见3.10)进行计算。

11.2 声学环境

当在高压直流换流站内部和附近测量声波时，通常会有纯音音频和电磁场存在，测量设备必须适用于这种环境。由于动态传声器会受磁场影响，所以应使用容性传声器。因此可能需要采用一定的测量技术远距离估算声源。同时，应配有两种分析仪器，即用于分析声级信息的实时分析仪和用于量化音频含量及识别单个噪声源的频率分析仪。

换流站内部和附近的户外声场和混响室内的离散音频的驻波波形相似。此处，由许多不同的声源发射出的声频率是离散的。当某些声源的声频率是相同的，或声源附近有反射障碍物时(相当于镜像声源)，就会形成一个干扰模型。作用于干扰模型的某一点的多个具有相同频率的声是同相的，从而会导致一个很高的声级；与此相反，在另一点上会因为破坏性的干扰而使声级降低。由此形成的声级最大、最小点之间的距离取决于空气中这些声波的波长。因此，测量时必须旋转或平移传声器，或在足够多的测量点进行测量。实际中，通常在测量时使用手提式声级计做圆周运动或把传声器安装在旋转吊杆上测量。接收点距离换流站较远时(如几百米远)，如图29所示，由于远距离传输路径中气象条件的变化使声波衰减量变化，并且因为距离较远，由于地面反射、风、温度梯度等使干扰模型的干扰强度减小，所以此时可以使用固定传声器。

11.3 验证条件

接收点的声压级测量主要受四个因素影响：

——声源的运行工况(见第8章)；

——气象条件(见第4章)；

——地面和地形状况(见第4章、第9章)；

——背景噪声(见第4章、第10章)。

因为声源发出的声波与测量时声源的电压电流有关，所以测量时考虑声源的运行状态是很重要的。气象条件对声波传播的影响很复杂，见第4章。当测量目的在于验证声级时，应满足规定的气象条件，例如：

——风向与主要声源中心到接收点的连线的夹角在±45°的范围之内，且风向是从声源至接收点；

——风速在1 m/s～5 m/s之间，在高于地面3 m～10 m处或与之等效的条件下，如动植物生存状态良好处或在地面逆温层处测量。

在所有的气象参数中，包括温度、湿度、气压、混浊度、降雨和风等，风是影响测量的最主要的参数。详见第4章。

11.4 计算

规划和设计高压直流换流站时，通过计算预测声级的方法是非常有用的。它给出了换流站声学性能指标。实际中，计算与测量相结合是最常用的方法，见11.6。

11.5 测量

为了验证固有声级是否满足限值要求而进行的测量，必须是长时间的多次测量。单次短时间的测量不能给出有代表性的正确结果。对于恒定声源的等效声压级测量，夜间测量至少应进行3次，每次至少持续10 min，两次之间至少间隔1 h；白天测量按同样要求至少进行5次，这样才能求出能量等效平均值。

图 29　声测量时高压直流换流站和接收点位置示例

测量时，应结合气象条件选择测量时刻使测量在声波适度地顺风传播时进行。为了能最终平衡阵风带来的风速变化的影响，通常测量时间都足够长，为 10 min 至 1 h 之间。

11.6　计算与测量相结合

有些情况下，如在该测量点存在很高的背景噪声时，在远方接收点有可能无法正确测量来自换流站的噪声。此时，可在声源和接收点之间选择靠近换流站的地方进行测量，随后再计算接收点的声级，如图 30 所示。如果地形很平坦，且在传播路径上没有障碍物时，使用这种方法可以得到非常准确的结果。

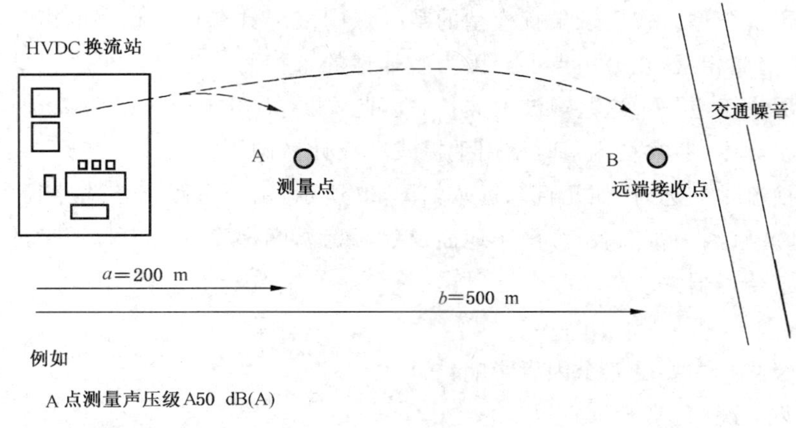

图 30　在 A 点测量声压级，然后使用其值计算 B 点声压级

如果地形恶劣、周围道路的交通拥挤或其他环境干扰使测量不能在声源和接收点之间进行，则可在换流站内测量，并计算出声源的声功率级，然后通过对上述值的计算就可以得到所期望得到的接收点的声压级。计算方法见第 10 章。

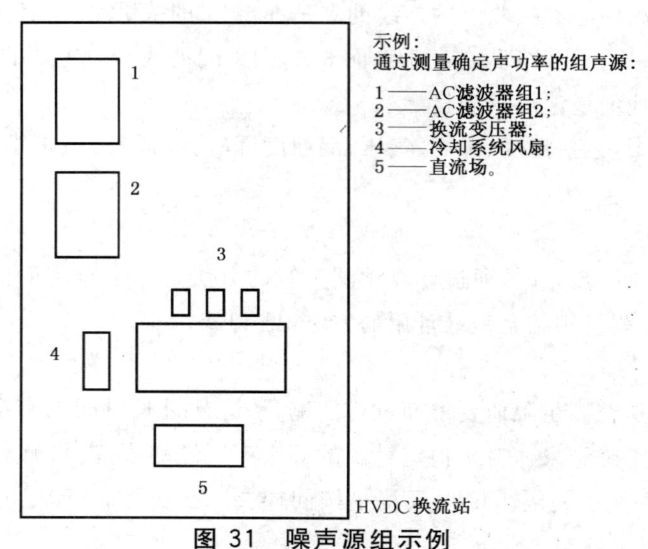

图 31　噪声源组示例

由于实际条件的限制，通常在换流站现场无法测量单个声源。此时，可把换流站划分为几个大的组声源，如划分为交流滤波器组、换流变压器、阀冷却风扇、直流滤波器等各个分组，这样就可以对站内各组声源周围的声级采用适当的方法进行测量，如图31所示。但是，在这些组声源周围进行测量时，传声器的高度常常会受到限制，例如受到架空母线高度的限制。有时，传声器也会由于围栏或换流站安全规范的约束无法靠近期望的位置。因此，在不同的情况下，应根据换流站特定的环境采取不同的方法。图32给出了通过测量交流滤波器组的声压级来确定交流滤波器组的声功率级时的测量位置示例，图中示例了测量区域（取决于声源覆盖区）、从声源区域到测量点的距离、测量点的数量等。

图32 用于确定声功率级的传声器位置示例

12 设计参数

12.1 概述

本章给出了进行高压直流换流站可听噪声设计时所需要的数据和信息，并包括了随后在换流站内及其周围声级验证所需要的数据和信息，同时给出了范例。这些内容也可作为检查列表使用，目的在于进一步说明相关设计内容的合理性。

12.2 业主提供或承包商调查的数据

12.2.1 土地使用分类，噪声规定和限值要求

12.2.1.1 高压直流换流站土地使用分类

应提供拟建站址的地图，最好是一份包括换流站区域的土地分类的地形图。地图上还应标明周围区域的用地类型以及最近的居民区、商业区、公共场所、工业场所的位置（见表10）。见第4、第5、第11章。

表10 高压直流换流站土地使用分类参数

工业区	商业区	住宅区
娱乐区	其他区域	
注：如果在靠近换流站的边界区域存在其他用地类型，则应提供该处的用地分类图。		

12.2.1.2 换流站一日内各时间段的噪声限制

应提供相关的噪声规定（见表11），以及需要遵守这些规定的地点的位置（见表12）。可能的话还应注明在不同时段内的噪声限制要求（见表13）。有关其他声的规定，如音频设备或短时噪声的控制也应提供。见第4、第5、第11章。

表 11 现行规章的噪声规定

项目	是	否
存在单个或特有频率噪声的规定		
存在短时噪声的规定		
注：应明确所有可行的噪声规定，说明限制条件来源于哪个规章。		

表 12 噪声限值的位置

换流站围栏处	在用户边界处
距换流站中心给定距离处	附近地区边界
距换流站围栏一定距离处	其他点
注：在地图上标明相应位置地点。见第 4、第 5、第 11 章。	

表 13 换流站一日内各时间段的噪声限值表

噪声限值/[dB(X)/dB(A)]	时段
注：上表中噪声限值(声功率级或声压级)的单位 dB(X)表示 dB(L)(L 表示线性变化，无计权)或 dB(C)(C 计权)等。	

12.2.2 环境条件

12.2.2.1 进行验证测量时存在的背景噪声级

拟建换流站区域的背景噪声会影响将来对高压直流换流站声级测量的结果。背景噪声源(如已安装的设备，公路噪声或空中交通工具的噪声)的噪声级一般与一天中的时间有关(见表 14)。这些噪声源应按其声学分布绘制在地图上并随功能规范一起提交。如果背景噪声级不能或没有预先确定，则必须在测量时进行假定，这种方法是不推荐使用的。见第 4、第 10、第 11 章。

表 14 背景噪声级

最大背景噪声级/[dB(X)/dB(A)]	位置	时间

12.2.2.2 地形

地形参数见表 15。

表 15 地形参数

项目	是	否
存在造成声波反射的山或丘陵		
存在大波浪地貌		
注：如果选择“是”，则需附录地形轮廓图。		

12.2.2.3 验证可听噪声时的气象条件

气象参数见表 16 和表 17。

表 16 气象参数 1

最高温度/℃	最低温度/℃
最高湿度/%	最低湿度/%

表 17　气象参数 2

项　　目	是	否
大风天		
大雪天		
注：这些因素会对声波的传播有较大影响。如果选择“是”，需对内容给予解释。		

12.2.2.4　相邻区域

相邻区域的参数见表 18 和表 19。

表 18　相邻区域参数 1

必须满足噪声限值的相邻最近的区域（商业，公共或工业）的位置

表 19　相邻区域参数 2

项　　目	是	否
将来最有可能相邻的区域		
注：如果相邻区域有噪声限值要求，则需附录相关图表、图示或地图。		

12.2.2.5　其他（见表 20）

表 20　其他参数

项　　目	是	否
附近有变电站或电厂		
传输线上存在电晕噪声		
附近有重要的噪声源		
注：如果选择“是”，则需进行详细解释。		

12.2.3　高压直流换流站运行工况

12.2.3.1　正常运行工况

应详细规定声级验证测量期间换流站的运行工况（见表 21 和表 22），需要考虑的相关条件见第 8 章。

表 21　换流站运行工况 1

最大功率/%	最小功率/%	最高电压/kV	最低电压/kV	负相序(NPS)/%
交流电压谐波/%	3th	5th	7th	其他
最高频率/Hz	最低频率/Hz			

表 22　换流站运行工况 2

需考虑的电力系统条件

12.2.3.2　用于控制噪声设计的运行工况

列出除额定运行工况外必须考虑的工况参数。

12.3 承包商应澄清的数据

12.3.1 设备噪声

设备噪声数据见表23。

表23 设备噪声数据

设备名称				
噪声级/[dB(X)/dB(A)]				
降噪措施				
声测量方法				
声修正方法				
电压和电流条件				
备注				

12.3.2 高压直流换流站噪声预测

与噪声有关的设计包括预测换流站周围地区的各噪声分量。该数据(见表24)一般在描述计算方法、声源、结果以及必要的降噪措施的报告中给出。见第9章。

表24 换流站噪声预测数据

运行工况及其他假设	
计算方法	
换流站布局	见地图
计算结果	见地图或表格

12.3.3 站内噪声测量

通常，验证性测量依照现有的规定和规章进行，其所有结果在描述测量方法、测量设备、运行工况、气象条件和测量的噪声级的报告中给出，测量数据见表25。对是否满足要求的评价和对可能需要采用的降噪措施的建议也包括在这份报告中。

表25 高压直流换流站站内噪声测量数据

日期和时间	
测量方法	
测量仪器	
测量点位置(在地图上给出)	
测量的噪声级/dB(X)/dB(A)	
气象条件	
运行工况	
备注	

ICS 23.100.40
J 20

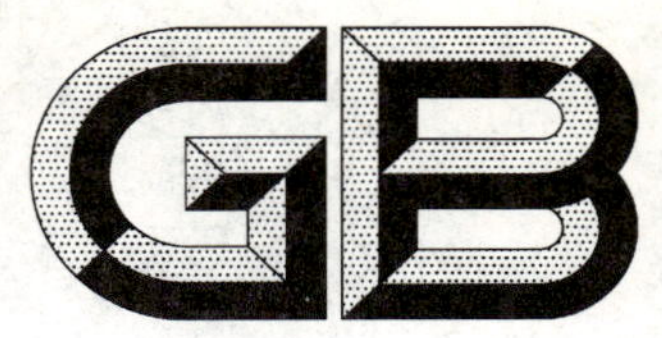

中华人民共和国国家标准

GB/T 22076—2008/ISO 6150:1988
代替 GB/T 14514.2—1993

气动圆柱形快换接头　插头连接尺寸、技术要求、应用指南和试验

Pneumatic fluid power—Cylindrical quick-action couplings—Plug connecting dimensions, specifications, application guidelines and testing

(ISO 6150:1988, Pneumatic fluid power—Cylindrical quick-action couplings for maximum working pressures of 10 bar, 16bar and 25bar(1 MPa, 1.6 MPa and 2.5 MPa)—Plug conneeting dimensions, specifications, application guidelines and testing IDT)

2008-07-01 发布　　　　2009-02-01 实施

中华人民共和国国家质量监督检验检疫总局
中国国家标准化管理委员会　发布

前　言

本标准等同采用国际标准 ISO 6150:1988《气动传动　最高工作压力 1 MPa、1.6 MPa 和 2.5 MPa 圆柱形快换接头　插头连接尺寸、技术要求、应用指南和试验》(英文版)。

本标准的内容与 ISO 6150:1988 基本一致,与 ISO 6150:1988 主要有以下差异:

——标准名称作了适当修改;

——在"2 规范性引用文件"中,将国际标准改为对应转化成的国家标准。将正文中未提及的 ISO 4399删除。国际标准中引用的 ISO 3768 已废止并被 ISO 9227 代替,本标准改为引用由 ISO 9227 转化成的国家标准 GB/T 10125。

本标准是对 GB/T 14514.2—1993《气动快换接头试验方法》的修订。本标准与 GB/T 14514.2—1993 相比,主要差异为:

——本标准编辑方面按 GB/T 1.1—2000 要求编写;

——增加了尺寸与公差、标志、一般要求、应用指南、标注说明等内容;

——删除了流量特性试验内容。

本标准由中国机械工业联合会提出。

本标准由全国液压气动标准化技术委员会(SAC/TC 3)归口。

本标准起草单位:浙江亿日气动科技有限公司,无锡气动技术研究所有限公司。

本标准主要起草人:王广建、孙洪霞、李企芳、杨燧然。

本标准所代替标准的历次版本发布情况为:

——GB/T 14514.2—1993。

引　　言

在气动传动系统中，动力是通过闭合回路内压缩空气来传递和控制的。

快换接头被用于迅速连接或分离流体管路而无需使用工具或特殊装置。

气动圆柱形快换接头　插头连接尺寸、技术要求、应用指南和试验

1　范围

本标准规定了气动快换接头插头的尺寸和公差以确保其互换性。规定了插头的技术性能和应用指南，并规定了不需要工具或专用装置即能快速连接或断开气路的快换接头的试验方法。

注1：插座的结构和尺寸由制造商自行设定。

本标准适用于气压传动系统用的最高工作压力为 1 MPa、1.6 MPa 和 2.5 MPa 的圆柱形快换接头。

注2：用于焊接、切割和相关工艺设备的带单向阀的快换接头按 ISO 7289《焊接、切削和其有关加工的断路阀用快速接头》的规定。

本标准仅适用于遵照本标准制造的产品的尺寸准则。但不适用于它们的功能特性。

2　规范性引用文件

下列文件中的条款通过本标准的引用而成为本标准的条款。凡是注日期的引用文件，其随后所有的修改单(不包括勘误的内容)或修订版均不适用于本标准，然而，鼓励根据本标准达成协议的各方研究是否可使用这些文件的最新版本。凡是不注日期的引用文件，其最新版本适用于本标准。

GB/T 7932　气动系统通用技术条件(GB/T 7932—2003，ISO 4414:1998，IDT)

GB/T 10125　人造气氛腐蚀试验　盐雾试验(GB/T 10125—1997，eqv ISO 9227:1990)

GB/T 17446　流体传动系统及元件　术语(GB/T 17446—1998，idt ISO 5598:1985)

3　术语和定义

GB/T 17446 确立的以及下列术语和定义适用于本标准。

3.1

最高工作压力　maximum working pressure

在系统中连接部件承受的最高压力。

4　尺寸与公差

4.1　气动用圆柱快换接头按其最高工作压力划分为下述三类不同系列：

——A 系列：圆柱快换接头，最高工作压力 1 MPa；

——B 系列：圆柱快换接头，最高工作压力 1.6 MPa；

——C 系列：圆柱快换接头，最高工作压力 2.5 MPa。

4.2　表1～表3和图1～图3仅考虑插头的尺寸和公差。插座由制造商自行决定；同样的情况适用于连接元件、管子或软管的插头末端。

4.2.1　A 系列圆柱快换接头插头的尺寸与公差如图1所示并由表1给出。

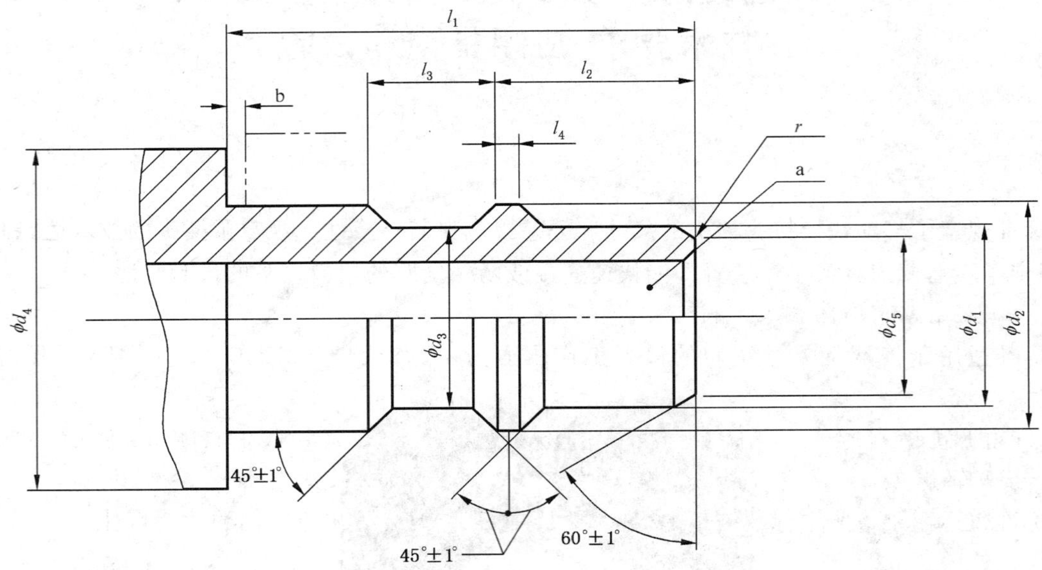

[a] 内径要尽可能大。

[b] 连接状态下插头肩部与插座末端面之间距应不超过 1 mm。

图 1 最高工作压力为 1 MPa 的插头(A 系列)

表 1 最高工作压力为 1 MPa 的插头尺寸(A 系列)

单位为毫米

<table>
<tr><th>公称
尺寸</th><th>d_1
h11</th><th>d_2
d11</th><th>d_3</th><th>d_4
最小</th><th>d_5</th><th>l_1</th><th>l_2</th><th>l_3</th><th>l_4</th><th>r</th></tr>
<tr><td>6</td><td>4.5</td><td>6</td><td>4.5</td><td>11</td><td>3.9</td><td>16</td><td>$7^{+0.2}_{0}$</td><td>$3^{+0.15}_{0}$</td><td>0.5</td><td>0.2～0.3</td></tr>
<tr><td>10</td><td>8</td><td>10</td><td>8</td><td>15</td><td>7</td><td>2</td><td rowspan="4">$8.5^{+0.3}_{0}$</td><td rowspan="4">$5.5^{+0.2}_{0}$</td><td rowspan="4">1</td><td rowspan="4">0.3～0.5</td></tr>
<tr><td>13</td><td>11</td><td>13</td><td>11</td><td>18</td><td>10</td><td>21</td></tr>
<tr><td>15</td><td>13</td><td>15</td><td>13</td><td>20</td><td>12</td><td>24</td></tr>
<tr><td>18</td><td>16</td><td>18</td><td>16</td><td>23</td><td>15</td><td>27</td></tr>
</table>

4.2.2 B系列圆柱快换接头插头的尺寸与公差如图2所示并由表2给出。

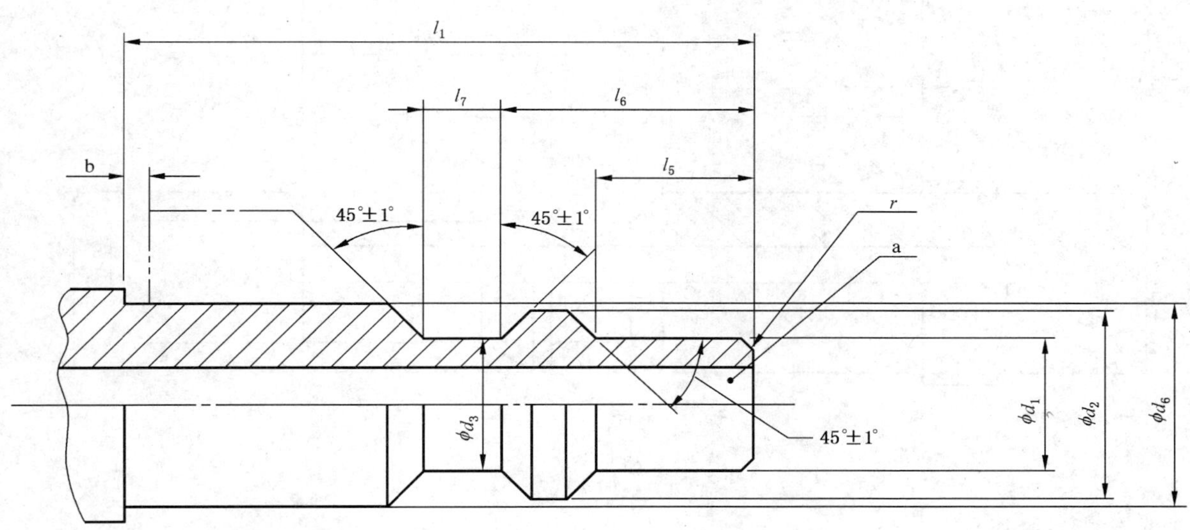

[a] 内径要尽可能大。

[b] 连接状态下插头肩部与插座末端面之间距应不超过1 mm。

图2 最高工作压力为1.6 **MPa** 的插头(**B** 系列)

表2 最高工作压力为1.6 **MPa** 的插头尺寸(**B** 系列)

单位为毫米

公称尺寸	d_1 −0.1 −0.2	d_2 −0.1 −0.2	d_3 −0.05 −0.15	d_6 −0.1 −0.2	l_1 最小	l_5 +0.10 −0.15	l_6 +0.10 0.15	l_7 +0.10 0.15	r +0.10 −0.15
7	4.55	6.5	4.45	7	20	5	8	2.5	0.4
12	8.2	11	7.9	11.9	23.6	5.4	9.4	2.8	
15	11	14.4	11.6	15.2	26.1	7.65	12.3	2.6	1
17	14.4	16.8	14.3	16.8	34.8	9.55	14.7	2.8	0.4
23	20.55	23	20.45	23	35	6.5	10.7	3	1

4.2.3 C系列圆柱快换接头插头的尺寸与公差在如图3所示并由表3给出。

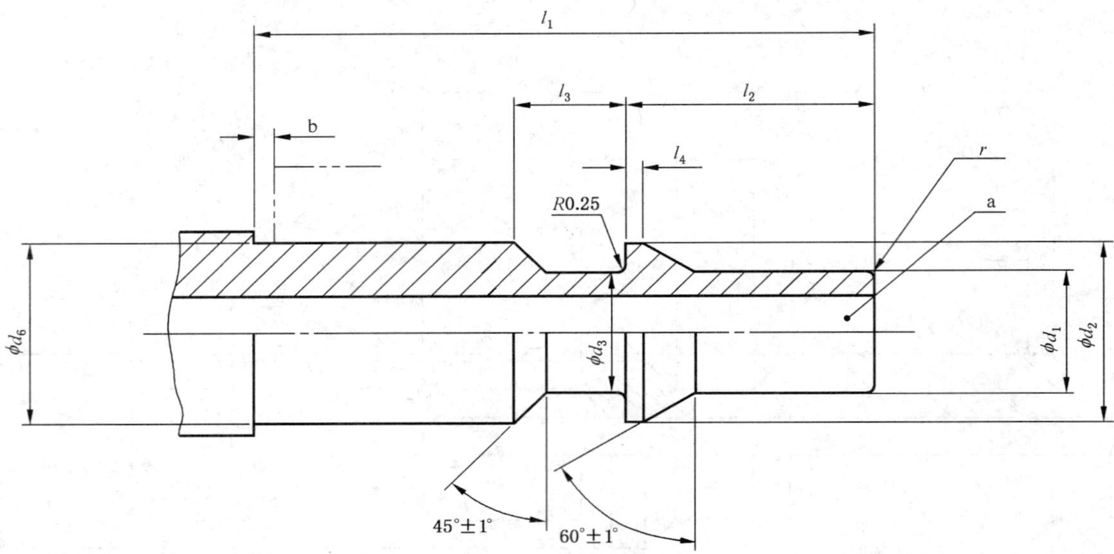

[a] 内径要尽可能大。

[b] 连接状态下插头肩部与插座末端面之间距应不超过1 mm。

图3 最高工作压力为2.5 MPa的插头(C系列)

表3 最高工作压力为2.5 MPa的插头尺寸(C系列) 单位为毫米

公称尺寸	d_1 f8	d_2 js11	d_3 ±0.15	d_6 f8	l_1 最小	l_2 ±0.1	l_3 js13	l_4 ±0.1	r 最大
8	5	7.4	5	7.5	25	10	4.5	0.7	0.3
10	7.5	9.7	7.4	10	27.5	12	7	0.75	1
14	11	13.7	11	14	36.5	17	9.5	1.5	
17	14	16.7	14	17	41	18	12.5	2	
27	23	26.7	23	27	61	27	16	2.5	2

5 标志

按照本国家标准,圆柱快换接头的标志应包括下列信息,依次为:

a) 产品名称,即“接头”;

b) 本国家标准代号;

c) 代表接头系列的字母(即A、B或C)

d) 公称直径。

示例:圆柱快换接头最大工作压力为1.6 MPa,即B系列且公称直径为15 mm应标志如下:

接头 GB/T 22076-B-15

6 一般要求

6.1 材料的选择由制造商根据预期的应用审慎考虑。

6.2 插头应具备适合由制造商推荐使用情况的硬度。

6.3 表面处理

表面处理应由制造商完成,但在图4中定义的密封面的表面粗糙度 $Ra \leqslant 3.2\ \mu m$ 。

注:对与密封件接触的快换接头插头的表面处理要求视应用情况和寿命要求而定,任何此类要求均应由制造商与用户协商确定。

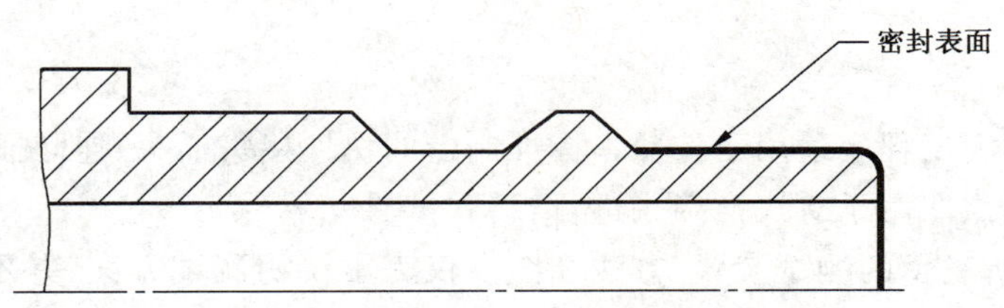

图 4　密封表面的定义

6.4　腐蚀防护

快换接头插头应满足 8.4 中描述的测试要求。

6.5　连接和脱开次数

在最高工作压力条件下连续完成 5 000 次连接-脱开循环后，快换接头应仍能满足制造商所规定的正常使用要求。

6.6　耐压性

6.6.1　快换接头经受 8.3 中所规定的压力测试后，在 1.5 倍最高工作压力条件下应仍可使用。

6.6.2　快换接头的设计应能承受 4 倍最高工作压力。

6.7　在极限工作温度条件下的测试

6.7.1　按照 8.6.4 中规定的程序使快换接头分别在连接和脱开两种状态经受制造商推荐的恒定极限使用温度。

——在每种状态以最高工作温度保持 6 h；

——在每种状态以最低工作温度保持 4 h。

6.7.2　记录泄漏变形和失效的任何迹象。

6.8　能自行调整的有限转动

当承受最高工作压力时，插头和插座应可以随其下游的软管或装置转动，以防止软管或接头受到扭矩载荷。

6.9　结构刚性

处于连接状态的快换接头应能承受：

a)　径向载荷 2 200 N；

b)　轴向载荷 2 200 N。

注：对于用塑料制造的快换接头径向和轴向载荷应限定为 440 N。

6.10　泄漏

处于连接状态的快换接头或插座在最高工作压力时的泄漏量应不超过制造商规定的值。

此项要求应按照 8.6.3 中规定的程序校验。

7　应用指南

7.1　用于振动工具安装

建议以一段最小长度为 300 mm 的气动用软管插入振动工具和快换接头之间。

7.2　连接与脱开安全性考虑

管路设计师或用户所关注的是，当连接或脱开时应具备降压系统以增加安全性（见 GB/T 7932）。例如：

——避免插头由于压力被弹出的危险；

——避免压缩空气或某些排泄物喷射的危险；

——容许连接和脱开在安全压力条件下进行。

8 测试

本条款中所规定的测试程序适用于按照本标准制造的快换接头插头，连同插座。

所规定的测试程序预期用于对快换接头进行“型式试验”。

在图5至图11中所表示的测试装置、方法和图表仅为了说明测试方案，并不作为对快换接头的要求的内容。

8.1 测试装置和仪器的精度

测试装置和仪器的精度应在表4所规定的限度以内。

表4 测试设备和仪器的精度

参数	单位	精度
温度	℃	±5%
泄漏量	mm^3	±2%
横向载荷	N	±2%
压力	MPa	±2%
流量	L/s	±2%

8.2 符合性检验

8.2.1 审查各类元件是否符合制造商的图样、产品清单以及本国家标准的表1～表3。

8.2.2 给每个元件打上不影响其正常运行的永久性标记，使它能与每一适当的测试程序或报告相对应。

8.2.3 测量并记录这些元件名义尺寸的实际大小以备在测试报告中使用。

8.2.4 在温度20℃环境中进行测量。

8.3 耐压测试

8.3.1 快换接头的插头应与相应的插座匹配并连接在一起。

8.3.2 把插座与液压源连接。

8.3.3 堵塞插头的开放端。

8.3.4 升高快换接头组件的内部压力至制造商推荐的工作压力的4倍。

注：经过1 min测试后应无破裂或永久性变形发生。

8.4 腐蚀测试

8.4.1 按照GB/T 10125规定的要求仅对快换接头的插头实施本项测试。

8.4.2 进行此项测试24 h。如果测试持续时间完成，在表面腐蚀生成物被清除后，未观察到腐蚀迹象，则此项测试的结果为合格。

8.5 结构刚性测试

8.5.1 在如图10所示的测试装置中使处于连接状态的快换接头承受6.9中规定的径向载荷，载荷施加于接头的锁紧套筒或主体部分。

1 min以后，观察不应有变形或失效现象。

注：此项测试是模拟某种意外径向载荷，例如有辆货车压过接头。

8.5.2 使处于连接状态的快换接头承受6.9中规定的轴向载荷，载荷直接施加于插入插座的插头上，如图11所示。

在测试过程中插头或插座不应脱离、变形或失效。

此外，在此项测试以后，接头应进行8.6.3中规定的泄漏测试，观察不应有泄漏现象。

8.6 运行测试

对已加润滑的快换接头组件进行此项测试，润滑剂应与密封材料兼容。

8.6.1 分离力

8.6.1.1 把快换接头组件装入一适当测试夹具中(见图5)。

8.6.1.2 保持制造商推荐的工作压力作为测试压力。

8.6.1.3 施加一力和/或扭矩于锁紧机构直至组件分离。

8.6.1.4 测量分离此快换接头组件所需要的力或扭矩。

8.6.1.5 在10 min内重复此项测试5次。然后保持连接状态1 h,再分离,校核并记下这一次脱开的力和/ 或扭矩以及起初5次的平均分离力。

8.6.1.6 记录任何气流堵塞、损坏或失效的迹象。

8.6.2 连接力

8.6.2.1 将快换接头组件装入一适当测试夹具中(见图6)。

8.6.2.2 保持制造商推荐的工作压力作为测试压力。

8.6.2.3 施加一力/或扭矩于插头直至插头完全连接。

注:在此操作过程中锁紧机构在必要时可以人工操作,从而使两半部正常连接。

8.6.2.4 测量连接此快换接头组件所需要的力和/或扭矩。

8.6.2.5 在10 min内重复此项测试5次。

8.6.2.6 算出5次测试结果的平均值以确定连接力和/或扭矩。

8.6.2.7 记录任何气流堵塞、损坏或失效的迹象。

8.6.3 测量最高工作压力条件下的泄漏量。

8.6.3.1 脱开状态

8.6.3.1.1 将带单向阀的插座放入测试容器中,如图7所示。

8.6.3.1.2 将一倒置的带刻度圆柱量杯放置在插座的上方,杯口低于液面。

8.6.3.1.3 保持最高工作压力作为测试压力。

8.6.3.1.4 按表4中规定的精度测量和记录泄漏量,例如,通过一倒转带刻度圆柱量杯收集逸出的气体。

8.6.3.1.5 按量杯刻度所示液面差计算空气容积。

8.6.3.2 连接状态

8.6.3.2.1 将快换接头组件放入测试容器中如图7所示。

8.6.3.2.2 在一侧施加40 N载荷,如图8所示。

8.6.3.2.3 保持最高工作压力5 min。

8.6.3.2.4 按8.6.3.1.5中的说明测量并记录泄漏量。

8.6.4 在最高工作压力条件下的极限温度测试。

8.6.4.1 最高工作温度,脱开状态。

8.6.4.1.1 使用类似图9中所示的测试装备。

8.6.4.1.2 使插座承受制造商推荐的最高工作温度与压力,保持6 h。

8.6.4.1.3 使温度自然降到环境温度(不施加压力)。

8.6.4.1.4 按8.6.3.1中的方法确定泄漏量。

8.6.4.2 最高工作温度,连接状态。

8.6.4.2.1 使用类似图9中所示的测试装备。

8.6.4.2.2 使快换接头组件承受制造商推荐的最高工作温度与压力,保持6 h。

8.6.4.2.3 使温度自然降到环境温度(不施加压力)。

8.6.4.2.4 按8.6.3.2中所规定确定泄漏量。

8.6.4.2.5 脱开并再连接此快换接头,然后再次校核泄漏量。

8.6.4.2.6 记录任何变形或失效迹象。

8.6.4.3 最低工作温度,脱开状态。

8.6.4.3.1 使用类似图 9 中所示的测试装备。

8.6.4.3.2 使插座承受制造商推荐的最低工作温度与最高工作压力,保持 4 h。

8.6.4.3.3 使温度自然升到环境温度(不施加压力)。

8.6.4.3.4 按 8.6.3.1 中所规定确定泄漏量。

8.6.4.3.5 脱开并再连接此快换接头,然后再次校核泄漏量。

8.6.4.3.6 记录任何变形或失效现象。

8.6.4.4 最低工作温度,连接状态。

8.6.4.4.1 使用类似图 9 中所示的测试装备。

8.6.4.4.2 使快换接头组件承受制造商推荐的最低工作温度与最高工作压力,保持 4 h。

8.6.4.4.3 使温度自然升到环境温度(不施加压力)。

8.6.4.4.4 按 8.6.3.2 中所规定确定泄漏量。

8.6.4.4.5 脱开并再连接此快换接头组件,然后再次检测泄漏量。

8.6.4.4.6 记录任何变形或失效现象。

9 标注说明

当遵照本国家标准时,在测试报告、产品和销售文件中可使用下述说明:

"圆柱快换接头符合 GB/T 22076《气动圆柱形快换接头 插头连接尺寸、技术要求、应用指南和试验》"

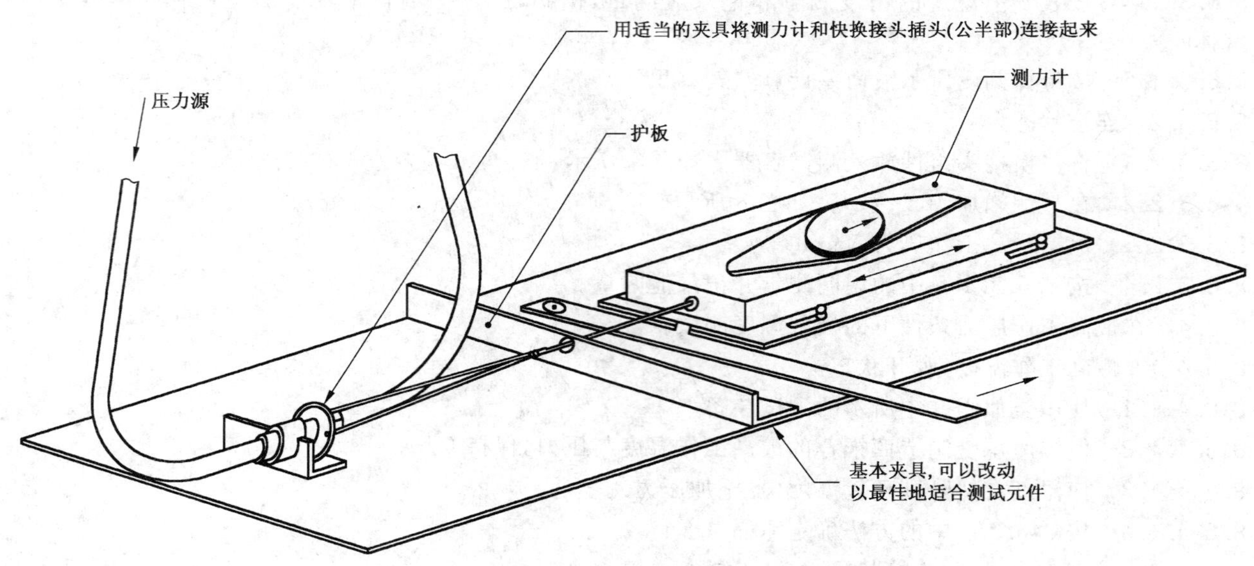

图 5 分离力测试装置

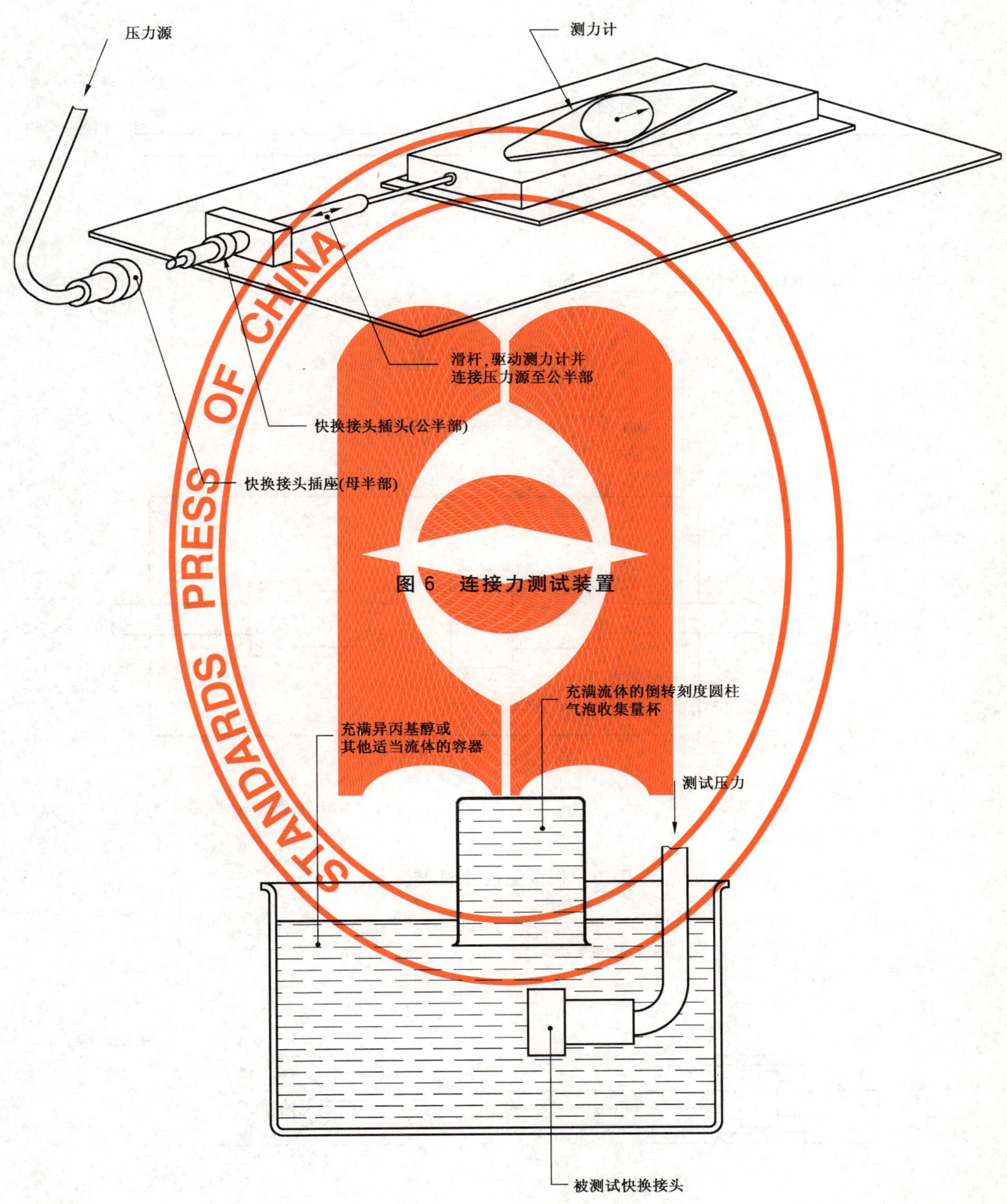

图6 连接力测试装置

图7 泄漏测试装置

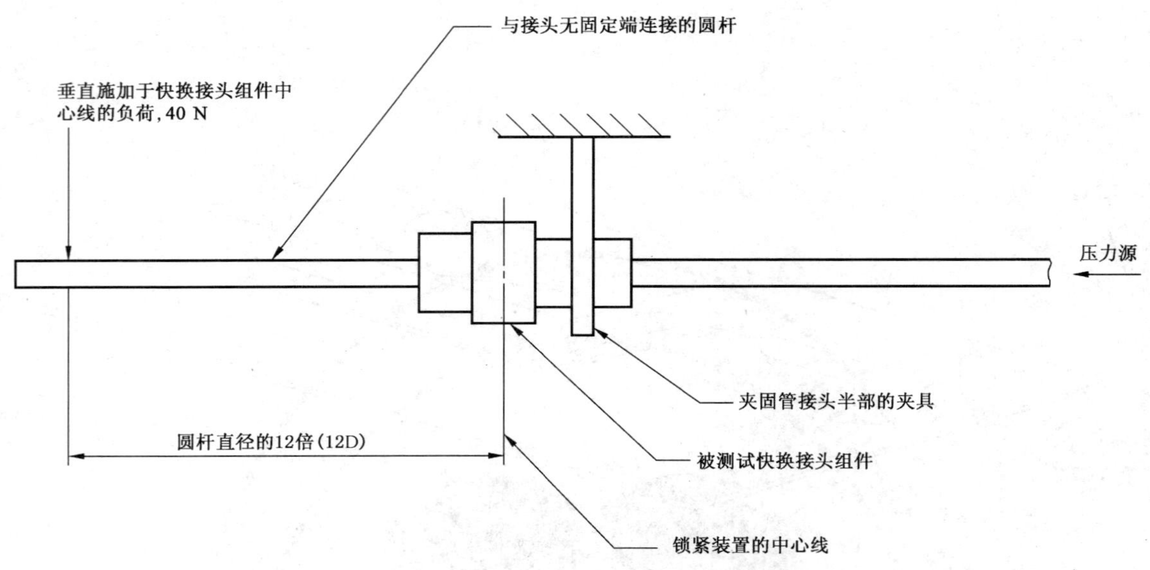

图 8　施加侧面载荷的装置

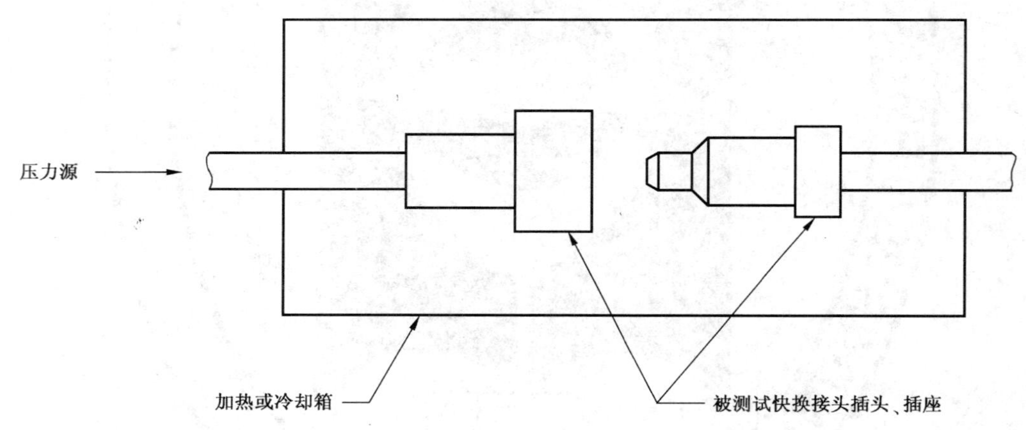

图 9　极限温度测试装置

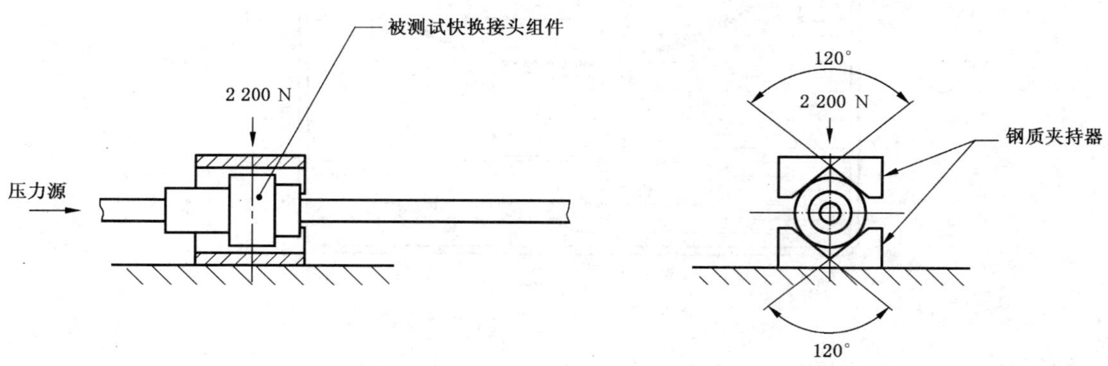

图 10　测试结构刚性时用于施加径向力的装置

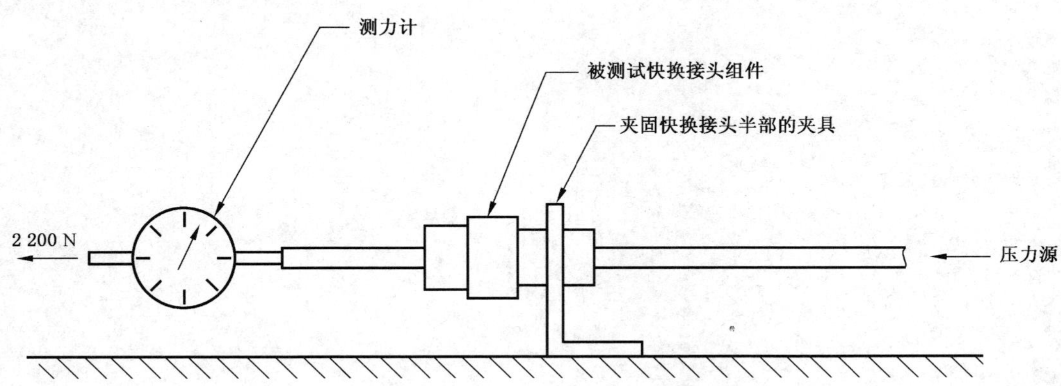

图 11 测试结构刚性时用于施加轴向力的装置

ICS 29.240.20
K 11

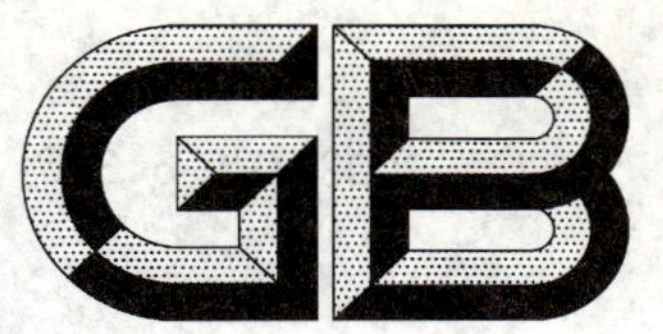

中华人民共和国国家标准

GB/T 22077—2008/IEC 61395:1998

架空导线蠕变试验方法

Overhead electrical conductors—Creep test procedures for stranded conductors

(IEC 61395:1998,IDT)

2008-06-30 发布　　2009-04-01 实施

中华人民共和国国家质量监督检验检疫总局
中国国家标准化管理委员会　发布

前　　言

本标准等同采用 IEC 61395:1998《架空导线蠕变试验方法》。本标准对 IEC 61395:1998 主要修改如下:

——删除 IEC 61395:1998 中封面与前言;

——用小数点符号“.”代替小数点符号“,”;

——第 4 章“采用国际单位”改为“法定计量单位”。

本标准的附录 A 为资料性附录。

本标准由中国电器工业协会提出。

本标准由全国电线线缆标准化技术委员会(SAC/TC 213)归口。

本标准负责起草单位:上海电缆研究所、远东电缆有限公司、上海中天铝线有限公司。

本标准主要起草人:黄国飞、季世泽、沈建华、汪传斌、尤伟任。

本标准为首次制定的国家标准。

架空导线蠕变试验方法

1 范围

本标准主要适用于如GB/T 1179中规定的架空导线的不间断蠕变试验,并规定了试验结果的数据处理方法。

试验的目的主要是为了计算蠕变量和比较不同导线的蠕变量。

本标准规定试验设备的精度为1%。由于制造工艺的差异,不同导线的蠕变量并非是一个精确的数值。

2 规范性引用文件

下列文件中的条款通过本标准的引用而成为本标准的条款。凡是注日期的引用文件,其随后所有的修改单(不包括勘误的内容)或修订版均不适用于本标准,然而,鼓励根据本标准达成协议的各方研究是否可使用这些文件的最新版本。凡是不注日期的引用文件,其最新版本适用于本标准。

GB/T 1179 圆线同心绞架空导线

3 定义

下列定义适用于本标准。

3.1

试样长度 sample length

两个安装端头之间的导线总长度。

3.2

标距长度 gauge length

用于测试蠕变量的导线长度。

3.3

试验温度 test temperature

标距长度上预先指定三点的平均温度。若超过三个温度测试点,试验温度为标矩长度内均匀分布的温度测试点的平均温度。

3.4

试验荷载 test load

导线在测试期间承受的恒定的张力。

注:其导致的导线永久性伸长就是蠕变。

3.5

加载时间 loading time

从预加试验荷载到试验荷载或从无荷载到试验荷载所需要的时间。

3.6

试验期间 duration of test

从加载试验荷载起至试验结束的时间。

3.7

蠕变试验机 creep test machine

试验过程中张紧导线试样的整套设备。

3.8

端头　end fitting

保持导线电气和(或)机械连续性的金具。

4　单位,设备及校准

单位采用法定计量单位。

为了保证测试的精确度可以追踪,试验中使用的所有设备的校准记录应存档。设备应按照国家公认的标准进行校准,如果没有此类国家标准,用于校准的依据应予以说明。

5　样品的选择和制备

5.1　试样的选取

试样应从线盘上距离端头不少于 20 m 的位置上截取。在截取和制备过程中,试样不能受损伤。试样从线盘上截断以前,在试样两端应至少安装三个强力管夹,防止导线层间滑移。

两个端头的之间的最小试样长度应满足式(1):

$$100 \times d + 2 \times a \qquad \cdots\cdots(1)$$

式中:

$100 \times d$——最小标距长度;

d——导线直径;

a——端头离标距的距离[1)]。

其中 a 的长度应不小于标距长度的 25%或 2 m,取其较小值。从导线上截取的总长度应包含试样两端夹头的必需长度。图 1 为典型安装示意图。

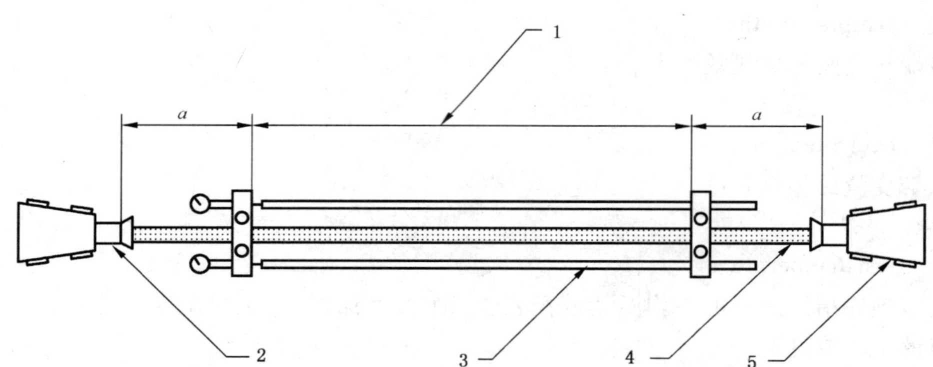

1——标距长度;

2——端头;

3——参比排;

4——试样;

5——夹头。

图 1　蠕变试验典型布置

为尽量提高准确性,须慎重选择样品和标距长度,与拉伸试验相比,这是蠕变试验所特有的。

一旦样品从线盘上取下,应尽可能使其保持平直,如果这难以保证,应采取下列措施:

a)　从线盘上取下 2 倍长度的样品,采用中间一段作为试验的样品。

b)　如果要成圈运输,成圈的直径应不小于 1.5 m。

---

1)　只有采用环氧树脂端头时此最小尺寸才是正确的。

5.2 试样的制备

试样端头采用诸如低熔点金属或环氧树脂等材料,不允许滑移或导线层间移动。

同心绞合的导线应安装端头。如果导线上涂有油脂,在制作端头前应将该段导线上的油脂清除干净。

6 温度和温度的变化

在试验期间,应测量标距两端和中部的温度。测量装置应与试样导线接触良好,并不受导线周围空气流动的影响。如果没有另外规定,试验应在 20 ℃时进行。

6.1 温度变化

在标距长度内导线温度的变化应小于 2 ℃,试验期间内导线温度变化应小于±2 ℃。必须保证温度变化小于上述值,推荐连续监测空气或者导线的温度。

6.2 温度测量装置的精度

温度测量装置的精度应为±0.5 ℃。用于测量标距长度内导线温度测量装置的精度应该在检验报告中明确表示。温度控制和测量的方法也应该予以详细说明。

6.3 温度补偿

温度变化应该采用一个与试样有相同热膨胀系数的如图 1 所示的参比物或用一个参比热电偶补偿。如果采用参比热电偶,计算张力变化并减去伸长测量值。三个温度测量装置的精度应在±0.5 ℃。温度补偿只是用来减少导线热膨胀引起的伸长所造成的测量分散性。温度变化对蠕变率的影响不能补偿。

7 荷载

7.1 试验荷载

试验荷载的精度应为±1%或±120 N,选其精度较高的值。整个试验过程应采用荷载传感元件。

7.2 应变测量

应变测量装置的精度和安装应足以测量试样应变至 5×10^{-6}。测量装置可以是任何合适的型式,如千分表,低压位移传感器或光学系统。在试验过程中,特别当样品长度较长时,导线可能会失控旋转,此类情况应以避免或予以补偿。

8 试验方法

按照本标准第 5 章制备试样并置放在蠕变试验机上。某些设备可能需要预加初载以便固定应变测量装置。在这种情况下允许初荷载达到导线额定拉断力的 2%。预加载的时间不应太长,以免影响蠕变曲线。通常预加载不超过 5 min 为宜。

加载时间应为 5 min±10 s。均匀加载至试验荷载,不能过载。若需要逐步加载,每次的增量不应超过试验荷载的 20%[2]。当逐步加载时,要确保加载曲线应力时间图所覆盖的面积等于预加载或零加载至最终试验荷载之间的直线所覆盖的面积。试验期间,应保持载荷恒定[3]。

9 数据记录

蠕变和温度的测量应该从试验达到完全负载时开始,即在允许的 5 min 加载时间结束时开始。其后,计算蠕变量的导线温度和读数应均匀分布在对数时间坐标上[4]。以 10 倍时间递增,每个时间间隔

2) 采用这一方法是为了使不同的样品在试验测量开始前经历相同的蠕变时间。

3) 不隔离振动会使测试结果受到影响。

4) 其他读数可以被采集但不宜用于蠕变量的计算。

内应至少记录3次读数。第一个读数对应于0时刻与蠕变。第二个读数，也就是第一个蠕变值，读数应在第一个读数时间0.02 h以内记录。当用热电偶进行温度补偿时，伸长量和温度的读数应同时记录。试验持续时间应不小于1 000 h，以充分精确的预测长期蠕变量。

大多数蠕变数据都需经过1 000 h的蠕变试验。时间越长精度越高，但由于用对数坐标表述，所以要显著提高试验效果需要很长的时间。试验开始的未测蠕变会导致试验时间越长，蠕变曲线的曲率越小。

10 数据处理

当导线按指数规律蠕变伸长时，相同时间间隔内所测蠕变在对数坐标上一般近似相同，即从1 h～10 h的蠕变量与从100 h～1 000 h的蠕变量量级相同。拟合的回归线应该使所有采样点到该直线的距离平方和最小，因此这些值使回归线尽可能在这些数据集合的中心[5)]。为了使蠕变方程可能无偏线性回归，要求采样点沿着拟合线均距分布。

蠕变方程 $\varepsilon_c = a \times t^b$ 可以转换为式(2)：

$$\lg \varepsilon_c = \lg a + b \times \lg t \qquad \cdots\cdots(2)$$

式中：

ε_c——按指数规律蠕变伸长量，%；

t——时间，单位为小时(h)；

a 和 b——常数。

在伸长和时间的双对数坐标图上，测量的蠕变值组成的曲线会接近于一条直线，在这条直线上 a 为蠕变轴上对应于 $t=1$ h时的截距，b 是这条直线的斜率。

应采用从1 h到1 000 h的测量值作线性回归线用以计算蠕变方程。低于1 h的蠕变量仅作为参考。

常数 a 和 b 以及推算的10年蠕变量应在报告中表述出来以便比较，标称温度和实际温度的变化也应该在报告中表述。

长达10 000 h的伸长和时间的双对数坐标及具有标称温度、平均温度和实际温度变化的拟合直线，应予以绘制。其他诸如蠕变曲线图以及附加的信息应由买卖双方协定。

5) 双对数坐标下的蠕变方程及其微小的曲率，读数间隔会影响导出的蠕变方程。

附　录　A
（资料性附录）
实　例

A.1　推荐的测试参数

下面为推荐的测试参数：

——试验温度 20 ℃；

——试验负载为导线额定抗拉强度的 20%。

如果需要了解导线完整的蠕变特性，须在不同的温度和荷载下进行两次蠕变试验。

A.2　测试程序

当采用较长的导线试样时，预加荷载不足以提升导线，在这种情况下，试样应用平衡杠杆系统或者滑车均匀支撑。

A.3　试样的选择和制备

样品准备的目标是要尽可能保证在试验期间绞线的每根单线应力相同。因此，应该避免不必要的成圈和弯曲，以便得到与实际长距离输电线路应用中一致的自然张力状态。

建议采用模制端头（即环氧树脂或低熔点金属）以降低滑移的风险并避免层间移动引起的绞线受力不均。

A.4　温度和温度变化

温度每增加 1 ℃导线的蠕变量大约增加 4%。因此，蠕变试验温度是对试验精度影响最大的单一参数。试验中标距长度两端的温度差异没有平均温度波动来得那么严重。由于蠕变随温度变化的速率未知，温度修正是不可能的。因此通过测量不同温度下单线或由相同单线组成的绞线蠕变来确定温度的影响。

在现实生活中，要考虑包括蠕变伸长和热膨胀伸长的导线伸长。这两项将降低导线上的张力，从而使蠕变的增加速率不会那么显著。

不同国家有不同的最适宜平均温度。由于是在不同的温度下获得的蠕变曲线，所以两个测试结果不能直接比较。

一个简易的温度修正装置有两个铝排组成，称为参比排如图 1 所示，安装在导线标距一端的导线对应两侧。铝排另一端延伸至标距另一端。这一端的铝排不予固定，可以测量标距标记与铝排自由端的距离。所测距离即为标距长度上的伸长量。当导线长度改变时，补偿排也随之改变相同的距离，从而抵消了热膨胀伸长的影响。

A.5　数据处理

时间增加的周期可以按照下面的式（A.1）：

$$t = 10^n \qquad \cdots\cdots\cdots\cdots (A.1)$$

式中：

t——从测量开始的 h 数；

n——不断增加的数字系列，例如 $n_{m+1} = n_m + \Delta$；

Δ——常量，即如果要以 10 倍时间增量得到 10 个读数（例如从 10 h～100 h），第一个读数为 10 h

(10^{1} h),接下来的读数便为 $10^{1+0.1}$,$10^{1+0.2}$,……(12.6 h;15.8 h;20.0 h……)。在对数坐标中这些点会均距分布。

导出的蠕变方程总不很精确,导致长期蠕变比实际较大。由于不能开始测量后即测得较正确的数值,因而排除了开始时的蠕变量。如此便会使蠕变曲线向较小的蠕变量偏移,从而减小短期蠕变量。另一方面,导致了更高的蠕变指数,从而增加了长期蠕变量。

ICS 29.060.20
K 13

中华人民共和国国家标准

GB/T 22078.1—2008

额定电压500 kV(U_m=550 kV)交联聚乙烯绝缘电力电缆及其附件 第1部分:额定电压500 kV(U_m=550 kV)交联聚乙烯绝缘电力电缆及其附件——试验方法和要求

Power cables with cross-linked polyethylene insulation and their accessories for rated voltage of 500 kV(U_m=550 kV)—Part1:Power cable systems-cables with cross-linked polyethylene insulation and their accessories for rated voltage of 500 kV(U_m=550 kV)—Test methods and requirements

(IEC 62067:2006,MOD)

2008-06-30 发布　　　　2009-04-01 实施

中华人民共和国国家质量监督检验检疫总局
中国国家标准化管理委员会　发布

前　言

GB/T 22078《额定电压 500 kV(U_m=550 kV)交联聚乙烯绝缘电力电缆及其附件》分为三个部分：

——第1部分：额定电压 500 kV(U_m=550 kV)交联聚乙烯绝缘电力电缆及其附件——试验方法和要求；

——第2部分：额定电压 500 kV(U_m=550 kV)交联聚乙烯绝缘电力电缆；

——第3部分：额定电压 500 kV(U_m=550 kV)交联聚乙烯绝缘电力电缆附件。

本部分为 GB/T 22078 的第1部分。

本部分修改采用 IEC 62067:2006 Ed. 1.1《额定电压 150 kV(U_m=170 kV)以上至 500 kV(U_m=550 kV)挤包绝缘电缆及其附件——试验方法和要求》(英文版)。IEC 第20技术委员会(电缆)已决定此出版物的内容直至2010年保持不变。至该时，此出版物将重新确认或废止或修订或修改。

本部分主要技术内容和编写格式、文本结构与 IEC 62067:2006 相同，但外护套材料仅采用与正常运行条件电缆导体最高温度 90 ℃相适配的 ST_2 和 ST_7 外护套混合料；型式试验中增加绝缘层微孔、杂质和半导电屏蔽层与绝缘层界面微孔、突起试验，相应增加附录E：绝缘层杂质、微孔和半导电屏蔽与绝缘层界面微孔、突起试验；增加外护套刮磨试验和铝套腐蚀扩展试验。绝缘偏心度要求和绝缘 $\tan\delta$ 值要求以及例行试验中局部放电试验灵敏度要求均严于 IEC 62067:2006。有关技术性差异已编入正文中并在它们所涉及的条款的页边空白处用垂直单线标识。在附录F中给出了这些技术性差异及其原因的一览表以供参考。

本部分的附录A、附录B、附录C、附录D、附录E为规范性附录，附录F为资料性附录。

本部分由中国电器工业协会提出。

本部分由全国电线电缆标准化技术委员会(SAC/TC 213)归口。

本部分负责起草单位：上海电缆研究所。

本部分参加起草单位：武汉高压研究院、国家电线电缆产品质量监督检验中心、特变电工山东鲁能泰山电缆有限公司、远东控股集团有限公司、上海电缆输配电公司、天津塑力线缆集团有限公司。

本部分主要起草人：应启良、杨黎明、吴长顺、刘召见、汪传斌、姜芸、韩长武。

额定电压500 kV(U_m=550 kV)交联聚乙烯绝缘电力电缆及其附件 第1部分:额定电压500 kV(U_m=550 kV)交联聚乙烯绝缘电力电缆及其附件——试验方法和要求

1 范围

GB/T 22078的本部分规定了额定电压500 kV(U_m=550 kV)固定安装的交联聚乙烯绝缘电缆系统、电缆及其附件的试验方法和要求。

此试验要求适用于通常安装和运行条件下的单芯电缆及其附件,而不适用于特种电缆及其附件,诸如海底电缆。对特种电缆可能需要修改本部分的试验或可能需要设计特殊的试验条件。

本部分不包含交联聚乙烯绝缘电缆和纸绝缘电缆的过渡接头。

2 规范性引用文件

下列文件中的条款通过GB/T 22078的本部分的引用而成为本部分的条款。凡是注日期的引用文件,其随后所有的修改单(不包括勘误的内容)或修订版均不适用于本部分,然而,鼓励根据本部分达成协议的各方研究是否可使用这些文件的最新版本。凡是不注日期的引用文件,其最新版本适用于本部分。

GB/T 2951.11—2008 电缆和光缆绝缘和护套材料通用试验方法 第11部分:通用试验方法 厚度和外形尺寸测量 机械性能试验(IEC 60811-1-1:2001,IDT)

GB/T 2951.12—2008 电缆和光缆绝缘和护套材料通用试验方法 第12部分:通用试验方法 热老化试验方法(IEC 60811-1-2:1985,IDT)

GB/T 2951.14—2008 电缆和光缆绝缘和护套材料通用试验方法 第14部分:通用试验方法 低温试验(IEC 60811-1-4:1985,IDT)

GB/T 2951.21—2008 电缆和光缆绝缘和护套材料通用试验方法 第21部分:弹性体混合料专用试验方法 耐臭氧试验 热延伸试验 浸矿物油试验(IEC 60811-2-1:2001,IDT)

GB/T 2951.31—2008 电缆和光缆绝缘和护套材料通用试验方法 第31部分:聚氯乙烯混合料专用试验方法 高温压力试验 抗开裂试(IEC 60811-3-1:1985,IDT)

GB/T 2951.32—2008 电缆和光缆绝缘和护套材料通用试验方法 第32部分:聚氯乙烯混合料专用试验方法 失重试验 热稳定性试验(IEC 60811-3-2:1985,IDT)

GB/T 2951.41—2008 电缆和光缆绝缘和护套材料通用试验方法 第41部分:聚乙烯和聚丙烯混合料专用试验方法 耐环境应力开裂试验 熔体指数测量方法—直接燃烧法测量聚乙烯中碳黑和/或矿物质填料含量—热重分析法(TGA)测量碳黑含量—显微镜法评估聚乙烯中碳黑分散度(IEC 60811-4-1:2004,IDT)

GB/T 2952.1—1989 电缆外护层 第1部分:总则

GB/T 3048.12—2007 电线电缆电性能试验方法 第12部分:局部放电试验(IEC 60885-3:1988,MOD)

GB/T 3048.13—2007 电线电缆电性能试验方法 第13部分:冲击电压试验(IEC60230:1966,

IEC 60060-1:1989,MOD)

GB/T 3956—1997 电缆的导体(idt IEC 60228: 1978)

GB/T 16927.1—1997 高电压试验技术 第一部分:一般试验要求(eqv IEC 60060-1:1989)

GB/T 18380.1—2001 电缆在火焰条件下的燃烧试验 第1部分:单根绝缘电线或电缆的垂直燃烧试验方法(idt IEC 60332-1: 1993)

GB/T 22078.2—2008 额定电压 500 kV(U_m=550 kV)交联聚乙烯绝缘电力电缆及其附件 第2部分:额定电压 500 kV(U_m=550 kV)交联聚乙烯绝缘电力电缆

JB/T 8996—1999 高压电缆选择导则(eqv IEC 60183: 1984)

JB/T 10696.5—2007 电线电缆机械和理化性能试验方法 第5部分:腐蚀扩展试验

JB/T 10696.6—2007 电线电缆机械和理化性能试验方法 第6部分:挤出外套刮磨试验

3 定义

本部分采用下列定义:

3.1 尺寸(厚度、导体截面等)定义

3.1.1

标称值 nominal value

指定的量值并经常用于表格之中。

注:本部分中,通常标称值引伸出的量值考虑规定公差,通过测量并进行检验。

3.1.2

中间值 median value

将试验得到的若干数值以递增(或递减)的次序依次排列时,若数值的数目是奇数,中间的那个值为中间值;若数值的数目是偶数,中间两个数值的平均值为中间值。

3.2 有关试验的定义

3.2.1

例行试验 routine test

由制造方在成品电缆的所有制造长度或附件的每个预制绝缘件上进行的试验,以检验其是否符合规定的要求。

3.2.2

抽样试验 sample test

由制造方按规定的频度在成品电缆试样上,或在取自成品电缆的某些部件上进行的试验,以检验成品电缆是否符合规定要求。

3.2.3

型式试验 type test

按一般商业原则对本部分所包含的一种型式电缆系统在供货前进行的试验,以表明其具有能满足预期使用条件的良好性能。除非电缆或附件的材料或设计或制造工艺的改变可能改变其特性,试验一旦成功完成,就不需要重做。

3.2.4

预鉴定试验 prequalification test

按一般商业原则对本部分所包含的一种型式电缆系统在供货前进行的试验,以证明该成品电缆系统具有满意的长期运行性能。

除非该电缆系统相关的材料、制造工艺、设计和设计水平有实质性改变,预鉴定试验只需要进行一次。

注:实质性改变定义为可能对电缆系统产生不利影响的改变。如果有改变而申明不构成实质性改变,供应方应提供包括试验证据的详细情况。

3.2.5

安装后电气试验　electrical tests after installation

用以证明安装后的电缆系统完好的试验。

3.3

电缆系统　cable system

电缆系统由电缆和安装在电缆上的附件构成。

4　电压标示和材料

4.1　额定电压

本部分中，符号 U_0、U 和 U_m 标示电缆和附件的额定电压。这些符号的含义由 JB/T 8996—1999 给出。

4.2　电缆绝缘材料

本部分适用的电缆的交联聚乙烯绝缘混合料列于表 1 中。该表亦规定了采用该绝缘混合料电缆的导体最高运行温度，此为规定试验条件的依据。

表 1　电缆的交联聚乙烯绝缘混合料

绝缘混合料	导体最高温度/℃	
	正常运行	短路(最长时间 5 s)
交联聚乙烯(XLPE)	90	250

4.3　电缆外护套材料

规定下列两种型式的外护套的试验：

——以聚氯乙烯为基料的 ST_2；

——以聚乙烯为基料的 ST_7。

外护套型式的选择取决于电缆设计以及运行时机械和热性能的限定。

外护套混合料适用的导体最高温度见表 2。

表 2　电缆外护套混合料

外护套混合料	代　号	正常运行条件电缆导体最高温度/℃
聚氯乙烯	ST_2	90
聚乙烯	ST_7	90

5　电缆阻水措施

当电缆系统安装于地下、易积水的隧道或水中时，推荐电缆应具有径向不透水阻隔层。

注：目前尚不具备径向透水试验条件。

按购买方和制造方之间的协议或按制造方推荐，电缆可以采用纵向阻水结构以免万一电缆在接触水的环境中损伤时必须更换大段电缆。

纵向阻水试验见 12.5.12。

6　电缆特性

为实施并记录本部分所述的试验，应验明电缆。下列特性应予确认或申明：

6.1　额定电压：应给出 U_0、U 和 U_m 值(见 4.1 和 8.4)。

6.2　导体类别、材料和单位为平方毫米的标称截面积。如果导体有纵向阻水结构，明确实现纵向阻水性能的措施实质。如果导体截面积不符合 GB/T 3956—1997，应申明导体的直流电阻。

6.3 绝缘的材料和标称厚度(见4.2和GB/T 22078.2—2008中7.2.1)。

6.4 绝缘系统的制造工艺。

6.5 如果屏蔽处有阻水措施,其阻水措施的实质。

6.6 如果有金属屏蔽,明确金属屏蔽的材料和结构,例如金属丝根数和单线直径。

如果有金属套,明确其材料、结构和标称厚度。应申明金属屏蔽的直流电阻。

6.7 外护套的材料和标称厚度。

6.8 导体标称外径(d)。

6.9 成品电缆标称外径(D)。

6.10 导体与金属屏蔽和(或)金属套间标称电容。

7 附件特性

为实施并记录本部分所述的试验,应验明附件。应予确认或申明下列特性:

7.1 应对附件内所用的导体连接金具正确地标明以下各点:

——安装工艺;

——工具、模具和必需的调整;

——接触表面处理,如果适用;

——连接金具的类型、编号和其他识别标志。

7.2 应对要作试验的附件正确标明以下各点:

——制造方名称;

——附件型式、标号、制造日期或日期代码;

——额定电压(见上述6.1);

——安装说明书(参照资料和日期)。

8 试验条件

8.1 环境温度

除非特殊试验另有详细规定,试验应在环境温度(20±15)℃下进行。

8.2 工频试验电压的频率和波形

除非本部分另外指明,工频试验电压的频率应为49 Hz~61 Hz范围。波形应基本为正弦波形。电压值以有效值表示。

8.3 雷电冲击试验电压波形

按照GB/T 3048.13—2007,标准雷电冲击电压的波前时间应为1 μs~5 μs。按GB/T 16927.1—1997规定,半波峰时间为40 μs~60 μs。

8.4 操作冲击试验电波形

按照GB/T 16927.1—1997规定,标准操作冲击电压的波前时间为250 μs±50 μs,半波峰时间为2 500 μs±1 500 μs。

8.5 试验电压与额定电压的关系

本部分的试验电压为额定电压U_0的倍数,U_0值和试验电压应按表3规定。

本部分中试验电压是根据假定电缆和附件使用于JB/T 8996—1999定义的A类系统而确定。

表3 试验电压

1	2	3	4		5	6	7	8	9
额定电压 U/kV	设备最高电压 U_m /kV	确定试验电压值 U_0/kV	9.3电压试验		9.2和12.4.5局部放电试验 $(1.5U_0)$ /kV	12.4.7热循环电压试验 $(2U_0)$/kV	10.11，12.4.9和13.2.4雷电冲击电压试验/kV	10.11和12.4.9雷电冲击电压试验后电压试验/kV	12.4.8操作冲击电压试验/kV
			电压[a] /kV	时间[a] /min					
500	550	290	580	60	435	580	1 550	580	1 175

[a] 绝缘的电场强度不宜超过阈值27 MV/m～30 MV/m以避免电缆在交货前遭受任何可能导致以后运行时发生击穿的绝缘损伤。9.3电压试验时可降低试验电压同时延长试验时间以避免电场强度过高。
在制造方和购买方同意条件下，即使绝缘试验最大电场强度低于30 MV/m，9.3电压试验亦可采用较低电压和较长时间代替，但试验电压应不低于435 kV$(1.5U_0)$，试验时间不超过10 h。

9 电缆和预制附件主绝缘的例行试验

9.1 概述

应对每根制造长度电缆和每个预制附件的主绝缘进行下列试验以检验每根电缆和每个预制附件主绝缘是否符合要求。

这些试验项目的次序由制造方安排而定。

a) 局部放电试验(见9.2)；

b) 电压试验(见9.3)；

c) 电缆外护套电气试验(见9.4)。

预制附件的主绝缘要经受局部放电和电压例行试验，按以下1)或2)或3)进行。

1) 在安装于电缆的预制附件的主绝缘上进行；

2) 主绝缘部件装在专供试验的附件上进行；

3) 采用模拟附件试验装置进行试验，使主绝缘部件所受的电场强度再现实际电场情况。

在上述2)和3)情况下，应选取试验电压值使得产生的电场强度至少与附件产品上施加9.2和9.3规定试验电压时在该部件上产生的电场强度相同。

注：预制附件的主绝缘包括与电缆绝缘直接接触并且是附件中控制电场分布所必需而且基本的部件，例如模压预制或预浇注预制橡胶绝缘件或有填充料的环氧绝缘件。它们可以单独使用或组合起来使用而成为附件的必需的绝缘和屏蔽。

9.2 局部放电试验

应根据GB/T 3048.12—2007对电缆进行局部放电试验，且按GB/T 3048.12—2007定义，其灵敏度应优于或等于5 pC。附件的试验按相同原则进行。

试验电压应逐渐升至508 kV$(1.75U_0)$并保持10 s，然后慢慢地降至435 kV$(1.5U_0)$。

在435 kV下被试品应无可检测出的放电。

9.3 电压试验

应在室温下以工频交流电压进行电压试验。

按照表3第4栏规定，应将导体与金属屏蔽和(或)金属套之间的试验电压逐渐上升至580 kV$(2U_0)$，然后保持60 min。

绝缘应不发生击穿。

9.4 电缆外护套电气试验

按GB/T 2952.1—1989规定，在金属套和外护套表面导电层之间以金属套接负极施加直流电压

25 kV,历时 1 min,外护套应不击穿。可以在外护套上包覆导电层,也可以将电缆浸入水中进行试验。

10 电缆抽样试验

10.1 概述

下列试验应在代表批的试样上进行。对试验项目 b)和 g)可以将成盘电缆作为试样。

a) 导体检验(见 10.4);

b) 导体电阻测量(见 10.5);

c) 绝缘和外护套厚度测量(见 10.6);

d) 金属套厚度测量(见 10.7);

e) 外径测量,如有要求(见 10.8);

f) XLPE 绝缘热延伸试验(见 10.9);

g) 电容测量(见 10.10);

h) 雷电冲击电压试验和随后的工频电压试验(见 10.11);

i) 透水试验,如适用(见 12.5.12)。

10.2 试验频度

抽样试验项目 a)项～g)项应在每批相同型号、相同导体截面电缆中抽取一根试样上进行,但抽样根数应不超过任何合同的电缆根数的 10%修约至最接近的整数。

试验项目 h)和 i)的试验频度应根据协议的质量控制方法。在无此协议情况下,试验应按以下抽样方法进行。

合同总数(单芯长度)L/km	试 样 数
$4<L\leqslant 20$	1
$L>20$	2

10.3 复试

如果取自任何一根选作试验电缆的试样未通过第 10 章规定的任何一项试验,应在同一批中再从两根电缆上取试样就原先试样未通过的项目进行试验。如果两个加试的试样都通过试验,该批的其他电缆应认为符合本部分要求。如果任何一个试样未通过试验,则应判该批电缆为不合格。

10.4 导体检验

应采用实际可行的检测方法检验导体结构是否符合 GB/T 3956—1997 的要求。

10.5 导体电阻测量

整根电缆或从中取出的试样应在试验前置于温度相当稳定的试验室内至少 12 h。如果怀疑导体与试验室温度不同,应在电缆置于试验室至少 24 h 以后测量导体电阻。或者可将导体试样放置在温控的液浴中至少处理 1 h 后测量电阻。

应根据 GB/T 3956—1997 的公式和系数,将导体直流电阻修正至温度为 20 ℃、长度为 1 km 的电阻值。

20 ℃下导体的直流电阻应不超过 GB/T 3956—1997 和 GB/T 22078.2—2008 中表 2 规定的相应的最大值。

10.6 绝缘和电缆外护套厚度测量

10.6.1 概述

试验方法应按 GB/T 2951.11—2008 的规定。

应从每根选作试验的电缆的一端切除损伤部分(如果必需)取出代表被试电缆的试件。

10.6.2 绝缘要求

最小测量厚度应不小于标称厚度的 90%:

$$t_{min} \geqslant 0.90t_n$$

绝缘偏心度应不大于 8%：

$$\frac{t_{max} - t_{min}}{t_{max}} \leqslant 0.08$$

式中：

t_{max}——绝缘最大厚度，单位为毫米(mm)；

t_{min}——绝缘最小厚度，单位为毫米(mm)；

t_n——绝缘标称厚度，单位为毫米(mm)。

注：t_{max} 和 t_{min} 在绝缘同一截面上测得。

绝缘厚度应不包含导体和绝缘上半导电屏蔽厚度。

10.6.3 电缆外护套要求

最小测量厚度应不低于标称厚度的 85%－0.1 mm：

$$t_{min} \geqslant 0.85t_n - 0.1$$

式中：

t_{min}——最小厚度，单位为毫米(mm)；

t_n——标称厚度，单位为毫米(mm)。

此外包覆在基本为光滑表面上的外护套，其测量值的平均值按附录 A 修约至一位小数，应不小于标称值。

对包覆在不规则表面诸如金属丝和(或)金属带屏构成的表面或皱纹金属套上的外护套没有测量值的平均值的要求。

10.7 金属套厚度测量

电缆有铅或铅合金套或铝套，采用下列试验方法。

10.7.1 铅或铅合金套

如果电缆具有铅或铅合金套，金属套的最小厚度应不小于标称厚度 95%－0.1 mm：

$$t_{min} \geqslant 0.95t_n - 0.1$$

铅套厚度由应制造方确定用下列的一种方法测量。

10.7.1.1 窄条法

应采用测微计进行测量，测微计的两个平面端的直径 4 mm～8 mm，测量精度为±0.01 mm。

应从成品电缆取出一段长约 50 mm 的铅套试件进行测量。应将试件沿纵向剖开，并小心地展平。在试件作清洁处理后，应沿着铅套圆周，在距展平的铅片边缘不小于 10 mm 处作足够多点的测量，以确保测得最小厚度。

10.7.1.2 圆环法

应采用测微计进行测量，测微计的一个测量头为平面，另一测量头为球面，或一个测量头为平面，另一测量头为宽 0.8 mm、长 2.4 mm 的矩形面。球面测量头或矩形平面测量头应置于圆环的内侧。测微计的精度应为±0.01 mm。

应从试样上小心地切下铅套圆环进行测量。应沿圆环四周足够多的点上测量厚度以确保测得最小厚度。

10.7.2 皱纹铝套

应采用两个具有半径约 3mm 的球面头测微计进行测量，其精度应为±0.01 mm。

如果电缆具有铝套，其最小厚度应不小于标称厚度 85%－0.1 mm，即：

$$t_{min} \geqslant 0.85t_n - 0.1$$

应小心地从成品电缆取宽约 50 mm 的铝套圆环，对其进行测量。应沿圆环四周足够多点上测量厚度以确保测得最小厚度。

10.8 直径测量

如果购买方要求测量绝缘芯和(或)电缆外径,应按照 GB/T 2951.11—2008 中 8.3 进行测量。

10.9 XLPE 绝缘热延伸试验

10.9.1 步骤

取样和试验步骤应按照 GB/T 2951.21—2008 第 9 章,并采用表 7 给出的试验条件进行试验。

应按所采用的交联工艺,在认为交联度最低的绝缘部分制取试片。

10.9.2 要求

试验结果应符合表 7 给出的要求。

10.10 电容测量

应测量导体与金属屏蔽和(或)金属套间的电容。

测量值应不超过制造方申明的标称值 8%。

10.11 雷电冲击电压试验及随后的工频电压试验

应在不包括试验附件,长度至少 10 m 的成品电缆上,于导体温度 95 ℃～100 ℃下进行。

应根据 GB/T 3048.13—2007 规定的方法施加雷电冲击电压。

电缆应耐受表 3 中第 7 栏给出的电压值 1 550 kV 正负极性各 10 次雷电电压冲击而不击穿。

雷电冲击电压试验后电缆试样应经受 580 kV($2U_0$),15 min 的工频电压试验,由制造方任选,可在冷却过程中或在室温下进行。绝缘应不发生击穿。

11 附件抽样试验

在考虑中。

12 电缆系统的型式试验

12.1 概述

电缆和附件应按制造方的安装说明书规定进行组装并采用制造方提供等级和数量的材料,包括润滑剂(如果有)。

附件外表面应干燥、清洁,但电缆和附件均不应经受制造方安装说明书未规定的任何方式的可能改变组装试样的电气、热或机械性能的处理。

在作 12.4.2 的 c)项～g)项试验时,必须将被试接头加上外保护层。如果能够指明此外保护层不会影响接头绝缘性能,例如没有热机械或有关相容性的影响,就不必加上此外保护层。

注:本部分不规定终端有关环境条件方面的试验。

12.2 型式试验认可范围

当某一特定导体截面和结构的相同额定电压等级为 500 kV 的电缆系统成功地通过型式试验,如果符合下列全部条件,型式试验对本部分范围内相同额定电压的其他导体截面和结构的电缆系统亦认可有效。

注:本部分中相同额定电压等级电缆系统是指具有相同 U_m 值(设备最高电压),因而试验电压水平相同的电缆系统。

a) 导体截面不大于通过试验电缆的导体截面;

b) 电缆和附件具有和通过试验的电缆系统相同或相似的结构;

注:相似结构的电缆和附件是指型式相同、绝缘和半导电屏蔽制造工艺相同的电缆和附件。由于导体的种类或材料的差异或者屏蔽绝缘芯上或附件主绝缘上保护层的差异,除非这些差异可能对试验结果有显著影响,电气型式试验不必重复进行。有些情况下,重复进行型式试验中一项或多项试验(例如弯曲试验、热循环试验和(或)相容性试验)可能合适。

c) 导体和绝缘屏蔽上、附件主绝缘部件中和界面上的最大的计算电场强度等于或低于通过试验的电缆和附件的相应值。

注：假如电压等级相同，且电缆导体截面较小，并且绝缘厚度不小于通过试验的电缆，导体上计算的最大电场强度可以比通过试验电缆的相应值大10%。

除非采用不同的材料生产电缆，取自不同导体截面的电缆的试样不需进行电缆组件的型式试验(见12.5)。然而假如包覆在屏蔽绝缘芯上的材料组合不同于原先已经型式试验的电缆的材料组合，可以要求重复进行成品电缆样段的老化试验以检验材料的相容性(见12.5.4)。

由具有资质的监证机构代表签署的型式试验证书或制造方提供的由有合适资格的官员签署的试验报告或由独立试验室出具的型式试验证书应认可作为通过型式试验的证明。

12.3 型式试验概要

型式试验应包含12.4规定的成品电缆系统的电气试验和12.5规定的电缆组件和成品电缆适用的非电气试验。

除12.4.3规定，电气试验应依次在电缆系统的一根试样上进行。

电缆组件和成品电缆的非电气试验汇总于表4，此表指出哪些试验适用于交联聚乙烯绝缘材料和各种外护套材料。燃烧试验仅当制造方希望申明以通过此项试验为其电缆的设计特点时才要求进行。

表4 电缆绝缘和外护套混合料非电气型式试验

混合料代号(见4.2和4.3)	绝　缘	外　护　套	
	XLPE	ST_2	ST_7
结构检查 透水试验[a]	采用各种外护套材料的交联聚乙烯绝缘电缆均适用		
机械性能(抗张强度和断裂伸长率)			
a) 老化前	×	×	×
b) 空气烘箱老化后	×	×	×
c) 成品电缆老化后(相容性试验)	×	×	×
高温压力试验	—	×	×
低温性能			
a) 低温拉伸试验	—	×	—
b) 低温冲击试验	—	×	—
空气烘箱失重试验	—	×	—
热冲击试验	—	×	—
热延伸试验	×	—	—
碳黑含量[b]	—	—	×
燃烧试验[c]	—	×	—
注：“×”表示要作型式试验。			

[a] 对制造方申明电缆设计具有纵向透水阻隔结构时，要做此项试验。

[b] 仅对黑色外护套。

[c] 仅当制造方希望申明符合电缆设计时有要求。

12.4 成品电缆系统的电气型式试验

不包括附件长度的成品电缆试样长度至少10 m。在一个或几个成品电缆试样上应进行12.4.2中所列的试验。成品电缆试样数取决于试验的附件种类数。

附件之间电缆的最短净长应为5 m。

除12.4.3规定外，12.4.2所列的全部试验应依次施加于同一试样。附件应在电缆经弯曲试验后安装。每种附件应有一个试样进行试验。

12.4.11所述的半导电屏蔽电阻率测量应在一未经上述试验的试样上进行。

12.4.1 试验电压值

电气型式试验前，应在用于试验的电缆段上取代表性试件，按 GB/T 2951.11—2008 中 8.1 规定的方法测量绝缘厚度以检查绝缘厚度是否过分超过标称值。

如果绝缘平均厚度不超过标称厚度 5%，试验电压应为按表 3 规定的试验电压值。

如果绝缘平均厚度超过标称厚度 5%但不超过 15%，应调整试验电压使得导体屏蔽上电场强度等于绝缘平均厚度为标称值且试验电压为按表 3 的试验电压值时产生的电场强度。

用于电气型式试验电缆的绝缘平均厚度应不超过标称值 15%。

12.4.2 试验顺序

试验应按以下顺序进行。

a) 电缆弯曲试验(见 12.4.4)后安装附件并在室温下进行局部放电试验(见 12.4.5)；

b) tanδ 测量(见 12.4.6)；

c) 热循环电压试验(见 12.4.7)；

d) 室温和高温下局部放电试验(见 12.4.5)

试验应在上述 c)项最后一次循环后进行，或在下述 f)项雷电冲击电压试验后进行；

e) 操作冲击电压试验（见 12.4.8)；

f) 雷电冲击电压试验及随后工频电压试验(见 12.4.9)；

g) 局部放电试验(如果上述 d)项试验未进行)；

h) 直埋接头外保护层试验(见附录 D)；

注 1：此项试验施加于已通过 c)项循环试验的接头或已通过三次热循环(见附录 D)的分开试验接头。

注 2：如果电缆和接头在运行时不遭受潮湿环境(非直埋于地下或非间断或连续浸水)此项试验可以免除。

i) 结束上述试验后应检验包含电缆和附件的电缆系统(见 12.4.10)。

12.4.3 特殊条款

12.4.2 中 b)项试验可以用未经 12.4.2 列出其余试验的电缆试样并安装特殊的试验终端进行。

12.4.4 弯曲试验

室温下电缆试样应绕试验圆柱体(例如圆盘筒体)至少弯曲一整圈。再复位而轴不转。然后反方向弯曲试样，重复此过程。

此反复弯曲应总共进行三次。

试验圆柱体直径对铅、铅合金和皱纹金属套电缆应不大于 $25(d+D)+5\%$。其中 d 为导体标称直径，mm(见 6.8)；D 为电缆标称外径，mm(见 6.9)。

弯曲试验结束后应将附件安装在电缆上。此组装试样应在室温下进行局部放电试验，并应符合 12.4.5 规定要求。

12.4.5 局部放电试验

应根据 GB/T 3048.12—2007 进行试验，其灵敏度为 5 pC 或优于 5 pC。

试验电压应逐渐升至 508 kV($1.75U_0$)并保持 10 s，然后缓慢地降低至 435 kV($1.5U_0$)。

对高温下局部放电试验，组装试样应在导体温度 95 ℃～100 ℃下进行试验，导体温度应在此规定的温度范围内至少保持 2 h。

组装试样在 435 kV 下应无可检测出的放电。

12.4.6 tanδ 测量

应采用适当方法加热试样。采用测量导体电阻或采用放置在屏蔽或金属套表面热电偶测温或以相同加热方法，用放置在另一相同电缆试样的导体中热电偶测温方法确定导体温度。

应加热试样使导体温度达到 95 ℃～100 ℃。

在工频电压 290 kV(U_0)及上述规定温度下测量 tanδ，测量值应不超过 8.0×10^{-4}。

12.4.7 热循环电压试验

电缆应弯成 U 形，其弯曲直径按 12.4.4 规定。

用导体电流加热组装试样至电缆导体温度达到稳定温度 95 ℃～100 ℃。

注：如果因为实际原因，不能达到试验温度，可以外加热绝缘措施。

至少加热 8 h。每个加热周期导体温度应在上述温度范围内至少保持 2 h。随后应自然冷却至少 16 h 至导体温度为环境温度以上 15 ℃范围以内，最大不超过 45 ℃。应记录每个加热周期最后 2 h 的导体电流。

此加热和冷却循环应进行 20 次。

在全部试验过程中，应对组装试样施加 580 kV($2U_0$)电压。

组装试样应在最后一次热循环后或在 12.4.9 所述的雷电冲击电压试验后，在高温和室温下按 12.4.5 要求进行局部放电试验并符合要求。

12.4.8 操作冲击电压试验

应在导体温度为 95 ℃～100 ℃对组装试样进行试验。导体温度应在此温度范围内至少保持 2 h。

应按 GB/T 3048.13—2007 所述的方法施加符合表 3 第 9 栏给出的操作冲击试验电压。

组装试样应耐受正负极性各 10 次操作冲击电压而不击穿或闪络。

12.4.9 雷电冲击电压试验和随后的工频电压试验

应在导体温度为 95 ℃～100 ℃下对组装试样进行试验。导体温度应在此温度范围内至少保持 2 h。

应按 GB/T 3048.13—2007 给出的方法施加雷电冲击试验电压。

组装试样应耐受正负极性各 10 次表 3 第 7 栏给出的雷电冲击电压而不击穿或闪络。

雷电冲击电压试验后组装试样应经受 580 kV($2U_0$)，15 min 的工频电压试验。由制造方任选，试验可在冷却过程中或室温下进行。应不发生绝缘击穿或闪络。

如果原先按 12.4.7 规定的热循环电压试验结束时未进行局部放电试验，组装试样应在高温和室温下按 12.4.5 规定经受局部放电试验并符合要求。

12.4.10 检验

用肉眼检验含电缆和附件的电缆系统，应无可能影响系统运行的劣化迹象(例如电气品质降低、泄漏、腐蚀或有害的收缩)。

12.4.11 半导电屏蔽电阻率

应从制成后未经处理的电缆试样的绝缘芯取试件和已经受按 12.5.4 规定作组件材料相容性试验的老化处理的电缆试样绝缘芯取试件进行导体上和绝缘上的挤包半导电屏蔽的电阻率测定。

12.4.11.1 测量方法

测量方法应按照附录 B。

应在 90 ℃±2 ℃温度范围内进行测量。

12.4.11.2 要求

老化前后的电阻率应不超过以下值：

导体屏蔽：1 000 Ω·m；

绝缘屏蔽：500 Ω·m。

12.5 电缆组件和成品电缆的非电气型式试验

12.5.1～12.5.15 规定试验的详细要求。

12.5.1 电缆结构检查

导体检验和绝缘、外护套与金属套厚度测量应根据并符合 10.4、10.6、10.7 给出的要求。

12.5.2 确定老化前后绝缘的机械性能试验

12.5.2.1 取样

试件取样和制备应按 GB/T 2951.11—2008 中的 9.1 进行。

12.5.2.2 老化处理

老化处理应按 GB/T 2951.12—2008 中的 8.1 并在表 5 规定的条件下进行。

表 5 电缆绝缘混合料机械特性要求(老化前后)

序号	试验项目和试验条件 (混合料代号见 4.2)	单　位	性能要求 XLPE
0	正常运行时导体最高温度	℃	90
1	老化前(GB/T 2951.11—2008 中 9.1)		
1.1	最小抗张强度	N/mm^2	12.5
1.2	最小断裂伸长率	%	200
2	空气烘箱老化后(GB/T 2951.12—2008 中 8.1)		
2.1	处理条件:温度	℃	135
	温度偏差	℃	±3
	持续时间	d	7
2.2	抗张强度		
	a) 老化后最小值	N/mm^2	—
	b) 最大变化率[a]	%	±25
2.3	断裂伸长率		
	a) 老化后最小值	%	—
	b) 最大变化率[a]	%	±25

[a] 变化率:老化后测得中间值与老化前测得中间值的差值除以后者,以百分率表示。

12.5.2.3 预处理和机械性能试验

预处理和机械性能测试应按 GB/T 2951.11—2008 中的 9.1 进行。

12.5.2.4 要求

老化前和老化后试件的试验结果应符合表 5 给出的要求。

12.5.3 确定老化前后外护套机械性能试验

12.5.3.1 取样

试件取样和制备应按 GB/T 2951.11—2008 中的 9.2 进行。

12.5.3.2 老化处理

老化处理应按 GB/T 2951.12—2008 中的 8.1 并在表 6 规定的条件下进行。

表 6 电缆外护套混合料机械特性试验要求(老化前后)

序号	试验项目和试验条件 (混合料代号见 4.3)	单位	性能要求	
			ST_2	ST_7
1	老化前(GB/T 2951.11—2008 中 9.2)			
1.1	最小抗张强度	N/mm^2	12.5	12.5
1.2	最小断裂伸长率	%	150	300
2	空气烘箱老化后(GB/T 2951.12—2008 中 8.1)			
2.1	处理条件:温度	℃	100	100
	温度偏差	℃	±2	±2
	持续时间	d	7	10
2.2	抗张强度:			
	a) 老化后最小值	N/mm^2	12.5	—
	b) 最大变化率[a]	%	±25	—
2.3	断裂伸长率:			
	a) 老化后最小值	%	150	300
	b) 最大变化率[a]	%	±25	—
3	高温压力试验(GB/T 2951.31—2008 中 8.2)			
3.1	试验温度	℃	90	110
	温度偏差	℃	±2	±2

[a] 变化率:老化后测得中间值与老化前测得中间值的差值除以后者,以百分率表示。

12.5.3.3 **预处理和机械性能试验**

预处理和机械性能测试应按 GB/T 2951.11—2008 中的 9.2 进行。

12.5.3.4 **要求**

老化前和老化后试件的试验结果应符合表 6 给出的要求。

12.5.4 **检验材料相容性的成品电缆样段老化试验**

12.5.4.1 **概述**

应进行成品电缆样段老化试验以检验绝缘、挤包半导电层和外护套是否由于与电缆中其他组件相接触而引起过分劣化。

此项试验适用于所有型式的电缆。

12.5.4.2 **取样**

绝缘和外护套试样应从 GB/T 2951.12—2008 中 8.1.4 所述的成品电缆上取样。

12.5.4.3 **老化处理**

电缆段的老化处理应按 GB/T 2951.12—2008 中 8.1.4，在空气烘箱中按以下条件进行：

温度：(100±2)℃；

时间：7×24 h。

12.5.4.4 **机械性能试验**

应按 GB/T 2951.12—2008 中 8.1.4 所述制备取自老化电缆样段的绝缘和外护套的试件，并进行机械性能试验。

12.5.4.5 **要求**

老化后的抗张强度和断裂伸长率的中间值与老化前得出的相应值(见 12.5.2 和 12.5.3)的变化率应不超过表 5 给出适用于绝缘经空气烘箱老化后试验值以及表 6 给出适用于外护套经空气烘箱老化后试验值。

12.5.5 **ST_2 型聚氯乙烯外护套失重试验**

12.5.5.1 **方法**

ST_2 型外护套的失重试验应按 GB/T 2951.32—2008 中 8.2 所述在表 9 给出的条件下进行。

表 7 电缆交联聚乙烯绝缘混合料热延伸试验要求

混合料代号(见 4.2)	单 位	XLPE
热延伸试验(GB/T 2951.21—2008 第 9 章)		
处理条件：空气烘箱温度	℃	200
温度偏差	℃	±3
负荷时间	min	15
机械应力	N/cm²	20
负荷下最大伸长率	%	175
冷却后最大永久伸长率	%	15

表 8 电缆热塑性聚乙烯混合料的碳黑含量试验要求

混合料代号(见 4.3)	单 位	ST_7
碳黑含量(仅对黑色外护套，GB/T 2951.41—2008 第 11 章)		
标称值	%	2.5
偏差	%	±0.5

表 9 电缆 PVC 外护套混合料特性试验要求

序号	试验项目和试验条件(混合料代号见 4.3)	单位	性能要求
			ST_2
1	空气烘箱失重(GB/T 2951.32—2008 中 8.2)		
1.1	处理条件:		
	温度	℃	100
	温度偏差	℃	±2
	持续时间	d	7
1.2	最大允许失重	mg/cm^2	1.5
2	低温性能[1)](GB/T 2951.14—2008 第 8 章)		
	试验在未经先前老化下进行		
2.1	哑铃片的低温拉伸试验		
	试验温度	℃	−15
	温度偏差	℃	±2
2.2	低温冲击试验		
	试验温度	℃	−15
	温度偏差	℃	±2
3	热冲击试验(GB/T 2951.31—2008 中 9.2)		
3.1	试验温度	℃	150
	温度偏差	℃	±3
3.2	试验时间	h	1
1) 因气候条件,可以采用更低的试验温度。			

12.5.5.2 **要求**

试验结果应符合表 9 给出的要求。

12.5.6 **外护套高温压力试验**

12.5.6.1 **方法**

ST_2 和 ST_7 外护套的高温压力试验应按 GB 2951.31—2008 中的 8.2 所述,采用该试验方法和表 6 的试验条件进行。

12.5.6.2 **要求**

试验结果应符合 GB/T 2951.31—2008 中的 8.2 给出的要求。

12.5.7 **聚氯乙烯外护套(ST_2)的低温试验**

12.5.7.1 **方法**

ST_2 外护套的低温试验应按 GB/T 2951.14—2008 第 8 章,采用表 9 给出的试验温度进行。

12.5.7.2 **要求**

试验结果应符合 GB/T 2951.14—2008 第 8 章给出的要求。

12.5.8 **聚氯乙烯外护套(ST_2)热冲击试验**

12.5.8.1 **方法**

ST_2 外护套的热冲击试验应按 GB/T 2951.31—2008 中的 9.2,且试验温度和时间根据表 9 进行。

12.5.8.2 **要求**

试验结果应符合 GB/T 2951.31—2008 中的 9.2 给出要求。

12.5.9 **XLPE 绝缘热延伸试验**

XLPE 绝缘应经受 10.9 所述的热延伸试验，并应符合其要求。

12.5.10 **黑色聚乙烯外护套碳黑含量测量**

12.5.10.1 **方法**

ST_7 外护套的碳黑含量应按 GB/T 2951.41—2008 第 11 章所述的取样和试验方法作测量。

12.5.10.2 **要求**

试验结果应符合表 8 给出的要求。

12.5.11 **燃烧试验**

如果电缆有 ST_2 外护套，且如果制造方希申明电缆的特殊设计符合要求，应在成品电缆的试样上按照 GB/T 18380.1—2001 进行燃烧试验。

试验结果应符合 GB/T 18380.1—2001 给出的要求。

12.5.12 **透水试验**

具有纵向阻水结构的电缆应进行透水试验。此项试验目的为满足埋地电缆的要求而不是用于如海底电缆这种结构的电缆。

此试验适用于下列电缆结构：

a) 具有防止沿绝缘屏蔽外表面与径向不透水阻隔层之间的间隙纵向透水的阻隔结构；

b) 具有防止沿导体纵向透水的阻隔结构。

试验设备、取样、试验方法和要求应按照附录 C 的规定。

12.5.13 **绝缘层杂质、微孔和半导电屏蔽层与绝缘层界面微孔、突起试验**

绝缘层杂质、微孔和半导电屏蔽层与绝缘层界面微孔、突起应按附录 E 规定进行测试，试验结果应符合以下要求：

a) 成品电缆绝缘中应无大于 0.02 mm 的微孔；

b) 成品电缆绝缘中应无大于 0.075 mm 的不透明杂质；

c) 半导电屏蔽层与绝缘层界面应无大于 0.02 mm 的微孔；

d) 导体半导电屏蔽层与绝缘层界面应无大于 0.05 mm 进入绝缘层的突起和大于 0.05 mm 进入半导电屏蔽层的突起；

e) 绝缘半导电屏蔽层与绝缘层界面应无大于 0.05 mm 进入绝缘层的突起和大于 0.05 mm 进入半导电屏蔽层的突起。

12.5.14 **外护套刮磨试验**

经 12.4.4 弯曲试验后的试样应按 JB/T 10696.6—2007 规定方法进行外护套刮磨试验。试验结果应符合 GB/T 2952.1—1989 中 8.3.4 的要求。

12.5.15 **铝套腐蚀扩展试验**

经 12.4.4 弯曲试验后的试样应按 JB/T 10696.5—2007 规定方法进行腐蚀扩展试验。试验结果应符合 GB/T 2952.1—1989 中 8.3.3 的要求。

13 电缆系统预鉴定试验

13.1 预鉴定试验认可范围

当额定电压 500 kV 电缆系统成功地通过预鉴定试验，制造方就具有供应额定电压 500 kV 电缆系统的合格资格，只要绝缘屏蔽上计算电场强度等于或低于通过试验的电缆系统的相应值。

注：推荐采用较大导体截面电缆进行预鉴定试验以包含热机械方面影响。

由具有资质的监证机构代表签署的试验证书或由制造方给出并由具有合适资格的官员签署的试验报告或独立试验室出具的试验证书均应认可作为通过预鉴定试验的证明。

13.2 成品电缆系统的预鉴定试验

预鉴定试验应包含在约 100 m 长实样尺寸的成品电缆系统上进行的电气试验，电缆系统含每种附件至少 1 件。试验的正常顺序应为：

a) 热循环电压试验(见 13.2.3)；

b) 电缆试样雷电冲击电压试验(见 13.2.4)；

c) 结束上述试验后电缆系统的检验(见 13.2.5)。

注：如果已进行过替代的长期试验并能表明具有满意的运行经验，预鉴定试验可以免除。

13.2.1 预鉴定试验用电缆的绝缘厚度检查

预鉴定试验前，应按照 GB/T 2951.11—2008 中 8.1 规定方法测量绝缘厚度，在用作预鉴定试验的电缆上取代表性试件，以检查绝缘厚度是否过分超过标称值。

绝缘厚度标称值要求如 12.4.1 所给出。

13.2.2 试验布置

电缆和附件应按制造方说明书规定方法进行安装，采用所提供的等级和数量的材料，包括润滑剂(如果有)。

试验的布置应代表安装设计的状况，例如刚性固定、柔性固定和过渡区安装、埋地和空气中安装。特别应注意附件的热机械方面状况。

各试验装置之间及试验时环境条件会有改变，但认为环境条件并无重要影响。8.1 规定的环境温度限制不必采用。

13.2.3 热循环电压试验

采用导体电流加热组装试样直到电缆导体温度达到 90 ℃～95 ℃。试验过程中因环境温度变化要求调节导体电流。

应选择加热设施，使得远离附件的电缆导体温度达到上述规定温度。

至少应加热 8 h。每个加热周期内应在上述温度范围内至少保持 2 h。随后至少应自然冷却 16 h。

在整个试验期间 8 760 h 内，应对组装试样施加电压 493 kV(1.7U_0)和热循环。加热冷却循环至少应进行 180 次。

试验期间应不发生击穿。

13.2.4 电缆试样的雷电冲击电压试验

应从组装试样上截取最短有效总长为 30 m 的一根或多根电缆试样，在导体温度 90 ℃～95 ℃下进行雷电冲击电压试验。导体温度应在此温度范围内至少保持 2 h。

注：作为替代，试验可在整个组装试样上进行。

应按照 GB/T 3048.13—2007 给出的步骤施加雷电冲击电压。

电缆试样应耐受正负极性各 10 次表 3 第 7 栏给出的雷电电压冲击而不发生击穿。

13.2.5 检验

目测检验电缆和附件的电缆系统，应无可能影响系统运行的劣化迹象(例如电气品质降低、潮气侵入、泄漏、腐蚀或有害收缩)。

14 安装后电气试验

电缆和其附件安装完成后，在新的电缆线路上进行试验。

推荐采用按 14.1 的外护套试验和(或)按 14.2 的绝缘交流电压试验。当电缆线路仅按 14.1 作了外护套试验，根据购买方和承包方协议，附件安装的质量保证程序可以代替绝缘试验。

14.1 外护套直流电压试验

电缆金属套或同心金属线或金属带屏蔽对地间施加直流电压 10 kV，时间 1 min。

为使试验有效，外护套外表面必须与地良好接触。外护套上导电层有助于达到此要求。

14.2 绝缘交流电压试验

应经购买方和承包方协商同意施加交流电压。电压波形应基本为正弦波形，频率应为 20 Hz～300 Hz。应根据实际试验条件，施加 320 kV 或 493 kV(1.7U_0)交流电压，时间为 1 h。

作为替代，可施加 290 kV(U_0)交流电压，时间 24 h。

注：对于已运行的电缆线路，可采用较低电压和(或)较短时间进行试验。应考虑运行年份、环境条件、击穿经历及试验目的，经协商确定试验电压和时间。

附 录 A
（规范性附录）
数值修约

当数值要修约到规定的小数位数，例如从几个测量值计算平均值或由给出的标称值加上偏差百分率而导出最小值，应按以下步骤：

如果修约前要保留的最后一位数字后跟着 0,1,2,3 或 4，此数字为不变（修约舍弃）。如果修约前要保留的最后一位数字后跟着 9,8,7,6 或 5，此数字应加一（修约进一）。例如：

2.449≈2.45　修约到二位小数；

2.449≈2.4　修约到一位小数；

2.453≈2.45　修约到二位小数；

2.453≈2.5　修约到一位小数；

25.047 8≈25.048　修约到三位小数；

25.047 8≈25.05　修约到二位小数；

25.047 8≈25.0　修约到一位小数。

附 录 B
（规范性附录）
半导电屏蔽电阻率测量方法

应从150 mm成品电缆试样上制备每个试件。

应将绝缘芯试样纵向切成两半，除去导体和隔离层（如果有）以制备导体屏蔽试件（见图B.1a）。

应将绝缘芯试样剥去所有外保护层以制备绝缘屏蔽试件（见图B.1b）。

测定屏蔽的体积电阻率方法应如下。

应将四个涂银电极A、B、C和D[（见图B.1a）和B.1b）]放置在半导电表面上。两个电位电极B和C应相距50 mm，两个电流电极A和D应放置于电位电极外侧至少25 mm。

用合适的夹子连接电极。与导体屏蔽电极相连接时，应确保夹子与试件外表面的绝缘屏蔽相互绝缘。

装好的试件应放置在预热到规定温度的烘箱内，并且至少在相隔30 min以后测量电极间电阻，测量回路功率应不超过100 mW。

电阻测量以后，应在环境温度下测量导体屏蔽和绝缘屏蔽的直径以及导体屏蔽和绝缘屏蔽的厚度，各为图B.1b所示试件上六个测量值的平均值。

体积电阻率应按下式计算：

导体屏蔽

$$\rho_c=\frac{R_c\times\pi\times(D_c-T_c)\times T_c}{2L_c}$$

式中：

ρ_c——体积电阻率，单位为欧姆米（Ω·m）；

R_c——测量电阻，单位为欧姆（Ω）；

L_c——电位电极间距离，单位为米（m）；

D_c——导体屏蔽外径，单位为米（m）；

T_c——导体屏蔽平均厚度，单位为米（m）。

绝缘屏蔽

$$\rho_i=\frac{R_i\times\pi\times(D_i-T_i)\times T_i}{L_i}$$

式中：

ρ_i——体积电阻率，单位为欧姆米（Ω·m）；

R_i——测量电阻，单位为欧姆（Ω）；

L_i——电位电极间距离，单位为米（m）；

D_i——绝缘屏蔽外径，单位为米（m）；

T_i——绝缘屏蔽平均厚度，单位为米（m）。

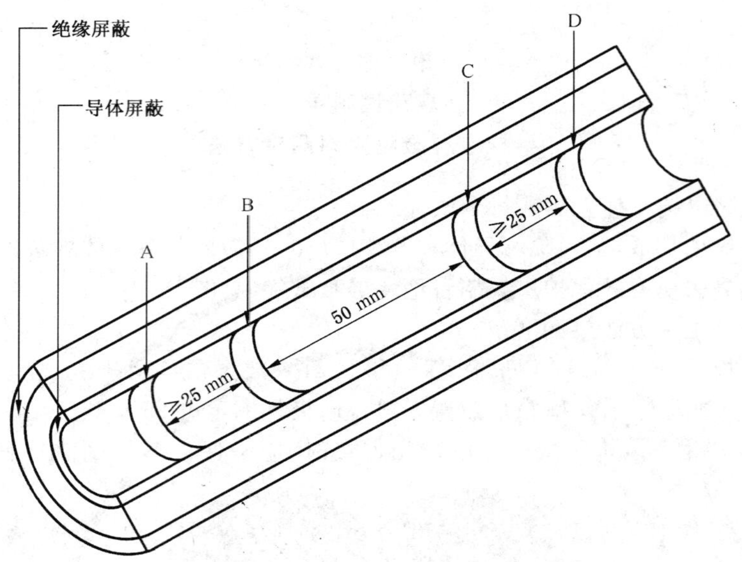

B、C——电位电极；
A、D——电流电极。

a）导体屏蔽体积电阻率测量

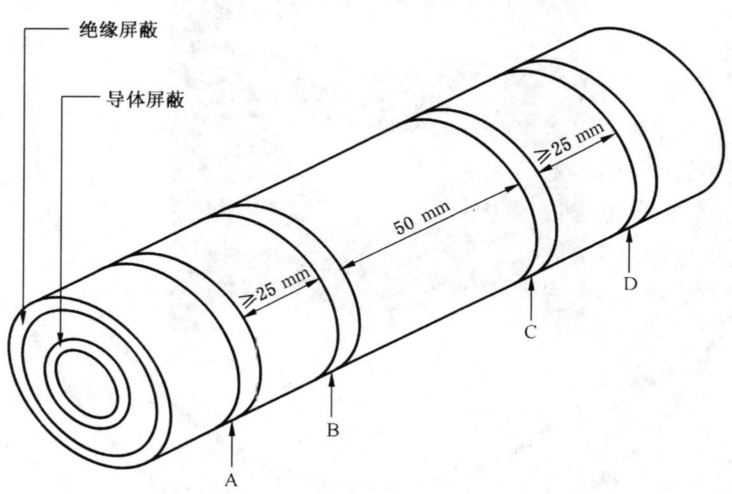

B、C——电位电极；
A、D——电流电极。

b）绝缘屏蔽体积电阻率测量

图 B.1　导体屏蔽和绝缘屏蔽体积电阻率测量的试样制备

附　录　C
（规范性附录）
透水试验

C.1　试件

一段长度至少 8 m，未经受 12.4 所述任何试验的成品电缆试样应经受 12.4.4 所述的弯曲试验。

应从已经受弯曲试验的电缆段上切取 8 m 长电缆，并水平放置。应从该段电缆的中央处切开约 50 mm 宽的圆环，剥去环内绝缘屏蔽外的所有包覆层。当申明导体亦有阻隔结构时，此切除的圆环应包含导体以外的所有包覆层。

如果电缆有间断的纵向阻水阻隔结构，试样应至少包含两个阻隔结构，并将阻隔结构间的圆环去除。这种情况下，应知道这种电缆阻隔结构间的平均距离。

切出表面应使得有纵向阻水要求界面易于与水接触，而无纵向阻水要求的界面用合适的材料封堵或除外包覆层。

界面情况例如包括：

——电缆仅有导体阻隔；

——界面在外护套与金属套之间。

采用适当的装置（见图 C.1），将一根直径至少 10 mm 的管子垂直放置在切开的圆环上并与外护套表面相密封。电缆从此试验装置穿出处的密封应不对电缆施加机械应力。

注：某些阻隔结构对纵向阻水的影响取决于水的组分（例如 pH 值，离子浓度）。除非另有规定，宜采用自来水进行试验。

C.2　试验

在（20±10）℃温度下，于 5 min 内将管子充满水使得管子的水高出电缆中心 1 m（见图 C.1）。

试样应放置 24 h。

然后试样应经受 10 次热循环。采用合适方法将导体加热至 95 ℃～100 ℃但应不达到 100 ℃。

应至少加热 8 h，每个加热周期中导体温度应保持在所述的温度范围内至少 2 h。然后应至少自然冷却 16 h。

水头应保持为 1 m。

注：在整个试验中不施加电压，建议串联一段与被试电缆相同的仿真电缆，并直接测量该电缆的导体温度。

C.3　要求

试验期间试样两端应无水渗漏。

尺寸单位为毫米

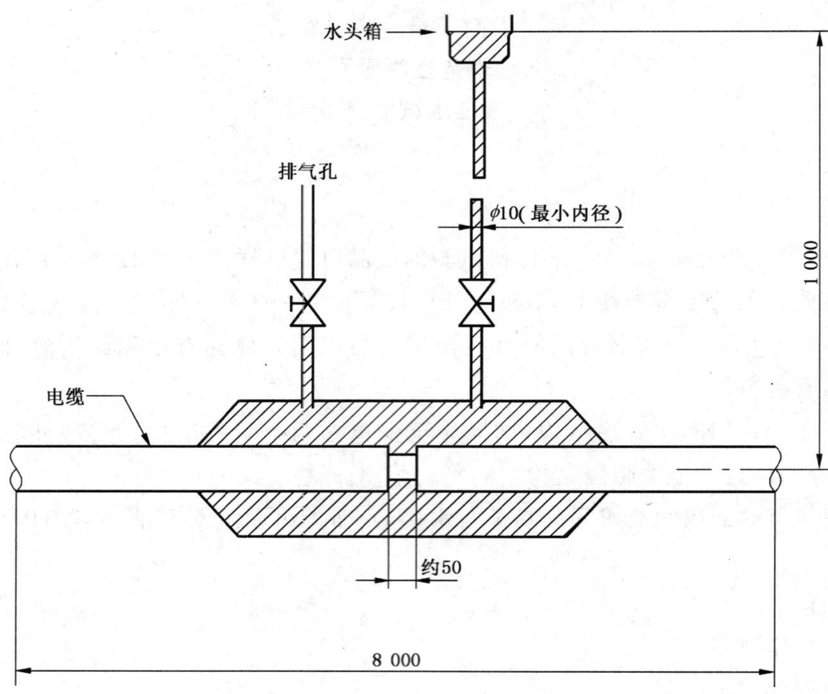

图 C.1 纵向透水试验示意图

附　录　D
（规范性附录）
直埋接头外保护层试验

D.1　概述

本附录规定的方法适用于接头的各种型式外保护层的型式认可试验，包括用于直埋接头或绝缘护套电缆系统的金属套开断结构以及金属套分段绝缘连同屏蔽开断结构的认可试验。

D.2　认可范围

当接头外保护层的认可要求包括引入器件，诸如连接引线时，所试的外保护层应包含这些设计特点。

适用于所认可的最小和最大外径的成品电缆的绝缘接头外保护层成功地通过试验，其认可范围可以包括相似的直通接头外保护层，但反之无效。

当一种接头外保护层的设计取得认可，则由相同制造方供应的采用相同设计原则，采用相同材料，在所试的电缆直径范围内，试验电压相同或较低的所有接头外保护层均应予以认可。

已通过热循环电压试验（见12.4.7）的接头或已通过如12.4.7规定至少三次热循环但不加电压的分开试验的接头应接着进行D.3和D.4项试验。

D.3　浸水和热循环

接头试样应浸入水中，使其外保护层顶点处水深不小于1 m。需要时，可采用与放入接头试样并穿出密封的容器相连接的水头箱来实施。

应施加总共20次加热和冷却循环，水温升高到70 ℃～75 ℃。每次热循环，水温应上升至规定温度，至少保持5 h，然后冷却到不超过环境温度以上10 ℃范围内。可用热水或冷水来混合以达到试验温度。

D.4　电压试验

热循环结束且接头试样浸于水中，应即按以下进行电压试验。

D.4.1　接头试样无金属套开断绝缘

在电力电缆的金属屏蔽和（或）金属套与接头外保护层接地外表面之间应施加直流试验电压20 kV，历时1 min。

D.4.2　接头试样具有金属套开断绝缘

D.4.2.1　直流电压试验

在接头隔离绝缘体两端的电力电缆金属屏蔽和（或）金属套之间以及每端金属屏蔽和（或）金属套与接头外保护层接地外表面之间应施加直流试验电压20 kV，历时1 min。

D.4.2.2　冲击电压试验

在接头试样浸于水中情况下，每端的金属屏蔽和（或）金属套与接头试样外表面之间应施加按表D.1所示的试验电压以进行各端对地试验。如果在接头试样浸水时，不能进行冲击电压试验，可将接头从水中取出，经最短时间，用湿布擦抹接头外表面保持潮湿或在试验装置整个外表面加上导电涂层以进行冲击电压试验。

对两端金属屏蔽和（或）金属套之间的试验，应在冲击电压试验前将接头试样从水中取出进行试验。

应按照GB/T 3048.13—2007规定的试验步骤在环境温度下进行接头试验。

表 D.1 冲击电压试验

主绝缘额定雷电冲击电压/kV	冲击电压水平			
	两端间		每端对地	
	互连引线 L		互连引线 L	
	$L \leqslant 3$ m kV	3 m$<L\leqslant 10$ m[a] kV	$L \leqslant 3$ m kV	3 m$<L\leqslant 10$ m[a] kV
1 550	75	145	37.5	72.5
[a] 如果金属套电压限制器置于靠近接头，采用互连引线≤3 m的电压值。				

上述任何试验应不发生击穿。

D.5 接头试样检验

D.4 所述的试验结束后，应即检验接头试样。对填充流动浇注剂的接头保护盒如果无可见的内部气孔或因水分进入使浇注剂移动或浇注剂从各密封处或保护盒壁漏泄的迹象，就认为检验通过。

对于采用其他替代的设计或材料的接头保护层，应无水分进入或内部腐蚀的迹象。

附 录 E
（规范性附录）
绝缘层杂质、微孔和半导电屏蔽层与绝缘层界面微孔、突起试验

E.1 试验设备

E.1.1 显微镜

最小放大倍数为25倍的显微镜。

最小放大倍数为40倍的测量显微镜。

E.1.2 切片机

普通用切片机或具有类似功能的其他设备。

E.2 试样制备

从50 mm长的电缆样品上沿径向切取80个含有导体屏蔽、绝缘和绝缘屏蔽的圆形或螺形薄试片，试片的厚度约0.625 mm。切割用的刀片应锋利，以便获得的试片具有均匀的厚度和极光滑的表面。应非常小心地保持试片表面清洁，并防止擦伤。

E.3 试验步骤

E.3.1 应采用透射光普遍检查全部80个试片绝缘内的微孔、不透明杂质，以及绝缘与半导电屏蔽层界面处的微孔和突起。

E.3.2 应采用最小放大倍数为25倍的显微镜检测在上述普遍检查中可疑的20个连续试片（或相等圈数的螺旋形试片）的全部区域。记录并列表统计包括：

a） 所有大于等于0.02 mm的微孔；

b） 所有大于等于0.075 mm的不透明杂质；

c） 所有大于等于0.05 mm的绝缘与半导电层界面的突起。

这个表应成为试验报告的组成部分。

对最大的微孔、最大的杂质，以及最大的绝缘与半导电层界面的突起应做标记。

E.3.3 应采用最小放大倍数为40倍的显微镜对最大的微孔、最大的杂质以及最大的绝缘与半导电层界面的突起，在其最大尺寸方向上测量。

E.4 试验结果及计算

E.4.1 测量及计算20个试片绝缘的总体积。

E.4.2 应记录和报告最大的微孔、最大的杂质以及最大的绝缘与半导电层界面突起的尺寸。

附 录 F
（资料性附录）
本部分与 IEC 62067:2006 技术性差异及其原因

表 F.1 给出了本部分与 IEC 62067:2006 的技术性差异及其原因的一览表。

表 F.1 本部分与 IEC 62067:2006 技术性差异及其原因

本部分的章条编号	技术性差异	原因
1	将第一段中额定电压由“150 kV 以上至 500 kV”修改为“500 kV”。	本部分所有部分均为适用于“额定电压 500 kV(U_m=550 kV)交联聚乙烯绝缘电力电缆及其附件”。
2	引用了采用国际标准的我国标准，而非国际标准。	以适合我国国情。
4.3	电缆外护套材料由“ST_1、ST_2 和 ST_3、ST_7”四种修改为“ST_2 和 ST_7”两种，并将表 2 更改为“外护套混合料”。	因本部分适用的“额定电压 500 kV(U_m=550 kV)交联聚乙烯绝缘电力电缆”外护套只采用“ST_2 和 ST_7”两种混合料；同时，为方便标准实施，将表 2 更改为“外护套混合料”。 原文的表 2 为“电缆绝缘混合料 $\tan\delta$ 的要求”，本部分仅适用于交联聚乙烯绝缘的电缆，只须规定“XLPE”的“$\tan\delta$”值，因此删除了该表。
6.3	增加引用本标准第 2 部分的 7.2.1。	原文仅引用本部分 4.2，并无绝缘标称厚度规定。
8.5	删除了原文的第 2 段。	本部分的所有部分均为适用于“额定电压 500 kV(U_m=550 kV)”，不须对其他电压范围作出规定。
9.2	将局部放电试验的检测灵敏度由原文的“10 pC”提高为“5 pC”。	符合我国目前的实际技术水平。
9.3	将原文第二段中“试验电压上升至规定值”修改为直接规定“580 kV($2U_0$)”。	本部分仅适用于“额定电压 500 kV(U_m=550 kV)”。
9.4	明确规定应对电缆外护套进行电压试验，而非原文所述“若合同或规程特殊规定”方进行此项试验。	符合我国目前的实际情况。
10.1	删除了原文的第“h)”项，其后两项按顺序提前。	本部分不含 HDPE 绝缘品种，故删除该试验项目。
10.6.2	所规定的最大绝缘偏心度提高为“0.08”，而非原文规定的“0.10”。	符合我国目前的实际技术水平。
10.7.2	条文的标题修改为“皱纹铝套”，而非原文的“平或皱纹铝套”；并且删除了条文中全部关于“平铝套”的内容。	符合我国目前的实际情况，我国额定电压 500 kV 交联聚乙烯绝缘电力电缆的金属套不采用“平铝套”型式。
第 10 章	删除了原文的“10.11 HDPE 绝缘密度测量”，其后条文编号按顺序提前。	本部分不含 HDPE 绝缘品种，故删除该试验项目。

表 F.1（续）

本部分的章条编号	技术性差异	原因
10.11(原文 10.12)	直接规定适用于交联聚乙烯绝缘的导体温度“95 ℃～100 ℃”； 雷电冲击电压后的工频试验电压值由原文的“$2U_0$”修改为直接规定“580 kV($2U_0$)”。	本部分仅适用于交联聚乙烯绝缘的电缆，只须规定与其相适的导体温度； 本部分仅适用于“额定电压 500 kV (U_m＝550 kV)”。
12.2	删除原文中本条的“a)”项，其后续列项按顺序提前。	本部分仅适用于“额定电压 500 kV (U_m＝550 kV)”。
12.4.4	删除了条文中全部关于“平铝套”的内容。	符合我国目前的实际情况，我国额定电压 500 kV 交联聚乙烯绝缘电力电缆的金属套不采用“平铝套”型式。
12.4.5	试验电压值由原文的“$1.75U_0$，$1.5U_0$”修改为直接规定“508 kV($1.75U_0$)，435 kV($1.5U_0$)”； 直接规定适用于交联聚乙烯绝缘的导体温度“95 ℃～100 ℃”。	本部分仅适用于“额定电压 500 kV (U_m＝550 kV)”； 本部分仅适用于交联聚乙烯绝缘的电缆，只须规定与其相适应的导体温度。
12.4.6	将原文第三、第四段中测量电缆绝缘“tanδ”时的温度和电压规定值及“tanδ”的规定值改为直接规定对于“额定电压 500 kV 交联聚乙烯绝缘电缆”的数值，并且“tanδ”的规定值(8.0×10^{-4})优于原文的规定值(10×10^{-4})。	本部分仅适用于额定电压 500 kV 交联聚乙烯绝缘电缆，只须规定与之相适应的数值。本部分规定的“XLPE”的“tanδ”值，符合我国目前的实际技术水平。
12.4.7	直接规定适用于交联聚乙烯绝缘的导体温度“95 ℃～100 ℃”； 试验电压值由原文的“$2U_0$”修改为直接规定“580 kV($2U_0$)”。	本部分仅适用于交联聚乙烯绝缘的电缆，只须规定与其相适的导体温度； 本部分仅适用于“额定电压 500 kV (U_m＝550 kV)”。
12.4.8	删除原文第一段； 直接规定适用于交联聚乙烯绝缘的导体温度“95 ℃～100 ℃”。	本部分仅适用于“额定电压 500 kV (U_m＝550 kV)”，不存在“电压范围”； 本部分仅适用于交联聚乙烯绝缘的电缆，只须规定与其相适应的导体温度。
12.4.9	直接规定适用于交联聚乙烯绝缘的导体温度“95 ℃～100 ℃”； 雷电冲击电压试验后的电压试验值由原文的“$2U_0$”修改为直接规定“580 kV($2U_0$)”。	本部分仅适用于交联聚乙烯绝缘的电缆，只须规定与其相适应的导体温度。 本部分仅适用于“额定电压 500 kV (U_m＝550 kV)”。
12.5.4.2	引用了采用 IEC 60811-1-2 的我国标准 GB/T 2951.12，而非原文引用的 IEC 60811-1-2。	以适合我国国情。
12.5.4.3	直接规定适用于交联聚乙烯绝缘的电缆段空气烘箱老化温度“(100±2) ℃”。	本部分仅适用于交联聚乙烯绝缘的电缆，只须规定与其相适应的老化温度。
12.5.6	12.5.6.1 中删除了原文中的“ST_1”外护套混合料；	因本部分适用的“额定电压 500 kV (U_m＝550 kV)交联聚乙烯绝缘电力电缆”外护套只采用“ST_2 和 ST_7”两种混合料情。
12.5.7	删除了原文标题及 12.5.7.1 中外护套混合料的“ST_1”。	因本部分适用的“额定电压 500 kV (U_m＝550 kV)交联聚乙烯绝缘电力电缆”外护套只采用“ST_2”聚氯乙烯混合料。

表 F.1（续）

本部分的章条编号	技术性差异	原因
12.5.8	删除了原文标题及 12.5.8.1 中外护套混合料的“ST_1”。	因本部分适用的“额定电压 500 kV (U_m=550 kV)交联聚乙烯绝缘电力电缆”外护套只采用“ST_2”聚氯乙烯混合料。
第 12.5 条	删除了原文的“12.5.9 中 EPR 绝缘耐臭氧试验”和“12.5.11 中 HDPE 绝缘密度测量”，其后条文编号按顺序提前。	本部分不含“EPR 绝缘”和“HDPE 绝缘”品种，故删除该两项试验项目。
12.5.9(原文 12.5.10)	删除了原文中的“EPR 绝缘”。	本部分不含 EPR 绝缘品种，故予以删除。
12.5.11(原文 12.5.13)	删除了原文中外护套混合料的“ST_1”。	因本部分适用的“额定电压 500 kV (U_m=550 kV)交联聚乙烯绝缘电力电缆”外护套只采用“ST_2”聚氯乙烯混合料。
12.5.13、12.5.14、12.5.15	原文无此三条条文。	该三条条文系本部分为适应我国国情和满足使用方要求所增加。
13.1	明确规定为额定电压 500kV 电缆系统预鉴定试验。	本部分仅适用于“额定电压 500 kV (U_m=550 kV)”。
13.2.3	直接规定适用于交联聚乙烯绝缘的导体温度“90 ℃～95 ℃”； 试验电压值由原文的“$1.7U_0$”修改为直接规定“493kV($1.7U_0$)”。	本部分仅适用于交联聚乙烯绝缘的电缆，只须规定与其相适应的导体温度； 本部分仅适用于“额定电压 500 kV (U_m=550 kV)”。
13.2.4	直接规定适用于交联聚乙烯绝缘的导体温度“90 ℃～95 ℃”。	本部分仅适用于交联聚乙烯绝缘的电缆，只须规定与其相适应的导体温度。
14.2	直接规定适用于额定电压 500 kV 电缆系统的试验电压值而非原文按不同电压等级的列表。	本部分仅适用于“额定电压 500 kV (U_m=550 kV)”。
表 1～表 9 表 D.1	表 1、表 3、表 4、表 5、表 6、表 7、表 8、表 9 和表 D.1 分别删除了原文中与本部分无关的绝缘混合料、外护套混合料、电压等级的相关内容。 删除了原文的表 2。 删除了原文的表 10。	本部分适用的“额定电压 500 kV(U_m=550 kV)交联聚乙烯绝缘电力电缆”绝缘混合料仅采用“XLPE”，外护套混合料仅采用“ST_2、ST_7”，电缆的额定电压等级为“500 kV”，因此只须规定这些材料和电压相关的技术要求和试验。 见 4.3 的差异说明。 原文的表 10 为绝缘交流试验电压列表，本标准仅适用于“额定电压 500 kV”。

ICS 29.060.20
K 13

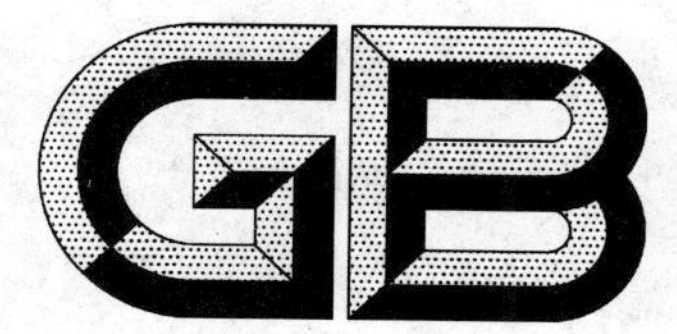

中华人民共和国国家标准

GB/T 22078.2—2008

额定电压 500 kV(U_m=550 kV)交联聚乙烯绝缘电力电缆及其附件 第2部分:额定电压 500 kV(U_m=550 kV)交联聚乙烯绝缘电力电缆

Power cables with cross-linked polyethylene insulation and their accessories for rated voltage of 500 kV(U_m=550 kV)—Part 2:Power cables with cross-linked polyethylene insulation for rated voltage of 500 kV(U_m=550 kV)

2008-06-30 发布　　　　2009-04-01 实施

中华人民共和国国家质量监督检验检疫总局
中国国家标准化管理委员会　发布

前 言

GB/T 22078《额定电压 500 kV(U_m=550 kV)交联聚乙烯绝缘电力电缆及其附件》分为三个部分：

——第 1 部分：额定电压 500 kV(U_m=550 kV)交联聚乙烯绝缘电力电缆及其附件 试验方法和要求；

——第 2 部分：额定电压 500 kV(U_m=550 kV)交联聚乙烯绝缘电力电缆；

——第 3 部分：额定电压 500 kV(U_m=550 kV)交联聚乙烯绝缘电力电缆附件。

本部分为 GB/T 22078 的第 2 部分。

本部分的附录 A 和附录 B 为资料性附录。

本部分由中国电器工业协会提出。

本部分由全国电线电缆标准化技术委员会(SAC/TC 213)归口。

本部分负责起草单位：上海电缆研究所。

本部分参加起草单位：武汉高压研究院、沈阳古河电缆有限公司、上海上缆藤仓电缆有限公司、青岛汉缆集团有限公司、浙江万马电缆有限公司、宝胜科技创新股份有限公司。

本部分主要起草人：应启良、杨黎明、张道利、华良伟、陈沛云、姜松弈、房权生。

额定电压 500 kV(U_m=550 kV)交联聚乙烯绝缘电力电缆及其附件 第 2 部分:额定电压 500 kV(U_m=550 kV)交联聚乙烯绝缘电力电缆

1 范围

GB/T 22078 的本部分规定了固定安装的额定电压 500 kV(U_m=550 kV)交联聚乙烯绝缘电力电缆的型号、材料、技术要求、试验、验收规则、包装和贮运。

本部分适用于通常安装和运行条件下的单芯电缆,但不适用于如海底电缆等特殊用途电缆。

2 规范性引用文件

下列文件中的条款通过本部分的引用而成为本部分的条款。凡是注日期的引用文件,其随后所有的修改单(不包括勘误的内容)或修订版均不适用于本部分,然而,鼓励根据本部分达成协议的各方研究是否可使用这些文件的最新版本。凡是不注日期的引用文件,其最新版本适用于本部分。

GB/T 2951.11—2008 电缆和光缆绝缘和护套材料通用试验方法 第 11 部分:通用试验方法—厚度和外形尺寸测量—机械性能试验(IEC 60811-1-1:2001,IDT)

GB/T 2951.12—2008 电缆和光缆绝缘和护套材料通用试验方法 第 12 部分:通用试验方法—热老化试验方法(IEC 60811-1-2:1985,IDT)

GB/T 2951.14—2008 电缆和光缆绝缘和护套材料通用试验方法 第 14 部分:通用试验方法—低温试验(IEC 60811-1-4:1985,IDT)

GB/T 2951.21—2008 电缆和光缆绝缘和护套材料通用试验方法 第 21 部分:弹性体混合料专用试验方法—耐臭氧试验—热延伸试验—浸矿物油试验(IEC 60811-2-1:2001,IDT)

GB/T 2951.31—2008 电缆和光缆绝缘和护套材料通用试验方法 第 31 部分:聚氯乙烯混合料专用试验方法—高温压力试验—抗开裂试(IEC 60811-3-1:1985,IDT)

GB/T 2951.32—2008 电缆和光缆绝缘和护套材料通用试验方法 第 32 部分:聚氯乙烯混合料专用试验方法—失重试验—热稳定性试验(IEC 60811-3-2:1985,IDT)

GB/T 2951.41—2008 电缆和光缆绝缘和护套材料通用试验方法 第 41 部分:聚乙烯和聚丙烯混合料专用试验方法—耐环境应力开裂试验—熔体指数测量方法—直接燃烧法测量聚乙烯中碳黑和/或矿物质填料含量—热重分析法(TGA)测量碳黑含量—显微镜法评估聚乙烯中碳黑分散度(IEC 60811-4-1:2004,IDT)

GB/T 2952.2—1989 电缆外护层 金属套电缆通用外护层(IEC neq 60055-2:1981)

GB/T 3048.4—2007 电线电缆电性能试验方法 第 4 部分:导体直流电阻试验

GB/T 3048.8—2007 电线电缆电性能试验方法 第 8 部分:交流电压试验(IEC 60060-1:1989,NEQ)

GB/T 3048.11—2007 电线电缆电性能试验方法 第 11 部分:介质损耗角正切试验

GB/T 3048.12—2007 电线电缆电性能试验方法 第 12 部分:局部放电试验(IEC 60885-3:1988,MOD)

GB/T 3048.13—2007 电线电缆电性能试验方法 第 13 部分:冲击电压试验(IEC 60230:1966,IEC 60060-1:1989,MOD)

GB/T 3048.14—2007 电线电缆电性能试验方法 第14部分:直流电压试验(IEC 60060-1:1989,NEQ)

GB/T 3953—1983 电工圆铜线

GB/T 3956—1997 电缆的导体(idt IEC 60228:1978)

GB 6995.1—1986 电线电缆识别标志方法 第1部分:一般规定(IEC neq 60304:1982)

GB 6995.3—1986 电线电缆识别标志方法 第3部分:电线电缆识别标志(IEC neq 60227:1979)

GB/T 18380.1—2001 电缆在火焰条件下的燃烧试验 第1部分:单根绝缘电线或电缆的垂直燃烧试验方法(idt IEC 60332-1:1993)

GB/T 22078.1—2008 额定电压500 kV(U_m=550 kV)交联聚乙烯绝缘电力电缆及附件 第1部分:额定电压500 kV(U_m=550 kV)交联聚乙烯绝缘电力电缆及其附件的电力电缆系统—试验方法和要求

JB 5268.2—1991 电缆金属套 第2部分:铅套

JB/T 10696.5—2007 电线电缆机械和理化性能试验方法 第5部分:腐蚀扩展试验

JB/T 10696.6—2007 电线电缆机械和理化性能试验方法 第6部分:挤出外套刮磨试验

3 定义

本部分除采用GB/T 22078.1—2008的定义外,还采用以下定义:

近似值 approximate value

一个既不保证也不检查的数值,例如用于其他尺寸值的计算。

4 电缆特性

4.1 应按GB/T 22078.1—2008第6章要求确知并申明GB/T 22078.1—2008中6.1明确的各项电缆特性,其中电缆的额定电压为:

——U_0=290 kV;

——U=500 kV;

——U_m=550 kV。

4.2 电缆导体最高允许温度:正常运行时为90 ℃;短路时(最长5 s)为250 ℃。

4.3 电缆安装时最小弯曲半径推荐为20倍电缆外径;电缆安装后最小弯曲半径推荐为15倍电缆外径。

4.4 电缆使用环境参照附录A。

5 电缆的代号和命名

5.1 代号

5.1.1 产品系列代号

交联聚乙烯绝缘电缆 …… YJ

5.1.2 材料特征代号

铜导体 …… 省略

铅套 …… Q

皱纹铝套 …… LW

聚氯乙烯外护套 …… 02

聚乙烯外护套 …… 03

5.1.3 阻水结构代号

纵向阻水 …… Z

注1：皱纹铝套包括挤包皱纹铝套和焊接皱纹铝套，两种不同皱纹铝套的代号均为LW不作区分，但焊接皱纹铝套应在产品名称中明确，名称中未说明焊接皱纹铝套的即为挤包皱纹铝套。

注2：纵向阻水包括绝缘屏蔽与金属套间阻水和导体阻水。其代号均为Z。

5.2 型号

型号依次由产品系列代号、导体、金属套和外护套特征代号以及阻水结构代号构成。

本部分包括的电缆型号和名称见表1。

表1 电缆的型号和名称

型　号	名　称
YJLW02	交联聚乙烯绝缘皱纹铝套或焊接皱纹铝套聚氯乙烯护套电力电缆
YJLW03	交联聚乙烯绝缘皱纹铝套或焊接皱纹铝套聚乙烯护套电力电缆
YJLW02- Z	交联聚乙烯绝缘皱纹铝套或焊接皱纹铝套聚氯乙烯护套纵向阻水电力电缆
YJLW03-Z	交联聚乙烯绝缘皱纹铝套或焊接皱纹铝套聚乙烯护套纵向阻水电力电缆
YJQ02	交联聚乙烯绝缘铅套聚氯乙烯护套电力电缆
YJQ03	交联聚乙烯绝缘铅套聚乙烯护套电力电缆
YJQ02-Z	交联聚乙烯绝缘铅套聚氯乙烯护套纵向阻水电力电缆
YJQ03-Z	交联聚乙烯绝缘铅套聚乙烯护套纵向阻水电力电缆

5.3 规格

本部分适用电缆的导体标称截面(mm^2)为800、1 000、1 200、(1 400)、1 600、(1 800)、2 000、(2 200)、2 500。其中括号内为非优选导体截面。

5.4 产品表示方法

产品用型号、规格和本部分编号表示。

产品表示方法举例如下：

示例1：铜芯、单芯、导体截面1 000 mm^2、500 kV交联聚乙烯绝缘皱纹铝套聚乙烯护套电力电缆表示为：

YJLW03　290/500　1×1 000　GB/T 22078.2—2008

示例2：铜芯、单芯、导体截面1 600 mm^2、500 kV交联聚乙烯绝缘皱纹铝套聚氯乙烯护套纵向阻水电力电缆表示为：

YJLW02-Z　290/500　1×1 600　GB/T 22078.2—2008

6 材料

6.1 导体用铜单线应采用GB/T 3953—1983中TR型圆铜线。

6.2 绝缘料推荐采用超净的可交联聚乙烯料。其性能要求参见附录B。

6.3 屏蔽用半导电料推荐采用超光滑可交联半导电料，其性能要求参见附录B。

6.4 皱纹铝套用铝的纯度一般不低于99.6%。

6.5 铅套应采用符合JB 5268.2—1991规定的铅合金。

6.6 外护套应为符合GB/T 22078.1—2008中规定的以聚氯乙烯为基料的代号为ST_2外护套混合料和以聚乙烯为基料的代号为ST_7外护套混合料。

7 技术要求

7.1 导体

7.1.1 应采用紧压绞合圆形铜导体，截面为800 mm^2导体可任选紧压导体或分割导体结构；1 000 mm^2及以上导体应采用分割导体结构。

导体的结构和直流电阻应符合 GB/T 3956—1997 和表 2 规定。

表 2　铜导体的结构和直流电阻

导体标称截面/ mm^2	导体中单线最少根数	20 ℃时导体直流电阻最大值/ Ω/km
800	53	0.022 1
1 000	170	0.017 6
1 200	170	0.015 1
1 400	170	0.012 9
1 600	170	0.011 3
1 800	265	0.010 1
2 000	265	0.009 0
2 200	265	0.008 3
2 500	265	0.007 3

7.1.2　导体表面应光洁、无油污、无损伤屏蔽及绝缘的毛刺、锐边以及凸起或断裂的单线。

7.2　绝缘

7.2.1　绝缘层的标称厚度应符合表 3 规定。

表 3　绝缘层标称厚度

导体标称截面/ mm^2	绝缘层标称厚度/ mm
800	34
1 000,1 200	33
1 400,1 600	32
1 800,2 000,2 200,2 500	31

7.2.2　绝缘最小测量厚度和绝缘偏心度要求应符合 GB/T 22078.1—2008 中 10.6.2 要求。

7.3　屏蔽

7.3.1　导体屏蔽

导体屏蔽由半导电包带和挤包的半导电层组成，其厚度近似值为 2.5 mm，其中挤包半导电层厚度近似值为 2.0 mm。挤包半导电层应均匀地包覆在半导电包带外，并牢固地粘在绝缘层上。在与绝缘层的交界面上应光滑，无明显绞线凸纹、尖角、颗粒、烧焦或擦伤痕迹。

7.3.2　绝缘屏蔽

绝缘屏蔽为挤包半导电层，其厚度近似值为 1.0 mm，绝缘屏蔽应与导体挤包屏蔽层和绝缘层一起三层共挤。绝缘屏蔽应均匀地包覆在绝缘表面，并牢固地粘附在绝缘层上。在绝缘屏蔽的表面以及与绝缘层的交界面上应光滑，无尖角、颗粒、烧焦或擦伤的痕迹。

7.4　缓冲层、纵向阻水结构和径向不透水阻隔层

7.4.1　缓冲层

在绝缘半导电屏蔽层外应有缓冲层，可采用半导电弹性材料或具有纵向阻水功能的半导电阻水膨胀带绕包而成。绕包应平整、紧实、无皱褶。

7.4.2　纵向阻水结构

对电缆的金属套内间隙有纵向阻水要求时，绝缘屏蔽与金属套间应有纵向阻水结构。纵向阻水结

构可采用半导电阻水膨胀带绕包而成，半导电阻水带应绕包紧密、平整、无擦伤；亦可采用具有纵向阻水性能的金属丝屏蔽布带绕包结构。如对电缆导体亦有纵向阻水要求时，导体绞合时应绞入阻水绳等材料。

7.4.3 径向不透水阻隔层

7.4.3.1 应采用铅套或皱纹铝套等金属套作为径向不透水阻隔层。

7.4.3.2 金属套的标称厚度应符合表4规定。如不能满足用户对短路容量的要求时应采取增加金属套厚度或在金属套内或外增加疏绕铜丝(在疏绕铜丝外用反向绕包的铜丝或铜带扎紧)等措施。

表 4 金属套的标称厚度

导体标称截面/mm²	铅套厚度/mm	皱纹铝套厚度/mm
800	3.3	2.9
1 000	3.4	3.0
1 200	3.5	3.0
1 400	3.5	3.0
1 600	3.6	3.1
1 800	3.6	3.2
2 000	3.7	3.2
2 200	3.7	3.2
2 500	3.8	3.3

7.4.3.3 铅套的最小厚度应符合 GB/T 22078.1—2008 中 10.7.1 对铅套的要求；皱纹铝套的最小厚度应符合 GB/T 22078.1—2008 中 10.7.2 对皱纹铝套的要求。

7.4.4 金属丝屏蔽布带

金属套下允许绕包金属丝屏蔽布带。

7.5 外护套

7.5.1 金属套的外护套应采用绝缘型的聚氯乙烯或聚乙烯护套。金属套表面应有电缆沥青(或热熔胶)防腐涂层，铅套上允许绕包自粘性橡胶带代替防腐涂层。防腐涂层与外护套间允许加绕塑料带或相当带材。

7.5.2 外护套的性能应符合 GB/T 22078.1—2008 中表 6、表 8 和表 9 的要求。外护套的颜色一般为黑色，但为了适应电缆的某种特殊使用条件，经供需双方协商也可采用其他颜色。

7.5.3 外护套的标称厚度为 6.0 mm。最小厚度为 5.0 mm。

7.5.4 在外护套表面应有均匀牢固的导电层作为外护套耐压试验时的外电极。

7.6 成品电缆

成品电缆的检验由第 8 章规定。

8 成品电缆检验

成品电缆的检验分为例行试验(代号为 R)、抽样试验(代号为 S)、型式试验(代号为 T)和预鉴定试验(代号为 P)，如表 5 所示，各类试验的项目、试验方法和试验要求应符合 GB/T 22078.1—2008 中第 8 章、第 9 章、第 10 章、第 12 章和第 13 章规定。

其中型式试验和预鉴定试验均应在成品电缆系统上进行，为成品电缆系统的型式试验和预鉴定试验。

表5 电缆的检验分类、要求和试验方法

序号	试验项目	试验要求	试验类型	试验方法
1	局部放电试验	GB/T 22078.1—2008 中 9.2	R	GB/T 3048.12—2007
2	工频电压试验	GB/T 22078.1—2008 中 9.3	R	GB/T 3048.8—2007
3	金属套外护套直流耐压试验	GB/T 22078.1—2008 中 9.4	R	GB/T 3048.14—2007
4	导体结构检查	GB/T 22078.1—2008 中 10.4 和 12.5.1	S、T	目测
5	导体直流电阻测量	GB/T 22078.1—2008 中 10.5	S	GB/T 3048.4—2007
6	绝缘厚度测量	GB/T 22078.1—2008 中 10.6 和 12.4.1	S、T	GB/T 2951.11—2008
7	金属套厚度测量	GB/T 22078.1—2008 中 10.7 和 12.5.1	S、T	GB/T 2951.11—2008 和 GB/T 22078.1—2008 中 10.7
8	金属套外护套厚度测量	GB/T 22078.1—2008 中 10.6 和 12.5.1	S、T	GB/T 2951.11—2008
9	交联聚乙烯绝缘热延伸试验	GB/T 22078.1—2008 中 10.9 和 12.5.9	S、T	GB/T 2951.21—2008
10	电容测量	GB/T 22078.1—2008 中 10.10	S	GB/T 3048.11—2007
11	雷电冲击电压试验及随后的工频电压试验	GB/T 22078.1—2008 中 10.11	S	GB/T 3048.13—2007 和 GB/T 3048.8—2007
12	绝缘厚度检查	GB/T 22078.1—2008 中 12.4.1	T	GB/T 2951.11—2008
13	弯曲试验及随后的局部放电试验	GB/T 22078.1—2008 中 12.4.4 和 12.4.5	T	GB/T 3048.12—2007
14	tanδ 试验	GB/T 22078.1—2008 中 12.4.6	T	GB/T 3048.11—2007
15	热循环电压试验及随后的局部放电试验	GB/T 22078.1—2008 中 12.4.7 和 12.4.5	T	GB/T 3048.8—2007 和 GB/T 3048.12—2007
16	操作冲击电压试验	GB/T 22078.1—2008 中 12.4.8	T	GB/T 3048.13—2007
17	雷电冲击电压试验及随后的工频电压试验	GB/T 22078.1—2008 中 12.4.9	T	GB/T 3048.13—2007 GB/T 3048.8—2007
18	电气型式试验结束后电缆系统的检验	GB/T 22078.1—2008 中 12.4.10	T	目测检验
19	半导电屏蔽电阻率测量	GB/T 22078.1—2008 中 12.4.11	T	GB/T 22078.1—2008 中附录 B
20	绝缘和护套机械性能试验	GB/T 22078.1—2008 中 12.5.2 和 12.5.3	T	GB/T 2951.11—2008 GB/T 2951.12—2008
21	成品电缆样段材料相容性试验	GB/T 22078.1—2008 中 12.5.4	T	GB/T 22078.1—2008 中12.5.4
22	聚氯乙烯护套热失重试验	GB/T 22078.1—2008 中 12.5.5	T	GB/T 2951.32—2008

表5(续)

序号	试验项目	试验要求	试验类型	试验方法
23	护套高温压力试验	GB/T 22078.1—2008 中 12.5.6	T	GB/T 2951.31—2008
24	聚氯乙烯外护套低温性能试验	GB/T 22078.1—2008 中 12.5.7	T	GB/T 2951.14—2008
25	聚氯乙烯外护套热冲击试验	GB/T 22078.1—2008 中 12.5.8	T	GB/T 2951.31—2008
26	黑色聚乙烯外护套炭黑含量测量	GB/T 22078.1—2008 中 12.5.10	T	GB/T 2951.41—2008
27	燃烧试验	GB/T 22078.1—2008 中 12.5.11	T	GB/T 18380.1—2001
28	纵向透水试验	GB/T 22078.1—2008 中 12.5.12	T	GB/T 22078.1—2008 中附录C
29	绝缘层杂质、微孔和半导电层与绝缘界面微孔、突起检查	GB/T 22078.1—2008 中 12.5.13	T	GB/T 22078.1—2008 中附录E
30	外护套刮磨试验	GB/T 22078.1—2008 中 12.5.14	T	JB/T 10696.6—2007
31	皱纹铝套腐蚀扩展试验	GB/T 22078.1—2008 中 12.5.15	T	JB/T 10696.5—2007
32	成品电缆标志检查	第9章	T	目测
33	成品电缆标志耐擦试验	第9章	T	GB 6995.1—1986 中 5.2
34	绝缘厚度检查	GB/T 22078.1—2008 中 13.2.1	P	GB/T 2951.11—2008
35	热循环电压试验	GB/T 22078.1—2008 中 13.2.3	P	GB/T 3048.8—2007
36	雷电冲击电压试验	GB/T 22078.1—2008 中 13.2.4	P	GB/T 3048.13—2007
37	预鉴定试验结束后电缆系统的检验	GB/T 22078.1—2008 中 13.2.5	P	目测检验

9 成品电缆标志

在成品电缆的外护套上应有制造厂名称、产品型号、额定电压、导体截面和制造年份的连续标志和长度标志。标志的字迹应清晰、容易辨认和耐擦。成品电缆的标志还应符合 GB 6995.1—1986 和 GB 6995.3—1986 的相应规定。

10 验收规则

10.1 制造厂应按本部分要求进行例行试验、抽样试验、型式试验和预鉴定试验。

10.2 产品应由制造厂的质量检验部门检验合格后方能出厂,每盘出厂的电缆应附有产品检验合格证书。用户有要求时,制造厂应提供产品的试验报告。

10.3 产品应按表5规定的试验项目进行验收。

11 包装、运输和贮存

11.1 电缆应卷绕在符合电缆弯曲盘径的电缆盘上交货。考虑使电缆不受到过度弯曲,电缆盘的筒径应不小于型式试验的电缆弯曲直径。对于大规格电缆如果按此规定电缆盘筒径过大,无法运输,可按制造方和购买方协议,采用筒径较小的电缆盘运输。电缆的两个端头应有可靠防水、防潮密封,在外侧端头上应装有供敷设用的牵引头。

11.2 每盘出厂的电缆,应附有产品检验合格证,合格证应放在不透水的塑料袋内,该袋固定在电缆盘侧板上。每个电缆盘上应标明:

a) 制造厂名称;
b) 电缆型号;
c) 额定电压,kV;
d) 标称截面,mm^2;
e) 装盘长度,m;
f) 毛重,kg;
g) 电缆盘的尺寸,m;
h) 工厂电缆盘编号;
i) 制造日期, 年 月;
j) 表示电缆盘在搬运时放线方向的箭头;
k) 本部分编号。

11.3 运输及贮存应注意:

a) 电缆盘不允许平放;
b) 运输中严禁从高处扔下装有电缆的电缆盘,严禁机械损伤电缆;
c) 吊装包装件时,严禁几盘同时吊装。在车辆、船舶等运输工具上,电缆盘必须放稳、并用合适方法固定,防止相互碰撞或翻倒。

12 安装后电气试验

电缆连同其附件安装完成后的电气试验建议采用GB/T 22078.1—2008中第14章的推荐规定。

附 录 A
（资料性附录）
电缆的使用环境

A.1 概述

本部分中电缆的使用环境主要由电缆金属套和塑料外护套的性能确定，因此一般应符合 GB/T 2952.2—1989 中表 1 的规定。

A.2 金属套

铅套和皱纹铝套除适用于一般场所外，特别适用于下列场合：

——铅套电缆：腐蚀较严重但无硝酸、醋酸、有机质(如泥煤)及强碱性腐蚀质，且受机械力(拉力、压力、振动等)不大的场所。

——皱纹铝套电缆：腐蚀不严重和要求承受一定机械力的场所(如直接与变压器连接，敷设在桥梁上和竖井中等)。

A.3 塑料外护套

——02 型(聚氯乙烯)外护套电缆主要适用于有一般防火要求和对外护套有一定绝缘要求的高压电缆线路；

——03 型(聚乙烯)外护套电缆主要适用于对外护套绝缘要求较高的直埋敷设的高压电缆线路。如有必要用于隧道或竖井中时应采取一定的阻燃防火措施。

注：隧道内安装的电缆应具有阻燃外护套。

附　录　B
（资料性附录）
绝缘料和半导电料性能

绝缘料和半导电料性能可参照表 B.1 所示。

表 B.1　绝缘料和半导电料性能

序号	项　　目	单位	绝缘料	半导电料
1	抗张强度	N/mm^2	≥20.0	≥12.0
2	断裂伸长率	%	≥500	≥180
3	热延伸试验（200 ℃，0.20 N/mm^2，15 min） 负荷下伸长率 永久变形	 % %	 ≤100 ≤10	 — —
4	tanδ		$\leqslant 5.0\times10^{-4}$	—
5	体积电阻率 23 ℃	Ω·cm	$\geqslant 1.0\times10^{16}$	<35
6	短时工频击穿强度	MV/m	≥35	—
7	凝胶含量	%	≥82	≥65
8	绝缘料杂质含量（1 000 g 样带） 杂质颗粒尺寸>0.075 mm	个	0	—

ICS 29.060.20
K 13

中华人民共和国国家标准

GB/T 22078.3—2008

额定电压 500 kV(U_m=550 kV)交联聚乙烯绝缘电力电缆及其附件 第 3 部分:额定电压 500 kV(U_m=550 kV)交联聚乙烯绝缘电力电缆附件

Power cables with cross-linked polyethylene insulation and their accessories for rated voltage of 500 kV(U_m=550 kV)— Part 3: Accessories for power cables with cross-linked polyethylene insulation for rated voltage of 500 kV (U_m=550 kV)

2008-06-30 发布　　　　2009-04-01 实施

中华人民共和国国家质量监督检验检疫总局
中国国家标准化管理委员会　发布

前　言

GB/T 22078《额定电压 500 kV(U_m=550 kV)交联聚乙烯绝缘电力电缆及其附件》分为三个部分：

——第 1 部分：额定电压 500 kV(U_m=550 kV)交联聚乙烯绝缘电力电缆及其附件　试验方法和要求；

——第 2 部分：额定电压 500 kV(U_m=550 kV)交联聚乙烯绝缘电力电缆；

——第 3 部分：额定电压 500 kV(U_m=550 kV)交联聚乙烯绝缘电力电缆附件。

本部分为 GB/T 22078 的第 3 部分。

本部分的附录 A、附录 B、附录 C 和附录 D 为资料性附录。

本部分由中国电器工业协会提出。

本部分由全国电线电缆标准化技术委员会(SAC/TC 213)归口。

本部分负责起草单位：上海电缆研究所。

本部分参加起草单位：上海三原电缆有限公司、武汉高压研究院、宝胜普睿司曼电缆有限公司、江苏安靠超高压电缆附件公司、北京电力公司。

本部分主要起草人：应启良、魏东、杨黎明、吴春忠、陈晓鸣、李华春。

额定电压500 kV(U_m=550 kV)交联聚乙烯绝缘电力电缆及其附件 第3部分:额定电压500 kV(U_m=550 kV)交联聚乙烯绝缘电力电缆附件

1 范围

GB/T 22078的本部分规定了额定电压500 kV交联聚乙烯绝缘电力电缆附件的基本结构、型号、技术要求、验收规则、包装、运输和贮存。

本部分适用于额定电压500 kV交联聚乙烯绝缘电力电缆的户外终端、气体绝缘终端(GIS终端)、油浸终端、复合终端、直通接头和绝缘接头。

2 规范性引用文件

下列文件中的条款通过GB/T 22078的本部分的引用而成为本部分的条款。凡是注日期的引用文件,其随后所有的修改单(不包括勘误的内容)或修订版均不适用于本部分,然而,鼓励根据本部分达成协议的各方研究是否可使用这些文件的最新版本。凡是不注日期的引用文件,其最新版本适用于本部分。

GB 311.1—1997 高压输变电设备的绝缘配合(IEC neq 60071-1:1993)

GB/T 4423—2007 铜及铜合金拉制棒

GB/T 772—2005 高压绝缘子瓷件 技术条件

GB/T 3048.8—2007 电线电缆电性能试验方法 第8部分:交流电压试验(IEC 60060-1:1989,NEQ)

GB/T 3048.12—2007 电线电缆电性能试验方法 第12部分:局部放电试验(IEC 60885-3:1988,MOD)

GB/T 3048.13—2007 电线电缆电性能试验方法 第13部分:冲击电压试验(IEC 60230:1966,IEC 60060-1:1989,MOD)

GB/T 5582—1993 高压电力设备外绝缘污秽等级(IEC neq 60507:1991)

GB/T 7354—2003 局部放电测量(IEC 60270:2000,IDT)

GB/T 11604—1989 高压电器设备无线电干扰测试方法(eqv IEC 60018:1983)

GB/T 12464—2002 普通木箱

GB/T 22078.1—2008 额定电压500 kV(U_m=550 kV)交联聚乙烯绝缘电力电缆及其附件 第1部分:额定电压500 kV(U_m=550 kV)交联聚乙烯绝缘电力电缆及其附件的电力电缆系统 试验方法和要求(IEC 62067:2006,MOD)

GB/T 22078.2—2008 额定电压500 kV(U_m=550 kV)交联聚乙烯绝缘电力电缆及其附件 第2部分:额定电压500 kV(U_m=550 kV)交联聚乙烯绝缘电缆

IEC 62271-209:2007 额定电压52 kV以上气体绝缘金属封闭开关 充油电缆及挤包绝缘电缆充油及干式电缆终端的电缆连接装置

3 定义

除采用GB/T 22078.1—2008有关定义外,以下定义适用于本部分。

3.1

户外终端　outdoor termination

在受阳光直接照射或暴露在气候环境下或二者都存在的情况下使用的终端。

3.2

气体绝缘终端(GIS 终端)　SF_6 gas immersed termination(GIS　termination)

安装在气体绝缘封闭开关设备(GIS)内部以六氟化硫(SF_6)气体为外绝缘的气体绝缘部分的电缆终端(以下简称 GIS 终端)。

3.3

油浸终端　oil immersed termination

安装在油浸变压器油箱内以绝缘油为外绝缘的液体绝缘部分的电缆终端。

3.4

复合终端(复合套管终端)　composite termination

以玻璃纤维增强环氧管为衬芯,外覆耐候、抗污秽弹性材料(如硅橡胶)制成的复合套管为外绝缘的户外终端。

3.5

直通接头　straight joint

连接两根电缆形成连续电路的附件。在本部分中特指接头的金属外壳以及接头两边电缆的金属屏蔽和绝缘屏蔽在电气上连续的接头。

绝缘接头　sectionalizing joint

将电缆的金属套、金属屏蔽和绝缘屏蔽在电气上断开的接头。

3.6

预制附件　pre-fabricated accessories

以具有电场应力控制作用的预制橡胶元件作为主要绝缘件的电缆附件。

3.7

组合预制绝缘件接头　composite type pre-fabricated joint

采用预制橡胶应力锥及预制环氧绝缘件现场组装的接头。

3.8

整体预制橡胶绝缘件接头　one piece pre-moulded joint

采用单一预制橡胶绝缘件的接头。

4　附件特性

4.1　一般要求

应按照 GB/T 22078.1—2008 第 7 章要求,确知并申明附件特性。

4.2　额定电压和正常运行条件

附件的额定电压和正常运行时最高温度、短路温度应与 GB/T 22078.2—2008 中 4.1 和 4.2 对电缆的规定相一致。

4.3　试验电压的海拔高度修正

本部分适用的户外终端的正常使用条件为海拔高度不超过 1 000 m。对于海拔高度超过 1 000 m,但不超过 4 000 m 安装使用的户外终端,在海拔不高于 1 000 m 地点试验时,其试验电压应按 GB 311.1—1997 中 3.4 的规定将本部分规定的试验电压乘以海拔校正因数 K_a,并按此要求相应提高户外终端外绝缘的绝缘水平。

$$K_a = \frac{1}{1.1 - H \times 10^{-4}}$$

式中：

H——户外终端安装地点的海拔高度，单位为米(m)。

4.4 GIS 终端工作气压

GIS 终端外绝缘的 SF_6 气体在 20 ℃下的设计工作压力(表压)最大为 0.75 MPa，最小为 0.30 MPa。

注：GIS 终端推荐最大设计工作气压值采用 IEC 62271-209:2007 给出的数值。

5 附件的型号和命名

5.1 代号

5.1.1 系列代号

交联聚乙烯绝缘电缆 …… YJ

5.1.2 附件代号

户外终端 …… ZW

GIS 终端 …… ZG

油浸终端 …… ZY

复合终端(复合套管终端) …… ZF

直通接头 …… JT

绝缘接头 …… JJ

5.1.3 内绝缘代号

5.1.3.1 终端内绝缘

液体绝缘橡胶应力锥 …… Y

干式绝缘橡胶应力锥 …… G

六氟化硫(SF_6)充气绝缘橡胶应力锥 …… Q

硅油浸渍电容锥 …… R

5.1.3.2 接头绝缘

组合预制橡胶绝缘件 …… Z

整体预制橡胶绝缘件 …… I

5.1.4 终端外绝缘污秽等级

外绝缘污秽等级符合 GB/T 5582—1993 规定。本部分采用以下代号：

Ⅰ级(最小爬电比距 16 mm/kV) …… 1

Ⅱ级(最小爬电比距 20 mm/kV) …… 2

Ⅲ级(最小爬电比距 25 mm/kV) …… 3

Ⅳ级(最小爬电比距 31 mm/kV) …… 4

5.1.5 接头保护盒和外保护层

无保护盒 …… 0

保护盒含防水浇注剂 …… 1

绝缘铜壳 …… 2

5.2 型号组成

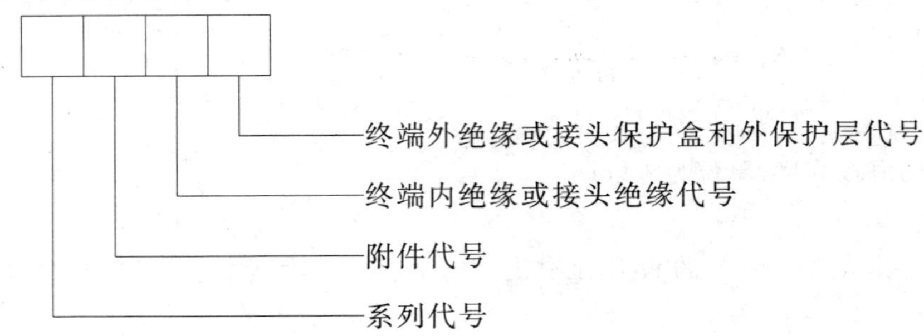

附件型号和名称见表1。

表1 附件型号及名称

型号		产品名称
主型号	含副型号	
YJZWY	YJZWY1 YJZWY2 YJZWY3 YJZWY4	液体绝缘橡胶应力锥户外终端,外绝缘污秽等级Ⅰ级 液体绝缘橡胶应力锥户外终端,外绝缘污秽等级Ⅱ级 液体绝缘橡胶应力锥户外终端,外绝缘污秽等级Ⅲ级 液体绝缘橡胶应力锥户外终端,外绝缘污秽等级Ⅳ级
YJZWQ	YJZWQ1 YJZWQ2 YJZWQ3 YJZWQ4	SF_6 充气绝缘橡胶应力锥户外终端,外绝缘污秽等级Ⅰ级 SF_6 充气绝缘橡胶应力锥户外终端,外绝缘污秽等级Ⅱ级 SF_6 充气绝缘橡胶应力锥户外终端,外绝缘污秽等级Ⅲ级 SF_6 充气绝缘橡胶应力锥户外终端,外绝缘污秽等级Ⅳ级
YJZWR	YJZWR1 YJZWR2 YJZWR3 YJZWR4	硅油浸渍电容锥户外终端,外绝缘污秽等级Ⅰ级 硅油浸渍电容锥户外终端,外绝缘污秽等级Ⅱ级 硅油浸渍电容锥户外终端,外绝缘污秽等级Ⅲ级 硅油浸渍电容锥户外终端,外绝缘污秽等级Ⅳ级
YJZFY		液体绝缘橡胶应力锥复合终端
YJZFQ		SF_6 充气绝缘橡胶应力锥复合终端
YJZFR		硅油浸渍电容锥复合终端
YJZGY		液体绝缘橡胶应力锥 GIS 终端
YJZGG		干式绝缘橡胶应力锥 GIS 终端
YJZGR		硅油浸渍电容锥 GIS 终端
YJZYY		液体绝缘橡胶应力锥油浸终端
YJZYG		干式绝缘橡胶应力锥油浸终端
YJZYR		硅油浸渍电容锥油浸终端
YJJTI	YJJTI0 YJJTI1 YJJTI2	整体预制橡胶绝缘件直通接头,无保护盒 整体预制橡胶绝缘件直通接头,保护盒含防水浇注剂 整体预制橡胶绝缘件直通接头,绝缘铜壳保护盒
YJJTZ	YJJTZ0 YJJTZ1 YJJTZ2	组合预制橡胶绝缘件直通接头,无保护盒 组合预制橡胶绝缘件直通接头,保护盒含防水浇注剂 组合预制橡胶绝缘件直通接头,绝缘铜壳保护盒

表 1（续）

型号		产品名称
主型号	含副型号	
YJJJI	YJJJI0 YJJJI1 YJJJI2	整体预制橡胶绝缘件绝缘接头，无保护盒 整体预制橡胶绝缘件绝缘接头，保护盒含防水浇注剂 整体预制橡胶绝缘件绝缘接头，绝缘铜壳保护盒
YJJJZ	YJJJZ0 YJJJZ1 YJJJZ2	组合预制橡胶绝缘件绝缘接头，无保护盒 组合预制橡胶绝缘件绝缘接头，保护盒含防水浇注剂 组合预制橡胶绝缘件绝缘接头，绝缘铜壳保护盒

5.3 **产品表示方法**

产品用型号、规格（额定电压、相数、适用电缆截面）及本部分编号表示。

产品表示方法举例如下：

示例 1：导体标称截面 1 000 mm^2、500 kV 交联聚乙烯绝缘电缆液体绝缘橡胶应力锥单相户外终端，外绝缘污秽等级Ⅰ级，表示为：

YJZWY1 290/500 1×1 000 GB/T 22078.3—2008

示例 2：导体标称截面 1 600 mm^2、500 kV 交联聚乙烯绝缘电缆干式绝缘橡胶应力锥单相 GIS 终端表示为：

YJZGG 290/500 1×1 600 GB/T 22078.3—2008

6 技术要求

6.1 导体连接杆和导体连接管

6.1.1 导体连接杆和导体连接管应采用 GB/T 4424—2007 规定的铜材制造，并经退火处理。

6.1.2 导体连接杆和导体连接管表面应光滑、清洁，应无损伤和毛刺。

6.1.3 导体连接杆和导体连接管压接连接件的性能应符合 11.6 规定的试验要求。

6.2 金具

6.2.1 附件金具应采用非磁性金属材料。

6.2.2 附件的密封金具应具有良好的组装密封性和配合性，不应有组装后造成泄漏的缺陷，如划伤、凹痕等。密封性能应符合 9.2 规定的要求。

6.3 密封圈

附件用密封圈应与相接触的材料相容，并能在附件正常运行的最高温度下长期使用。

6.4 橡胶应力锥和橡胶绝缘件

6.4.1 橡胶应力锥和橡胶绝缘件的绝缘料和半导电料推荐采用符合附录 A 的材料。

6.4.2 橡胶应力锥和橡胶绝缘件应无气泡、焦烧物和其他有害杂质，其内外表面应光滑，应无伤痕、裂痕和突起物。绝缘与半导电屏蔽的界面应结合良好，应无裂纹和剥离现象。半导电屏蔽应无有害杂质。

6.5 环氧预制件和环氧套管

6.5.1 环氧树脂混合料推荐采用符合附录 B 的材料。

6.5.2 环氧预制件和环氧套管内外表面应光滑，无有害杂质、气孔。绝缘与预埋金属嵌件结合良好，无裂纹、变形等异常情况。

6.5.3 环氧套管的密封性能应符合 9.2 规定的要求。

6.6 瓷套

应按终端外绝缘污秽等级要求选用瓷套。瓷套应符合 GB/T 772—2005 的要求。

6.7 复合套管

复合终端用复合套管的污秽等级应为Ⅲ级或以上（最小爬电比距不小于 25 mm/kV）。

6.8 液体绝缘填充剂

液体绝缘填充剂应与绝缘材料相容。由于500 kV终端的工作电场强度较高，对500 kV终端推荐采用经真空脱气的硅油作为液体绝缘填充剂。

推荐采用符合附录C要求的硅油作为液体绝缘填充剂。

6.9 防水浇注剂

推荐采用聚氨酯混合物作为接头保护盒的防水浇注剂。浇注剂应具有良好的防水密封性能，并对周围材料无有害作用。浇注剂应对环境无污染。

6.10 GIS终端与GIS连接配合要求

GIS终端与GIS的安装连接尺寸配合要求应符合IEC 62271-209:2007的规定。

6.11 附件产品

附件产品和其主要部件的试验要求在第7章中规定。

7 附件检验

附件的检验分例行试验(代号为R)、抽样试验(代号为S)、型式试验(代号为T)和预鉴定试验(代号为P)。如表2所示。当购买方有要求时，还需进行附加试验(代号为A)。各类试验的试验项目、试验要求在第8章、9章、10章、11章和12章中规定。

表2 附件的检验分类，要求和试验方法

序号	试验项目	试验要求	试验类型	试验方法
1	密封金具、瓷套、复合套管及环氧套管压力泄漏和真空漏增试验	9.2	R	9.2
2	预制件局部放电试验	9.3	R	GB/T 7354—2003
3	预制件电压试验	9.4	R	GB/T 3048.8—2007
4	室温下局部放电试验	GB/T 22078.1—2008中12.4.5	T	GB/T 3048.12—2007
5	热循环电压试验	GB/T 22078.1—2008中12.4.7	T	GB/T 22078.1—2008中12.4.7
6	室温和高温下局部放电试验	GB/T 22078.1—2008中12.4.5	T	GB/T 3048.12—2007
7	操作冲压试验	GB/T 22078.1—2008中12.4.8	T	GB/T 3048.13—2007
8	雷电冲击电压试验及随后的工频电压试验	GB/T 22078.1—2008中12.4.9	T	GB/T 3048.13—2007和GB/T 3048.8—2007
9	附件试样检验	GB/T 22078.1—2008中12.4.10	T	GB/T 22078.1—2008中12.4.10
10	直埋接头外保护层浸水电压试验	GB/T 22078.1—2008中附录D	T	GB/T 22078.1—2008中附录D
11	导体连接杆和导体连接管的压接连接件性能试验	11.6	T	在考虑中
12	组装附件压力泄漏及真空漏增试验	11.5	T	11.5
13	户外终端无线电干扰试验	11.4	A	GB/T 11604—1989
14	预鉴定试验的热循环电压试验	GB/T 22078.1—2008中13.2.3	P	GB/T 3048.8—2007
15	预鉴定试验结束后试样检验	GB/T 22078.1—2008中13.2.5	P	目测检验

8 试验条件

试验条件按 GB/T 22078.1—2008 第 8 章规定。

9 附件的例行试验

9.1 一般规定

附件的例行试验包括以下项目

a) 密封金具、瓷套、复合套管和环氧套管的密封试验(见 9.2);

b) 预制附件的部件主绝缘电气试验:

1) 橡胶应力锥和整体预制橡胶绝缘件局部放电试验(见 9.3);

2) 橡胶应力锥和整体预制橡胶绝缘件电压试验(见 9.4)。

9.2 密封金具、瓷套、复合套管和环氧套管的压力泄漏和真空漏增试验

试验装置应将密封金具、瓷套或环氧套管两端密封。

制造方可根据适用条件任选 9.2.1 或 9.2.2 规定的一种方法进行试验。

9.2.1 压力泄漏试验

室温下对试件加以(0.20±0.01)MPa 表压气压,保持 1 h。任选浸水检验或密封面上涂肥皂水检验,应无气体逸出迹象。试验装置应有防爆安全措施。亦可施加相同水压,保持 1 h,在密封面上涂白垩粉,应无水渗出迹象。

9.2.2 真空漏增试验

在室温下,将试件抽真空至残压约 67 Pa,然后关闭试件与真空泵间的阀门,经 0.5 h 压力漏增应不超过 67 Pa。

9.3 局部放电试验

橡胶应力锥和整体预制橡胶绝缘件的局部放电试验应符合 GB/T 22078.1—2008 中 9.1 和 9.2 的要求。

9.4 电压试验

橡胶应力锥和整体预制橡胶绝缘件的电压试验应符合 GB/T 22078.1—2008 中 9.1 和 9.3 的要求。

10 附件的抽样试验

在考虑中。

11 附件的型式试验

11.1 概述

附件的型式试验包括以下项目:

11.1.1 电气型式试验

a) 附件与电缆组成的系统的电气型式试验(见 11.2);

b) 直埋接头外保护层的浸水热循环和电压试验(见 11.3);

c) 当购买方有要求时进行的附加的无线电干扰试验(见 11.4)。

11.1.2 组装附件压力泄漏试验和真空漏增试验(见 11.5)。

11.1.3 导体连接杆和导体连接管压接连接件性能试验(见 11.6)。

11.2 附件和电缆组成系统的电气型式试验

可参照附录 D 在电缆上安装附件组成电缆系统。应按 GB/T 22078.1—2008 中 12.1、12.2 和12.4 进行电气型式试验,并应符合规定要求。

11.3 直埋接头外保护层浸水热循环和电压试验

直埋接头外保护层浸水热循环和电压试验应按 GB/T 22078.1—2008 中附录 D 进行，并符合规定要求。

11.4 户外终端无线电干扰试验

户外终端试样在 319 kV(1.1U_0)工频电压下，其 1 MHz 的无线电干扰电压应不超过 500 μV。试验方法按照 GB/T 11604—1989 的规定。

11.5 组装附件压力泄漏试验和真空漏增试验

11.5.1 压力泄漏试验

附件试样组装后，在室温下充以(0.20±0.01)MPa 表压气压保持 1 h。在密封面上涂肥皂水检验，应无气体逸出迹象。试验装置应有防爆安全措施。试验亦可加以相同水压，保持 1 h，在密封面上涂白垩粉，应无水渗出迹象。

11.5.2 真空漏增试验

附件试样组装后在室温下抽真空至残压约 67 Pa，然后关闭试样和真空泵间阀门，经 0.5 h，压力漏增应不超过 67 Pa。

11.6 导体连接杆和导体连接管的压接连接件性能试验

试验方法和试验要求在考虑中。

12 附件和电缆组成系统的预鉴定试验

附件和电缆组成系统的预鉴定试验应按 GB/T 22078.1—2008 第 13 章进行试验，并符合规定要求。

13 产品标志

13.1 产品标志

应在终端及接头的保护管表面粘接一金属软标牌标明：

a) 制造厂名称；

b) 型号、规格；

c) 额定电压，kV；

d) 制造年、月。

13.2 零部件

金属顶盖、电缆保护管、绝缘预制件等部件制造时应采用适当的方式标明制造规格、型号。

14 验收规则

附件产品按表 2 规定进行例行试验、型式试验和预鉴定试验，当用户有要求时还需进行附加试验，并按此验收。

14.1 产品应由制造厂的质量检验部门检验合格后方能出厂；每件出厂的附件应附有产品检验合格证书。用户有要求时，制造厂应提供产品的试验报告。

14.2 产品应按表 2 规定的试验项目进行验收。

15 包装、运输和贮存

15.1 电缆附件的包装

15.1.1 电缆附件产品的包装方式可根据各种零部件特点而定。对各种预制绝缘件、带材等应有相应的防水、防潮等密封措施；对易碎、防压的部件和材料应有相应的防压、防冲击的包装措施，并在包装物外部明显位置标出相应的字样或标记；易燃部件或材料应有防火标志。

15.1.2 包装箱可采用木箱或纸箱。木箱应符合 GB/T 12464—2002 要求。装箱时箱内应装入装箱单。零部件可分开包装。包装箱侧面应注部件名称、规格。两端面应注明：

a) 轻放；

b) 防雨；

c) 不得倒置。

15.2 运输和贮存

15.2.1 产品运输过程中不得将包装箱倒置及碰撞。

15.2.2 产品应贮存在清洁干燥和阴凉处。不得在户外或阳光下存放。

附 录 A
(资料性附录)
橡胶料的性能

预制橡胶绝缘件的三元乙丙橡胶绝缘料与半导电料的性能如表 A.1 所示。硅橡胶绝缘料与半导电料的性能如表 A.2 所示。

表 A.1 三元乙丙橡胶料的性能

序号	项 目	单 位	绝缘料	半导电料
1.0	老化前机械性能			
1.1	抗张强度	N/mm^2	≥7.0	≥8.0
1.2	断裂伸长率	%	≥300	≥260
1.3	抗撕裂强度	N/mm	≥22	≥22
1.4	硬度	邵氏 A	≤70	≤80
1.5	压缩永久变形	%	≤40	≤40
2.0	空气箱老化后机械性能 老化条件:135 ℃±3 ℃,7 d			
2.1	抗张强度最大变化率	%	±30	±30
2.2	伸长率最大变化率	%	±30	±30
3.0	电气性能(室温下)			
3.1	体积电阻率(23 ℃)	Ω·cm	$\geq 1.5\times10^{15}$	$<1.0\times10^{3}$
3.2	$\tan\delta$	—	$\leq 5.0\times10^{-3}$	—
3.3	介电常数	—	2.5~4.0	—
3.4	短时工频击穿电场强度	MV/m	≥25	—

表 A.2 硅橡胶料的性能

序号	项 目	单 位	绝缘料	半导电料
1.0	老化前机械性能			
1.1	抗张强度	N/mm^2	≥6.0	≥6.0
1.2	断裂伸长率	%	≥450	≥350
1.3	抗撕裂强度	N/mm	≥20	≥18
1.4	硬度	邵氏 A	≤50	≤55
1.5	压缩永久变形	%	在考虑中	在考虑中
2.0	空气箱老化后机械性能 老化条件:135 ℃±3 ℃,7 d			
2.1	抗张强度最大变化率	%	±20	±20
2.2	伸长率最大变化率	%	±20	±20
3.0	电气性能(室温下)			
3.1	体积电阻率(23 ℃)	Ω·cm	$\geq 1.0\times10^{15}$	$<1.0\times10^{4}$
3.2	$\tan\delta$	—	$\leq 4.0\times10^{-3}$	—
3.3	介电常数	—	2.8~3.5	—
3.4	短时工频击穿电场强度	MV/m	≥25	—

附 录 B
（资料性附录）
环氧树脂固化体的性能

附件用环氧树脂固化体的性能如表 B.1 所示。

表 B.1 环氧树脂固化体的性能

序号	项 目	单 位	性能指标
1.0	电气性能(室温下)		
1.1	体积电阻率(23 ℃)	Ω·cm	$\geqslant 1.5\times 10^{15}$
1.2	$\tan\delta$	—	$\leqslant 5.0\times 10^{-3}$
1.3	介电常数	—	3.5～6.0
1.4	短时工频击穿电场强度	MV/m	≥25
2.0	电气性能(100 ℃时)		
2.1	体积电阻率	Ω·cm	$\geqslant 1.0\times 10^{15}$
2.2	$\tan\delta$	—	$\leqslant 5.0\times 10^{-3}$
2.3	介电常数	—	3.5～6.0
3.0	热变形温度	℃	>105

附　录　C
（资料性附录）
硅油的性能

附件用硅油的性能如表 C.1 所示。

表 C.1　硅油的性能指标

序号	项　　目		单　　位	性能指标
1	外观			无色透明、无杂质
2	动力黏度（25 ℃）	低黏度硅油	Pa·s	4～100
		高黏度硅油		800～1 300
3	黏度最大变化率		%	±4.8
4	闪点		℃	>300
5	折光指数（25 ℃）			1.35～1.47
6	击穿电压（电极间距 2.5 mm）		kV	>35
7	体积电阻率（25 ℃）		Ω·cm	$>1.0\times10^{15}$
8	挥发度（150 ℃，3 h）		%	<0.5

附 录 D
（资料性附录）
附件安装导则

D.1 范围

本安装导则适用于额定电压500 kV交联聚乙烯绝缘电力电缆用的户外终端、GIS终端、油浸终端、直通接头和绝缘接头安装时的一般要求。上述各类附件的安装手册和安装详细技术要求，由制造方在产品发货时一并提供用户。

D.2 一般要求

D.2.1 安装工作应由经过培训和掌握各类附件的专用安装手册知识的有经验人员进行。

D.2.2 安装手册规定的安装程序，根据不同的环境可进行调整和改变，但应通知制造方，以便交换意见。

D.2.3 在安装前按装箱单检查所有部件是否完整、无缺。

D.2.4 各部分安装尺寸，均应符合制造方提供的图样要求。

D.2.5 电缆和附件的各组成部件，应采用适用的清洗剂进行清洗，清洗剂在热风干燥器吹干时，应具有良好的挥发性能。

D.2.6 在安装处理过程中，不应损伤电缆的附件部件，特别是应力锥、O型圈以及与O型圈接触的所有接触表面。

D.2.7 施工现场应保持清洁、无尘埃。一般情况下其相对湿度应不超过70%方可进行电缆附件施工安装。

D.2.8 各部位固定螺丝应按图样规定要求，用力矩扳手固紧。

D.2.9 应注意电缆绝缘的收缩，保证电缆各部位的最终尺寸符合要求。

D.2.10 当剥离半导电层时，应特别注意不要损伤电缆绝缘。电缆绝缘表面应经适当方法处理得光滑、清洁、外形圆整。

D.2.11 放置O型圈前，与O型圈接触的表面，应使用清洗剂清洗干净，并确认这些接触面无任何损伤。

D.2.12 导体连接管压接时，其所用模具尺寸应按图样规定。

D.2.13 在组装过程中，环氧树脂预制件、应力锥和电缆绝缘表面，均应清洁干净，各绝缘件的接触表面，均涂上专用硅脂涂层。

D.2.14 当与电缆金属套进行铅锡合金焊接时，连续焊接时间应不超过30 min，并可在焊接过程中采取局部冷却措施，以免因焊接时金属套温度过高而损伤电缆绝缘芯。焊接前焊接处表面应保持清洁并应处理光滑。

D.2.15 在组装各种附件时，电缆均应该用加热的方法预先进行校直。

D.2.16 所有的接地线或金属编织带均应用铜丝扎紧后再以焊锡固焊。

D.2.17 对于采用弹簧压缩装置的附件的压力调整均应按图样要求，用力矩扳手固紧。